无机材料科学基础

无机非金属材料工程
Inorganic Non-metallic
Materials Engineering

Fundamentals of
Inorganic Materials Science

韩兵强　聂建华　李淑静　主 编

U0235137

化学工业出版社
·北京·

内 容 简 介

"无机材料科学基础"是无机非金属材料工程课程体系中重要的学科基础课程。本书涉及无机非金属材料科学与工程的重要基础理论知识，系统研究无机非金属材料的组成、结构、形态与基本物理化学性能之间的关系。

本书共11章：晶体几何基础、晶体化学基础及理想晶体结构、晶体结构缺陷、熔体和非晶态固体、固体表面与界面、热力学应用、相平衡状态图、扩散、固相反应、相变和烧结。

本书可作为高等院校无机非金属材料工程专业本科生的教材，也可作为材料科学与工程、材料学、矿物材料及相关专业本科生和研究生的教学用书和参考书，也适合相关科研工作者参考。

图书在版编目（CIP）数据

无机材料科学基础/韩兵强，聂建华，李淑静主编
. —北京：化学工业出版社，2022.6（2024.1 重印）
ISBN 978-7-122-40907-2

Ⅰ．①无…　Ⅱ．①韩…　②聂…　③李…　Ⅲ．①无机材料–材料科学　Ⅳ．①TB321

中国版本图书馆 CIP 数据核字（2022）第 037828 号

责任编辑：王　婧　杨　菁　甘九林　　　　　文字编辑：孙亚彤　陈小滔
责任校对：张茜越　　　　　　　　　　　　　装帧设计：李子姮

出版发行：化学工业出版社（北京市东城区青年湖南街 13 号　邮政编码 100011）
印　　装：北京建宏印刷有限公司
787mm×1092mm　1/16　印张 23¾　字数 610 千字　2024 年 1 月北京第 1 版第 2 次印刷

购书咨询：010-64518888　　　　　　　　　　售后服务：010-64518899
网　　址：http://www.cip.com.cn
凡购买本书，如有缺损质量问题，本社销售中心负责调换。

定　　价：79.00 元

前言

材料科学主要是研究材料组成与结构、合成与制备、性能以及使用效能四者之间相互关系和变化规律的一门应用基础学科。无机非金属材料是材料学的重要组成部分,它不仅是人类认识和应用最早的材料,而且具有一些金属材料和高分子材料所无法比拟的优异性能,在现代科学技术和国民经济中占有越来越重要的地位。传统的无机非金属材料主要以陶瓷、玻璃、水泥和耐火材料等硅酸盐材料为主,是工业和基本建设所必需的基础材料。"无机材料科学基础"是介绍无机非金属材料的形成规律、微观结构和性能以及它们之间相互关系的一门重要基础理论课程。

本书主要涉及无机材料的形成规律和微观结构等相关内容,主要包括无机晶体的结构与缺陷,非晶态固体,材料表面与界面,无机材料热力学以及无机材料制备过程中的物质传递、相平衡、相与相之间的转变、固体与固体反应形成新的固体和粉末的烧结等。在编写过程中,编者注重用基础理论来阐明无机材料形成过程的本质,从无机材料的内部结构解释其性质与行为,揭示无机材料结构与性能的内在联系与变化关系,并从基本理论出发,指导无机材料的生产及科研,解决无机材料制备与使用过程中的实际问题,从而为认识和改进无机材料的性能以及设计、生产、研究、开发新型无机材料提供必备的科学基础。在编写过程中还注重吸收国内外的最新成果。

本书可作为高等院校材料科学与工程专业或无机非金属材料工程专业学生系统学习无机非金属材料学科相关基础知识的教材或教学参考书,也可供无机非金属材料科技工作者,特别是从事耐火材料生产与研究的人员参考。

本书由武汉科技大学无机非金属材料工程系的几位教师编写。全书共11章,第1~3章由韩兵强编写;第4~6章由李淑静编写;第7章由梁永和与聂建华编写;第8~11章由聂建华编写。全书由韩兵强负责统稿。

本书在编写过程中得到各方面同志的大力支持,他们提出许多宝贵意见并提供了有关资料,特在此表示衷心感谢。

由于编者水平所限,书中难免存在疏漏,敬请读者指正。

编者
2022年1月

目录

第10章　相变　273

第11章　烧结　303

附 录 355

参考文献 371

第1章 晶体几何基础

✈ 本章提要

　　无机材料往往为晶态材料，其质点的排列具有周期性。不同的晶体，其质点在三维空间的排列不尽相同，从而导致晶体的宏观性质也不尽相同。

　　本章首先阐明什么是晶体，然后根据晶体在内部结构上具有的区别于其他物体的共同特点，进一步导出晶体的共同规律，最后得出一切晶体所具有的共同性质。

1.1　晶体的定义

1.1.1　晶体内部结构的周期性

　　晶体的最初含义为"洁净的冰"，后来直到柏拉图时代才用于称呼水晶（石英晶体）。这说明人们认识晶体首先是从外部形态开始的。在自然界的产物中，例如石英、食盐、方解石等都具有独特的多面体形态，于是人们就将这种天然具有规则几何外形而不是人为磨削的固体称作晶体。但是这种认识并没有从本质上抓住晶体的特点。规则的几何外形并不是晶体的必要条件，比如食盐，有立方体形态的晶体，也有任意形态的晶体，但是除形态外的其他特性如密度、硬度都是完全一样的。实践已经证明，如果将任意形态的食盐颗粒放入 NaCl 过饱和溶液中，让其有充分的空间生长，最终能长成立方体的形态。由此可见，规则的几何外形并不是晶体的实质，它只是晶体内部某种本质因素所具有的规律在外表上的一种反映。

　　直到 20 世纪初，劳厄（Laue）应用 X 射线对晶体构造进行研究后才真正弄清楚晶体的含义。在晶体中，物质的质点在空间中是按格子构造的规律来分布的，例如食盐晶体的结构（图 1-1）。

　　图 1-1（a）中，大球代表氯离子（Cl^-），小球代表钠离子（Na^+），可以看出，这些离子在空间的不同方向上都是各自按一定的间隔重复出现的。例如，沿着立方体的三条棱边方向，Na^+ 与 Cl^- 各自都是每隔 0.5628nm 的距离重复出现一次，而沿着两条棱边交角的角平分线方向，则各自都是每隔 0.3978nm 重复出现一次。在其他方向，情况也类似，只是重复间隔大小不同罢了。用实心点和圆圈分别表示 Na^+ 与 Cl^- 的中心点，并用线段将它们连接起来，显然可以得出一个格子状的结构，如图 1-1（b）所示。实践证明，不论外部形态如何，所有的食盐都可以抽象出这样一个结构。可见，能够形成这样的立方体结构，是受这种格子构造规律性制约的必然结果。

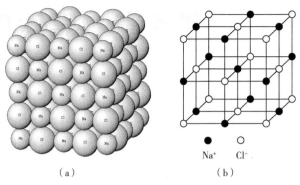

图 1-1 食盐晶体的结构图

对于其他任何一种晶体而言，情况是完全类似的，比如，MgO 晶体的组成单元为 Mg^{2+} 和 O^{2-}，如果把图 1-1（a）中的小球看作 Mg^{2+}，大球看作 O^{2-}，则图 1-1（a）的结构就变为 MgO 的结构，不同之处在于沿立方体的棱方向重复周期为 0.4203nm。不论外形是否规则，它们的内部质点在三维空间都有规则地呈周期性重复排列，从而构成格子状构造，所有的晶体无一例外都具有这样的性质。不同的是，晶体不同，其组成单元不同，排列方式和间隔大小也就相应不同，所形成的结构复杂程度也就不同。但是不管它的结构多么复杂，都遵循这样一条规律：其组成单元（质点）在三维空间中呈周期性排列。这也是晶体与其他状态物体之间的本质区别。这样就得出了晶体的现代定义：晶体是内部质点在三维空间中呈周期性排列的固体。更简洁的定义为晶体是具有格子构造的固体。

1.1.2　晶体结构与空间点阵

既然晶体都是具有格子构造的固体，那千变万化的晶体是否具有共同规律呢？答案是肯定的。下面简单予以说明。

首先我们看一维情况。如图 1-2（a）所示，显然这是一个以圆形为基本单元，沿一定方向按一定距离重复排列的一维结构图形。我们把这些基本单元抽象成既无质量又无大小的几何点，就可以得出由一系列几何点构成的图形 [图 1-2（b）]，其中的几何点称为结点（又称为阵点、等同点），相邻两个结点的距离 a 称为基本周期，a 称为平移矢量。图 1-2（c）所示的图形如果以两个四面体为一个基本单元，则也可以抽象出图 1-2（b）所示的一维点阵。

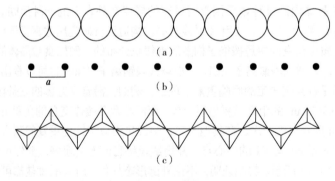

图 1-2　一维点阵

再看二维或三维情况。将一个二维或三维晶体结构中的结构单元加以抽象，就会得到相当于二维晶体结构或三维晶体结构的图形，它们分别称为平面点阵和空间点阵，如图 1-3 和图 1-4 所示，平面点阵存在两个基本矢量（*a* 和 *b*），空间点阵存在三个基本矢量（*a*、*b* 和 *c*）。

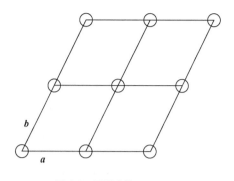

图 1-3　平面点阵

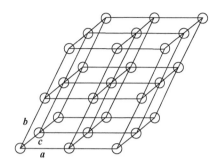

图 1-4　空间点阵

像这样按照一定的规律从实际晶体结构中抽象出的图形就称为空间点阵，又称为空间格子。设想结点在三维空间作无限排列，则空间点阵为无限图形。

显然可以用几何关系来描述这种重复规律，即用下面的矢量关系来表示：

$$T=ma+nb+pc[m,n,p=0,\pm1,\pm2,\cdots（任意整数）]$$

那么从一个结点出发，只需要按 *T* 矢量进行平移，就可以得到所有的结点，整个图形就可以复原。从这个意义上讲，晶体就是具有 *T* 矢量的固体。根据晶体特征抽象出来的基本单元（等同点、结点），其特征如下：

① 质点种类相同。

② 质点周围的环境和方位相同。

等同点可以由原子、离子、离子基团构成。等同点在三维空间中有规律地重复出现即构成点阵。由此看来，空间点阵和晶体具有下面的关系：

晶体结构 = 空间点阵 + 具体的结构单元

空间点阵及其构成基本单元结点都是抽象的纯几何图形，没有具体的物质内容，但这种抽象又不是凭空臆造的，而是和实际晶体相联系的，通过这种抽象可以更深入地反映物质的本质和规律。

空间点阵的基本要素如下：

① 结点：点阵中的点，代表晶体结构中的等同点，只有几何意义。相邻结点间的距离称为结点间距。

② 行列：结点在直线上的排列，联系在一条直线上的结点构成行列。点阵中的任意两个结点联系起来都可以决定一个行列。平行的行列间距相等。

③ 面网：同一平面内的结点构成面网，任意两条相交的行列都可以构成一个面网。相互平行的面网间距相等。

④ 平行六面体：分布在三维空间中的结点构成平行六面体。任意三个不同面的行列都可以决定一个平行六面体，平行六面体的集合就形成了空间点阵。

因此，结点、行列、面网和平行六面体就构成了空间点阵的四要素。

有些看起来像晶体的物质，如玻璃、琥珀、松香等，它们内部质点的排列不具有格子构

造，因而称之为非晶质或非晶质体。从内部结构的角度来看，非晶质体中质点的分布类似于液体。后来又发现了介于晶体和非晶体之间的固体，即准晶体（原子呈定向长程有序排列，但不作周期性平移重复，具有与空间格子不相容的对称）。

1.1.3　晶体的特性

由于晶体是具有格子构造的固体，因此，晶体就具备了共有的、由格子构造决定的基本性质。

① 自限性：指晶体能自发形成几何多面体外形的性质。晶体的多面体形态是其格子构造在外形上的直接反映。但实际晶体中呈完整几何多面体形态的较少见，这是因为晶体生长时会受外界条件的影响。

② 均一性：由于同一个晶体的各个不同部分质点的分布是一样的，所以晶体的各个部分的物理性质与化学性质也是相同的，这就是晶体的均一性，是由晶体的格子构造决定的。

③ 各向异性：指晶体的特性（如晶形、电导率、磁化率等）在不同的方向上有所差异的性质。非晶体是各向同性的。同一格子构造中，在不同的方向上质点的排列一般是不一样的，因此，晶体的性质也随方向不同而有所改变。如蓝晶石的硬度随方向的不同有显著的差别，平行晶体延长的方向可用小刀刻动，而垂直于晶体延长的方向则小刀不能刻动。又如沿石墨晶体（图 1-5）底部测得热导率为沿柱面方向的 10^6 倍。

均一性和各向异性是对立统一的关系，二者并不矛盾，以电导率为例：在晶体的每一点按不同方向测量，除对称性联系起来的方向外都是不同的，这体现了晶体的各向异性。在晶体上的任一点按相同方向测量的电导率都相同，这体现了晶体的均一性。

④ 对称性：指晶体的等同部分能通过一定的操作而发生规律重复的性质。晶体的外形上也常有相同的晶面、晶棱和角顶重复出现。

⑤ 最小内能性：相同的热力学条件下晶体与同种物质的非晶体、液体、气体相比较，其内能最小。所谓内能，就是晶体内部所具有的能量（动能与势能）。对于一种晶体来说，它要处于一个稳定的状态，在结晶时就要将多余的能量释放掉，从而达到有规律的排列，质点间引力与斥力平衡。

⑥ 稳定性：由于晶体有最小内能，因而结晶状态是一个相对稳定的状态。

⑦ 固定的熔点：如果把晶体和非晶体同时加热，可以得到如图 1-6 所示的曲线。可以看到，对于晶体，开始加热时温度随时间延长呈直线上升，加热到一定温度（T_m，称为熔点）时，温度不再上升而保持恒定，吸收的热量全部用来使晶体熔化，即晶体由规则的构造变为无规则的构造，只有这种结构被打破后温度才继续上升。而对于非晶体，随时间延长，温度不断上升。

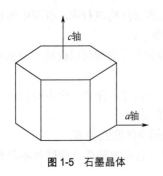

图 1-5　石墨晶体

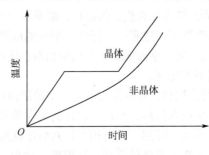

图 1-6　固体的加热曲线

1.2 晶体的宏观对称性

自然界存在的晶体千差万别，如何对晶体进行分类呢？回答这个问题，必须首先学习对称的概念，掌握对称的一般特点。

1.2.1 对称概念

对称（Symmetry）是自然界的基本规律之一，也是晶体的基本性质之一，正是基于对称特征的不同来对晶体进行分类的。对称的现象在自然界和日常生活中都很常见。如图1-7所示为自然界对称的形体，以及某些用具、器皿，都常有对称性。

对称的图形必须由两个或两个以上的相同部分组成。但是，只具有相同的部分还不一定是对称的图形。图1-8所示的图形是由两个全等的三角形组成，但它并不是对称图形。因此，对称的图形还必须符合另一个条件，即相同部分有规律地重复。如图1-7（a）所示，蝴蝶的两个相同的部分可以通过垂直平分它的镜面彼此重合；对于图1-7（b）所示的雪花，假设垂直六边形中心有一根轴，每绕轴旋转60°就可以使图形复原。由此引出对称的概念：物体上相同部分有规律的重复即为对称。

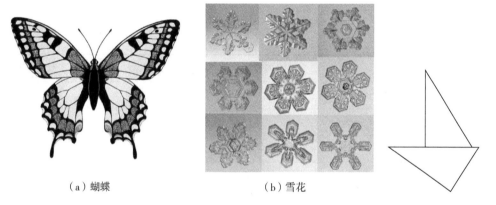

（a）蝴蝶　　　　　　　　（b）雪花

图1-7　自然界中一些有对称性的物质　　　　　　图1-8　不对称的图形

1.2.2 晶体的对称性

对于晶体外形的对称而言，就是晶面与晶面、晶棱与晶棱、角顶和角顶的有规律重复。对称性是晶体的基本性质之一，一切晶体都是对称的，这是晶体的共性，但不同晶体的对称性往往又是互有差异的，这是晶体的个性。因此，可以根据晶体对称特点上的差异来对晶体进行科学的分类。此外，晶体的对称性不仅包含几何意义上的对称，而且包含物理意义上的对称，这一点也是晶体和其他对称图形的不同之处。对称性对于理解晶体的一系列性质和识别晶体以至对晶体的利用都具有重要的意义。

1.2.3 宏观对称要素和对称操作

研究晶体的对称性，必须首先确定晶体相同部分排列的规律性，晶体的对称性首先最直观地表现在它们的几何多面体外形以及其他方面的宏观性质上。在此我们将只限于讨论晶体在宏观范畴内所表现的对称性，即晶体的宏观对称。相应引出两个晶体学概念：

① 对称变换：亦称对称操作，能够使对称物体（或图形）中的各个相同部分作有规律重复的变换动作。

② 对称要素：在进行对称变换时所凭借的几何要素——点、线、面等。

进行对称操作时借助的对称要素点、线、面在晶体学中分别称作对称中心、对称轴和对称面。

（1）对称轴和旋转

对称轴又称为旋转轴（用符号 L^n 表示），为一假想的直线，相应的对称变换为围绕此直线的旋转。每转过一定角度，各个相同部分就发生一次重复，亦即整个物体复原。需要的最小转角称为基转角。由于任一物体旋转一周后必然复原，因此，轴次 n 必为正整数，而基转角 α 必须要能整除 $360°$，即 $n=360°/\alpha$。

而且受晶体对称定律限制，在晶体中，只可能出现轴次为一次、二次、三次、四次和六次的对称轴，而不可能存在五次及高于六次的对称轴（表 1-1）。简单来讲，判断对称是否成立，只需要分析相同部分能否布满整个平面，如能布满，可以简单认为这种对称是成立的，否则是不成立的。

表 1-1 晶体中可能的对称轴

名称	符号	基转角/(°)	轴次	作图符号
一次	L^1	360	1	
二次	L^2	180	2	●
三次	L^3	120	3	▲
四次	L^4	90	4	■
六次	L^6	60	6	⬣

对称轴有以下特点：

① 在 L^n 的周围，晶体相等部分必须有 n 个等同的晶面、晶棱、角顶。晶面是指晶体在生长过程中自发形成的包围晶体表面的平面。晶棱指的是晶面与晶面的交线。晶面之间形成角顶。图 1-9 中，L^4 周围相等的晶面、晶棱和角顶都有 4 个，因此可能是四次轴。

② 对称轴只能是晶体两个面中心连线、两个相对棱中心连线、两个相对角顶的连线以及一个角顶与和它相对的面中心的连线，可以以此推断对称轴的可能位置以及数量。比如从图 1-9 中可以知道该立方体有 3 个四次轴、4 个三次轴、6 个二次轴。其他情况类推。

（2）对称中心（C，国际符号为 i）和倒反

对称中心为晶体内部一个假想点，相应的对称变换是对于这个点的倒反（反伸）。过此点作一直线，在此直线上距该点等距离的两端必然可以出现晶体上的相等部分（晶面、晶棱、角

顶)。对称中心有以下特点:

① 具有对称中心的晶体,每一个晶面必有另一相等晶面与之平行反向。

② 晶体对称中心必为几何中心且只能有一个,反之不成立。

判断晶体中有无几何中心,只需把一晶面平放,看是否有形状相同、大小相等、与它平行反向的晶面存在,如图 1-10 和图 1-11 所示。

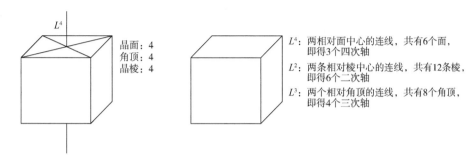

图 1-9 立方体中对称轴的位置

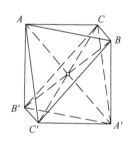

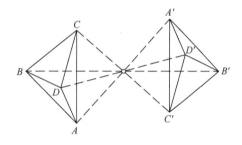

图 1-10 由对称中心联系起来的呈反向平行的相等晶面   图 1-11 由对称中心联系起来的物与象互成倒反关系

(3) 对称面(符号 P,国际符号为 m)和反映

对称面为一假想的平面,可以把晶体分为互成镜像关系的两部分,即物—镜—像,相应的对称变换为对此平面的反映。可以通过下述两条来判断是否存在对称面:

① 相等部分上对应点的连线与对称面垂直等距。

② 对称面必过晶体的几何中心,并能把晶体分为互为镜像关系的两部分,且垂直平分某些晶面、晶棱或包含某些晶棱。

图 1-12 中给出了立方体的 9 个对称面。

(4) 倒转轴(符号 L_i^n,其中 n 表示轴次,i 表示倒反,国际符号为 $\bar{n}$)

倒转轴亦称旋转反伸轴、反轴或反演轴

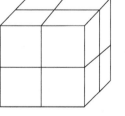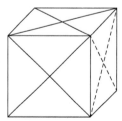

图 1-12 立方体的 9 个对称面

等,是一种复合的对称要素。它的辅助几何要素有两个:一根假想的直线和此直线上的一个定点。相应的对称变换就是围绕此直线旋转一定的角度及对于此定点的倒反(反伸)。倒转轴和旋转轴一样,也有一定的轴次和基转角,即 L_i^1、L_i^2、L_i^3、L_i^4、L_i^6 五种,且同样也没有五次和高于六次的倒转轴。除四次反轴外,其余反轴都可以用其他简单对称要素或它们之间的组合代替,示意图见图 1-13。等效关系如下:

$$L_i^1 = C;\ L_i^2 = P;\ L_i^3 = L^3 + C;\ L_i^6 = L^3 + P(L^3 \perp P)$$

四次反轴 $\overline{4}$ 是独立存在的对称要素，它无法用其他对称要素代替，而且只能在无对称中心的晶体中出现，且包含了一个 L^2。下面以正四面体为例解释四次反轴（图 1-14）。以正四面体的六条边为立方体的面对角线作辅助立方体，则相对棱中点的连线为四次反轴，经过如图 1-14 所示的操作，图形复原。需要指出的是：这一位置也是二次轴所在的位置，但是由于四次反轴的对称性更高，因此正四面体中的二次轴就没有必要再表示了。金刚石晶体就具有四次反轴，三次反轴可以在菱面体中找到，而六次反轴在三方柱中存在。

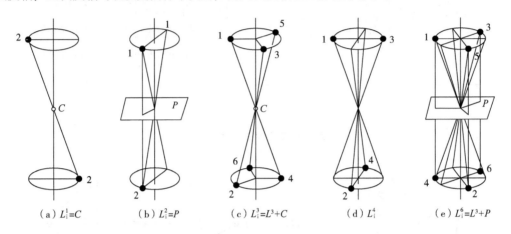

（a）$L_i^1 = C$ （b）$L_i^2 = P$ （c）$L_i^3 = L^3 + C$ （d）L_i^4 （e）$L_i^6 = L^3 + P$

图 1-13　旋转反伸轴图解

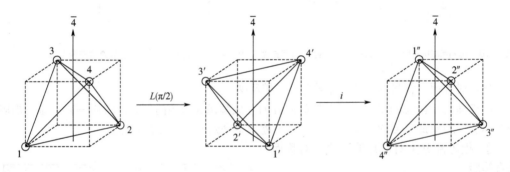

图 1-14　四次反轴对称操作

（5）映转轴（符号 L_s^n，其中 n 表示轴次，s 表示反映）

映转轴亦称旋转反映轴，也是一种复合的对称要素。它的辅助几何要素为一根假想的直线和垂直此直线的一个平面，相应的对称变换就是围绕此直线旋转一定的角度及对于此平面反映的复合。在晶体中，也只能有一次、二次、三次、四次及六次映转轴。

由于存在以下关系，因此映转轴通常也不作为单独的对称操作而存在。

$$L_s^1 = P = L_i^2;\quad L_s^2 = C = L_i^1;\quad L_s^3 = L^3 + P(P \perp L^3) = L_i^6$$

$$L_s^4 = L_i^4;\quad L_s^6 = L^3 + C = L_i^3$$

为便于比较，将晶体的宏观对称要素及对称操作归纳如下（表 1-2）。

表1-2 晶体的宏观对称要素及对称操作

对称要素	对称轴					对称中心	对称面	倒转轴（反轴）				
	一次	二次	三次	四次	六次			一次	二次	三次	四次	六次
辅助几何要素	假想直线					点	平面	假想直线以及直线上的一点				
对称操作	绕直线旋转					对点倒反	对面反映	绕直线旋转+对点倒反				
基转角 (α) / $(°)$	360	180	120	90	60			360	180	120	90	60
惯用符号	L^1	L^2	L^3	L^4	L^6	C	P	L_i^1	L_i^2	L_i^3	L_i^4	L_i^6
国际符号	1	2	3	4	6	i	m	$\bar{1}$	$\bar{2}$	$\bar{3}$	$\bar{4}$	$\bar{6}$
作图符号		●	▲	■	⬤					▲	◈	⬣
等效对称要素						L_i^1	L_i^2	C	P	L_3+C		L_3+P

1.3　晶体的 32 种点群及分类

宏观晶体中可能存在的对称要素即表 1-2 中所列的 12 种，其中 L^1 无实际意义，一次反轴和二次反轴又经常被 i 和 m 代替，因此常用的只有 9 种。借助于一个对称元素进行操作时，不仅对称图形各个相同部分会得到有规律的重复出现，与对称图形的各个相等部分有着固定几何位置关系的各种几何图像，也必定得到有规律的再现。对称是晶体的基本性质，晶体的对称既有普遍性也有特殊性，即所有的晶体都是对称的，但是不同晶体对称特点不同，从这个意义上讲，对称是晶体分类的基础。宏观晶体中所有对称要素的集合就称为对称型。由于在结晶多面体中全部对称要素相交于一点（晶体中心），在进行对称操作时至少有一点不移动，因此对称型也称为点群（Point group）。

一种晶体中对称元素并不是无限多，其遵循一定的规律，即对称要素组合定理。

1.3.1　对称要素组合定理

① 如果有一个二次轴 L^2 垂直 n 次轴 L^n，则必有 n 个 L^2 和 L^n 垂直，且相邻二次轴夹角为 n 次轴基转角的一半。

② 如果有一个偶次对称轴 L^n 垂直对称面 P，则在其交点存在对称中心 C。

③ 如果有一个对称面 P 包含对称轴 L^n，则必有 n 个 P 包含 L^n。对称面的交线必为对称轴，其基转角为相邻两对称面夹角的二倍。

④ 如果有一个二次轴垂直于旋转反伸轴 L_i^n，或者有一个对称面 P 包含 L_i^n，当 n 为奇数时必有 nL^2 垂直 L_i^n 和 n 个对称面包含 L_i^n；当 n 为偶数时必有 $n/2$ 个 L^2 垂直 L_i^n 和 $n/2$ 个 P 包含 L_i^n。

1.3.2 点群

根据结晶多面体中可能存在的对称要素和对称要素组合定理，可以推导出可能的对称型共 32 种，见表 1-3。只要把晶体中所有的对称要素找出来，就可以确定晶体属于哪种点群。表 1-3 也分别给出了一个实例。根据是否有高次轴以及有一个或多个高次轴，可以把 32 个对称型归纳为低级、中级、高级三个晶族。在各晶族中，再根据对称特点划分为七个晶系。属于低级晶族的有三斜晶系（只有一个一次轴或一次反轴，无对称轴和对称面）、单斜晶系（二次轴或对称面各不多于一个）和斜方晶系（二次轴或对称面多于一个）；属于中级晶族的有四方晶系（必有一个四次轴或四次反轴）、三方晶系（必有一个三次轴）和六方晶系（必有一个六次轴或六次反轴）；属于高级晶族有等轴晶系（必有四个三次轴）。对称型的表示方法有很多，常见的有：

① 写出对称型中所有的对称要素，如表 1-3 第四列所示。

② 只写出对称型中最基本的对称要素，因为其他对称要素可以根据组合定理推导出来。这样的书写符号又有多种，常见的有申夫利斯符号（Schoenflies）和国际符号（Herrmann-Mauguin）。

表 1-3 32 种宏观对称型（点群）

晶族	晶系	对称特点	对称型	对称型符号		晶体实例
				申夫利斯符号 Schoenflies[①]	国际符号 Herrmann-Mauguin	
低级晶族	三斜晶系	无 L^2，无 P	L C	C_1 $C_i=S_2$	1 $\bar{1}$	钠长石、硅灰石
	单斜晶系	L^2 或 P 不多于一个	L^2 P L^2PC	C_2 $C_{1h}=C_s$ C_{2h}	2 m $2/m$	斜晶石 正长石、石膏
	斜方晶系	L^2 或 P 多于一个	$3L^2$ L^22P $3L^23PC$	$D_2=V$ C_{2v} $D_{2h}=V_h$	222 mm（$mm2$） mmm（$2/m2/m2/m$）	泻利盐 异极矿 橄榄石、重晶石
中级晶族	四方晶系	有一个 L^4 或 L_i^4	L^4 L^44L^2 L^4PC L^44P L^4L^25PC L_i^4 $L_i^42L^22P$	C_4 D_4 C_{4h} C_{4v} D_{4h} S_4 $D_{2d}=V_d$	4 42（422） $4/m$ $4mm$ $4/mmm$（$4/m2/m2/m$） $\bar{4}$ $\bar{4}2m$	彩钼铅矿 铄矿 方柱石 羟铜铅矿 金红石 砷硼钙矿 黄铜矿
	三方晶系	有一个 L^3	L^3 L^33L^2 L^33P L^3C L^33L^23PC	C_3 D_3 C_{3v} $C_{3i}=S_6$ D_{3d}	3 32 $3m$ $\bar{3}$ $\bar{3}m$（$32/m$）	细硫砷铅矿 β-石英 电气石 白云石 方解石、菱铁矿

晶族	晶系	对称特点	对称型	对称型符号 申夫利斯符号 Schoenflies[①]	对称型符号 国际符号 Herrmann-Mauguin	晶体实例
中级晶族	六方晶系	有一个 L^6 或 L_i^6	L_i^6	C_{3h}	$\bar{6}$	蓝锥石
			$L_i^6 3L^2 3P$	D_{3h}	$\bar{6}m2$	霞石
			L^6	C_6	6	α-石英
			$L^6 6L^2$	D_6	62（622）	磷灰石
			$L^6 PC$	C_{6h}	6/m	红锌矿
			$L^6 6P$	C_{6v}	6mm	绿柱石
			$L^6 6L^2 7PC$	D_{6h}	6/mmm（6/m2/m2/m）	
高级晶族	等轴晶系	有四个 L^3	$3L^2 4L^3$	T	23	香花石
			$3L^2 4L^3 PC$	T_h	m3（2/m3）	黄铁矿
			$3L_i^4 4L^3 6P$	T_d	$\bar{4}3m$	闪锌矿
			$3L^4 4L^3 6L^2$	O	43（432）	赤铜矿
			$3L^4 4L^3 6L^2 9PC$	O_h	m3m（4/m32/m）	萤石、石榴子石

① 在地质学和矿物学中常用申夫利斯符号（Schoenflies），在申夫利斯符号中，用 C_n、D_n、T 和 O 分别表示 n=1、2、3、4、6 的循环群、双面群、正四面体群和正八面体群。下标 s、v、h、i 分别表示晶系中的对称面、相对主轴的垂直和水平对称面以及反演中心。而 S 表示有旋转反伸轴的一些点群。

1.3.3 国际符号的书写法则

在国际符号中采用的基本对称要素为对称面、对称轴和倒转轴。其中，习惯用一次反轴代替对称中心，而二次反轴用对称面来代替。

用不超过三个代表方向的数据（即窥视方向）表示某一晶系，具体选取方位见表 1-4。

表1-4　国际符号中各个符号在每个晶系中的代表方位

晶系	对称型国际符号中的三个方位所代表的方位（依次列出） 以单位平行六面体的三个矢量表示			对称型国际符号中的三个方位所代表的方位（依次列出） 以晶向指数表示			特征
等轴	a_0	$(a_0+b_0+c_0)$	(a_0+b_0)	[001]	[111]	[110]	三条坐标轴是四次轴（或二次轴），必有四个三次轴
六方	c_0	a_0	$(2a_0+b_0)$	[001]	[100]	[210]	C 轴是六次轴
四方	c_0	a_0	(a_0+b_0)	[001]	[100]	[110]	C 轴是四次轴
三方	c_0	a_0	$(2a_0+b_0)$	[001]	[100]	[210]	C 轴是三次轴
正交	a_0	b_0	c_0	[100]	[010]	[001]	三条轴都是二次轴
单斜	b_0			[010]			b 轴是二次轴，a 轴是斜轴
三斜	c_0			[001]			只有一次轴

注：1. a_0 代表 X 轴方向，b_0 代表 Y 轴方向，c_0 代表 Z 轴方向，而 (a_0+b_0) 代表 X 轴与 Y 轴的角平分线方向，$(a_0+b_0+c_0)$ 代表三个晶轴体对角线方向。

2. 通常三方和六方晶系采取四轴定位。

3. 在某一方位出现的对称轴或倒转轴是指与这一个方向平行的对称轴或旋转轴。在某一方向上出现的对称面是指与这一方向垂直的对称面。同时出现对称轴和对称面，对称轴次放于分子上，对称面放于分母上。

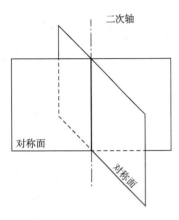

图 1-15 L^22P 在空间的分布

三个方向上相应对称要素选取原则是：首先标记出对称面；其次标记出对称轴；无上述要素时用倒转轴，同时存在对称轴和与之垂直的对称面时，用分式表示。比如 $6/m$ 即表示在该方向上有一个六次轴，同时还有一个对称面与之垂直。实际上从对称要素组合定理①可知，六次轴和对称面的交点必然是对称中心，所以 $6/m$ 代表 L^6PC。类似地 $4/m$ 代表 L^4PC。如果该六次轴与对称面平行，则写作 $6m$，从组合定理③可知有 6 个对称面包含该六次轴，所以 $6m$ 代表 L^66P。

对称型的国际符号举例如下：

从表 1-3 中可知 L^2PC 属于单斜晶系，在 I 方向（Y 轴）上，有 L^2 和垂直于 L^2 的对称面存在，因此第一位写作 $2/m$，C 可以根据组合定理①导出，二、三位空着，所以 L^2PC 的国际符号为 $2/m$。又如 L^22P 属于斜方晶系，其对称要素如图 1-15 所示，两个晶面的交线为二次轴，也可以用对称要素组合定理③来解释。

从表 1-3 中可知 L^6L^27PC 属六方晶系，在 I 方向（Z 轴）有 L^6 及与之垂直的对称面，写作 $6/m$；II 方向（X 轴）上有 L^2 及与之垂直的对称面存在，因此写作 $2/m$；在 III 方向（X 轴与 U 轴的平分线）同样有 L^2 及与之垂直的对称面，亦可以写作 $2/m$。所以 L^6L^27PC 对称型的国际符号是 $\frac{6}{m}\frac{2}{m}\frac{2}{m}$。在该符号中只列出了一个 L^6、两个 L^2 和三个 P，其余的对称要素未列出，但是根据对称要素组合定理可以导出其他对称要素。实际上两个 2 也可以省略，则 L^6L^27PC 对称型的国际符号就可以简写为 $6/mmm$。

1.4 晶体的定向和点阵元素表示方法

在晶体中，所有晶面、晶棱和角顶的分布都是对称的。其外在形态从本质上讲是由晶体的对称性决定的，但对称性又不是决定晶体形态的唯一因素，比如对称型 $3L^44L^36L^29PC$，在不同环境下生长，它们在空间中取向不同，可以表现为立方体、八面体和菱形十二面体等不同的形态，如何来准确表示它们，就需要对晶体进行定位。

在晶体学中，一般采用解析几何方法来确定空间点阵中点、线和面的位置，这和晶体中结点、晶棱和晶面表示方法是完全一致的。

1.4.1 晶体定向

（1）坐标系的选择

原则上坐标系可以任意选取，但是实际中坐标系的选择不是任意的，必须考虑到晶体本身所固有的规律性。简单来讲，坐标系中的坐标轴必须符合晶体内部的空间格子规律，同时还应该尽可能考虑到晶体本身的对称特点。因此对称轴的选取应该遵循下面原则：首先选取对称轴（晶轴）为坐标轴；缺少对称轴则选对称面的法线为晶轴；二者皆无则选取平行于主要晶棱的

方向为坐标轴。这样等轴、四方、斜方、单斜和三斜五个晶系选取近似于垂直的三个轴（X、Y、Z），见图1-16（a），其特点如下：Z轴直立，上正下负；Y轴左右方向，右正左负；X轴前后方向，前正后负。三方和六方晶系因为特殊可以选取四个轴（X、Y、U、Z），如图1-16（b）所示。Z轴和Y轴方位及正负端与上述规定相同，但是X轴正端偏左30°，U轴负端偏右30°，而X、Y和U轴在一个平面上，任意两个轴正端交角为120°。晶系的对称特点不同，晶轴的选取亦不同。坐标轴之间的夹角称为轴角，晶系不同，轴角也不相同。

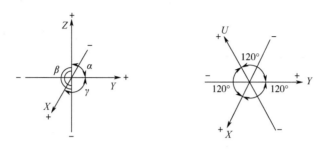

（a）立方等晶系的坐标系统　　　（b）三方和六方晶系三个水平轴的方位

图 1-16　不同晶系的坐标轴示意图

(2) 轴单位的确定

轴单位是坐标轴上作为长度单位计量的线段，是行列上的结点间距，因为结点间距极小，需用衍射方法来确定，使用不便，实际上用相对长度，即把实际结点间距放大了一个很大的整数倍。三个坐标轴轴单位的连比称为轴率，它只涉及方向问题，不涉及具体位置和大小。由于七个晶系特征各不相同，因此轴单位选取也各不相同，如表1-5所示。

表 1-5　七个晶系的轴单位和轴角

项目	三斜	单斜	正交	三方	四方	六方	等轴
轴单位	$a \neq b \neq c$	$a \neq b \neq c$	$a \neq b \neq c$	$a = b \neq c$	$a = b \neq c$	$a = b \neq c$	$a = b = c$
轴角	$\alpha \neq \beta \neq \gamma \neq 90°$	$\alpha = \gamma = 90°$ $\beta \neq 90°$	$\alpha = \beta = \gamma = 90°$	$\alpha = \beta = 90°$ $\gamma = 120°$	$\alpha = \beta = \gamma = 90°$	$\alpha = \beta = 90°$ $\gamma = 120°$	$\alpha = \beta = \gamma = 90°$

由上所述，晶体定向实际上就是确定轴角和轴单位，轴单位和轴角一起称为晶体的几何常数。晶体定向是鉴定晶体的一种重要的方法。

1.4.2　结点表示方法

点阵中结点的位置通常以其坐标值来表示。以图1-17（a）为例，其为一简单点阵，坐标原点的坐标为（0，0，0），根据点阵结点周期性重复的特点，置于其他七个角顶上的结点坐标均可由点（0，0，0）经平移（即平移 T 矢量）得到，故其余七个角顶位置结点坐标也为（0，0，0）。像这样通过平移矢量 T 能够重复出整个空间点阵的基本结点，称为基点。类似地，对于其他点阵也只需要找出其基点就可以了。如图1-17（b）所示的面心立方点阵，可以发现图中的基本结点只有四个，处于八个顶点位置的结点是等同的，只能算一个，六个面中心的结

点只能算三个，相应坐标为：$(0,0,0)$，$\left(0,\dfrac{1}{2},\dfrac{1}{2}\right)$，$\left(\dfrac{1}{2},0,\dfrac{1}{2}\right)$，$\left(\dfrac{1}{2},\dfrac{1}{2},0\right)$。类似地，图 1-17（c）所示点阵中有两个基本结点，坐标为 $(0,0,0)$ 和 $\left(\dfrac{1}{2},\dfrac{1}{2},\dfrac{1}{2}\right)$。

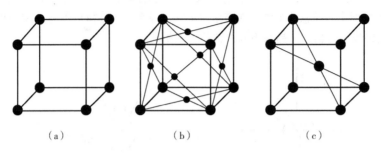

|（a）|（b）|（c）|

图 1-17　几种点阵及结点位置示意图

1.4.3　晶向（晶棱）表示方法

空间点阵中结点连线和平行于结点连线的方向称为晶向。晶向可用晶向指数来表示。确定晶向的方法为：过原点作一条与晶向平行的直线，将直线上任一点化为无公约数的整数 uvw，然后加上方括号即可。如果坐标为负数，则在相应的符号上方加负号。

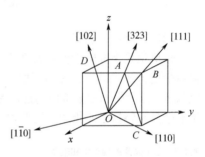

图 1-18　晶向指数确定

晶向指数有以下特点：

① 对应指数绝对值相同而正负号相反的两个晶向指数表示同一晶向指数。

② 系数为 0 表示晶棱垂直于相应坐标轴。

以图 1-18 为例，说明求解晶向的过程：

① 因为 D 点坐标为 $\left(\dfrac{1}{2},0,1\right)$，则 OD 晶向指数为[102]。

② 因为 B 点坐标为 $(1,1,1)$，则 OB 晶向指数为[111]。

③ 因为 A 点坐标为 $\left(1,\dfrac{2}{3},1\right)$，则 OA 晶向指数为[323]。

图 1-19 给出了立方晶系中一些重要晶向的位置。需要指出的是三个坐标轴分别用[100]、[010]、[001]表示。

1.4.4　晶面表示方法

晶面是一组平行等距的面网，晶面在晶体上的方向可用晶面指数来表示，最广泛应用的符号为米勒指数，由英国学者米勒于 1939 年创立。

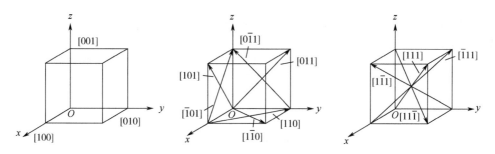

图 1-19 立方晶系中一些重要晶向的位置

晶面指数标定步骤如下：

① 确定参考坐标系。

② 求得待定晶面在三个晶轴上的截距，若该晶面与某轴平行，则在此轴上截距为无穷大。

③ 取各截距的倒数。

④ 将三个倒数化为互质的整数比，并加上圆括号，即表示该晶面的晶面指数，记为 (hkl)。

以图 1-20 为例，说明求米勒指数的一般法则。

① 图 1-20 中晶面 HKL 延长后与 X、Y、Z 轴的截距分别为 $2a$、$3b$、$6c$。

② 取截距系数 $p=2$、$q=3$、$r=6$。

③ 取倒数比：$\dfrac{1}{p}:\dfrac{1}{q}:\dfrac{1}{r}=\dfrac{1}{2}:\dfrac{1}{3}:\dfrac{1}{6}$。

④ 通分，化成整数比，乘以分母最小公倍数得 $3:2:1$。

⑤ 去掉比号，加括号，即（321）为所求的晶面指数。

晶面指数具有以下特点：

① 晶面指数有正有负，视晶面交晶轴于正端或负端而定。指数为负时，表示交于轴的负方向，负号写于指数上方。

② 晶面指数是截距系数的倒数，因此在某坐标轴上的截距越大，则晶面对应的晶面指数越小，如果平行于某一坐标轴，则对应截距为无穷大，对应指数则为 0。

③ 指数按 X、Y、Z 轴顺序排列，其一般式为 (hkl)，三方晶系和六方晶系因选四个晶轴，因此晶面指数中就有四个数，一般式为 $(hkil)$，其中 i 代表 U 轴上的指数。在这个指数中，三个水平轴上的指数的代数和永远等于零，即 $h+k+i=0$，如图 1-21 所示。

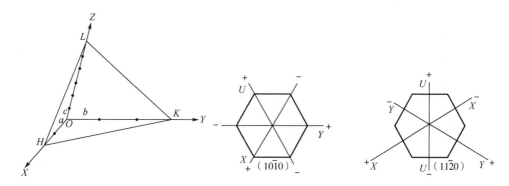

图 1-20 晶面符号表示方法   图 1-21 三方晶系和六方晶系两种不同的晶面指数

④ 晶面在晶轴上的截距系数之比为简单的整数比。面网密度愈大，晶面在晶轴上的截距系数之比愈简单。

立方晶系中一些重要的晶面指数如图 1-22 所示，三个晶面的晶面指数分别为（100）、（110）和（111）。

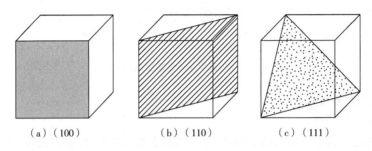

（a）（100）　　　（b）（110）　　　（c）（111）

图 1-22　立方晶系中几个重要的晶面指数

一组相互平行且面网间距相等的晶面构成了面网，面网符号也采用米勒指数，写作 (hkl)，平行面网间距用 d_{hkl} 表示，h、k、l 绝对值越小，d_{hkl} 越大，面网密度越大。

1.4.5　晶面指数和晶向指数的关系

晶面 (hkl) 可以用解析几何方法来表示：

$$Ax+By+Cz+D=0 \qquad (1\text{-}1)$$

$$h:k:l=A:B:C$$

若此平面通过原点，则 $D=0$，平面方程式变为：

$$Ax+By+Cz=0 \qquad (1\text{-}2)$$

将式（1-1）代入式（1-2），可得：

$$hx+ky+lz=0 \qquad (1\text{-}3)$$

显然，通过坐标原点而与晶面 (hkl) 平行的晶向 $[uvw]$ 必然包含在上述平面内，因此晶向 $[uvw]$ 上的某一点的坐标 (u, v, w) 应满足式（1-3），因此可写作：

$$hu+kv+lw=0 \qquad (1\text{-}4)$$

这就是晶面指数与晶向指数之间的关系，通过上式，就可以在已知晶面时求晶向，或已知晶向时求晶面。

1.5　晶体构造的几何规律

前面我们讲述了晶体的对称性，知道了晶体外形的各种几何规律由晶体内部构造的规律性来决定。所以在研究晶体时，需要进一步从几何角度来分析晶体内部构造的规律性。因此，下面介绍空间点阵的划分问题以及晶体构造的微观对称问题。

1.5.1　14种布拉维格子

在理想晶体中，其内部质点均按照格子构造规律排列。平行六面体是空间格子的最小单位，整个晶体结构可视为由平行六面体（即晶胞）在三维空间平行地、毫无间隙地重复堆砌而成，见图1-23。那么划分平行六面体具体方法可能多种多样，为了对划分方式进行统一，并使划分出来的平行六面体是一个具有代表性的基本单位，选择平行六面体时，应该遵循以下原则：

① 所选取的平行六面体能够充分反映整个空间格子所固有的对称性，简称对称性原则。

② 所选取的平行六面体，其交角应该尽可能为直角，简称直角最多原则。

③ 在遵循上面两条件的前提下，所选取的平行六面体的体积应该最小，简称体积最小原则。

上述三原则的实质是选取的平行六面体尽可能与 $a=b=c$、$\alpha=\beta=\gamma=90°$ 相一致。

为了便于分析，我们从图1-23中抽象出图1-24。

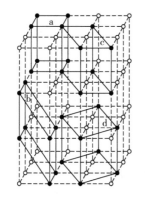

图1-23　点阵中的几种平行六面体

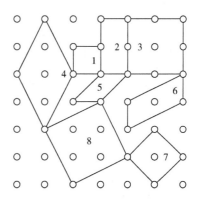

图1-24　平面点阵的选取

从图1-24可知，该点阵有一个四次轴，但是只有1、3、7符合四次轴的对称特点，而3、7面积比1大，综合三原则，只有正方形1，即图1-23中平行六面体a是符合要求的单位。

单位平行六面体的三条棱长 a_0、b_0、c_0 以及三者之间的夹角 α、β 和 γ 称为单位平行六面体参数，也称为晶格常数。

根据晶体外形做出的晶体定向和单位平行六面体对应一致，即三个晶轴的方向就是单位平行六面体的三组棱的方向，晶体常数和晶格常数是一致的。只不过单位平行六面体的三根棱长度 a_0、b_0、c_0 有具体的数值，而轴率 $a:b:c$ 只是相对的数值。

平行六面体是晶体结构在三维空间中的最小重复单位，对其描述则包括结点和形状两方面。

根据平行六面体中结点分布情况，可以分为四种情况。

① 原始格子（P，对于三方菱面体格子用 R 来表示）：结点分布于平行六面体的八个角顶，而每个结点同时为八个平行六面体单位所共有，因此每个单位平行六面体只有一个结点。

② 底心格子（C、A 或 B）：结点分布于平行六面体的八个角顶及某一对面的中心。面中心的结点为两个共面的平行六面体单位所共有，因此每一个单位平行六面体共有两个结点。其中，底心格子又可细分为三种类型。a. C 心格子（C），即结点分布于平行六面体的角顶和平行（001）一对平面的中心；b. A 心格子（A），即结点分布于平行六面体的角顶和平行（100）一对平面的中心；c. B 心格子（B），即结点分布于平行六面体的角顶和平行（010）一对平面的中心。

③ 体心格子（I）：结点分布于平行六面体的八个角顶和中心，这种结构形式包含两个结点。

④ 面心格子（F）：结点分布于平行六面体的八个角顶和六个面的中心，这种结构形式包含四个结点。

如果再考虑到平行六面体的形状，则空间格子共有 14 种，称为布拉维格子（Bravais lattice）。这就提出一个问题，既然平行六面体有 7 种形状和 4 种结点分布类型，为什么空间格子不是 7×4=28 种呢？这是因为一些晶系的空间格子是重复的，而还有一些空间格子违背了格子构造的规律，或者由于其对称与该晶系不符而不能在晶体结构中存在。当所选取的平行六面体单位不是最小，则会出现重复。现略举几例予以说明。

如图 1-25 所示，三斜面心格子可以转化为体积更小的三斜原始格子；单斜 B 心格子可以转化为体积更小的 C 心格子；四方底心格子可以转化为四方原始格子。

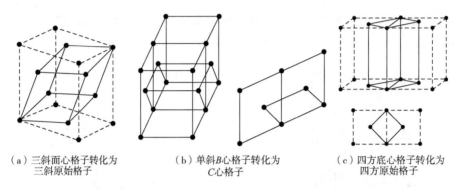

（a）三斜面心格子转化为
三斜原始格子

（b）单斜B心格子转化为
C心格子

（c）四方底心格子转化为
四方原始格子

图 1-25　底心四方和简单四方之间的关系

又如某些格子形式不可能出现在某些晶系中，否则违背了该晶系点阵的周期性。比如立方晶系中不可能存在立方底心点阵，因为不符合等轴晶系具有 $4L^3$ 的对称特点。

以上表明，当去掉一些重复的、不可能存在的空间格子后，在晶体结构中就只可能有 14 种空间格子。表 1-6 给出了 14 种布拉维格子及其特征参数。

表 1-6　14 种布拉维格子及其特征参数

晶系	晶格常数	原始	底心	体心	面心
三斜	$a \neq b \neq c$ $\alpha \neq \beta \neq \gamma \neq 90°$		$C=P$	$I=P$	$F=P$
单斜	$a \neq b \neq c$ $\alpha = \gamma = 90°$，$\beta \neq 90°$			$I=C$	$F=C$

晶系	晶格常数	原始	底心	体心	面心
正交	$a \neq b \neq c$ $\alpha = \beta = \gamma = 90°$				
三方 （菱 形）	$a=b=c$, $\alpha = \beta = \gamma \neq 90°$		与对称不符	$I=P$	$F=P$
四方	$a = b \neq c$ $\alpha = \beta = \gamma = 90°$		$C=P$		$F=I$
六方	$a = b \neq c$ $\alpha = \beta = 90°$, $\gamma = 120°$		底心有结点时， 不符合六方对称	与对称不符	不符合六方对称
立方 （等 轴）	$a = b = c$ $\alpha = \beta = \gamma = 90°$		与对称不符		

　　需要指出的是，对应于三方晶系的格子有两种，一种是三方格子，其晶格常数和六方格子相同。因为六方格子的底面是一个内角分别为 60° 和 120° 的菱形，相当于由两个等边三角形拼成，而在每个等边三角形的中心显然可以有 L^3 存在。而另一种格子是菱面体格子。

　　由于六方格子的特殊性，有时为了表示出六次轴的位置，通常把三个平行六面体按图1-26所示的方法相拼，即可以表示出六次轴的位置。

1.5.2 晶胞

从晶体结构可以抽象出空间点阵，它是几何图形，其结点不具有任何物理化学性质，但是由于它是由实际晶体抽象而得，如果把空间点阵的结点再放上实际的原子、离子或离子基团，则变为实际晶体，那么我们也可以在实际晶体中划分出相应于平行六面体的划分单位，这样的划分单位则称为晶胞（Unit cell）。所以说，晶胞是能够充分反映晶体构造特征的最小构造单位。晶胞参数与对应的平行六面体参数完全一致。

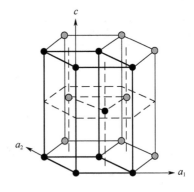

图 1-26 关于六方晶系的平行六面体

1.6 晶体内部构造的对称要素

1.6.1 微观对称要素

晶体外形的对称取决于晶体内部构造的对称，两者相互联系，彼此统一。但是晶体外形是有限图形，它是基于宏观对称的。而研究晶体内部构造规律的时候，必须把晶体构造作为无限图形来对待，其对称属于微观对称。因此微观对称和宏观对称既相互联系又有所区别。

对于宏观对称，总有一个点是不动的，在微观对称中，所有的点都要动，因此微观对称要比宏观对称复杂。总的来说，微观对称有以下特点：

① 晶体构造中，任何一个对称要素都有无限多个和它相同的对称要素，按格子构造规律进行排列。

② 晶体构造中，对称要素不交于一点。

③ 晶体构造中，多了一种平移操作，平移操作和宏观对称要素复合产生了一些宏观对称中所没有的特有对称要素。下面分别予以介绍。

1.6.1.1 平移轴

平移轴为一直线，相应操作为沿此直线平移一定距离，可以使晶体相等部分重合，从空间点阵的概念可知，晶体中任一行列都是平移轴，故空间点阵中的平移轴是无穷多的，空间点阵有 14 种，平移轴也就有 14 种。

1.6.1.2 滑移面

滑移面是晶体构造中一个假想的平面，其操作是复合操作，相对于反映和平移联合进行，首先对此平面反映，再沿着平行于此平面的方向移动一定距离后，图形重合。先平移后反映其效果是完全一样的。例如，NaCl 晶体在（001）面上投影如图 1-27 所示，做如下变换：

$$1 \xrightarrow{\text{平移} \frac{b_0}{2}} 1' \xrightarrow{a-a\text{面反映}} 2 \xrightarrow{\text{平移} \frac{a_0}{2}} 2' \xrightarrow{a-a\text{面反映}} 3$$

经过这样的操作，1点和2点重合，2点又可以和3点重合。所以 a-a 面是滑移面。类似地，b-b 面也是滑移面。

在晶体构造中，根据移动方向和平移距离的不同可以把滑移面分为五种：a、b、c、n、d，见表 1-7。其中 a、b、c 称为轴向滑移面，n 为对角线滑移面，d 称为菱形滑移面。

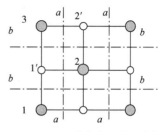

图 1-27　NaCl 晶体在（001）面上投影

表 1-7　滑移面

类型	平移方向	平移距离
a	平行于 X 轴	$\frac{1}{2}a_0$
b	平行于 Y 轴	$\frac{1}{2}b_0$
c	平行于 Z 轴	$\frac{1}{2}c_0$
n	晶胞面对角线	$\frac{1}{2}(a_0+b_0)$、$\frac{1}{2}(a_0+b_0)$、$\frac{1}{2}(a_0+c_0)$
d	晶胞面对角线	$\frac{1}{4}(a_0+b_0)$、$\frac{1}{4}(a_0+c_0)$、$\frac{1}{4}(b_0+c_0)$

1.6.1.3　螺旋轴

螺旋轴为晶体中假想的直线，也是复合操作，相当于旋转和平移的复合，即绕此直线先旋转一定的角度，并沿此直线移动一定的角度后，晶体中每一个质点都与其相同的质点重合，整个图形复原。先平移后旋转其结果也是一样的。

根据旋转的方向分为左旋和右旋两种情况，若沿顺时针方向旋转，则称为左螺旋轴，若沿逆时针方向旋转，称为右螺旋轴。根据旋转角的不同，分为一、二、三、四、六次旋转轴。

根据平移距离，每一种旋转轴又有几种变化。

平移距离：$t=\frac{s}{n}T$（n 为轴次；s 为 1，2，…，$n-1$ 个整数；T 为基本矢量）。当 $s=0$ 时，平移距离为 0，即为对称轴情况。

$n=1$ 时，一次螺旋轴即为平移轴。

$n=2$ 时，螺旋轴只有 1 个，即 2_1。在 NaCl 结构中可以观察到。

$n=3$ 时，s 可以取 1、2，有两种螺旋轴 3_1（右旋三次螺旋轴）和 3_2（左旋三次螺旋轴）。3_1 表示当逆时针旋转时向上平移距离 $1/3T$，3_2 表示当顺时针旋转时平移距离 $2/3T$。3_1 和 3_2 在 β-石英的结构中可以观察到。

四次螺旋轴有三种，即右旋四次螺旋轴 4_1、中性四次螺旋轴 4_2 和左旋四次螺旋轴 4_3。四次螺旋轴在金刚石的结构中可以看到，如图 1-28 所示。

六次螺旋轴有五种，即右旋六次螺旋轴 6_1 和 6_2、中性六次螺旋轴 6_3 及左旋六次螺旋轴 6_4 和 6_5。6_2 和 6_4 在 α-石英的结构中可以观察到。

1.6.2　空间群

在晶体构造中，一切对称要素的组合称为此晶体的空间群。

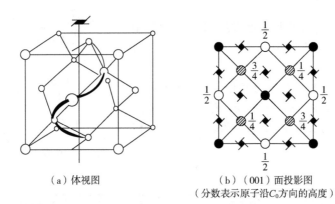

（a）体视图　　　　　　　　（b）（001）面投影图
　　　　　　　　　　　　　　（分数表示原子沿C_0方向的高度）

图 1-28　金刚石晶体结构中的 4_1 和 4_3

如前所述，有限图形（晶体外形）的对称要素共有 10 种，它们组合成 32 种点群。但在无限图形（晶体构造）中，由于对称要素的种类多了，组合也就增多了，单纯从数学角度来考虑，这种组合是很多的，但同样由于受到晶体格子构造规律的限制，在晶体构造中所能出现的空间群只有 230 种，称为 230 种空间群，表 1-8 给出了 230 种空间群。

表 1-8　230 种空间群

三斜						
1.$P1$	2.$P\bar{1}$					
单斜						
3.$P2$	4.$P2_1$	5.$C2$	6.Pm	7.Pc	8.Cm	9.Cc
10.$P2/m$	11.$P2_1/m$	12.$C2/m$	13.$P2/c$	14.$P2_1/c$	15.$C2/c$	
正交						
16.$P222$	17.$P222_1$	18.$P2_12_12$	19.$P2_12_12_1$	20.$C222_1$	21.$C222$	22.$F222$
23.$I222$	24.$I2_12_12_1$	25.$Pmm2$	26.$Pmc2_1$	27.$Pcc2$	28.$Pma2$	29.$Pca2_1$
30.$Pnc2$	31.$Pmn2_1$	32.$Pba2$	33.$Pna2_1$	34.$Pnn2$	35.$Cmm2$	36.$Cmc2_1$
37.$Ccc2$	38.$Amm2$	39.$Abm2$	40.$Ama2$	41.$Aba2$	42.$Fmm2$	43.$Fdd2$
44.$Imm2$	45.$Iba2$	46.$Ima2$	47.$Pmmm$	48.$Pnnn$	49.$Pccm$	50.$Pban$
51.$Pmma$	52.$Pnna$	53.$Pmna$	54.$Pcca$	55.$Pbam$	56.$Pccn$	57.$Pbcm$
58.$Pnnm$	59.$Pmmn$	60.$Pbcn$	61.$Pbca$	62.$Pnma$	63.$Cmcm$	64.$Cmca$
65.$Cmmm$	66.$Cccm$	67.$Cmma$	68.$Ccca$	69.$Fmmm$	70.$Fddd$	71.$Immm$
72.$Ibam$	73.$Ibca$	74.$Imma$				
四方						
75.$P4$	76.$P4_1$	77.$P4_2$	78.$P4_3$	79.$I4$	80.$I4_1$	81.$P\bar{4}$

四方						
82.$I\bar{4}$	83.$P4/m$	84.$P4_2/m$	85.$P4/n$	86.$P4_2/n$	87.$I4/m$	88.$I4_1/a$
89.$P422$	90.$P42_12$	91.$P4_122$	92.$P4_12_12$	93.$P4_222$	94.$P4_22_12$	95.$P4_322$
96.$P4_32_12$	97.$I422$	98.$I4_122$	99.$P4mm$	100.$P4bm$	101.$P4_2cm$	102.$P4_2nm$
103.$P4cc$	104.$P4nc$	105.$P4_2mc$	106.$P4_2bc$	107.$I4mm$	108.$I4cm$	109.$I4_1md$
110.$I4_1cd$	111.$P\bar{4}2m$	112.$P\bar{4}2c$	113.$P\bar{4}2_1m$	114.$P\bar{4}2_1c$	115.$P\bar{4}m2$	116.$P\bar{4}c2$
117.$P\bar{4}b2$	118.$P\bar{4}n2$	119.$I\bar{4}m2$	120.$I\bar{4}c2$	121.$I\bar{4}2m$	122.$I\bar{4}2d$	123.$P4/mmm$
124.$P4/mcc$	125.$P4/nbm$	126.$P4/nnc$	127.$P4/mbm$	128.$P4/mnc$	129.$P4/nmm$	130.$P4/ncc$
131.$P4_2/mmc$	132.$P4_2/mcm$	133.$P4_2/nbc$	134.$P4_2/nnm$	135.$P4_2/mbc$	136.$P4_2/mnm$	137.$P4_2/nmc$
138.$P4_2/ncm$	139.$I4/mmm$	140.$I4/mcm$	141.$I4_1/amd$	142.$I4_1/acd$		
三方						
143.$P3$	144.$P3_1$	145.$P3_2$	146.$R3$	147.$P\bar{3}$	148.$R\bar{3}$	149.$P312$
150.$P321$	151.$P3_112$	152.$P3_121$	153.$P3_212$	154.$P3_221$	155.$R32$	156.$P3m1$
157.$P31m$	158.$P3c1$	159.$P31c$	160.$R3m$	161.$R3c$	162.$P\bar{3}1m$	163.$P\bar{3}1c$
164.$P\bar{3}m1$	165.$P\bar{3}c1$	166.$R\bar{3}m$	167.$R\bar{3}c$			
六方						
168.$P6$	169.$P6_1$	170.$P6_5$	171.$P6_2$	172.$P6_4$	173.$P6_3$	174.$P\bar{6}$
175.$P6/m$	176.$P6_3/m$	177.$P622$	178.$P6_122$	179.$P6_522$	180.$P6_222$	181.$P6_422$
182.$P6_322$	183.$P6mm$	184.$P6cc$	185.$P6_3cm$	186.$P6_3mc$	187.$P\bar{6}m2$	188.$P\bar{6}c2$
189.$P\bar{6}2m$	190.$P\bar{6}2c$	191.$P6/mmm$	192.$P6/mcc$	193.$P6_3/mcm$	194.$P6_3/mmc$	
立方						
195.$P23$	196.$F23$	197.$I23$	198.$P2_13$	199.$I2_13$	200.$Pm3$	201.$Pn3$
202.$Fm3$	203.$Fd3$	204.$Im3$	205.$Pa3$	206.$Ia3$	207.$P432$	208.$P4_232$
209.$F432$	210.$F4_132$	211.$I432$	212.$P4_332$	213.$P4_132$	214.$I4_132$	215.$F\bar{4}3m$
216.$F\bar{4}3m$	217.$I\bar{4}3m$	218.$P\bar{4}3n$	219.$F\bar{4}3c$	220.$I\bar{4}3d$	221.$Pm3m$	222.$Pn3n$
223.$Pm3n$	224.$Pn3m$	225.$Fm3m$	226.$Fm3c$	227.$Fd3m$	228.$Fd3c$	229.$Im3m$
230.$Ia3d$						

　　晶体构造中对称要素的数目是无限的，但是晶体外形的对称要素是有限的，由于晶体外形上的对称特点和晶体构造中的对称特点是一致的，所以点群和空间群之间是可以相互转化的。如将平移距离缩为 0，则滑移面变为对称面，螺旋轴变为对称轴。可以想象将同一方向上

的无限同种对称要素平移汇聚，使其最少相交于一点，此时，空间群转化为点群。

1.6.3　空间群的国际符号

空间群的国际符号由两部分组成，前半部分用大写斜体字母（P、C、I、F）表示所属布拉维格子的类型，后半部分是对称性的国际符号，只需要将其中的对称要素符号换为相应的内部构造对称要素符号，不超过三位。例如 $I4_1/amd$，从 I 可知它属于体心格子，从后半部分可知它属于四方晶系。从晶系的窥视方向可知，在平行于 Z 轴方向有一个右旋四次螺旋轴 4_1，且垂直于 Z 轴有滑移面 a，垂直于 X 轴方向有对称面 m，垂直于 X 轴与 Y 轴的角平分线方向有滑移面 d。

再如 $Fm3m$，F 表示面心立方点阵；第一个 m 表示垂直于 a 方向 [（100）晶面] 上有对称面；3 表示立方体对角线上有三次轴，为[111]方向；第二个 m 表示垂直于立方体晶胞面对角线即平行于（110）晶面上有对称面。

又如 L^2PC 属单斜晶系，窥视方向是 b。b 方向上的对称要素有一个 L^2 和垂直 L^2 的对称面 P，相应国际符号写作 $2/m$。

空间群最早由俄罗斯科学家费德洛夫于 1890 年左右完成，其后又有德国学者圣弗利斯和英国学者巴罗用不同的推导方法独立得到相同的结果。系统地推导 230 种空间群需要很大的工作量，而且需要较好的数学基础，前人早已完成此项工作，因此不必再去推导，但是了解从简单点群推导空间群的原理和方法对于晶体结构的理解是有益的。下面介绍一个简单的例子。

例如四方晶系 4（对称型 L^4，仅有一个四次轴的对称型），四方晶系有两种点阵，即四方晶系 P 和 I 两种。四次对称轴在晶体中可以是普通四次对称轴和三种四次螺旋轴 4_1、4_2、4_3。将四方 P 和四方 I 与 4、4_1、4_2、4_3 对称轴组合后，重复的组合合并为一种，这样共得到 6 种空间群，即 $P4$、$P4_1$、$P4_2$、$P4_3$、$I4$、$I4_1$、$I4_2$、$I4_3$ 和前面的是重复的，因此不计入内。这样对于外形属于对称型 L^4 的晶体，就内部对称来讲共有 6 个空间群。

晶体的对称性越高，其相应的空间群对称要素系就越复杂，越难用平面投影图来表述。

晶体的微观对称和宏观对称是一致的，并不存在矛盾，前者是针对外形，从宏观角度出发，而后者是针对内部结构，从微观出发。因为实际晶体中包含了无数个晶胞，比如在 1cm³ 的 NaCl 晶体中就包含 $10^{18} \sim 10^{19}$ 个晶胞，这样一个在宏观上看来是有限的结构，微观角度可以看作是近似向三维空间无限延伸的。

本章小结

空间点阵、点群、空间群、布拉维格子、晶胞等是定性描述晶体中质点排列周期性的基本概念，而晶胞参数、晶面指数等是利用几何方法对晶体质点排列进行定量描述。对晶体对称性的研究已经有数百年的历史，对晶体概念的认识也是一个较为长期的过程，对晶体本质上的认识是在近代 X 射线衍射发现以后。需要指出的是，晶体学上的对称和自然界中存在的对称是有所差异的，自然界中，特别是植物具有许多对称的特征，比如木槿花、天竺葵是五次对称的，而我们在晶体中

是观察不到五次对称的, 那么实际中有没有五次对称呢? 答案是有的, 但是直到 19 世纪 80 年代才在一些晶体中观察到了五次对称, 这种介于晶体和非晶体之间的物质称为准晶。

在晶体构造中, 可能存在的对称要素有:

① 对称轴: 1, 2, 3, 4, 6。

② 倒转轴: $\bar{1}(=C), \bar{2}(=m), \bar{3}, \bar{4}, \bar{6}$。

③ 螺旋轴: 1 (= 平移轴), 2_1, 3_1, 3_2, 4_1, 4_2, 4_3, 6_1, 6_2, 6_3, 6_4, 6_5。

④ 滑移面: a, b, c, n, d。

⑤ 平移轴: 14 种布拉维格子, 有 $P(R)$、$C(A, B)$、I 和 F 之分。

可见, 宏观对称型 (点群) 和微观对称型 (空间群) 只不过是从不同角度来分析晶体结构而已。

思考题与习题

1. 解释下列概念

晶系、晶胞、晶胞参数、空间点阵、米勒指数 (晶面指数)、点群、空间群、对称性。

2. 何谓对称变换 (对称操作)、对称要素、对称中心、对称面、对称轴、倒转轴?

3. (1) 已知一晶面在 X、Y、Z 轴上的截距分别为 $2a$、$3b$、$6c$, 求出该晶面的米勒指数。

(2) 已知一晶面在 X、Y、Z 轴上的截距分别为 $a/3$、$b/2$、c, 求出该晶面的米勒指数。

4. 在立方晶系的晶胞中画出下列米勒指数的晶面和晶向: (001) 与 [201]、(111) 与 [111]、(110) 与 [111]。

5. 写出面心立方格子的单位平行六面体上所有结点的坐标。

6. 列表说明晶族、晶系的划分原则。

7. 简述晶体的均一性、各向异性、对称性及三者之间的相互关系。

8. 为何在单斜晶系的布拉维格子中, 有 C 心格子而没有 B 心格子?

9. 什么是晶体的微观对称要素, 其主要特点是什么?

第2章 晶体化学基础及理想晶体结构

✈ 本章提要

在 1912 年以前，对晶体结构的研究还没有实验手段，自从劳厄（Laue）利用 X 射线研究晶体结构获得成功，大量的晶体结构得到测定，而且在晶体结构和晶体性质之间相互关系的研究领域取得了巨大的进步。在本章中，先讨论决定影响晶体结构的基本原理，在此基础上，讨论典型的离子晶体结构和硅酸盐晶体结构，也对一些非氧化物作简单介绍，以此掌握与常见无机材料有关的各种典型晶体结构，为进一步理解晶体组成、结构、性质之间的相互关系，以及了解实际材料结构和材料设计、开发及应用奠定基础。

2.1 晶体化学基本原理

晶体的组成和结构决定了晶体的基本性质，而组成与结构之间又存在着密切的内在关系，因此研究晶体的性质，必须从组成出发研究决定晶体结构的因素。

2.1.1 紧密堆积原理

对于金属晶体，价电子从金属原子中脱出，为整个晶体共用，金属原子形成对称的离子，金属则倾向于形成高度对称、紧密排列的晶体结构。理想状况下，可以把离子认为是刚性球体。对于最外层是惰性气体或 18 个电子结构的离子，其键合方式和金属晶体不同，但均无方向性，此时也可以把这种离子作为刚性球体来考虑。无方向性、无饱和性这种特点有利于球体的密集有序堆积。实际晶体中存在多种离子导致问题复杂化，但是对于典型的离子晶体，正负离子极化一般较小，因此，在正负离子结合时，彼此影响较小，离子仍然可以看作刚性球体。即使对于一些较复杂的离子晶体，仍可以按刚性球体处理，但是必须根据实际情况予以修正。

在有限的空间内离子堆积得越多，密度越大，则空间利用率越高，系统的内能也越小，结构也就越稳定，最紧密堆积原理是和最小内能原理相一致的。根据离子种类的不同可以把离子堆积分为等大球体密堆和非等大球体密堆两种情况，前者针对单一元素构成的晶体，比如

Cu、Au 等金属，C、As 等非金属，后者针对 NaCl、Al_2O_3 等离子晶体。下面分别就等大球体密堆和非等大球体密堆两种情况予以讨论。

（1）等大球体密堆

等大球体根据堆积情况的不同可以形成两种结构。如果把等大球体布满一个平面，则形成在二维平面的密堆（记为 A），此时每一个原子周围都有六个最邻近的原子，相应形成 6 个三角形凹坑（后称三角形空隙），这些三角形空隙大小相等，形状也相同，但是其分布方位不同，一半顶角向下（记为 B），一半顶角向上（记为 C），相间分布 [图 2-1（a）]。

第二层球体（即 B 层）如放在第一层球体（即 A 层）上，则必然放在同一种三角形空隙上，无论放在哪一种空隙上，都会形成一种新的贯通空隙。继续放置第三层球体，则存在两种情况，一种是直接放在第二层形成的顶角向上或顶角向下的三角形空隙中，也就是恰好放在第一层的正上方，那么第四层就放在第二层的正上方，如此下去，就会形成 ABABAB… 的堆积方式，如图 2-1（b）所示。

如果第三层放在第一层和二层形成的新的贯通空隙上，则此时第三层不再与其他层重复，形成一种新层，即 C 层，如此下去，第四层将会和第一层重复，第五层会和第二层重复，形成 ABCABC… 的堆积方式，如图 2-1©所示。

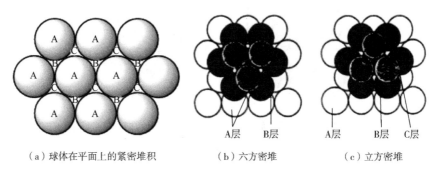

（a）球体在平面上的紧密堆积　　　（b）六方密堆　　　（c）立方密堆

图 2-1　球体最紧密堆积及两种堆积方式

上述两种堆积方式分别称为六方密堆（简称 hcp）和立方密堆（简称 ccp）。从六方密堆和立方密堆中可以抽象出如图 2-2 所示的结构。如果取其中任意一个球体为中心，仔细观察其周围球体的排列情况，可以发现中心球体周围最邻近的球体均为 12 个，即六方密堆和立方密堆中原子的配位数（一个原子周围最邻近的原子数称为配位数）为 12。

虽然是紧密堆积，但是球与球之间仍然有空隙。所形成的空隙有两种，一种为四面体空隙，由四个球体围成，属于其中一个球体的空隙只有 1/4；另一种为八面体空隙，由六个球体围成，属于其中一个球体的空隙只有 1/6。可以发现中心球体周围存在有八个四面体空隙和六个八面体空隙，则属于某一个中心球体的四面体空隙为 $\frac{1}{4} \times 8 = 2$ 个，八面体空隙为 $\frac{1}{6} \times 6 = 1$ 个。可以推断，如果构成某个晶体需要 n 个球体紧密堆积，则该晶胞中必然有 $2n$ 个四面体空隙和 n 个八面体空隙。图 2-3 给出了一个四面体空隙和八面体空隙及其位置。

为了衡量球体密堆程度，引入了空间利用率（亦称堆积系数）的概念，即原子体积占晶胞体积的比例。六方密堆和立方密堆的堆积系数均为 74.05%，剩余的 25.95% 为空隙。空间利用率与晶体的密度、折射率都有一定的关系。

下面简单计算立方密堆堆积系数。

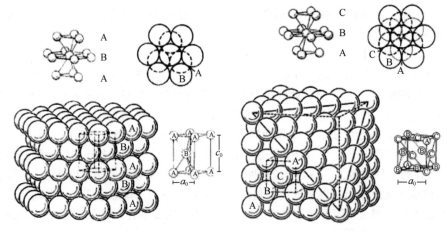

（a）六方密堆及抽象出的结构　　　　　　　　（b）立方密堆及抽象出的结构

图 2-2　从六方密堆和立方密堆抽象出来的结构

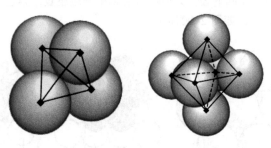

（a）四个球围成的四面体空隙　　　（b）六个球围成的八面体空隙

图 2-3　四面体空隙和八面体空隙及其位置示意图

等大球体最紧密堆积形成立方密堆，则立方体 8 个顶点位置的球体为 8 个立方体所共有，属于该立方体的只有 1 个。6 个面中心位置处的球体也各只有一半属于该立方体，故总数为 3 个。因此立方体总共有 4 个球体。要实现紧密堆积，球体不仅在边上相互接触，而且沿立方体对角线接触，设球体半径为 r，晶胞参数为 a，则有 $\sqrt{2}a = 4r$，即 $a = 2\sqrt{2}r$，于是有：

$$\text{堆积系数} = \frac{4 \times \frac{4}{3}\pi r^3}{(2\sqrt{2}r)^3} \times 100\% = 74.05\%$$

结合各元素的原子量，则可以计算出晶体的理论密度。

等大球体还有其他堆积方式，如体心立方堆积、简单立方堆积、简单六方堆积、体心四方堆积、四面体堆积等，但都不是最紧密堆积。

（2）非等大球体密堆

对于非等大球体密堆这种情况，可以看作较大的球体作最紧密堆积，而较小的球体填充在其中的四面体或八面体空隙中，具体视球体大小而定。如果球体很大，甚至可以使堆积方式发生改变，以产生更大的空隙满足填充的需要。通常理想的离子晶体结构可视作非等大球体密堆，即较大的负离子作最紧密堆积，较小的正离子填在空隙中，比如 NaCl、CsCl 等典型离子晶体。

2.1.2　配位数和配位多面体

对于离子晶体,配位数(Coordination number, CN)即每个离子周围与其相邻的异号离子的数目。联结某一离子成配位关系的异号离子的中心所构成的几何多面体,则称为该离子的配位多面体(Coordination polyhedron)。以 NaCl 晶体为例,如图 2-4 所示,注意其中的四面体空隙并没有填充离子,Cl^- 为立方密堆,Na^+ 填充在 Cl^- 形成的八面体空隙中,每一个 Na^+ 周围有 6 个 Cl^- 与其相邻,因此 Na^+ 的配位数为 6。同样,Cl^- 的配位数也为 6。类似地,对于 CsCl 晶体,Cs^+ 填充在八个 Cl^- 所形成的立方体空隙中,因此 Cs^+ 的配位数为 8。每个 Cl^- 周围有 8 个 Cs^+,故 Cl^- 配位数也为 8。同样是 Cl^- 作立方密堆,两种晶体的正离子配位数之所以不同,是因为 Cs^+ 半径较大,其需要的空隙相应也要大,必须有更多的 Cl^- 形成比八面体空隙更大的空隙。或者说 Cs^+ 周围可以容纳更多的 Cl^-,Cl^- 不再接触,因而使配位数升高。根据最小内能原理,在晶体中,每一个正离子周围应尽可能紧密地围满负离子,否则内能升高,结构不稳定。

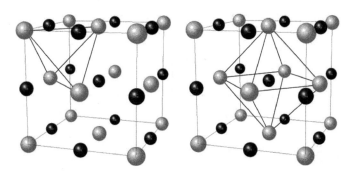

图 2-4　NaCl 晶胞以及配位多面体的位置和 Na^+ 的配位关系

从以上例子可见,配位数与正负离子半径比具有一定关系。利用简单的几何关系可以推算出形成不同结构时 r_+ 和 r_- 之比的下限。正负离子半径比、配位数和配位多面体之间的关系如表 2-1 所示。

如果正负离子半径不符合这种适配关系,结构不再稳定,配位数将发生改变。图 2-5 给出了正离子配位数稳定性结构图解。一般而言,稳定的结构通常倾向于具有最大的配位数。如果正负离子半径比恰好等于临界半径值,或者非常接近,比如正负离子半径比等于 0.414 时,则配位数可以为 4,也可以为 6。通常正离子配位数多为 4、6,有时也有 8、12。除了正负离子半径比外,正离子类型、极化性能等内在因素及温度、压力等外在因素也会对配位数产生影响,这些因素对晶体结构的影响在后续的章节中予以讨论。

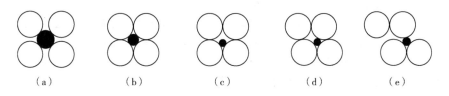

（a）　　　　　　（b）　　　　　　（c）　　　　　　（d）　　　　　　（e）

图 2-5　正离子配位数稳定性结构图解

表 2-1 正负离子半径比、配位数和配位多面体的关系

r_+/r_-	配位数	配位多面体形状	实例	r_+/r_-	配位数	配位多面体形状	实例
0.000~0.155	2	哑铃状	CO_2（干冰）、HgS	0.414~0.732	6	八面体	NaCl、MgO、TiO_2
0.155~0.225	3	三角形	B_2O_3、石墨	0.732~1	8	立方体	CsCl、CaF_2、ZrO_2
0.225~0.414	4	四面体	SiO_2、GeO_2、闪锌矿	1	12	立方八面体	Cu

2.1.3 离子半径

一般最外层是惰性气体或 18 个电子结构形式的离子具有球形对称的电子分布,无方向性,可以把离子看作球体。当晶体中正负离子之间的引力和斥力达到平衡时,离子间有一定的平衡距离,这意味着两个带电的球体相互结合时,存在一个能够达到的极限位置,也就是说每一个离子周围有一个一定大小的作用力范围,其他离子是不能进去的,整个作用力圈的半径就是离子半径。假如能够知道一种离子的半径,就可以通过一定的方法计算出所有的离子半径。比如常见的戈尔德施密特(Goldschmit)半径和鲍林(Pauling)半径就是以配位数为 6 的 NaCl 型晶体结构推算出来的。对于其他配位数不为 6 的结构,则需要进行修正。

但是必须指出的是,离子半径本身是一个近似概念,实际中由于离子所处的环境不同,其半径是变化的,因此离子半径并不存在一个恒定值。

常见的离子半径值还有 R. D. Shannon 离子半径,这是在鲍林半径基础上,对离子半径进行修正得到的,一个明显的不同是 R. D. Shannon 离子半径考虑到了离子配位数变化、电子自旋状态、配位多面体几何构型等因素。由于考虑因素较多,R. D. Shannon 离子半径更符合实际,现在更常用,常称为有效离子半径。所谓有效,是指这些数据是由实验测得的数据推导出的,而离子半径之和与实验测定的离子间的距离相比,符合得很好。表 2-2 和表 2-3 列出了这两种常用的半径值。

表 2-2 鲍林半径

离子	r/nm	离子	r/nm	离子	r/nm	离子	r/nm	离子	r/nm
Ag^+	0.126	Co^{3+}	0.063	Hg^{2+}	0.110	Nb^{5+}	0.070	Si^{4+}	0.041
Al^{3+}	0.050	Cr^{2+}	0.084	I^-	0.260	Ni^{2+}	0.072	Sr^{2+}	0.113
As^{3+}	0.222	Cr^{3+}	0.069	In^+	0.132	Ni^{3+}	0.062	Sn^{2+}	0.112
As^{5+}	0.047	Cr^{6+}	0.052	In^{3+}	0.081	O^{2-}	0.140	Sn^{4+}	0.071
Au^+	0.137	Cs^+	0.169	K^+	0.133	P^{3-}	0.212	Te^{2-}	0.221
B^{3+}	0.020	Cu^+	0.096	La^{3+}	0.115	P^{5+}	0.034	Ti^{2+}	0.090
Ba^{2+}	0.135	Cu^{2+}	0.070	Li^+	0.060	Pb^{2+}	0.120	Ti^{3+}	0.078
Be^{2+}	0.031	Eu^{2+}	0.112	Lu^{3+}	0.093	Pb^{4+}	0.084	Ti^{4+}	0.068
Bi^{5+}	0.074	Eu^{3+}	0.103	Mg^{2+}	0.065	Pd^{2+}	0.086	Tl^+	0.140
Br^-	0.195	F^-	0.136	Mn^{2+}	0.080	Ra^{2+}	0.140	Tl^{3+}	0.095
C^{4-}	0.260	Fe^{2+}	0.076	Mn^{3+}	0.066	Rb^+	0.148	U^{4+}	0.097
C^{4+}	0.015	Fe^{3+}	0.064	Mn^{4+}	0.054	S^{2-}	0.184	V^{2+}	0.088
Ca^{2+}	0.099	Ga^+	0.113	Mn^{7+}	0.046	S^{6+}	0.029	V^{3+}	0.074
Cd^{2+}	0.097	Ga^{3+}	0.062	Mo^{6+}	0.062	Sb^{3-}	0.245	V^{4+}	0.060
Ce^{3+}	0.111	Ge^{2+}	0.093	N^{3-}	0.171	Sb^{5+}	0.062	V^{5+}	0.059
Ce^{4+}	0.101	Ge^{4+}	0.053	N^{5+}	0.011	Sc^{3-}	0.081	Y^{3+}	0.093
Cl^-	0.181	H^-	0.208①	Na^+	0.095	Se^{2-}	0.198	Zn^{2+}	0.074
Co^{2+}	0.074	Hf^{4+}	0.081	NH_4^+	0.148	Se^{6+}	0.042	Zr^{4+}	0.080

① 表中 H^- 数据偏大，一般常用 0.140nm。

表 2-3 有效离子半径①

离子	配位数	r/nm	离子	配位数	r/nm	离子	配位数	r/nm
Ag^+	2	0.067	B^{3+}	4	0.011	Cd^{2+}	6	0.095
	4	0.100		6	0.027	Ce^{3+}	6	0.101
	4(sq)	0.102	Ba^{2+}	6	0.135	Ce^{4+}	6	0.087
	6	0.115		8	0.142	Cl^-	6	0.181
Al^{3+}	4	0.039		9	0.147	Co^{2+}	4(HS)	0.058
	6	0.535	Be^{2+}	4	0.027		6(LS)	0.065
As^{3+}	6	0.058		6	0.045		6(HS)	0.0745
As^{5+}	4	0.0335	Br^-	6	0.196	Co^{3+}	6(LS)	0.0545
	6	0.046	C^{4+}	4	0.015		6(HS)	0.061
Au^+	6	0.137		6	0.016	C^{2+}	6(LS)	0.073
Au^{3-}	4(sq)	0.068	Ca^{2+}	6	0.100		6(HS)	0.080
	6	0.085		9	0.118	Cr^{3+}	6	0.0615
B^{3+}	3	0.001	Cd^{2+}	4	0.078	Cr^{6+}	4	0.026

离子	配位数	r/nm	离子	配位数	r/nm	离子	配位数	r/nm
Cs^+	6	0.167	Fe^{3+}	6(LS)	0.055	Ni^{2+}	6	0.069
Cu^+	2	0.046		6(HS)	0.0645	Ni^{3+}	6(LS)	0.056
	4	0.060	I^-	6	0.220		6(HS)	0.060
	6	0.077	K^+	6	0.138	O^{2-}	3	0.136
Cu^{2+}	4	0.057		8	0.151		4	0.138
	4(sq)	0.057		12	0.164		6	0.140
	5	0.065	La^{3+}	6	0.1032		8	0.142
	6	0.073		12	0.136	P^{3+}	6	0.044
F^-	2	0.1285	Li^+	4	0.059	P^{5+}	4	0.017
	3	0.130		6	0.076	Rb^+	6	0.152
	4	0.131	Lu^{3+}	6	0.0861	S^{2-}	6	0.184
	6	0.133	Mg^{2+}	4	0.057	S^{6+}	4	0.012
Fe^{2+}	4(HS)	0.063		6	0.072	Si^{4+}	4	0.026
	4(sq)	0.064	Mn^{2+}	6(LS)	0.067		6	0.040
	6(LS)	0.061		6(HS)	0.083	Ti^{4+}	4	0.042
	6(HS)	0.078	Mn^{7+}	4	0.025	V^{5+}	6	0.054
Fe^{3+}	4(HS)	0.049	Na^+	6	0.102	Zn^{2+}	4	0.060

① 表中 sq 表示平面四方形配位；HS 表示高自旋状态；LS 表示低自旋状态。

2.1.4　离子极化

在无机化学中已经学过离子极化这个概念，这里简单讨论离子极化对配位数的影响。在离子密堆的讨论中，把离子看作一个刚性的小球，实际上，离子密堆时，每一个离子均构成电场，这个电场必然要对另一离子的电子云发生作用，在电场作用下，离子的形状和大小发生改变，这种现象称为极化。每一个离子都有双重作用，即自身被极化和极化周围的离子，前者称极化率，后者称极化力，对一种离子而言，两者同时存在。对于不同的离子，极化率和极化力是不同的。如果正离子极化力很强，将使负离子电子云显著变形，产生很大的偶极，加强了与附近正离子的吸引力，导致正负离子更加接近，缩短了正负离子间的距离，从而使得实际离子半径减小，配位数降低。下面以 Ag 的卤化物为例，分析极化对配位数的影响。按离子半径理论推算，Ag^+ 的配位数均为 6，属于 NaCl 型结构，但实际 AgI 中 Ag^+ 配位数为 4，属于 ZnS 结构，正负离子间距离由 0.336nm 下降到 0.299nm。离子极化对卤化物键性及结构的影响见表 2-4。从表中可以看出，在离子电价相同的情况下，负离子半径越大，极化率越大。

决定离子晶体结构的因素主要有两种：a.离子间的相对数量、离子的相对大小以及离子间的极化等内在因素；b.温度、压力等外在因素。其中前者是主要的，这些因素的相互作用又取决于晶体的化学组成，其中何种因素起主要作用，要视具体晶体而定，不能一概而论。

表 2-4　离子极化对卤化物键性及结构的影响

项目		AgCl	AgBr	AgI
Ag$^+$X$^-$之间距离/nm	理论值	0.295	0.311	0.336
	实测值	0.277	0.288	0.299
r_+/r_-值		0.715	0.654	0.577
结构类型	理论	NaCl	NaCl	NaCl
	实际	NaCl	NaCl	ZnS
配位数	理论	6	6	6
	实际	6	6	4

2.2　鲍林规则

Goldschmit 曾经指出，晶体的结构取决于其组成质点的数量关系、大小关系和极化性能。这个规律一般称为 Goldschmit 结晶化学定律，它定性地概括了影响晶体结构的三个主要因素。前面分析了 NaCl 和 CsCl 的晶体结构，对于 CsCl 晶体，$r_+/r_-=0.933$，预计配位数为 8；NaCl 晶体中 $r_+/r_-=0.524$，预计配位数为 6。从晶体结构中可知，这两种晶体实际配位数和预计配位数完全吻合，但是也有预计配位数和实际配位数相偏离的情况，这要具体情况具体分析，但通常发生偏离的原因是配位数不仅与离子半径有关，往往还与键性有关。

在对晶体结构长期鉴定的基础之上，鲍林提出了五条经验规则，这些规则不仅适用于结构简单的离子晶体，也适用于复杂的离子晶体和硅酸盐晶体，而且对于既有共价键又具有部分离子键的晶体，也同样具有重要意义。但是对于主要为共价键的晶体，这些规则是不适合的。

2.2.1　第一规则（负离子配位多面体规则）

第一规则指出，在离子化合物中，在正离子周围形成一个负离子配位多面体，负离子在多面体的角顶，正离子在负离子多面体中心。正负离子间的距离取决于半径之和，配位数取决于正负离子半径之比，而与电价无关。

第一规则解决了离子晶体中配位多面体如何构成的问题。常见氧化物中氧离子的配位数见表 2-5。

表 2-5　常见氧化物中氧离子的配位数

配位数	正离子
3	B^{3+}
4	Be^{2+}、Ni^{2+}、Zn^{2+}、Cu^{2+}、Al^{3+}、Ti^{4+}、Si^{4+}、P^{5+}
6	Na$^+$、Mg^{2+}、Ca^{2+}、Fe^{2+}、Mn^{2+}、Al^{3+}、Fe^{3+}、Cr^{3+}、Ti^{4+}、Nb^{5+}、Ta^{5+}
8	Ca^{2+}、Zr^{4+}、Th^{4+}、U^{4+}
12	K$^+$、Na$^+$、Ba^{2+}

2.2.2　第二规则（电价规则、静电键规则）

在离子晶体中，正负离子通过静电引力而结合，当每个离子的电价都达到饱和时，晶体才具有最稳定的结构。换言之，对于一个稳定的离子晶体结构，正负离子间的电荷一定要平衡，这是电价规则的实质。

鲍林指出，在稳定的离子晶体结构，每个负离子的电价等于或近似等于（一般偏差不超过 $\frac{1}{4}$，常发生于稳定性较差的结构中）它从周围正离子得到的静电键强度之和。

设 Z^+ 为正离子的电荷数，n 为配位数，则正离子的静电键强度 S 定义为 $S=Z^+/n$，即正离子的电荷平均分配给直接围绕它的负离子。又设 Z^- 为负离子的电荷数，则可以写出一般表达式：

$$Z^- = \sum_i S_i = \sum_i \frac{Z_i^+}{n_i}$$

上式表示对与一个负离子相连的所有正离子求和。因此，这一规则指明了一个负离子和几个正离子相连，或者说几个配位多面体共用同一顶点。它解决了配位多面体如何连接成离子晶格的问题。静电键规则对于分析和了解各种离子晶体和硅酸盐晶体结构是非常重要的。下面举例说明。

MgO 晶体属 NaCl 型晶体，Mg^{2+} 的配位数为 6，故 $S=2/6=1/3$。所以 $Z^- = \sum_i S_i = \sum_i \frac{Z_i^+}{n_i} = \sum_i \frac{2}{6} = \frac{1}{3} \times i = 2$（$O^{2-}$ 的电价），则 $i=6$，这说明每个 O^{2-} 为 6 个氧八面体所共有，即每个 O^{2-} 是 6 个镁氧八面体的公共顶点。再如对于 $[SiO_4]$ 四面体，Si^{4+} 位于 4 个 O^{2-} 构成的四面体的中央，根据静电键规则，$S=4/4=1$，而 O^{2-} 的电价为 2，即 $Z^- = 1 \times i$，$i=2$，则每个 O^{2-} 同时与 2 个 Si^{4+} 相连，即 1 个 O^{2-} 和 2 个 $[SiO_4]$ 四面体相连接，但最多也只能连接 2 个。

静电键规则有两个用途：其一，判断晶体是否稳定。一般来讲，静电键强度越大，结构越稳定。其二，判断共用一个顶点的多面体的数目。

例如在 $CaTiO_3$ 结构中，Ca^{2+}、Ti^{4+}、O^{2-} 的配位数分别为 12、6、6。O^{2-} 的配位多面体是 $[OCa_4Ti_2]$，则 O^{2-} 的电荷数为 4 个 2/12 与 2 个 4/6 之和，即等于 2，与 O^{2-} 的电价相等，故晶体结构是稳定的。又如黄玉晶体 $Al_2SiO_4F_2$，和 O^{2-} 配位的为 1 个 Si^{4+} 和 2 个 Al^{3+}，所以 O 的电价为 4/4+2×3/6=2。

2.2.3　第三规则（负离子配位多面体共顶、共棱和共面规则）

由于静电键规则仅仅指出共用同一顶点的配位多面体的数目，但是不能断定两个配位多面体共用的顶点数。例如图 2-6 所示的情况，从图中可以看出，两个四面体或八面体之间共用顶点数既有 1，也有 2 或 3，即共顶、共棱或共面。那么哪一种连接方式最稳定呢？从图 2-6 中可以看出，随着共用顶点数的增加，两个多面体中心的正离子之间的距离将很快缩短，正离子之间的斥力将显著增加，因而这样的结构相对不稳定。设两个四面体共用顶点时中心间距为 1，则共棱和共面时分别为 0.58 和 0.33。类似可知，在八面体场合下，中心间距分别为 1、0.71 和 0.58，随着间距的降低，斥力迅速增加。显然，

四面体效应比八面体效应显著。除此之外，静电斥力还和正离子电价有关，高电价的正离子比低电价的正离子有更大的影响。由此得出鲍林第三规则：在一个配位结构中，配位多面体共棱，特别是共面的存在会降低结构的稳定性，对于高价低配位的正离子来讲，效应更显著。

举例说明，$[SiO_4]$四面体之间只有共顶，不共棱，更不共面，而$[AlO_6]$八面体之间却可以共棱，个别场合下甚至可以共面。对于其他类型的四面体或八面体也是适用的。

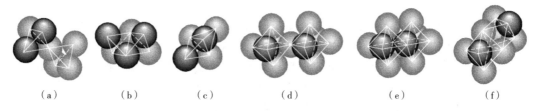

　　　（a）　　　　　（b）　　　　　（c）　　　　　（d）　　　　　（e）　　　　　（f）

图 2-6　四面体及八面体共顶、共棱及共面时中心距离变化示意图

2.2.4 第四规则（不同种类正离子配位多面体间连接规则）

前面讲的是一种正离子的情况，那么对于存在多种正离子的情况又如何连接呢？鲍林在第三规则的基础上，推出第四规则：含一种以上正离子的晶体中，一些高价低配位的正离子配位多面体之间有尽量不结合的趋势。

比如镁橄榄石 $MgSi_2O_4$，Mg^{2+} 和 Si^{4+} 的配位数分别为 6 和 4，由于$[SiO_4]$四面体中 Si^{4+}斥力较大，$[SiO_4]$四面体之间不互相结合而孤立存在；但是 Si^{4+} 和 Mg^{2+} 之间的斥力较小，故$[SiO_4]$四面体和$[MgO_6]$八面体之间有共顶和共棱的情况。

2.2.5 第五规则（节约规则）

第五规则指出，在同一晶体中，本质上不同组成的构造单元（结构组元）的数目趋于最少，或者说同种正离子与同种负离子的结合方式应尽可能最大限度地趋于一致。

比如在硅酸盐晶体中，不会同时出现$[SiO_4]$四面体和$[Si_2O_7]$双四面体，尽管它们之间也符合静电键等规则。又如石榴石（$Ca_3Al_2Si_3O_{12}$），其中 Ca^{2+}、Al^{3+}、Si^{4+}的配位数分别为 8、6、4，静电键强度分别为 1/4、1/2 和 1，因此可能有多种连接方式，比如一个氧离子连接两个$[CaO_8]$立方体、一个$[AlO_6]$八面体和一个$[SiO_4]$四面体，或者一个氧离子连接四个$[CaO_8]$立方体和一个$[SiO_4]$四面体，或者一个氧离子连接两个$[AlO_6]$八面体和一个$[SiO_4]$四面体，但是实际上只有第一种方式是最可能出现的。这个规则的结晶学基础是晶体结构的周期性和对称性，如果组成不同结构的基元较多，每一种基元要形成各自的周期性、规则性，则它们之间会相互干扰，不利于形成稳定的晶体结构。

实际上第一规则 Goldschmit 已经归纳过，鲍林规则不过说得更深入罢了，而第四规则是第三规则的推论，第五规则应用并不广泛，第二、第三规则是鲍林规则的核心。

需要指出的是，虽然鲍林规则早在 1928 年就已经提出，但鲍林规则是在以后通过几

千个晶体结构分析才得到证实的，因此鲍林规则是分析晶体结构尤其是离子晶体结构的基础。对于违反鲍林规则的情况，要么化合物结构不稳定，要么化合物本身就不属于离子晶体。

2.3 常见离子晶体

大量的氧化物、氮化物、硫化物以及卤化物均是以离子键结合的晶体形式存在，但完全由离子键结合的晶体却极少，只能说许多晶体具有很大程度的离子键结合，所以把它们归到离子晶体中。由于硅酸盐晶体结构复杂，虽然很多也属于离子晶体范畴，但通常单独予以讨论（见第 2.4 节），其他常见的非氧化物作为选读内容放在第 2.5 节。

根据典型离子晶体的特征，我们按下述分类予以讨论：AB 型结构、AB_2 型结构、A_2B_3 型结构、ABO_3 型结构、AB_2O_4 型结构等。

2.3.1 AB 型结构

AB 型结构是离子晶体中最简单的一种，它有四种主要的结构类型：NaCl 型、CsCl 型、闪锌矿型（立方 ZnS）和纤锌矿型（六方 ZnS）。

（1）NaCl 型结构

① 结构特征：NaCl 型结构又称为岩盐结构，属立方晶系，$Fm3m$ 空间群，$a_0 = 0.563nm$。Cl^- 为面心立方密堆，$\dfrac{r_{Na^+}}{r_{Cl^-}} = \dfrac{0.095}{0.181} = 0.525$，则 Na^+ 配位数为 6，填充于全部的八面体空隙，Cl^- 配位数也为 6（图 2-7），一个晶胞内含 4 个 NaCl "分子"。根据第 1 章所学知识，可以用坐标来表示 4 个 Cl^- 和 Na^+ 的位置：Cl^- 的坐标为 $(0, 0, 0)$、$\left(\dfrac{1}{2}, \dfrac{1}{2}, 0\right)$、$\left(\dfrac{1}{2}, 0, \dfrac{1}{2}\right)$、$\left(0, \dfrac{1}{2}, \dfrac{1}{2}\right)$，$Na^+$ 的坐标为 $\left(0, 0, \dfrac{1}{2}\right)$、$\left(\dfrac{1}{2}, 0, 0\right)$、$\left(0, \dfrac{1}{2}, 0\right)$、$\left(\dfrac{1}{2}, \dfrac{1}{2}, \dfrac{1}{2}\right)$。

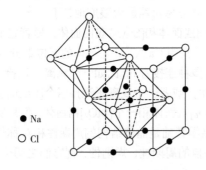
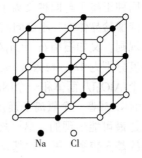

图 2-7 NaCl 型结构

② 性质：由于在三维方向上键力比较均匀，因此 NaCl 晶体无明显解理，破碎后颗粒呈多面体状。NaCl 是生活必备品，在工业上的应用也十分广泛，在材料领域常用作透红外

材料。

③ 同型晶体：属于 NaCl 型结构的有 MgO、CaO、SrO、BaO、MnO、FeO、CoO、NiO 等二价离子氧化物。这些氧化物都具有很高的熔点，尤其是 MgO，熔点达到 2800℃，因而 MgO（矿物名为方镁石）是碱性耐火材料中的重要晶相，在水泥熟料中也经常会检测到方镁石和游离石灰的存在。MgO 和 CaO 虽然结构相同，但抗水化能力前者明显比后者强。

除 CsCl、CsBr、CsI 外其他所有碱金属卤化物都属于这种结构。碱土金属的硫化物也属于这种结构。TiN 和 TiC 等氮化物和碳化物也属于 NaCl 型结构。

（2）CsCl 型结构

结构特征：如图 2-8 所示，CsCl 属立方晶系，$Pm3m$ 空间群，$a_0 = 0.411$nm，简单立方格子，正负离子配位数均为 8，一个晶胞中含 1 个 CsCl "分子"，同样可以用坐标来表示 Cs$^+$ 和 Cl$^-$ 的位置：Cs$^+$ 为 $\left(\dfrac{1}{2}, \dfrac{1}{2}, \dfrac{1}{2}\right)$，Cl$^-$ 为 $(0, 0, 0)$。其他和 CsCl 同结构的晶体有 CsBr、CsI、TiCl 和 NH$_4$Cl 等。

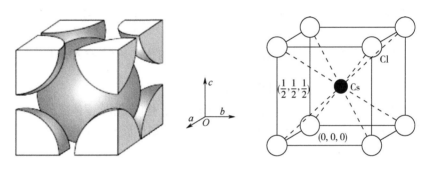

图 2-8　CsCl 型结构

（3）闪锌矿型结构（立方 ZnS）

① 结构特征：闪锌矿属于立方晶系，$F43m$ 空间群，$a_0 = 0.540$nm。结构见图 2-9，S^{2-} 位于面心立方的结点位置，而 Zn^{2+} 交错分布在立方体内的八分之一小立方体的中心。$\dfrac{r_{Zn^{2+}}}{r_{S^{2-}}} = \dfrac{0.074}{0.184} = 0.402$，则 Zn^{2+} 配位数是 4，S^{2-} 的配位数也是 4。若把 S^{2-} 看作最紧密堆积，则 Zn^{2+} 填充于 1/2 四面体空隙中。S^{2-} 坐标为 $(0, 0, 0)$、$\left(\dfrac{1}{2}, \dfrac{1}{2}, 0\right)$、$\left(\dfrac{1}{2}, 0, \dfrac{1}{2}\right)$、$\left(0, \dfrac{1}{2}, \dfrac{1}{2}\right)$，Zn^{2+} 坐标为 $\left(\dfrac{1}{4}, \dfrac{1}{4}, \dfrac{3}{4}\right)$、$\left(\dfrac{1}{4}, \dfrac{3}{4}, \dfrac{1}{4}\right)$、$\left(\dfrac{3}{4}, \dfrac{1}{4}, \dfrac{1}{4}\right)$、$\left(\dfrac{3}{4}, \dfrac{3}{4}, \dfrac{3}{4}\right)$。图 2-9 用不同方式给出了 ZnS 的结构。图 2-9（a）为用球棍模型表示的晶胞图，图 2-9（b）为图 2-9（a）的俯视图，图 2-9（c）为按多面体连接方式表示的 ZnS 结构。图 2-9（b）中数字为标高，可以直观看出多面体的连接方式和原子在空间中的位置。[ZnS$_4$] 四面体共顶相连。由于 Zn^{2+} 极化作用很强，S^{2-} 又极易变形，因此 Zn—S 键已经带有相当的共价键性质。

② 性质：闪锌矿是炼锌的主要原料，将矿石在空气中煅烧成氧化锌，然后用碳还原即得金属锌。

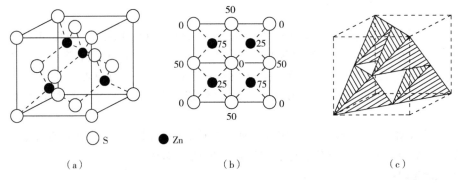

S ○   Zn ●

（a）　　　　　　　　（b）　　　　　　　　（c）

图 2-9　闪锌矿型结构

③ 同型晶体：和闪锌矿同结构的有 β-SiC、GaAs、AlP、InSb 以及 Be 和 Cd 的硫化物、硒化物、碲化物等。其中 β-SiC 熔点高，硬度大，抗热震性好，是一种重要的高温结构材料。

（4）纤锌矿型结构（六方 ZnS）

① 结构特征：纤锌矿属六方晶系，$P6_3mc$ 空间群。晶格常数 a=0.382nm，c=0.625nm。每个晶胞中含 4 个"分子"，其坐标如下：S 为 $(0, 0, 0)$、$\left(\frac{2}{3}, \frac{1}{3}, \frac{1}{2}\right)$，Zn 为 $\left(0, 0, \frac{5}{8}\right)$、$\left(\frac{2}{3}, \frac{1}{3}, \frac{1}{8}\right)$。晶胞结构如图 2-10 所示，可以看作较大的负离子 S^{2-} 按 ABAB…六方密堆，而 Zn^{2+} 占据其中一半四面体空隙，形成[ZnS_4]四面体。

闪锌矿结构和纤锌矿结构[ZnS_4]四面体均共顶连接，但[ZnS_4]四面体层平行排列的方向不同。闪锌矿中四面体层平行于（111）面，而纤锌矿中四面体层平行于（0001）面排列，如图 2-11 所示。

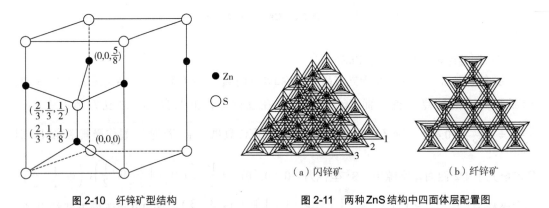

● Zn
○ S

$(0,0,\frac{5}{8})$

$(\frac{2}{3},\frac{1}{3},\frac{1}{2})$
$(\frac{2}{3},\frac{1}{3},\frac{1}{8})$

$(0,0,0)$

（a）闪锌矿　　　　　（b）纤锌矿

图 2-10　纤锌矿型结构　　　　图 2-11　两种ZnS结构中四面体层配置图

② 性质及用途：某些纤锌矿结构由于其结构中无对称中心，具有热释电效应和声电效应，可以用作红外探测器和半导体器件。

③ 同型晶体：属于此类结构类型的有 α-SiC、BeO、AlN、ZnO 等，其中 BeO 晶格常数小，a = 0.268nm，c=0.437nm，Be^{2+} 离子半径小（0.034nm），极化能力强，Be—O 间基本属于共价键性质，键能较强。因此 BeO 具有熔点高（2550℃）、硬度大（莫氏硬度 9）、热导率高（热导率是 α-Al_2O_3 的 15 倍）、耐热冲击性能良好等优点，常被用于导弹燃烧室内衬，又由于其对辐射具有相当的稳定性，可作核反应堆的材料。α-SiC 是 SiC 的高温型，$P6_3mc$ 空间群，

已知的晶型有 250 多种，C 轴随层数不同而变化，虽然晶格常数各不相同，但是密度差别不大。α-SiC 在高温工业中也被广泛使用。

2.3.2　AB₂ 型结构

AB₂ 型结构中主要介绍萤石型（CaF₂）、金红石型（TiO₂）以及碘化镉型（CdI₂）的晶体结构，SiO₂ 虽属 AB₂ 型化合物，但因变体较多，在硅酸盐结构中详述。

（1）萤石型结构（CaF₂）

① 结构特征：CaF₂ 属立方晶系，$Fm3m$ 空间群，a_0=0.545nm，其结构如图 2-12 所示。Ca²⁺位于立方体的角顶及面心，形成面心立方结构，而 F⁻ 则填充在八个小立方体的中心，晶胞分子数为 4，C 的配位数为 8，形成立方配位多面体，而 F⁻ 的配位数为 4，形成[FCa₄]四面体。四面体之间共棱，立方体之间也共棱。（注意：讨论 CaF₂ 的结构，可以把正离子看作紧密堆积，而负离子填充空隙。当然，也可以看作 F⁻ 为简单立方密堆，Ca²⁺ 填充一半立方体空隙。）对于碱土金属氧化物如 Li₂O、Na₂O、K₂O 和 Rb₂O，它们的正负离子位置和 CaF₂ 的完全相反，即碱金属离子占据 F⁻ 的位置，而 O²⁻ 占据 Ca²⁺ 的位置，通常把这种结构称为反萤石型结构。

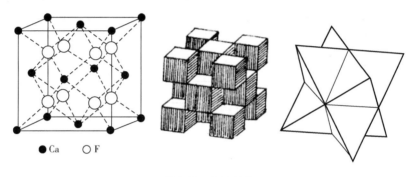

●Ca　○F

图 2-12　CaF₂ 结构

② 性质及用途：由于有一半立方体空隙未填，晶体在平行于（111）面网上存在着同号离子层，在此方向上易解理，因此萤石常呈八面体解理。萤石在玻璃工业和钢铁工业中常用作助熔剂，也有作晶核剂的。在水泥工业中则用作矿化剂。

③ 同型晶体：有 ThO₂、CeO₂ 和 UO₂ 等。其中 M⁴⁺ 和 O²⁻ 分别占据 Ca²⁺ 和 F⁻ 的位置。而 ZrO₂ 也属于此种结构，但变形较大。

（2）金红石型结构（TiO₂）

① 结构特征：金红石属四方晶系，$P4_2/mnm$ 空间群，其结构如图 2-13 所示。每个晶胞中"分子数"为 2。Ti⁴⁺ 在晶胞的顶角和中心的位置上，实际上 Ti⁴⁺ 在晶体中是按四方简单格子排列的，晶胞中心的 Ti⁴⁺ 属于另一套简单格子。$\dfrac{r_{Ti^{4+}}}{r_{O^{2-}}} = \dfrac{0.068}{0.140} = 0.486$，则 Ti⁴⁺ 的配位数为 6，形成[TiO₆]八面体，八面体之间共顶和共棱连接；O²⁻ 则由位于三角形顶点上的三个 Ti⁴⁺ 包围起来，形成平面三角配位，每个 O²⁻ 同时为三个[TiO₆]八面体所共有。或者说 TiO₂ 可以看作 O²⁻ 作稍有变形的六方密堆，Ti⁴⁺ 填充了 1/2 八面体空隙。

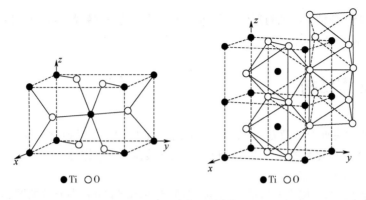

图 2-13   金红石型结构

② 性质及用途：金红石具有较高的介电常数和折光率，是生产高折射玻璃的原料和无线电陶瓷原料之一。另外金红石也是重要的化工原料。

除了金红石外，TiO_2晶体还有板钛矿和锐钛矿两种变体，结构均不相同。其中锐钛矿较少见，大约在 915℃ 转化为金红石，和金红石晶型一样，均为 4/mmm。而板钛矿大约在 750℃ 转化为金红石。金红石中八面体共用两条棱，而板钛矿中八面体共用三条棱，锐钛矿中共用四条棱，共用棱越多，结构越不稳定，它们向金红石转化的不可逆性也说明了这一点。表 2-6 给出了三种 TiO_2 晶体的主要参数。

表 2-6   三种 TiO_2 晶体的主要参数

主要参数	金红石	锐钛矿	板钛矿
晶胞中"分子数" Z	2	4	8
晶系	四方	四方	正交
空间群	$P4_2/mnm$	$I4_1/amd$	$Pbca$
晶格常数	a=0.4584，c=0.29533	a=0.3785，c=0.9513	a=0.9181，b=0.5455，c=0.5142
摩尔体积	18.693	20.156	19.377
密度	4.2743	3.895	4.123

③ 同型晶体：GeO_2、SnO_2、PbO_2、MnO_2、NbO_2、MoO_2 等均属于这类晶体。

（3）碘化镉型结构（CdI_2）

结构特征：CdI_2 属三方晶系，$P\bar{3}m$ 空间群，a=0.42445nm，c=0.68642nm，是一种重要的层状结构晶体，如图 2-14 所示。Cd^{2+} 位于六方柱状晶胞的各个角顶和底心，I^- 位于 Cd^{2+} 组成的三角形重心位置上方或下方。Cd^{2+} 配位数为 6，$[CdI_6]$ 八面体平行于（0001）面，以共棱方式连接成层，每个 I^- 与周边的 3 个 Cd^{2+} 相连，见图 2-14（b）。I^- 近似六方密堆，Cd^{2+} 相间成层填充在八面体空隙中，构成与（0001）面平行的层状结构。八面体层间通过分子间力联系，层内由于极化作用，已经具有明显的共价键性质，层内联系很紧，而层间力很弱，故晶体出现平行（0001）面的解理。

$Mg(OH)_2$、$Ca(OH)_2$ 具有和 CdI_2 完全一样的结构，只需要把 Mg^{2+}、Ca^{2+} 和 Cd^{2+} 离子互换，OH^- 和 I^- 互换即可。

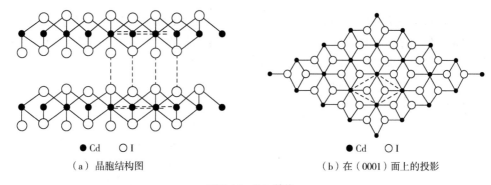

（a）晶胞结构图 （b）在（0001）面上的投影

图 2-14　CdI_2 结构

2.3.3　A_2B_3 型结构

A_2B_3 型结构按半径比可以分为好几种形式，这里仅仅讨论 α-Al_2O_3（刚玉）的结构。

① 结构特征：α-Al_2O_3 属三方晶系，$R\bar{3}c$ 空间群，晶格常数 a=0.512nm，α=55°17′。O^{2-} 近似作六方密堆，Al^{3+} 填充在 O^{2-} 形成的八面体空隙中，填充 2/3 八面体空隙。图 2-15 给出刚玉结构以及在（001）面上的投影。可以看出每三个八面体空隙中有一个未填充 Al^{3+} 的空位。八面体之间有三种连接方式：共顶、共棱和共面。正负离子的配位数分别为 6 和 4。

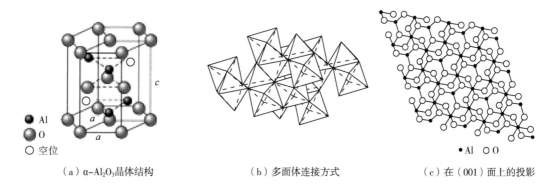

（a）α-Al_2O_3 晶体结构 （b）多面体连接方式 （c）在（001）面上的投影

图 2-15　α-Al_2O_3 结构

② 性质及用途：刚玉性质极硬，莫氏硬度为 9，熔点 2050℃，这与刚玉中 Al—O 键较强有关，因此刚玉是构成耐火材料和高绝缘无线电陶瓷的主要物相。纯刚玉呈半透明状，可以用作高压钠灯的灯管。掺铬后的单晶为红宝石，可作仪表、钟表轴承，也是优良的固体激光基质材料。

③ 同型晶体：除了 Al_2O_3 外，α-Fe_2O_3、Cr_2O_3、Ti_2O_3、V_2O_3 等氧化物也具有刚玉型结构。$FeTiO_3$、$MgTiO_3$ 和 $PbTiO_3$ 等钛铁矿族的菱面体晶体，也都属于刚玉型结构，不过因含两种正离子，对称性较低。

2.3.4　ABO_3 型结构

此类化合物中以钙钛矿（$CaTiO_3$）和方解石（$CaCO_3$）为代表。

钙钛矿结构通式为 ABO_3，其中 A 为 2 价离子，B 为 4 价离子，是一种复合氧化物结构，A 也可以是 1 价离子，而 B 为 5 价离子。对于 ABO_3 结构矿物，A 离子必须较大以便和 O^{2-} 密堆；B 离子适合于八面体配位；A、B 总电荷为 O 电荷的三倍。

(1) 钙钛矿（$CaTiO_3$）型结构

① 结构特征：钙钛矿为假立方体型结构（$Pm3m$ 空间群），在低温时转变为斜方晶系（$Pcmn$ 空间群）。为了便于分析其结构，通常假设 O^{2-} 和 Ca^{2+} 一起按立方最紧密堆积，而较小的 Ti^{4+} 则占有八面体空隙的四分之一。图 2-16 为理想的钙钛矿型立方晶胞。Ca^{2+} 在立方体的顶角，Ti^{4+} 在立方体的中心，和六个面中心的 O 形成 $[TiO_6]$ 八面体。$[TiO_6]$ 八面体群互相以顶角相连形成三维的空间结构。填充在 $[TiO_6]$ 八面体形成的空隙内的 Ca^{2+}，被 12 个 O^{2-} 包围。因此 Ca^{2+} 和 Ti^{4+} 的配位数分别为 12 和 6。

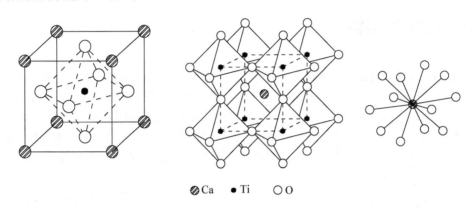

◎Ca　●Ti　○○O

图 2-16　理想的钙钛矿型结构以及配位多面体连接情况

② 同型晶体、性质及用途：除 $CaTiO_3$ 外，还有许多种晶体具有钙钛矿的结构形式，例如，$SrTiO_3$、$BaTiO_3$、$PbZrO_3$、$SrZrO_3$ 等，即 Ca^{2+} 被 Sr^{2+}、Ba^{2+}、Pb^{2+} 等 2 价离子代替，而 Ti^{4+} 可被 Zr^{4+} 代替。钙钛矿结构是一系列铁电晶体的代表，如 $BaTiO_3$ 具有高介电性，$PbZrO_3$ 具有优良的压电性，以及由它们衍生的一系列晶体物质，在电子材料中发挥着重要作用。顽辉石 $MgSiO_3$ 也属于钙钛矿结构，仅在高压下存在，被认为是较低地幔（约 600km 深）中的主要矿物，硅的配位数为 6，形成 $[SiO_6]$ 八面体，共棱连接，相应镁的配位数为 12。这是压力影响结构的一个典型例子。

对于钙钛矿型结构，在高温时为立方晶系，在降温过程中，通过某个特定温度后将产生结构畸变，对称性下降。如果在一个轴向发生，比如 C 轴伸长或缩短，就变为四方晶系；如果在两个轴向发生畸变，就变为正交晶系；若发生在[111]方向，就成为三方晶系菱面体格子。对于不同组成的钙钛矿晶体，上述结构转变都有可能发生，也正因为这种畸变，才使得钙钛矿结构的晶体产生自发偶极矩，成为铁电和反铁电体，从而具有压电性能。自 1986 年开始钙钛矿结构显得更为重要，是因为发现了超导体 YBCO 含有类似于钙钛矿的结构单元，而 1993 年发现具有巨磁阻效应的锰酸盐晶体也具有层状类钙钛矿结构单元。

(2) 方解石（$CaCO_3$）型结构

当 ABO_3 化合物中，B 离子半径很小，比如 B 为 C^{4+}、N^{5+} 或 B^{3+}，以至于不能被 O^{2-} 以八面体形式所包围时，就不能形成钙钛矿型结构，而产生方解石型或文石型（$CaCO_3$ 的另一种晶型）结构。这里仅介绍方解石的结构。

① 结构特征：方解石属三方晶系，$R\bar{3}c$ 空间群，晶胞参数为 $a=0.641nm$、$c=1.7061nm$、

$\alpha=101°55'$。如果把 $CaCO_3$ 作为菱面体格子考虑的话，可以通过对 NaCl 型结构进行变形得到 $CaCO_3$ 的结构，Ca^{2+} 置换 Na^+，CO_3^{2-} 置换 Cl^-，然后沿 NaCl 的三次轴竖立并加压，直至边角不再是 90° 而是 101°55'，就变成了 $CaCO_3$ 的晶胞。CO_3^{2-} 形成平面三角配位关系，C^{4+} 的配位数为 3，而 Ca^{2+} 配位数为 6，晶胞中"分子"数为 4。图 2-17 给出了演变图以及 $CaCO_3$ 的晶胞。

② 性质及用途：石灰石是一种常见的建筑材料和建筑材料原料，在钢铁冶金、耐火材料以及其他领域内也被广泛使用。

③ 同型晶体：若用 Mg^{2+} 置换 Ca^{2+}，则变为菱镁矿（$MgCO_3$）的结构，在我国菱镁矿主要产于辽宁海城、营口一带，是重要的镁质资源；若一半为 Mg^{2+}，一半为 Ca^{2+}，则成为白云石结构（Mg^{2+} 和 Ca^{2+} 沿体对角线方向交替排列），但空间群属于 $R\overline{3}$，白云石也是非常重要的矿产资源。Ca^{2+} 也可被 Mn^{2+}、Fe^{2+}、Sr^{2+}、Pb^{2+}、Ba^{2+} 代替，形成类质同象。

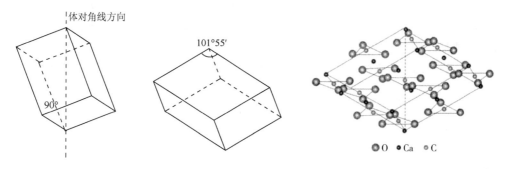

图 2-17　NaCl 型结构演变为方解石结构示意图及方解石的结构

2.3.5　AB_2O_4 型结构

AB_2O_4 通式中，A 为二价离子，B 为三价离子。这类晶体中以尖晶石（$MgAl_2O_4$）为代表。

① 结构特征：尖晶石属于立方晶系，$Fd3m$ 空间群，$a=0.808nm$。O^{2-} 作面心立方密堆排列，Mg^{2+} 进入四面体空隙，但仅占有四面体空隙的八分之一，而 Al^{3+} 占有二分之一八面体空隙。一个尖晶石晶胞中含有 8 个"分子"。图 2-18 给出了尖晶石晶胞，晶胞可以看作由八个小块拼成，小块中质点排列分两种情况，分别用 A 和 B 来表示，A 中显示出 Mg^{2+} 占据四面体空隙，B 中显示出 Al^{3+} 占据八面体空隙。将 A 和 B 按图 2-18（b）所示排列就可以得到尖晶石的完整晶胞。

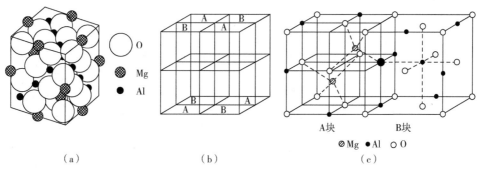

图 2-18　尖晶石的结构

近代技术上广泛应用的铁氧体磁性材料就是以尖晶石相为基础制成的。铁氧体中，二价离子还可以是 Fe^{2+}、Co^{2+}、Ni^{2+}、Mn^{2+}、Zn^{2+}、Cd^{2+}等，三价离子可以是 Fe^{3+}、Cr^{3+}等。

有时 A^{2+}占有的四面体空隙可以被 8 个 B^{3+}填充，而另外的 8 个 B^{3+}则和 8 个 A^{2+}填充到 16 个八面体空隙中，即形成 $B(AB)O_4$ 的结构，这种结构称作反尖晶石型结构，也是构成氧化物磁性材料的重要结构。至于哪些结构是正尖晶石，哪些是反尖晶石，可以利用晶体场理论来解释，即取决于 A、B 离子的八面体择位能的大小，若 A 离子的八面体择位能小于 B 离子的八面体择位能，则生产正尖晶石，反之，生成反尖晶石型结构。

$\gamma\text{-}Al_2O_3$ 的结构和尖晶石相似，可以写作 $Al_{2/3}Al_2O_4$，Al^{3+}分布在 8 个 A^{2+}和 16 个 B^{3+}所占据的位置上，但是有部分位置空着，未填充离子。$\gamma\text{-}Al_2O_3$ 经常出现于工业氧化铝中。

② 用途：尖晶石是典型的磁性非金属材料，在实际应用中，和钙钛矿型结构占有同等重要的地位。尖晶石在电子技术、高频器件中被广泛使用，比如无线电、电视和电子装置的元器件，在微波器件中用作永久磁石等。尖晶石也被广泛用于耐火材料中，特别是用于钢包以及水泥窑烧成带。

对上述典型无机物结构，根据负离子的堆积方式和正负离子的配位关系归纳为表 2-7。

表 2-7　典型的离子晶体结构

负离子密堆方式	正负离子的配位数	正离子占据的空隙位置	结构类型	多面体连接方式	实例
立方最紧密堆积	6:6 AX	全部八面体	NaCl 型	$[NaCl_6]$八面体共棱	MgO、CaO、SrO、BaO、MnO、FeO、CoO、NiO、NaCl
立方最紧密堆积	4:4 AX	1/2 四面体	闪锌矿	$[ZnS_4]$四面体共顶	ZnS、CdS、HgS、BeO、SiC
立方最紧密堆积	4:8 A_2X	全部四面体	反萤石型	$[Li_4O]$四面体共棱	Li_2O、Na_2O、K_2O、Rb_2O
扭曲的立方最紧密堆积	6:3 A_2X	1/2 八面体	金红石型	$[TiO_6]$八面体共顶、共棱	TiO_2、SnO_2、GeO_2、PbO_2、VO_2、NbO_2、MnO_2
六方最紧密堆积	12:6:6 ABO_3	1/4 八面体（B）	钙钛矿型	$[TiO_6]$八面体共顶	$CaTiO_3$、$SrTiO_3$、$BaTiO_3$、$PbTiO_3$、$PbZrO_3$、$SrZrO_3$
立方最紧密堆积	4:6:4 AB_2O_4	1/8 四面体（A）1/2 八面体（B）	尖晶石型	$[AlO_6]$八面体和$[MgO_4]$四面体共顶，$[AlO_6]$八面体之间共棱	$MgAl_2O_4$、$FeAl_2O_4$、$ZnAl_2O_4$、$FeCr_2O_4$
立方最紧密堆积	4:6:4 $B(AB)O_4$	1/8 四面体（B）1/2 八面体（AB）	反尖晶石型		$FeMgFeO_4$、$Fe^{3+}[Fe^{2+}Fe^{3+}]O_4$
六方最紧密堆积	4:4 AX	1/2 四面体	纤锌矿型	$[ZnS_4]$四面体共顶	ZnS、BeO、ZnO、β-SiC
扭曲的六方最紧密堆积	6:3 AX_2	1/2 八面体	碘化镉型	$[CdI_6]$八面体共棱	CdI_2、$Mg(OH)_2$、$Ca(OH)_2$
六方最紧密堆积	6:4 A_2X_3	2/3 八面体	刚玉型	$[AlO_6]$八面体共顶、共棱、共面	$\alpha\text{-}Al_2O_3$、$\alpha\text{-}Fe_2O_3$、Cr_2O_3、Ti_2O_3、V_2O_3
简单立方	8:8 AX	全部立方体空隙	CsCl 型	$[CsCl_8]$立方体共面	CsCl、CsBr、CsI
简单立方	8:4 AX_2	1/2 立方体空隙	萤石型	$[Ca_4F]$四面体共棱	CaF_2、ThO_2、CeO_2、UO_2、ZrO_2

必须指出的是，虽然讨论了决定晶体结构的主要因素，但是仍然缺乏定量的关系来分析决定晶体结构的因素，一些化学家提出用键参数函数方法来判断晶体的结构，可以得到较好的规律性，虽然不能精确定量，但对于理解晶体结构是有益的，详情可参看相关书籍。

2.4 硅酸盐晶体

2.4.1 硅酸盐晶体的一般特点及分类

Si 和 O 是地球上分布最广的两种元素，各占 25% 和 50%。硅主要存在形式是硅酸盐和硅石（SiO_2），在工业中二者都占据重要的位置。硅酸盐组成复杂，是一种丰产、廉价的陶瓷原材料，人们熟知的水泥就是一种硅酸盐，而许多陶瓷、砖瓦、玻璃、搪瓷等都是由硅酸盐制成的。

硅酸盐结构复杂，利用鲍林规则对硅酸盐结构进行分析，可以总结出以下硅酸盐结构的一般特点：

① 据鲍林第一规则，$r_{Si^{4+}}/r_{O^{2-}}=0.041/0.140=0.293$，所以 Si^{4+} 的配位数为 4，形成 $[SiO_4]$ 四面体。硅酸盐晶体中基本结构单元是 $[SiO_4]$ 四面体，Si—O 之间的平均距离为 0.160nm，此值小于硅氧离子半径之和 0.164nm，说明硅氧键并非简单的离子键，尚含有相当成分的共价键，一般认为，离子键和共价键各占 50%。Si^{4+} 之间不直接相连，而必须通过 O^{2-} 相连。

② 按静电键规则，$Z^-=4$，$s=1$，$i=2$，所以每一个 O^{2-} 最多为两个 $[SiO_4]$ 四面体所共有，如果只有一个 Si^{4+} 为 O^{2-} 提供电价，那么 O^{2-} 另一个未饱和的电价将由其他离子如 Al^{3+}、Mg^{2+} 等来提供。这种情况在硅酸盐结构中是经常见到的。

③ 按鲍林第三规则，$[SiO_4]$ 四面体可以独立存在，两个相邻的 $[SiO_4]$ 四面体只以共顶而不以共棱或共面存在。按鲍林第五规则，在同一类型硅酸盐中，$[SiO_4]$ 四面体的连接方式一般只有一种。

④ Si—O—Si 结合键通常并不是一条直线，而是一条折线，Si—O—Si 键角并不完全一致，一般在 145° 左右。

由于硅酸盐晶体的复杂性，硅酸盐晶体的表达式有化学式和结构式两种：若用化学式书写，则可按 1 价、2 价、3 价……氧化物的顺序书写，最后写出 SiO_2 和 H_2O；若用结构式书写，则先写外加正离子，后写硅氧骨干，再写外加负离子 OH 和 H_2O。比如钾长石，化学式写作 $K_2O \cdot Al_2O_3 \cdot 6SiO_2$，结构式写作 $KAlSi_3O_8$。又比如高岭石，化学式写作 $Al_2O_3 \cdot 2SiO_2 \cdot 2H_2O$，结构式写作 $Al_4[Si_4O_{10}](OH)_8$。

基于同样的原因，硅酸盐分类一般不是按化学上的正、偏硅酸盐来划分，而是按照 $[SiO_4]$ 四面体在空间发展的维数（即排列方式）来划分。X 射线分析证明，硅酸盐结构中 $[SiO_4]$ 四面体存在岛状、组群状、链状、层状和架状等五种形式，列于表 2-8 中。由于共用氧个数不同，可以形成不同的硅氧骨干，随着 $Si^{4+}:O^{2-}$ 由 1:4 向 1:2 变化，结构也越来越复杂。

磷酸盐矿物的基本构成单元为 $[PO_4]$ 四面体，和硅酸盐矿物类似，也有岛状、链状、层状和架状之分。

表 2-8　硅酸盐晶体结构分类

结构类型		硅氧骨干	共用氧个数	Si : O	$[SiO_4]$四面体维数	实例
有限硅氧团	岛状	$[SiO_4]^{4-}$	0	1:4	0	$Mg_2[SiO_4]$镁橄榄石
	组群状 双四面体	$[Si_2O_7]^{6-}$	1	1:3.5	0	$Ca_3[Si_2O_7]$硅钙石
	三元环	$[Si_3O_9]^{6-}$	2	1:3	0	$BaTi[Si_3O_9]$蓝锥矿
	四元环	$[Si_4O_{12}]^{8-}$	2	1:3	0	$Ba_4(Fe,Ti)4B_2[Si_4O_{12}]_2O_5Cl_x$纤维硅钡铁矿 $Ca_2Al_2(Fe,Mn)BO_3[Si_4O_{12}](OH)$斧石
	六元环	$[Si_6O_{18}]^{12-}$	2	1:3	0	$Be_3Al_2[Si_6O_{18}]$绿柱石
无限硅氧团	链状 单链	$[Si_2O_6]^{4-}$	2	1:3	1	$CaMg[Si_2O_6]$透辉石
	双链	$[Si_4O_{11}]^{6-}$	2, 3	1:2.75	1	$Ca_2Mg_5[Si_4O_{11}]_2(OH)_2$透闪石
	层状	$[Si_4O_{10}]^{4-}$	3	1:2.5	2	$Al_4[Si_4O_{10}](OH)_8$高岭石
	架状	$[SiO_2]$	4	1:2	3	SiO_2石英
		$[(Al_xSi_{4-x})O_8]^{x-}$	4	1:2	3	$KAlSi_3O_8$正长石

2.4.2　岛状结构硅酸盐

结构特征：一个单独的硅氧四面体有四个负电荷，如果有足够的其他正离子 R 存在，使化合价达到饱和，就可以出现不直接互相连接的单独$[SiO_4]$四面体。因此所谓的岛状结构，是指在硅酸盐晶体中，$[SiO_4]$四面体以孤立状态存在，$[SiO_4]$四面体之间不是以O^{2-}共顶连接，即每个O^{2-}除了与一个Si^{4+}相连外，不再与其他$[SiO_4]$四面体中的Si^{4+}相连，而与其他金属离子相连。

这类硅酸盐晶体主要有镁橄榄石（Mg_2SiO_4）、锆石（$ZrSiO_4$）、三石（组成均为$Al_2O_3 \cdot SiO_2$）、莫来石（$3Al_2O_3 \cdot 2SiO_2$）、水泥熟料中的$\beta\text{-}Ca_2SiO_4$和$\gamma\text{-}Ca_2SiO_4$等。下面以镁橄榄石、锆石、三石及莫来石为例分析这类结构的特点。

（1）镁橄榄石（Mg_2SiO_4）

结构特征：镁橄榄石属斜方晶系，*Pbnm* 空间群。晶格常数 $a=0.467nm$、$b=1.020nm$、$c=0.598nm$，每个晶胞中有 4 个"分子"，故可以写成$Mg_8Si_4O_{16}$。

按鲍林第一规则，$r_{Si^{4+}}/r_{O^{2-}}=0.041/0.140=0.293$，所以$Si^{4+}$的配位数为 4，形成$[SiO_4]$四面体；$r_{Mg^{2+}}/r_{O^{2-}}=0.065/0.140=0.464$，所以$Mg^{2+}$的配位数为 6，形成$[MgO_6]$八面体。

按鲍林第二规则，$S_{Si\text{-}O}=4/4=1$，$S_{Mg\text{-}O}=2/6=1/3$，则有 $2=x+1/3y$，有以下几种可能：$x=1$，$y=3$；$x=0$，$y=6$；$x=2$，$y=0$。显然后面两种是不能成立的，因此每个O^{2-}的电价可以由一个Si^{4+}和 3 个Mg^{2+}提供，即一个$[SiO_4]$四面体和三个$[MgO_6]$八面体共用一个顶点。

按鲍林第三规则，$[SiO_4]$四面体应该孤立存在，而$[MgO_6]$八面体可以共棱。

按鲍林第四规则，高价低配位的$[SiO_4]$四面体不互相结合，而是孤立存在，而$[SiO_4]$四面体和$[MgO_6]$八面体之间可以共顶和共棱连接。

按鲍林第五规则，在镁橄榄石中，Si^{4+}的配位方式只有$[SiO_4]$四面体，Mg^{2+}只有$[MgO_6]$八

面体，没有其他方式配位多面体的存在。

图 2-19 为镁橄榄石在（100）面上的投影图。镁橄榄石的结构特征如下：O^{2-} 近似于六方密堆，密堆层平行于（100）面，Si^{4+} 填充于 1/8 四面体空隙中，Mg^{2+} 填充于 1/2 八面体空隙中，[SiO_4] 四面体被 [MgO_6] 八面体隔开，呈岛状。图 2-19（a）给出了 [SiO_4] 四面体的位置，[SiO_4] 四面体一半顶角向上，一半顶角向下，Si^{4+} 位于其中，四面体彼此孤立存在。图 2-19（b）给出了 [MgO_6] 八面体的位置，Mg^{2+} 在同一个平面上。可以看出，一个 O^{2-} 连接了一个 [SiO_4] 四面体和三个 [MgO_6] 八面体，八面体之间共棱连接。

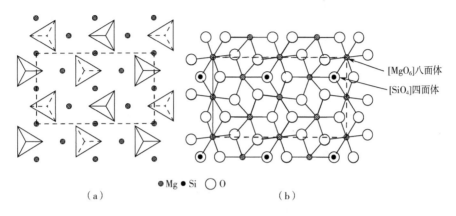

图 2-19　镁橄榄石在（100）面上的投影图

从鲍林规则分析，可知镁橄榄石结构紧密，静电键也很强，硬度较高，结构稳定，熔点高达 1800℃，是一类重要的耐火材料原料。同时在各个方向上结合力分布差异不大，所以没有显著的解理，常呈粒状。

如果 Mg^{2+} 被 Fe^{2+} 任意取代，则形成镁铁橄榄石 $(Mg,Fe)_2SiO_4$，天然的镁橄榄石常常含有一定量的铁就是这个原因。如 Ca^{2+} 取代一部分 Mg^{2+}，则形成钙镁橄榄石。如果 Mg^{2+} 全部被 Ca^{2+} 取代，则形成了水泥熟料中的主要矿相之一——硅酸二钙，一种为 $\gamma\text{-}Ca_2SiO_4$，Ca^{2+} 配位数为 8，配位规则，比较稳定，因此在水中是惰性的，不易和水发生反应；另一种为 $\beta\text{-}Ca_2SiO_4$，单斜晶系，但 Ca^{2+} 有 8 和 6 两种配位数，配位不规则，因此易于和水发生反应。水泥生产中需要采取措施抑制 $\beta\text{-}Ca_2SiO_4$ 向 $\gamma\text{-}Ca_2SiO_4$ 的转化。

（2）锆石（ZrSiO_4）

结构特征：锆石属于四方晶系，$I4/mmm$ 空间群，晶格常数 $a=0.661nm$、$c=0.601nm$，一个晶胞中有 4 个"分子"。[SiO_4] 四面体孤立存在，四面体之间靠 Zr^{4+} 连接，Zr^{4+} 的配位数为 8。其结构如图 2-20 所示，锆石具有较高的耐火度，常被用来制造锆莫来石、锆刚玉等含锆耐火材料。

（3）三石及莫来石

三石指硅线石、红柱石和蓝晶石，化学组成均为 $Al_2O_3 \cdot SiO_2$，但是结构不相同，性质也各异。由于三石在煅烧过程中均存在莫来石化过程，伴随有体积膨胀，因此常用来制备低蠕变耐火材料。

① 硅线石（Al^{VI}[Al^{VI}SiO_5]）

结构特征：硅线石属斜方晶系，$Pbnm$（$2/m2/m2/m$）空间群，晶格常数为 $a=0743nm$、$b=0.758nm$、$c=0.574nm$，每个晶胞中有 4 个"分子"。结构中，Si^{4+} 以 [SiO_4] 四面体形式存在，

Al^{3+}有两种配位多面体，半数形成$[AlO_4]$四面体，另外半数形成$[AlO_6]$八面体，见图2-21。

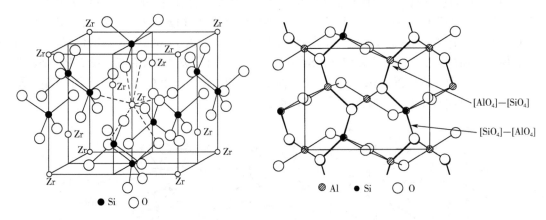

图2-20　锆石结构　　　　　　　　图2-21　硅线石结构在（001）面上投影

在硅线石结构中有五条$[AlO_6]$八面体平行于C轴的链，分布于角顶和中央。$[SiO_4]$四面体孤立存在，与$[AlO_4]$四面体沿C轴交替排列，形成四条铝硅酸盐$[AlSiO_5]$链，链间由$[AlO_6]$八面体连接。从图2-21中亦可看出，这四条链有两种排列方式。由于结构上的特征，晶体呈针状、长柱状和纤维状，平行于（010）面解理完全，颜色常呈白色、棕色或绿色，加热到约1545℃转化为莫来石和石英。由于$[AlSiO_5]$链是$[SiO_4]$中部分被$[AlO_4]$取代后形成的，故也有人将硅线石归入链状结构。

② 蓝晶石（$Al^{VI}Al^{VI}[SiO_4]O$）

结构特征：蓝晶石属三斜晶系，$P\bar{1}$空间群，晶格常数为$a=0.710nm$、$b=0.774nm$、$c=0.557nm$，每个晶胞中有4个"分子"。结构中，Si^{4+}以$[SiO_4]$四面体形式存在，Al^{3+}全部形成$[AlO_6]$八面体。如图2-22所示，$[AlO_6]$八面体以共棱的方式成链平行于C轴，链与链之间通过$[SiO_4]$四面体连接起来。结晶常呈柱状，甚至呈纤维状。蓝晶石在加热到1300~1350℃转化为莫来石和石英。

③ 红柱石（$Al^{VI}Al^{V}[SiO_4]O$）

结构特征：红柱石属斜方晶系，$Pnnm$空间群，

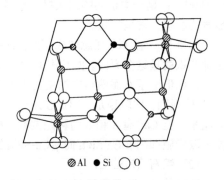

图2-22　蓝晶石结构在（001）面上投影

$a=0.779nm$，$b=0.792nm$，$c=0.557nm$。Al^{3+}有两种配位多面体，半数形成$[AlO_6]$八面体，另外半数形成$[AlO_5]$。氧也存在两种情况，一种是一个Si^{4+}和两个Al^{3+}相连接，O^{2-}参加了$[SiO_4]$四面体，另一种O^{2-}只与三个Al^{3+}相连，未参加$[SiO_4]$四面体。如图2-23所示，$[AlO_6]$八面体链位于四个顶点和中心处，而图中其他的铝氧多面体为$[AlO_5]$多面体（图2-23中有一个氧的位置和别的氧重叠），$[SiO_4]$四面体独立存在。

红柱石通常为蓝色和棕色的混合色，硬度随取向不同而变化，结晶呈柱状，甚至呈纤维状，加热到约1400℃转化为莫来石和石英。

④ 莫来石（$3Al_2O_3 \cdot 2SiO_2$）

莫来石最初发现在苏格兰的Mull岛上，是一种重要的硅酸盐矿物，种类很多。

结构特征：原来认为莫来石化学组成在$3Al_2O_3 \cdot 2SiO_2$和$2Al_2O_3 \cdot SiO_2$之间变化，是一种固

溶体，现在倾向于认为可以用 $3Al_2O_3 \cdot 2SiO_2$ 表示，属斜方晶系，Pbam 空间群，晶胞常数为 $a=0.757nm$、$b=0.768nm$、$c=0.288nm$。硬度 6～7，密度 $3.16g/cm^3$。

莫来石晶体结构和硅线石相近，可以由硅线石晶体结构推导出莫来石晶体结构，但莫来石结构要复杂得多。图 2-24 为莫来石结构在（001）面上的投影。

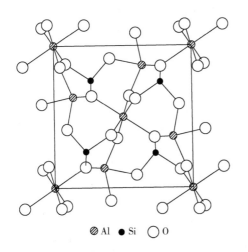 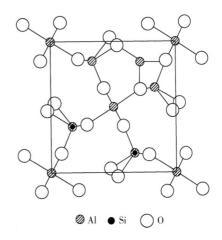

⊘ Al ● Si ◯ O   ⊘ Al ● Si ◯ O

图 2-23　红柱石结构在（001）面上投影　　　图 2-24　莫来石结构在（001）面上的投影

虽然莫来石也属于岛状结构，有时为了便于理解，也有人将之归入链状结构，写作 $Al[AlSiO_5]$。莫来石晶体常呈针状、长柱状，熔点 1850℃，热膨胀系数为 $5.7×10^{-6}/℃$，高温强度大，对温度急变有较好的抵抗能力，对碱性渣也具有较好的抵抗能力，在耐火材料和陶瓷中应用广泛，但天然矿物很少，主要靠人工合成。

2.4.3　组群状结构硅酸盐

结构特征：组群状结构硅酸盐由两个、三个、四个或六个[SiO₄]四面体通过共用氧相连接，形成单独有限的硅氧络阴离子。除双四面体外其余的通常为环状，如图 2-25 所示。环还可以重叠起来形成双环，如六方双环。环与环之间通过其他金属正离子如 Ca^{2+}、Mg^{2+}、Be^{2+} 等联系起来。

常见组群状硅酸盐有硅钙石 $Ca_3[Si_2O_7]$、镁方柱石 $Ca_2Mg[Si_2O_7]$、蓝锥矿 $BaTi[Si_3O_9]$、钙铝黄长石 $Ca_2Al[(Al,Si)_2O_7]$ 和绿柱石 $Be_3Al_2[Si_6O_{18}]$ 等。也有人认为水泥矿物硅酸三钙 Ca_3SiO_5（简称 C_3S）也是组群状结构，可写作 $Ca_9O_6[Si_3O_9]$。钙铝黄长石 $Ca_2Al[(Al,Si)_2O_7]$ 常简称 C_2AS，属于四方晶系，在硅酸盐水泥、耐火材料以及耐火材料被渣侵蚀后的产物中经常可以检测到。下面以绿柱石和堇青石为例予以介绍。

（1）绿柱石（$Be_3Al_2[Si_6O_{18}]$）

结构特征：绿柱石属六方晶系，$P6/mcc$ 空间群，$a=0.919nm$，$c=0.919nm$。图 2-26 是绿柱石结构在（0001）面上的投影，表示绿柱石的半个晶胞，$Z=2$。六个[SiO₄]四面体形成六元环，六元环中一个 Si^{4+} 和两个 O^{2-} 在同一高度，环与环相叠，图中六元环共八个，上面四个和下面四个排列时错开30°。环与环之间由 Be^{2+} 和 Al^{3+} 连接。三个 85 位置的 O^{2-} 和三个 65 位置的 O^{2-} 及其中的 Al^{3+} 构成[AlO₆]八面体，而两个 85 位置的 O^{2-} 和两个 65 位置的 O^{2-} 及其中的 Be^{2+} 构

成[BeO₄]四面体。对于 O²⁻，连接有三个[BeO₄]四面体和一个[AlO₆]八面体，电价达到饱和。

绿柱石常呈六方或复六方柱外形，这种环形孔腔中，如果有价数低、半径小的离子（如 Na⁺）存在时，将呈现显著的离子导电，具有较大的介电损耗。因此这种结构在无线电材料中具有较大的研究价值。

为了研究方便，也有人把[BeO₄]四面体归入硅氧骨架中，则绿柱石可以看作是架状结构，相应分子式写作 $Al_2[Be_3Si_6O_{18}]$。

宝石中的祖母绿属于绿柱石家族中的一员，又叫"吕宋绿""绿宝石"，英文名称为 emerald，起源于古波斯语，古希腊人称祖母绿是"发光"的"宝石"，后演化成拉丁语 smaragdus，在公元 16 世纪左右成为如今的英文名称。晶体单形为六方柱、六方双锥，多呈长方柱状。集合体呈粒状、块状等。翠绿色，玻璃光泽，透明至半透明。硬度 7.5，密度 2.63 ~ 2.90g/cm³。解理不完全，贝壳状断口。另一种名贵的海兰宝石也是绿柱石矿物的一种。

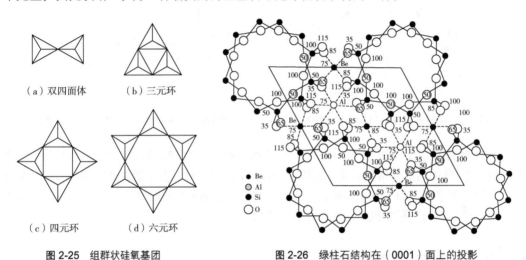

（a）双四面体　　（b）三元环

（c）四元环　　（d）六元环

图 2-25　组群状硅氧基团

图 2-26　绿柱石结构在（0001）面上的投影

（2）堇青石（$Mg_2Al_3[AlSi_5O_{18}]$）

结构特征：堇青石属正交晶系，*Pmmm* 空间群，具有和绿宝石一样的结构，但在六元环中有一个[SiO₄]四面体被[AlO₄]四面体取代，因此六元环负电价增加一价，环外正离子由 Mg_2Al_3 取代 Be_3Al_2，从而电价平衡。堇青石由于具有较低的热膨胀系数，因此在陶瓷材料中应用广泛。相应堇青石也可以被认为是架状硅酸盐，分子式写作 $Mg_2[Al_4Si_5O_{18}]$。

2.4.4　链状结构硅酸盐

结构特征：在偏硅酸盐中，一个硅氧四面体有两个顶点被共用，而形成各种环状与链状结构结合的长链，既可以是单链，基本单元为[Si_2O_6]⁴⁻，也可以是双链，基本单元为[Si_4O_{11}]⁶⁻，对单链进行反映操作可以得到双链，如图 2-27 所示。链上未饱和的氧离子靠金属正离子（如 Mg^{2+}、Ca^{2+}等）饱和，并且把链与链连接在一起。

辉石族和闪石族是常见的链状结构硅酸盐。滑石陶瓷的主要晶相顽辉石晶体 $Mg_2[Si_2O_6]$ 和透辉石 $CaMg[Si_2O_6]$都是单链结构。石棉是闪石类矿物，具有双链结构，它呈细长纤维状就是链状结构决定的。

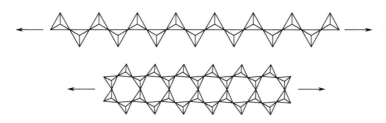

图 2-27　单链和双链

（1）透辉石（$CaMg[Si_2O_6]$）

结构特征：透辉石属于单斜晶系，$C2/c$ 空间群，晶胞参数 a=0.971nm、b=0.889nm、c=0.524nm、β = 105°37′。图 2-28 给出了透辉石在（100）晶面上的投影，可以看出[SiO_4]四面体沿 C 轴形成二节单链结构，链与链之间通过[MgO_6]八面体和[CaO_8]多面体联系起来。

若透辉石中 Ca^{2+} 全部被 Mg^{2+} 取代，则形成斜方晶系的顽辉石 $Mg_2[Si_2O_6]$，通常写作 $Mg(SiO_3)$。如果 Ca^{2+} 被 Al^{3+}、Li^+取代，则形成锂辉石 $LiAl[Si_2O_6]$，在陶瓷、化工等领域中有广泛应用。翡翠也是单链结构，属于硬玉 $Na(Al,Fe)Si_2O_6$ 类，主要产于缅甸，在当今市场上占据极为重要的地位。

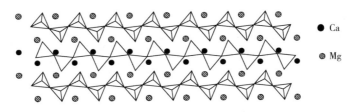

图 2-28　透辉石在（100）晶面上的投影

（2）透闪石（$Ca_2Mg_5[Si_4O_{11}](OH)_2$）

结构特征：透闪石属于单斜晶系，$C2/m$ 空间群。图 2-29 给出了透闪石在（100）晶面上的投影，可以看出透闪石为双链结构，链与链之间通过[MgO_6]八面体和[CaO_8]多面体联系起来。

由于链间的结合力比链内的结合力要小得多，因此矿物容易沿着链间结合较弱的位置解理。反之则晶体具有柱状或者纤维状结晶特性。

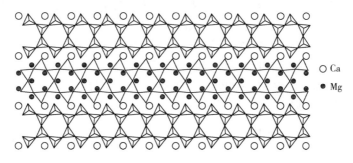

图 2-29　透闪石在（100）晶面上的投影

软玉为我国传统的中高档玉料，由角闪石类矿物（链状）组成，比如产于新疆的"和田玉""昆仑玉"，以洁白如脂的"羊脂玉"为上品。

2.4.5　层状结构硅酸盐

结构特征：[SiO₄]四面体通过三个共用氧构成向二维空间无限伸展的六元环，如图 2-30（a）所示。这种六元环多为二节单层，硅氧四面体在一定的方向上以两个[SiO₄]四面体为一个重复周期，如图 2-30 （b） 所示。在六节环中，可以取出一个基本单元$[Si_4O_{10}]$，每一个[SiO₄]四面体的第四个顶点与金属正离子结合，像这种只与一个硅相连接的氧称为活性氧，活性氧可指向同一方向，也可以指向相反的方向。硅氧四面体层中活性氧可以和 Mg^{2+}、Ca^{2+}、Fe^{2+}、Al^{3+}结合从而保持电价平衡，水分子以 OH^-形式存在于这些离子周围，形成$[Me(O,OH)_6]$八面体层。根据硅氧四面体层中活性氧在空间取向不同，层状结构可以分为两类：a.一层四面体和一层八面体构成 1:1 型的双层结构。b.若八面体的两侧均有一层四面体，则形成类似三明治的结构，称为 2:1 型三层结构。在层状结构中，层与层之间靠分子间力或氢键结合，比层内的 Si—O 键结合力小得多，故这种结构材料可以沿层与层之间分开成薄片，很容易产生层与层之间的滑移。

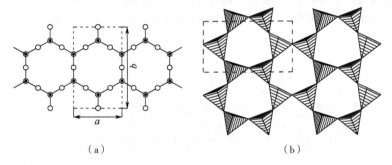

（a）　　　　　　　　　　　　（b）

图 2-30　层状硅酸盐结构中的硅氧四面体和二节单层结构

若八面体层中被二价离子全部填充，则称为三八面体；若被三价正离子填充，则称为二八面体。

四面体层中的 Si^{4+}可以按一定的比例被 Al^{3+}取代，同时引入 K^+等阳离子维持电价平衡。层状硅酸盐种类繁多，这里以高岭石为例介绍层状结构的特点。高岭石结构可以推出云母、滑石等其他层状结构。

（1）高岭石

结构特征：高岭石的结构式为 $Al_2O_3 \cdot 2SiO_2 \cdot 2H_2O$，化学式为 $Al_4[Si_4O_{10}](OH)_8$，属三斜晶系，空间群 $C1$；晶胞参数 $a=0.514nm$、$b=0.893nm$、$c=0.737nm$、$\alpha=91°36'$、$\beta=104°48'$、$\gamma=89°54'$；晶胞"分子数"为 1。高岭石是一种主要的黏土矿物。

高岭石的基本结构单元是由硅氧四面体层和水铝石八面体层构成的双层结构，双层结构平行叠放形成高岭石结构。Al^{3+}配位数为 6，其中 2 个是 O^{2-}，4 个是 OH^-，形成$[AlO_2(OH)_4]$八面体，正是这两个 O^{2-}把水铝石层和硅氧层连接起来。水铝石层中，Al^{3+}占据八面体空隙的2/3，层间以氢键结合。该结构可以用下式表示：

$$
八面体\begin{cases}(OH_3)\\ Al_2\\ O_2,OH=Al_2O_3 \cdot 2SiO_2 \cdot 2H_2O或Al_2[(OH)_4/Si_2O_5]\end{cases}
$$
$$
四面体\begin{cases}Si_2\\ O_3\end{cases}
$$

高岭石结构在（001）面和（010）面上的投影图如图 2-31 所示。图 2-31（a）中各数字是相应质点在 C 轴上的位置，从图中可以观察出四面体和八面体的连接情况。

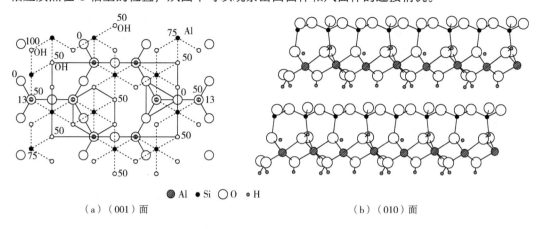

（a）（001）面　　　　　　　　　　　　　　　（b）（010）面

●Al ●Si ○O ·H

图 2-31　高岭石结构在（001）面和（010）面上的投影

高岭石最早发现于江西景德镇，明末，在景德镇高岭村开采出此矿，命名为高岭石。后经德国地质学家李希霍芬按高岭石之读音译成"Kaolin"，介绍到世界矿物学界。

（2）叶蛇纹石

结构特征：将高岭石八面体空隙中的中 Al^{3+} 用 Mg^{2+} 取代，为了电价平衡用 3 个 Mg^{2+} 取代 2 个 Al^{3+}，构成三八面体结构，示意如下：

$$
八面体
\begin{cases}
(OH_3) \\
Mg_2 \\
O_2,OH=3MgO \cdot 2SiO_2 \cdot 2H_2O \text{或} Mg_3[(OH)_4/Si_2O_5]
\end{cases}
$$

$$
四面体
\begin{cases}
Si_2 \\
O_3
\end{cases}
$$

我国传统玉料中的岫玉就是由蛇纹石族矿物组成，分布较广，以产于辽宁岫岩县者质优量大，以翡翠绿色、透明质地、细腻润滑者为佳。

（3）叶蜡石

结构特征：在高岭石双层结构上再加一层[SiO_4]四面体层就演变为三层结构的叶蜡石，显然层间存在范德瓦耳斯力。结构示意如下：

$$
四面体
\begin{cases}
O_3 \\
Si_2
\end{cases}
$$

$$
八面体
\begin{cases}
O_2,OH \\
Al_2 \\
O_2,OH=Al_2O_3 \cdot 4SiO_2 \cdot H_2O \text{或} Al_2[(OH)_2/Si_4O_{10}]
\end{cases}
$$

$$
四面体
\begin{cases}
Si_2 \\
O_3
\end{cases}
$$

图 2-32 给出了叶蜡石结构在（100）面上的投影。

叶蜡石和高岭石的晶格常数 a、b 值几乎完全相同，但 c 值前者要大很多。由于叶蜡石中氢氧根离子数目比高岭石少，因此叶蜡石的脱水效应比高岭石小，可以直接用作耐火材料原料。

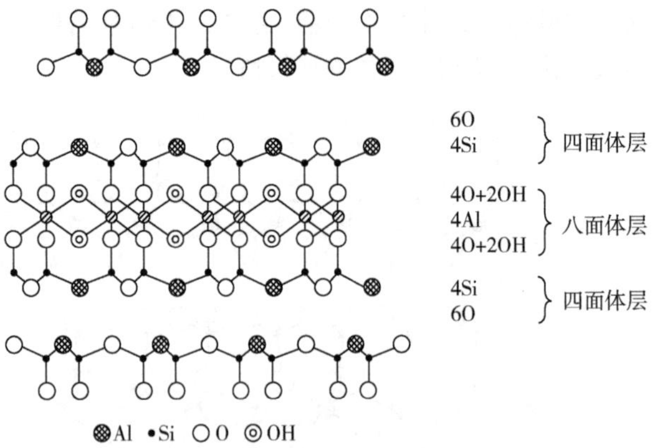

图 2-32 叶蜡石结构在（100）面上的投影

（4）蒙脱石

结构特征：蒙脱石曾称为微晶高岭石，是一种黏土矿物，单斜晶系，空间群 *C*2/*ma*，理论化学式为 $Al_2O_3 \cdot 4SiO_2 \cdot nH_2O$。由叶蜡石加层间水演变而来。晶格常数 *a*=0.515nm、*b*=0.894nm，和叶蜡石几乎一样，但 *c*=1.52nm，比叶蜡石大很多。单位晶胞中“分子数”为2。图 2-33 给出了蒙脱石的结构。

三价的 Al^{3+}可以被 Mg^{2+}取代，导致结构层中不再保持电中性，带有−0.33 的负电荷，结构中产生斥力，使略带正电荷的水化正离子进入层间，产生膨胀，*c* 值随着含水量的不同而变化，一般在 0.96 ~ 2.40nm 间波动。正因为如此蒙脱石又称为膨润土。由于结构中存在离子置换，蒙脱石的组成常和理论化学组成有偏差。其中硅氧四面体层内的 Si^{4+}可以被 Al^{3+}和 P^{5+}取代，但这种取代量是有限的；八面体层中的 Al^{3+}可被 Mg^{2+}、Ca^{2+}、Fe^{2+}、Li^{+}等取代，取代范围很大。自然界常见到钙基膨润土和钠基膨润土。由于在结构中存在离子取代以及膨胀、压缩特性，因此蒙脱石应用广泛，在医药、化工方面用作黏结剂和结合剂，比如蒙脱石散剂；在陶瓷工业中可以用来提高制品的塑性以及增加生坯强度。近些年来，在蒙脱石层间插入有机物制备无机-有机复合材料方面，国内外进行了不少研究。

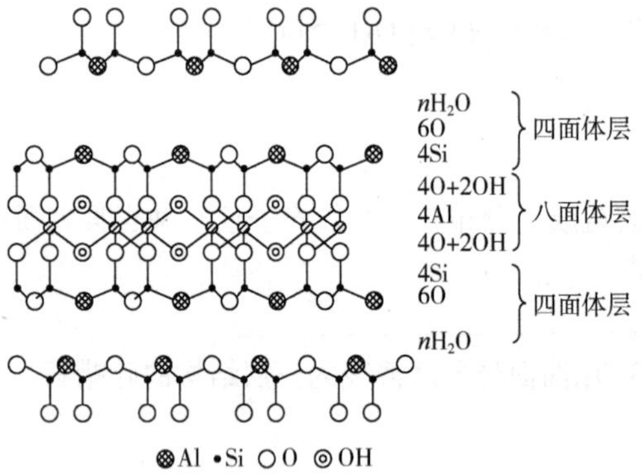

图 2-33 蒙脱石的结构

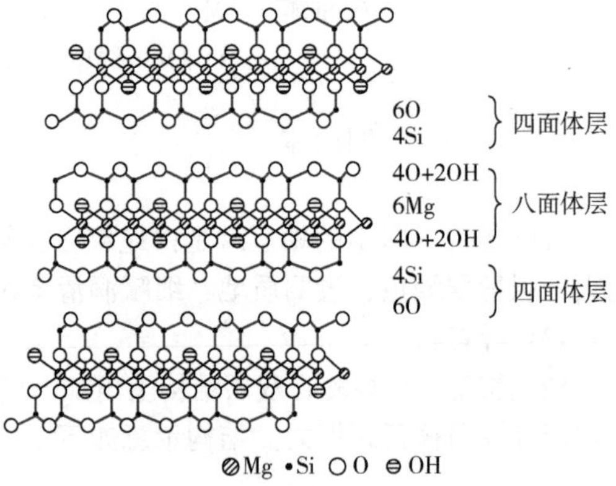

图 2-34 滑石结构在（100）面上的投影

（5）滑石

结构特征：滑石的化学式为 $3MgO \cdot 4SiO_2 \cdot H_2O$，结构式为 $Mg_3[Si_4O_{10}](OH)_2$，单斜晶系，空间群 *C*2/*c*，晶胞参数 *a*=0.525nm、*b*=0.910nm、*c*=1.881nm、*β*=100°。滑石和叶蜡石结构类似，也是两层四面体和一层八面体构成的三层结构，区别在于滑石中 2 个 Al^{3+}可以被 3 个 Mg^{2+}取代，构成三八面体的三层结构。图 2-34 给出了滑石结构在（100）面上的投影。滑石结构示意如下：

$$四面体\begin{cases}O_3\\Si_2\end{cases}$$

$$八面体\begin{cases} O_2,OH \\ Mg_3 \\ O_2,OH=3MgO \cdot 4SiO_2 \cdot H_2O或Mg_3[(OH)_2/Si_4O_{10}] \end{cases}$$

$$四面体\begin{cases} Si_2 \\ O_3 \end{cases}$$

由于滑石层间结合力为较弱的范德瓦耳斯力，层间易相对滑动，因此易于形成片状解理，同时具有滑腻感。滑石在陶瓷工业中应用广，由于具有吸附和收敛作用，其也可以入药。如果在滑石层间加水就形成了皂石。

(6) 云母

云母是一类非常常见的层状硅酸盐，许多页岩和黏土中都有这类物质，而白云母最为常见。白云母属于单斜晶系，化学式$KAl_2[AlSi_3O_{10}](OH)_2$，可以由叶蜡石结构演变得到，$[SiO_4]$四面体中的$Si^{4+}$每4个中有1个被$Al^{3+}$所取代，同时在层间由$K^+$来平衡电荷。由于$K^+$半径较大，处于层间六元环的间隙中结合力相当弱。

层间离子K

$$四面体\begin{cases} O_6 \\ Al,Si_3 \end{cases}$$

$$八面体\begin{cases} O_4,(OH)_2 \\ Al_4 \\ O_4,(OH)_2=K_2O \cdot 3Al_2O_3 \cdot 6SiO_2 \cdot 2H_2O或KAl_2[(OH)_2/AlSi_3O_{10}] \end{cases}$$

$$四面体\begin{cases} Al,Si_3 \\ O_6 \end{cases}$$

层间离子K

图2-35给出了白云母结构及其在（100）面的投影，图中数字代表不同位置。Al^{3+}配位数为6，形成$[AlO_4(OH)_2]$八面体，K^+的配位数为12。

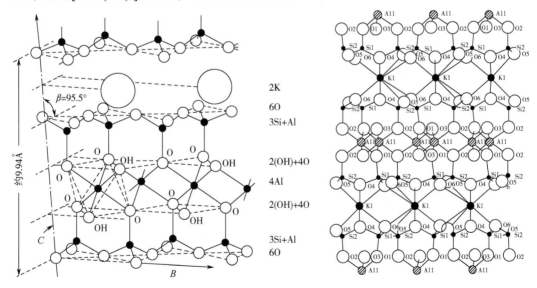

图2-35　白云母结构及其在（100）面的投影

1Å=0.1nm

云母结构中正负离子几乎都可以被别的离子取代，比如以 Mg^{2+} 取代八面体层中的 Al^{3+}，则形成金云母，结构式 $KMg_3[AlSi_3O_{10}](OH)_2$。若 Mg^{2+}、Fe^{2+} 取代八面体层中 Al^{3+}，则形成黑云母 $K(Mg,Fe)_3[AlSi_3O_{10}](OH)_2$。如果在金云母层间加水则形成蛭石。正离子大多能与结构相互适应，并且牢固结合，实际上没有离子交换能力，也不存在晶内膨胀现象。

云母在现代工业和科技领域用途很广。云母陶瓷具有良好的耐蚀性、耐热冲击性、机械强度和高温介电性能，可作为新型的电绝缘材料。云母型微晶玻璃具有高强度、耐热冲击、可切削等特性，广泛应用于国防和现代工业中。蛭石在保温隔热材料领域也有应用。

2.4.6　架状结构硅酸盐

结构特征：在架状结构中，硅氧四面体之间共有四个顶点，四个 O^{2-} 全部为共用氧，$[SiO_4]$ 四面体构成三维无限架状结构。陶瓷材料中，非常重要的硅石（SiO_2）就具有由 $[SiO_4]$ 四面体组成的三维架状结构。除此以外，$[SiO_4]$ 四面体中的 Si^{4+} 若被 Al^{3+} 取代，则形成 $[AlSiO_4]$ 或 $[AlSi_3O_8]$ 等形式，此时 $(Al+Si)/O$ 仍为 $1:2$。陶瓷材料中常用的长石就属于这种架状结构，由于它的空隙大，密度低，空间骨架结构易形成玻璃相，故在陶瓷中，长石常起助熔作用。作为分子筛材料的沸石也具有架状结构，但其空隙比长石大，它能将水分子吸入骨架的空隙中成为结构水，在受热时又复释出。沸石可在分子尺度上分离各种混合物。下面重点介绍 SiO_2 的各种变体及长石结构。

2.4.6.1　SiO_2 的各种变体及其结构

SiO_2 是玻璃、陶瓷等行业中一种重要的原料，它有许多种变体，常温常压下可以分为石英、鳞石英和方石英三个系列。一般用 α、β 来表示高温晶型和低温晶型石英变体，但不同文献中表示方法并不一致，现在倾向于用低温型石英和高温型石英等名称。

高压下 SiO_2 还存在两种变体，即柯石英和斯石英。石英各种变体的特征参数如表 2-9 所示。

表 2-9　石英各种变体的特征参数

晶型	密度/（g/cm³）	晶系	稳定性
α-方石英	2.33	立方（$Fd3m$），a=0.705nm	高于 1470℃
β-方石英	2.22	四方（假立方 $P4_12_12$），a=0.497nm，c=0.692nm	α-方石英 $\xrightarrow{180\sim270℃}$ β-方石英 低于 270℃
α-鳞石英	2.28	六方（$P6_3/mmc$），a=0.503nm，c=0.822nm	高于 870℃
β-鳞石英	2.31	六方（$P6_322$），a=0.501nm，b=0.818nm	低于 160℃
γ-鳞石英[①]	2.29	正交（$P222$），a=0.874nm、0.504nm，c=0.824nm；或单斜 $2/m$，a=1.845nm、0.499nm，c=2.383nm	低于 117℃
α-石英	2.53	六方（$P6_222$ 或 $P6_422$）a=0.496nm，c=0.545nm	高于 570℃
β-石英	2.65	三方（$P3_121$ 或 $P3_221$）a=0.490nm，c=0.539nm	低于 573℃

晶型	密度/（g/cm³）	晶系	稳定性
柯石英	2.93	单斜（$C2/c$）	高于 20kbar[①]
斯石英[②]	4.30	四方（$P4_2/mnm$）	高于 80kbar

① 仍存在争议。

② 结构同金红石，硅配位数为 6。

③ 1kbar=10⁸Pa。

由于[SiO₄]四面体在空间中的排列不同，各种晶型具有不同的表现形式，如图 2-36 所示。由图可见，α-方石英呈中心对称，而 α-鳞石英中有一个对称面，β-石英的键角为 150°，如果拉直则与 α-方石英结构一样。

（1）α-方石英的结构

α-方石英属立方晶系，$Fd3m$ 空间群，晶格常数 a=0.705nm，晶胞内"分子数"为 8。图 2-37 为 α-方石英的晶胞图。Si^{4+} 位于晶胞中的角顶和面心处，内部还有四个 Si^{4+}，占据了八个四面体间隙中的四个，四面体顶点上下交替排列，其结构和金刚石相似。α-方石英冷却到 270℃以下得到 β-方石英，属于四方晶系，$P4_12_12$ 空间群，a=0.497nm，c=0.692nm。

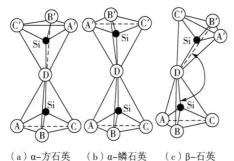

（a）α-方石英　（b）α-鳞石英　（c）β-石英

图 2-36　硅氧四面体结合方式

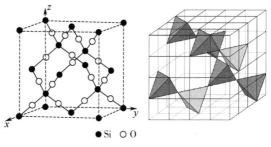

● Si ○ O

图 2-37　α-方石英的晶胞图（中心对称）

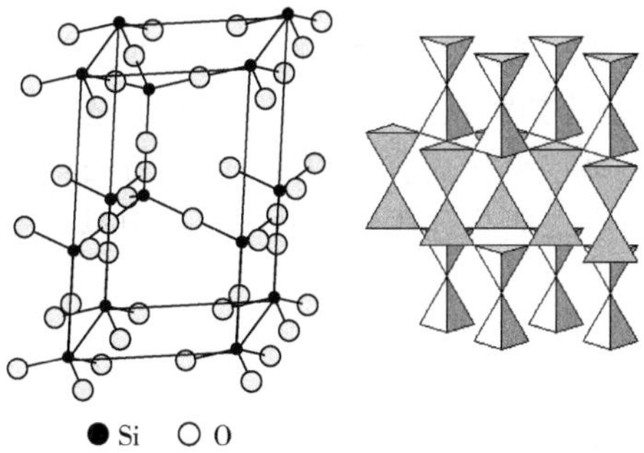

（2）α-鳞石英的结构

α-鳞石英属于六方晶系，$P6_3/mmc$ 空间群，晶格常数 a=0.503nm、c=0.822nm，晶胞内"分子数"为 4。图 2-38 给出了 α-鳞石英的结构图，它是由[SiO₄]四面体构成的六元片状网络构成的无限骨架，结构中[SiO₄]四面体顶角相对连接，在低温下转化为低温型鳞石英。但是关于 β 和 γ 型鳞石英目前结构仍然不甚清楚，β-鳞石英属于六方晶系；一种观点认为 γ-鳞石英属于正交晶系，也有人认为属于单斜晶系。

● Si ○ O

图 2-38　α-鳞石英的结构图（镜面对称）

（3）α-石英和 β-石英的结构

α-石英属六方晶系，$P6_222$ 空间群，晶格常数 a=0.50396nm、c=0.545nm，晶胞内"分子数"为 3。图 2-39 给出了 α-石英结构在（0001）面上的投影，图中数字代表不同位置。该结构存在六次螺旋轴，沿着 C 轴上升形成一个开口的六元环。

β-石英属三方晶系，$P3_121$ 空间群，a=0.490nm，c=0.539nm，晶胞内"分子数"为 3。如

图 2-40 所示，β-石英结构和 α-石英相似，只是 Si—O—Si 位置略有变动，键角发生变化，晶格变形，对称性下降，六次轴转化为三次轴。β-石英具有压电效应。

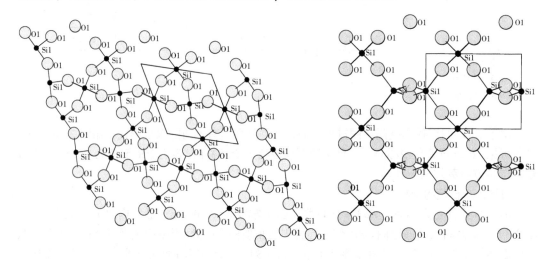

图 2-39　α-石英结构在（0001）面上的投影

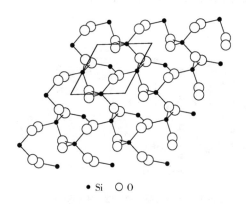

· Si　○ O

图 2-40　β-石英结构在（0001）面上的投影

位移型相变和重建型相变：各种石英晶型之间的转化非常复杂，一种只是原子的位置和 Si—O—Si 之间的键角发生变化，结构没有发生大的变化，即位移型相变，比如各种石英变体高、低温型之间的转变。水泥熟料中硅酸三钙（C_3S）各种晶型之间的转变也属于此类情况。另一类转变不能通过简单的原子位移、键角的变化形成，必须打破原来的结构重新排列，形成一种全新的结构，称为重建型相变，比如 α-石英、α-方石英和 α-鳞石英之间的转变，由于差别较大，这种转变会带来结构上的重组。

各种石英变体晶体结构的差异导致体积密度的差异，因此在发生晶型转变的时候常伴随有体积效应。一般来讲，位移型相变体积效应较小，比如鳞石英 α、β 和 γ 三种变体之间的转变，体积效应只有 0.2%，α-石英和 β-石英之间的体积变化只有 0.82%，而 α-方石英向 α-鳞石英之间的转变体积变化就较大，为 16%，这一点在二氧化硅质耐火材料生产中具有重要的意义。

2.4.6.2　长石结构

长石类硅酸盐分为正长石系和斜长石系两大类。其中有代表性的为：

① 正长石系：钾长石 $K[AlSi_3O_8]$、钡长石 $Ba[Al_2Si_2O_8]$。

② 斜长石系：钠长石 $Na[AlSi_3O_8]$、钙长石 $Ca[Al_2Si_2O_8]$。

结构特征：$[SiO_4]$ 四面体连接成四元环，其中 2 个四面体顶角向上，2 个向下；四元环中的四面体通过共顶方式连接成曲轴状的链，见图 2-41。链与链之间在三维空间连接成架状结构。

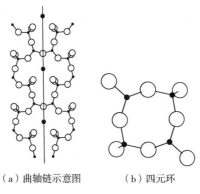

（a）曲轴链示意图　　　　（b）四元环

图2-41　[SiO₄]四面体的连接方式

（1）钾长石

结构特征：钾长石分为高温型和低温型两种。高温型长石又称为透长石，属于单斜晶系，空间群 $C2/m$，晶胞参数 $a=0.8544\text{nm}$、$b=0.12998\text{nm}$、$c=0.7181\text{nm}$、$\beta=115°59'$，晶胞中"分子数"为4。图2-42为钾长石在（001）面和（100）面上的投影，图中数字代表不同位置。从图中可以看出，由四节环构成的曲状链沿平行于 A 轴方向伸展，K^+位于链间空隙处，在中心 K^+ 的位置处有一对称面，结构呈左右对称。结构中 K^+ 的平均配位数为9。

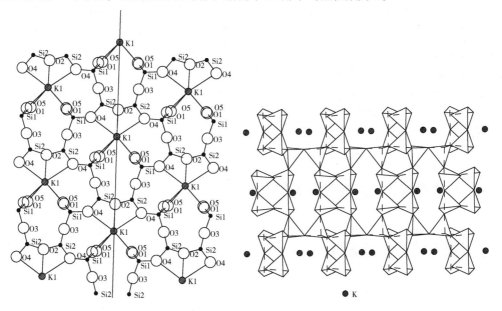

图2-42　钾长石在（001）面和（100）面上的投影

（2）钠长石

结构特征：钠长石属三斜晶系，$C1$ 空间群，晶胞参数 $a=0.814\text{nm}$、$b=1.279\text{nm}$、$c=0.716\text{nm}$、$\alpha=94°19'$、$\beta=116°34'$、$\gamma=87°39'$。结构如图2-43所示，图中数字代表不同位置。

钠长石结构比钾长石对称性更低，结构产生扭曲，左右不再呈现镜面对称，其中钠的配位数也不是一个定值。

长石结构的四元环链内结合牢固，链平行于 A 轴伸展，故沿 A 轴晶体不易断裂；而在 B

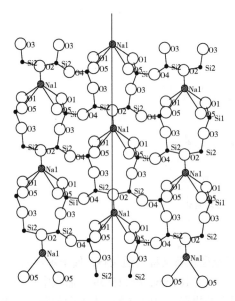

图 2-43 钠长石在（001）面上的投影

轴和 C 轴方向，链间虽然也有桥氧连接，但有一部分是靠金属离子与 O^{2-} 之间的键来结合，较 A 轴方向结合弱得多。因此，长石在平行于链的方向上有较好的解理特性。

在硅酸盐晶体中，Al^{3+} 经常取代 Si^{4+} 进入四面体空隙中，比如长石，这与 Al^{3+} 在硅酸盐结构中所起的作用有关。研究表明，Al^{3+} 在硅酸盐结构中起着双重作用：

① 可以代替部分 Si^{4+} 进入氧的四面体空隙中，形成 $[AlO_4]$。

② Al 作为络阴离子的团外正离子填充于六个氧围成的空隙中，呈六次配位，构成 $[AlO_6]$ 八面体。

可以用 Al—O 的成键性质讨论 Al^{3+} 进入氧四面体空隙的原因。Al 的电子结构是 $3s^2 3p^1$，与 Si 的电子结构 $3s^2 3p^2$ 是相似的。从杂化轨道原理来分析，当 Al 失去价电子后，空出能量相近的 s、p 轨道，从而能以 sp^3 杂化轨道形式与四个配位氧形成四个 σ 轨道，Al—O 以 σ 键结合，故 Al 像 Si 一样，也能作为中心正离子存在于氧四面体空隙中，构成 $[AlO_4]$ 四面体。从分子轨道的成键特点看，根据 Al 的 3s、3p 轨道能量和对称性与四个配位氧的 2p、2s 轨道能量对称性关系，两者可以发生轨道重叠而形成四个 σ 轨道（不考虑 π 轨道的形成与否），各自朝四面体顶角取向分布。

此外，Fe^{3+}、Ti^{4+}、Cr^{3+} 等也与 Al^{3+} 一样，在硅酸盐结构中具有双重作用，只是由于它们的电子结构（3d 电子）与 Al^{3+} 有所差异，与氧的轨道能量差比 Al^{3+} 的要大，故它们进入氧四面体空隙的机会不如 Al^{3+} 多。

2.5 其他常见非氧化物晶体

2.6 常见铝酸盐晶体

微信扫码 线上学习 使用 资料

由于 $[AlO_4]$ 和 $[SiO_4]$ 四面体结构相似，因此也可以通过共享多面体角顶氧形成环状、链状、层状或架状铝酸盐。镁铝尖晶石前已述及，下面简单介绍几种在水泥和耐火材料中常见的铝酸盐晶体。

在 CaO-Al_2O_3 二元系统中，可以形成 $CaO \cdot Al_2O_3$、$CaO \cdot 2Al_2O_3$、$3CaO \cdot Al_2O_3$、$CaO \cdot 6Al_2O_3$ 以及 $12CaO \cdot 7Al_2O_3$，分别简写为 CA、CA_2、C_3A、CA_6 和 $C_{12}A_7$，性质及结构特征参数如表 2-10 所示。其中 CA 和 CA_2 是铝酸盐水泥的主要物相，在硅酸盐水泥中不常见，而 C_3A 是硅酸盐水泥的重要物相。$C_{12}A_7$ 偶尔出现在硅酸盐水泥中，经常出现于铝酸盐水泥中。CA_6 在水泥中不常见，在氧化铝很高的铝酸盐水泥中可能有少量存在，在氧化铝质耐火材料和铝酸盐水泥反应的产物中往往可以发现 CA_6 的存在。

表 2-10　CaO-Al$_2$O$_3$ 二元系统中化合物的性质及结构特征参数

物相	熔点（转变点）/℃	体积密度/（g/cm³）	空间群	晶胞参数					
				a/nm	b/nm	c/nm	α/（°）	β/（°）	γ/（°）
C$_3$A	1539	3.03	$Pa3$	1.5263			90.0		
C$_{12}$A$_7$	1415	2.70	$I\bar{4}3d$	1.1982			90.0		
CA	1602	2.95	$P2_1/n$	0.8700	0.8092	1.5191		90.3	
CA$_2$	1762	2.92	$C2/c$	1.2840	0.8862	0.5431		106.8	
CA$_6$	1830	3.84	$P6_3/mmc$	0.5558		2.1905			120

（1）CA 和 CA$_2$

CA 分子式和镁铝尖晶石同属 AB$_2$O$_4$，但是结构不同，其结构和 β-鳞石英类似，[AlO$_4$] 四面体共顶成架状结构，由于 Ca^{2+} 半径较大，因此结构扭曲，对称性降低，成为单斜晶系，从而导致 Ca^{2+} 的配位数也是无规律的，如图 2-44 所示。

CA$_2$ 也是单斜晶系，同样属于架状结构，如图 2-45 所示，结构中的氧有的被三个 [AlO$_4$] 四面体共有，有的被两个 [AlO$_4$] 共有。CA$_2$ 的水化活性不如 CA，因此铝酸盐水泥中应以 CA 为主晶相。

（2）C$_{12}$A$_7$

C$_{12}$A$_7$ 属于立方晶系，是水化活性最大的铝酸盐，经常导致水泥的快凝。[AlO$_4$] 四面体共顶形成不完整的架状结构，实验表明该结构可以用 [Al$_7$O$_{16}$]$^{11-}$ 表示，每个"分子"单位中一个 O^{2-} 统计分布，研究表明这个 O^{2-} 可以被 OH$^-$ 置换。通常认为 Ca^{2+} 配位数为 6，不过多面体不规则，但最近的红外光谱研究表明有部分 Ca^{2+} 的配位数为 5，这可能是其水化活性大的原因之一。图 2-46 给出了其结构。

（3）C$_3$A

C$_3$A 为立方晶系，6 个 [AlO$_4$] 四面体形成 [Al$_6$O$_{18}$]$^{18-}$ 环，如图 2-47（a）所示，但是需要指出的是 [AlO$_4$] 并不在一个平面上，而是高度折叠，如图 2-47（b）所示。6 个 [AlO$_4$] 四面体靠近立方体的 6 个角顶，每个晶胞中有 8 个 [Al$_6$O$_{18}$]$^{18-}$ 环，形成一个半径为 0.147nm 的孔洞，环与环之间由 Ca^{2+} 连接，形成 Ca$_9$Al$_6$O$_{18}$，Ca^{2+} 配位数为 6 和 5，由于有巨大的孔洞，C$_3$A 极易和水反应，水化产物和水化速度依赖环境温度和是否有石膏存在。

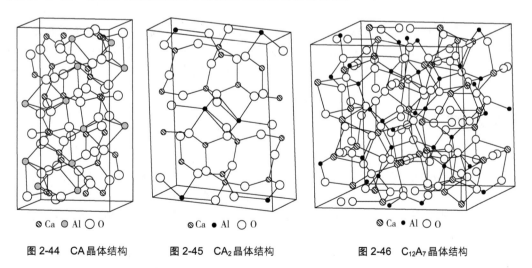

◎ Ca ● Al ○ O　　　◎ Ca ● Al ○ O　　　◎ Ca ● Al ○ O

图 2-44　CA 晶体结构　　　图 2-45　CA$_2$ 晶体结构　　　图 2-46　C$_{12}$A$_7$ 晶体结构

(4) CA$_6$

CA$_6$ 是 CaO-Al$_2$O$_3$ 系统中氧化铝含量最高的铝酸钙相，具有铅磁石矿（PbFe$_{12}$O$_{19}$）的结构，是一种片状晶体，不具有水硬活性。该结构由两种层沿 C 轴交替堆积而成，含有较大 Ca^{2+} 的层称为镜面，另外一层称为尖晶石基块，每个尖晶石基块中 32 个 O^{2-} 按立方密堆排成 ACBA 四层，共有 64 个八面体间隙和 32 个四面体间隙，每个晶胞可以看作由 2 个尖晶石基块和 2 个镜面组成。一个晶胞中有 24 个 Al^{3+}，其中 8 个占据四面体间隙，16 个占据八面体间隙，其位置和 MgAl$_2$O$_4$ 中 Mg^{2+} 和 Al^{3+} 相当，故称为尖晶石基块。尖晶石基块上下面互相成为镜面，镜面中 Ca^{2+} 半径与 O^{2-} 相当，配位数为 12（图 2-48 中仅仅给出了 8 个），但不能进入 O^{2-} 形成的空隙中，只能和 O^{2-} 处于同一层的镜面，所以不能和尖晶石一样是立方晶系，而成为六方晶系。

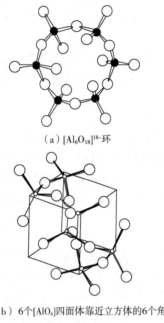

（a）[Al$_6$O$_{18}$]$^{18-}$环

（b）6个[AlO$_4$]四面体靠近立方体的6个角顶

图 2-47　C$_3$A 晶体中的典型结构单元

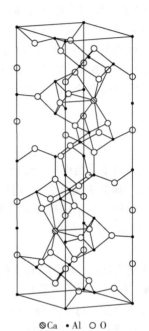

◎Ca　•Al　○O

图 2-48　CA$_6$ 晶体结构

CA$_6$ 在还原气氛中稳定性很好，可以制成多孔轻质材料，用作高温催化的载体和高温隔热材料，也可以用作核废料的储存载体。在以氧化铝为主，采用铝酸盐水泥为结合系统的不定形耐火材料以及氧化铝质耐火材料被渣侵蚀后的产物中也经常可以检测到 CA$_6$ 的存在。

本章小结

决定晶体结构的内在因素有质点的大小、配位数、离子的极化率，外在因素则有温度和压力。同一种化学组成，可能具有多种晶体结构，而化学组成不同的晶体，其结构也可能是相同的。对晶体结构研究最具有影响力的当属鲍林，他提出了著名的五条规则，其中第一、二、三规则最为重要。

等径球最紧密堆积方式是分析晶体结构的基础，通过分析紧密堆积情况可以判断晶体中

存在的空隙有哪几种，一个球的周围有多少个四面体空隙、多少个八面体空隙，进而分析不等径球是如何进行堆积的。

关于无机化合物晶体结构何种离子作何种密堆积，何种离子填何种空隙；配位数与配位多面体、配位多面体之间的连接方式；晶胞"分子数"；空隙填充情况；学习和研究简单的典型无机晶体结构时，从以下几个方面进行分析：离子的堆积状况；正负离子的配位数和配位多面体及其连接方式；晶胞中"分子数"；空隙填充情况；氧离子的电价是否饱和（根据鲍林规则判断结构的稳定性）；结构对性能的影响；能够根据立体图画出投影图或根据投影图画出立体图。

对于复杂的硅酸盐结构，则首先要了解其基本构造单元，即硅氧四面体属于岛状、组群状、链状、层状或架状中的哪一种，从而了解硅酸盐晶体的分类情况。需要指出的是，在组群状、层状、双链状硅酸盐晶体中均有六元环，组群状中六元环是孤立的，双链中六元环形成长链，而层状结构中六元环形成平面层。其次可以从以下几个方面进行分析：何种离子作何种紧密堆积；何种离子填何种空隙；正负离子的配位数与配位多面体情况；配位多面体之间的连接方式；晶胞"分子数"；氧离子的电价是否饱和（根据鲍林规则判断结构的稳定性）。对于链状的硅酸盐晶体还要分析链的构成、链的伸展方向及链间的连接方式。对于层状的硅酸盐晶体还要分析层的类型、层的构成、层间结合力、层的堆积方向、解理情况。有时候还需要考虑结构中的正负离子是否有取代现象。

除了氧化物外，还有大量的非氧化物，其中一些也在耐火材料中得到了应用。

思考题与习题

1. 解释下列概念

原子半径与离子半径、配位数、离子极化、紧密堆积原理、正尖晶石与反尖晶石、萤石结构和反萤石结构、二八面体和三八面体。

2.（1）画出 O^{2-} 作面心立方堆积时，各四面体空隙和八面体空隙的所在位置（以一个晶胞为结构基元表示出来）。

（2）计算四面体空隙数、八面体空隙数与 O^{2-} 数之比。

3. 根据电价规则，指出在下面情况下，空隙内各需填入何种价数的正离子，并对每一种结构举出一个例子。

（1）所有四面体空隙位置均填满。

（2）所有八面体空隙位置均填满。

（3）填满一半四面体空隙位置。

（4）填满一半八面体空隙位置。

4. 已知 Mg^{2+} 半径为 0.065nm，O^{2-} 半径为 0.140nm，计算 MgO 晶体结构的堆积系数与密度。

5. 根据最紧密堆积原理，空间利用率越高，结构越稳定，金刚石结构的空间利用率很低，只有 34.01%，为什么它也很稳定？

6. 计算体心立方、面心立方和密排六方晶胞中的原子数、配位数和堆积系数。

7. 已知 CsCl 结构中 Cs^+ 和 Cl^- 沿体对角线接触，Cs^+ 和 Cl^- 离子半径分别为 0.169nm 和

0.181nm，试计算 CsCl 晶胞中离子堆积系数和密度。

8. 根据半径比关系，计算说明下列离子与 O^{2-} 配位时的配位数各是多少。

$r_{O^{2-}} = 0.132nm$ $r_{Si^{4+}} = 0.039nm$ $r_{K^+} = 0.133nm$ $r_{Al^{3+}} = 0.057nm$ $r_{Mg^{2+}} = 0.078nm$

9. 为什么石英不同系列变体之间的转化温度比同系列变体之间的转化温度高得多？

10. 磷酸盐晶体中$[PO_4]^{3-}$和硫酸盐中$[SO_4]^{2-}$也有和硅氧四面体相似的四面体，常呈岛状结构，但是 $AlPO_4$ 具有和 SiO_2 类似的结构，为什么？

11. 氟化锂（LiF）为 NaCl 型结构，测得其密度为 $2.6g/cm^3$，试计算其晶胞参数，并将此值与从离子半径计算得到的数值进行比较。

12. Li_2O 的结构是 O^{2-} 作面心立方堆积，Li^+ 占据所有四面体空隙位置。计算下列问题：

（1）四面体空隙所能容纳的最大正离子半径，并与 Li^+ 半径比较，说明此时 O^{2-} 能否互相接触。

（2）根据离子半径数据求晶胞参数。

（3）Li_2O 的密度。

13. 根据鲍林规则分析 CdI_2 晶体中的 I^- 及 $CaTiO_3$ 晶体中 O^{2-} 的电价是否饱和。

14. 试解释对于 AX 型化合物来说，正负离子为一价时多形成离子化合物，二价时形成的离子化合物减少（如 ZnS 为共价型化合物），到了三价、四价（如 AlN、SiC）则是形成共价化合物。

15. MgO 和 CaO 同属 NaCl 型结构，而它们与水作用时 CaO 要比 MgO 活泼，试解释之。

16. 根据 CaF_2 晶胞图画出 CaF_2 晶胞的投影图。

17. 下列硅酸盐矿物各属何种结构类型：$Mg_2[SiO_4]$，$K[AlSi_3O_8]$，$CaMg[Si_2O_6]$，$Mg_3[Si_4O_{10}]$ $(OH)_2$，$Ca_2Al[AlSiO_7]$。

18. 根据 $Mg_2[SiO_4]$ 在（110）面的投影图回答：

（1）结构中有几种配位多面体，各配位多面体间的连接方式怎样？

（2）O^{2-} 的电价是否饱和？

（3）晶胞的"分子数"是多少？

（4）Si^{4+} 和 Mg^{2+} 所占的四面体空隙和八面体空隙的比例是多少？

19. 石棉矿如透闪石 $Ca_2Mg_5[Si_4O_{11}](OH)_2$ 具有纤维状结晶习性，而滑石 $Mg_3[Si_4O_{10}](OH)_2$ 却具有片状结晶习性，试解释之。

20. 石墨、滑石和高岭石具有层状结构，说明它们结构的区别及由此引起的性质上的差异。

21. 试回答下面问题：

（1）在硅酸盐晶体中，Al^{3+} 为什么能部分置换硅氧骨架中的 Si^{4+}？

（2）Al^{3+} 置换 Si^{4+} 后，对硅酸盐组成有何影响？

（3）用电价规则说明 Al^{3+} 置换骨架中的 Si^{4+} 时，通常不超过一半，否则结构不稳定。

第3章 晶体结构缺陷

✈ 本章提要

当晶体材料处于0K时，质点按理想点阵排列，没有缺陷，处于热力学最稳定状态。但是在实际中并不存在理想的晶体，晶体中总是或多或少存在缺陷，比如热运动、加工条件、杂质等因素都可以造成晶体不再是理想晶体。晶体缺陷的存在会对材料的性质产生影响，有些对于材料性能有利，比如半导体的性质几乎主要由外来的杂质原子和缺陷决定。名贵的红宝石、蓝宝石等就是 Al_2O_3 中分别含有微量 Cr^{3+}、Fe^{2+}、Ti^{4+} 等。许多离子晶体的颜色来源于缺陷，晶体的发光也大都和杂质的存在有关。此外，陶瓷的扩散、烧结、相变、固体的强度和固相反应的进行都与缺陷的存在息息相关。从晶体结构的角度来看，晶体的规则性和完整性是主要的，非完整性（缺陷）是次要的，但是对于晶体敏感性来讲，缺陷却起着主要作用，因此晶体的缺陷是国内外材料科学研究中的一个重要内容。

本章从微观角度介绍晶体中缺陷的种类、产生原因，阐述缺陷的产生、复合、运动以及控制和应用等，以期建立缺陷与材料性质之间的联系，为分析原因或利用缺陷提供科学基础。

实际晶体中的缺陷根据其形态和作用范围可以分为点缺陷、线缺陷、面缺陷和体缺陷。

① 点缺陷：在三维空间各方向上缺陷的尺寸都很小，可以看作点，是在晶体结构中某些位置发生的，其影响范围很小，仅仅限于几个原子的尺度，又称零维缺陷。点缺陷包括空位、间隙原子、溶质原子等。

② 线缺陷：在一个方向上的缺陷扩展很大，其他两个方向上尺寸很小，也称为一维缺陷，主要表现形式为位错。

③ 面缺陷：如果晶体内部质点排列的规律性在二维方向上一定的尺度范围内遭到破坏，所形成的缺陷称为面缺陷，也称为二维缺陷。面缺陷包括晶界、相界、孪晶界等。

④ 体缺陷：指晶体中在三维方向上相对尺寸较大的缺陷，例如晶体中包藏的杂质、沉淀和空洞等，这种缺陷与晶体的分相和偏聚等情况有关。

3.1 点缺陷

理想晶体中的一些原子被外界原子代替，或者在晶格间隙中掺入原子，或者在晶格中存在空位，破坏了点阵的周期性排列，引起质点势场的畸变，造成晶体结构的不完整，仅仅局限在原子位置，称作点缺陷。大致分为三种情况：

① 晶格位置缺陷：是指在晶体点阵正常结点位置上出现空位或者在不该有质点的地方出

现了质点，通常是由温度变化导致的热起伏引起的，又称为热缺陷。

② 组成缺陷：是指外来质点取代了正常晶格位置上的质点，或者进入间隙，通常由外来杂质引起，又称为杂质缺陷。

③ 电子缺陷：是指在晶体中某些质点的个别电子处于激发态，离开原来位置形成自由电子，在原来的电子轨道上留下了电子空穴，通常是由气氛引起，又称为非化学计量化合物。

(1) 热缺陷的两种基本形式

当温度高于绝对零度时，质点就要吸收热能而运动，温度升高，平均热能增大，振幅也变大，当质点获得的能量超过其在平衡位置上振动所需能量时，就可能离开平衡位置，形成热缺陷。根据缺陷原子取向的不同，热缺陷有两种最主要的形式，即弗仑克尔缺陷（Frenkel defect）和肖特基缺陷（Schottky defect）。如果原子能量足够大，原子离开平衡位置，挤到正常晶格的间隙位置，形成间隙质点，而在原来位置留下空位，这种缺陷称为弗仑克尔缺陷，如图 3-1(a)所示。其特征如下：缺陷空位和间隙成对出现，晶体体积不变。另一种是固体表面的原子获得较大能量，但是其能量还不足以蒸发出去，只是移动到表面外新的位置处，原来位置形成空位，这种空位又逐渐被晶体内部的质点所填充，结果表面形成的空位就逐渐移动到内部去，这种形式的缺陷称为肖特基缺陷，如图 3-1(b)所示。其特征如下：如果是离子晶体，正负离子空位成对出现，体积略微变大。因此有人利用 X 射线法测出晶胞的大小，算出理想晶体的体积，再和实际晶体体积比较，就可以算出在该温度时空位的浓度。晶体中这两种缺陷可以同时存在，但必有一种是主要的。一般来讲，在离子晶体中，如果正负离子半径相差不大，易形成肖特基缺陷；如果两种离子半径相差较大，易形成弗仑克尔缺陷，前者如 NaCl，后者如 AgBr。像这种由于热起伏引起只和晶体本身有关的点缺陷称为本征缺陷，反之称为非本征缺陷。

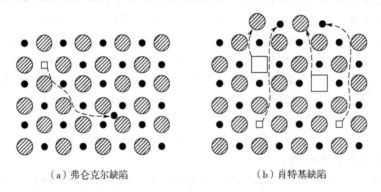

(a) 弗仑克尔缺陷　　　　　　　　(b) 肖特基缺陷

图 3-1　两种热缺陷的基本形式

除以上两种形式的热缺陷外，还有其他形式的缺陷，比如间隙离子从表面跑到内部去，这样缺陷就只有间隙而无空位了，此外还有几个空位缔合在一起的情况。

形成的空位和间隙并不是不变的，在一定温度下，点缺陷数目（浓度）一定，并处于不断的运动过程中。正常晶格上的原子由于热运动跳入空位中，形成另一个空位，原来空位消失。这一过程可以看作空位的移动，称为空位迁移。同样，间隙原子可从一个位置移动到另一个位置，形成间隙原子迁移。间隙原子也可能落入空位，使两者都消失。由于要求一定温度下的点缺陷平衡浓度保持一定，因此，又会产生新的间隙原子、空位，这是一个动态的过程。

(2) 热缺陷的浓度

既然缺陷是由于热起伏引起的，在平衡条件下，热缺陷浓度必然与晶体所处温度有关。根据统计热力学就可以计算出热缺陷浓度。

以弗仑克尔缺陷为例，设由 N 个原子组成的晶体中含有 n 个空位，形成一个空位所需能量为 E_v，相应这个过程自由焓变化为 ΔG，焓变为 ΔH，熵变为 ΔS，则有：

$$\Delta G = \Delta H - T\Delta S = n\Delta E_v - T\Delta S \tag{3-1}$$

其中熵变可以分为两部分。一部分是晶体中产生缺陷所引起的微观状态数的增加造成的，称组态熵或混合熵 ΔS_c，根据热力学，有 $\Delta S_c = k\ln W$，其中 k 为玻尔兹曼常数；W 称为热力学概率，指 n 个空位在 $n+N$ 个晶格位置不同分布时排列总数目，即：

$$W = \mathrm{C}_{n+N}^{n} = \frac{(N+n)!}{N!n!} \tag{3-2}$$

另一部分为振动熵 ΔS_v，是缺陷产生后引起周围原子振动状态的改变造成的，它和空位相邻的晶格原子的振动状态有关，这样，式（3-1）可以写作：

$$\Delta G = n\Delta E_v - T(\Delta S_c + n\Delta S_v)$$

当平衡时：

$$\frac{\partial \Delta G}{\partial n} = 0$$

$$\frac{\partial \Delta G}{\partial n} = \Delta E_v - T\Delta S_v - \frac{\mathrm{d}\ln\frac{(n+N)!}{N!n!}}{\mathrm{d}n}kT = \Delta E_v - T\Delta S_v - \left[\frac{\mathrm{d}\ln(N+n)!}{\mathrm{d}n} \times \frac{\mathrm{d}\ln N!}{\mathrm{d}n!} \times \frac{\mathrm{d}\ln n!}{\mathrm{d}n}\right]kT$$

当 $x \gg 1$ 时，根据 Stiring 公式 $\ln x! = x\ln x - x$ 或 $\frac{\mathrm{d}\ln x!}{\mathrm{d}x} = \ln x$，由于 N 为常数，所以可以把括号内第一项的 $\mathrm{d}n$ 改为 $\mathrm{d}(N+n)$，利用 Stiring 公式得：

$$\frac{\partial \Delta G}{\partial n} = \Delta E_v - T\Delta S_v - kT\ln(n+N) + \ln n = \Delta E_v - T\Delta S_v + kT\ln\frac{n}{n+N} = 0$$

所以：

$$\frac{n}{n+N} = \exp\left[-\frac{(\Delta E_v - T\Delta S_v)}{kT}\right] = \exp\left(-\frac{\Delta G_f}{kT}\right) \tag{3-3}$$

当 $n \ll N$ 时，$\frac{n}{N} = \exp\left(-\frac{\Delta G_f}{kT}\right)$，式中，$\Delta G_f$ 是缺陷形成自由焓，可以近似看作不随温度变化的常数。上式表明，热缺陷浓度随温度升高呈指数增加，随自由焓升高而降低。

在离子晶体中，若考虑正负离子空位成对出现，此时推导时还必须同时考虑正离子空位数 W_M 和负离子空位数 W_X。根据热力学概率 $W = W_M W_X$，则缺陷浓度为：

$$\frac{n}{N} = \exp\left(-\frac{\Delta G_f}{2kT}\right) \tag{3-4}$$

类似地，肖特基缺陷浓度也可以用上式表示。

在晶体中形成什么样的缺陷，除了温度因素外还和缺陷能大小有关。如果晶体中弗仑克尔缺陷形成能比肖特基缺陷形成能大，则弗仑克尔缺陷出现的可能性就比肖特基缺陷可能性小得多，反之以弗仑克尔缺陷为主。以 NaCl 晶体为例，形成弗仑克尔缺陷的间隙质点能量需要 $11.22 \times 10^{-19} \sim 12.98 \times 10^{-19}$J，而形成一个肖特基缺陷空位只需要 3.20×10^{-19}J。因此，在 NaCl 晶体中，肖特基缺陷要比弗仑克尔缺陷多得多。而在 CaF_2 晶体中，形成弗仑克尔缺陷的能量只需 4.49×10^{-19}J，因此弗仑克尔缺陷占主导地位。然而缺陷能的数据仍然非常少，因此通常需要根据经验来判断。一般来讲，常见离子晶体中形成肖特基缺陷要容易一些，因为常见正负离子尺寸相差不大，离子间隙也不大，正离子进入间隙位置不容易。表 3-1 给出了部分化合物的缺陷形成能。

表 3-1 部分化合物的缺陷形成能

化合物	肖特基缺陷形成能/ （×10⁻¹⁹J）	化合物	肖特基缺陷形成能/ （×10⁻¹⁹J）	化合物	弗仑克尔缺陷形成能/ （×10⁻¹⁹J）
MgO	10.574	NaCl	3.685	UO_2	5.448
CaO	9.773	NaBr	2.692	ZrO_2	6.569
SrO	11.346	KCl	3.621	CaF_2	4.486
BaO	9.613	KBr	3.797	SrF_2	1.122
LiF	3.749	KI	2.563	AgCl	2.564
LiCl	3.397	CsBr	3.204	AgBr	1.923
LiBr	2.884	CsI	3.044	β-AgI	1.122
LiI	2.083	CaF_2	8.8	NaCl	11.22～12.98

晶体中热缺陷的存在对晶体的性质（如体积、光学、磁性、导电性）以及一系列物理化学过程（如扩散、固相反应、蠕变、烧结）都产生重要的影响。

3.2 固溶体

3.2.1 固溶体的概念和分类

固溶体是由于外来杂质原子进入晶体产生的缺陷。因杂质原子和原有原子性质不同，杂质原子不仅破坏了原有原子有规则的排列，而且在杂质原子周围引起周期势场畸变，因此形成一种缺陷。

杂质原子又可以分为间隙杂质原子和置换杂质原子。前者是杂质原子进入固有原子点阵间隙中；后者是杂质原子替代了固有原子。晶体中杂质原子含量在未超过其固溶度时，杂质缺陷和温度是没有关系的，这与热缺陷是不同的。

借鉴溶液的概念，固溶体可以看作杂质在晶体中的溶解，是两种或两种以上的组分在固态条件下相互溶解形成的单一、均匀的晶态固体，组分含量高的称为溶剂，组分含量低的称为溶质。杂质进入晶体的晶格中不破坏晶格结构类型，也不会生成新的化合物。从这一点来讲，固溶体、化合物和混合物是不同的。表 3-2 给出了它们之间的区别（以 AO 和 B_2O_3 为例）。因此固溶体和化合物虽然都是均一单相材料，但是在结构上却有明显的不同。

表 3-2 固溶体、化合物和混合物的特点

项目	固溶体	化合物	混合物
形成方式	$2AO \xrightarrow{B_2O_3} 2A'_B + V_O^{\cdot\cdot} + 2O_O$	化学反应	机械混合
反应式	掺杂溶解	$AO + B_2O_3 \rightleftharpoons AB_2O_4$	$AO + B_2O_3$ 均匀混合
化学组成	$B_{2-x}A_xO_{3-x/2}$	AB_2O_4	$AO + B_2O_3$
混合尺度	原子（离子）尺度	原子（离子）尺度	晶体颗粒态
结构	与 B_2O_3 相同	AB_2O_4 型结构	AO 结构 + B_2O_3 结构
相组成	均匀单相	均匀单相	多相，相之间有界面

固溶体基本特征如下：a.固溶体是在原子尺度上相互混合的。b.主晶相原有的晶体结构不变，但晶胞参数可能有少许改变。c.存在固溶度（有限固溶体），部分体系可任意互溶（无限固溶体）。在固溶度范围之内，杂质含量可以改变，固溶体的结构不会变化；当超出固溶极限后，存在第二相。

晶体生长或析晶、金属冶炼、材料合成等过程中都可能产生固溶体。

固溶体的分类方法有很多，常见的有以下两种。

（1）按溶质和溶剂来划分

① 连续固溶体：溶质和溶剂可以按任意比例互相固溶，又称为无限固溶体。

② 不连续固溶体：溶质只能以一定的比例和限度溶解于溶剂中，又称为有限固溶体。

（2）按照溶质在溶剂中所占的位置来划分

① 置换固溶体：溶质置换了正常位置上的质点，成为溶剂质点。

② 间隙固溶体：溶质质点进入溶剂晶体结构间隙位置，成为间隙质点。

3.2.2 置换固溶体

在晶体材料中，置换固溶体是非常普遍的，比如 MgO 晶体中经常包含相当数量的 NiO。溶质可以按任意比例置换溶剂，也可能只置换很少的一部分，溶解度和以下因素有关：

（1）尺寸因素

两种发生置换的离子半径应该尽可能相近。如果两个离子尺寸半径相差小于 15%，则有利于形成连续固溶体；如果尺寸相差大于 15%，置换一般是有限的；如果尺寸比相差大于 30%，则一般不易形成固溶体。

例如 MgO-NiO 系统，由于有：

$$\left| \frac{r_{Mg^{2+}} - r_{Ni^{2+}}}{r_{Mg^{2+}}} \right| \times 100\% = \left| \frac{0.072 - 0.070}{0.072} \right| \times 100\% = 2.78\%$$

所以 MgO-NiO 形成连续固溶体。

而对于 MgO-CaO 系统，有：

$$\left| \frac{r_{Mg^{2+}} - r_{Ca^{2+}}}{r_{Ca^{2+}}} \right| \times 100\% = \left| \frac{0.072 - 0.106}{0.106} \right| \times 100\% = 32.1\%$$

所以 MgO-CaO 一般不易形成连续固溶体，当然在高温下也是可以形成固溶体，但只能是有限固溶体。

（2）结构类型

在满足前一条件下，两置换组分的晶体结构类型应尽可能相同，这是形成连续固溶体的必要条件。结构类型不同，即使其他条件一致，最多形成有限固溶体。比如 Al_2O_3、Cr_2O_3 均属于刚玉型结构，因此它们之间可以形成连续固溶体，而 CaO 和 ZrO_2 不能形成连续固溶体，因为二者分属 NaCl 型和 CaF_2 型结构。类似，TiO_2 和 SiO_2 也不能形成连续固溶体。

（3）电价因素

只有离子电价相同或复合替代离子电价总和相同时，才可以形成连续置换固溶体，否则置换是有限的。比如长石系中钠长石和钙长石之间的固溶体，置换时发生如下变化：

$$Ca^{2+} + Al^{3+} \rightleftharpoons Na^+ + Si^{4+}$$

相应地,结构也要进行适当调整。

(4) 电负性

电负性相近(<0.4)的组分易形成固溶体,差别较大的组分易生成化合物。这一点通常已经包含在电价因素和尺寸因素中。

(5) 温度和压力

温度对固溶体形成的影响是显而易见的,一般来讲,温度升高,固溶体易形成,例如钾长石和钠长石在高温下可以混溶,温度降低时,组分脱溶,生成条纹长石。

溶解度和温度具有强烈的依赖关系,比如 Al_2O_3 在 MgO 中的溶解度在 2000℃时达百分之几,在 1300℃时就减少到只有 0.01%。

压力增大,则不利于固溶体的生成,从 $\Delta H = \Delta U + p\Delta V$ 可知,压力增加,焓增加,固溶体变得不稳定。

以上诸因素彼此之间不是孤立的,往往是几种因素协同作用的结果,实际必须从以上判据逐条出发,进行综合性判断。由于这是经验总结,因此并不能作为定量分析的依据,但是对于分析固溶体的形成是很有帮助的。

不同离子尺寸显然不能形成高固溶度的固溶体,而价态的不同却可以以别的方式补偿,比如在高岭土结构中四配位的 Si^{4+} 被 Al^{3+} 置换引起电荷差,可以由吸附在颗粒表面的可交换的离子来补偿。对于黏土类矿物,这种效应在很大程度上可以说明观察到的阳离子交换性质以及黏土形成稳定悬浮体的能力。

3.2.3　间隙固溶体

如果原子很小,它们就能够进入晶体的间隙位置形成固溶体,这类固溶体在金属键晶体中特别普遍,比如 C、B 和 H 原子等非常容易进入金属 Fe 间隙形成间隙固溶体。比如各种碳素钢就是碳在铁中的间隙固溶体。间隙固溶体在无机材料中也很普遍。

除了结构类型条件外,形成间隙固溶体的能力同样取决于离子尺寸、电价和电负性等因素。现简述如下:

(1) 离子尺寸和结构类型因素

一般来讲,进入晶体结构中的正离子半径小,容易进入间隙位置。如果溶剂中未被利用的空隙越大,间隙固溶体就越易形成。以 MgO、TiO_2、ThO_2 和沸石为例,在 MgO 晶体中所有的[MgO_6]八面体都被占用,只有[MgO_4]四面体空隙可供利用;在 TiO_2 中有一半[TiO_6]八面体空隙可以利用;在 ThO_2 中,有[ThO_8]立方体空隙可以利用;在沸石结构中,有更大的笼型空隙可以利用。因此在同等条件下,形成间隙固溶体的顺序如下:沸石>ThO_2>TiO_2>MgO。

(2) 电荷平衡

缺陷方程两边的有效电荷数必须相等,这说明发生固溶后,电荷平衡的原则必须遵循。

3.2.4　固溶体的研究意义

① 采用固溶体原理来制备或开发各种新的材料,满足科技的发展对材料性能提出的特殊

性要求。

② 造成晶格畸变，晶格活化，有利于以扩散现象为基础的一系列高温过程，如固相反应、相转变和烧结过程等。比如在 Al_2O_3 中加 1%～2% TiO_2，烧结温度可以降低 300℃；在 ZrO_2 中加入 CaO 稳定剂，避免 ZrO_2 发生相变时伴随有害体积效应，提高热稳定性。

3.2.5　缺陷符号及缺陷反应方程式写法

3.2.5.1　缺陷符号

缺陷化学主要研究材料中存在的缺陷，已经成为一门很重要的学科。类似一般化学反应方程式，缺陷化学中也可以写出缺陷化学反应方程式，这需要用到一些新的表示方法。为了描述在离子晶体中可能出现的不同类型缺陷，Kroger 和 Vink 提出了一套描述缺陷的符号，现在已经成为国际上通用的符号。他们发展了应用质量作用定律处理晶格缺陷间关系的缺陷化学。

以化合物 MX 为例：

① 正常位置的离子：用 M_M 和 X_X 表示。

② 间隙离子：亦称为填隙原子，用 M_i、X_i 来表示，其含义为 M、X 原子位于晶格间隙位置。

③ 晶格中的空位：用 V 来表示，符号中的下标表示缺陷所在位置，V_M 含义即 M 原子位置是空的。

④ 自由电子与电子空穴：分别用 e′ 和 h· 来表示。其中上标中的"′"代表一个单位负电荷，圆点"·"代表一个单位正电荷。

⑤ 错位离子：用 M_X、X_M 等表示，M_X 的含义是 M 原子占据 X 原子的位置；X_M 表示 X 原子占据 M 原子的位置。

⑥ 取代离子：当外来杂质 L 进入 MX 晶体的主晶格位置时，成为取代离子，若占据 M 的位置，则表示为 L_M；若取代负离子位置，则表示为 L_X；若进入间隙位置，则表示为 L_i。

⑦ 带电荷缺陷：在正常的离子晶体中，若在正常位置上取走一个正离子或者负离子而形成空位，为了维持电中性，则空位必然带电，带电的多少和离子的电价有关。例如，在 NaCl 晶体中，取出一个 Na^+，会在原来的位置上留下一个电子 e′，写成 V'_{Na}，即代表 Na^+ 空位，带一个单位负电荷[0−(+1)=−1]。同理，Cl^- 空位记为 $V^·_{Cl}$，带一个单位正电荷[0−(−1)=1]。即 $V'_{Na}=V_{Na}+e′$，$V^·_{Cl}=V_{Cl}+h·$。类似可以确定其他形式缺陷所带的电荷数。

图 3-2 给出了 MX 化合物

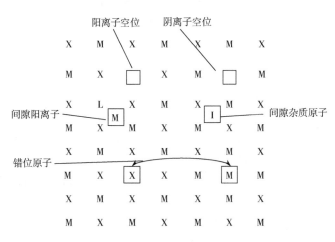

图 3-2　MX化合物中的典型点缺陷

中的典型点缺陷。

缺陷可以在一定条件下形成，比如 V'_{Na} 和 $V^{\cdot}_{Cl}$ 碰到一起时可以形成缔合缺陷，但在一些特定条件下也可以消失，比如下式所示情况。

$$null = V'_{Na} + V^{\cdot}_{Cl} \quad （null 表示无缺陷）$$

表 3-3 给出了 Kroger-Vink 符号表示方法及其含义。

如果正常位置上取走一个正离子或者负离子，同时放入另外的正离子或负离子，则空位带电的多少和外来离子及原来离子的电价都有关系。比如 $CaCl_2$ 加入 NaCl 晶体时，若 Ca^{2+} 位于 Na^+ 位置上，其缺陷符号为 $Ca^{\cdot}_{Na}$，此符号含义为 Ca^{2+} 占据 Na^+ 位置，带有一个单位正电荷。Ca''_{Zr} 表示 Ca^{2+} 占据 Zr^{4+} 位置，此缺陷带有两个单位负电荷。

表 3-3　Kroger-Vink 符号表示方法及其含义

符号		含义
V		空位
h		自由电子空穴
e		自由电子
M（例如 Ca、Al）		正离子
X（例如 O、Cl）		负离子
下标	i	间隙位置
	M	正离子位置
	X	负离子位置
上标	·	正电荷
	'	负电荷

3.2.5.2　缺陷反应方程式遵循的原则

从以上例子来看，缺陷反应方程式是基于化学反应方程式而来的，也必须遵循以下三个原则：

（1）质量守恒

缺陷反应方程式两边的质量应该相等，缺陷符号下标仅仅表示缺陷位置，对质量无贡献。空位也仅仅表示位置，对质量无影响。上标表示电荷数，对质量也无贡献。

（2）电荷平衡

缺陷方程两边的有效电荷数必须相等，即保持电中性。

（3）位置平衡

在化合物 M_aX_b 中，无论是否存在缺陷，正负离子数之比始终是一个常数 a/b。需要指出的是：形成缺陷时，并不是正负离子原子比不变，而是正负离子格点数之比不变。比如 TiO_2 中，Ti:O=1:2，在还原气氛中，由于氧不足而形成 TiO_{2-x}。此时在晶体中形成氧空位，因而 Ti 与 O 的比例由原来的 1:2 变为 1:(2$-x$)，但是位置关系仍然是 1:2，当然这个"2"包含了 x 个空位。在上述各种缺陷符号中，V_M、V_X、M_M、X_X、M_X、X_M 等位于正常格点上，对格点数的多少有影响，而 M_i、X_i、e'、$h^{\cdot}$ 等不在正常格点上，对格点数的多少无影响。当发生肖特基缺陷时，晶体中原子迁移到晶体表面（用 S 表示表面格点，如 M 原子从晶体内迁移到表面，可用 M_S 表示），在晶体内部留下空位，格点数增加，但这种情况在离子晶体中是成对出现的，因而是服从格点数比例关系的。

3.2.5.3 缺陷反应实例

基于缺陷符号和缺陷反应平衡三原则即写出缺陷反应,并可以写出固溶体的化学式即固溶式。下面举例说明。

【例 3-1】分析 $CaCl_2$ 溶解在 NaCl 中的缺陷反应方程式。

分析:当 $CaCl_2$ 溶解在 NaCl 中,每引进一个 $CaCl_2$ 分子,即带入两个 Cl^- 和一个 Ca^{2+},一个 Ca^{2+} 置换一个 K^+。但为了保持原有的 NaCl 比例 1:1,必须出现一个 K 空位。两个 K 位置被占据,引入的两个 Cl^- 占据原来 NaCl 中 Cl 的位置。那么原来的 NaCl 到哪里去了呢?可以理解为以气相的形式逸出。缺陷方程式如下:

$$CaCl_2(s) + 2Na_{Na} + 2Cl_{Cl} \longrightarrow Ca_{Na}^{\cdot} + V_{Na}' + 2Cl_{Cl} + 2NaCl(g)$$

上式可以简化为如下形式:

$$CaCl_2(s) \xrightarrow{\ NaCl\ } Ca_{Na}^{\cdot} + V_{Na}' + 2Cl_{Cl}$$

另一种形式为 Cl^- 进入间隙:

$$CaCl_2 \xrightarrow{\ NaCl\ } Ca_{Na}^{\cdot} + Cl_i' + Cl_{Cl}$$

当然也可能产生其他缺陷形式,比如 Ca^{2+} 进入间隙,相应缺陷方程如下:

$$CaCl_2(s) + 2Na_{Na} + 2Cl_{Cl} \longrightarrow Ca_i^{\cdot\cdot} + 2V_{Na}' + 2Cl_{Cl} + 2NaCl(g)$$

但最可能的是前面两种。

在含有少量 $CaCl_2$ 的 NaCl 熔体中生长出来的 NaCl 晶体中,可以发现有少量的 Ca^{2+} 取代了晶格位置上的 Na^+,同时有少量的 V_{Na}',正是第一种情况。

学习了缺陷反应的书写方法后,弗仑克尔缺陷和肖特基缺陷也可以写出相应的缺陷方程式。下面举例说明。

【例 3-2】写出 AgBr 晶体中形成弗仑克尔缺陷的反应方程式。

分析:AgBr 晶体中半径较小的 Ag^+ 进入晶格间隙,在内部留下空位,形成弗仑克尔缺陷,则缺陷反应方程式为:

$$Ag_{Ag} \rightleftharpoons Ag_i^{\cdot} + V_{Ag}' \text{ 或 } Ag_{Ag} + V_i \rightleftharpoons Ag_i^{\cdot} + V_{Ag}'$$

【例 3-3】写出 MgO 晶体中形成肖特基缺陷的反应方程式。

分析:如晶体中产生肖特基缺陷,则表示有 M 离子和 X 离子各自离开平衡位置,移动到晶体表面,则反应方程式可以写为:

$$M_M + O_O \rightleftharpoons V_M'' + V_O^{\cdot\cdot} + M_S + X_S$$

M_S 和 X_S 表示位于晶体表面,方程左边表示离子位于正常位置上,是没有缺陷的,反应后变为内部形成空位,表面有多余原子。由于在缺陷反应规则中表面位置在反应式中可以不写,则缺陷反应方程式可以简化为:

$$null \rightleftharpoons V_M'' + V_O^{\cdot\cdot}$$

则 MgO 晶体中形成肖特基缺陷时,缺陷反应方程式可以表示为:

$$null \rightleftharpoons V_{Mg}'' + V_O^{\cdot\cdot}$$

对于杂质缺陷而言,可以看作是杂质在基质中的溶解过程,杂质进入基质晶体时,一般遵循杂质的正负离子分别进入基质的正负离子位置的原则,这样基质晶体的晶格畸变小,缺

陷容易形成。在不等价替换时，会产生间隙质点或空位，根据电价的高低，可以将缺陷反应简单分为以下三种情况。

（1）高价置换低价

高价正离子置换低价正离子，本身带正电荷，为了保持电荷平衡，只有两种情况：a.正离子出现空位；b.负离子进入间隙。以 Al_2O_3 掺杂 MgO 为例，可以写作下面两种情况：

$$Al_2O_3 \xrightarrow{MgO} 2Al_{Mg}^{\cdot} + V_{Mg}'' + 3O_O$$

$$Al_2O_3 \xrightarrow{MgO} 2Al_{Mg}^{\cdot} + O_i'' + 2O_O$$

当然，实际中并不是每一种都是合理的，要根据具体情况予以判断。

（2）低价置换高价

低价正离子置换高价正离子，本身带负电荷，为了保持电荷平衡，也只有两种情况：a.负离子出现空位；b.正离子进入间隙。以 CaO 掺杂 ZrO_2 为例，可以写作下面两种情况：

$$CaO \xrightarrow{ZrO_2} Ca_{Zr}'' + V_O^{\cdot\cdot} + O_O$$

$$2CaO \xrightarrow{ZrO_2} Ca_{Zr}'' + Ca_i^{\cdot\cdot} + 2O_O$$

（3）等价置换

对于等价置换，因为电荷已经达到平衡，既无空位也无填隙，仅仅是原子之间发生替换。比如 Cr_2O_3 掺杂 Al_2O_3 形成红宝石：

$$Cr_2O_3 \xrightarrow{Al_2O_3} 2Cr_{Al} + 3O_O$$

耐火材料用的铬刚玉也是氧化铬在刚玉中形成的固溶体。

3.2.6 固溶体类型的实验判别

对于金属氧化物系统，最可靠而简便的方法是写出生成不同类型固溶体的缺陷反应方程，根据缺陷方程计算出杂质浓度与固溶体密度的关系，并画出曲线，然后把这些数据与实验值（比如阿基米德排水法）相比较，哪种类型与实验相符合即是哪种类型。

3.2.6.1 理论密度计算

对于立方晶系，$V = a^3$；六方晶系，$V = \frac{\sqrt{3}}{2}a^2c$。

$$理论密度 \rho = \frac{固溶体（含有杂质）的晶胞质量 M}{晶胞体积 V}$$

$$第 i 种质点的质量 g_i = \frac{(原子数目)_i (占有因子)_i (原子质量)_i}{阿伏伽德罗常数}$$

$$则理论密度 \rho = \frac{\sum\limits_{i}^{n} g_i}{晶胞体积 V}$$

晶胞参数根据 X 射线衍射方法确定。

3.2.6.2 计算方法

计算步骤如下：

① 先写出可能的缺陷反应方程式。

② 根据缺陷反应方程式写出固溶体可能的化学式。

③ 由化学式对固溶体密度进行计算。

下面举例予以说明。

【例 3-4】用 0.2mol YF_3 加入 CaF_2 中形成固溶体，实验测得固体的晶胞参数 a_0=0.55nm，测得固溶体密度为 3.64g/cm^3，试计算并说明固溶体的类型。

解：缺陷方程如下

$$YF_3 \xrightarrow{CaF_2} Y_{Ca}^{\cdot} + 2F_F + F_i' \text{（间隙型）}$$

$$2YF_3 \xrightarrow{CaF_2} 2Y_{Ca}^{\cdot} + V_{Ca}'' + 6F_F \text{（空位型）}$$

假设固溶了 $x$mol YF_3，则固溶体的化学式分别为：

$$Ca_{1-x}Y_x \text{（间隙型）}$$

$$Ca_{1-\frac{3}{2}x}Y_{\frac{1}{2}x}F_2 \text{（空位型）}$$

把 x=0.2 代入得固溶式为：

间隙型：$Ca_{0.8}Y_{0.2}F_{2.2}$（电中性检验：$2\times0.8+3\times0.2-1\times2.2=0$）

空位型：$Ca_{0.7}Y_{0.2}F_2$（电中性检验：$2\times0.7+3\times0.2-1\times2=0$）

由于 CaF_2 是面心立方密堆，有 4 个分子，因此固溶体密度分别为：

$$\rho_{间} = \frac{\sum_i^n g_i}{V} = \frac{4\times(0.8\times40.08+0.2\times88.9+2.2\times19)}{6.022\times10^{23}\times(0.55\times10^{-7})^3} = 3.659(\text{g/cm}^3)$$

$$\rho_{空} = \frac{\sum_i^n g_i}{V} = \frac{4\times(0.7\times40.08+0.2\times88.9+2\times19)}{6.022\times10^{23}\times(0.55\times10^{-7})^3} = 3.347(\text{g/cm}^3)$$

由于 $\rho_{间}$ 与实测值更接近，所以形成间隙固溶体。

【例 3-5】已知 MgO 属 NaCl 型结构，若有 0.03mol Al_2O_3 掺杂到 MgO 中，试写出两种缺陷反应方程式及固溶式，并计算 MgO 掺杂后的密度变化，根据计算结果判断缺陷方程的合理性。（原子量如下：Al 为 26.98，Mg 为 24.31，O 为 16.00）。

解：首先考虑电价平衡，发生不等价置换，2 个 Al^{3+} 置换 3 个 Mg^{2+}，可以写出第一个方程，其中有一个 Mg^{2+} 形成空位。其次考虑不等价离子等量置换，可以写出第二个方程。

$$Al_2O_3 \xrightarrow{MgO} 2Al_{Mg}^{\cdot} + V_{Mg}'' + 3O_O \text{（空位型）}$$

$$Al_2O_3 \xrightarrow{MgO} 2Al_{Mg}^{\cdot} + O_i'' + 2O_O \text{（间隙型）}$$

固溶式分别为：

$$Mg_{1-3x}Al_{2x}O \text{（空位型）}$$

$$Mg_{1-2x}Al_{2x}O_{1+x} \text{（间隙型）}$$

把 x=0.03mol 代入得：

$$Mg_{0.91}Al_{0.06}O\left[\text{电中性检验}:0.91\times2+0.06\times3+1\times(-2)=0\right]$$

$$Mg_{0.94}Al_{0.06}O_{1.03}\left[\text{电中性检验}:0.94\times2+0.06\times3+1.03\times(-2)=0\right]$$

$$\rho_{空} = \frac{\sum\limits_{i}^{n} g_i}{V} = \frac{4 \times (0.91 \times 24.31 + 26.98 \times 0.06 + 16)}{6.022 \times 10^{23} \times (0.424 \times 10^{-7})^3} = 3.463 (\mathrm{g/cm^3})$$

$$\rho_{间} = \frac{\sum\limits_{i}^{n} g_i}{V} = \frac{4 \times (0.94 \times 24.31 + 26.98 \times 0.06 + 16 \times 1.03)}{6.022 \times 10^{23} \times (0.424 \times 10^{-7})^3} = 3.568 (\mathrm{g/cm^3})$$

从结晶化学的晶体稳定性考虑，由于间隙固溶体的形成容易导致结构的不稳定，而且在 MgO 晶体中，所有的八面体空隙都被占据，仅剩下四面体空隙可供利用，因此 Al^{3+} 若想进入，只有占据四面体空隙，这是比较难实现的。而空位形成通常来讲是相对比较容易的，因此第一种是比较合理的。

由此看来，往往需要通过测定晶胞参数并计算固溶体的密度，和实验精确测定的密度来比较，从而确定固溶体的类型。实际上这也是一种较为可靠的方法。

3.3　非化学计量化合物

在理论上，大多数化合物元素比都遵循整数比定律，如 Al_2O_3、Cr_2O_3 中元素比例都是 2∶3。但是实际中在一些特定的条件下，元素比不完全遵循整数比定律，而是出现小数情况，这些化合物即为非化学计量化合物（Nonstoichiometric compounds），如 $Fe_{1-x}O$。需要指出的是，这种情况一般发生在有变价元素的化合物中，往往由气氛变化引起，可以看作高价化合物与低价化合物的固溶体，本质上也是一种点缺陷。非化学计量化合物又称为非化学计量缺陷或电子缺陷，是生成 n 型半导体和 p 型半导体的基础。这种缺陷具有以下特点：a.其产生及缺陷浓度与气氛性质和压力有关；b.可以看作同一种离子中的高价态与低价态间的相互置换。非化学计量化合物可以分为四种类型：负离子空位型（n 型）、正离子间隙型（n 型）、负离子间隙型（p 型）、正离子空位型（p 型）。

3.3.1　负离子空位型（n 型）

金属离子过剩，形成负离子空位。如 TiO_{2-x}、ZrO_{2-x}，是由于 TiO_2 和 ZrO_2 所在环境缺氧，晶格中的氧逸出到大气中，使晶体中出现氧空位。下面以 TiO_{2-x} 为例解释。

由于缺氧，晶体中出现了氧离子空位，同时 4 价的 Ti^{4+} 获得 1 个电子变为 3 价的 Ti^{3+}。如果从氧化还原反应的角度来考虑，则可以理解为 TiO_2 被还原。氧离子脱离了正常的 TiO_2 晶格结点，同时要释放出原先束缚的两个电子。这两个电子被 4 价 Ti^{4+} 获得，由 4 价降低为 3 价。但这种电子并不是简单地固定在某一个 Ti^{4+}，在电场的驱动下，它可以迁移到邻近的另一个 Ti^{4+} 上，形成了电子导电。具有这种缺陷的材料称为 n 型半导体。缺陷方程式如下：

$$2TiO_2 - \frac{1}{2}O_2 \longrightarrow 2Ti'_{Ti} + V_O^{\cdot\cdot} + 3O_O$$

由于 $TiO_2 =\!\!= Ti_{Ti} + 2O_O$，则上式变为：

$$2Ti_{Ti} + 4O_O - \frac{1}{2}O_2 \longrightarrow 2Ti'_{Ti} + V_O^{\cdot\cdot} + 3O_O$$

$$2Ti_{Ti} + O_O \xrightarrow{\text{缺氧}} 2Ti'_{Ti} + V_O^{\cdot\cdot} + \frac{1}{2}O_2$$

由于 $Ti'_{Ti} = Ti_{Ti} + e'$，则上式变为：

$$O_O \xrightarrow{\text{缺氧}} 2e' + V_O^{\cdot\cdot} + \frac{1}{2}O_2$$

根据质量作用定律有：

$$K = \frac{[V_O^{\cdot\cdot}]p_{O_2}^{\frac{1}{2}}[e']^2}{[O_O]}$$

因为晶体中氧离子浓度可以认为基本不变，即 $[O_O] \approx 1$，$[e'] = 2[V_O^{\cdot\cdot}]$，则上式变为：

$$K = \frac{[V_O^{\cdot\cdot}]p_{O_2}^{\frac{1}{2}}[2V_O^{\cdot\cdot}]^2}{1} = 4[V_O^{\cdot\cdot}]^3 p_{O_2}^{\frac{1}{2}}$$

$$[V_O^{\cdot\cdot}] = \left(\frac{K}{4} \times \frac{1}{p_{O_2}^{\frac{1}{2}}}\right)^{\frac{1}{3}} \quad \text{或} [V_O^{\cdot\cdot}] \propto p_{O_2}^{-\frac{1}{6}}$$

在缺氧条件下，形成的负离子空位浓度与氧分压的 1/6 次方成反比，说明 TiO_2 对分压敏感，利用这种特性，可以通过控制氧分压来达到烧结的目的，比如在强氧化气氛下烧结，则获得金黄色介质材料，而在还原气氛下则可能得到黑色的产品，而不是金黄色的。同时，基于 TiO_2 的半导体的电导率随氧分压升高而降低，通过控制氧分压就可以控制材料的电导率。

TiO_{2-x} 也可以看作 Ti_2O_3 在 TiO_2 中形成的固溶体，相应缺陷反应的写法就很容易了。其他同型化合物还有 KCl、NaCl 等。

3.3.2 正离子间隙型（n 型）

如果金属离子过剩，则形成间隙离子。比如 ZnO 在 Zn 蒸气中就可以造成 Zn^{2+} 过剩，从而形成非化学计量化合物 $Zn_{1+x}O$，如果 Zn 完全电离（双电荷间隙模型），其缺陷反应如下：

$$2ZnO \longrightarrow Zn'_{Zn} + Zn_i^{\cdot\cdot} + 2O_O$$

$$2Zn_{Zn} + 2O_O \longrightarrow Zn'_{Zn} + Zn_i^{\cdot\cdot} + 2O_O$$

简化得：

$$Zn_{(g)} \longrightarrow 2e' + Zn_i^{\cdot\cdot}$$

由质量作用定律得：

$$[Zn_i^{\cdot\cdot}] \propto p_{Zn_{(g)}}^{\frac{1}{3}}$$

如果 Zn 离子化程度不足（单电荷间隙模型），则有：

$$Zn_{(g)} \longrightarrow e' + Zn_i^{\cdot}$$

相应地有：

$$[Zn_i^{\cdot}] \propto p_{Zn_{(g)}}^{\frac{1}{2}}$$

$Zn_{1+x}O$ 究竟属于何种缺陷模型，需要实验才能确定。经过实测电导率与分压之间的关系，

支持了单电荷间隙模型。

ZnO 是白色的，产生缺陷后就变为黄色，类似的如 ZnS 加热到 500℃ 失去部分 S，形成 ZnS_{1-x}，在紫外线下发出强烈的荧光，具有这种缺陷的化合物还有 CdO 等。

3.3.3　负离子间隙型（p 型）

负离子过剩，也可能形成间隙负离子，如 UO_{2+x}，它可以看作 U_3O_8 在 UO_2 中的固溶体。

$$UO_2 \xrightarrow{O_2} UO_{2+x}$$

以前人们认为，U_3O_8 是 U（Ⅳ）和 U（Ⅵ）的氧化物的混合物，但是，在隔绝空气条件下用浓硫酸溶解 U_3O_8 时，却产生 U（Ⅴ）的歧化反应。摩尔磁矩的测定结果表明 U_3O_8 的化学结构应当是 $UO_3 \cdot U_2O_5$，即在 U_3O_8 中含 U（Ⅴ），而不是 U（Ⅳ）。因此推导固溶反应方程式可能有两种情况。这里仅仅介绍 UO_3 在 UO_2 中固溶情况（另一种情况可以仿此推出）。

$$2UO_3 \xrightarrow{UO_2} 2U_U^{\cdot\cdot} + 5O_O + O_i''$$

$$2U_U + 6O_O \xrightarrow{UO_2} 2U_U + 2h^{\cdot} + 5O_O + O_i''$$

$$\frac{1}{2}O_2 \longrightarrow 2h^{\cdot} + O_i''$$

由质量作用定律得：

$$[O_i''] \propto p_{O_2}^{\frac{1}{6}}$$

说明间隙负离子的浓度与氧分压的 1/6 次方成正比。随着氧分压的增大，间隙氧的浓度增加，这种缺陷化合物为 p 型半导体。

3.3.4　正离子空位型（p 型）

负离子过剩，形成正离子空位。如 $Fe_{1-x}O$ 即 Fe_2O_3 在 FeO 中的固溶体，两个 Fe^{3+} 置换三个 Fe^{2+}，在晶格中形成一个正离子空位，如图 3-3 所示。

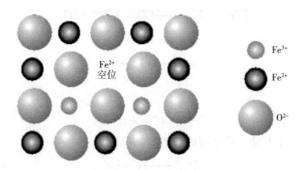

图 3-3　FeO 中形成的 Fe^{2+} 空位

其缺陷反应方程式为：

$$Fe_2O_3 \xrightarrow{FeO} 2Fe_{Fe}^{\cdot} + 3O_O + V_{Fe}''$$

上式可以简化为：

$$2Fe_{Fe} + \frac{1}{2}O_2(g) \xrightarrow{O_2} O_O + V''_{Fe} + 2Fe^{\cdot}_{Fe}$$

$$\frac{1}{2}O_2(g) \xrightarrow{O_2} O_O + V''_{Fe} + 2h^{\cdot}$$

由质量作用定律得：

$$[V''_{Fe}] \propto p_{O_2}^{1/6}$$

显然正离子空位浓度与氧分压的 1/6 次方成正比。其他同类型的氧化物还有 NiO、CoO、Cu_2O、PbS 以及 SnS 等。

从上述讨论可知，非化学计量化合物的形成以及缺陷浓度和气氛的性质及分压密切相关，这和前面所讲的缺陷是不同的。此外缺陷浓度也和温度有关，因为温度直接影响到了缺陷反应的平衡常数。从非化学计量角度来看，所有的化合物都是非计量的，只是程度不同而已。

此外尚有一些非常重要的非化学计量化合物，最典型的如钙钛矿型氧化物（ABO_3）可以通过正离子 A 或 B 缺失、氧缺失或氧过剩形成非化学计量化合物。在钙钛矿结构中，通常 BO_3 形成一个稳定的结构，12 配位的 A 离子可以部分或完全缺失。立方钨青铜 A_xWO_3 就可以看作有 A 位缺失的钙钛矿结构。

在工业上具有重要用途的过渡金属碳化物如 TiC、ZrC、HfC、VC、NbC 和 TaC，都具有面心立方结构，和 NaCl 一样，但也都属于非化学计量化合物。

3.4 线缺陷

线缺陷又称位错（Dislocation），它是指晶体中的原子发生了有规律的错排现象。其特点是原子发生错排的范围只在一维方向上很大，是一个直径为 3 ~ 5 个原子间距，长数百个原子间距以上的管状原子畸变区。在外力下材料产生塑性变形，引起滑移。1934 年 Taylor、Orowan、Polanyi 提出"位错模型"，提出滑移是通过位错的运动而进行的，19 世纪 50 年代，位错模型为试验所验证。晶体在生长过程中固溶成分不均，导致点阵畸变；温度、浓度、振动等因素导致晶粒间产生位相差；晶粒间的热应力等作用导致晶体表面产生台阶；以及晶体在加工和使用过程中受到打击、切削、研磨等，使质点排列改变等因素都可能导致线缺陷的产生。

位错是一种极为重要的晶体缺陷，对材料的相变，晶体光、电、声、磁、热力学，表面及催化等都有影响。线缺陷的产生及运动与材料的韧性、脆性密切相关。

位错包括两种基本类型：刃型位错（Edge dislocation）和螺型位错（Screw dislocation）。

3.4.1 刃型位错

设一简单立方晶体，有一原子面在晶体内部中断，犹如用一把锋利的钢刀将晶体上半部分切开，沿切口硬插入一额外半原子面一样，将刃口处的原子列（AD）称之为刃型位错，见图 3-4。

刃型位错的特点：

① 刃型位错线可以理解为已滑移区和未滑移区的分界线，它不一定是直线。位错线上、下部临近范围内原子受到压应力、拉应力，离位错线较远处原子排列恢复正常。

② 刃型位错有一额外半原子面，若额外半原子面位于晶体的上半部，则此处的位错线称为正刃型位错（⊥），反之，则称为负刃型位错（⊤）。具有刃型位错的点阵图见图3-5，图中ABCD即为多出的半原子面。

③ 滑移面是同时包括位错线和滑移矢量的平面，刃型位错的位错线和滑移矢量互相垂直，一个刃型位错所构成的滑移平面只有一个；畸变区的原子平均能量较大，但只是一个有几个原子间距宽、狭长的管道，因此是线缺陷。

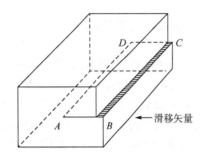

图3-4　刃型位错的形成

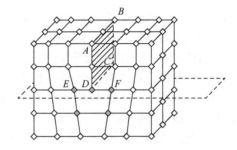

图3-5　具有刃型位错的点阵图

3.4.2　螺型位错

形成及定义：晶体在外加切应力τ作用下，沿图3-6（a）中所示ABCD面滑移，图中EF线为已滑移区与未滑移区的分界处。从图3-6（b）可知，OO'两侧原子上下两层原子发生错排，围绕OO'形成了一条螺旋线。而原来一组平行的晶面则变成了一个连续的螺旋形坡面，故称为螺型位错，是在EF线附近约一个半径为3~4原子间距的管道。

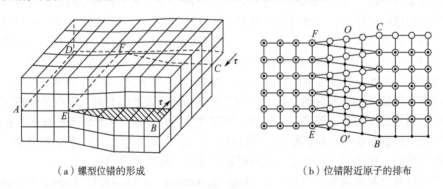

（a）螺型位错的形成　　　　　　　　　　　（b）位错附近原子的排布

图3-6　螺型位错

几何特征：位错线与原子滑移方向相平行，位错线周围原子的配置是螺旋状的。位错线（EF）为已滑移区和未滑移区的分界线。畸变区（BCFE）为约几个原子间距宽、上下层原子位置不相吻合的过渡区，原子的正常排列遭破坏。

螺型位错有如下特点：

① 螺型位错无额外半原子面，原子错排呈轴对称。

② 根据位错线附近呈螺旋形排列的原子的旋转方向不同，可分为右旋螺型位错和左旋螺型位错，分别以符号"↻"和"↺"表示。其中小圆点代表与该点垂直的位错，旋转箭头表

示螺旋的旋转方向，符合左手、右手螺旋定则。若绕位错线按右手螺旋环行一周，晶面按拇指方向上升一个原子间距，此位错称右螺旋型位错。反之按左螺旋环行一周，晶面按拇指方向上升一个原子间距，称左螺旋型位错。实际上并无必要去严格区分左右螺旋，它们都是相对的。螺型位错也是线缺陷。

③ 螺型位错的位错线与滑移矢量平行，因此一定是直线；位错线的移动方向与晶体滑移方向互相垂直，如图 3-7 所示。

④ 纯螺型位错的滑移面不是唯一的。一般位错在原子密排面上进行。螺型位错周围的点阵发生弹性畸变，只有切应变，无正应变。

⑤ 螺型位错在晶体生长过程中起着非常重要的作用，它为晶体生长提供了一个台阶，在晶体生长过程中永不消失，新的质点不断地迁移，不断地在这里附着，生长，使晶面成螺旋型发展，层层加厚，不断成长。

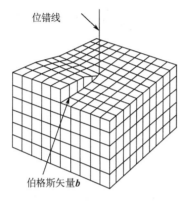

图 3-7　位错线和伯格斯矢量的关系

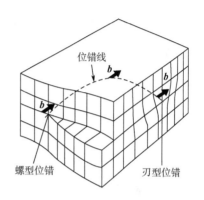

图 3-8　混合位错

3.4.3　混合位错

混合位错是一种更为普遍的位错形式，其滑移矢量既不平行也不垂直于位错线，而与位错线相交成任意角度，见图 3-8。它可看作是刃型位错和螺型位错的混合形式。

混合位错的特点：混合位错线是一条曲线；位错线不能终止于晶体内部，而只能露头于晶体表面（晶界）；位错线若终止于晶体内部，则必与其他位错线相连接，或形成封闭的位错环。

3.4.4　伯格斯矢量

伯格斯矢量（Burgers vector，简称伯氏矢量）b：用于表征不同类型位错特征的一个物理参量，是决定晶格偏离方向与大小的向量，可揭示位错的本质。1939 年伯格斯（J.M. Burgers）提出采用伯格斯回路来定义位错类型。

伯格斯矢量的确定：

① 选定位错线的正向，一般是人为规定的。

② 在实际晶体中，从任一原子出发，围绕位错以一定的步数做一右旋闭合回路。

③ 在完整晶体中按同样方法和步数做相应的回路，该回路不闭合，由终点向起点引一矢

量 **b**，使该回路闭合。矢量 **b** 就是该位错的伯格斯矢量。

图 3-9（b）和图 3-9（c）分别为刃型位错和螺型位错伯格斯回路的示意图。

在完整晶体中，如图 3-9（a）所示（从 A 点开始），有：

$$4a-5b-4a+5b=0=b$$

在有刃型位错的晶体中，如图 3-9（b）所示（从 B 点开始），有：

$$5a-5b-4a+5b=a=b$$

在有螺型位错的晶体中，如图 3-9（c）所示（从 P 点开始），有：

$$3a+a+2a-4b-5a+4b=a=b$$

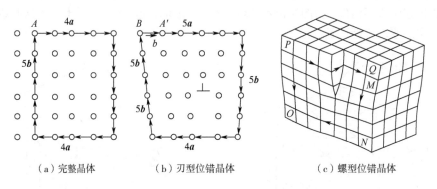

（a）完整晶体　　　　　（b）刃型位错晶体　　　　　（c）螺型位错晶体

图 3-9　伯格斯回路和伯格斯矢量

3.4.5　位错的运动

位错运动是位错的重要性质之一，它与晶体的力学性能（如强度、塑性、断裂等）密切相关。位错的运动方式主要是滑移和攀移。

3.4.5.1　位错的滑移（守恒运动）

在外加切应力作用下，位错中心附近的原子沿伯格斯矢量方向在滑移面上不断作少量位移（小于一个原子间距）而逐步实现滑移。图 3-10 是刃型位错滑移示意图。可见它需要能量较少。

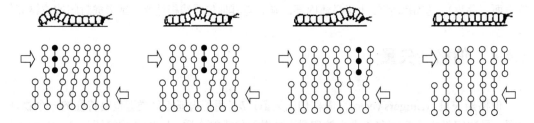

图 3-10　刃型位错滑移示意图

螺型位错的滑移见图 3-11，沿滑移面运动时，在切应力作用下，螺型位错使晶体右半部沿滑移面上下相对移动了一个原子间距。这种位移随着螺型位错向左移动而逐渐扩展到晶体左半部分的原子列。由于螺型位错可以有多个滑移面，螺型位错在原滑移面上运动受阻时，可转移到与之相交的另一个滑移面上继续滑移，称为交滑移，见图 3-12。

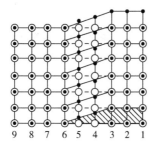
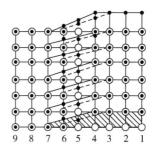

图 3-11 螺型位错的滑移 　　　　　　　图 3-12 交滑移

3.4.5.2 位错的攀移

位错的攀移只适合于刃型位错，是非守恒运动。刃型位错垂直于滑移面方向上的运动主要是通过原子或空位的扩散来实现的（滑移过程基本不涉及原子的扩散）。攀移原子面的实质就是多余半片原子面的伸长或缩短。通常把多余半片原子面向上运动称为正攀移，反之称为负攀移。螺型位错不发生攀移运动。图 3-13 给出了刃型位错攀移示意图。

攀移和滑移有一定的区别，攀移伴随有物质的迁移，比滑移需要更大的能量；低温时攀移较为困难，高温时则相对容易；攀移通常会引起体积的变化。由于这样的运动，刃型位错在滑移面上滑移时遇到障碍的情况下，可以通过攀移而越过障碍，为位错运动引入了额外自由度。刃型位错发生攀移需要两个先决条件：a.晶体内必须有一定数量空位存在；b.要有足够高的温度。

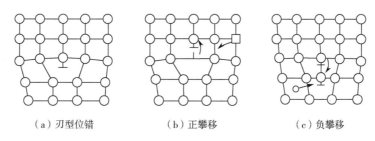

（a）刃型位错　　　　　　（b）正攀移　　　　　　（c）负攀移

图 3-13 刃型位错攀移示意图

3.4.6 位错的连续性及位错密度

（1）位错的连续性

位错不能中断于晶体的内部。在晶体内部，位错要么自成环路，要么与其他位错相交于节点，要么穿过晶体终止于晶界或晶体表面。

（2）位错密度

位错密度是衡量晶体中位错数目，从而衡量晶体的质量等。位错密度定义为表征单位体积内全部位错线的总长。若位错线为直线，而且是平行地从晶体一面到另一面，则位错密度（ρ）等于垂直于位错线的单位截面积中穿过的位错线的数目：

$$\rho = \frac{nl}{Sl} = \frac{n}{S}$$

式中　l——晶体长度；

　　　n——位错线数目；

S——晶体截面面积。

晶体位错密度通常借助光学显微镜、X 射线衍射、电子衍射和电子显微镜等技术进行直接观察或间接测定。

3.5　面缺陷

面缺陷主要发生在晶体的表面、界面及晶界。表面通常指一相和其本身蒸气或真空的分界面。界面通常是包含几个原子层厚的区域，其原子排列及化学成分不同于晶体内部，可视为二维结构分布，也称为晶体的面缺陷。界面对晶体的物理、化学和力学等性能产生重要的影响，包括外表面和内界面。外表面指固体材料与气体或液体的分界面，它与摩擦、吸附、腐蚀、催化、光学、微电子等密切相关。内界面分为晶粒界面、亚晶界、孪晶界、相界面等。

3.5.1　外表面

外表面的特点：外表面上的原子部分被其他原子包围，即相邻原子数比晶体内部少；表面成分与体内不一；表面层原子键与晶体内部不相等，能量高；表层点阵畸变；等等。

表面能是晶体表面单位面积自由能的增加，可理解为晶体表面产生单位面积新表面所做的功：

$$\gamma = \mathrm{d}W/\mathrm{d}S$$

表面能与表面原子排列致密度相关，原子密排的表面具有最小的表面能；表面能与表面曲率相关，曲率大则表面能大；表面能对晶体生长、新相形成有重要作用。关于固体材料表面的结构与性质将在第 5 章详述。

3.5.2　晶界和亚晶界

在多晶粒物质中，属于同一固相但位相不同的晶粒之间的界面称为晶界（Grain boundary）。晶粒平均直径 0.015 ~ 0.25mm。每一个晶粒中原子排列的取向也不完全一致，晶粒中若干个位相稍有差异的晶粒称为亚晶粒（Subgrain），平均直径约 0.001mm。

根据形成晶界时的操作不同，晶界分为倾斜晶界和扭转晶界，如图 3-14 所示。

根据相邻晶粒位相差，可以把晶界分为小角度晶界和大角度晶界，如图 3-15 所示。前者相邻晶粒的位相差小于 10°，亚晶界一般为 2° 左右。后者相邻晶粒的位相差大于 10°。一般多晶体各晶粒之间的晶界属于大角度晶界。相邻亚晶粒之间的界面称为亚晶界，属于小角度晶界。当晶界两侧的晶粒位相差很小时，晶界基本上由位错组成。最简单的情况是对称倾斜晶界，即晶界两侧的晶粒相对于晶界对称地倾斜了一个很小的角度，由一系列伯氏矢量相互平行的位错排列而成。位错间距离 D、伯氏矢量 b 与取向差 θ 之间满足下列关系：

$$\sin\frac{\theta}{2} = \frac{\frac{b}{2}}{D}$$

$$D = \frac{b}{2\sin\frac{\theta}{2}} \approx \frac{b}{\theta}$$

由上式知，当 θ 小时，位错间距较大，若 b=0.25nm、θ=1°，则 D=14nm。若 $\theta > 10°$，则位错间距太近，位错模型不再适应。

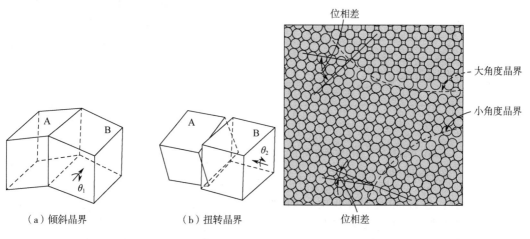

（a）倾斜晶界　　　　　（b）扭转晶界

图 3-14　倾斜晶界与扭转晶界示意图

图 3-15　小角度晶界和大角度晶界

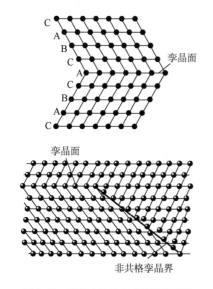

图 3-16　共格孪晶界和非共格孪晶界

当晶粒间的位相差增大到一定程度后，位错已经难以协调相邻晶粒之间的位相差，已经不再能够用简单的位错模型来描述大角度晶界。但可以简单地进行以下描述：大角度晶界相当于两晶粒之间的过渡层，是仅有 2~3 个原子厚度的薄层，虽然也有一些原子存在较为规则的有序排列，但总体上来讲，原子排列无序，也比较稀疏。

根据晶界两侧原子匹配度可以将晶界分为共格晶界、半共格晶界、非共格晶界。两个晶体（或一个晶体的两部分）沿一个公共晶面构成镜面对称的位相关系，则形成共格晶界，又称孪晶界，这两个晶体称为孪晶，这一公共晶面称为孪晶面，如图 3-16 所示。如果失配度很大，则位错距离很近，使得位错结构失掉物理意义，也使原子面完全丧失了匹配能力，而成为非共格晶界。此外，还有半共格晶界，介于二者之间。孪晶的形成与堆垛层错密切相关，根据孪晶形成原因，有形变孪晶、生长孪晶和退火孪晶。

3.5.3　晶界的特性

晶界的特性如下：

① 晶粒的长大和晶界的平直化能减少晶界面积和晶界能, 在适当的温度下是一个自发的过程。

② 晶界处原子排列不规则, 常温下对位错的运动起阻碍作用, 宏观上表现出提高强度和硬度; 而高温下晶界由于起黏滞性, 易使晶粒间滑动。

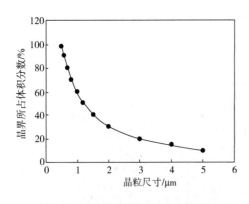

图 3-17 多晶体中晶粒尺寸与晶界所占
晶体体积分数的关系

③ 晶界处有较多的缺陷，如空穴、位错等，具有较高的动能，原子扩散速度比晶内高。

④ 固态相变时，新相易在晶界处形核。

⑤ 由于成分偏析和内吸附现象，晶界容易富集杂质原子，晶界熔点低，侵蚀速率快，是离子进行快速扩散的通道。

陶瓷材料是由微细粉料经高温烧结而成的多晶集合体。在烧结过程中，众多的微细粉料形成了大量的结晶中心，在它们发育长大成为晶粒的过程中，由于这些晶粒本身的大小、形状是毫不规则的，而且它们相互之间的取向也不规则，因此当这些晶粒相遇时就可能出现不同的

边界，即晶界。多晶体的性质不仅由晶粒内部结构和它们的缺陷结构决定，而且还与晶界结构、数量等因素有关。在陶瓷领域内，往往要求材料具有细晶交织的多晶结构以提高性能，此时晶界在材料中所起的作用就更为突出。图 3-17 表示多晶体中晶粒尺寸与晶界所占晶体体积分数的关系。由图 3-17 可见，当多晶体中晶粒平均尺寸为 1μm 时，晶界占晶体总体积的1/2。显然，在细晶材料中，晶界对材料的力学、电、热、光等性质都有不可忽视的作用。

本章小结

本章主要讲述了晶体材料中常见的缺陷种类。缺陷就其尺寸可以分为点缺陷、线缺陷、面缺陷三种。点缺陷是材料中最常见的一种缺陷，点缺陷的存在及其相互作用与半导体的制备、材料的高温力学过程、光学、电学性质等密切相关。线缺陷是晶体受到杂质、温度变化、使用过程中的冲击、研磨等形成的线状缺陷。线缺陷对于解释材料的屈服强度、加工硬化、相变强化以及脆性都具有重要的意义。面缺陷包括表面、晶界、界面等，本章仅仅讨论了其中比较简单的晶界，晶界是不同取向大晶粒之间的界面。对于解释材料的断裂韧性和材料的抗侵蚀能力等是很重要的。

表 3-4 给出了材料中缺陷种类及特征。

表 3-4　材料中缺陷种类及特征

种类			特征	热力学是否稳定	形成原因
点缺陷	晶格位置缺陷（热缺陷）	弗仑克尔缺陷	产生等浓度的晶格位置和间隙原子缺陷	是	热起伏
		肖特基缺陷	同时产生正负离子空位	是	
	组成缺陷（杂质缺陷）	间隙	杂质原子进入间隙	否	杂质
		置换	杂质原子取代固有原子	否	
	电荷缺陷（非化学计量化合物）		孔穴和电子带正负电，在其附近形成附加电场，引起周期性势场畸变	否	气氛
线缺陷	刃型位错		位错线垂直于滑移方向	否	
	螺型位错		位错线平行于滑移方向	否	
面缺陷	小角度晶界		许多刃型位错排列汇集成一平面	否	
	大角度晶界		能量高，是原子离子扩散通道	否	
	堆垛层错				

思考题与习题

1. 解释以下基本概念

点缺陷、线缺陷、面缺陷、肖特基缺陷、弗仑克尔缺陷、刃型位错、螺型位错、伯氏矢量、位错的滑移及攀移、小角度晶界、大角度晶界。

2. 何谓实际晶体，与理想晶体有何区别？

3. 点缺陷有哪几种，形成原因是什么？

4. 在 MgO 晶体中，肖特基缺陷的形成能为 9.6×10^{-19} J，试计算 25℃和 1600℃时热缺陷浓度。若在晶体中生成的是弗仑克尔缺陷，形成能不变，则 25℃和 1600℃时缺陷浓度又为多少？

5. 简述固溶体、化合物、混合物之间的区别和联系。

6. 影响置换固溶体的因素有哪些？影响间隙固溶体的因素有哪些？

7. MgO 和 CaO，MgO 和 Al_2O_3 之间能否形成连续固溶体？为什么？

8. 简述非化学计量化合物的特点。它是缺陷吗？

9. 已知非化学计量化合物 Fe_xO 中，$Fe^{3+}/Fe^{2+}=0.1$，求 Fe_xO 中空位浓度及 x 值。

10. 写出下列缺陷反应方程式

(1) NaCl 溶入 $CaCl_2$ 中形成空位型固溶体。

(2) $CaCl_2$ 溶入 NaCl 中形成空位型固溶体。

(3) NaCl 形成肖特基缺陷。

(4) AgI 形成弗仑克尔缺陷（Ag^+进入间隙）。

11. 写出以下缺陷方程，每组写出两个合理的方程，并判断可能成立的方程是哪一种，再分别写出每组方程的固溶式。

(1) $YF_3 \xrightarrow{CaF_2}$

(2) $NiO \xrightarrow{Fe_2O_3}$

(3) $UO_2 \xrightarrow{Y_2O_3}$

(4) $Al_2O_3 \xrightarrow{TiO_2}$

(5) $Al_2O_3 \xrightarrow{MgAl_2O_4}$

12. ZnO 是六方晶系，$a=0.324$nm，$c=0.520$nm。每个晶胞中含有 2 个 ZnO 分子，测得晶体密度分别为 5.74g/cm³、5.60g/cm³，试分析这两种情况下分别形成什么固溶体。

13. CeO_2 为萤石型结构，如在其中加入 0.15mol CaO 形成固溶体，测得固溶体密度为 6.54g/cm³，晶胞参数 $a=0.542$nm，试问固溶体是什么形式？

14. 非化学计量缺陷的浓度与周围气氛的性质、压力大小相关，如果增大周围氧气的分压，非化学计量化合物 $Fe_{1-x}O$ 及 $Zn_{1+x}O$ 的密度将发生怎样的变化？增大还是减小？为什么？

15. 对于刃型位错和螺型位错，区别其位错线方向、伯氏矢量和位错运动方向的特点。

16. Al_2O_3 在 MgO 中形成有限固溶体，在低共熔温度 1995℃时，约有摩尔分数为 18%的 Al_2O_3 溶入 MgO 中，假设 MgO 单位晶胞尺寸变化可忽略不计。试预计下列情况的密度变化：

(1) O^{2-}为间隙离子。

(2) Al^{3+}为置换离子。

第4章 熔体和非晶态固体

✈ 本章提要

物质通常以气态、液态和固态三种聚集状态存在。这些物质状态在空间的有限部分则称为气体、液体和固体。固体包括晶体和非晶体两大类，晶体的结构特点是质点在三维空间作有规则的排列，即远程有序。非晶体包括玻璃、高聚物、树脂、橡胶、沥青、松香等物质，这些物质的内部质点在三维空间上的排列是没有规律性的（即远程无序），但不排除局部区域可能存在规则排列（即近程有序）。

熔体（Melt）特指加热到较高温度才能液化的物质的液体，即较高熔点物质的液体。熔体快速冷却则变成玻璃（Glass）。因此，熔体和玻璃是相互联系、性质相近的两种聚集状态，这两种聚集状态的研究对理解无机材料的形成和性质有着重要的作用。

玻璃没有严格的定义，一般将其称作非晶态物质或无定形物质，是将原料加热熔融（称为熔体），然后快速冷却（过冷却）而形成玻璃态，其结构与熔体结构特征密切相关。陶瓷材料中由于存在杂质或者人为添加，高温烧结时产生液相，冷却后转变为玻璃相存在于晶界处，其组成、结构和数量对陶瓷材料的性能影响较大；另外水泥材料中，高温液相的性质，如黏度（Viscosity）、表面张力（Surface tension），常常决定水泥熟料烧成的难易程度和质量好坏；同时由于玻璃是由熔体过冷却形成的，多多少少继承了熔体的结构特征，所以必须在充分认识熔体结构和性质及其结构与性质之间的关系之后才能了解玻璃。本章主要介绍熔体的结构及性质、玻璃的通性、玻璃的形成、玻璃的结构理论以及典型玻璃类型等内容，这些基本知识对控制无机材料的制造过程和改善无机材料性能具有重要的意义。

4.1 熔体的结构

4.1.1 对熔体的一般认识

熔体或液体是介于气体和固体（晶体）之间的一种物质状态。液体具有流动性和各向同性，和气体相似；液体又具有较大的凝聚能力和很小的压缩性，又与固体相似。过去长期把液体看作是更接近于气体的状态，即看作是被压缩了的气体，内部质点排列也认为是无序的，只是质点间距离较短。后来的研究表明，只有在较高的温度（接近汽化）和压力不大的情况下，上述看法才是对的。相反，很多事实证明，当液体冷却到接近于结晶温度时，液体和晶体相似。

① 体积密度相近 当晶体熔化为液体时体积变化较小，一般不超过10%（相当于质点间

平均距离增加 3%左右）；而当液体汽化时,体积要增大数百倍至数千倍（例如水增大 1240 倍）。由此可见,液体中质点之间的平均距离和固体十分接近, 而和气体差别较大。

② 液体的汽化热大, 晶体的熔化热小　例如水的汽化热为 40.46kJ/mol, 而 Na 晶体的熔化热为 2.51kJ/mol, Zn 晶体的熔化热为 6.70kJ/mol, 冰的溶解热为 6.03kJ/mol, 这说明液体和晶体内能差别不大, 质点在固体和液体中的相互作用力是接近的。

③ 热容相近　表 4-1 给出几种金属处于固态、液态时的热容值。这些数据表明质点在液体中的热运动性质和在固体中差别不大, 基本上仍是在平衡位置附近作简谐振动。

表 4-1　几种金属处于固态、液态时的热容值　　　　　　　　　　　　　　　　单位：J/mol

项目	Pb	Cu	Sb	Mn
液体热容	28.47	31.40	29.94	46.06
固体热容	27.30	31.11	29.81	46.47

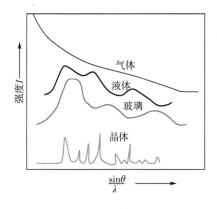

图 4-1　不同聚集状态物质的 X 射线
衍射强度随衍射角度变化的分布曲线

④ X 射线衍射图谱相似　这是最具有说服力的实验。图 4-1 是同一物质不同聚集状态的 X 射线衍射强度 I 与衍射角度 $\sin\theta/\lambda$ 的关系。从图 4-1 上可以看出, 气体的特点是当衍射角度 θ 小的时候, 衍射强度很大（小角度衍射）, 随着 θ 值的增大, 衍射强度逐渐减弱。晶体的特点是衍射强度时强时弱, 在不同 θ 处出现尖锐的衍射峰。在液体的 X 射线衍射图中, 没有气体所特有的小角度衍射, 而通常呈现宽阔的衍射峰, 这些峰的中心位置位于该物质相应晶体对应衍射峰所在的区域中。玻璃的 X 射线衍射图与液体近似。

液体衍射峰最高点的位置与晶体相近, 表明了液体中某一质点最邻近的几个质点的排列形式与间距和晶体中的相似。液体衍射图中的衍射峰都很宽, 这是和液体质点的有规则排列区域的高度分散有关。由此可以认为, 在高于熔点不太多的温度下, 液体内部质点的排列并不是像气体那样杂乱无章的, 相反, 却是具有某种程度的规律性。这体现了液体结构中的近程有序和远程无序的特征。

综上所述, 液体是固体和气体的中间相, 液体结构在汽化点和凝固点之间变化很大, 在高温（接近汽化点）时与气体接近, 在稍高于熔点时与晶体接近。

由于通常接触的熔体多是离熔点温度不太远的液体, 故把熔体的结构看作与晶体接近更有实际意义。这是因为当物质处于晶体状态时, 晶格中质点的分布是按照一定规律周期性重复排列的, 使其结构表现出远程有序的特点。当把晶体加热至熔点并熔化成熔体时, 晶体的晶格受到破坏, 使其不再远程有序。但由于晶体熔化后质点的间距、相互作用力及热运动状态变化不大, 因而在有些质点周围仍围绕着一定数量的有规则排列的质点。而在远离中心质点处, 这些有规则排列逐渐消失, 使之具有小范围内质点有序排列的近程有序特点。

4.1.2　熔体聚合物结构理论

在 20 世纪 70 年代白尔泰（P. Balta）等提出了熔体聚合物理论之后, 随着结构测试方法、

研究手段及计算技术的改进和发展，对硅酸盐熔体结构的认识进展很大。熔体的聚合物理论日趋完善，并能很好地解释熔体的结构及结构与组成、性能之间的关系。

组成最简单的硅酸盐熔体是 SiO_2 熔体，由于 Si^{4+} 电荷高、半径小，有着很强的形成 $[SiO_4]$ 的能力。Si—O 之间的电负性差值为 1.7，Si—O 键是离子键向共价键过渡的混合键型，其中共价键成分占 52%。Si 位于 4 个 sp^3 杂化轨道构成的四面体中心。当与 O 结合时，可形成 sp^3、sp^2、sp 三种杂化轨道，从而形成 σ 键。同时 O 原子已充满的 p 轨道可以作为施主与 Si 原子全部空着的 d 轨道形成 d_π—p_π 键，这时 π 键叠加在 σ 键上，使 Si—O 键增强和距离缩短。Si—O 键的这种键合方式，使得其具有高键能、方向性和低配位的特点。SiO_2 熔体就是以这种 $[SiO_4]$ 为基本单元，通过 4 个顶角的 O^{2-} 扩展延伸，形成三维架状结构。与石英晶体有规则排列的三维架状结构相比，熔体的三维结构存在扭曲变形，质点排列没有任何规律性可言。

熔体中 R—O 键（R 指碱金属或碱土金属离子）的键型是以离子键为主，比 Si—O 键弱得多。当 R_2O、RO 引入硅酸盐熔体中时，Si^{4+} 将把 R—O 上的 O^{2-} 拉向自己一边，使 Si—O—Si 中的 Si—O 键断裂，导致 Si—O 键的键强、键长、键角都会发生变动。随着 RO 或 R_2O 的不断加入，体系中 O/Si 比不断升高，SiO_2 熔体中的桥氧键不断发生断裂，$[SiO_4]$ 连接方式由原来的架状，逐渐变为层状、带状、链状、环状直至最后全部成为岛状。

图 4-2 以 Na_2O 为例说明以上的变化。图中与两个 Si^{4+} 相连的氧称为桥氧（Bridge oxygen，O_b），与一个 Si^{4+} 相连的氧称为非桥氧（O_{nb}）。在 SiO_2 石英熔体中，O/Si 比为 2∶1，$[SiO_4]$ 连接成架状。当引入 Na_2O 时，由于 Na_2O 提供"游离"氧，O/Si 比升高，结果使部分桥氧断裂成为非桥氧。随 Na_2O 加入量的增加，O/Si 比可由原来 2∶1 逐步升高至 4∶1，此时 $[SiO_4]$ 的连接方式可从架状、层状、带状、链状、环状最后过渡到桥氧全部断裂而形成 $[SiO_4]$ 岛状，$[SiO_4]$ 连接程度降低。

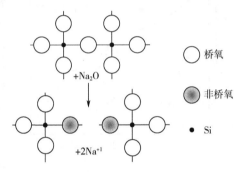

图 4-2　Na_2O 和 Si—O 网络反应示意图

以上这种在 Na_2O 的作用下使架状 $[SiO_4]$ 断裂的过程称为熔融石英的分化过程。分化的结果导致在熔体中形成了各种聚合程度的聚合物。图 4-3 为分化过程示意图。

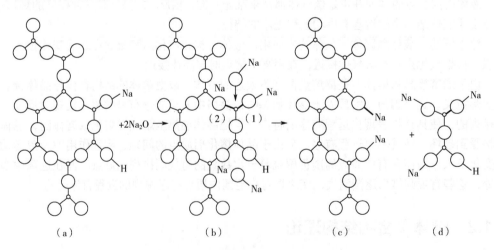

图 4-3　$[SiO_4]$ 四面体网络分化过程示意图

由于粉碎的石英颗粒表面带有断键，这些断键与空气中的水汽作用形成了 Si—O—H 键。如图 4-3（a）所示的是 SiO_2 颗粒的表面层。当石英与 Na_2O 一起熔融时，在断键处将发生离子交换，使大部分 Si—O—H 键变为 Si—O—Na 键。Na^+ 在硅氧四面体周围存在，使图 4-3（b）中（1）处的非桥氧与 Si 相连的键加强，而使（2）处的桥氧键相对减弱。在减弱的 Si—O 键处很容易受到 Na_2O 的侵袭，使（2）处的 Si—O 键断裂，结果原来的桥氧变成非桥氧，形成由两个硅氧四面体组成的短链二聚体 $[Si_2O_7]$，并从石英骨架上脱落下来，从而使熔融石英骨架分化，如图 4-3（d）所示。与此同时，在断键处形成新的 Si—O—Na 键，如图 4-3（c）所示。而邻近的 Si—O 键又成为新的侵袭对象。只要有 Na_2O 存在，这种分化反应便会继续下去直至平衡。分化的结果将产生许多由硅氧四面体短链形成的低聚物，以及一些没有被分化完全的残留高聚物——石英骨架，即石英的"三维晶格碎片"，用 $[SiO_2]_n$ 表示。各种低聚物生成量和高聚物残存量由熔体总组成和温度等因素决定。

在熔融过程中随时间延长，温度上升，不同聚合程度的聚合物发生变形。一般链状聚合物易发生围绕 Si—O 轴转动同时弯曲。层状聚合物使层本身发生褶皱、翘曲、架状聚合物热缺陷增多，同时 Si—O—Si 键角发生变化。

由分化过程产生的低聚合物可以相互发生作用，形成级次较高的聚合物，同时释放出部分 Na_2O，该过程称为缩聚。例如：

$$[SiO_4]Na_4 + [SiO_4]Na_4 \longrightarrow [Si_2O_7]Na_6 + Na_2O \tag{4-1}$$

$$[SiO_4]Na_4 + [Si_2O_7]Na_6 \longrightarrow [Si_3O_{10}]Na_8 + Na_2O \tag{4-2}$$

$$[SiO_4]Na_4 + [Si_nO_{3n+1}]Na_{2(n+2)} \longrightarrow [Si_{n+1}O_{3n+4}]Na_{2(n+4)} + Na_2O \tag{4-3}$$

缩聚释放的 Na_2O 又能进一步侵蚀石英骨架而使其分化出低聚物，如此循环，直到体系达到分化-缩聚平衡为止。这样，在熔体中就有各种不同聚合程度的复合阴离子团同时并存，有 $[SiO_4]^{4-}$（单体）、$[Si_2O_7]^{6-}$（二聚体）、$[Si_3O_{10}]^{8-}$（三聚体）、…、$[Si_nO_{3n+1}]^{2(n+1)-}$（n 聚体，n=1，2，3，…）。此外还有三维晶格碎片 $[SiO_2]_n$（其边缘有断键，内部有缺陷）、没有参加反应的氧化物（游离碱）及石英颗粒带入的吸附物等。需要指出，一定数量、各级聚合物共存，体系仍然是均匀的、单相的。多种聚合物同时并存而不是单独存在就是熔体结构远程无序的实质。

综上所述，硅酸盐熔体中聚合物的形成过程可分为三个阶段。初期为石英（或硅酸盐）的分化；中期为缩聚并伴随着变形；后期为在一定时间和一定温度下，缩聚-分化达到平衡。产物中有低聚物、高聚物、三维晶格碎片以及游离碱、吸附物，最后得到的熔体是不同聚合程度的各种聚合体的混合物，构成硅酸盐熔体结构。聚合物的种类、大小和数量随熔体的组成和温度而变化，这就是硅酸盐熔体结构的聚合物理论。

熔体阴离子团大小及数量主要与温度和组成有关。当组成不变时，随着温度升高，低聚物浓度增加，高聚物浓度降低；反之当温度降低时，低聚物浓度下降，高聚物浓度升高。当温度不变时，组成变化反映在 O/Si 上，O/Si 增加，分化作用加强。

4.2　熔体的性质

熔体在陶瓷和传统硅酸盐材料生产过程中起重要作用，其性质对生产工艺和产品性能有很大影响。熔体的性质主要是黏度（η）和表面能（γ），它们影响到坯釉结合（是否润湿、起

泡、流釉）、瓷坯的变形能力以及玻璃形成、结构与性质、陶瓷微观结构相分布（液相对晶粒的润湿程度）、烧结温度和烧结速率、熔渣对耐火材料的侵蚀等。

4.2.1 黏度

4.2.1.1 黏度的概述

硅酸盐工业中，玻璃加工工艺的选择和耐火材料的使用温度均与熔体黏度密切相关，水泥熟料的形成也和液相量及液相性质、黏度、表面张力有关，黏度又是影响硅酸盐材料烧结速率的重要因素。降低黏度对促进烧结有利，但黏度过低又增加坯体变形的能力。

设有面积为 S 的两平行面液面，在外力作用下以一定速度梯度 dv/dx 移动，所产生的内摩擦力 f 可这样表示：$f=\eta S\times dv/dx$。式中，η 为单位面积的内摩擦力（$f/S=\tau$，剪切力）与速度梯度的比例系数，称为黏度。黏度的倒数称为流动度（$\varphi=1/\eta$）。

黏度的单位为 Pa·s，它表示相距 1m 的两个面积为 $1m^2$ 的平行平面相对移动所需的力为 1N。因此，$1Pa·s=1N·s/m^2$。

不同黏度值范围用不同方法测定。

① 拉丝法：$\eta=10^7 \sim 10^{15} Pa·s$，把熔体拉成丝，根据其伸长速度来测定。

② 转筒法：$\eta=10 \sim 10^7 Pa·s$，利用铂丝悬挂的转筒浸入熔体内转动，悬丝受到熔体的黏滞阻力作用而扭成一定角度，由此扭转角的大小来测定 η。

③ 落球法：$\eta=10^{0.5} \sim 1.3\times 10^5 Pa·s$，根据斯托克斯沉降原理，通过测定铂球在熔体中下落速度求 η。

④ 振荡阻滞法：η 很小时（$10^{-2}Pa·s$）用此法。

4.2.1.2 黏度与温度的关系

熔体的黏滞流动受到阻碍与它的内部结构有关。从熔体结构可知，在熔体中各质点的距离和相互作用力的大小都与晶体接近，每个质点都处在相邻质点的键力作用之下，也即落在一定大小的势垒 ΔE 之间。在平衡状态下，质点处于势能比较低的状态。如要使质点流动，就得使它活化，即要有克服势垒 ΔE 的足够能量。因此这种活化质点的数目越多，流动性就越大。根据玻尔兹曼能量分布定律，活化质点的数目为：

$$n = A_1 \exp\left(-\frac{\Delta E}{kT}\right) \tag{4-4}$$

式中　n——有活化能 ΔE 的活化质点数目；

　　　ΔE——质点移动的活化能；

　　　k——玻尔兹曼常数；

　　　T——绝对温度；

　　　A_1——与熔体组成有关的常数。

流动度 φ 与活化质点成正比，而黏度与流动度成反比，由式（4-4）可得：

$$\eta = \eta_0 \exp\left(\frac{\Delta E}{kT}\right) \tag{4-5}$$

式（4-5）表明熔体黏度主要取决于活化能与温度。随温度降低，熔体黏度按指数关系递

增。当活化能ΔE为常数时，将式（4-5）取对数可得：

$$\lg\eta=A+B/T \tag{4-6}$$

式中，$A=\lg\eta_0$；$B=(\Delta E/k)\lg e$；A 和 B 均取与温度无关而与组成有关的常数，即 $\lg\eta$ 与 $1/T$ 呈直线关系。这正是由于温度升高，质点动能增大，使更多的质点成为活化质点。从直线斜率可算出ΔE。但因这个公式假定质点移动的活化能只是和温度无关的常数，所以只能应用于简单的不聚合的液体或在一定温度范围内聚合度不变的液体。硅酸盐熔体在较大温度范围时斜率会发生变化，因而在较大温度范围内以上公式不适用。

如图4-4是钠钙硅酸盐玻璃熔体黏度与温度的关系，由图可知在较宽温度范围内 $\lg\eta$-$1/T$ 并非直线，说明ΔE不是常数。如在曲线上一定温度处作切线，即可计算这一温度下的活化能。从图4-4中标出的计算值可以看出，活化能随温度降低而增大。据报道，大多数氧化物熔体的活化能在低温时为高温时的 2～3 倍。这是因为熔体黏性流动时并不使键断裂，而只是使原子从一个平衡位置移到另一个位置，因此活化能应是液体质点做直线运动所必需的能量。它不仅与熔体组成有关，还与熔体[SiO4]聚合程度有关。当温度高时，低聚物居多数，而温度低时，高聚物明显增多。在高温区或低温区域，$\lg\eta$-$1/T$ 还是可以近似看成直线的。但在玻璃转变温度范围（$T_g \sim T_f$，对应于黏度为 $10^{12} \sim 10^{8}$Pa·s 的温度范围）内，熔体结构发生突变，也就是聚合物分布随温度变化而剧烈改变，从而导致活化能随温度变化，因此聚合物分布变化导致活化能的改变。

由于硅酸盐熔体的结构特性，其与晶体（如金属、盐类）黏度随温度的变化有显著的差别。熔融金属和盐类在高于熔点时，黏度变化很小；当达到凝固点时，由于熔融态转变成晶态，黏度呈直线上升。而硅酸盐熔体的黏度随温度的变化则是连续的。

由于温度对玻璃熔体的黏度影响很大，在玻璃成型退火工艺中，温度稍有变动就造成黏度较大的变化，导致控制上的困难。为此提出了特定黏度的温度来反映不同玻璃熔体的性质差异，见图4-5。

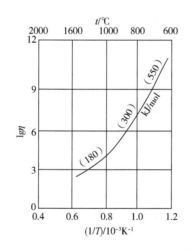

图 4-4 钠钙硅酸盐玻璃熔体的$\lg\eta$-$1/T$关系曲线　　图 4-5 玻璃的特征温度

① 应变点　黏度相当于$10^{13.5}$Pa·s 的温度。在该温度，黏性流动事实上不复存在，是消除玻璃中应力的下限温度，玻璃在该温度以下退火时不能除去其应力。

② 退火点（T_g）　黏度相当于10^{12}Pa·s 的温度，也称为玻璃化转变温度（Glass transition

temperature），是消除玻璃中应力的上限温度，在此温度应力在 15min 内除去。

③ 变形开始点　黏度相当于 $10^{10} \sim 10^{10.5}\text{Pa·s}$ 的温度，是变形开始温度，对应于热膨胀曲线上最高点温度，又称为膨胀软化点。

④ 软化点　黏度相当于 $4.5 \times 10^6 \text{Pa·s}$ 的温度，它是用直径 0.55~0.75mm、长 23cm 的玻璃纤维在特制炉中以 5℃/min 速率加热，在自重下达到每分钟伸长 1mm 时的温度，又称为玻璃软化温度（Glass softening temperature）。

⑤ 操作点　黏度相当于 10^4Pa·s 时的温度，也就是玻璃成型的温度。

⑥ 成型温度范围　黏度相当于 $10^3 \sim 10^7\text{Pa·s}$ 的温度，指准备成型操作与成型时能保持制品形状所对应的温度范围。

⑦ 熔化温度　黏度相当于 5~50Pa·s 的温度。在此温度下，玻璃能以一般要求的速度熔化，玻璃液的澄清、均化得以完成。

4.2.1.3　黏度与组成的关系

无机氧化物熔体组成对黏度也有很大的影响，而且这种影响是十分复杂的，不能用一个简单函数关系表示。从上面 $\lg\eta\text{-}T$ 公式中和组成有关的一些常数可以知道，熔体组成不同，质点间的作用力不等，使得影响黏度的活化能有所差异，从而表现出黏度上的差异，如图 4-6 和表 4-2 所示。

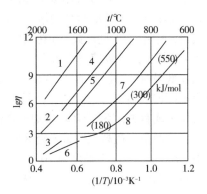

图 4-6　不同熔体的黏度与温度关系

1—石英玻璃；2—90%SiO₂+10%Al₂O₃；3—50%SiO₂+50%Al₂O₃；4—钾长石；5—钠长石；6—钙长石；7—硬质瓷釉；8—钠钙玻璃

表 4-2　氧化钠-氧化硅系统熔体中 O/Si 比值与结构及黏度的关系

熔体的分子式	O/Si 比值	结构式	[SiO₄]连接方式	1400℃黏度值/（Pa·s）
SiO₂	2:1	[SiO₂]	骨架状	10^9
Na₂O·2SiO₂	2.5:1	[Si₂O₅]²⁻	层状	28
Na₂O·SiO₂	3:1	[SiO₃]²⁻	链状	1.6
2Na₂O·2SiO₂	4:1	[SiO₄]⁴⁻	岛状	<1

① 一价碱金属氧化物　一般来说，一价碱金属氧化物（R_2O）都是降低熔体黏度的。随着一价碱金属氧化物的加入，O/Si 增大，非桥氧增加，低聚物不断产生，网络断裂程度增加。但在含碱金属的硅酸盐熔体中，当 $Al_2O_3/Na_2O \leqslant 1$ 时，Al_2O_3 代替 SiO_2 可以起"补网"作用，从而产生提高黏度的效果；当 $Al_2O_3/Na_2O > 1$ 时，Al_2O_3 可以降低熔体的黏度。

当 R_2O 的摩尔分数<25%、O/Si 比较低时，对黏度起主要作用的是四面体间 Si—O 的键力。再引入 R_2O，其中 Li^+ 半径小，削弱 Si—O 键的作用大，所以 Li_2O 降黏度较 Na_2O、K_2O 显著，此时相应熔体的黏度为 $\eta_{\text{Li}_2\text{O}} < \eta_{\text{Na}_2\text{O}} < \eta_{\text{K}_2\text{O}}$。

而当 R_2O 的摩尔分数>25%、O/Si 比高时，[SiO₄]之间连接已接近岛状，孤立[SiO₄]在很大程度上依靠碱金属离子相连，即 R—O 键。再引入 R_2O，Li^+ 键力最大，使熔体黏度升高，所

以 Li_2O 升高黏度较 Na_2O、K_2O 显著，此时相应的熔体黏度为 $\eta_{Li_2O} > \eta_{Na_2O} > \eta_{K_2O}$。

一价碱金属离子含量对 R_2O-SiO_2 熔体黏度影响如图 4-7 所示。

② 二价碱土金属氧化物　二价碱土金属氧化物对黏度影响比较复杂。一方面，它们和碱金属离子一样，能提供"游离氧"，导致硅氧负离子团解聚，使黏度降低；但另一方面，它们的电价较高而半径又不大，因此其离子势 Z/r 较 R^+ 的大，能夺取硅氧负离子团中的 O^{2-} 来包围自己，导致硅氧负离子团聚合，如 $2[SiO_4]^{4-} \to [Si_2O_7]^{6-} +$ 被夺去的 O^{2-} 使黏度增大。综合这两个相反效应，R^{2+} 降低黏度的次序是 $Ba^{2+} > Sr^{2+} > Ca^{2+} > Mg^{2+}$，见图 4-8。

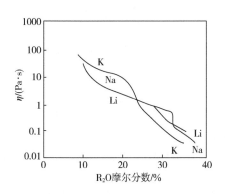

图 4-7　R_2O-SiO_2 熔体在 1400℃时黏度的变化

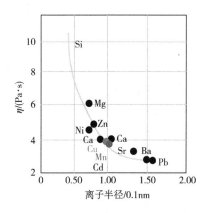

图 4-8　二价离子对 $74SiO_2$-$10CaO$-$16Na_2O$
熔体黏度的影响

CaO、ZnO 表现较为奇特。低温时，CaO 增加熔体黏度。高温时，当含量小于 10%～12%（摩尔分数）时，降低黏度；当含量大于 10%～12%（摩尔分数）时，增大黏度。低温时 ZnO 也增加黏度，但在高温时却是降低黏度。所以 CaO（含量较低时）、ZnO 具有缩短料性的作用。在不同温度下，CaO 与 MgO 之间相互取代，会出现相反结果。例如在 1200℃时 MgO 取代 CaO 会增加黏度，而在 800℃时反而降低黏度。这是由于温度高低不同，它们夺取硅氧负离子团中 O^{2-} 的难易不同。温度低时，O^{2-} 不易被夺去。此外，离子间的相互极化对黏度也有重要影响。由于极化使离子变形，共价键成分增加，减弱了 Si—O 键力，因此具有 18 电子层结构的二价副族元素离子 Zn^{2+}、Cd^{2+}、Pb^{2+} 等较 8 个电子层的碱土金属离子更能降低黏度。当 $\eta = 10^{12} Pa \cdot s$ 时 $18Na_2O \cdot 12RO \cdot 70SiO_2$ 玻璃的温度见表 4-3。

表 4-3　$\eta = 10^{12} Pa \cdot s$ 时 $18Na_2O \cdot 12RO \cdot 70SiO_2$ 玻璃的温度

RO	BeO	CaO	SrO	BaO	ZnO	CdO	PbO
温度 / ℃	582	533	511	482	513	487	422

③ 高价金属氧化物　一般说来，在熔体中引入 SiO_2、Al_2O_3、ZrO_2、ThO_2 等氧化物时，因这些阳离子电荷多，离子半径又小，作用力矩大，总是倾向于形成更为复杂巨大的复合阴离子团，使黏滞活化能变大，从而导致熔体黏度增高。

④ 阳离子配位数　熔体中组分对黏度的影响还和相应的阳离子的配位状态有密切关系。图 4-9 为硅酸盐 Na_2O-SiO_2 玻璃中，以 B_2O_3 取代 SiO_2 时黏度随 B_2O_3 含量的变化曲线。当 B_2O_3 含量较少时，$Na_2O/ B_2O_3 > 1$，结构中"游离"氧充足，B^{3+} 处于 $[BO_4]$ 四面体状态加入 $[SiO_4]$ 四

面体网络，使结构紧密，黏度随含量升高而增加；当 B_2O_3 含量和 Na_2O 含量的比例约为 1 时（B_2O_3 含量约为 15%），B^{3+} 形成 $[BO_4]$ 四面体最多，黏度达到最高点；B_2O_3 含量继续增加，黏度又逐步下降，这是由于较多量的 B_2O_3 引入使 $Na_2O/B_2O_3<1$，"游离"氧不足，增加的 B^{3+} 开始处于 $[BO_3]$ 中，结构趋于疏松，黏度下降。这种由于 B^{3+} 离子配位数变化引起性能曲线上出现转折的现象，称为硼反常现象。

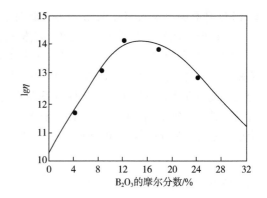

图 4-9　$16Na_2O \cdot xB_2O_3 \cdot (84-x)SiO_2$ 系统玻璃中 560℃ 时的黏度变化

⑤ 混合碱效应　熔体中同时引入一种以上的 R_2O 或 RO 时，黏度比等量的一种 R_2O 或 RO 高，称为混合碱效应，这可能和离子的半径、配位等结晶化学条件不同而相互制约有关。

⑥ 其他化合物　CaF_2 能使熔体黏度急剧下降，其原因是 F^- 的离子半径与 O^{2-} 的相近，较容易发生取代，但 F^- 只有一价，将原来网络破坏后难以形成新网络，所以黏度大大下降。稀土元素氧化物如氧化镧、氧化铈等，以及氯化物、硫酸盐在熔体中一般也起降低黏度的作用。这个特性在炼钢工业中被广泛应用。

综上所述，加入某一种化合物所引起黏度的改变既取决于加入的化合物的本性，也取决于原来基础熔体的组成。

4.2.2　表面张力

熔体表面层的质点受到内部质点的吸引比表面层空气介质的引力大，因此表面层质点有趋向于熔体内部使表面积尽量收缩的趋势，结果在表面切线方向上形成一种缩小表面的力，即表面张力（γ）。其物理意义为作用于表面单位长度上与表面相切的力，单位 N/m。通常将熔体与另一相接触的相界面上（一般另一相指空气），在恒温、恒压条件下增加一个单位新表面积时所做的功，称为比表面能，简称表面能，单位为 J/m^2，简化后其因次为 N/m。

严格讲，表面张力与表面能属于不同的物理概念，单位也不同。只是对于液体而言，二者数值相等，加上二者的量纲相同，所以有时不加区别而混用。对于固体，二者数值有很大差别。水的表面张力 70mN/m，硅酸盐熔体的表面张力比一般液体高，它随组成而变化，一般处于 220～380mN/m 之间。一些熔体的表面张力数值列于表 4-4。硅酸盐熔体的表面张力会影响固液润湿、陶瓷材料坯釉结合、陶瓷体中液相分布与显微结构，工艺中需要加以调节或控制。

表面张力是由排列在表面层的质点受力不均衡引起的，这个力场相差越大，表面张力也越大，因此，凡是影响熔体质点间相互作用力的因素，都将直接影响到表面张力的大小。

① 温度：随着温度升高，硅酸盐熔体的表面张力下降。一般来说，当温度提高 100℃ 时，表面张力减少 1%。这是因为温度升高，质点热运动加剧，质点间距加大，相互作用力减弱，所以内部质点能量与表面质点能量之差减小。

表 4-4　一些熔体的表面张力 γ

熔体	温度/℃	$\gamma/$ (×10^{-3}N/m)	熔体	温度/℃	$\gamma/$ (×10^{-3}N/m)
H_2O	25	72	SiO_2	1800	307
NaCl	1080	95	SiO_2	1300	290
B_2O_3	900	80	FeO	1420	585
P_2O_5	1000	60	钠钙硅酸盐熔体(Na_2O：CaO：SiO_2=16：10：74)	1000	316
PbO	1000	128			
Na_2O	1300	290	钠硼硅酸盐熔体(Na_2O：B_2O_3：SiO_2=20：10：70)	1000	265
Li_2O	1300	450			
Al_2O_3	2150	550	瓷器中的玻璃相	1000	320
Al_2O_3	1300	380	瓷釉	1000	250~280
ZrO_2	1300	350			
GeO_2	1150	250			

② 组成：没有表面活性的物质使 γ 升高，如 Al_2O_3、CaO、MgO、SiO_2、Na_2O、Li_2O；而表面活性物质富集于表面使 γ 下降，如 B_2O_3、P_2O_5、V_2O_5、Cr_2O_3、K_2O、PbO。B_2O_3 形成平面[BO_3]基团，使内外能量差别减小，γ 降低。PbO 表面活性作用是 Pb^{2+}高极化率的缘故。

③ 结构：从熔体结构考虑，随着 O/Si 下降，[SiO_4]变大，相应地，阴离子团的电荷/半径之比 Z/r 降低，这些硅氧负离子团被排挤到液体表面，使 γ 降低。对于结构类型相同的离子晶体，晶格能高则其熔体 γ 增加；单位晶胞尺寸小则其熔体 γ 增加。总之，熔体内部质点作用力加强会导致 γ 升高。

④ 化学键型：化学键型对表面张力也有很大影响，其规律是金属键>共价键>离子键>分子键。硅酸盐熔体为共价键与离子键的混合键型，表面张力介于二者之间。

⑤ 介质：熔体周围的气体介质对其表面张力也会产生一定的影响。非极性气体如干燥的空气、N_2、H_2、He 等对熔体的表面张力基本上不影响，而极性气体如水蒸气、SO_2、NH_3、HCl 等对熔体的表面张力影响较大，通常使表面张力有明显降低，而且介质的极性越强，表面张力降低得也越多，即与气体的偶极矩成正比。特别在低温时（如 550℃左右），此现象较明显，当温度升高时，由于气体被吸收能力降低，气氛的影响同时也减少，在温度超过 850℃或更高时，此现象将完全消失。此外，气体介质的性质对熔体的表面张力有强烈的影响。一般，还原气氛下熔体的表面张力较氧化气氛下大 20%。这对于熔制棕色玻璃时色泽的均匀性有着重大意义，由于表面张力的增大，玻璃熔体表面趋于收缩，这样便不断促使新的玻璃液到达表面而起到混合搅拌作用。

4.3　玻璃的形成

玻璃是由熔体过冷却形成的，是非晶态固体中重要的一族。传统玻璃一般通过熔融法，即玻璃原料经加热、熔融、过冷来制取，在结构上与熔体有相似之处。随着近代科学技术的发

展，现在也可由非熔融法，如气相的化学和电沉积、液相的水解和沉积、真空蒸发和射频溅射、高能射线辐射、离子注入、冲击波等方法来获得以结构无序为主要特征的玻璃态（也常称为非晶态）。根据玻璃的结构特征，玻璃也可以包括传统的氧化物玻璃、氟化物玻璃、非晶态半导体（硫系化合物或称半导体玻璃）、金属玻璃等。无论用何种方法得到的玻璃，其基本性质是相同的。

4.3.1 玻璃的通性

一般无机玻璃的特征是有较高的硬度、较大的脆性、对可见光具有一定的透明度，并在开裂时具有贝壳及蜡状断裂面。较严格说来，玻璃具有以下物理通性：

（1）各向同性

玻璃内部任何方向的性质（如折射率、电导率、硬度、热膨胀系数）都相同，与晶体各向异性不同，类似于液体。玻璃的各向同性是统计均质结构结果的外在表现。但当玻璃中存在内应力时，结构均匀性遭受破坏，呈各向异性。

（2）介稳性

在一定的热力学条件下，系统虽未处于最低能量状态，却处于一种可以长时间存在的状态，称为处于介稳状态。当熔体冷却成玻璃体时，其状态不是处于最低的能量状态，它能较长时间在低温下保留高温时的结构而不变化。因而在介稳状态或具有介稳的性质时，含有过剩内能。图 4-10 示出熔体冷却过程中物质内能与体积变化。在结晶情况下，内能与体积随温度变化如折线 $abcd$ 所示。而过冷形成玻璃时的情况如折线 $abefh$ 所示。由图中可见，玻璃态内能大于晶态。从热力学观点看，玻璃态是一种高能量状态，它必然有向低能量状态转化的趋势，也即有析晶的可能。然而事实上，很多玻璃在常温下经数百年之久仍未结晶，这是由于在常温下，玻璃黏度非常大，使得玻璃态自发转变为晶态很困难，其速率是十分慢的。因而从动力学观点看，它又是稳定的。

（3）由熔融态向玻璃态的转化是可逆与渐变的，在一定温度范围内完成，无固定熔点

熔融体冷却时，若是结晶过程，则由于出现新相，在熔点 T_m 处内能、体积及其他一些性能都发生突变（内能、体积突然下降与黏度剧烈上升），如图 4-10 中由 b 至 c 的变化，整个曲线在 T_m 处出现不连续。若是向玻璃转变，当熔体冷却到 T_m 时，体积、内能不发生异常变化，而是沿着 be 变为过冷液体，当达到 f 点时（对应温度 T_g），熔体开始固化，这时的温度称为玻璃化转变温度或称脆性温度，对应黏度为 10^{12}Pa·s，继续冷却，曲线出现弯曲，fh 一段的斜率比 ef 小了一些，但整个曲线是连续变化的。通常把黏度为 10^8Pa·s 对应的温度 T_f 称为玻璃软化温度，玻璃加热到此温度即软化，高于此温度玻璃就呈现液态的一般性质。$T_g \sim T_f$ 的温度范围称为玻璃化转变范围或反常间距，它是玻璃化转变特有的过渡温度范围。显然向玻璃体转变过程是在较宽广范围内完成的，随着温度下降，熔体的黏度越来越大，最后形成固态的玻璃，其间没有新相出现。相反，由玻璃加热变为熔体的过程也是渐变的，因此具有可逆性。玻璃体没有固定的熔点，只有一个从软化温度到转变温度的范围，在这个范围内玻璃由塑性变形转为弹性变形。值得提出的是，不同玻璃成分用同一冷却速率，T_g 一般会有差别，各种玻璃的转变温度随成分而变化。如石英玻璃在 1150℃左右，而钠硅酸盐玻璃在 500~550℃。同一种玻璃，以不同冷却速率冷却得到的 T_g 也会不同，如图 4-10 中 T_{g1} 和 T_{g2} 就是属于此种情况。但不管玻璃化转变温度 T_g 如何变化，对应的黏度值却是不变的，均为 10^{12}Pa·s。

一些非熔融法制得的新型玻璃，如气相沉积方法制备的 Si 无定形薄膜或急速淬火形成的无定形金属膜，在再次加热到液态前就会产生析晶的相变。虽然它们在结构上也属于玻璃态，但在宏观特性上与传统玻璃有一定差别，故而通常称这类物质为无定形物。

玻璃化转变温度 T_g 是区分玻璃与其他非晶态固体（如硅胶、树脂等）的重要特征。

（4）由熔融态向玻璃态转化时物理、化学性质随温度变化的连续性

玻璃体由熔融状态冷却转变为机械固态，或者加热的相反转变过程，其物理化学性质的变化是连续的。图 4-11 表示玻璃性质随温度变化的关系。玻璃性质随温度的变化可分为三类：第一类性质如电导、比容、黏度等按曲线 I 变化；第二类性质如热容、膨胀系数、密度、折射率等按曲线 II 变化；第三类性质如热导率和一些力学性质（弹性常数等）的变化如曲线 III 所示，它们在 $T_g \sim T_f$ 转变范围内有极大值的变化。

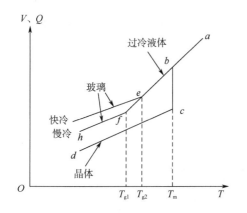

图 4-10 物质内能、体积随温度的变化

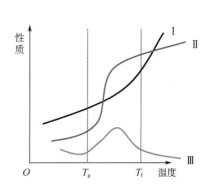

图 4-11 玻璃性质随温度的变化

在图 4-11 玻璃性质随温度逐渐变化的曲线上有两个特征温度，即 T_g 与 T_f。由于在 T_g 温度时可以消除玻璃制品因不均匀冷却而产生的内应力，因而 T_g 也称为退火上限温度（退火点）。在 T_f 温度，玻璃可以拉制成丝。

从图 4-11 中可看到，性质-温度曲线可划分为三部分，T_g 以下的低温段和 T_f 以上的高温段其变化几乎呈直线关系，这是因为前者的玻璃为固体状态，而后者为熔体状态，它们的结构随温度是逐渐变化的。而在中温部分，$T_g \sim T_f$ 转变温度范围内是固态玻璃向玻璃熔体转变的区域，由于结构随温度急速变化，因而性质变化虽然有连续性，但变化剧烈，并不呈直线关系。由此可见，$T_g \sim T_f$ 对于控制玻璃的物理性质有重要意义。

（5）玻璃性能的可设计性

玻璃的膨胀系数、黏度、电导、电阻、折射率、化学稳定性等物理化学性质都遵守加和法则，即组成变化，性能随之改变。这使玻璃可以通过选择合适的组成系统，调整系统中各组成的含量，获得所需要的各种性能，如此在一个均匀的结构中实现设计的性能是一般晶体难以达到的。

4.3.2 玻璃形成的方法

只要冷却速率足够快，几乎任何物质都能形成玻璃。

目前形成玻璃的方法有很多种，总的来说分为熔融法和非熔融法。熔融法是形成玻璃的传统方法，即玻璃原料经加热、熔融和在常规条件下进行冷却而形成玻璃态物质，在玻璃工业生产中大量采用这种方法。此法的不足之处是冷却速率较慢，工业生产一般为 40~60℃/h，实验室样品急冷也仅为 1~10℃/s，这样的冷却速率不能使金属、合金或一些离子化合物形成玻璃。如今除传统熔融法以外出现了许多非熔融法，且熔融法在冷却速率上也有很大的突破，例如溅射冷却或冷冻技术，冷却速率可达 $10^6~10^7$℃/s 以上，这使得用传统熔融法不能得到玻璃态的物质也可以转变成玻璃。

4.3.3　玻璃形成的热力学条件

熔体是物质在液相温度以上存在的一种高能量状态。随着温度降低，熔体释放能量大小不同，熔体在冷却过程中有三种途径：

① 结晶化：有序度不断增加，直到释放全部多余的能量，系统在凝固过程中始终处于热力学平衡的能量最低状态。

② 玻璃化：过冷液体在 T_g 固化成固态玻璃的过程，质点的重新排列不能达到有序化程度，系统在凝固过程中始终处于热力学介稳状态。

③ 分相：即质点迁移使熔体内某些组成偏聚，从而形成互不混溶的组成不同的两个玻璃相，分相使系统的能量有所下降，但仍然处于热力学介稳态。

大部分玻璃熔体在冷却时，这三种过程总是程度不同地发生。与结晶化相比，玻璃化和分相过程都没有释放全部过剩能量，因此玻璃态和分相都处于介稳状态。根据热力学理论，玻璃态物质总有降低内能转变为晶态的趋势，如果玻璃化释放的能量较多，使玻璃与晶体的内能相差很少，那么这种玻璃的析晶能力小，也能以亚稳态长时间稳定存在。据此可以作为形成玻璃的热力学条件，然而在实际中，哪些物质体系，在什么条件下，能否形成玻璃，很难仅仅用热力学条件就能做出明确判断。

4.3.4　玻璃形成的动力学条件

从动力学的角度讲，析晶过程必须克服一定的势垒（Potential barrier），包括形成晶核所需建立新界面的界面能以及晶核长大成晶体所需的质点扩散的活化能等。如果这些势垒较大，尤其当熔体冷却速率很快时，黏度增加很快，质点来不及进行有规则排列，晶核形成和晶体长大均难以实现，从而有利于玻璃的形成。

不同的物质从高温熔化状态降温冷却，其形成非晶态的过程差别非常大。有的物质，如金属，很容易形成晶体，必须急速降温才能获得非晶态；还有一些物质，例如石英和各种硅酸盐玻璃，熔体在降温过程中黏度逐渐增大，并不是很容易析出晶体，最后容易形成玻璃。近代研究证实，如果冷却速率足够快，即使金属也有可能保持其高温的无定形状态；反之，如在低于熔点范围内保温足够长的时间，则任何网络形成体都能结晶。因此从动力学的观点看，形成玻璃的关键是熔体的冷却速率。在玻璃形成动力学讨论中，探讨熔体冷却以避免产生可以探测到的晶体所需的临界冷却速率（最小冷却速率）对研究玻璃形成规律和制定玻璃形成工艺是非常重要的。玻璃形成的动力学主要包括以下几个部分。

（1）泰曼的研究

泰曼（Tammann）系统地研究了熔体的冷却析晶行为，提出析晶过程分为晶核生成与晶体长大两个过程。熔体冷却是形成玻璃还是析晶，由两个过程的速率决定，即晶核生成速率（I_v，也称形核速率）和晶体生长速率（u）。晶核生成速率是指单位时间内单位体积熔体中所生成的晶核数目；晶体生长速率是指单位时间内晶体的线增长速率(cm/s)。I_v与u均与过冷度（$\Delta T = T_m - T$，T_m为熔点）有关。图 4-12 示出 I_v 与 u 随过冷度变化曲线成为物质的析晶特征曲线。由图可见，I_v 曲线与 u 曲线上都存在极大值。

泰曼认为，玻璃的形成是由于过冷熔体中晶核生成的最大速率对应的温度低于晶体生长最大速率对应的温度。因为熔体冷却时，当温度降到晶体生长最大速率时，晶核生成速率很小，只有少量的晶核长大；当熔体继续冷却到晶核生成最大速率时，晶体生长速率则较小，晶核不可能充分长大，最终不能结晶而形成玻璃。因此，晶核生成速率与晶体生长速率的极大值所处的温度相差越小［图 4-12（a）］，熔体越易析晶而不易形成玻璃。反之，熔体就越不易析晶而易形成玻璃［图 4-12（b）］。通常将两曲线重叠的区域（图 4-12 中阴影的区域）称为析晶区域或玻璃不易形成区域。如果熔体在玻璃化转变温度（T_g）附近黏度很大，这时晶核产生和晶体生长阻力均很大，熔体易形成过冷液体而不易析晶。因此熔体是析晶还是形成玻璃与过冷度、黏度、晶核生成速率、晶体生长速率均有关。

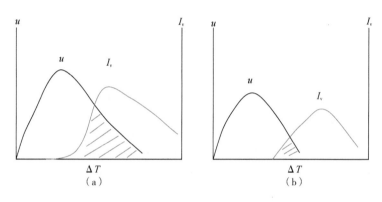

图 4-12　晶核生成速率、晶体生长速率与过冷度的关系

（2）乌尔曼的研究

乌尔曼（Uhlmann）在 1969 年将冶金工业中使用的 3T 图即 TTT（Time-Temperature-Transformation）图方法应用于玻璃转变并取得很大成功，目前已成为玻璃形成动力学理论中的重要方法之一。

乌尔曼认为，判断一种物质能否形成玻璃，首先必须确定玻璃中可以检测到的晶体的最小体积。然后再考虑熔体究竟需要多快的冷却速率才能防止这一结晶量的产生，从而获得检测上合格的玻璃。实验证明，当晶体混乱地分布于熔体中时，晶体的体积分数（晶体体积/玻璃总体积，V_β/V）为 10^{-6} 时，刚好为仪器可探测出来的浓度。根据相变动力学理论，通过式（4-7）估计防止一定的体积分数的晶体析出所必需的冷却速率。

$$\frac{V_\beta}{V} = \frac{\pi}{3} I_v u^3 t^4 \tag{4-7}$$

式中　　V_β——析出晶体体积；

　　　　V——熔体体积；

I_v——形核速率；

u——晶体生长速率；

t——时间。

如果只考虑均匀形核，为避免得到 10^{-6} 体积分数的晶体，可从式（4-7）通过绘制 3T 曲线来估算必须采用的冷却速率。图 4-13 中的 3T 曲线推定过程如下：

① 选择确定玻璃中可能检测到的晶体的最小体积分数 V_β/V，一般为 10^{-6}。

② 求出一系列温度下的形核速率 I_v 和生长速率 u，因为 I_v 和 u 与过冷度 $\Delta T=T_m-T$ 有关，也就是说，I_v 和 u 是 ΔT 函数。

③ 把 I_v 和 u 代入式（4-7）中，求相应的 t 值。

④ 用过冷度 $\Delta T=T_m-T$ 作纵坐标，冷却时间 t 为横坐标作出 3T 图。

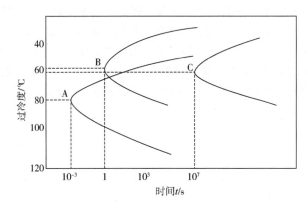

图 4-13　析晶体积分数为 10^{-6} 时具有不同熔点物质的 3T 曲线

结晶驱动力（过冷度）随温度降低而增加，原子迁移率随温度降低而降低，因而造成 3T 曲线弯曲而出现头部突出点。在图 4-13 中，3T 曲线凸面部分为该熔点的物质在一定过冷度下形成晶体的区域，而 3T 曲线凸面部分外围是一定过冷度下形成玻璃体的区域。3T 曲线头部的顶点对应了析出晶体体积分数为 10^{-6} 时的最短时间。

为避免形成给定的晶体分数，所需要的冷却速率（即临界冷却速率）可由下式粗略地计算出来：

$$\left(\frac{dT}{dt}\right)_c \approx \frac{\Delta T_n}{\tau_n} \tag{4-8}$$

式中，ΔT_n、τ_n 分别为 3T 曲线头部之顶点对应的过冷度和时间。

由式（4-7）可以看出，3T 曲线上任何温度下的时间仅仅随 V_β/V 的 1/4 次方变化。因此形成玻璃的临界冷却速率对析晶晶体的体积分数是不甚敏感的。这样有了某熔体 3T 图，对该熔体求冷却速率才有普遍意义。对于不同的系统，达到同样的晶体体积分数，曲线的位置不同，最大冷却速率也不相同。因此可以用 3T 曲线的最大冷却速率比较不同物质形成玻璃的能力，最大冷却速率越大，则形成玻璃越困难，熔体倾向于析晶。图 4-13 中三个系统 A、B 和 C，系统 C 达到 10^{-6} 晶体体积分数所需要时间最长，对应的最大冷却速率最低，因此相对容易形成玻璃。

形成玻璃的临界冷却速率是随熔体组成而变化的。表 4-5 列举了几种化合物的临界冷却速率和熔融温度时的黏度。

表 4-5　一些化合物生成玻璃的性能

参数	SiO_2	GeO_2	B_2O_3	Al_2O_3	As_2O_3	BeF_2	$ZnCl_2$	$LiCl$	Ni	Se
$T_m/℃$	1710	1115	450	2050	280	540	320	613	1380	225
$\eta(T_m)/(dPa·s)$	10^7	10^6	10^5	0.6	10^5	10^6	30	0.02	0.01	10^3
T_g/T_m	0.74	0.67	0.72	约 0.5	0.75	0.67	0.58	0.3	0.3	0.65
$(dT/dt)/(℃/s)$	10^{-6}	10^{-2}	10^{-6}	10^3	10^{-5}	10^{-6}	10^{-1}	10^8	10^7	10^{-3}

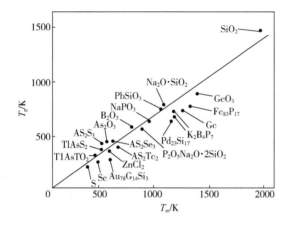

图 4-14　一些化合物的熔点 T_m 和转变点温度 T_g 的关系

由表 4-5 可以看出，凡是熔体在熔点时具有高的黏度，并且黏度随温度降低而剧烈增高，这就使析晶势垒升高，这类熔体易形成玻璃。而一些在熔点附近黏度很小的熔体，如 LiCl、金属 Ni 等易析晶而不易形成玻璃。ZnCl₂ 只有在快速冷却条件下才生成玻璃。

从表 4-5 还可以看出，玻璃化转变温度 T_g 与熔点之间的相关性（T_g/T_m）也是判别能否形成玻璃的标志。由图 4-14 可知，易生成玻璃的化合物位于直线的上方，而较难生成玻璃的化合物，特别是金属合金位于直线的下方。

黏度和熔点是生成玻璃的重要标志，冷却速率是形成玻璃的重要条件，但这些毕竟是反映物质内部结构的外部属性。因此，从物质内部的化学键特性、质点的排列状况等去探求玻璃的形成才能得到根本的解释。

4.3.5　玻璃形成的结晶化学条件

（1）聚合阴离子团大小与排列方式

由熔体聚合物理论可知，硅酸盐熔体转变为玻璃时，熔体的结构含有多种聚合物（负离子团），如 $[SiO_4]^{4-}$、$[Si_2O_7]^{6-}$ 等，这些聚合物可能时分时合。随着温度下降，缩聚过程渐占优势，而后形成次级较高的聚合物。这些聚合物可以看作由不等数目的 $[SiO_4]^{4-}$ 以不同的连接方式扭曲聚合而成，形成不同层次变形的链状或网络结构。

在熔体结构中已经谈过不同 O/Si 比对应着一定的聚集负离子团结构，如当 O/Si 比为 2 时，熔体中含有大小不等的歪扭的 $[SiO_2]_n$ 聚合基团（即石英玻璃熔体）；随着 O/Si 比的增加，硅氧负离子基团不断变小，当 O/Si 比增至 4 时，硅氧负离子基团全部解聚成为分立状的 $[SiO_4]^{4-}$，这就很难形成玻璃。因此，形成玻璃的倾向大小和熔体中负离子团的聚合程度有关，聚合程度越低，越不易形成玻璃；聚合程度越高，特别当具有三维网络或歪扭链状结构时，越容易形成玻璃，因为这时网络或链错杂交织，质点作空间位置的调整以析出对称性良好、远程有序的晶体就比较困难。

硼酸盐、锗酸盐、磷酸盐等无机熔体中也可采用类似硅酸盐的方法，根据 O/B、O/Ge、

O/P 比来粗略估计负离子基团的大小。根据实验，形成玻璃的 O/B、O/Si、O/Ge、O/P 比有最高限值，如表 4-6 所示。这个极限值表明，熔体中负离子基团只有以高聚合的歪曲链状或环状方式存在时，方能形成玻璃。

表 4-6 形成硼酸盐、硅酸盐等玻璃的 O/B、O/Si 等比值的最高限值

引入的氧化物	硼酸盐系统 O/B	硅酸盐系统 O/Si	锗酸盐系统 O/Ge	磷酸盐系统 O/P
Li_2O	1.90	2.55	2.30	3.25
Na_2O	1.80	3.40	2.60	3.25
K_2O	1.80	3.20	3.50	2.90
MgO	1.95	2.70	—	3.25
CaO	1.90	2.30	2.55	3.10
SrO	1.90	2.70	2.65	3.10
BaO	1.85	2.70	2.40	3.20

(2) 键强

孙光汉于 1947 年提出氧化物的键强是决定其能否形成玻璃的重要条件。他认为可以用元素与氧结合的单键强度大小来判断氧化物能否生成玻璃。在无机氧化物熔体中，$[SiO_4]$、$[BO_3]$ 等这些配位多面体之所以能以负离子基团存在而不分解为相应的个别离子，显然和 B—O、Si—O 间的键强有关。而熔体在结晶化过程中，原子或离子要进行重排，熔体结构中原子或离子间原有的化学键会连续破坏，并重新组合形成新键。从不规则的熔体变成周期排列的有序晶格是结晶的重要过程。这些键越强，结晶的倾向越小，越容易形成玻璃。通过测定各种化合物（MO_x）的离解能（MO_x 离解为气态原子时所需的总能量），将这个能量除以该种化合物正离子 M 的氧配位数，可得出 M—O 单键能（kJ/mol）。各种氧化物的单键强度数值列于表 4-7。

根据单键能的大小，可将不同氧化物分为以下三类：

① 网络形成体（正离子称为网络形成离子），其单键强度大于 335kJ/mol，这类氧化物能单独形成玻璃。

② 网络变性体（正离子称为网络变性离子），其单键强度小于 250kJ/mol，这类氧化物不能形成玻璃，但能改变网络结构，从而使玻璃性质改变。

③ 网络中间体（正离子称为网络中间离子），其单键强度介于 250～335kJ/mol，这类氧化物的作用介于网络形成体和网络变性体两者之间。

由表 4-7 可以看出，网络形成体的键强比网络变性体要高得多。在一定温度和组成时，键强越高，熔体中负离子基团也越牢固，因此键的破坏和重新组合也越困难，形核势垒也越高，故不易析晶而形成玻璃。

罗生（Rawson）进一步发展了孙氏理论，认为玻璃形成的倾向不仅与单键强度有关，破坏原有键使之析晶需要的热能对形成玻璃也很重要，他提出用单键强度除以各种氧化物的熔点的比值来衡量，比只用单键强度更能说明玻璃形成的倾向。这样，单键强度越高、熔点越低的氧化物越易于形成玻璃。这个比值在所有氧化物中 B_2O_3 最大，这可以说明为什么 B_2O_3 析晶十分困难。

表 4-7　一些氧化物的单键强度与形成玻璃的关系

M_nO_m 中的 M	价态	配位数	M—O 单键强度/（kJ/mol）	在结构中的作用
B	3	3	498	网络形成体
B	3	4	373	
Si	4	4	444	
Ge	4	4	445	
P	5	4	465~389	
V	5	4	469~377	
As	5	4	364~293	
Sb	5	4	356~360	
Zr	4	6	339	
Zn	2	2	302	网络中间体
Pb	2	2	306	
Al	3	6	250	
Be	2	4	264	
Na	1	6	84	网络变性体
K	1	9	54	
Cs	2	8	134	
Mg	2	6	155	
Ba	2	8	136	
Li	1	4	151	
Pb	2	4	151	
Rb	1	10	48	
Cs	1	12	40	

此外，从相平衡的关系来看，当熔体组成落在液相面（三元）和液相线（二元）上时，较其他种界面（三元）或界线（二元）的组成容易形成玻璃，而且熔体组成落在界线或最低共熔点上时，也较其他组成容易形成玻璃。可见，平衡温度变化的快慢和结晶相组成的多寡对玻璃形成有一定影响。在界线或低共熔点附近，质点或原子基团要同时组合成几种晶格，交错影响大，组成晶格的概率也比单纯排列为一种晶格的概率小。因此实际生产玻璃时，在满足其他工艺条件下，为使玻璃稳定，常常采用多组分配方，组成尽可能选在多元系统的低共熔点和相界线附近。

（3）键型

熔体中质点间化学键的性质对玻璃的形成也有重要的作用。一般来说，具有极性共价键和半金属共价键的离子才能生成玻璃。

离子键化合物形成的熔体，其结构质点是正、负离子，如 $NaCl$、CaF_2 等，在熔融状态以单独离子存在，流动性很大，在凝固温度靠静电引力迅速组成晶格。离子键作用范围大，又无方向性，并且一般离子键化合物具有较高的配位数（6、8），离子相遇组成晶格的概率也较高。所以一般离子键化合物在凝固点黏度很低，很难形成玻璃。

金属键物质如单质金属或合金，在熔融时失去联系较弱的电子后，以正离子状态存在。金属键无方向性，并在金属晶格内出现晶体的最高配位数（12），原子相遇组成晶格的概率最大，因此最不易形成玻璃。

纯粹共价键化合物大都为分子结构。在分子内部，原子间由共价键连接，而作用于分子间的是范德瓦耳斯力。由于范德瓦耳斯键无方向性，一般在冷却过程中质点易进入点阵而构成分子晶格，因此以上三种键型都不易形成玻璃。

当离子键和金属键向共价键过渡时，通过强烈的极化作用，化学键具有方向性和饱和性趋势，在能量上有利于形成一种低配位数（3、4）或一种非等轴式构造。离子键向共价键过渡的混合键称为极性共价键，它主要在于有 s-p 电子形成杂化轨道，并构成 σ 键和 π 键。这种混合键既具有共价键的方向性和饱和性、不易改变键长和键角的倾向，促进生成具有固定结构的配位多面体，构成玻璃的近程有序，又具有离子键易改变键角、易形成无对称变形的趋势，促进配位多面体不按一定方向连接的不对称变形，构成玻璃远程无序的网络结构。因此极性共价键的物质比较容易形成玻璃态。如 SiO_2、B_2O_3 等网络形成体就具有部分共价键和部分离子键，SiO_2 中 Si—O 键的共价键分数和离子键分数各占 50%，Si 的 sp^3 电子云和 4 个 O 结合的 O—Si—O 键角理论值是 109.4°，而当四面体共顶角时，Si—O—Si 键角可以在 131°~180° 范围内变化，这种变化可解释为氧原子从纯 p^2（键角 90°）到 sp（键角 180°）杂化轨道的连续变化。这里基本的配位多面体[SiO_4]表现为共价特性，而 Si—O—Si 键角能在较大范围内无方向性地连接起来，表现了离子键的特性，氧化物玻璃中其他网络形成体 B_2O_3、GeO_2、P_2O_5 等也是主要靠 s-p 电子形成杂化轨道。

同样，金属键向共价键过渡的混合键称为金属共价键，在金属中加入半径小、电荷高的半金属离子（Si^{4+}、P^{5+}、B^{3+}等）或加入场强大的过渡元素，它们能对金属原子产生强烈的极化作用，从而形成 spd 或 spdf 杂化轨道，形成金属和加入元素组成的原子团，这种原子团类似于[SiO_4]四面体，也可形成金属玻璃的近程有序，但金属键的无方向性和无饱和性则使这些原子团之间可以自由连接，形成无对称变形的趋势，从而产生金属玻璃的远程无序。如负离子为 S^{2-}、Se^{2-}、Te^{2-}等的半导体玻璃中正离子 As^{3+}、Sb^{3+}、Si^{4+}、Ge^{4+}等极化能力很强，形成金属共价键化合物，能以结构键 $\vdash$S—S—S$\dashv_n$、$\vdash$Se—Se—Se$\dashv_n$、$\vdash$S—As—S$\dashv_n$的状态存在，它们互相连成层状、链状或架状，因而在熔融时黏度很大。冷却时分子基团开始聚集，容易形成无规则的网络结构。用特殊方法（溅射、电沉积等）形成的玻璃，如 Pd-Si、Co-P、Fe-P-C、V-Cu、Ti-Ni 等金属玻璃，有 spd 和 spdf 杂化轨道形成强的极化效应，其中共价键成分依然起主要作用。

综上所述，形成玻璃必须具有离子键或金属键向共价键过渡的混合键型。一般来说，阴、阳离子的电负性差 x 约在 1.5~2.5 之间，其中阳离子具有较强的极化本领，单键强度 (M—O) > 335kJ/mol，成键时出现 s-p 电子形成杂化轨道，这样的键型在能量上有利于形成一种低配位数的负离子团构造或结构键，易形成无规则的网络，因而形成玻璃倾向很大。

4.4　玻璃的结构

玻璃结构是指玻璃中质点在空间的几何配置、有序程度及它们之间的结合状态。由于玻璃结构具有远程无序的特点，并且影响玻璃结构的因素复杂，与晶体结构相比，玻璃结构理

论发展缓慢。目前人们还不能直接观察玻璃的微观结构，关于玻璃结构的信息是通过特定条件下某种性质的测量而间接得到的。往往用一种研究方法根据一种性质只能从一个方面得到玻璃结构的局部认识，而且很难把这些局部认识相互联系起来。一般对晶体结构研究十分有效的研究方法在玻璃结构研究中却显得力不从心。由于玻璃结构的复杂性，人们虽然运用众多的研究方法试图揭示出玻璃的结构本质，从而获得完整的、不失真的结构信息，但至今尚未提出一个统一和完善的玻璃结构理论。

近年来对各种非晶态结构的研究取得了很多进展，在传统的无机非金属氧化物玻璃结构的研究基础上，对金属玻璃、半导体玻璃结构的研究拓展了对非晶态结构的认识，建立了各种非晶态结构的模型。在各种有关玻璃的模型中，传统硅酸盐玻璃的无规则网络模型、晶子结构模型最具有代表性，而对金属玻璃的研究中建立了新的无规密堆积模型和拓扑无序模型等。下面简要介绍它们的要点。

4.4.1 无规则网络模型

无规则网络模型由德国学者扎哈里阿森（W. H. Zachariasen）基于玻璃与同组成晶体的机械强度的相似性，应用晶体化学的成就于 1932 年提出，后来逐渐发展成为玻璃结构理论的一种模型。该模型的要点如下。

玻璃和同组成的晶体都具有三维空间的网络结构，这种网络结构是由离子多面体（四面体或三角体）构筑起来的，晶体中网络结构是由多面体作有规则重复排列，而玻璃体中的多面体排列没有规律性，玻璃在一定程度上继承了熔体的网络结构特征。

扎哈里阿森认为，玻璃的结构与相应的晶体结构相似，同样形成连续的三维空间网络结构。但玻璃的网络与晶体的网络不同，玻璃的网络是不规则的、非周期性的，因此玻璃的内能比晶体的内能要大。由于玻璃的强度与晶体的强度属于同一个数量级，玻璃的内能与相应晶体的内能相差并不多，因此它们的结构单元（四面体或三角体）应是相同的，不同之处在于排列的周期性。

如石英玻璃和石英晶体的基本结构单元都是硅氧四面体$[SiO_4]$。各硅氧四面体$[SiO_4]$都通过顶点连接成为三维空间网络，但在石英晶体中硅氧四面体$[SiO_4]$有着严格的规则排列，如图4-15（a）所示。而在石英玻璃中，硅氧四面体$[SiO_4]$的排列是无序的，缺乏对称性和周期性的重复，如图4-15（b）所示。而钠硅玻璃中硅氧四面体$[SiO_4]$的排列更加无序，结构疏松，如图4-15（c）所示。

扎哈里阿森还提出能够形成玻璃的氧化物必须满足以下条件：
① 每个氧离子最多和两个正离子连接。
② 氧多面体中正离子配位数不大于4（3或4）。
③ 氧多面体相互共角顶连接而不共棱或共面连接。
④ 氧多面体必须至少有三个顶角和相邻氧多面体共有，以形成连续空间网络结构。
⑤ 玻璃态与晶态相比内能相差不能太大。
对于复杂玻璃系统，上述规则必须予以修正：
① 必须有高比例的能形成网络的正离子，这些正离子被四面体或三角形包围。
② 四面体或三角形彼此之间共角顶。
③ 一些氧离子只能连接两个网络正离子，不再和别的正离子相连。

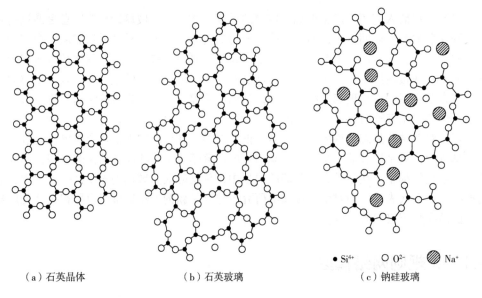

（a）石英晶体　　　　　　　（b）石英玻璃　　　　　　　　（c）钠硅玻璃

● Si⁴⁺　　○ O²⁻　　▨ Na⁺

图 4-15　石英晶体、石英玻璃和钠硅玻璃结构示意图比较

瓦伦(Warren)等通过 X 射线衍射等一系列研究，使扎哈里阿森的理论获得有力的实验证明。瓦伦的石英玻璃、方石英和硅胶的 X 射线结果见图 4-16。玻璃的衍射线与方石英的特征谱线重合，这使一些学者把石英玻璃联想为含有极小的方石英晶体，同时将漫射归结于晶体的微小尺寸。然而瓦伦认为这只能说明石英玻璃和方石英中原子间的距离大体上是一致的。他按强度-角度曲线半高处的宽度计算出石英玻璃内如有晶体，其大小也只有 0.77nm，这与方石英单位晶胞尺寸 0.70nm 相似。晶体必须是由晶胞在空间有规则地重复，因此"晶体"此名称在石英玻璃中失去其意义。由图 4-16 还可看到，硅胶有显著的小角度散射，而玻璃中没有。这是由于硅胶是由尺寸为 1.0 ～ 10.0nm 不连续粒子组成，粒子间有间距和空隙，强烈的散射是物质具有不均匀性的缘故。但石英玻璃小角度没有散射，这说明玻璃是一种密实体，其中没有不连续的粒子或粒子之间没有很大空隙。这结果与下面的晶子结构模型的微不均匀性又有矛盾。

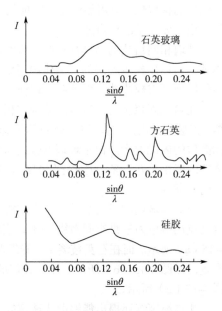

图 4-16　石英玻璃、方石英和
硅胶的 X 射线衍射图

无规则网络模型强调了玻璃中离子、多面体排列的统计均匀性、无序性、连续性，可解释玻璃的通性、组成改变引起玻璃性质变化的连续性。

4.4.2　晶子结构模型

晶子结构模型由列别捷夫于 1921 年提出，他在研究硅酸盐玻璃时发现，在一定温度范围

内玻璃的折射率突变，这个温度相当于 α-石英向 β-石英转变的转变温度（573℃），如图 4-17 所示。硅酸盐玻璃进行退火或淬火后于 520～595℃ 折射率有突变（图 4-17），热膨胀系数 α 在 520～595℃ 也有突变。这种实验现象是用无规则网络模型无法解释的，上述现象对不同玻璃都有一定的普遍性，因而他认为玻璃结构中有高分散的石英微晶体（即晶子）。

在较低温度范围内，测量玻璃折射率时也发生若干突变。将 SiO_2 含量高于 70% 的 Na_2O-SiO_2 与 K_2O-SiO_2 系统的玻璃在 50～300℃ 范围内加热并测定折射率时，观察到 85～120℃、145～165℃ 和 180～210℃ 温度范围内折射率有明显变化（图 4-18）。这些温度恰巧与鳞石英及方石英的多晶转变温度符合，且折射率变化的幅度与玻璃中 SiO_2 含量有关。根据这些实验数据，进一步证明在玻璃中含有多种"晶子"。

以后又有很多学者借助 X 射线分析法和其他方法为晶子学说取得了新的实验数据。例如瓦连可夫和波拉依-柯希茨研究了成分递变的钠硅双组分玻璃的 X 射线散射强度曲线，他们由实验数据推论，普通石英玻璃中的方石英晶子尺寸平均为 1.0nm。马托西等研究了结晶氧化硅和玻璃态氧化硅在 3～26μm 的波长范围内的红外反射光谱，结果表明，玻璃态石英和晶态石英的反射光谱在 12.4μm 处具有同样的最大值，这种现象可以解释为反射物质的结构相同。弗洛林斯卡娅在许多情况下观察到玻璃和析晶时以初晶析出的晶体的红外反射和吸收光谱极大值是一致的，这就是说，玻璃中有局部不均匀区，该区原子排列与相应晶体的原子排列大体一致。

根据大量的实验研究得出晶子结构模型的要点为：玻璃由无数的"晶子"组成，即无数"晶子"分散在无定形介质中；"晶子"的化学性质和数量取决于玻璃的化学组成，可以是独立原子团或一定组成的化合物和固溶体等微观多相体，与该玻璃物系的相平衡有关；"晶子"不同于一般微晶，而是带有晶格变形的微小有序区域，在"晶子"中心质点排列较有规律，越远离中心则变形程度越大；从"晶子"部分到无定形部分的过渡是逐步完成的，两者之间无明显界线。

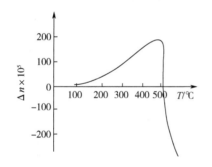 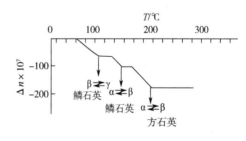

图 4-17　硅酸盐玻璃折射率随温度变化曲线　　　图 4-18　一种钠硅酸盐玻璃（SiO_2 含量 76.4%）的折射率随温度的变化曲线

晶子结构模型揭开了玻璃的一个结构特征，即微不均匀性、近程有序性。但该模型本身尚存在一些重要的缺陷，如晶子尺寸太小，无法用 X 射线检测，晶子的含量、组成也无法得知。

两种结构模型各具优缺点，两种观点正在逐步靠近。随着研究的日趋深入，两种结构模型都力图吸取对方合理部分，克服自身的局限性，彼此都有进展。它们统一的看法是玻璃是具有近程有序、远程无序结构特点的无定形物质；不同点是晶子结构模型着重于玻璃结构的微不均匀和有序性，而无规则网络模型着重于玻璃结构的无序、连续、均匀和统计性。它们各自能解释玻璃的一些性质变化规律。

4.4.3 无规密堆积模型

4.4.4 拓扑无序模型

4.5 典型的玻璃类型

通过桥氧形成网络结构的玻璃称为氧化物玻璃。典型的氧化物玻璃是由 SiO_2、B_2O_3、P_2O_5、和 GeO_2 等制取的玻璃，在实际应用和理论研究上均很重要。本节着重介绍最基本、最常见的硅酸盐玻璃和硼酸盐玻璃，同时也简单描述非氧化物玻璃中的氟化物玻璃、硫系玻璃和金属玻璃等。

4.5.1 硅酸盐玻璃

硅酸盐玻璃由于资源广泛、价格低廉、对常见试剂和气体介质化学稳定性好、硬度高和生产方法简单等优点而成为实用价值最大的一类玻璃。

硅酸盐玻璃中 SiO_2 是主体氧化物，它的结构状态对硅酸盐玻璃的性质有决定性的影响。纯二氧化硅的石英玻璃是由硅氧四面体[SiO_4]以顶角相连而组成的三维无规则架状网络，这些网络没有像石英晶体那样远程有序。石英玻璃是其他二元、三元、多元硅酸盐玻璃结构的基础。

石英玻璃中 Si—O—Si 键角分布在 120° ~ 180° 的范围内，平均为 144°。与石英晶体相比，石英玻璃 Si—O—Si 键角范围比晶体中宽。而玻璃中 Si—O 和 O—O 几乎同在相应的晶体中一致，如图 4-19 所示。由于 Si—O—Si 键角变动范围大，石英玻璃中的[SiO_4]四面体排列成无规则网络结构，不像石英晶体中四面体有良好的对称性。这样的一个无规则网络不一定是均匀一致的，在密度和结构上会有局部起伏。

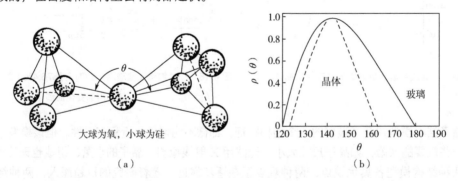

图 4-19　硅氧四面体中 Si—O—Si 键角（θ）（a）和石英玻璃及方石英晶体中 Si—O—Si 键角分布曲线（b）

当碱金属氧化物 R_2O 或碱土金属氧化物 RO 加入石英玻璃中，形成二元、三元甚至多元硅酸盐玻璃时，O/Si 比增加，桥氧量下降，使原来 O/Si 比为 2 的三维架状结构破坏，玻璃性质也发生变化。硅氧四面体的每一种连接方式的改变都会伴随物理性质的变化，尤其从连续

三个方向发展的硅氧骨架结构向两个方向层状结构变化，以及由层状结构向只有一个方向发展的硅氧链结构变化时，性质变化更大。表 4-2 列举了随 O/Si 比值而变化的硅氧四面体结构，可见硅酸盐玻璃中[SiO$_4$]四面体的网络结构与加入 R$^+$或 R^{2+}金属阳离子本性和数量有关。

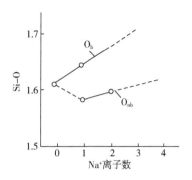

图 4-20　Si—O 距离随连接于
四面体的钠离子数目的变化

在 O—Si—O—R$^+$结构单元中的 Si—O 化学键随着

（图左侧结构式）
O
|
O—Si—O—R$^+$
|
O

R$^+$极化力增强而减弱。尤其是使用半径小的离子时，Si—O 键发生松弛。图 4-20 表明，随连接在四面体上 R$^+$离子数的增加而使 Si—O—Si 键变弱，同时 Si—O$_{nb}$（O$_{nb}$为非桥氧，O$_b$为桥氧）键变得更为松弛（相应距离增加）。随着 RO 或 R$_2$O 加入量增加，连续网状 SiO$_2$骨架可以从松弛 1 个顶角发展到 2 个甚至 4 个。Si—O—Si 键合状况的变化明显影响到玻璃黏度和其他性质的变化。在 Na$_2$O-SiO$_2$系统中，当 O/Si 比由 2 增加到 2.5 时，玻璃黏度降低 8 个数量级。

为了表示硅酸盐网络结构特征和便于比较玻璃的物理性质，有必要引入玻璃的 4 个基本结构参数：

① R=O/Si 比，即玻璃中氧离子总数与网络形成离子总数之比。
② X=每个多面体中非桥氧平均数。
③ Y=每个多面体中桥氧平均数。
④ Z=每个多面体中氧离子平均总数。

以上参数之间存在着两个简单的关系，即 $X+Y=Z$ 和 $X+1/2Y=R$，或写成：

$$X=2R-Z,\quad Y=2Z-2R \tag{4-9}$$

网络形成正离子的氧配位数 Z 一般是已知的，如在硅酸盐和磷酸盐玻璃中 $Z=4$，硼酸盐玻璃 $Z=3$。R 即为通常所说的氧硅比，用 R 来描述硅酸盐玻璃的网络连接特点很方便，通常可以从物质的量组成计算出来，因此确定 X 和 Y 就很简单。用玻璃结构参数描述硅酸盐玻璃的网络连接特点以及进行玻璃特性对比是很方便的。结构参数的计算如下。

（1）SiO$_2$石英玻璃

Si^{4+}的配位数 $Z=4$，氧与网络形成离子的比例 $R=2$，则 $X=2R-4=4-4=0$，$Y=2Z-2R=8-4=4$，说明所有的氧离子都是桥氧，四面体的所有顶角都是共有的，玻璃网络强度达最大值。

（2）Na$_2$O·SiO$_2$玻璃（水玻璃）

$Z=4$，$R=3/1=3$，$X=2R-Z=6-4=2$，$Y=2Z-2R=8-6=2$，在一个四面体上只有 2 个氧是桥氧的，其余 2 个氧是非桥氧、断开的。该结构网络强度就比石英玻璃差。

（3）2Na$_2$O·SiO$_2$

$Z=4$，$R=4$，$X=2R-Z=2×4-4=4$，$Y=2Z-2R=0$，不形成玻璃。

（4）10%Na$_2$O·18%CaO·72%SiO$_2$玻璃

$Z=4$，$R=（10+18+72×2）/72=2.39$，$X=2R-4=2×2.39-4=0.78$，$Y=4-X=4-0.78=3.22$。

（5）10%Na$_2$O·8%Al$_2$O$_3$·82%SiO$_2$玻璃

$Z=4$，$R=(10+24+82×2)/(82+8×2)=2.02$，$X=2R-4=2×2.02-4=0.04$，$Y=8-2R=8-2×2.02=3.96$。

并不是所有玻璃都能简单地计算 4 个参数。实际玻璃中出现的离子不一定是典型的网络形成离子或网络变性离子，例如 Al^{3+} 属于所谓中间离子，这时就不能准确地确定 R 值。

在硅酸盐玻璃中，若 $(R_2O+RO)/Al_2O_3 \geq 1$，Al^{3+} 作为网络形成离子计算；若 $(R_2O+RO)/Al_2O_3 < 1$，则 Al^{3+} 作为网络变性离子计算。一些玻璃的网络参数列于表 4-8 中。

表 4-8 典型玻璃的网络参数 X、Y 和 R

组成	R	X	Y
SiO_2	2	0	4
$Na_2O \cdot 2SiO_2$	2.5	1	3
$Na_2O \times \frac{1}{3}Al_2O_3 \times 2SiO_2$	2.25	0.5	3.5
$Na_2O \cdot Al_2O_3 \cdot 2SiO_2$	2	0	4
$Na_2O \cdot SiO_2$	3	2	2
P_2O_5	2.5	1	3

结构参数 Y 对玻璃性质有重要意义。比较上述的 SiO_2 玻璃和 $Na_2O \cdot SiO_2$ 玻璃，Y 越大，网络连接越紧密，强度越大；反之，Y 越小，网络空间上的聚集也越小，结构也变得较松，并随之出现较大的间隙，结果使网络变性离子的运动不论在本身位置振动或从一位置通过网络的间隙跃迁到另一个位置都比较容易。对硅酸盐玻璃来说，$Y < 2$ 时不可能构成三维网络，因为四面体间公有的桥氧数少于 2，结构多半是不同长度的四面体链。玻璃的很多性质取决于 Y 值，由 Y 值即可判断玻璃特性：Y 值大，网络结构紧密，强度大，膨胀系数小，电导率小，黏度大；反之，Y 值小，网络结构疏松，强度小，膨胀系数大，电导率大，黏度小。从表 4-9 则可以看出 Y 对玻璃一些性质的影响。表中每一对玻璃的两种化学组成完全不同，但它们都具有相同的 Y 值，因而具有几乎相同的物理性质。

表 4-9 结构参数 Y 对玻璃性质的影响

组成	Y	熔融温度/℃	膨胀系数 $\alpha /$（$\times 10^7$）
$Na_2O \cdot 2SiO_2$	3	1523	146
P_2O_5	3	1573	140
$Na_2O \cdot SiO_2$	2	1323	220
$Na_2O \cdot P_2O_5$	2	1373	220

当玻璃中含有较大比例的过渡离子，如加 PbO 可加到 80%（摩尔分数），它和正常玻璃相反，$Y < 2$ 时，结构的连贯性并没有降低，反而在一定程度上加固了玻璃的结构。这是因为 Pb^{2+} 不只是通常认为的网络变性离子，由于其可极化性很大，在高铅玻璃中，Pb^{2+} 还可能让 SiO_2 以分立的 $[SiO_4]$ 基团沉浸在它的电子云中间，通过非桥氧与 Pb^{2+} 间的静电引力在三维空间无限连接而形成玻璃，这种玻璃称为"逆性玻璃"或"反向玻璃"。"逆性玻璃"的提出，使连续网络结构理论得到了补充和发展。

在多种釉和搪瓷中氧和网络形成体之比一般在 2.25~2.75。通常钠钙硅玻璃中 Y 值约为 2.4。硅酸盐玻璃与硅酸盐晶体随 O/Si 比由 2 增加到 4，从结构上均由三维网络骨架而变为孤

岛状四面体。无论是结晶态还是玻璃态，四面体中的 Si^{4+} 都可以被半径相近的离子置换而不破坏骨架。除 Si^{4+} 和 O^{2-} 以外的其他离子相互位置也有一定的配位原则。

对硅酸盐玻璃的结构研究结果表明，硅酸盐玻璃和硅酸盐晶体的结构有以下基本区别：

① 在晶体中，硅氧骨架按一定的对称规律排列；在玻璃中则是无序的。

② 在晶体中，骨架外的 M^+ 或 M^{2+} 金属阳离子占据了点阵的固定位置；在玻璃中，它们统计均匀地分布在骨架的空腔内，并起着平衡氧电荷的作用。

③ 在晶体中，只有当骨架外阳离子半径相近时，才能发生同晶置换；在玻璃中则不论半径如何，只要遵守静电价规则，骨架外的阳离子均能发生互相置换。

④ 在晶体中（除固溶体外），氧化物之间有固定的化学计量；在玻璃中氧化物可以非化学计量的任意比例混合。

4.5.2 硼酸盐玻璃

硼酸盐玻璃具有某些优异的性能，使它成为不可替代的一种玻璃材料，引起人们的广泛重视。硼酸盐玻璃对 X 射线透过率高，电绝缘性能比硅酸盐玻璃优越。

硼酸盐玻璃中 B—O 之间形成 sp^2 三角形杂化轨道，它们之间形成 3 个 s 键还有 p 键成分，所以[BO₃]是其基本结构单元，[BO₃]之间以顶点连接，B 和 O 交替排列成平面六元环，这些环通过 B—O—B 链连成网络，见图 4-21，这种结构已经被 X 射线分析证实。由于 B_2O_3 玻璃的层状结构特性，层内 B—O 键很强，而层与层之间由较弱的分子键连接，所以 B_2O_3 玻璃的一些性能比 SiO_2 玻璃差，例如 B_2O_3 玻璃软化温度低（约 450℃）、化学稳定差（易在空气中潮解）、热膨胀系数高，因而纯 B_2O_3 玻璃使用价值小，只有与 R_2O、RO 等氧化物组合后才能制成稳定的有实用价值的硼酸盐玻璃。实验证明，当数量不多的 R_2O、RO 同 B_2O_3 一起熔融时，形成的玻璃特性如图 4-22 所示，图中各种性能的变化规律与硅酸盐玻璃相比出现了反常的情况，因而称为硼反常现象。这是由于 B_2O_3 玻璃的基本结构单元为[BO₃]平面三角体，加入少量 R_2O、RO 后，一部分[BO₃]转变为[BO₄]⁻架状结构，从而加强了网络结构，使玻璃的各种性能变好。随着 R_2O、RO 加入量的增多，所生成的[BO₄]⁻也增多而相互靠近，当超过一定加入量后，[BO₄]⁻的静电斥力增大，结构发生逆转变化，性能也随之发生逆转变化，即架状结构遭破坏，重新回到[BO₃]平面三角体结构，反映在性质变化曲线上是随着 R_2O、RO 加入量而出现极值。

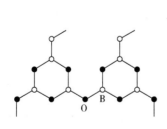

图 4-21　B—O 平面六元环

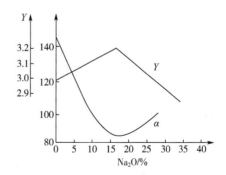

图 4-22　含 B_2O_3 二元玻璃中桥氧 O_b 数、热膨胀系数 α 和软化温度 T_g 随碱金属氧化物含量的变化

B_2O_3 玻璃的转变温度约为 300℃，比 SiO_2 玻璃低得多（1200℃），利用这一特点，硼酸盐玻璃广泛用作焊接玻璃、易熔玻璃以及涂层物质的防潮和抗氧化。硼对中子射线的灵敏度高，硼酸盐玻璃作为原子反应堆的窗口对材料起到了屏蔽中子射线的作用。

4.5.3　其他非氧化物玻璃

（1）氟化物玻璃

SiO_2 的晶型与 BeF_2 晶型之间在结构上相似，它们的正离子与负离子基本一致，只是 BeF_2 的化学价是 SiO_2 的一半，因此可以认为 BeF_2 是削弱的 SiO_2 模型。BeF_2 可以形成非晶态，它的玻璃结构由 $[BeF_4]$ 四面体构成，Be—F 的距离为 0.154nm。四面体之间以共顶相连，即一价的 F^- 和两个 Be^{2+} 连接。Be—F—Be 的平均键角为 146°，与石英玻璃的网络结构十分相似。但是由于 F—Be 键强较弱，在石英玻璃的转变温度，BeF_2 的黏度仅为 $lg\eta<2$。

加入碱金属氟化物 RF 可形成二元的氟化物玻璃，玻璃形成区可以含有 RF 50%（摩尔分数）。在氟化物玻璃中，碱金属离子的作用与硅酸盐玻璃中的碱金属离子相当。二元氟化物系统的玻璃形成总是发生正离子场强差大于 0.35（Z/r）的情况，因此除了 BeF_2 外，在氟化物玻璃系统中，还有以 ZrF_2、AlF_3 为主要成分的氟化物玻璃系统。

在非氧化物玻璃中，负离子电负性最强的是氟、氯、溴、碘等卤素的离子。卤化物玻璃的主要组分包含卤素和原子量较硼和硅更高的重金属离子，它们构成的 R—X 键较 R—O 键弱。氯化物键型特点导致了卤化物玻璃具有一系列独特的物理化学性质，如卤化物玻璃具有较好的透红外性能，在红外区的截止波长随卤素原子量的增加向长波段移动。典型重金属卤化物玻璃的截止波长为 7～9μm，而溴化物玻璃可达 20μm 以上。但是由于这类键强较弱，玻璃的化学稳定性下降，许多卤化物玻璃容易水解。

（2）硫系玻璃

运用玻璃网络理论，元素周期表中位于氧下方的硫系元素也有可能进入到玻璃网络中。如果考虑形成配位数为 3 或 4 所要求的离子半径比，那么可以得出配位数为 3 的结构，如 As_2S_3、As_2Se_3、As_2Te_3 玻璃，它们与 B_2O_3 类似，由弯曲的层构成。而由 GeS_2 或 $GeSe_2$ 组成的配位数为 4 的玻璃则由相应的四面体形成无序结构。

仅由一种组分也可构成硫系玻璃。例如很早就发现了仅由硒组成的玻璃。玻璃形成的原因是熔体中含有硒构成的链，因此这种玻璃结构是由不规则的链组成。温度降低时，链的长度增加，黏度增大，硒玻璃的 T_g 温度为 31℃。硫也有类似的现象，但除链状外还易于形成 S_8 环状结构，而且必须急冷才能形成玻璃。

上述单组分硫化物或硒化物玻璃可以按各种比例相互结合，也可以和别的组分结合形成玻璃。一般而言，阴离子的原子量增大会降低玻璃形成倾向，因为金属键所占的比例会逐渐增大。

硫系玻璃除了透红外材料，还用于光信息存储器光电导器件，近年来这一系列玻璃有了很大发展。

（3）金属玻璃

典型的金属玻璃是非晶态合金，非晶态合金组成包括：过渡金属-半金属系统，如 Fe-P-C、Fe-P-C-Al-Si、Pb-Cu-Si 等多元系统；贵金属-半金属系统，如 Au-Si、Au-Ge、Pt-Ge 系统等。最近发现，一定组成范围内的 Au-Si 系统熔体急冷可以得到非晶态固体，其后对大量系统的研究发现形成非晶态结构合金组成一般位于系统的低共熔点组成附近。前面介绍的硬球密堆积

模型和拓扑结构模型表明，金属玻璃结构尽管具有原子近程有序和远程无序排列的非晶态特征，但不同于氧化物玻璃，仍然可以达到较高的原子堆积密度。

金属玻璃可以应用于相当广泛的领域，与传统结晶态金属比较，具有很多优良特性，如非晶态合金比普通金属的强度更高，有些情况下强度甚至可以达到理论极限值。这可能是由于普通金属晶体中存在大量位错和晶界，而非晶态金属中是否存在位错至今尚存在争议；非晶态合金比普通金属具有更强的耐化学侵蚀能力，显然是由于多晶金属中大量存在的位错线露头和晶界成为金属侵蚀的薄弱部位，而金属玻璃则因不存在这些结构而表现出较低的化学反应活性。此外，金属玻璃表现出良好的软磁特性，在磁屏蔽、声表面波器件、磁光盘材料等方面都有很大的发展前景。

本章小结

物质通常以气态、液态和固态三种聚集状态存在。熔体则是介于固体和液体之间的一种状态，结构上更接近于固体。熔体和很多材料如玻璃、非晶态合金等的制备和加工密切相关，掌握熔体的结构和性质之间的相互关系及其制约规律，对于了解无机材料的结构、制备、性质以及工艺参数的选择等意义重大。熔体的黏度、表面张力是无机材料尤其是玻璃材料制备的关键性质，与其组成和温度关系密切。

玻璃的形成条件包括热力学、动力学和结晶化学条件。热力学条件是判断玻璃能否形成的一种判据。动力学条件给出了形成玻璃所需要的工艺条件，即冷却速率的大小。结晶化学条件则从内在结构因素方面阐述玻璃形成的基本条件，可以用于指导玻璃组分的设计。

无规则网络模型和晶子结构模型是常见的描述玻璃结构的模型，分别从不同角度阐释了玻璃的微观结构。除此以外还有无规密堆积模型和拓扑无序模型等。

思考题与习题

1. 试简述硅酸盐熔体结构聚合物理论的核心内容。

2. 名词解释

缩聚和解聚、桥氧与非桥氧、网络形成体和网络变性体、硼反常现象、熔体和玻璃体。

3. 熔体黏度在727℃时是 $10^8 dPa \cdot s$，在1156℃时是 $10^4 dPa \cdot s$，在什么温度下它是 $10^7 dPa \cdot s$（用 $\log \eta = A + \dfrac{B}{T}$ 解之）？求该熔体的黏性流动活化能是多少。

4. 一种玻璃的摩尔组成是 80%SiO_2 和 20%Na_2O，试计算其非桥氧的含量。

5. 有两种不同配位的玻璃，其组成如下（质量分数）：

序号	Na₂O	Al₂O₃	SiO₂
1	10%	20%	70%
2	20%	10%	70%

试用玻璃结构参数说明两种玻璃高温下黏度的大小。

6. 一种用于制造灯泡的 $Na_2O\text{-}CaO\text{-}SiO_2$ 玻璃的退火点是514℃，软化点是696℃，计算这种玻璃的熔融范围和工作范围。

7. 试述石英晶体、石英熔体、$Na_2O \cdot 2SiO_2$ 熔体结构和性质上的区别。

8. 在 Na_2O-SiO_2 系统及 RO-SiO_2 系统中随着 SO_2 含量的增加，熔体的黏度将升高而表面张力则降低，说明原因。

9. 说明在一定温度下同组成的玻璃比晶体具有较高的内能及晶体具有一定的熔点而玻璃体没有固定熔点的原因。

10. 试从结构上比较硅酸盐晶体与硅酸盐玻璃的主要区别。

11. 网络变性体（如 Na_2O）加到石英玻璃中，使氧硅比增加。实验观察到当 O/Si = 2.5 ~ 3 时，即达到形成玻璃的极限，根据结构解释为什么在 2<O/Si<2.5 的碱和硅石混合物可以形成玻璃，而 O/Si = 3 的碱和硅石混合物结晶却不形成玻璃。

12. （1）假如要求在 800℃时得到一种具有最高的 SiO_2 摩尔分数的熔体，而且只能在 SiO_2 加入一种别的氧化物，那么应选择什么氧化物作外加剂？加入量是多少为宜？说明理由。

（2）为什么石英的熔融温度比方石英的熔融温度低？

13. （1）按鲍林规则，B 的配位数为 3，试给出 B_2O_3 中可能的键结构示意图。

（2）列举扎哈里阿森的玻璃形成规则，你所绘制的示意图满足这些要求吗？

（3）试述 B_2O_3 中加入 Na_2O 后结构发生的变化，解释硼反常现象。

14. 一种熔体在 1300℃的黏度是 3100dPa·s，在 800℃是 10^8dPa·s，在 1050℃时其黏度是多少？在此黏度下急冷，是否形成玻璃？

第5章　固体表面与界面

✈ 本章提要

　　表面与界面的结构、性质在无机非金属固体材料领域中起着非常重要的作用。例如固相反应、烧结、晶体生长、玻璃的强化、陶瓷的显微结构、复合材料都与它密切相关。本章主要介绍无机固体材料的表面及结构、陶瓷晶界及结构、界面行为，其中界面行为包括弯曲表面效应、润湿与黏附、吸附与表面改性等知识；讨论黏土-水系统中黏土胶粒带电与水化等一系列由于黏土粒子表面效应而引起的胶体化学性质，如泥浆的稳定性、流动性、滤水性、触变性和泥团的可塑性等。为了解和运用表面科学知识解决无机材料相关科学与工程问题奠定基本的、必要的理论基础。

　　表面的质点由于受力不均衡而处于较高的能阶，这就使物体表面呈现一系列特殊的性质。由于高分散度物系比低分散度物系能量高得多，必然使物系由于分散度的变化而使两者在物理性能（如熔点、沸点、蒸气压、溶解度、吸附、润湿和烧结等）和化学性质（化学活性、催化、固相反应等）方面有很大的差别。随着材料科学的发展，固体表面的结构和性能日益受到科学界的重视。近年来，先进的表面分析技术，如俄歇电子能谱、二次离子质谱、X射线光电子能谱、扫描隧道显微镜、原子力显微镜等，使对固体表面的组态、构型、能量和特性等方面的研究逐渐发展和深入，并逐渐形成一门独立的前沿学科——表面化学、界面化学和表面物理。

5.1　固体表面特征及其结构

5.1.1　固体的表面特征

　　固体的表面现象和液体相似，通常把一个相和它本身蒸气（或真空）接触的分界面称为表面，一个相与另一相（结构）接触的分界面称界面。但在通常状况下，因固体的非流动性，固体表面相与其体相内部的组成和结构有所不同，同时还存在各种类型的缺陷以及弹性形变等，这些都将对固体表面的性质产生很大的影响。主要体现在以下几个方面：

　　① 绝大多数晶体是各向异性的，这一性质也体现在不同方位的表面上。不同的晶面，表面原子密度不同，表面性质也会有差异。

　　② 同种固体的表面性质往往会随着制备加工过程或环境气氛及其他条件的不同而异。

③ 晶体中晶格缺陷如空位或位错等也会在表面存在并引起表面性质的变化。

④ 固体暴露在空气中，其表面被外来物质污染，被吸附的外来原子可占据不同的表面位置，形成有序或无序排列。

⑤ 从原子尺度上，实际固体表面并非光滑，是凹凸不平的。固体表面看上去是平滑的，但经过放大后即使磨光的表面也会有 $10^{-5} \sim 10^{-3}$cm 的不规整性，即表面是粗糙的。这是因为在实际表面总是有台阶、裂缝、沟槽、位错等现象。

在实际条件下，固体表面受到各方面因素影响，从而使表面在结构上、组成上发生改变。为了研究材料的本征表面特性，清洁表面才能用来进行研究。清洁表面是经过特殊处理（即保证组成上的确定性）后，保持在超高真空下的表面（即保证表面不随时间而改变）。一般清洁表面是指经离子轰击加退火热处理后的单晶表面。原子在晶体内部和在表面受到力不同，引起表面原子的排列与内部有较为明显的差别。这种差异经过 4～6 层之后，原子的排列与体内已相当接近，这个距离也可以看作是实际清洁表面的范围。

由于表面排列突然发生中断，表面原子受力（化学键）情况发生变化，总效应是增大体系的自由能。为了降低体系能量（减小表面能），表面附近原子的排列必须进行调整。调整的方式有两种：a.自行调整，表面处原子排列与内部有明显不同；b.靠外来因素，如吸附杂质、生成新相等。几种调整后清洁表面结构示意图如图 5-1 所示。

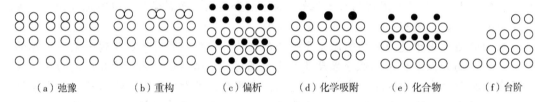

（a）弛豫　　　（b）重构　　　（c）偏析　　　（d）化学吸附　　　（e）化合物　　　（f）台阶

图 5-1　几种调整后清洁表面的结构示意图

5.1.2　表面力场

固体中每个质点都不是孤立的，周围都存在一个力场。在固体内部这个力场是对称的。但在固体表面，质点排列的周期性被中断，使处于表面上的质点力场对称性破坏，产生有指向的剩余力场，这种剩余力场表现出固体表面对其他物质有吸引作用（如吸附、润湿等），这种作用力称为固体表面力。依照性质不同，表面力可分为化学力和范德瓦耳斯力。

（1）化学力

化学力本质是静电力，主要来自表面质点的不饱和键，当固体表面质点和被吸附物之间发生电子转移时，就产生化学力。它可用表面能的数值来估计，表面能是与晶格能成正比而与吸附物体积成反比的。

（2）范德瓦耳斯力

范德瓦耳斯力又称分子引力，主要来源于以下三种力：

① 定向作用力（静电力）：主要发生在极性物质之间，相邻两个极化电矩因极性不同而发生作用的力。

② 诱导作用力（诱导力）：发生在极性物质与非极性物质之间，诱导是指在极性物质作用下，非极性物质被极化诱导出暂态的极化电矩，随后与极性物质产生定向作用。

③ 分散作用力（色散力）：主要发生在非极性物质之间，非极性物质是指其核外电子云呈球形对称而不显示永久的偶极矩。电子在绕核运动的某一瞬间，在空间各个位置上，电子分布并非严格对称，这样就将呈现出瞬间的极化电矩。许多瞬间极化电矩之间以及它对相邻物质的诱导作用都会引起相互作用效应，这称为色散力。

在固体表面上，化学力和范德瓦耳斯力可以同时存在，但两者在表面力中所占比例将随具体情况而定。

5.1.3 表面自由能和表面张力

固体的表面自由能和表面张力是描述和决定固体表面性质的重要物理量。固体自由能和表面张力的定义与液体的表面能和表面张力类似。对于固体表面，一般来说，采用类似液体表面能和表面张力的讨论仍然适用，但又有重要的差别。

液体原子（分子）间的相互作用力相对较弱，它们之间的相对运动较容易。拉伸表面时，液体原子间距离并不改变，只是将本体相的原子迁移到了液面上。因此，液体的表面自由能与表面张力在数值上是相等的。

对固体来说，质点间的相互作用力相对较强，几乎不可能移动，其表面不像液体分子那样易于伸缩或变形，表面能一般不等于表面张力 γ，其差值与过程的弹性应变有关。其原因为：

① 固体表面质点没有流动性，能够承受剪应力的作用。

② 固体的弹性变形行为改变了增加面积的做功过程，不再使表面能与表面张力在数值上相等。

如果固体在较高的温度下能表现出足够的质点可移动性，则仍可近似认为表面能与表面张力在数值上相等。

在通常条件下，固体中质点彼此间的相对运动比液体中的质点要困难得多，因而固体的表面自由能和表面张力表现出以下特点：

① 固体在表面原子总数保持不变的条件下，由于弹性形变而使表面积增加，也就是说，固体的表面自由能中包含了弹性能，表面张力在数值上也不再等于表面自由能。

② 由于固体表面上的原子组成和排列的各向异性，固体的表面张力也是各向异性的。不同晶面的表面密度不同，表面自由能也不相同。图5-2是一个具有面心立方结构的晶体表面构造，详细描述了（100）、（010）、（111）三个低指数面上原子的分布。可以看到，随着结晶面的不同，表面上原子的密度也不同，各个晶面上原子的密度如表5-1所示。（100）、（010）、（111）三个晶面上原子的密度存在着很大的差别，这也是不同结晶面上吸附性、晶体生长、溶解度及反应活性不同的原因。

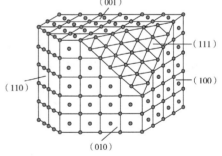

图 5-2　面心立方晶格的低指数面

③ 若表面不均匀，表面自由能甚至随表面上不同区域而改变。在固体表面的凸起处和凹陷处的表面自由能是不同的。处于凸起部位的分子的作用范围主要包括的是气相，相反，处于凹陷处底部的分子的作用范围大部分在固相，显然在固体表面的凸起处的表面自由能与表面张力比凹陷处要大。

表 5-1　结晶面、表面原子密度及邻近原子数

构造	结晶面	表面原子密度	最邻近原子	次近邻原子
简单立方	（100）	0.785	4	1
	（110）	0.555	2	2
	（111）	0.453	0	3
体心立方	（110）	0.833	4	2
	（100）	0.589	0	4
	（111）	0.340	0	4
面心立方	（111）	0.907	6	3
	（100）	0.785	4	4
	（110）	0.555	2	5

④ 实际固体的表面绝大多数处于非平衡状态，决定固体表面形态的主要不是它的表面张力大小，而是形成固体表面时的条件以及它所经历的历史。

⑤ 固体的表面自由能和表面张力的测定非常困难，目前还没有找到一种能够从实验上直接测量的可靠方法。

尽管存在上述困难，由于表面自由能和表面张力的概念对涉及固体的许多过程（如晶体生长、润湿、吸附等）非常重要，因此对其进行分析是很有意义的。固体的表面能可以通过实验测定或理论计算来确定。较普遍采用的实验方法是将固体熔化测定液态表面张力与温度的关系，作图外推到凝固点以下来估算固体的表面张力。固体的表面能（表面张力）的理论计算比较复杂，下面介绍离子晶体表面能近似的计算方法。

对于离子晶体，可以这样认为，每一个晶体的自由能都是由两部分组成：体积自由能和一个附加的过剩界面自由能。以单位面积计算的过剩自由能表征为固体的表面自由能，简称表面能。为了计算固体的表面能，取真空中绝对零度下一个晶体的表面模型，并计算晶体内部一个原子（离子）移到晶体表面时自由能的变化。在 0K 时，这个变化等于一个原子在这两种状态下的内能之差$(\Delta U)_{s,v}$。u_{ib} 和 u_{is} 分别表示第 i 个原子（离子）在晶体内部与在晶体表面上时和最邻近的原子（离子）的作用能，n_{ib} 和 n_{is} 分别表示第 i 个原子在晶体体积内和表面上时最邻近的原子（离子）的数目（配位数）。无论从体积内还是从表面上拆除第 i 个原子，都必须切断与最邻近原子的键。晶体中每取走一个原子所需能量为$(n_{ib}u_{ib})/2$，在晶体表面则为$(n_{is}u_{is})/2$，这里除以 2 是因为每一根键是同时属于两个原子的，因为 $n_{ib} > n_{is}$，而 $u_{ib} \approx u_{is}$，所以，从晶体内取走一个原子比从晶体表面取走一个原子所需能量大。这表明表面原子具有较高的能量。以 $u_{ib} = u_{is}$ 得到第 i 个原子在体积内和表面上两个不同状态下内能之差为：

$$(\Delta U)_{s,v} = \left(\frac{n_{ib}u_{ib}}{2} - \frac{n_{is}u_{is}}{2} \right) = \frac{n_{ib}u_{ib}}{2}\left(1 - \frac{n_{is}}{n_{ib}} \right) = \frac{U_0}{N}\left(1 - \frac{n_{is}}{n_{ib}} \right) \tag{5-1}$$

式中　U_0——晶格能；

　　　N——阿伏伽德罗常数。

如果 L_s 表示 $1\mathrm{m}^2$ 表面上的原子数，则从式（5-1）得到：

$$U_0 \frac{L_s}{N}\left(1 - \frac{n_{is}}{n_{ib}} \right) = (\Delta U)_{s,v} L_s = \gamma_0 \tag{5-2}$$

式中　γ_0——真空中 0K 时固体的表面能，即单位表面积的过剩自由能。

在推导式（5-2）时，没有考虑表面层结构与晶体内部结构相比的变化。为了估计这些因素的作用，计算 MgO 的（100）面的 γ_0 并与实验测得的 γ_0 进行比较。

MgO 晶体 $U_0 = 3.93 \times 10^6$ J/mol，$L_s = 2.26 \times 10^{19}$/m^3，$N = 6.023 \times 10^{23}$/mol，$(n_{is}/n_{ib}) = 5/6$，由式（5-2）计算得到 $\gamma_0 = 24.5$ J/m^2，在 77K 下，真空中测得 MgO 的 γ_0 为 1.28J/m^2。由此可见，计算值约是实验值的 20 倍。

实际表面能比理想表面能的值低，原因可能为：

① 可能是表面层的结构与晶体内部相比发生了改变，表面被可极化的氧离子屏蔽，减少了表面上的原子数。

② 可能是自由表面不是理想的平面，而是由许多原子尺度的阶梯构成，使真实面积比理论面积大。

③ 固体和液体的表面能与周围环境条件，如温度、气压、第二相的性质等条件有关。随着温度上升，表面能是下降的。一些物质在真空中或惰性气体中的表面能如表 5-2 所示。

表 5-2 一些物质在真空或惰性气体中表面能

物质	温度/℃	表面能/（mN/m）
水	25	72
NaCl（液体）	801	114
NaCl（晶体）	25	300
硅酸钠（液体）	1000	250
Al$_2$O$_3$（液体）	2080	700
Al$_2$O$_3$（固体）	1850	905
MgO（固体）	25	1000
TiC（固体）	1100	1190

5.1.4 固体表面结构

通常所说的固体表面是指整个大块晶体的三维周期性结构与真空之间的过渡层，它包括所有与体相内三维周期性结构相偏离的表面原子层，一般是一至几个原子层，厚度约 0.5 ~ 2.0nm，可以把它看成是一特殊的相——表面相。所谓表面结构，就是指表面相中的原子组成与排列方式。由于表面原子相互作用以及表面原子与外来杂质原子的相互作用，若使体系的能量处于最小，表面相中的原子组成和排列与体相中将会有所不同，这种差别通常包括：表面弛豫、表面重构、表面台阶结构等。

迄今为止，有 100 多种表面结构已被确定，这里包括同一晶体的不同晶面和同一晶面上吸附不同物质都算作不同的表面结构。

5.1.4.1 晶体表面结构

表面力的存在使固体表面处于较高能量状态。但系统总会通过各种途径来降低这部分过剩的能量，这就导致表面质点的极化、变形、重排并引起原来晶格的畸变。液体总是力图形成球形表面来降低系统的表面能，而晶体由于质点不能自由流动，只能借助离子极化或位移来实现，这就造成了表面层与内部的结构差异。对于不同结构的物质，其表面力的大小和影响不同，因而表面结构状态也会不同。

维尔威（Verwey）等基于结晶化学原理，研究了晶体表面结构，认为晶体质点间的相互作用和键强是影响表面结构的重要因素。离子晶体在表面力作用下，表面结构的变化受离子极化的影响显著。图5-3示出了MX型离子晶体的极化与重排，图5-3（a）是理想表面的示意图。实际上，处于表面层的负离子（X^-）只受到其上下和内侧正离子（M^+）的作用，其电子云将被内侧的正离子吸引而发生极化变形，诱导出偶极子，如图5-3（b）。随后表面质点通过电子云极化变形产生表面弛豫和重构，如图5-3（c），弛豫在瞬间即能完成，接着是发生离子重排过程。

上述过程的直接变化是影响表面层的键性。从晶格点阵排列的稳定性考虑，作用力较大、极化率小的正离子处于稳定的晶格位置。为降低表面能，各离子周围作用能将尽量趋于对称，因而M^+在内部质点作用下向晶体内靠拢，而易极化的X^-受诱导极化偶极子的排斥而被推向外侧，从而形成表面双电层。随着重排过程的进行，表面层中离子间共价键性增强，固体表面好像被一层负离子屏蔽并导致表面层在组成上为非化学计量，重排的结果将使晶体表面能趋于降低。

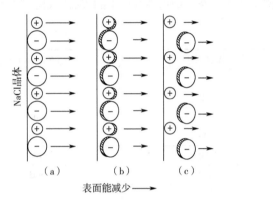

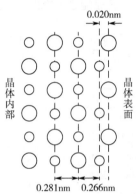

图 5-3　MX 型离子晶体表面的
电子云变形和离子重排

图 5-4　在 NaCl 晶体中，阳离子从（100）面
缩进去，在表面层形成一个 0.020nm 厚度的双电层

双电层结构已被直接或间接地由许多研究证实，如表面对 Kr 的吸附和同位素交换反应、MgO 粒子呈现相互排斥的现象等。图 5-4 是对 NaCl 晶体计算得到的表面双电层厚度的结果。研究还表明，产生这种双电层变化的程度主要取决于离子极化能力。由表 5-3 所示数据可见，由于 Pb^{2+} 和 I^- 都具有强的极化性能，相应其表面能及硬度最小，这是因为厚的双电层导致表面能和硬度降低。而极化性能弱的 Ca^{2+} 和 F^-，表面能和硬度迅速增加，相应的双电层厚度将减小。当晶体表面最外层形成双电层，它将作用于次内层，会引起内层离子的极化与重排。这种作用随着向晶体的纵深推移而逐步衰减，其所能达到的深度与负、正离子的半径差有关，如 NaCl 中的半径差大，大约可延伸 5 层；半径差小者，大约为 2～3 层。

表 5-3　某些晶体中离子极化性能与表面能的关系

化合物	表面能/(N/m)	硬度
PbI_2	0.13	1
PbF_2	0.90	2
$BaSO_4$	1.25	2.5～3.5
$SrSO_4$	1.40	3.0～3.5
CaF_2	2.50	4

金属材料的表面也存在双电层，其产生的原因是晶体周期性被破坏，引起表面附近的电子波函数发生变化，进而影响表面原子的排列，新的原子排列又影响电子波函数，这种相互作用最后建立起一个与晶体内部不同的自洽势，形成表面势垒。当一部分动能较大的电子在隧道效应下穿透势垒，在表面将形成双电层。图 5-5 示意了这种表面双电层，图中大黑点是原子中心位置，小黑点表示电子云的密度。

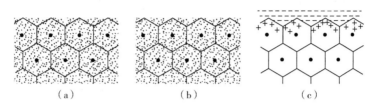

图 5-5　金属表面双电层示意图

5.1.4.2　粉体表面结构

粉体是一种微细固体粒子的集合体，通常具有较大的比表面，且表面结构状态对粉体性质有着决定性的影响。无机材料生产过程中，通常把原料加工成微细颗粒以便于加工成型和高温反应的进行。

粉体在制备过程中由于反复地破碎，而表面层离子的极化变形和重排使表面结构的有序度降低，因此随着粒子的微细化，比表面增大，表面结构的有序程度受到愈来愈烈的扰乱并不断地向颗粒深部扩展，最后使粉体表面结构趋于无定形化。基于 X 射线、热分析和其他物理化学等方法对粉体表面结构所作的研究，曾提出过两种不同的模型，一种认为粉体表层是无定形结构，另一种认为粉体表面层是粒度极小的微晶结构。

不经过粉碎的石英用差热分析方法测定其 573℃是 β-SiO₂ 与 α-SiO₂ 之间的相变，发现相应的相变吸热峰面积随 SiO₂ 粒度而发生明显变化。当粒度减少到 13μm，表面层仅有 50%的石英发生上述的相转变。但是如果将上述石英粉末用 HF 酸处理，以溶去表面层，然后重新进行差热分析测定，则发现参与上述石英粉相变的量增加到 100%，这说明石英粉末表面是无定形结构。因此，随着粉体颗粒变细，表面无定形层所占比例增加，可参与相变的石英量就减少了。据此可定量估计其表面层厚度为 0.11~0.15μm。

对粉体进行精确的 X 射线和电子衍射的研究却发现，其 X 射线谱线不仅强度减弱，而且宽度明显变宽，因此认为粉体表面并非无定形态，而是覆盖了一层尺寸极小的微晶体，即表面是呈微晶化状态。由于微晶体的晶格是严重畸变的，晶格常数不同于正常值而且十分分散，这才使其 X 射线谱线明显变宽。此外，对鳞石英粉体表面的易溶层进行的 X 射线测定表明，它并不是无定形质；从润湿热测定中也发现其表面层存在有硅醇基团。

上述相互矛盾的实验表明，即使把粉体表面看成是畸变的微小晶粒，其有序度也十分有限；反之，看作无定形体，也远不像液体那样具有流动性。因此这两个观点与玻璃结构的无规则网络模型与晶子结构模型也许可以比拟。如果是这样，那么两者之间就可能不会是截然对立的。

5.1.4.3　玻璃表面结构

玻璃体也同样存在着表面力场，其作用与晶体相似，而且玻璃体比同组成的晶体具有更大的内能，表面力场的作用效应也更为明显。

从熔体变为玻璃体是一个连续过程，却伴随着表面成分的不断变化，使之与内部显著不同，这是因为玻璃体中各成分对表面自由能的贡献不同。为了保持最小表面能，各成分将按其对表面自由能的贡献自发地转移和扩散。在玻璃成型和退火过程中，碱、氟等挥发组成容易自表面挥发损失，因此，即使是新鲜的玻璃表面，其化学成分、结构也不同于内部，这种差异可以从表面折射率、化学稳定性、结晶倾向以及强度等性质的观察得到证实。

对于含有较高极化性能离子（如 Pb^{2+}、Sb^{2+}、Cd^{2+} 等）的玻璃，其表面结构会明显地受到这些离子在表面排列取向状况的影响，这种作用实际上也是极化问题，例如铅玻璃，由于铅原子的最外层有 4 个价电子（$6s^2$、$6p^2$），当形成 Pb^{2+} 时，最外层尚有两个电子，对接近它们的 O^{2-} 产生斥力，致使 Pb^{2+} 的作用电场不对称，即与 O^{2-} 相斥一方的电子云密度减少，在结构上近似于 Pb^{4+}，而相反一方则因电子云的增加而近似于 Pb^0 状态，这可视为 Pb^{2+} 按 $Pb^{2+} = \frac{1}{2}Pb^{4+} + \frac{1}{2}Pb^0$ 的方式被极化变形。在不同条件下，这些极化离子在表面取向不同，则表面结构和性质也不相同。在常温下，表面极化离子的偶极矩通常是朝内部取向以降低其表面能，因此在常温下铅玻璃具有特别低的吸湿性。但随着温度升高，热运动破坏了表面极化离子的定向排列，故铅玻璃呈现正的表面张力温度系数。

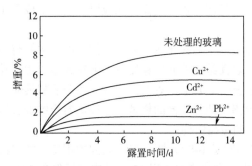

图 5-6 表面处理对玻璃表面的影响

图 5-6 是分别用 $0.5mol \cdot L^{-1}$ 的 Cu^{2+}、Cd^{2+}、Zn^{2+}、Pb^{2+} 盐溶液处理过的钠钙酸盐玻璃粉末在室温、相对湿度为 98% 的空气中的吸水率曲线，从图中可以看到不同极化性能的离子进入表面层后对玻璃表面结构和性质的影响。

应该指出，以上结论的各种表面结构状态都是指清洁平坦的表面。因为只有清洁平坦的表面才能真实地反映表面的超细结构。为了研究真实晶体表面结构或一些高技术材料制备的需要而获得洁净的表面，一般可以用真空镀膜、真空劈裂、离子冲击、电解脱离及蒸发或其他物理化学方法来清洁被污染的表面。实际的固体表面通常都是被污染的，此时，其表面结构和性质与被污染的吸附层有密切的关系。

5.1.4.4 固体表面的几何结构

固体表面结构除了可以从上述的微观质点的排列状态来描述外，还可以从固体材料的表面几何形状来描述。通常前者属于原子尺寸范围的超细结构，而后者属于一般的显微结构。固体实际表面通常是不平坦的，应用精密干涉仪检查发现，即使完整解理的云母表面也存在着 2~100nm，甚至于 200nm 的不同高度的台阶。因此，固体的实际表面是不规则而且是粗糙的，存在着无数台阶、裂缝和凹凸不平的峰谷，这些不同的几何形状同样会对表面性质产生一定的影响，其中最重要的是表面粗糙度和表面微裂纹。

（1）表面粗糙度

表面粗糙度会引起表面力场变化，进而影响其表面结构。从色散力的本质可见，位于凹谷深处的质点，其色散力最大，凹曲面上和平面上次之，位于峰顶处则最小；反之，对于静电力，则位于孤立峰顶处应最大，而凹谷深处最小。由此可见，表面粗糙度将使表面力场变得不均匀，其活性和其他表面性质也随之发生变化。其次，粗糙度还直接影响到固体比表面（内、

外表面积比值）以及与之相关的属性，如强度、密度、润湿、孔隙率和孔隙结构、透气性和浸透性等。此外，粗糙度还关系到两种材料间的封接和结合界面间的啮合及结合强度。

（2）表面微裂纹

表面微裂纹可以因晶体缺陷或外力作用而产生。微裂纹同样会强烈地影响表面性质，对于脆性材料的强度，这种影响尤为重要。计算表明，脆性材料的理论强度约为实际强度的几百倍。这正是因为存在于固体表面的微裂纹起着应力倍增器的作用，使位于裂缝尖端的实际应力远远大于所施加的应力。根据格里菲斯（Griffith）材料断裂强度与微裂纹长度的关系可得：

$$R = \sqrt{\frac{2E\gamma}{\pi c}} \tag{5-3}$$

式中，R 为断裂强度；c 为微裂纹长度；E 为弹性模量；γ 为表面自由能。

由式（5-3）可以看到，断裂强度与微裂纹长度的方根值成反比；对于高强度材料，E 和 γ 应大，而裂纹尺寸应小。格里菲斯用刚拉制的玻璃棒做试验，弯曲强度为 $6\times10^9\text{N/m}^2$，该棒在空气中放置几小时后强度下降为 $4\times10^8\text{N/m}^2$，他发现强度下降的原因是由于大气腐蚀而形成表面微裂纹。由此可见，控制表面裂纹的大小、数目和扩展，就能更充分地利用材料的固有强度。玻璃的钢化和预应力混凝土制品的增强原理就是使外层处于压应力状态以使表面微裂纹闭合。

固体表面几何结构状态可以用光学方法（显微镜、干涉仪）、机械方法（测面仪等）、物理化学方法（吸附等）以及电子显微镜等多种手段加以研究观测。

固体表面的各种性质不是其内部性质的延续，由于表面吸附的缘故，内外性质相差较大。一般的金属，表面上都被一层氧化膜覆盖，如铁在 $570℃$ 以下形成 $Fe_2O_3/Fe_3O_4/Fe$ 的表面结构，表面层氧化物为高价氧化物，次层为低价氧化物，最里层才是金属。一些非氧化物材料，如 SiC、Si_3N_4 表面上也有一层氧化物，而氧化铝之类的氧化物表面则被 OH^- 基覆盖。

5.2 晶态固体界面及其结构

在晶体中，除了点缺陷和位错外，还存在有面缺陷，界面就是一种二维的面缺陷。所谓界面，一般是指两相之间的"接触面"。晶态固体材料中的重要界面有：a.相界面，指晶体材料内部不仅位相不同，而且结构不同，甚至成分也不同的两部分晶体之间的界面；b.晶界，指多晶体材料内部结构及成分相同，而位相不同的两部分晶体之间的界面。界面是普遍存在的，在合金、薄膜、半导体器件、材料科学等众多领域中都有重要的研究价值和实用意义，是当前材料科学的前沿课题。本节主要讨论陶瓷晶界及其结构。

5.2.1 陶瓷晶界的结构特征

陶瓷材料是由微细粉料经高温烧结而成的多晶集合体。在烧结过程中，众多的微细粉料形成了大量的结晶中心，在它们发育长大成为晶粒的过程中，由于这些晶粒本身的大小、形状是毫不规则的，而且它们相互之间的取向也不规则，因此当这些晶粒相遇时就可能出现不

同的边界，通常称之为晶界。陶瓷材料是由形状不规则和取向不同的晶粒构成的多晶体，多晶体的性质不仅由晶粒内部结构和它们的缺陷结构决定，而且还与晶界结构、数量等因素有关。尤其在高技术领域内，要求材料具有细晶交织的多晶结构以提高性能，此时晶界在材料中所起的作用就更为突出。图5-7表示多晶体中晶粒尺寸与晶界所占体积分数的关系。由图5-7可见，当多晶体中晶粒平均尺寸为1μm时，晶界占晶体总体积的1/2。显然，在细晶材料中，晶界对材料的力学、电、热、光等性能都有不可忽视的作用。

由于晶界上两个晶粒的质点排列取向有一定的差异，两者都力图使晶界上的质点排列符合自己的取向。当达到平衡时，晶界上的原子就形成某种过渡的排列方式，如图5-8所示。显然，晶界上原子排列不规则造成结构比较疏松，因而也使晶界具有一些不同于晶粒的特性。晶界上原子排列较晶粒内疏松，因而晶界易受腐蚀（热侵蚀、化学腐蚀），很易显露出来；由于晶界上结构疏松，在多晶体中，晶界是原子（离子）快速扩散的通道，并容易引起杂质原子（离子）偏聚，同时也使晶界处熔点低于晶粒；晶界上原子排列混乱，存在着许多空位、位错和键变形等缺陷，使之处于应力畸变状态，故能阶较高，使得晶界成为固态相变时优先形核的区域。利用晶界的一系列特性，通过控制晶界组成、结构和相态等来制造新型无机材料是材料科学工作者很感兴趣的研究领域。但是多晶体中晶界尺度仅在100nm以下，并非一般显微仪器所能研究的，需要采用俄歇电子能谱（AES）及扫描隧道显微镜（STM）等。由于晶界上成分与结构复杂，因此对晶界的研究还在不断深入和发展。

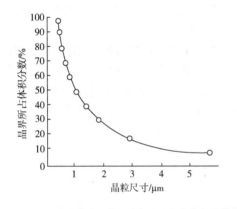

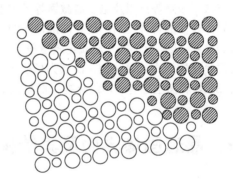

图5-7　多晶体中晶粒尺寸与晶界所占体积分数的关系　　　　图5-8　晶界结构示意图

5.2.2　多晶组织

在无机陶瓷材料中，多晶体的组织变化发生在晶粒接触处即晶界上，晶界形状是由表面张力的相互关系决定的，晶界在多晶体中的形状、构造和分布称为晶界构型。为了便于讨论，这里仅仅分析二维多晶截面的晶界构型，并假设晶界能是各向同性的。

如果两个颗粒间的界面在高温下经过充分的时间使原子迁移或气相传质而达到平衡，则形成固-固-气界面，热腐蚀角如图5-9（a）所示。根据界面张力平衡关系，可得：

$$\gamma_{ss}=2\gamma_{sv}\cos\frac{\psi}{2} \tag{5-4}$$

式中，γ_{ss}为固-固界面张力；γ_{sv}为固体表面张力；ψ为槽角（也称热腐蚀角）。

这种类型的沟槽通常是多晶制品于高温下加热时形成的，而且在许多体系中能观察到热腐蚀现象，通过测量热腐蚀角可以决定晶界能与表面能之比。经过抛光的陶瓷表面在高温下进行热处理，在界面能的作用下，就符合式（5-4）的平衡关系。

由液相烧结而得的多晶体普遍形成的是固-固-液系统，如传统长石质瓷、镁质瓷等。这时晶界构型可以用图5-9（b）表示。此时界面张力平衡可以写成：

$$\gamma_{ss}=2\gamma_{SL}\cos\frac{\varphi}{2} \tag{5-5}$$

式中，γ_{ss}、γ_{SL} 分别为固-固界面张力和固-液界面张力；φ 为二面角。

如果 $\gamma_{ss} \geq 2\gamma_{SL}$，则 $\varphi=0$，液相穿过晶界，晶粒完全被液相润湿，相分布见图5-10（a）和图5-11（d）。如果 $\gamma_{SL} > \gamma_{ss}$，$\varphi$ 就大于120°，这时三晶粒处形成孤岛状液滴，如图5-10（d）和图5-11（a）所示。$\gamma_{ss} > \sqrt{3}\,\gamma_{SL}$，$\varphi<60°$，液相沿晶界渗开，如图5-11（b）所示。$\gamma_{ss}/\gamma_{SL}$ 比值与 φ 角关系见表5-4。

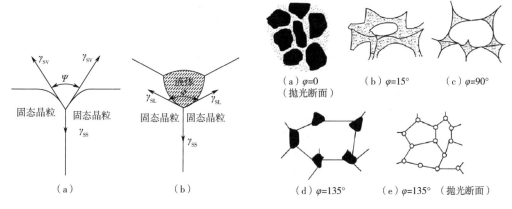

图 5-9　热腐蚀角（a）与固-固-液平衡的二面角（b）　　　图 5-10　不同二面角时的第二相分布

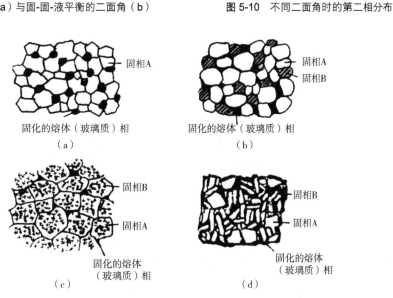

图 5-11　热处理时形成的多相材料组织示意图

表 5-4　γ_{SS}/γ_{SL} 比值与 φ 角关系

γ_{SS}/γ_{SL}	$\cos\dfrac{\varphi}{2}$	$\varphi/(°)$	润湿性	相分布
<1	$<\dfrac{1}{2}$	>120	不润湿	孤立液滴
$1\sim\sqrt{3}$	$\dfrac{1}{2}\sim\dfrac{\sqrt{3}}{2}$	120~60	局部润湿	开始渗透晶界
$>\sqrt{3}$	$>\dfrac{\sqrt{3}}{2}$	<60	润湿	在晶界渗开
>2	1	0	完全润湿	浸湿整个材料

　　陶瓷材料在烧结时，实际上是多相的多晶材料，当气孔未从晶体中排出时，即使由单组分的晶粒组成的最简单多晶体（如 Al_2O_3 瓷）也是多相材料。在许多由化学上不均匀的原料制备的无机材料中，除了不同相的晶粒和气孔外，当含 SiO_2 的高黏度液态熔体冷却时，还形成数量不等的玻璃相。在实际材料烧结时，晶界的构型不仅与 γ_{SS}/γ_{SL} 之比有关。除了固-液之间润湿性外，高温下固-液相之间还会发生溶解过程和化学反应，固-固之间也发生固相反应，溶解和反应过程改变了固-液相比例和固-液相的界面张力，因此多晶体组织的形成是一个很复杂的过程。

　　图 5-11 示出由于这些因素影响而形成的多相组织的复杂性。一般硅酸盐熔体对硅酸盐晶体或氧化物晶粒的润湿性很好，玻璃相伸展到整个材料中。如图 5-11（b）所示，两个不同组成和结构的固相与硅质玻璃共存，这两种固相（相 A 为白色区域，相 B 为斜线部分）是由固相反应形成的（例如由原来化合物热分解形成等），而硅质玻璃相是在较高温度下由 A、B 相生成的液态低共熔体。在很多玻璃相含量少的陶瓷材料中都有这样的结构，如镁质瓷和高铝瓷。图 5-11（c）示出由于固体或熔体过饱和而导致第二固相析出时的结构，晶粒是由主晶相 A 及在其中析出的 B 晶相组成，例如 FeO 固溶在 MgO 中，通过 $MgFe_2O_4$ 的析出，其晶粒就形成这种组织形态。在许多陶瓷中，次级晶相 B 的形成是从过饱和富硅熔体中结晶的结果，见图 5-11（d），如传统长石质瓷中次级晶相 B 是针状莫来石晶体。

5.2.3　晶界应力

　　在多晶材料中，如果有两种不同热膨胀系数的晶相组成，在高温烧结时，这两个相之间完全密合接触，处于一种无应力状态，但当它们冷却至室温时，有可能在晶界上出现裂纹，甚至使多晶体破裂。对于单相材料，例如石英、氧化铝、石墨等，由于不同结晶方向上的热膨胀系数不同，也会产生类似的现象，石英岩是制玻璃的原料，为了易于粉碎，先将其高温煅烧，利用相变及热膨胀产生的晶界应力使其晶粒之间裂开而便于粉碎。

　　用一个由两种膨胀系数不同的材料组成的层状复合体来说明晶界应力的产生，如图 5-12 所示，其推导过程省略（可以参考有关文献），得如下公式：

$$\tau=K\Delta a\Delta T d/L \tag{5-6}$$

式中　K——对于具体系统，该值为常数；

　　　Δa——两相材料的膨胀系数之差；

ΔT——温度差;

  d——材料厚度;

  L——层状复合体长度。

由上式可知, 在多晶材料中, 晶粒越粗大, 材料强度越差, 抗热冲击性也越差, 反之则强度与抗冲击性好, 这与晶界应力的存在有关。

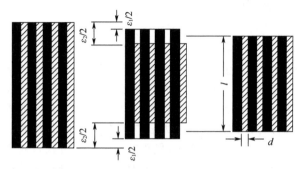

(a) 高温下　(b) 冷却后无应力状态　(c) 冷却后层与层结合态

图 5-12　层状复合体中晶界应力的形成

复合材料增韧方式主要包括:

① 粒子弥散型增强方式: 直径为 $0.01 \sim 0.1\mu m$、含量 $1\% \sim 15\%$ 等径颗粒在基体中均匀分布, 粒子增强体有 SiC、ZrO_2 等。

② 纤维增强方式: 纤维具有很好的力学性能, 它掺和到复合材料中还能充分保持其原来的性能。

5.3　界面行为

固体材料的表面不是孤立存在的, 在表面力的作用下, 它总是要与气相、液相或其他固相接触, 并且发生一系列的物理或化学过程。固体材料的界面是指固体与其他相之间的交界所形成的物理区域。根据相的概念, 在界面的两侧必然存在着物理性质或化学性质的不均匀性。若再考虑到分子的线度, 这种不均匀相间的界面应该是准三维的界面区域——界面相。显然, 相对于其内部而言, 界面相也是某一性质发生变化的过渡区域, 所以也称为表面相。

根据相的性质不同, 固体材料的界面分为气-固界面、液-固界面和固-固界面等三种。习惯上把凝聚态物质相对于其纯气相的界面称为表面, 但也有不少文献将不同体系相间和界面都称为表面。因此, 表面行为这一术语也被大家接受, 但严格来说来应该是界面行为。

以固体材料上的多相体系为研究对象, 着重研究界面上所发生的各种物理化学的过程及其规律是固体材料界面行为研究的根本任务。由于固体材料界面上分子处境的特殊性, 界面行为的研究更具特色、更丰富, 也更有意义。如今, 在无机材料制造过程中, 有很多涉及相界面间的物理化学和化学变化的问题, 此外, 选矿、石油开采、食品加工、化学工业、制药工业及纺织工业等, 以及研磨、润湿、防水、防污、脱色、洗涤、催化等技术过程都与固体材料的

界面行为紧密相关，因而界面行为在高新技术发展中也具有重要的作用。

5.3.1 弯曲表面效应

5.3.1.1 弯曲表面的附加压力

固体表面或界面产生的许多重要影响或变化，起因于表面能所引起的弯曲表面效应，其实质是弯曲表面内外的压力差。由于表面张力的存在，使弯曲表面上产生一个附加压力。如果平面的压力为 p_0，弯曲表面产生的压力差为 Δp，则总压力为 $p = p_0 + \Delta p$。附加压力 Δp 有正负，它的符号取决于曲面的曲率 r（凸面 r 为正，凹面 r 为负）。图 5-13 表示不同曲率表面的情况。对平面，沿四周表面张力抵消，液体表面内外压力相等。如果液面是弯曲的，凸面的表面张力合力指向液体内部，与外压力 p_0 方向相同，因此凸面上所受到的压力比外部压力 p_0 大，$p = p_0 + \Delta p$，这个附加压力 Δp 是正的。凹面表面张力的合力指向液体表面的外部，与外压力 p_0 方向相反，这个附加压力 Δp 有把液面往外拉的趋向，凹面所受到的压力 p 比平面的 p_0 小，$p = p_0 - \Delta p$。由此可见，弯曲表面的附加压力 Δp 总是指向曲面的曲率中心。

附加压力与表面张力的关系可以用如下方法求得：把一根毛细管插入肥皂液体中，向毛细管吹气，在管端形成一个半径为 r 的肥皂泡（图 5-14）。如果管内压力增加，气泡体积增加 dV，相应表面积也增加 dA。如果液体密度是均匀的，不计重力的作用，那么阻碍气泡体积增加的唯一阻力是扩大表面积所需的总表面能。为了克服表面张力，环境所做的功为 $(p - p_0)dV$，平衡这个功应等于系统表面能的增加：

$$(p - p_0)dV = \gamma dA \tag{5-7}$$

$$\Delta p dV = \gamma dA \tag{5-8}$$

因为：

$$dV = 4\pi r^2 dr, \quad dA = 8\pi r dr \tag{5-9}$$

得：

$$\Delta p = \frac{2\gamma}{r} \tag{5-10}$$

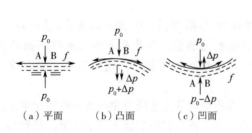

（a）平面　　（b）凸面　　（c）凹面

图 5-13　不同曲率表面上的附加压力

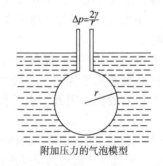

附加压力的气泡模型

图 5-14　液体中气泡的形成

对于非球面的曲面可以导出：

$$\Delta p = \gamma \left(\frac{1}{r_1} + \frac{1}{r_2} \right) \tag{5-11}$$

式中，r_1 和 r_2 为曲面的两个主曲率半径。当 $r_1 = r_2$ 时，式（5-11）即为式（5-10）。式（5-11）即为著名的杨-拉普拉斯公式。

若为两块相互平行的平板间的液面（此时 $r_2 = \infty$），则附加压力为 $\Delta p = \gamma / r_1$，当 r_1 很小时，这种压力称为毛细力。此式对固体表面也同样适用，所以，只要固体粉末的曲率半径足够小，就有可能使得由于表面张力引起的压力差相当大。而在粉体的烧结过程中，该压力差已成为促进烧结的推动力。一些物质的曲面所造成的压力差如表 5-5 所示。

表 5-5　弯曲表面的压力差

物质	表面张力/（mN·m^{-1}）	曲率半径/μm	压力差/MPa
石英玻璃	300	0.1	12.3
		1.0	1.23
		10.0	0.123
液态钴（1550℃）	1935	0.1	7.80
		1.0	0.78
		10.1	0.078
水（15℃）	72	0.1	2.94
		1.0	0.294
		10.0	0.0294
Al$_2$O$_3$（固态，1850℃）	905	0.1	7.4
		1.0	0.74
		10.0	0.074
硅酸盐熔体	300	100	0.006

5.3.1.2　弯曲表面的饱和蒸气压

在恒温恒压下，把微量物质 $\mathrm{d}m$ 从平面通过气相转移到半径为 $r_凸$ 的小球表面，球面积变化为 $\mathrm{d}A = 8r_凸 \pi \mathrm{d}r_凸$，球质量变化为 $\mathrm{d}m = 4\pi r_凸^2 \rho \mathrm{d}r_凸$，系统作可逆功为 $\delta_w =$ 系统自由能增加 $\mathrm{d}G$，

$\mathrm{d}G = \mathrm{d}n \times RT \ln K = \dfrac{\mathrm{d}m}{M} \times RT \ln \left(\dfrac{p_凸}{p_平} \right)$（$p_凸$ 为凸面蒸气压，$p_平$ 为平面蒸气压）。

$$\mathrm{d}G = \gamma \mathrm{d}A \tag{5-12}$$

$$\frac{4\pi r_凸^2 \rho \mathrm{d}r_凸}{M} \times RT \ln \left(\frac{p_凸}{p_平} \right) = 8\pi \gamma r_凸 \mathrm{d}r_凸 \tag{5-13}$$

即：

$$\ln\frac{p_{凸}}{p_{平}} = \frac{2\gamma M}{\rho RTr_{凸}} \tag{5-14}$$

对于非球面有：

$$\ln\frac{p}{p_0} = \frac{\gamma M}{\rho RT}\left(\frac{1}{r_1} + \frac{1}{r_2}\right) \tag{5-15}$$

对于凹球面有：

$$\ln\frac{p_{凹}}{p_0} = \frac{2\gamma M}{\rho RTr_{凹}} \tag{5-16}$$

将一毛细管插入液体中，如果液体能润湿管壁，它将沿管壁上升并形成凹面。这时负压被吸入毛细管中的液柱静压所平衡，并与边界角 θ 有如下关系：

$$\rho gh = (2\gamma/r)\cos\theta = \Delta p$$

代入式（5-16），则有：

$$\ln(p/p_0) = -\frac{2\gamma M}{\rho RT} \times \frac{1}{r}\cos\theta \tag{5-17}$$

当 $\theta < 90°$，为凹面；当 $\theta > 90°$，为凸面；当 $\theta = 90°$，为平面。如果在一定的温度下环境蒸气压为 p_0，该蒸气压对平面液体未饱和，但对毛细管内凹面液体已呈过饱和，该蒸气在毛细管内会凝聚成液体，这种现象称为毛细管凝聚。

毛细管凝聚现象在生活和生产中常会遇到。例如，陶瓷生坯中有很多毛细孔，从而有许多毛细管凝聚水，这些水由于蒸气压低而不易被排除，若不预先充分干燥，入窑将易炸裂。又如水泥地面在冬天易冻裂也与毛细管凝聚水的存在有关。

开尔文公式也用于固体的溶解度，可以导出类似的关系：

$$\ln\frac{C}{C_0} = \frac{2\gamma_{LS}M}{\rho RTr} \tag{5-18}$$

式中，γ_{LS} 为固-液界面张力；C 和 C_0 分别为半径为 r 的小晶体和大晶体的溶解度。固体颗粒越小，表面曲率越大，则蒸气压和溶解度增高而熔化温度降低。

5.3.1.3　弯曲表面的过剩空位浓度

固体中的气孔表面也是一种弯曲表面。在表面张力的作用下，所产生的附加压力使气孔表面的空位浓度比平表面或体积内部的浓度大，存在一个过剩空位浓度。

在没有应力作用下，晶体的空位浓度 c_0 为：

$$c_0 = \frac{n}{N} = \exp\left(-\frac{\Delta G_f}{kT}\right) \tag{5-19}$$

式中　ΔG_f ——空位形成所需能量。

如果固体内有一半径 r 的气孔，此气孔的弯曲表面存在一附加压力 $\Delta p = 2\gamma/r$。由于此 $r<0$，所以 Δp 为负压，其方向固定指向气体。在此 Δp 的作用下，气孔表面的质点（原子或离子）被拉出进入气孔而形成一个空位。倘若质点（原子或离子）的直径为 a_0，并近似地令空位体积为 a_0^3，则此拉动过程中，负压 Δp 所做的功为：

$$\Delta p\, a_0^3 = \frac{2\gamma a_0^3}{r} \tag{5-20}$$

显然，在气孔周围弯曲表面上形成一个空位所需的能量应为 $\Delta G - \dfrac{2\gamma a_0^3}{r}$，所以气孔周围比平表面上容易形成空位，即气孔周围的空位浓度 c' 大于平表面上空位浓度 c_0，且相应的空位浓度为：

$$c' = \exp\left(-\frac{\Delta G_s}{kT} + \frac{2\gamma a_0^3}{rkT}\right) \tag{5-21}$$

那么，在气孔表面的过剩空位浓度：

$$c' - c_0 = \Delta c = c_0 \exp\left(\frac{2\gamma a_0^3}{rkT} - 1\right) \tag{5-22}$$

因为 $\gamma a_0^3 \ll kT$，于是 $\exp\left(\dfrac{2\gamma a_0^3}{rkT}\right) \approx 1 + \dfrac{2\gamma a_0^3}{rkT}$，得：

$$\Delta c = \frac{2\gamma a_0^3}{rkT} \times c_0 \tag{5-23}$$

式中　γ——固体表面张力；

　　　K——玻尔兹曼常数；

　　　T——绝对温度。

式（5-23）是科布尔（Coble）推导的常用于烧结过程的开尔文公式。由此可知，气孔半径越小，Δc 也就越大，正是在这个过剩空位浓度的作用下，原子或离子有一个往气孔扩散的趋势，形成扩散烧结的推动力。

5.3.2　润湿与黏附

润湿是固-液界面上的重要行为，也是很多工业技术的基础，例如机械润滑、注水采油、油漆涂布、金属焊接、搪瓷坯釉、陶瓷/金属的封接等工艺和理论都与润湿过程有密切关系。润湿的热力学定义是固体与液体接触后能使体系的吉布斯自由能降低。根据润湿方式不同可分为附着润湿、铺展润湿及浸渍润湿三种，如图 5-15 所示。

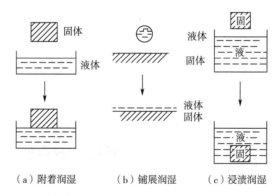

（a）附着润湿　　　（b）铺展润湿　　　（c）浸渍润湿

图 5-15　润湿的三种形式

5.3.2.1　附着润湿

附着润湿是指液体和固体接触后，将液-气界面和固-气界面变为固-液界面。设这三种界面的面

积均为单位值，比表面吉布斯自由能分别为 γ_{SL}、γ_{LV}、γ_{SV}，则上述过程的吉布斯自由能变化为：

$$\Delta G_1 = \gamma_{SL} - (\gamma_{LV} + \gamma_{SV}) \tag{5-24}$$

对此润湿的逆过程，$\Delta G_2 = (\gamma_{LV} + \gamma_{SV}) - \gamma_{SL}$，此时外界对体系所做的功为 W：

$$W = (\gamma_{LV} + \gamma_{SV}) - \gamma_{SL} \tag{5-25}$$

W 称为附着功或黏附功，它表示将单位面积的固-液界面拉开所做的功，如图 5-16 所示。显然，此值越大表示固-液界面结合越牢，也即附着润湿越强。从式（5-25）可以看出，γ_{SL} 越小，则 W 越大，液体越易沾湿固体。若 $W \geqslant 0$，则 $\Delta G_1 \leqslant 0$，附着润湿过程可自发进行。固-液界面张力总是小于它们各自的表面张力之和，这说明固-液接触时，其黏附功总是大于零。因此，不管对什么液体和固体，附着润湿过程总是可自发进行的。

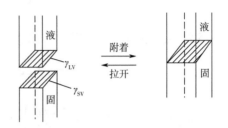

图 5-16 黏附功与界面张力

在陶瓷和搪瓷生产中，釉和搪瓷在坯体上牢固黏附是很重要的。一般 γ_{LV} 和 γ_{SV} 均是固定的。在实际生产中，为了使液相扩散和达到较高的黏附功，一般采用化学性能相近的两相系统，这样可以降低 γ_{SL}，以此提高黏附功 W。另外，在高温煅烧时两相之间如发生化学反应会使坯体表面变粗糙，溶质填充在高低不平的表面上，互相啮合，会增加两相之间的机械黏附力。

5.3.2.2 铺展润湿

液滴在固体表面上完全铺开成薄膜状时称为铺展润湿。液滴落在清洁平滑的固体表面上的情况如图 5-17 所示。当忽略液体的重力和黏度影响时，液滴在固体表面上的铺展是由固-气（SV）、固-液（SL）和液-气（LV）三个界面张力决定，其平衡关系可由图 5-17 和式（5-26）确定：

$$\cos\theta = \frac{\gamma_{SV} - \gamma_{SL}}{\gamma_{LV}}$$

$$\gamma_{SV} = \gamma_{SL} + \gamma_{LV}\cos\theta \tag{5-26}$$

$$F = \gamma_{LV}\cos\theta = \gamma_{SV} - \gamma_{SL} \tag{5-27}$$

式中，θ 是润湿角，也称接触角；F 称润湿张力。显然，$\theta > 90°$ 则因润湿张力为负而不润湿；$\theta < 90°$ 则润湿；$\theta = 0°$ 润湿张力 F 最大，可以完全润湿，即液体在固体表面上自由铺展。

从式（5-27）可进一步得出，润湿的先决条件是 $\gamma_{SV} > \gamma_{SL}$。当固、液两相的化学性能或化学结合方式接近时，能符合上述情况。因此，同类固体（如氧化物-氧化物）界面上一般会形成小的润湿角，甚至完全润湿。而在金属熔体与氧化物之间，由于键性和结构不同，界面能 γ_{SL} 较大，导致 $\gamma_{SV} < \gamma_{SL}$ 而不润湿。从式（5-27）还可以看到 γ_{LV} 的作用是多方面的，在润湿的系统中（$\gamma_{SV} > \gamma_{SL}$），$\gamma_{LV}$ 减小会使 θ 缩小，而在不润湿的系统中（$\gamma_{SV} < \gamma_{SL}$），$\gamma_{LV}$ 减小使 θ 增大。

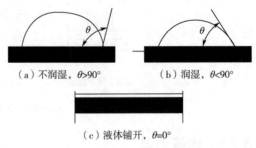

（a）不润湿，$\theta > 90°$ （b）润湿，$\theta < 90°$

（c）液体铺开，$\theta = 0°$

图 5-17 铺展润湿的三种情况

5.3.2.3 浸渍润湿

浸渍润湿是指固体浸入液体中的过程。在此过程中，固-气界面被固-液界面代替，而液体表面没有变化。当固体浸渍到液体中，自由能变化可由下式表示：

$$\Delta G = \gamma_{SL} - \gamma_{SV} = -\gamma_{LV}\cos\theta \tag{5-28}$$

若 $\gamma_{SV} > \gamma_{SL}$，则 $\theta < 90°$，于是浸渍润湿过程将自发进行。若 $\gamma_{SV} < \gamma_{SL}$，则 $\theta > 90°$，润湿过程的体系能量升高，不可能自发进行，要将固体浸于液体之中必须做功。

综上所述，可以看出三种润湿的共同点是：液体将气体从固体表面排开，使原有的固-气（或液-气）界面消失，而代之以固-液界面。铺展是润湿的最高标准，能铺展则必能附着和浸渍。从式（5-26）还可以看出，改善润湿性主要取决于 γ_{SV}、γ_{LV} 和 γ_{SL} 的相对大小。在这三者中，改变 γ_{SV} 一般是困难的，实际上更多的是考虑改变 γ_{LV} 和 γ_{SL}。陶瓷生产中常常采用使固液两相组成尽量接近的方法来降低 γ_{SL} 和通常在玻璃中加入 B_2O_3 和 PbO 的方法来降低 γ_{LV}。例如金属陶瓷中，纯 Cu 与 ZrC 之间接触角 $\theta = 135°$（1100℃）。当铜中加入少量 Ni（0.25%）时，θ 降为 54°，Ni 的作用是降低 γ_{SL}，使得 Cu-ZrC 结合性能得到改善。

当液相铺展在固相上时，其实固体表面是粗糙的和污染的，这些因素对润湿过程会产生重要的影响。

从热力学考虑系统处于平衡时，界面位置的微小移动所产生的界面能的净变化应等于零。假设界面在固体表面上是从图 5-18（a）中的 A 点推进到 B 点，固-液界面积扩大了 δ_S，而固体表面减小了 δ_S，液-气界面则增加了 $\delta_S\cos\theta$，平衡时有：

$$\gamma_{SL}\delta_S + \gamma_{LV}\delta_S\cos\theta - \gamma_{SV}\delta_S = 0$$

$$\cos\theta = \frac{\gamma_{SV} - \gamma_{SL}}{\gamma_{LV}} \tag{5-29}$$

对具有一定粗糙度的实际表面，如图 5-18（b）所示，可以认为真实表面积比表观面积大 n 倍。当界面位置同样由 A' 点移到 B' 点，真实表面积增大了 $n\delta_S$，固-气界面也减小了 $n\delta_S$，而液-气界面则增大了 $\delta_S\cos\theta_n$，于是有：

$$\gamma_{SL}n\delta_S + \gamma_{LV}\delta_S\cos\theta_n - \gamma_{SV}n\delta_S = 0$$

$$\cos\theta_n = \frac{(\gamma_{SV} - \gamma_{SL})n}{\gamma_{LV}} = n\cos\theta$$

$$\frac{\cos\theta_n}{\cos\theta} = n$$

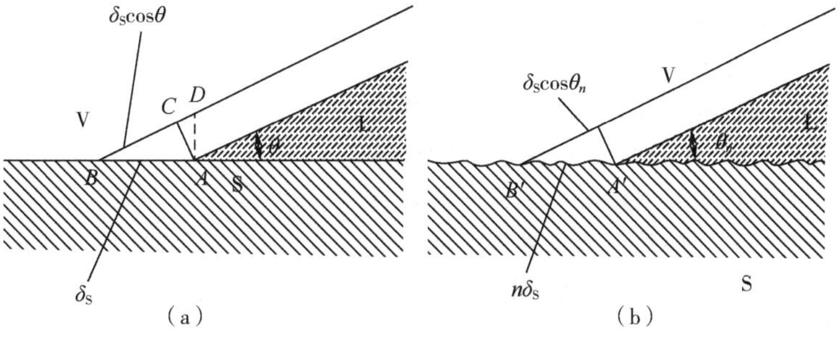

（a）　　　　　　　（b）

图 5-18　表面粗糙度对润湿的影响

式中，n 是表面粗糙度系数；$\cos\theta_n$ 是粗糙表面的表观接触角。由于 n 值总大于 1，故 θ_n 和 θ 的关系将按图 5-19 所示的余弦曲线变化，即当 $\theta<90°$，$\theta>\theta_n$；当 $\theta=90°$，$\theta=\theta_n$；当 $\theta>90°$，$\theta<\theta_n$。由此得出结论：当真实接触角 θ 小于 90°时，粗糙度越大，表观接触角越小，更容易润湿；当 θ 大于 90°时，则粗糙度越大，越不利于润湿。

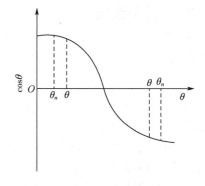

图 5-19 θ 与 θ_n 的关系

粗糙度对改善润湿与黏附强度的实例生活中随处可见，如水泥与混凝土之间，表面愈粗糙，润湿性愈好，而陶瓷元件表面被银，必须先将瓷件表面磨平并抛光，才能提高瓷件与银层之间的润湿性。

前面所提及的 γ_{SV} 都是指固体置于蒸气或真空中的表面张力，而真实固体表面都有吸附膜，吸附是降低表面能的，由式（5-29）可见，γ_{SV} 降低，对润湿不利。在陶瓷生坯上釉前和金属与陶瓷封接等工艺中，都要使坯体或工件保持清洁，其目的是去除吸附膜，提高 γ_{SV} 以改善润湿性。

润湿现象的实际情况比理论分析要复杂得多，有些固相与液相之间在润湿的同时还有溶解现象，这样就造成相组成在润湿过程中逐渐改变，随之出现界面张力的变化，如果固液之间还发生化学反应，就远超出润湿所讨论的范围。

5.3.3 吸附与表面改性

吸附是指气相中的原子或分子附着在固体表面，而偏析则是指固溶体中的溶质原子富集在表面层。两种现象的热力学规律是相似的，均会引起材料实际表面的一系列物理、化学性能发生变化。

表面改性是指通过各种表面处理改变固体表面的结构和性质，例如在复合材料制备中，无机填料经过表面改性，可使其原来的亲水性改为疏水性，这样就提高该物质对有机基质的润湿性和结合强度，从而改善复合材料的界面性能。

能够降低体系表面（或界面）张力的物质称为表面活性剂。表面改性中最常用的是各种有机表面活性剂。表面活性剂必须指明对象，而不是对任何表面都适用，如钠皂是水的表面活性剂，硫、碳是液态铁的表面活性剂。水的表面活性剂分子一般由两部分组成（图 5-20），一端是具有亲水性的极性基，如—OH、—COOH、—SO₃Na 等；另一端是具有疏水性的非极性基，如烷基、丙烯基等。适当地选择表面活性剂的这两个原子基团的比例就可以控制其油溶性和水溶性的程度。

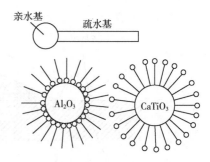

图 5-20 水的表面活性剂分子的构型

5.4　黏土-水系统胶体化学

在无机材料科学领域中，常常会涉及胶体体系和表面化学问题。例如，在陶瓷制造过程中，为适应成型工艺的需要，将高度分散的原料加水或加黏结剂制成流动的泥浆或可塑的泥团；在水泥砂浆中，使用减水剂促进水泥的分散等。

胶体是由物质三态（固、液、气）所组成的高分散度的粒子作为分散相，分散于另一相（分散介质）中所形成的系统，其特点是高度分散性和多相性，它不仅具有其他系统所具有的一般物理性质如光学性质、电学性质和动力学性质等，还具有聚集不稳定性和流变性等特殊性。胶体体系表面能数值很大，因此在热力学上是不稳定的体系。

在无机材料制备工艺中经常遇到的是固相分散到液相中所形成的胶体体系，这种分散系统按分散相粒子大小可分为下列几类：a.真溶液，1nm 以下；b.溶胶，1nm ~ 0.1μm；c.悬浮液，0.1 ~ 10μm；d.粗分散系统，10μm 以上。粗分散、悬浮液、溶胶和真溶液之间没有绝对显著的界限，相互之间的过渡均是连续的。胶体化学研究对象主要是溶胶和悬浮液。

陶瓷工业中的泥浆系统是以黏土（高岭石、蒙脱石、伊利石等）粒子为分散相，水为分散介质构成的分散体系。黏土矿物粒度很细，一般在 0.1 ~ 10μm 范围内，具有很大的比表面（单位质量或单位体积物体所具有的表面积），如高岭石约为 20m²/g，蒙脱石则高达 100m²/g，因而它们表现出一系列表面化学性质。黏土具有荷电和水化等性质，黏土粒子分散在水介质中所形成的泥浆系统是介于溶胶悬浮液与粗分散体系之间的一种特殊状态。泥浆在适量电解质作用下具有溶胶稳定的特性。而泥浆粒度分布范围宽，细分散粒子有聚集以降低表面能的趋势，粗颗粒有重力沉降作用。因此，聚集不稳定性（聚沉）是泥浆存放后的必然结果。分散和聚沉这两方面除了与黏土本性有关外，还与电解质数量及种类、温度、泥浆浓度等因素有关，这就构成了黏土-水系统胶体化学性质的复杂性，这些性质是无机材料制备工艺的重要理论基础。

5.4.1　黏土的荷电性

1809 年卢斯发现在黏土-水系统中插入两个电极通电后，黏土颗粒在电流的影响下向正极移动，由此得出分散在水介质中的黏土颗粒是带负电荷的结论。1942 年西森（Thiessen）用电子显微镜观察到片状高岭石的边棱上能吸引带负电的金胶粒，提供了黏土颗粒带正电荷的依据。研究证明，黏土颗粒荷电性质与其带电原因有关，且所带电荷 80% 以上集中在 < 2μm 的胶体晶质黏土矿物中，除此之外，黏土表面的有机质等也带有一部分电荷。

（1）晶格内离子的类质同晶取代

黏土晶格内离子的同晶取代将使黏土的板面（垂直于 C 轴的面）带上负电荷。黏土是由硅氧四面体和铝氢氧八面体组合而成的层状晶体，若硅氧四面体中 Si^{4+} 被 Al^{3+} 取代，或者铝氢氧八面体中 Al^{3+} 被 Mg^{2+}、Fe^{2+} 等置换，就产生了过剩的负电荷。这种电荷的数量取决于晶格内同晶取代的多少，而不同种类黏土的晶格结构有差别，其类质同晶取代的情况也不相同。

蒙脱石晶体的结构单位层是由两层硅氧四面体中间夹一层铝氢氧八面体构成的复网层，各复网层之间靠分子键结合，作用力微弱，结构很不稳定，因此八面体层中的 Al^{3+} 很容易被 Mg^{2+} 等二价阳离子取代，使晶格内出现大量过剩负电荷，这是蒙脱石荷负电性的主要原因；

除此以外，还有总负电荷的 5% 是由于四面体中的 Si^{4+} 少量被 Al^{3+} 置换而产生。蒙脱石的负电荷除部分由内部补偿（包括其他层片中所产生的置换以及八面体层中 O 原子被 OH 基取代）外，每单位晶胞还约有 0.66 个剩余负电荷。

伊利石结构与蒙脱石相似，也存在离子置换现象，主要是硅氧四面体中的 Si^{4+} 约有 1/6 被 Al^{3+} 取代，使单位晶胞中约有 1.3～1.5 个剩余负电荷，但这些负电荷大部分被层间非交换性的 K^+ 和部分 Ca^{2+}、H^+ 等平衡，只有在晶体边缘才有少部分负电荷对外表现出来。

高岭石晶体是由一层硅氧四面体和一层铝氢氧八面体构成的单网层结构，单网层之间靠氢键结合，作用力较强，故结构稳定，晶格中的离子替代现象几乎不存在。根据化学组成推算其构造式，高岭石晶胞内电荷是平衡的。但近来根据化学分析、X 射线分析和阳离子交换容量测定等综合分析结果，证明高岭石中存在少量的 Al^{3+} 被 Si^{4+} 同晶取代的现象，其取代量约为每百克土 2mmol。

黏土内由同晶取代产生的负电荷大部分分布在层状硅酸盐的板面上。因此，在黏土的板面上可以依靠静电引力吸引一些介质中的阳离子以平衡其负电荷。

（2）颗粒边棱的价键断裂

黏土晶体在分散过程中，边棱由于破键而在断裂处产生负电场，从而在不同 pH 值介质环境中吸附 H^+ 使边面（平行于 C 轴的面）带上正电荷或负电荷。近年来，不少学者应用化学或物理化学的方法，证明高岭石在酸性条件下由于边面从介质中接受 H^+ 而带正电荷。

图 5-21 为不同 pH 值介质中高岭石边面所带电荷情况示意图。由于边棱价键断裂产生电价不饱和，高岭石边面上与一个 Al^{3+} 相连的 OH 基带 1/2 个负电荷；同样，与一个 Si^{4+} 和一个 Al^{3+} 相连的 O 带 1/2 个负电荷；而仅与一个 Si^{4+} 连接的 O 带 1 个负电荷。在酸性条件下，如图 5-21（a）所示，高岭石边棱上的 1 个 OH 和 2 个 O 均各吸附 1 个 H^+，其结果使边面（0.33nm²）共带有一个正电荷。在中性条件中，如图 5-21（b）所示，高岭石边棱上仅有 2 个 O 各接受 1 个 H^+，其结果使边面不带电。在碱性条件下，如图 5-21（c）所示，高岭石边棱上的 OH 和 O 均不吸附 H^+，则使边面（0.33nm²）共带 2 个负电荷。

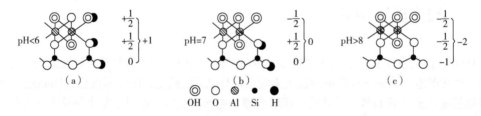

图 5-21　高岭石边面所带电荷示意图

以上表明高岭石荷电性可随介质 pH 值而变化。由于高岭石中同晶取代现象较少，因此高岭石结晶构造断裂而呈现的活性边表面上的破键是高岭石带电的主要原因。同样蒙脱石和伊利石的边面也可能由于价键断裂而在不同介质中出现边面正电荷或负电荷，但非主要的带电原因，尤其对于蒙脱石而言，其边棱价键断裂所带电量在其总电量中仅占很少部分。

（3）颗粒表面腐殖酸的电离

有些黏土含有较多的有机质，如紫木节黏土。这些有机质常以腐殖酸的形式存在，腐殖酸以吸附的形式包裹在黏土表面，它含有的羧基（—COOH）和羟基（—OH）的 H 解离可使黏土板面带上负电荷，这部分负电荷的数量随介质的 pH 而改变，在碱性介质中有利于 H^+ 离

解而产生更多的负电荷。

综上所述，黏土的带电原因是复杂的，矿物种类不同，带电多少也不一样，蒙脱石带电多，高岭石带电少；带电原因不同，电荷分布位置也不一样；介质酸碱度不同，所带电荷性质不同。黏土的正电荷和负电荷的代数和就是黏土的净电荷。纵观黏土带电的种种原因，带负电的机会远大于带正电，且黏土泥浆一般呈碱性，因此黏土是带有负电荷的。

黏土胶粒的电荷是黏土-水系统具有一系列胶体化学性质的主要原因之一。

5.4.2 黏土的离子吸附与交换

黏土颗粒由于破键、晶格内类质同晶替代和吸附在黏土表面腐殖酸离解等原因而带负电或正电，因此，它必然要吸附介质中的异号离子来中和其所带的电荷，其吸附量由中和表面电荷所需的量决定，而吸附能则取决于被吸附离子的作用力场。因此，可以用一种离子取代原先吸附于黏土上的另一种离子，这就是黏土的离子交换性质。黏土-水系统的物理性质如流动性、可塑性等均与离子吸附与交换有关。

5.4.2.1 黏土离子交换的特点

依黏土表面所带电性不同，有阳离子交换和阴离子交换两种。黏土的离子交换具有以下几个特点：a.同号离子相互交换，即阳离子交换阳离子，阴离子交换阴离子；b.离子以等物质的量（或等电荷量）交换，即交换不会破坏溶胶的电中性；c.交换和吸附是可逆过程，其吸附和脱附速率受离子浓度的影响；d.离子交换并不影响黏土本身结构。

离子吸附和离子交换是一个反应中同时进行的两个不同过程，例如一个交换反应如下：

$$\text{Ca-黏土} + 2\text{Na}^+ \longrightarrow 2\text{Na-黏土} + \text{Ca}^{2+} \tag{5-30}$$

在这个反应中，为满足黏土与离子之间的电中性，必须一个 Ca^{2+} 交换两个 Na^+。而对 Ca^{2+} 而言是由溶液转移到胶体上，这是离子的吸附过程。但对被黏土吸附的 Na^+ 转入溶液而言，则是解吸过程。吸附和解吸的结果使 Ca^{2+}、Na^+ 相互换位即进行交换。由此可见，离子吸附是黏土胶体与离子之间相互作用，而离子交换则是离子之间的相互作用。

利用黏土的阳离子交换性质可以提纯黏土及制备吸附单一离子的黏土。例如将带有各种阳离子的黏土通过一个带一种离子的交换树脂发生如下反应：

$$\text{X-树脂} + \text{Y-黏土} \longrightarrow \text{Y-树脂} + \text{X-黏土} \tag{5-31}$$

式中，X 为单一离子；Y 为各种离子混合。因为任何一个树脂的交换容量是很高的（250~500mmol/100g 土），在溶液中 X 离子浓度远大于 Y，因此能保证交换反应完全。

5.4.2.2 黏土的离子交换容量

离子交换容量是表征离子交换能力的指标，通常以 pH = 7 时每 100g 干黏土所吸附某种离子的物质的量（mmol）表示。黏土的离子交换容量与矿物组成、带电原因、分散度、结晶度、溶液 pH 值、有机质含量、介质温度等因素有关，因此，同一种矿物组成的黏土其交换容量不是固定在一个数值，而是波动在一定范围内。表 5-6 为几种黏土矿物的离子交换容量。

表 5-6　几种黏土矿物的离子交换容量

离子交换容量类型	高岭石	多水高岭石	伊利石绿泥石	蒙脱石	蛭石
阳离子交换容量/ (mmol/100g 土)	3～15	20～40	10～40	75～150	100～150
阴离子交换容量/ (mmol/100g 土)	7～20	—	—	20～30	—

黏土的离子交换容量通常代表黏土在一定 pH 条件下的净电荷数。由于黏土颗粒板面和边面都可带负电荷，而正电荷通常产生于边面上，因此阳离子交换作用既发生在板面上，也发生在边面上，阴离子交换作用仅发生在边面上。

5.4.2.3　影响黏土离子交换容量的因素

影响黏土离子交换容量的因素主要有以下几方面：

（1）黏土矿物组成

如表 5-6 所示，不同类型的黏土矿物由于组成及晶体构造不同，阳离子交换容量相差很大，因为引起黏土阳离子吸附交换的电荷以同晶取代所占比例较大，即晶格取代越多的黏土矿物，其阳离子交换容量也越大。在蒙脱石中，同晶取代的数量较多（约占 80%），晶格层间结合疏松，遇水易膨胀而分裂成细片，颗粒分散度高，阳离子交换容量大，并显著地大于阴离子交换容量；在伊利石中，层状晶胞间结合很牢固，遇水不易膨胀，晶格中同晶取代只有 Al^{3+} 取代 Si^{4+}，结构中 K^+ 位于破裂面时，才成为可交换阳离子的一部分，所以其阳离子交换容量比蒙脱石小。高岭石中同晶取代极少，只有破键是吸附交换阳离子的主要原因，因此其阳离子交换容量最小，且阳离子交换容量基本上和阴离子交换容量相等。

鉴于各种黏土矿物的阳离子交换容量数值的较大差异，测定黏土的阳离子交换容量成为鉴定黏土矿物组成的方法之一。

（2）黏土的分散度

当黏土矿物组成相同时，其阳离子交换容量随其分散度的增加而变大，特别是高岭石受此因素的影响更为明显，如表 5-7 所示。蒙脱石的阳离子交换主要由晶格同晶取代产生负电荷，破键所占比例很小，因而受分散度的影响不大。

表 5-7　高岭石的阳离子交换容量与颗粒大小的关系

平均粒径/μm	比表面/(m/g²)	阳离子交换容量/(mmol NaOH/100g 黏土)	平均粒径/μm	比表面/(m/g²)	阳离子交换容量/(mmol NaOH/100g 黏土)
10.0	1.1	0.4	1.2	11.7	2.3
4.4	2.5	0.6	0.56	21.4	4.4
1.8	4.5	1.0	0.29	39.8	8.1

（3）溶液 pH 值

当其他条件相同时，同一黏土矿物在碱性溶液中阳离子交换容量大，如表 5-8 所示。由于破键产生的边面正电荷随介质 pH 值降低而增多，在酸性溶液中阴离子交换容量大。

表 5-8　pH 值对黏土矿物阳离子交换容量的影响　　　　　　　　　　　　　　　　　　　　　　　　　单位：mmol/100g土

黏土矿物	pH 值		黏土矿物	pH 值	
	2.5~6	>7		2.5~6	>7
高岭石	4	10	蒙脱石	95	100

（4）有机质含量

黏土中的有机质常以腐殖酸的形式存在，由于腐殖酸的电离可使黏土颗粒所带负电荷增加，则有机质含量越多，其阳离子交换容量越大。表 5-9 为黏土除去有机质前后阳离子交换容量的变化。

（5）介质温度

温度对离子交换容量的影响表现在吸附交换速率和吸附强度上。温度升高，离子运动加剧，单位时间内碰撞黏土颗粒表面的次数增加，则离子交换容量增加；但是随着温度升高，离子动能增大，黏土对离子的吸附强度降低，所以从这方面看，温度升高反而导致交换容量降低。

表 5-9　黏土中有机质含量对阳离子交换容量的影响

黏土	有机质含量/%	阳离子交换容量/(mmol/100g 干土)		阳离子交换容量的减少/(mmol/100g 干土)
		原土	除去有机质后	
唐山紫木节	1.53	25.23	17.60	7.63
英国球土 1	1.30	12.67	8.17	4.50
英国球土 2	4.18	17.60	8.65	8.95

5.4.2.4　黏土的离子交换顺序

黏土吸附的阳离子的电荷数及其水化半径都直接影响黏土与离子间作用力的大小。当环境条件相同时，离子价数越高则与黏土之间引力越强。黏土对不同价阳离子的吸附能力次序为 $M^{3+} > M^{2+} > M^+$（M 为阳离子）。如果 M^{3+} 被黏土吸附，则在相同浓度下，M^+、M^{2+} 不能将它交换下来，而 M^{3+} 能把已被黏土吸附的 M^{2+}、M^+ 交换出来。H^+ 是特殊的，由于它的体积小，电荷密度高，黏土对它引力最强。

离子水化膜的厚度与离子半径大小有关。对于同价离子，半径越小则水膜越厚，如一价离子水膜厚度 $Li^+ > Na^+ > K^+$，如表 5-10 所示，这是因为半径小的离子对水分子偶极子所表现的电场强度大。水化半径较大的离子与黏土表面的距离增大，因而根据库仑定律，它们之间引力就小。对于不同价离子，情况就较复杂。一般高价离子的水化分子数大于低价离子，但由于高价离子具有较高的表面电荷密度，它的电场强度将比低价离子大，此时高价离子与黏土颗粒表面的静电引力的影响可以超过水化膜厚度的影响。

表 5-10　离子半径与水化离子半径

离子	正常半径/nm	水化分子数	水化半径/nm	离子	正常半径/nm	水化分子数	水化半径/nm
Li^+	0.078	14	0.73	Cs^+	0.156	0.2	0.36
Na^+	0.098	10	0.56	Mg^{2+}	0.078	22	1.08

离子	正常半径/nm	水化分子数	水化半径/nm	离子	正常半径/nm	水化分子数	水化半径/nm
K^+	0.133	6	0.38	Ca^{2+}	0.106	20	0.96
NH_4^+	0.143	3	—	Ba^{2+}	0.143	19	0.88
Rb^+	0.149	0.5	0.36				

根据离子价效应及离子水化半径,可将黏土的阳离子交换序排列如下:

$$H^+ > Al^{3+} > Ba^{2+} > Sr^{2+} > Ca^{2+} > Mg^{2+} > NH_4^+ > K^+ > Na^+ > Li^+ \tag{5-32}$$

氢离子由于离子半径小,电荷密度大,占据交换吸附序首位。

阴离子交换能力除了上述离子间作用力的因素外,几何结构因素也是重要的。例如 PO_4^{3-}、AsO_4^{3-}、BO_3^{3-} 等阴离子,因几何结构和大小与 $[SiO_4]$ 四面体相似,因而能更强地被吸附。但 SO_4^{2-}、Cl^-、NO_3^- 等则不然,因此阴离子交换序为:

$$OH^- > CO_3^{2-} > P_2O_7^{5-} > PO_4^{3-} > I^- > Br^- > Cl^- > NO_3^- > F^- > SO_4^{2-} \tag{5-33}$$

以上的离子交换顺序通常称为感胶离子序,又称霍夫迈斯特(Hofmeister)次序,其离子吸附能力自前向后依次递减。在离子浓度相等的水溶液里,位于序列前面的离子能交换出序列后面的离子。但是,若位于序列后面的离子浓度大于其前面离子时,也可发生逆序列的交换。

5.4.3 黏土胶体的电动性质

5.4.3.1 黏土与水作用

在黏土胶团内,黏土颗粒本身是胶核。带负电的黏土颗粒分散在水溶液中后,要吸附等量的异号离子如 H^+ 或水化阳离子,这些异号离子由于受到胶核表面电荷不同程度的吸引,形成吸附层和扩散层,由黏土颗粒表面到扩散层边缘构成扩散双电层。黏土胶团的吸附层由吸附水膜与分布在其中的被胶核吸附牢固的、不能自由移动的水化阳离子组成,扩散层由扩散水膜与分布在其中的被胶核吸附松弛的、可以自由移动的水化阳离子组成。扩散层内离子浓度逐渐减少,到扩散层以外,水化阳离子则不再受黏土颗粒表面静电引力影响。因此,黏土胶团包括三个结构层次,即胶核(黏土颗粒本身)、胶粒(胶核加吸附层)和胶团(胶粒加扩散层)。胶团中被吸附的水化阳离子和溶液中的水化阳离子处于动态平衡。图 5-22 所示为黏土胶团结构。

由于黏土颗粒一般带负电,又因水是极性分子,当黏土颗粒分散在水中时,在黏土表面负电场的作用下,水分子以一定取向分布在黏土颗粒周围,以氢键与其表面上氧与氢氧基键合,负电端朝外。在第一层水分子的外围形成一个负电表面,因而又吸引第二层水分子。负电场对水分子的引力作用随着离开黏土表面距离的增加而减弱,因此水分

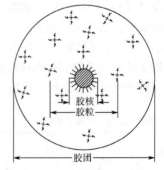

–负电荷　+正电荷　◎黏土　↑被吸附的水分子

图 5-22　黏土胶团结构示意图

子的排列也由定向逐渐过渡到混乱。靠近内层形成定向排列的水分子层称为牢固结合水（又称吸附水膜或水化膜），围绕在黏土颗粒周围，与黏土颗粒形成一个整体，一起在介质中运动，其厚度约为 3~10 个水分子厚。在牢固结合水的外围吸引着一部分定向程度较差的水分子层，称为松结合水（又称扩散水膜），由于离开黏土颗粒表面较远，它们之间的结合力较小。在松结合水以外的水为自由水。

结合水（包括牢固结合水与松结合水）的密度大、热容小、介电常数小、冰点低等，在物理性质上与自由水不相同。黏土与水结合的数量可以用测量润湿热来判断。黏土与这三种水结合的状态与数量将会影响黏土-水系统的工艺性能。在黏土含水量一定的情况下，若结合水减少，则自由水就多，此时黏土胶粒的体积减小，移动容易，因而泥浆黏度小，流动性好；当结合水量多时，水膜厚，利于黏土胶粒间的滑动，则可塑性好。

值得指出的是，吸附层中阳离子的水化程度较低，扩散层中阳离子因离胶核较远而水化程度增大，但仍比自由离子差些。扩散层中水分子可以自由出入。黏土胶核吸附的水化阳离子若由于离子交换而离开胶团时，是带着水分子一起离开，另一些水化阳离子则进入胶团来补充。

黏土与不同价的阳离子吸附后的结合水量通过实验证明（表 5-11），黏土与一价阳离子结合水量>与二价阳离子结合水量>与三价阳离子结合水量。同价离子与黏土结合水量是随着离子半径的增大而减少。

表 5-11　被黏土吸附的 Na 和 Ca 的水化值

黏土	吸附容量		结合水量/ （g/100g 土）	每个阳离子 水化分子数	Na 与 Ca 的 水化值比
	Ca	Na			
Na-黏土	—	23.7	75	175	23
Ca-黏土	18.0	—	24.5	76.5	

5.4.3.2　黏土胶体的电动电位

带电荷的黏土胶体分散在水中时，在胶体颗粒和液相的界面上会有扩散双电层出现。在电场或其他力场作用下，带电黏土与双电层的运动部分之间发生剪切运动而表现出来的电学性质称为电动性质。

分散在水中的黏土颗粒对水化阳离子的吸附随着黏土与阳离子之间距离增大而减弱，又由于水化阳离子本身的热运动，黏土表面阳离子的吸附不可能整齐地排列在一个面上，而是随着与黏土表面距离增大，阳离子分布由多到少，如图 5-23 所示。到达 P 点平衡了黏土表面全部负电荷，P 点与黏土质点距离的大小则取决于介质中离子的浓度、离子电价及离子热运动的强弱等。在外电场作用下，黏土质点与一部分吸附牢固的水化阳离子（如 AB 面以内）随黏土质点向正极移动，这一层称为吸附层，而另一部分水化阳离子不随黏土质点移动，却向负极移动，这层称为扩散层（由 AB 面至 P 点）。因为吸附层与扩散层各带有相反的电荷，所以相对移动时两者之

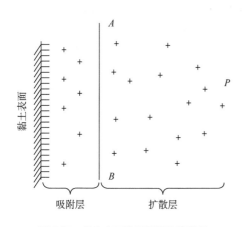

图 5-23　黏土表面的吸附层和扩散层

间就存在着电位差，这个电位差称 ζ 电位，又称电动电位。

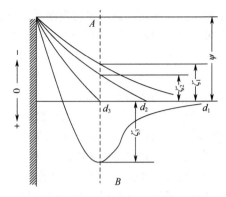

图 5-24　黏土的电动电位

黏土质点表面与扩散层之间的总电位差称为热力学电位差（用 ψ 表示），ζ 电位则是吸附层与扩散层之间的电位差，显然 ψ > ζ，见图 5-24。

ζ 电位的高低与阳离子的电价和浓度有关。如图 5-24 中，ζ 电位随扩散层增厚而增高，如 $\zeta_1 > \zeta_2$，$d_1 > d_2$。这是由于溶液中离子浓度较低，阳离子容易扩散而使扩散层增厚。当离子浓度增加，致使扩散层压缩，即 P 点向黏土表面靠近，ζ 电位也随之下降。当阳离子浓度进一步增加直至扩散层中的阳离子全部压缩至吸附层内，此时 P 点与 AB 面重合，ζ 电位等于零，也即等电点。如果阳离子浓度进一步增加，甚至可改变 ζ 电位符号，如图 5-24 中的 ζ_3 与 ζ_1、ζ_2 符号相反。一般有高价阳离子或某些大的有机离子存在时，往往会出现 ζ 电位改变符号的现象。

根据静电学基本原理可以推导出电动电位的公式如下：

$$\zeta = \frac{4\pi\sigma d}{D} \tag{5-34}$$

式中　ζ——电动电位；
　　　σ——表面电荷密度；
　　　d——双电层厚度；
　　　D——介质的介电常数。

由式（5-34）可见，ζ 电位与黏土表面的电荷密度、双电层厚度成正比，与介质介电常数成反比。黏土胶体的 ζ 电位受到黏土的静电荷和电动电荷的控制，因此凡是影响黏土这些带电性能的因素都会对 ζ 电位产生作用。

黏土吸附了不同阳离子后对 ζ 电位的影响可由图 5-25 看出。由不同阳离子所饱和的黏土，其电位值与阳离子半径、阳离子电价有关。对于同种黏土，当加入电解质浓度一定时，各种阳离子对 ζ 电位的影响符合霍夫迈斯特次序，即电价越低、水化半径越大的阳离子会使扩散双电层加厚，ζ 电位增高，这主要与离子水化度及离子同黏土吸引力强弱有关；当加入的电解质相同时，ζ 电位随电解质浓度而变化，并呈现出极值点，这是由于阳离子浓度过大时，阳离子将被挤入吸附层，使扩散层压缩，ζ 电位降低。这种效应对于高价阳离子尤为显著，其一般规律如图 5-26 所示。曲线的极值点随电解质中阳离子电价增高而移向低浓度一侧。

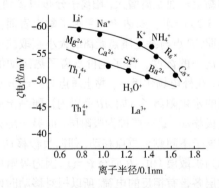

图 5-25　由不同阳离子所饱和的黏土的 ζ 电位

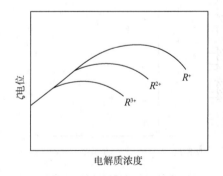

图 5-26　电解质对黏土 ζ 电位的影响

瓦雷尔（W.E.Worrall）测定了各种阳离子饱和的高岭土的 ζ 电位，如表 5-12 所示，并指出一个稳定的泥浆悬浮液，黏土胶粒的 ζ 电位值必须在 −50mV 以上。表 5-13 列举了三种不同黏土矿物在各种 pH 值下的 ζ 电位。

表 5-12　各种阳离子饱和的高岭土的 ζ 电位

黏土类型	ζ 电位/mV	黏土类型	ζ 电位/mV
Ca-黏土	−10	天然黏土	−30
H-黏土	−20	用 $(NaPO_3)_6$ 饱和的黏土	−135
Na-黏土	−80	Mg-黏土	−40

表 5-13　pH 值对 ζ 电位的影响

pH 值	ζ 电位/mV			pH 值	ζ 电位/mV		
	氢高岭石	氢伊利石	氢蒙脱石		氢高岭石	氢伊利石	氢蒙脱石
4	23	30	—	9	46	59	53
5	29	32	40	10	49	51	43
6	34	35	45	11	47	46	33
7	38	44	49	12	44	42	21
8	42	52	51				

由于一般黏土内腐殖酸都带有大量负电荷，起到加强黏土胶粒表面净负电荷的作用，因此黏土内有机质对黏土 ζ 电位有影响。黏土内有机质含量增加，则导致黏土 ζ 电位升高。例如河北唐山紫木节土含有机质 1.53%，测定原土的 ζ 电位为 −53.75mV。如果用适当方法去除有机质后，测得全电位为 47.30mV。

影响黏土 ζ 电位值的因素还有：黏土矿物组成、电解质阴离子的作用、黏土胶粒形状和大小、表面光滑程度等。

ζ 电位数值对黏土泥浆的稳定性有重要的作用，ζ 电位较高，黏土粒子间能保持一定距离，削弱和抵消了范德瓦耳斯引力，从而提高泥浆的稳定性。反之，当 ζ 电位降低，胶粒间斥力减小并逐步趋近，当进入范德瓦耳斯引力范围内，泥浆就会失去稳定性，黏土粒子很快聚集沉降并分离出溶液，泥浆的悬浮性被破坏，从而产生絮凝或聚沉现象。

5.4.4　黏土-水系的胶体性质

5.4.4.1　流变学基础

流变学是研究物体流动和变形的一门学科。

在阐明熔体黏度时曾提到黏度公式 $\sigma = \eta dv/dx$，此式表示在切向力作用下流体产生的剪切速度 dv/dx 与剪切应力成正比例，比例系数为黏度 η。凡符合这个规律的物质称为理想流体或牛顿流体。用剪应力与剪切速度梯度作图，如图 5-27（a）所示。当在物体上加以剪应力，物体即开始流动，剪切速度与剪应力成正比。当剪应力消除后，变性不再复原。属于这类流动的

物质有水、甘油、低分子量化合物溶液。

在许多工业中应用的液体并不具有牛顿流体的行为,它们常常显示出比较复杂的流动性质。即以剪应力对剪切速度作曲线,曲线可以凸向或凹向剪应力轴,在这些系统中,剪应力与剪切速度不成正比。为了与牛顿流动有所区别,常常称为不正常流动或非牛顿流动。这类流动可以有如图5-27(b)所示的几种。

(1)宾厄姆流动

这类流动特点是应力必须大于流动极限值 f 后才开始流动,一旦流动后,又与牛顿型相同,表现出的流动曲线形式见图5-27(a)。这种流动可写成:

$$\sigma - f = \eta \frac{\mathrm{d}v}{\mathrm{d}x} \tag{5-35}$$

式中,f 为屈服值。若 $D = \dfrac{\mathrm{d}v}{\mathrm{d}x}$,上式改写为:

$$\frac{\sigma}{D} = \eta + \frac{f}{D}$$

令:

$$\eta_\mathrm{a} = \eta + \frac{f}{D} \tag{5-36}$$

此时 $\eta_\mathrm{a} = \eta$,η_a 为宾厄姆流动黏度,η 为牛顿黏度。

新拌混凝土接近于宾厄姆流动,这类流动是塑性变形的简例。

(2)塑性流动

这类流动的特点是施加的剪应力必须超过某一最低值——屈服值以后才开始流动,随剪切应力的增加,物料由紊流变为层流,直至剪应力达到一定值,物料也发生牛顿流动。流动曲线如图5-27(b)所示,属于这类流动的物体有泥浆、油漆、油墨,硅酸盐材料在高温烧结时,晶粒界面间的滑移也属于这类流动。黏土泥浆的流动只有较小的屈服值,而可塑泥团屈服值较大,它是黏土坯体保持形状的重要因素。

(3)假塑性流动

这一类型的流动曲线类似于塑性流动,但它没有屈服值,也即曲线通过原点并凸向剪应力轴,如图5-27(b)所示。它的流动特点是表观黏度随切变速率增加而降低。属于这一类流动的主要有高聚合物的溶液、乳油液、淀粉、甲基纤维素等。

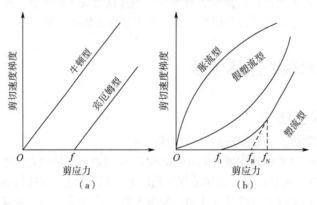

图5-27 流动曲线

（4）膨胀流动

这一类型的流动曲线是假塑性的相反过程。流动曲线通过原点并凹向剪应力轴，见图5-27（b）。高浓度的细粒悬浮液在搅动时好像变得比较黏稠，而停止搅动后又恢复原来的流动状态，它的特点是黏度随切变速率增加而增加。属于这一类流动的一般是非塑性原料，如氧化铝、石英粉的浆料。

应用流变学概念可以较本质地认识黏土-水系统的黏度、流动性以及触变性、可塑性等性质。

5.4.4.2 泥浆的流动性和稳定性

从流变学的观点看，要制备流动性好的泥浆，必须拆开黏土泥浆原有的一切结构，由于片状黏土颗粒表面是带静电荷的，黏土的边面又能随 pH 值的变化既能带正电，又能带负电，而黏土板面上始终带负电，必须有几种结合（图5-28），在这几种结合中，只有面-面结合阻力小。

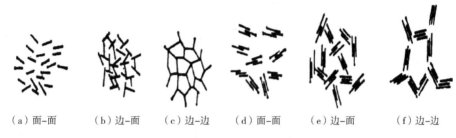

图 5-28 黏土颗粒在介质中聚集方式

（a）面-面　　（b）边-面　　（c）边-边　　（d）面-面　　（e）边-面　　（f）边-边

（a）、（b）、（c）分别表示在低浓度泥浆内面-面分散、边-面结合、边-边结合；

（d）、（e）、（f）分别表示在高浓度泥浆内面-面分散、边-面结合、边-边结合

泥浆胶溶实质是拆开泥浆的内部结构，使边-边、边-面结合转变成面-面排列的过程。

稀释剂种类的合理选择和数量的控制对泥浆性能有重要的作用。对于不同的黏土泥浆，要得到适宜的黏度，所加入电解质的种类和数量是不同的，这主要通过试验来确定。一般，电解质的用量约为干坯料重的 0.3% ~ 0.5%，用量不当除影响流动性以外，还会影响产品性能及工艺操作。

从拆开泥浆内部的网架结构的目的出发，泥浆稀释剂的选择必须考虑以下几个因素。

（1）介质呈碱性

欲使黏土泥浆内边-边、边-面结构拆开，必须首先消除边-边、边-面结合的力。黏土在酸性介质中边面带正电，因而引起黏土边面与带负电的板面之间强烈的静电吸引而结合成边-面或边-边结构。黏土在自然条件下或多或少带少量边面正电荷，尤其高岭土在酸性介质中成矿，断键又是高岭土带电的主要原因，因此在高岭中边-面或边-边吸引更为显著。

在碱性介质中，黏土边面和板面均带负电。这样就消除边-面或边-边的静电引力，同时增加了黏土表面净负电荷，使黏土颗粒间静电斥力增加，为泥浆稀释创造了条件。

（2）必须有一价碱金属阳离子交换黏土原来吸附的离子

黏土胶粒在介质中充分分散必须使黏土颗粒间有足够的静电斥力及溶剂化膜。这种排斥力由 Eiter 提出：

$$f \propto \frac{\zeta^2}{k} \tag{5-37}$$

式中　f——黏土胶粒间的斥力；

　　　ζ——电动电位；

$1/k$——扩散层厚度。

天然黏土一般都吸附大量 Ca^{2+}、Mg^{2+}、H^+ 等阳离子，即自然界黏土多以 Ca-黏土、Mg-黏土或 H-黏土形式存在。这类黏土的 ζ 电位较一价碱金属离子低。一价阳离子的稀释能力顺序为：$Li^+ > Na^+ > K^+$。由于钠盐比较普遍易得，所以一般稀释剂多用含 Na^+ 的电解质。用 Na^+ 交换天然黏土中的 Ca^{2+}、Mg^{2+} 等使之转变为 ζ 电位高及扩散层厚的 Na-黏土。这样，Na-黏土具备了溶胶稳定的条件。

(3) 考虑阴离子在稀释过程中的作用

不同阴离子的 Na 盐电解质对黏土胶溶效果是不相同的。阴离子的作用概括起来有两方面。

① 阴离子与原土上吸附的 Ca^{2+}、Mg^{2+} 形成不可溶物或形成稳定的络合物，因而促进 Na^+ 对 Ca^{2+}、Mg^{2+} 等离子的交换反应更趋完全。

从阳离子交换序可以知道，在相同浓度下，Na^+ 无法交换出 Ca^{2+}、Mg^{2+}，用过量的钠盐虽交换反应能够进行，但同时会引起泥浆絮凝。如果钠盐中阴离子与 Ca^{2+} 形成的盐溶解度越小或形成的络合物越稳定，就越能促进 Na^+ 对 Ca^{2+}、Mg^{2+} 交换反应的进行。例如 $NaOH$、Na_2SiO_3 与 Ca-黏土交换反应如下：

$$Ca\text{-黏土} + 2NaOH \longrightarrow 2Na\text{-黏土} + Ca(OH)_2$$

$$Ca\text{-黏土} + Na_2SiO_3 \longrightarrow 2Na\text{-黏土} + CaSiO_3$$

由于 $CaSiO_3$ 的溶解度比 $Ca(OH)_2$ 低得多，因此后一交换反应比前一交换反应进行得更完全。

② 聚合阴离子的特殊作用。选用 10 种钠盐电解质（其中阴离子都能与 Ca^{2+}、Mg^{2+} 形成不同程度的沉淀或络合物），将其适量加入苏州高岭土（简称苏州土），并测得其对应的 ζ 电位列于表 5-14 中。由表 5-14 可见，仅三种含有聚合阴离子的钠盐能使苏州土的 ζ 电位值升至 $-60mV$ 以上。近来很多学者用实验证实硅酸盐、磷酸盐和有机阴离子在水中发生聚合，这些聚合阴离子由于几何位置上与黏土的表面相适应，因此被牢固地吸附在边面上或吸附在 OH 面上。当黏土边面带正电时，它能有效地中和边面正电荷；当黏土边面不带电，它能够物理吸附在边面上建立新的负电荷位置。这些吸附和交换的结果导致原来黏土颗粒间边-面、边-边结合转变为面-面排列，原来颗粒间面-面排列进一步增加颗粒间的斥力，因此泥浆得到充分稀释。

表 5-14　苏州土加入 10 种电解质后的 ζ 电位

编号	电解质	ζ 电位	编号	电解质	ζ 电位	编号	电解质	ζ 电位
0	原土	-39.41	4	$(NaPO_3)_6$	-79.70	8	单宁酸钠盐	-87.60
1	NaOH	-55.00	5	$Na_2C_2O_4$	-48.30	9	蛋白质钠盐	-73.90
2	Na_2SiO_3	-60.60	6	NaCl	-50.40	10	CH_3COONa	-43.00
3	Na_2CO_3	-50.40	7	NaF	-45.50			

目前根据这些原理，在无机材料工业中除采用硅酸钠、单宁酸钠盐等作为稀释剂外，还广泛采用多种有机或无机-有机复合胶溶剂等取得泥浆稀释的良好效果。如采用木质素磺酸钠、聚丙烯酸酯、芳香酸磷酸盐等。

（4）泥浆中硫酸盐的存在对稀释剂作用的影响

当使用带大量回坯泥的泥浆时，选择稀释剂的种类和用量时必须考虑由石膏屑带入的 SiO_4^{2-} 的影响。有 SiO_4^{2-} 存在时，稀释剂 Na_2SiO_3 进入泥浆中发生下列反应：

$$Ca-黏土 + CaSO_4 + 2Na_2SiO_3 \longrightarrow 2Na-黏土 + Na_2SO_4 + 2CaSiO_3\downarrow$$

为了生成更多的 Na-黏土，使上式向右进行，必须增加 Na_2SiO_3 的加入量，这将对泥浆性能产生不良作用。若在这种泥浆中先加入 $BaCO_3$，再加入 Na_2SiO_3，那么反应则是：

$$Ca-黏土 + CaSO_4 + BaCO_3 + 2Na_2SiO_3 \longrightarrow 4Na-黏土 + BaSO_4\downarrow + CaSiO_3\downarrow + CaCO_3\downarrow$$

由于 $BaCO_3$ 的加入，生成三种难溶盐使反应能够顺利向右进行。但必须注意 $BaCO_3$ 的加入量，加入量过少，反应不能进行完全；加入量过多，Ba^{2+} 将交换 Ca-黏土上的 Ca^{2+}，生成流动性更差的 Ba-黏土。

黏土是天然原料，稀释过程除了受稀释剂影响外，还与黏土本性（矿物组成、颗粒形状与尺寸、结晶完整程度）有关，并受环境因素和操作条件（温度、湿度、模型、陈腐时间等）影响。因此泥浆稀释是受多种因素影响的复杂过程，实际生产中必须全面考虑。稀释剂种类和数量的确定往往不能单凭理论推测，而应根据具体原料和操作条件通过试验来决定。

值得注意的是，在实际生产中，并不一定要求黏土泥浆具有最高的悬浮性和流动性，因为这样的泥浆形成后的坯体滤水性差，吸浆速率慢而影响生产效率。所以还必须在提高流动性的同时考虑滤水性。

5.4.4.3 泥浆的滤水性

所谓滤水性，是指用石膏模型注浆成型时，泥浆形成的固化泥层透过水的能力。透水能力强，坯体形成速度快，反之，坯体形成速度慢。坯体形成过程的实质是泥浆沉积脱水固化过程，故泥浆的滤水性又称为吸浆性能。滤水性来源于石膏模型和固化泥层中毛细管及由此产生的毛细力。当毛细管和坯体接触时，若液体润湿毛细管，则液体沿毛细管上升一定高度，这种使液体沿毛细管上升的力叫毛细力。毛细力和液柱上升高度的关系为 $h = 2\gamma\cos\theta/(r\rho g)$。对于水来说，在一定温度下的 ρ、γ、θ 是定值，g 是常数，所以 h 与 r 成反比，即毛细管半径越小，液柱上升越高，毛细力越大。毛细管既存在于石膏模型中，又存在于固化泥层中。

在注浆成型时，泥浆注入模型内，因水对模型是润湿的，因此与模壁接触的泥浆中的水分首先在模型毛细力作用下沿毛细管进入模内，而在模型内表面形成一层固化泥层，在此基础上泥浆继续脱水固化，则水分要先通过泥层再到模型中，可见，此时泥层的滤水性是影响泥浆继续固化的关键。在模型质量一定时，若泥浆的悬浮性和流动性处于最佳状态，颗粒间以面-面结合，在形成固化泥层时，颗粒之间必然排列紧密，水分透过阻力大，而坯体形成速度慢。若有部分颗粒呈边-面结合或边-边结合，泥浆中便有一定网架结构，在形成固化泥层时，颗粒间的排列比较疏松，里面有相当数量的毛细管，水分通过泥层时阻力小，故坯体形成速度快。但无论哪种情况，脱水阻力均随泥层厚度增加而增大。

在实际生产中，为获得适当的吸浆性能，通常不要泥浆具有最好的悬浮性和流动性，这往往采用使稀释剂的加入量比最佳用量稍有"不足"或"过量"，或引入适量易于聚沉的阳离子，以调节滤水性。

影响滤水性的因素除稀释剂的种类和加入量外，还与泥浆中塑性料和瘠性料的配比、原料加工的细度等有关。一般在不影响工艺性能和瓷体性质的前提下，适当减少塑性料，增加瘠性料，对滤水性有利。颗粒越细，滤水性越差，所以在浇注大件制品时，颗粒尺寸应适当

增大。

5.4.4.4 泥浆的触变性

泥浆从稀释流动状态到稠化的凝聚状态之间往往还有一个介于二者之间的中间状态，这就是触变状态。所谓触变，就是泥浆静止不动时似凝固体，一经扰动或摇动，凝固的泥浆又要重新获得流动性，如再静止又重新凝固，这样可以重复无数次。泥浆从流动状态过渡到触变状态的过程是逐渐的、非突变的，并伴随着黏度的增高。

在胶体化学中，固态胶质称为凝胶，胶质悬浮液称为溶胶。触变就是一种凝胶与溶胶之间的可逆转化过程。

泥浆具有触变性是与泥浆胶体的结构有关。霍夫曼（Hoffman）做了许多实验，提出如图5-29的触变结构示意图，这种结构称为"纸牌结构"或"卡片结构"。

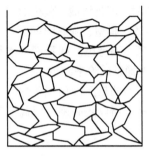

图5-29 高岭石触变结构示意图

触变状态是介于分散和凝聚之间的中间状态。在不完全胶溶的黏土片状颗粒的活性边面上尚残留少量正电荷未被完全中和，或边面负电荷还不足以排斥板面负电荷，以致形成局部边-面或边-边结合，组成三维网状架构，直至充满整个容器，并将大量自由水包裹在网状空隙中，形成疏松而不活动的空间架构。由于结构仅存在部分边-面吸引，又有另一部分保持边-面相斥的情况，因此这种结构是很不稳定的。只要稍加剪切应力就能破坏这种结构，而使包裹的大量自由水释放，泥浆流动性又恢复。但由于存在部分边-面吸引，一旦静止，三维网状架构又重新建立。

黏土泥浆只有在一定条件下才能表现出触变性，它与下列因素有关。

（1）黏土矿物组成

黏土触变效应与矿物结构遇水膨胀有关。水化膨胀有两种方式：一种是溶剂分子渗入颗粒间；另一种是溶剂分子渗入单位晶格之间。高岭石和伊利石仅有第一种水化，蒙脱石与拜来石两种水化方式都存在，因此蒙脱石比高岭石易具有触变性。

（2）黏土泥浆含水量

泥浆越稀，黏土胶粒间距离越远，边-面静电引力越小，胶粒定向性越弱，越不易形成触变。

（3）黏土胶粒大小与形状

黏土颗粒越细，活性边表面越多，越易形成触变结构。颗粒形状越不对称，如呈平板状、条状等形成"卡片结构"所需的胶粒数目越少，形成触变结构浓度越小。球形颗粒不易形成触变结构。

（4）电解质种类与数量

触变效应与吸附的阳离子及吸附离子的水化密切有关。黏土吸附阳离子价数越小，或价数相同而离子半径越小者，触变效应越小。如前所述，加入适量电解质可以使泥浆稀释稳定，加入过量电解质又能使泥浆聚集沉降，而在泥浆稳定到聚沉之间有一个过渡区域，在此区域内触变性由小增大。当电解质的加入量使黏土的 ζ 电位稍高于临界值时，泥浆表现出最大触变性。

（5）温度的影响

温度升高，质点热运动剧烈，颗粒间联系减弱，触变不易建立。

在陶瓷生产中，常用稠化度表示泥浆触变性。

$$稠化度 = \frac{\tau_1}{\tau_2} \tag{5-38}$$

式中 τ_1——100mL 泥浆在恩氏黏度计中静置 30min 后流出的时间，s；

τ_2——100mL 泥浆在恩氏黏度计中静置 30s 后流出的时间，s。

在生产中要求稠化度有适当的数值。因为触变性太大时，成型后的坯体在脱模或搬运过程中稍受震动就会使坯体变形；若触变性太小，铸件在脱模前缺乏足够的强度，容易倒塌使修坯困难。一般瓷器泥浆的稠化度要求在 1.8～2.2 范围内，精陶泥浆在 1.5～2.6 范围内。

5.4.4.5 泥团的可塑性

黏土与适当比例的水混合均匀制成的泥团受到高于某一个数值剪应力作用后，可以塑造成任何形状，当去除应力后泥团能保持其形状的性质称为可塑性。

塑性泥团在加压过程中的变化如图 5-30 所示。当开始在泥团上施加小于 A 点应力时，

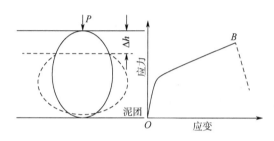

图 5-30　塑性泥料的应力-应变图

泥团仅发生微小变形，外力撤除后，泥团能够恢复原状，这种变形称为弹性变形，此时泥团服从胡克定律（Hooke's Law）。当应力超过 A 点直至 B 点，泥团发生明显变形，当应力超过 B 点，泥团出现裂纹。A 点处的应力即为泥团开始塑性形变的最低应力，称为屈服应力。黏土可塑性可用泥团的屈服值（A 点应力）乘以最大应变（B 点应变）来表示。

黏土可塑泥团与黏土泥浆的差别仅在于固液之间比例不同，由此而引起黏土颗粒之间、颗粒与介质之间作用力的变化。据分析，黏土颗粒之间存在如下两种力：

（1）引力

引力主要有范德瓦耳斯力、局部边-面静电引力和毛细力。引力作用范围约离表面 2nm。毛细力是塑性泥团中颗粒之间主要引力。在塑性泥团含水量下，堆聚的粒子表面形成一层水膜，在水的表面张力作用下紧紧吸引。

（2）斥力

斥力是指黏土颗粒表面同号离子间和胶粒间引起的静电斥力。在水介质中，这种作用范围距黏土表面 20nm 左右。因为天然黏土吸附的是 Ca^{2+}、Mg^{2+} 等离子，扩散层很薄，ζ 电位很低，所以颗粒间斥力很小。

由于黏土颗粒间存在这两种力，随着黏土中水含量高低变化，黏土颗粒之间表现出这两种力的不同作用。当含水量高时，颗粒间距离较远，毛细管被破坏，因而毛细力不存在，颗粒间以斥力为主，成为流动的泥浆；若含水量较少，则颗粒靠近，并构成大量毛细管，毛细力明显表现出来，颗粒间以引力为主，此时形成塑性泥团。但是干原料或干泥料只有弹性而无塑性，由于此时颗粒间只靠范德瓦耳斯力聚集在一起，故很小的力就可使干泥团断裂。

塑性泥料中黏土颗粒处于引力与斥力的平衡之中。引力主要是毛细力，粒子间毛细力越大，相对位移或使泥团变形所加的应力也越大，也即泥团的屈服值越高。

毛细力（ΔP）的数值与介质表面张力（γ）仍成正比，而与毛细管半径（r）成反比，计算

式如下：

$$\Delta P = \frac{2\gamma}{r}\cos\theta \qquad (5-39)$$

式中　θ——润湿角。

毛细管直径与毛细力数值关系如表 5-15 所示。

当塑性泥团受到外力作用时，颗粒间发生相对滑移，并使颗粒更靠近而导致引力、斥力同时升高，但其合力还是引力升高。由于颗粒间有适当厚度的连续性水膜，便有较大的毛细力存在，颗粒移动后，就靠毛细力在新的位置上达到新的平衡，故当外力除去后，泥团能保持变形后的形状不变。若加水量过少，颗粒间不能形成连续性水膜，在外力作用下，颗粒位移到新的位置，水膜中断，导致毛细力下降，引力减小，斥力增强，此时破坏了力的平衡，使泥团出现裂纹而破坏。如果加水量过多，水膜过厚，致使颗粒间距离增加，毛细管直径增大，引力减小，塑性降低甚至出现流动状态。由上述可见，泥料显示塑性是有一定条件的，即有连续性水膜存在的情况下，颗粒间距离仅在一定范围内才显示出足够引力而使泥料呈现可塑性。

表 5-15　毛细力与毛细管直径

毛细管直径/μm	0.25	0.5	1.0	2.0	4.0	8.0
毛细力/(N/m)	0.420	0.210	0.105	0.52	0.26	0.13

混料可塑性受多种因素影响，现仅就几个主要方面讨论如下：

（1）矿物组成

黏土矿物组成不同，颗粒间作用力也不同。例如高岭石由于结构单位层之间靠氢键结合，比单位层间靠范德瓦耳斯力结合的蒙脱石更牢固，因而高岭石遇水不膨胀，蒙脱石遇水膨胀；蒙脱石分散度高，其比表面为 $100m^2/g$，而高岭石分散度低，其比表面仅有 $7\sim30m^2/g$。比表面相差悬殊，导致毛细力相差甚大。显然，蒙脱石颗粒间毛细力大，引力增强因而塑性也高。表 5-16 中四种矿物的比较可以明显看出，不同矿物组成所形成的毛细力不同，因此表现出塑性各异。

表 5-16　四种矿物毛细力的比较

原料名称	石英	长石	高岭石	球土
毛细力/(N/m²)	3.43×10^4	6.86×10^4	1.81×10^4	6.08×10^4

（2）吸附的阳离子种类

吸附不同阳离子的黏土塑性的变化主要是由黏土颗粒之间引力和黏土颗粒间水膜厚度的改变而引起的。黏土吸附的阳离子电价越高，ζ 电位越低，颗粒间引力越大，可塑性越好。所以吸附三价离子的可塑性高于吸附二价离子的，吸附一价离子的可塑性最差。但是 H^+ 除外，这是 H 的特性所致，H-黏土可塑性最强。吸附不同阳离子的黏土颗粒之间引力大小次序与黏土阳离子交换序相同，其屈服值和塑性强弱次序也与阳离子交换序相同。

吸附不同阳离子的黏土颗粒之间引力的强弱决定了它们之间水膜的厚度。黏土颗粒表面阳离子浓度越大，吸附水越牢。黏土吸附离子半径小、价数高的阳离子（如 Ca^{2+}、H^+）与吸附半径大、价数低的阳离子黏土相比，前者颗粒间水膜厚而后者薄。这是由在一定含水量下颗粒间引力所允许的最大间距决定的。

（3）颗粒大小和形状

颗粒越细，比表面越大，颗粒之间接触点越多，变形后形成新的接触点可能性越大，则可塑性增加。但对于高岭石，当晶体遭到严重破坏时，颗粒间从面接触变为点接触，使毛细力减小，可塑性因而恶化。所以高岭石的可塑性不是随着细度的增加而无限加大的。

颗粒形状不同，其比表面相差悬殊，板状和柱状颗粒的比表面大，这类颗粒接触面积大，毛细力大，所以可塑性高。

（4）含水量

黏土显示可塑性的含水量范围较窄，约 18%～25%。当它呈现最大可塑性时，包围黏土颗粒的水膜厚度估计能有 10nm，约 30 个水分子层。含水量过多或过少可塑性都差，但是黏土达到最大可塑性时的含水量与颗粒所吸附的阳离子及矿物组成有关。Ca-黏土与 Na-黏土相比，前者需要的水量高于后者，蒙脱石比高岭石需要的水量高。

影响黏土可塑性因素除以上所列外，还有黏土中腐殖质含量、介质表面张力、泥料陈腐、添加塑化剂、泥料真空处理等。

5.4.5 瘠性料的悬浮与塑化

黏土是天然原料，由于它在水介质中荷电和水化以及它有可塑性，因此它具有使无机材料可以塑造成各种所需的形状的良好性能。但天然原料成分波动大，影响材料的性能。因而使用一些瘠性料如氧化物或其他化学试剂来制备材料是提高材料的力学、电、热、光性能的必由之路，而解决瘠性料的悬浮和塑化又是获得性能优异材料的重要方面。

无机材料生产中常遇到的瘠性料有氧化物及氯化物粉末、水泥及混凝土浆体等。瘠性料种类繁多，性质各异，因此要区别对待。一般常用两种方法使瘠性料泥浆悬浮。一种是控制料浆的 pH 值；另一种是通过有机表面活性物质的吸附使粉料悬浮。

采用控制料浆 pH 值使泥浆悬浮的方法时，制备料浆所用的粉料一般都属两性氧化物，如氧化铝、氧化铬、氧化铁等。它们在酸性或碱性介质中均能胶溶，而在中性时反而絮凝。两性氧化物在酸性或碱性介质中发生以下的离解过程：

$$MOH \rightleftharpoons M^+ + OH^-\ 酸性介质中$$

$$MOH \rightleftharpoons MO^- + H^+\ 碱性介质中$$

离解程度决定于介质的 pH 值。随介质 pH 值变化的同时又引起胶粒 ζ 电位的增减甚至变号，而 ζ 电位的变化又引起胶粒表面引力与斥力平衡的改变，以致这些氧化物泥浆胶溶或絮凝。

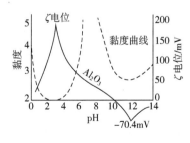

图 5-31 Al_2O_3 料浆黏度和 ζ 电位与 pH 值的关系

以 Al_2O_3 料浆为例，从图 5-31 可见，当 pH 值从 1 增至 14 时，料浆 ζ 电位出现两次最大值：pH = 3 时，ζ 电位为 + 183mV；pH = 12 时，ζ 电位为 −70.4mV。对应于 ζ 电位最大值时，料浆黏度最低。而且在酸性介质中料浆黏度更低。例如一个密度为 2.8g/cm³ 的 Al_2O_3 浇注泥浆，当介质 pH 值从 4.5 增至 6.5 时，料浆黏度从 6.5dPa·s 增至 300dPa·s。

Al_2O_3为水溶性两性氧化物，在酸性介质中，例如加入 HCl，Al_2O_3呈碱性，其反应如下：

$$Al_2O_3 + 6HCl \longrightarrow 2AlCl_3 + 3H_2O$$

$$AlCl_3 + H_2O \longrightarrow AlCl_2OH + HCl$$

$$AlCl_2OH + H_2O \longrightarrow AlCl(OH)_2 + HCl$$

Al_2O_3在酸性介质中生成$AlCl^{2+}$、$AlCl^+$和OH^-，Al_2O_3胶粒优先吸附含铝的$AlCl_2^+$和$AlCl^{2+}$，使Al_2O_3成为一个带正电的胶粒，然后吸附OH^-而形成一个庞大的胶团，如图 5-32（a）所示。当 pH 值较低时，即 HCl 浓度增加，液体中Cl^-增多而逐渐进入吸附层取代OH^-。由于Cl^-的水化能力比OH^-强，Cl^-水化膜厚，因此Cl^-进入吸附层的个数减少而留在扩散层的数量增加，致使胶粒正电荷升高和扩散层增厚，结果导致胶粒 ζ 电位升高，料浆黏度降低。如果介质 pH 值再降低，由于大量Cl^-压入吸附层，致使胶粒正电荷降低和扩散层变薄，ζ 电位随之下降，料浆黏度升高。

在碱性介质中，例如加入 NaOH，Al_2O_3呈酸性，其反应如下：

$$Al_2O_3 + 2NaOH \longrightarrow 2NaAlO_2 + H_2O$$

$$NaAlO_2 \longrightarrow Na^+ + AlO_2^-$$

这时Al_2O_3胶粒优先吸附AlO_2^-，使胶粒带负电，如图 5-32（b）所示，然后吸附Na^+形成一个胶团，这个胶团同样随介质 pH 值变化而有 ζ 电位的升高或降低，导致料浆黏度的降低或增高。

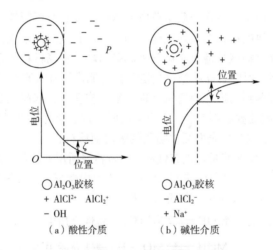

图 5-32　Al_2O_3胶粒在酸性和碱性介质中双电层结构

Al_2O_3陶瓷生产中应用此原理来调节Al_2O_3料浆的 pH 值，使之悬浮或聚沉。其他氧化物注浆时最适宜的 pH 值列于表 5-17。

表 5-17　各种料浆注浆时最适宜的 pH 值范围

原料	pH 值	原料	pH 值	原料	pH 值
氧化铝	3~4	氧化铍	4	氧化钍	3.5 以下
氧化铬	2~3	氧化铀	3.5	氧化锆	2.3

有机高分子或表面活性物质如阿拉伯胶、明胶、羧甲基纤维素等常用来作为瘠性料的悬浮剂。以Al_2O_3料浆为例，在酸洗Al_2O_3粉时，为使Al_2O_3粒子快速沉降而加入 0.21% ~ 0.23%

阿拉伯胶。而在注浆成型时又加入 1.0% ~ 1.5%阿拉伯胶以增加料浆的流动性。阿拉伯胶对 Al_2O_3 料浆黏度的影响如图 5-33 所示。

同一种物质，在不同用量时却起相反的作用，这是因为阿拉伯胶是高分子化合物，它呈卷曲链状，长度在 400 ~ 800μm，而一般胶体粒子是 0.1 ~ 1μm，相对高分子长链而言是极短小的。当阿拉伯胶用量少时，分散在水中的 Al_2O_3 胶体黏附在高分子树胶的某些链节上，见图 5-34（a），由于树胶量少，在一个树胶长链上黏着较多的胶粒 Al_2O_3，引起重力沉降而聚沉。若增加树胶的加入量，由于高分子树胶数量增多，它的线形分子在水溶液中形成网络结构，使 Al_2O_3 胶粒表面形成一层有机亲水保护膜，Al_2O_3 胶粒要碰撞聚沉就很困难，从而提高料浆的稳定性，如图 5-34（b）所示。

瘠性料塑化一般使用两种加入物，加入天然黏土类矿物或加入有机高分子化合物作为塑化剂。

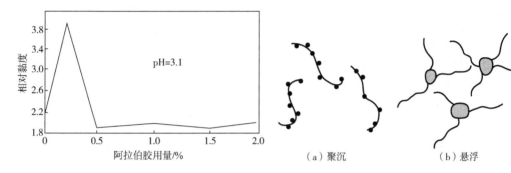

图 5-33 阿拉伯胶对 Al_2O_3 料浆黏度的影响   图 5-34 阿拉伯胶对 Al_2O_3 胶体的聚沉和悬浮的作用

黏土是廉价的天然塑化剂，但含有较多杂质，在制品性能要求不太高时广泛采用它为塑化剂。黏土中一般用塑性高的膨润土。膨润土颗粒细，水化能力大，它遇水后又能分散成很多粒径约零点几微米的胶体颗粒。这样细小胶体颗粒水化后使胶粒周围带有一层黏稠的水化膜，水化膜外围是松结合水。瘠性料与膨润土构成水连续相，均匀分散在连续介质水中，同时也均匀分散在黏稠的膨润土胶粒之间。当外力作用下，粒子之间沿连续水膜滑移，当外力去除后，细小膨润土颗粒间的作用力仍能使它维持原状，这时泥团也就呈现可塑性。

瘠性料塑化常用的有机塑化剂有聚乙烯醇（PVA）、羧甲基纤维素（CMC）、聚乙酸乙烯酯（PVAc）等。塑化机理主要是表面物理化学吸附使瘠性料表面改性。

本章小结

固体接触的界面包括表面、界面和相界面。表面结构对材料的表面性能如催化、吸附等具有重要影响。界面是指两个相邻结晶空间的交界面。相界面是指相邻相之间的交界面。实际应用中，有些术语并未完全严格区分。吸附、润湿与黏附是分别发生在固-气、固-液或固-固界面上非常重要的界面行为，对固体的表面结构和性能、熔体与耐火材料的反应、液相对固体的润湿等涉及无机材料的制备、显微结构的形成等密切相关。

黏土是生产陶瓷的主要原料，在耐火材料中也有广泛应用。黏土中有部分颗粒属于胶体范畴，但黏土-水系统具有明显的胶体特性。泥浆的稳定性、流动性、滤水性、触变性及泥团的可塑性等都与黏土-水系统的胶体性质有关。黏土-水系统的性质是掌握陶瓷生产工艺所必备的基础知识。

思考题与习题

1. 名词解释

范德瓦耳斯力、离子晶体表面双电层、润湿角和二面角、黏土的电动电位。

2. 试说明晶界能总小于两个相邻晶粒的表面能之和的原因。

3. 一般来说，同一种物质，其固体的表面能要比液体的表面能大，试说明原因。

4. 什么叫吸附、黏附？当用焊锡来焊接铜丝时，用锉刀除去表面层可使焊接更加牢固，请解释这种现象。

5. （1）什么是弯曲表面的附加压力？其正负根据什么划分？

（2）设表面张力为 $0.9J/m^2$，计算曲率半径为 $0.5\mu m$、$5\mu m$ 的曲面附加压力。

6. 表面张力为 $0.5J/m^2$ 的某硅酸盐熔体与某种多晶氧化物表面相接触，接触角 $\theta=45°$。若与此氧化物相混合，则在三晶粒交界处，形成液态球粒，二面角 Ψ 平均为 $90°$，假如没有液态硅酸盐时，氧化物-氧化物界面的界面张力为 $1N/m$，试计算氧化物的表面张力。

7. $Mg\text{-}Al_2O_3\text{-}SiO_2$ 系统的低共熔物放在 Si_3N_4 陶瓷片上，在低共熔温度下，液相的表面张力为 $0.9J/m^2$，液体与固体的界面能为 $0.6J/m^2$，测得接触角为 $70.52°$。

（1）求 Si_3N_4 的表面张力。

（2）把 Si_3N_4 在低共熔温度下进行热处理，测得其热腐蚀的槽角为 $60°$，求 Si_3N_4 晶界能。

8. 在高温将某金属熔于 Al_2O_3 片上。

（1）若 Al_2O_3 的表面能估计为 $1J/m^2$，此熔融金属的表面能也与之相似，界面能估计为 $0.3J/m^2$，问接触角是多少？

（2）若液相表面能只有 Al_2O_3 表面能的一半，而界面能是 Al_2O_3 表面张力的 2 倍，试估计接触角的大小。

9. 氧化铝瓷件表面上涂银后，当烧至 $1000℃$ 时，已知 $\gamma(Al_2O_3,\ 固) = 1J/m^2$，$\gamma(Ag,\ 液) = 0.92J/m^2$，$\gamma(Ag,\ 液/Al_2O_3,\ 固) = 1.77J/m^2$，试问液态银能否润湿氧化铝瓷件表面？如果不润湿，可以采取什么措施使其润湿？

10. 黏土的很多性能与吸附阳离子种类有关，指出黏土吸附下列不同阳离子后的性能变化规律（以箭头表示 $\xleftarrow{\quad 大 \qquad 小 \quad}$ ）。

H^+，Al^{3+}，Ba^{2+}，Sr^{2+}，Ca^{2+}，Mg^{2+}，NH^{4+}，K^+，Na^+，Li^+

（1）离子置换能力。

（2）黏土的 ζ 电位。

（3）黏土的结合水。

（4）泥浆的流动性。

（5）泥浆的稳定性。

（6）泥浆的触变性。

（7）泥团的可塑性。

（8）泥浆的滤水性。

（9）泥浆的浇注时间。

11. 高岭石、蒙脱石、伊利石的阳离子交换容量值相同吗？为什么阳离子交换容量波动在一个范围而不是定值？黏土有阴离子交换吗？测定黏土的阳离子交换量有何意义？

第6章 热力学应用

微信扫码使用
线上学习资料

第7章 相平衡状态图

✈ 本章提要
···

相平衡（Phase equilibrium）是研究物质在多相系统中相的平衡问题，即主要是研究多相系统的状态如何随温度、压力、组分的浓度等因数的变化而改变的规律。根据多相平衡的实验结果，可以制成几何图形来描述这些在平衡状态下的变化关系，这种图形就称为相图（Phase diagram），或叫相平衡状态图。相图可以指出某一组成的系统在指定条件下达到平衡时，系统中存在的相的数目和每个相的组成及其相对数量。

相图是相平衡的直观表现，与传统硅酸盐材料的生产和很多新材料的研制有密切关系。很多无机新材料的开发，一般都是根据所要求的性能确定其矿物组成。若根据所需要的矿物组成由相图来确定其配料范围，可以大大缩小实验范围，节约人力和物力。例如水泥、玻璃、陶瓷和耐火材料等都是将一定配比的原料混合，经过高温处理而形成的，它们大多是含有多种晶相和玻璃相的多相系统，而一些材料的性能与所得到的相组成及其含量是有关的，因此依据相图就可以阐明和控制这些变化的过程，使我们能通过一定的工艺处理，生产和研制出预期性能的材料。

必须指出，相平衡是在平衡条件下研究讨论的，即所研究的体系是完全达到平衡状态的系统。但是实际往往并非如此，比如在硅酸盐体系中，富 SiO_2 的硅酸盐熔体黏度很大，系统不易达到平衡，同时又受到反应时间和原料纯度的限制，所以在工业生产上，系统很难达到真正的平衡。因此，工业生产的情况和相平衡研究的结果是有出入的。虽然两者有出入，但是应用相图来分析、研究生产中的问题，尤其是对科学研究仍然具有重要的指导意义。

本章主要讲述相律、相平衡的研究方法，单元、多元相图的基本原理及应用，不同组元无机材料专业相图及其在无机材料组成设计、工艺方法选择、矿物组成控制及性能预测等方面的理论和实践知识。

7.1 相平衡概述及其研究方法

1876 年吉布斯根据前人的实验素材以严谨的热力学为工具，推导了多相平衡体系的普遍规律——吉布斯相律（Gibbs phase rule），又称相律。经过长期实践的检验，相律被证明是自然界最普遍的规律之一，是相图大厦的支柱。

7.1.1 热力学平衡态与非平衡态

相图又称相平衡状态图。实际上，相图上表示的一个体系所处的状态是一种热力学平衡态，即一个不再随时间而发生变化的状态。体系在一定热力学条件下从原先的非平衡态变化到该条件下的平衡态，需要通过相与相之间的物质传递，因而需要一定的时间。但这个时间可长可短，依系统的性质而定。从 0℃ 的水中结晶出冰，显然比从高温 SiO₂ 熔体中结晶出方石英要快得多。这是由相变过程的动力学因素决定的。然而，这种动力学因素在相图中完全不能反映，相图仅指出在一定条件下体系所处平衡状态（即其中所包含的相数以及各相的形态、组成和数量），而不管达到这个平衡状态所需要的时间。

相图的这种热力学属性对于讨论相平衡是特别重要的。以硅酸盐材料为例，硅酸盐材料是一种固体材料，与气体、液体相比，固体中的粒子由于受到近邻粒子的强烈束缚，其活动能力要小得多。即使处于高温熔融状态，由于硅酸盐熔体的黏度大，其扩散能力仍然是有限的。这就是说，硅酸盐体系的高温物理化学过程要达到一定条件下的热力学平衡状态所需要的时间往往比较长。而工业生产要考虑经济因素，保证一定的劳动生产率，其生产周期是受到限制的。因此，生产上实际进行的过程不一定能够达到相图上所指出的平衡状态。至于距平衡状态的远近，则要视系统的动力学性质及过程所经历的时间这两方面因素综合判断。但是，也不能因此而低估相图的普遍意义。由于相图所指示的平衡状态表示了在一定条件下系统所进行的物理化学变化的本质、方向和限度，因而它对我们从事科学研究以及解决实际问题仍然具有重要的指导意义。

由于上述的动力学原因，热力学非平衡态，即亚稳态（Metastable state），又称介稳态，经常出现于很多材料体系中。以 SiO₂ 系统为例，方石英从高温冷却时，只要冷却速度不是足够慢，由于晶型转变困难，往往不是转变为低温下稳定的 α-鳞石英、α-石英和 β-石英，而是转变为介稳态的 β-方石英。α-鳞石英也有类似的现象，冷却时往往直接转变为介稳态的 β-鳞石英和 γ-鳞石英，而不是热力学稳定态的 α-石英和 β-石英。相图绘制是以热力学平衡态为依据的，介稳态的出现是利用相图分析实际问题时必须加以注意的。但需要指出的是，介稳态的出现不一定都是不利的。由于某些介稳态具有我们所需要的性质，人们有时还创造条件（如快速冷却、掺加杂质等）有意把它保存下来。如水泥中的 β-C₂S、陶瓷中介稳的四方氧化锆、耐火材料硅砖中的鳞石英以及所有的玻璃材料，都是创造动力学条件有意保存下来的介稳态。这些介稳态在热力学上是不稳定的，处于较高的能量状态，始终存在着向室温下的稳定态变化的趋势，但由于其转变速度极其缓慢，因而它们实际上可以长期存在下去。

7.1.2 基本概念

根据吉布斯相律：

$$f = c - p + n$$

式中　f——自由度数，即在温度、压力、组分浓度等可能影响系统平衡状态的变量中，可以在一定范围内任意改变而不会引起旧相消失或新相产生的独立变量的数目；

　　　c——独立组分数，即构成平衡体系所有各相组成所需要的最少组分数；

　　　p——相数；

　　　n——指温度、压力、电场、磁场等影响系统平衡的外界因素，一般只考虑温度、压力

两个外界因素。

下面对体系、组分、相、相平衡和相图及相律的运用分别加以具体讨论，以便建立比较明确的概念。

7.1.2.1 体系

体系是指所选定的对象，研究什么物质，这种物质就称为体系。体系以外与体系有相互作用的一切物质叫环境。

凡是能够忽略气相影响，只考虑液相与固相参加的相平衡体系，称为凝聚体系。比如硅酸盐体系一般属于凝聚体系。

7.1.2.2 组分

组分就是形成某一体系的各种纯物质。比如我们研究 Al_2O_3-SiO_2 系统，则 Al_2O_3 和 SiO_2 就是组分。这种纯物质是能够单独分离出来的。结合独立组分的概念可知在没有化学反应的体系中，独立组分数等于组分数。如果有化学反应发生，则独立组分数要少于组分数。又如硅酸盐可视为金属碱性氧化物与酸性氧化物 SiO_2 化合而成。生产上也经常采用氧化物（或高温下分解为氧化物的盐类）作为原料。因此，在硅酸盐系统中经常采用氧化物作为系统的组分，如 SiO_2 一元系统、Al_2O_3-SiO_2 二元系统、CaO-Al_2O_3-SiO_2 三元系统等等。值得注意的是，硅酸盐物质的化学式习惯上往往以氧化物形式表达，如硅酸二钙写成 $2CaO \cdot SiO_2$（C_2S）。当我们去研究 C_2S 的晶型转变时，切不能把它视为二元系统。因为 $2CaO \cdot SiO_2$ 这种化学式的习惯表示方法仅表示出它是 CaO-SiO_2 二元系统中两组分之间所生成的一个化合物，表示出其中所包含的各种离子的数量关系，而绝不是表示其中含有 CaO 和 SiO_2。C_2S 已经是一种新的化合物，而不是 CaO 和 SiO_2 的简单混合物，它具有自己的化学组成和晶体结构，因而具有自己的化学性质和物理物质，根据相平衡中组分的概念，对它单独加以研究时，它应该属于一元系统。同理，$K_2O \cdot Al_2O_3 \cdot 4SiO_2$-$SiO_2$ 系统是一个二元系统，而不是三元系统。

7.1.2.3 相

按照相的定义，相是指系统内部物理和化学性质相同而且完全均匀一致的部分。其基本特征是：相与相之间有分界面，可以采用机械方法把它们分开。相与物质数量无关，也和物质是否连续无关。需要注意的是，这个"均匀"的要求是严格的，非一般意义上的均匀，而是一种微观尺度的均匀。按照上述定义，分别讨论在相平衡中经常会遇到的各种情况。

（1）形成机械混合物

几种物质形成的机械混合物，不管其粉磨得多么细，都不可能达到相所要求的微观均匀，因而都不能视为单相，有几种物质就有几个相。在硅酸盐系统中，在低共熔温度下从具有低共熔组成的液相中析出的共熔混合物是几种晶体的混合物。因而，从液相中析出几种晶体，即产生几种新相。

（2）生成化合物

组分间每生成一个新的化合物，即形成一种新相。当然，根据独立组分的定义，新化合物的生成不会增加系统的独立组分数。

（3）形成固溶体

由于在固溶体晶格上各组分的粒子是随机均匀分布的，其物理性质和化学性质符合相的均匀性要求，因而组分间每形成一个固溶体算一个相。

(4) 同质多晶现象

在硅酸盐体系中，这是极为普遍的现象。同一物质的不同晶型（变体）虽具有相同化学组成，但由于其晶体结构和物理性质不同，因而分别各自成相。有几种变体，即有几个相。

(5) 硅酸盐高温熔体

组分在高温下熔融所形成的熔体，即硅酸盐系统中的液相，一般表现为单相。如发生液相分层，则在熔体中有两个相。

(6) 介稳变体

介稳变体是一种热力学非平衡态，一般不出现于相图中。鉴于在硅酸盐系统中，介稳变体实际上经常产生，为了实用上的方便，在某些一元、二元系统中，也可以将介稳变体及由此而产生的介稳平衡的界限标示于相图中。这种界限一般不用实线，而用虚线表示，以与热力学平衡态相区别。

7.1.2.4 相平衡和相图

① 相平衡：就宏观而言，体系处于平衡状态必须温度恒定、成分均匀、压力恒定，从热力学讲就是此时体系自由能最低；就微观而言，在平衡态时，分子或离子间反应仍在不断进行，只是体系中物质的变化速度和数量相等而已。举一个简单例子，对于水和水蒸气二相体系，当每个时刻从液相中转入气相的分子数正好等于从气相中转入液相的分子数，这时就说该体系处于气-液两相平衡。相平衡又有单相平衡和多相平衡之分。具体而言，相平衡是研究平衡时，体系的状态如何随温度、压力、组分的浓度等变数的变化而变化的规律。

② 相图：根据相平衡实验结果，制成几何图形来描述温度、压力、组分的浓度在平衡态下的变化关系，即为相图。相图上可以反映出许多对工业生产、科学研究有重要价值的内容。

7.1.2.5 凝聚系统中的相律

对于凝聚系统，在温度和压力这两个影响系统平衡的外界因素中，压力对不含气相的固液相之间的平衡影响很小，变化不大的压力实际上不影响凝聚系统的平衡状态。大多数硅酸盐物质属难熔化合物，挥发性很小，因而硅酸盐系统一般均属于凝聚系统。由于对于凝聚系统，压力这一平衡因素可以忽略（如同电场、磁场对一般热力学体系相平衡的影响可以忽略一样），加上通常我们是在常压下研究体系和应用相图的（即压力为 1 个大气压的恒值），因而相律在凝聚系统中具有如下形式：

$$f = c - p + 1$$

本章在讨论二元以上的系统时均采用上述相律表达式。此时虽然相图上没有特别标明，应理解为是在外压为 1 个大气压下的等压相图。并且即使外压变化，只要变化不是太大，对系统的平衡不会有多大影响，此相图图形仍然适用。对于一元凝聚系统，为了能充分反映纯物质的各种聚集状态（包括超低压的气相和超高压可能出现的新的晶型），我们并不把压力恒定，而是仍取为变量，这是需要引起注意的。

7.1.3 相平衡的研究方法

在凝聚系统相图中，相平衡研究方法的实质是利用系统发生相变时的物理化学性质或能

量的变化，用各种实验和计算的方法准确地测量出相变时的温度，例如，对应于液相线和固相线的温度、多晶转变的温度、化合物的分解和形成的温度等。

下面就硅酸盐系统相平衡常用的研究方法作简单介绍。

7.1.3.1 动态法

这种方法的实质是观察系统中的物质在加热和冷却过程中所发生的热效应，据此画出加热和冷却曲线，以确定相变温度。常用的有加热或冷却曲线法（Heating or cooling curves）和差热分析法（Differential thermal analysis，DTA）两种。

（1）加热或冷却曲线法

这种方法是制作相图的常用方法，原理很简单，其要点是准确地测出系统在加热或冷却过程中的温度-时间曲线。如果系统在均匀加热或冷却过程中不发生相变，则温度的变化是均匀的，曲线是圆滑的；反之，若有相变发生，则因有热效应产生，在曲线上必有突变和转折。对于单一的化合物来说，转折处的温度就是其熔点或凝固点，或者是其分解反应点。对于混合物来说，加热时的情况就较复杂，可能是其中某一化合物的熔点，也可能是同别的化合物发生反应的反应点，因此用冷却曲线法较为合适。因为当系统从熔融状态冷却时，析出的晶相是有序的，结晶能力大的先析出。因此，在相平衡的研究中，冷却曲线是重要的研究方法。

图 7-1 是具有一个不一致熔融化合物的二元系统相图及某些组成的系统从高温液态逐步冷却得到的冷却曲线。根据作出的冷却曲线，以温度为纵坐标，组成为横坐标，将各组成的冷却曲线上的结晶开始温度、转熔温度和结晶终了温度分别连接起来，就可得到该系统的相图。此法要求试样均匀，温度要快而准，对于相变迟缓系统的测定准确性较差。

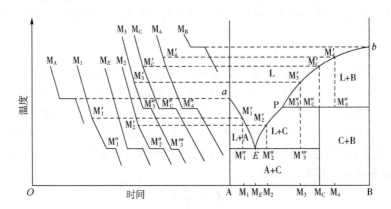

图 7-1　具有一个不一致熔融化合物的二元系统的冷却曲线及相图

若相变时产生的热效应很小（例如多晶转变），在加热和冷却曲线上就不易观察出来。为了准确地测出这种相变过程的微小热效应，通常采用差热分析法。

（2）差热分析法

差热分析法，简称 DTA，其基本原理是：采用两对热电偶，把冷端的一对同各极相连接，做成差热电偶。将一对热电偶的热端插入被测试样内，另一对插入标准样品内（也称基准物），冷端放入恒温器，保持温度不变化，图 7-2 为其装置示意图。作为标准样品的物料，应当在所测量的温度范围内不发生任何相变化，这就是所谓的惰性物质。分析硅酸盐物质时，通常用高温煅烧过的 $\alpha\text{-}Al_2O_3$。将样品座置于匀速升温的电炉内。在被测式样没有热效应产生时，试

样与标准样品升高的温度相同，于是差热电偶两个热端所产生的热电势相等，但因方向相反而抵消，检流计指针不发生偏转。当试样有相变时，由于产生了热效应，因此试样和标准样品之间的温度差破坏了热电势的平衡，此时检流计指针偏转的程度表示了热效应的大小。毫伏计则用于记录系统的温度。

以系统的温度为横坐标，以检流计读数为纵坐标，可以作出差热曲线。在试样没有热效应时，曲线呈平直形状；在有热效应时，曲线上则有谷或峰出现。图 7-3 表示石英的差热曲线，从图中可以看到加热至 573℃ 时有一吸热效应，此时 β-石英转变为 α-石英。冷却时，α-石英在 573℃ 又转变为 β-石英，此时显示出放热效应。

差热分析不仅可以用来准确地测出物质的相变温度，而且也可以用来鉴定未知矿物，因为每一种矿物都具有一定的差热分析特征曲线。

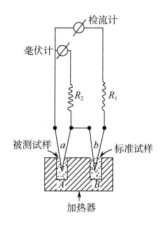

图 7-2　差热分析装置示意图

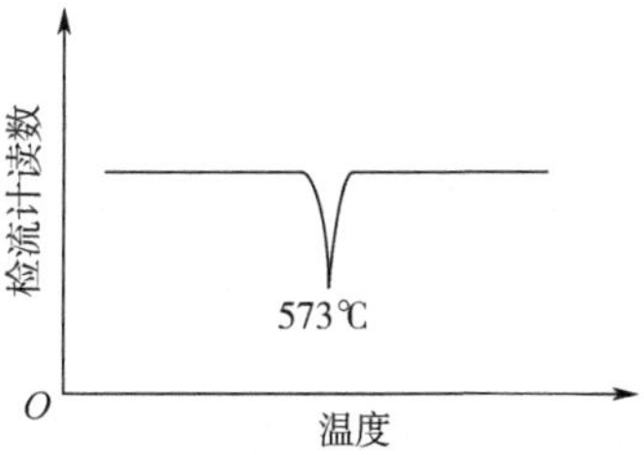

图 7-3　石英的差热曲线

7.1.3.2　静态法（即淬冷法）

在相变速度很慢或有相变滞后现象产生时，应用动态法常常不易准确测定出真正的相变温度，而产生严重的误差。在这种情况下，用静态法（即淬冷法）则可以有效地克服这种困难。

淬冷法装置示意图如图 7-4 所示。其原理是将选定的不同组成的试样长时间在一系列预定的温度下加热保温，使它们达到该温度下的平衡状态，然后把试样迅速落入水浴（油浴或汞浴）中淬冷。由于相变来不及进行，因而冷却后的试样就保存了高温下的平衡状态。把所有的淬冷试样进行显微或 X 射线物相分析，就可以确定相的数目及其性质随组成、淬冷温度而变化的关系。将测定结果记入相图中的对应位置上，即可绘制出相图。

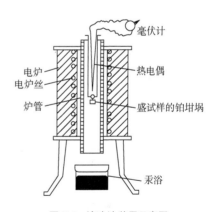

图 7-4　淬冷法装置示意图

7.1.3.3　相图热力学计算法

相平衡是热力学在多相体系中重要研究内容之一，近年来随着计算技术的飞速发展以及各种基础热力学数据的不断完善，多相体系中相平衡关系已能根据热力学原理，从相自由焓-组成曲线加以推演而得到确定。这一方法不仅为相平衡的热力学研究提供了新的途径，同时

弥补了过去完全依靠实验手工测制相平衡状态图时，由于受到动力学因素的影响，平衡各相界线准确位置难以确定的不足，从而对相图的准确性制作提供重要的补充。

相图热力学计算法的基本原理是：确定系统在任一温度下可能出现的各相自由焓-组成曲线，根据同一自由焓-组成坐标系中的位置关系及系统自由焓最低原理与相平衡化学势相等原则，当系统中可能出现的相在不同温度下自由焓-组成曲线及其相互位置关系确定之后，便可由此推导出相应于不同温度下相界点的平衡位置，确定各相间的平衡关系。

7.2　单元系统

单元系统中只有一种组分，不存在浓度问题，影响系统的平衡因素只有温度和压力，因此单元系统相图是用温度和压力两个坐标表示的。

单元系统中的 $c=1$，根据相律，$f=c-p+2=3-p$。系统中的相数不可能少于一个，因此单元系统的最大自由度为 2，这两个自由度即温度和压力；自由度最少为 0，所以系统中平衡共存的相数最多三个，不可能出现四相平衡或五相平衡状态。

在单元系统中，系统的平衡状态取决于温度和压力，只要这两个参变量确定，则系统中平衡共存的相数及各相的形态便可根据其相图确定。因此相图上的任意一点都表示了系统一定的平衡状态，称之为"状态点 (State Point)"。

7.2.1　水型物质与硫型物质

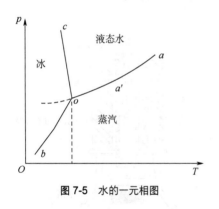

图 7-5　水的一元相图

在水的一元相图上（图 7-5），整个图面被三条曲线划分为三个相区 cob、coa 及 boa，分别代表冰、水、蒸汽的单相区。在这三个单相区内，显然温度和压力都可以在相区范围内独立改变而不会造成旧相消失或新相产生，因而自由度为 2，这时的系统是双变量系统，或说系统是双变量的。把三个单相区划分开来的三条界限代表了系统中的两相平衡状态：oa 代表水、蒸汽两相平衡共存，因而 oa 线实际上是水的饱和蒸气压线（蒸发曲线）；ob 代表冰、蒸汽两相平衡共存，因而 ob 线实际上是冰的饱和蒸气压曲线（升华曲线）；oc 代表冰、水两相平衡共存，因而 oc 线是冰的饱和熔融曲线。在这三条界线上，显然在温度和压力中只有一个是独立变量，当一个参数独立变化时，另一参数必须沿着曲线指示的数值变化，而不能任意改变，这样才能维持原有的两相平衡，否则必然造成某一相的消失。因而此时系统的自由度为 1，是单变量系统。三个单相区，三条界线汇聚于 o 点，o 点是一个三相点，反映了系统中冰、水、蒸汽的三相平衡共存状态。三相点的温度和压力是恒定的、严格的。要想保持系统的这种三相平衡状态，系统的温度和压力都不能有任何改变，否则系统的状态点必然要离开三相点，进入单相区或界线，从三相平衡状态变为单相或两相平衡状态，即从系统中消失一个或两个旧相。因此，处于三相平衡状态时系统的自由度为 0，处于无变量状态。

水的相图是一个生动的例子，说明相图如何用几何语言把一个系统所处的平衡状态直观而形象化地表示出来。只要知道了系统的温度、压力，即只要确定了系统的状态点在相图上的位置，便可以立即根据相图判断出此时系统所处的平衡状态：有几个相平衡共存，是哪几个相。

在水的相图上，值得一提的是冰的熔点曲线 oc 向左倾斜，斜率为负值。这意味着压力增大，冰的熔点降低，这是冰融化成水时体积收缩造成的。oc 的斜率可以根据克拉佩龙-克劳修斯方程计算：$dp/dT=\Delta H/(T\Delta V)$。冰融化成水时吸热 $\Delta H > 0$，而体积收缩 $\Delta V < 0$，因而造成 $dp/dT<0$。像冰这样熔融时体积收缩的物质并不多，将这类物质统称为水型物质。铋、镓、锗、三氯化铁等少数物质属于水型物质。印刷用的铅字，可以用铅铋合金浇铸，就是利用其凝固时的体积膨胀以充填铸模。大多数物质熔融时体积膨胀，相图上的熔点曲线向右倾斜，压力增加，熔点升高。这类物质统称为硫型物质。

7.2.2 具有同质多晶转变的单元系统相图

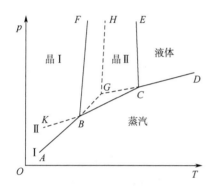

图 7-6 具有同质多晶转变的单元系统相图

图 7-6 是具有同质多晶转变的单元系统相图的一般形式。图上的实线把相图划分为四个单相区：ABF 是低温稳定的晶型 I 的单相区；$FBCE$ 是高温稳定的晶型 II 的单相区；ECD 是液相（熔体）区；低压部分的 $ABCD$ 是气相区。把两个单相区划分开来的曲线代表了系统中的两相平衡状态：AB、BC 分别是晶型 I 和晶型 II 的升华曲线；CD 是熔体的饱和蒸气压曲线；BF 是晶型 I 和晶型 II 之间的晶型转变线；CE 是晶型 II 的熔融曲线。代表系统中三相平衡状态的三相点有两个：B 点代表晶型 I、晶型 II 和气相的三相平衡；C 点表示晶型 II、熔体和气相的三相平衡。

图 7-6 上的虚线表示出系统中可能出现的各种亚稳（也称介稳）平衡状态（在一个具体单元系统中，是否出现介稳状态，出现何种形式的介稳状态，依组分的性质而定）。$FBGH$ 是过热晶型 I 的介稳单相区，$HGCE$ 是过冷熔体的介稳单相区，BGC 和 ABK 是过冷蒸气的介稳单相区，KBF 是过冷晶型 II 的介稳单相区。把两个介稳单相区划分开的用虚线表示的曲线，代表了相应的介稳两相平衡状态：BG 和 GH 分别是过热晶型 I 的升华曲线和熔融曲线；GC 是过冷熔体的饱和蒸气压曲线；KB 是过冷晶型 II 的饱和蒸气压曲线。三个介稳单相区汇聚的 G 点代表过热晶型 I、过冷熔体和气相之间的三相介稳平衡状态，是一个介稳三相点。

7.2.3 SiO₂ 系统

SiO₂ 在加热或冷却过程中具有复杂的多晶转变。SiO₂ 相图（图 7-7）示出了常压下各变体的稳定范围以及它们之间的晶型转化关系。SiO₂ 各变体及熔体的饱和蒸气压极小（2000K 时仅 10^{-7}MPa），相图上的纵坐标是故意放大的，以便于表示各界线上的压力随温度的变化趋势。

此相图的实线部分将全图划分成六个单相区，分别代表了 β-石英、α-石英、α-鳞石英、α-方石英、SiO₂ 高温熔体及 SiO₂ 蒸气六个热力学稳定态存在的相区。每两个相区之间的界线代

表了系统中的两相平衡状态。如 LM 代表了 β-石英与 SiO_2 蒸气之间的两相平衡，因而实际上是 β-石英的饱和蒸气压曲线。OC 代表了 SiO_2 熔体与 SiO_2 蒸气之间的两相平衡，因而实际上是 SiO_2 高温熔体的饱和蒸气压曲线。MR、NS、DT 是晶型转变线，反映了相应的两种变体之间的平衡共存。如 MR 线表示出了 β-石英与 α-石英之间相互转变时温度随压力的变化。OU 线则是 α-方石英的熔融曲线，表示了 α-方石英与 SiO_2 熔体之间的两相平衡。每三个相区汇聚的点都是三相点。图 7-7 中有四个三相点。如 M 点是代表 β-石英、α-石英与 SiO_2 蒸气三相平衡共存的三相点，O 点则是 α-方石英、SiO_2 熔体与 SiO_2 蒸气的三相点。

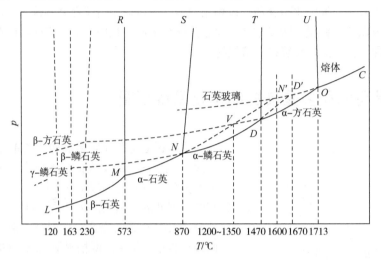

图 7-7 SiO_2 相图

由于晶体结构上的差异较大，α-石英、α-鳞石英与 α-方石英之间的晶型转变困难（这种转变通常称之为一级变体间的转变，而石英、鳞石英与方石英的高低温型，即 α、β、γ 之间的转变则称为二级变体间的转变）。只要加热或冷却不是非常缓慢的平衡加热或冷却，则往往会产生一系列介稳状态。这些可能发生的介稳态都用虚线表示在相图上。如 α-石英加热到 870℃ 时应转变为 α-鳞石英，但若加热速度不是足够慢，则可能成为 α-石英的过热晶体，这种处于介稳态的 α-石英可能一直保持到 1600℃（N' 点）直接熔融为过冷的 SiO_2 熔体。因此 NN' 实际上是过热 α-石英的饱和蒸气压曲线，反映了过热 α-石英与 SiO_2 蒸气两相之间的介稳平衡状态。DD' 则是过热 α-鳞石英的饱和蒸气压曲线，这种过热的 α-鳞石英可以保持到 1670℃（D' 点）直接熔融为 SiO_2 过冷熔体。在不平衡冷却中，高温 SiO_2 熔体可能不在 1713℃ 结晶出 α-方石英，而成为过冷熔体。虚线 ON' 在 CO 的延长线上，是过冷 SiO_2 熔体的饱和蒸气压曲线，反映了过冷 SiO_2 熔体与 SiO_2 蒸气两相之间的介稳平衡。α-方石英冷却到 1470℃ 时应转变为 α-鳞石英，实际上却往往过冷到 230℃ 转变成与 α-方石英结构相近的 β-方石英。α-鳞石英则往往不在 870℃ 转变成 α-石英，而是冷却到 163℃ 转变为 β-鳞石英，β-鳞石英在 120℃ 下又转变成 γ-鳞石英。β-方石英、β-鳞石英与 γ-鳞石英虽然都是低温下的热力学不稳定态，但由于它们转变为热力学稳定态的速度极慢，实际上可以长期保持自己的形态。α-石英与 β-石英在 573℃ 下的相互转变，由于彼此间机构相近，转变速度很快，一般不会出现过热、过冷现象。由于各种介稳状态的出现，相图上不但出现了这些介稳的饱和蒸气压曲线及介稳晶型转变线，而且出现了相应的介稳单相区以及介稳三相点（如 N'、D'），从而使相图呈现出复杂的形态。

对 SiO_2 相图稍加分析不难发现，SiO_2 所有处于介稳状态的变体（或熔体）的饱和蒸气压都比相同温度范围内处于热力学稳定态的变体的饱和蒸气压高。在一元系统中，这是一条普遍规

律。这表明，介稳态处于一种较高的能量状态，它有自发转变为热力学稳定态的趋势，而处于较低能量状态的热力学稳定态则不可能自发转变为介稳态。理论和实践都证明，在给定温度范围，具有最小蒸气压的相一定是最稳定的相，而两个相如果处于平衡状态，其蒸气压必定相等。

石英是硅酸盐工业上应用十分广泛的一种原料，因而 SiO_2 相图在生产和科学研究中有重要价值。现以耐火材料中硅砖的生产和使用为例进行说明。硅砖是在钢铁冶金和玻璃工业中常用的一种耐火材料，系用天然石英（β-石英）作原料经高温煅烧而成的。如上所述，由于介稳状态的出现，石英在高温煅烧冷却过程中实际发生的晶体转变是很复杂的。β-石英加热至573℃很快转变为 α-石英，而 α-石英当加热到870℃时并不是按相图指示的那样转变为 α-鳞石英，在生产的条件下，它往往加热到 1200～1350℃（过热 α-石英饱和蒸气压曲线与过冷 α-方石英饱和蒸气压曲线的交点 V，此点表示了这两个介稳相之间的介稳平衡状态）时直接转变为介稳的 α-方石英。这种实际转变过程并不是具有优良性能的制品所希望的。优良性能硅砖制品中鳞石英含量是越多越好，而方石英含量越少越好。这是因为在石英、鳞石英、方石英三种变体的高低温型转变中（即 α、β、γ 二级变体之间的转变），方石英体积变化最大（2.8%），石英次之（0.82%），而鳞石英最小（0.2%）（表 7-1）。如果制品中方石英含量高，则在冷却到低温时由于 α-方石英转变成 β-方石英伴随着较大的体积收缩而难以获得致密的硅砖制品。那么，如何可以促使介稳的 α-方石英转变为稳定态的 α-鳞石英呢？生产上一般是加入少量氧化铁和氧化钙作为矿化剂。这些氧化物在 1000℃左右可以产生一定量的液相，α-石英和 α-方石英不断溶入液相，α-鳞石英则不断从液相析出。一定量的液相生成，还可以缓解由于 α-石英转化为介稳态的 α-方石英时巨大的体积膨胀在坯体内所产生的应力（表 7-1）。虽然硅砖生产中加入了矿化剂，创造了有利的动力学条件，促成大部分介稳的 α-方石英转变成 α-鳞石英，但事实上最后必定还会有一部分未转变的方石英残留于制品中。因此，在硅砖使用时，必须根据 SiO_2 相图制订合理的升温制度，防止残留的方石英发生多晶转变时将窑炉砌砖炸裂。

表 7-1　SiO_2 多晶转变时的体积变化

一级变体间的转变	计算采取的温度/℃	在该温度下转变的体积效应/%	二级变体间的转变	计算采取的温度/℃	在该温度下转变的体积效应/%
α-石英→α-鳞石英	1000	+16.0	β-石英→α-石英	573	+0.82
α-石英→α-方石英	1000	+15.4	γ-鳞石英→β-鳞石英	117	+0.2
α-石英→α-石英玻璃	1000	+15.5	β-鳞石英→α-鳞石英	163	+0.2
玻璃石英→α-方石英	1000	−0.9	β-方石英→α-方石英	150	+2.8

7.2.4　ZrO_2 系统

ZrO_2 相图（图 7-8）的图形比 SiO_2 相图要简单得多，这是由于 ZrO_2 系统中出现的多晶现象和介稳状态不像 SiO_2 系统那样复杂。ZrO_2 有三种晶型：单斜 ZrO_2、四方 ZrO_2 和立方 ZrO_2。它们之间具有如下的转变关系：

$$单斜\,ZrO_2 \underset{\approx 1000℃}{\overset{\approx 1200℃}{\rightleftharpoons}} 四方\,ZrO_2 \overset{\approx 2370℃}{\rightleftharpoons} 立方\,ZrO_2$$

如图 7-9 所示，单斜 ZrO_2 加热到 1200℃时转变为四方 ZrO_2，这个转变速度很快，并伴随7%～9%的体积收缩。在冷却过程中，四方 ZrO_2 往往不在 1200℃转变成单斜 ZrO_2，而在

1000℃左右转变，即从相图上虚线表示的介稳的四方 ZrO_2 转变成稳定的单斜 ZrO_2。这种滞后现象在多晶转变中是经常可以观察到的（图7-10）。

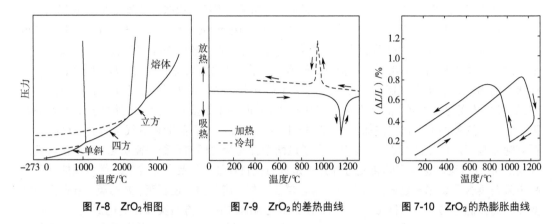

图7-8　ZrO_2 相图　　　　图7-9　ZrO_2 的差热曲线　　　图7-10　ZrO_2 的热膨胀曲线

ZrO_2 是特种陶瓷的重要原料，由于其单斜型与四方型之间的晶型转变伴有显著的体积变化，造成 ZrO_2 制品在烧成过程中容易开裂，生产上需采取稳定措施。通常是加入适量 MgO、CaO 或 Y_2O_3，在1500℃以上四方 ZrO_2 可以与这些稳定剂形成立方晶型的固溶体，Y_2O_3 的稳定效果更好。在冷却过程中，这些固溶体不会发生晶型转变，没有体积效应，因而可以避免 ZrO_2 制品的开裂。这种经稳定处理的 ZrO_2 称为稳定化立方 ZrO_2，又有部分稳定 ZrO_2 和完全稳定 ZrO_2 之分。

7.3　二元系统

二元系统存在两种独立组分，由于这两种组分之间可能存在各种不同的物理作用和化学作用，因而二元系统相图的类型要比一元相图类型多很多。阅读任何一张二元相图，重要的是必须弄清这张相图所表示的系统中所发生的物理化学过程的性质以及相图如何通过不同几何要素——点、线、面来表达系统的不同平衡状态。在本节中，仅把讨论范围主要局限于硅酸盐体系所属的只涉及固-液相平衡的凝聚系统。对于二元凝聚系统：

$$f=c-p+1=3-p$$

当 $f=0$ 时，$p=3$，即二元系统中可能存在的平衡共存的相数最多为3个。当 $p=1$ 时，$f=2$，即系统的最大自由度数为2。由于凝聚系统不考虑压力的影响，这两个自由度显然指温度和浓度。二元凝聚系统相图是以温度为纵坐标，系统中任一组分浓度为横坐标来绘制的。

依系统中两组分之间的互相作用不同，二元凝聚系统相图可以分成8个基本类型。熟悉了这些基本类型的相图，阅读具体系统的相图就不会感到困难了。

7.3.1　二元凝聚系统相图的基本类型

7.3.1.1　具有一个低共熔点的简单二元系统相图

具有一个低共熔点的简单二元系统相图的特点是：两个组分在液态时能以任何比例互溶，

形成单相溶液，但在固态则完全不互溶，两个组分各自从液相分别结晶。组分间无化学作用，不生成新的化合物。

虽然这类系统的相图具有最简单的形式（图7-11），但却是学习其他类型二元相图的重要基础。因此，对该相图需详尽地予以讨论。

图7-11中的a点是组分A的熔点，b点是组分B的熔点，E点是组分A和组分B的二元低共熔点。液相线aE、bE和固相线GH把整个相图划分成四个相区。液相线aE、bE以上的L相区是高温熔体的单相区。固相线GH以下的A+B相区是由晶体A和晶体B组成的两相区。液相线与固相线之间的两个相区，aEG区代表液相与组分A的晶体平衡共存的两相区（L+A），bEH区则代表液相与组分B的晶体平衡共存的两相区（L+B）。

掌握此相图的关键是理解aE、bE两条液相线及低共熔点E的性质。液相线aE实质上是一条饱和曲线（或称熔度曲线，类似含水二元系统的溶解度曲线），任何富A高温熔体冷却到aE线上的温度，即开始对组分A饱和而析出A的晶体；同样，液相线bE则是组分B的饱和曲线，任何富B高温熔体冷却到BE线上的温度，即开始对组分B饱和，析出B的晶体。E点是这两条饱和曲线的交点，意味着E点液相同时对组分A和组分B饱和。因而，从E点液相中将同时析出A晶体和B晶体，此时系统中三相平衡，$f=0$，即系统处于无变量平衡状态，因而低共熔点E是此二元系统中的一个无变量点。E点组成称为低共熔组成，E点温度则称为低共熔温度。

现以组成为M的配料加热到高温完全熔融然后平衡冷却析晶的过程来说明系统的平衡状态如何随温度变化。将M配料加热到高温的M'点，因M'处于L相区，表明系统中只有单相的高温熔体（液相）存在。将此高温熔体冷却到T_C温度，液相开始对组分A饱和，从液相中析出第一粒A晶体，系统从单相平衡状态进入两相平衡状态。根据相律，$f=1$，即为了保持这种两相平衡状态，在温度和液相组成二者之间只有一个是独立变量。事实上，A晶体的析出，意味着液相必定是A的饱和溶液，温度继续下降时，液相组成必定沿着A的饱和曲线aE从C点向E点变化，而不能任意改变。系统冷却到低共熔温度T_E，液相组成到达低共熔点E，从液相中将同时析出A晶体和B晶体，系统从两相平衡状态进入三相平衡状态。按照相律，此时系统的$f=0$，系统是无变量的，即只要系统中维持着这种三相平衡关系，系统的温度就只能保持在低共熔温度T_E不变，液相组成也只能保持在E点的低共熔组成不变。此时，从E点液相中不断按E点组成中A和B的比例析出晶体A和晶体B。当最后一滴低共熔组成的液相析出A晶体和B晶体后，液相消失，系统从三相平衡状态回到两相平衡状态，因而系统温度又可继续下降。整个析晶过程发生的相变化可用冷却曲线图7-12表示。

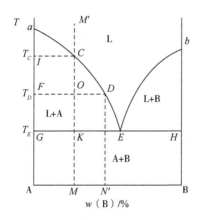

图7-11　具有一个低共熔点的简单二元系统相图

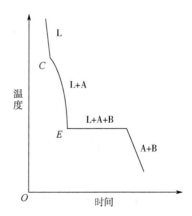

图7-12　M配料的冷却曲线

利用杠杆规则，还可以对析晶过程的相变化进一步做定量分析。在运用杠杆规则时，需要分清系统组成点、液相点、固相点的概念。系统组成点（简称系统点）取决于系统的总组成，是由原始配料组成决定的。在加热或冷却过程中，尽管组分 A 和组分 B 在固相与液相之间不断转移，但仍在系统内，不会逸出系统，因而系统的总组成是不会改变的。对于 M 配料而言，系统状态点必定在 MM′线上变化。系统中的液相组成和固相组成是随温度不断变化的，因而液相点、固相点的位置也随温度而不断变化。把 M 配料加热到高温的 M′点，配料中的组分 A 和组分 B 全部进入高温熔体，因而液相点与系统点的位置是重合的。冷却到 T_C 温度，从 C 点液相中析出第一粒 A 晶体，系统中出现了固相，固相点处于表示纯 A 晶体和 T_C 温度的 I 点。进一步冷却到 T_D 温度，液相点沿液相线从 C 点运动到 D 点，从液相中不断析出 A 晶体，因而 A 晶体的量不断增加，但组成仍为纯 A，所以固相组成并无变化。随温度下降，固相点从 I 点变化到 F 点。系统点则沿 MM′从 C 点变化到 O 点。因为固液两相处于平衡状态，温度必定相同，因而任何时刻系统点、液相点、固相点三点一定处于同一条等温的水平线上（FD 线称为结线，它把系统中平衡共存的两个相的相点连接起来），又因为固液两相系从高温单相熔体 M′分解而来，这两相的相点在任何时刻必定都分布在系统组成点两侧。以系统组成点为杠杆支点，运用杠杆规则（Lever rule）可以方便地计算任一温度处于平衡的固液两相的数量。如在 T_D 温度下的固相量和液相量可根据以下杠杆规则计算：

$$\frac{固相量}{液相量} = \frac{OD}{OF}$$

$$\frac{固相量}{固液总量} = \frac{OD}{FD}$$

$$\frac{液相量}{固液总量} = \frac{OD}{FD}$$

当系统温度从 T_D 继续下降到 T_E 时，液相点从 D 点沿液相线到达 E 点，从液相中同时析出 A 晶体和 B 晶体，液相点停在 E 点不动，但其数量则随共析晶过程的进行而不断减少。固相中除了 A 晶体（原先析出的和 T_E 温度下析出的），又增加了 B 晶体，而此时系统温度不能变化，固相点位置必离开表示纯 A 的 G 点沿等温线 GK 向 K 点运动。当最后一滴 E 点液相消失，液相中的 A、B 组分全部结晶为晶体时，固相组成必然回到原始配料组成，即固相点到达系统点 K。析晶过程结束以后，系统温度又可继续下降，固相点与系统点一起从 K 向 M 点移动。

上述析晶过程中固液相点的变化，即结晶路程用文字叙述比较烦琐，常用下列简便的表达式表示：

$$\text{液相点：} \quad M' \xrightarrow[f=2]{L} C \xrightarrow[f=1]{L \to A} E(L \longrightarrow A+B, f=0)$$

$$\text{固相点：} \quad I \xrightarrow{A} G \xrightarrow{A+B} K$$

平衡加热熔融过程恰是上述平衡冷却析晶过程的逆过程。若将组分 A 和组分 B 的配料 M 加热，则该晶体混合物在 T_E 温度下低共熔形成 E 组成的液相，由于三相平衡，系统温度保持不变，随着低共熔过程的进行，A、B 晶相量不断减少，E 点液相量不断增加。当固相点从 K 点到达 G 点，意味着 B 晶相已全部熔完，系统进入两相平衡状态，温度又可继续上升，随着 A 晶体继续熔入液相，液相点沿着液相线从 E 点向 C 点变化。加热到 T_C 温度，液相点到达 C 点，与系统点重合，意味着最后一粒 A 晶体在 I 点消失，A 晶体和 B 晶体全部从固相转入液

相，因而液相组成回到原始配料组成。

属于这种情况的典型二元系统有 $CaO \cdot SiO_2$（硅灰石）$-CaO \cdot Al_2O_3$ 等。

7.3.1.2 生成一个一致熔融化合物的二元系统相图

所谓一致熔融化合物是一种稳定的化合物。它与正常的纯物质一样具有固定的熔点，熔化时所产生的液相与化合物组成相同，故称一致熔融。这类系统的典型相图示于图 7-13，组分 A 与组分 B 生成一个一致熔融化合物 A_mB_n，M 点是该化合物的熔点。曲线 aE_1 是组分 A 的液相线，bE_2 是组分 B 的液相线，E_1ME_2 则是化合物 A_mB_n 的液相线。一致熔融化合物在相图上的特点是化合物组成点位于其液相线的组成范围内，即表示化合物晶相的 A_mB_n-M 线直接与其液相线相交，交点 M（化合物熔点）是液相线上的温度最高点。因此，A_mB_n-M 线将此相图划分为两个简单分二元系统。E_1 是 A-A_mB_n 分二元系统的低共熔点，E_2 是 A_mB_n-B 分二元系统的低共熔点。讨论任一配料的结晶路程与上述讨论简单二元系统的结晶路程完全相同。原始配料如落在 A-A_mB_n 范围，最终析晶产物为 A 和 A_mB_n 两个晶相。原始配料位于 A_mB_n-B 区间，则最终析晶产物为 A_mB_n 和 B 两个晶相。

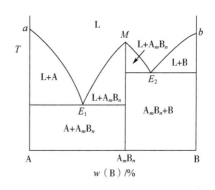

图 7-13　生成一个一致熔融化合物的二元系统相图

属于这种情况的典型二元系统有 MnO-Al_2O_3 等。

7.3.1.3 生成一个不一致熔融化合物的二元系统相图

所谓不一致熔融化合物是一种不稳定的化合物。加热这种化合物到某一温度便发生分解，分解产物是一种液相和一种晶相，二者组成与化合物组成皆不相同，故称不一致熔融。图 7-14 是此类二元系统的典型相图。加热化合物 C(A_mB_n) 到分解温度 T_P 温度，化合物 C 分解为 P 点组成的液相和组分 B 的晶体。在分解过程中，系统处于三相平衡的无变量状态（$f=0$），因而 P 点也是一个无变量点，称为包晶点，又称转熔点、回吸点、反应点。需要指出的是，P 点不一定是析晶终点。

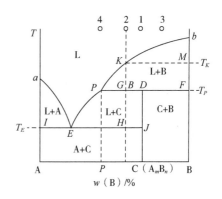

图 7-14　生成一个不一致熔融化合物的二元系统相图

曲线 aE 是与晶相 A 平衡的液相线，EP 是与晶相 C(A_mB_n) 平衡的液相线，bP 是与晶相 B 平衡的液相线。无变量点 E 是低共熔点，在 E 点发生如下变化：

$$L_E \xrightleftharpoons[\text{冷却}]{\text{加热}} A + C$$

另一个无变量点 P 是转熔点，在 P 点发生的相变化是：

$$L_P + B \underset{\text{冷却}}{\overset{\text{加热}}{\rightleftharpoons}} C$$

需要注意，转熔点 P 位于与 P 点液相平衡的两个晶相 C 和 B 的组成点 D、F 的同一侧，这与低共熔点 E 的情况不同。运用杠杆规则不难理解这种差别。不一致熔融化合物在相图上的特点是化合物 C 的组成点位于其液相线 PE 的组成范围以外，即 CD 线偏在 PE 的一边，而不与其直接相交。因此，表示化合物的 CD 线不能将整个相图划分为两个分二元系统。

现以图 7-14 中熔体 2 为例分析结晶路程。将熔体 2 冷却到 T_K 温度，从液相中析出第一粒 B 晶体，液相点随后沿液相线 KP 向 P 点变化，从液相中不断析出 B 晶体，固相点则从 M 点向 F 点变化。达到转熔温度 T_P，发生 $L_P + B \longrightarrow C$ 的转熔过程，即原先析出的 B 晶体此时又重新熔入 L_P 液相（或者说被液相回吸，本质是与液相起反应）而结晶出化合物 C。在转熔过程中，系统温度保持不变，液相组成保持在 P 点不变，但液相量和 B 晶相不断减少，C 晶相量不断增加，因而固相点离开 F 点向 D 点移动。当固相点到达 D 点，意味着 B 晶体已耗尽，转熔过程结束。系统中残留的两相是 L_P 和化合物 C，其含量可根据液相点 P、系统点 G 及固相点 D 的相对位置用杠杆规则确定。在 B 晶体耗尽以后，系统从三相平衡状态回复两相平衡状态，温度又可继续下降，液相点将离开 P 点沿与 C 晶体平衡的液相线 PE 向 E 点变化，从液相中不断析出 C 晶体。当最后一滴 L_E 液相消失，固相点必从 J 点到达 H 点，与系统点重合。此时全部析晶过程结束，所获得的析晶产物是 A 晶相与 C 晶相，两相的量可由 I、H、J 三点的相对位置计算。上述所讨论的熔体 2 的结晶路程可以下述表达式表示：

液相点： $2 \xrightarrow[f=2]{L} K \xrightarrow{L \to B} P(L_P + B \longrightarrow C, f = 0) \xrightarrow[f=1]{L \to C} E(L_E \longrightarrow A + C, f = 0)$

固相点： $M \xrightarrow{B} F \xrightarrow{B+C} D \xrightarrow{C} J \xrightarrow{C+A} H$

熔体 3 与熔体 2 不同，由于在转熔过程中 P 点液相先耗尽，其结晶终点不在 E 点，而在 P 点。熔体 1 在 P 点回吸，$L_P + B \longrightarrow C$，$L + B$ 同时消失，P 点是回吸点又是析晶终点。请读者自行分析。

对于该二元相图组成点析晶过程规律总结如表 7-2 所示。

属于这种情况的典型二元系统有 V_2O_5-Cr_2O_3 等。

表 7-2　组成点位置和析晶终点及最终物相之间的关系

组成	反应性质		析晶终点	物相
PD 之间	$L+B \longrightarrow C$	B 先消失	E	A+C
DF 之间	$L+B \longrightarrow C$	L 先消失	P	B+C
D	$L+B \longrightarrow C$	B 和 L 同时消失	P	C
P	$L \longrightarrow C$		E	A+C

7.3.1.4　生成在固相分解的化合物

化合物 A_mB_n 加热到低共熔温度 T_E 以下的 T_D 温度即分解为组分 A 和组分 B 的晶体，没有液相生成（图 7-15）。相图上没有与化合物 A_mB_n 平衡的液相线，表明从液相中不可能直接析出 A_mB_n。A_mB_n 只能通过 A 晶体和 B 晶体之间的固相反应生成。由于固态物质之间的反应速度很小（尤其在低温下），因而达到平衡状态需要的时间将是很长的。将晶体 A 和晶体 B 配

料，按照相图，即使在低温下也应获得 A+A_mB_n 或 A_mB_n+B，但事实上，如果没有加热到足够高的温度并保温足够长的时间，上述平衡状态是很难达到的，系统往往处于 A、A_mB_n、B 三种晶体同时存在的非平衡状态。

若化合物 A_mB_n 只在某一温度区间存在，即在低温下也要分解，则其相图形式如图 7-16 所示。在 $CaO\text{-}SiO_2$ 二元系统的子系统 $C_2S\text{-}CaO$ 中就存在固相分解情况。

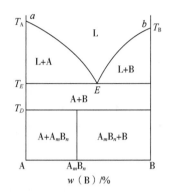

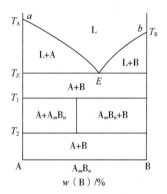

图 7-15 生成一个在固相分解的二元系统相图　　图 7-16 化合物固相分解发生在两个温度的二元系统相图

7.3.1.5　具有多晶转变的二元系统相图

同质多晶现象在硅酸盐体系中十分普遍。图 7-17 中组分 A 在晶型转变 P 点发生 A_α 与 A_β 的晶型转变，显然在 A-B 二元系统中的纯 A 晶体在 T_P 温度下都会发生这一转变，因此 P 点发展为一条晶型转变等温线。在此线以上的相区，A 晶体以 α 形态存在，此线以下的相区，则以 β 形态存在。

如晶型转变温度 T_P 高于系统开始出现液相的低共熔温度 T_E（图 7-18），则 A_α 与 A_β 之间的晶型转变在系统带有 P 组成液相的条件下发生，因为此时系统中三相平衡共存，所以 P 点也是一个无变量点。熔体 1 的结晶路程如下：

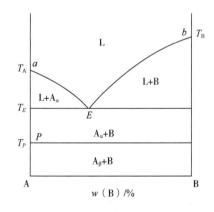

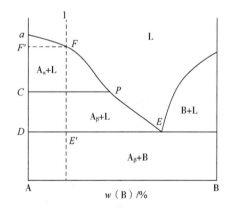

图 7-17 在低共熔温度以下发生多晶转变的　　　图 7-18 在低共熔温度以上发生多晶转变的
　　　　　二元系统相图　　　　　　　　　　　　　　　　二元系统相图

$$液相点:1 \xrightarrow[f=2]{L} F \xrightarrow[f=1]{L \longrightarrow A_\alpha} P(\xrightarrow[f=0]{L+A_\alpha \longrightarrow L+A_\beta}) \xrightarrow[f=1]{L \longrightarrow A_\beta}$$

$$E(L \longrightarrow A_\beta + B, f = 0)$$

固相点： $F' \xrightarrow{\text{A}_\alpha} C \xrightarrow{\text{A}_\beta} D \xrightarrow{\text{A}_\beta + \text{B}} E'(\text{A}_\beta + \text{B})$

$CaO \cdot Al_2O_3 \cdot 2SiO_2\text{-}SiO_2$ 系统相图中，石英多晶转变温度在低共熔点 1368℃ 之上，在液相中，α-方石英 $\longrightarrow$ α-鳞石英的转变温度为 1470℃。$CaO \cdot SiO_2\text{-}CaO \cdot Al_2O_3 \cdot 2SiO_2$ 系统相图中，CS 在低于低共熔点（1307℃）的温度，在固相中发生多晶转变：α-CS $\longrightarrow$ β-CS，转变温度为 1125℃。在 $CaO\text{-}SiO_2$ 二元系统的子系统 $CaO \cdot SiO_2(C_2S)\text{-}CaO$ 以及 $SiO_2\text{-}CaO \cdot SiO_2$（CS，硅灰石）中也存在晶型转变情况。

7.3.1.6　形成连续固溶体的二元系统相图

这类系统的相图形式如图 7-19 所示。液相线 aL_2b 以上的相区是高温熔体单相区，固相线 aS_3b 以下的相区是固溶体单相区，处于液相线与固相线之间的相区则是固液平衡的固液两相区。固液两相区内的结线 L_1S_1、L_2S_2、L_3S_3 分别表示不同温度下互相平衡的固液两相的组成。此相图的最大特点是没有一般二元相图上常常出现的二元无变量点，因为此系统内只存在液态溶液和固态两个相，不可能出现三相平衡状态。

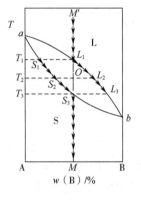

图 7-19　形成连续固溶体的
二元系统相图

M'高温熔体冷却到 T_1 温度时开始析出组成为 S_1 的固溶体，随后液相组成沿液相线向 L_3 变化，固相组成则沿固相线向 S_3 变化。冷却到 T_2 温度，液相点到达 L_2，固相点到达 S_2，系统点则在 O 点。根据杠杆规则，此时液相量:固相量 $= OS_2 : OL_2$。冷却到 T_3 温度，固相点 S_3 与系统点重合，意味着最后一滴液相在 L_3 消失，结晶过程结束。原始配料中的 A、B 组分从高温熔体全部转入低温的单相固溶体。

在液相从 L_1 到 L_2 的析晶过程中，固溶体组成需从原先析出的 S_1 相应变化到最终与 L_3 平衡的 S_3，即在析晶过程中固溶体需时时调整组成以与液相保持平衡。固溶体是晶体，原子的扩散迁移速度很慢，不像液态溶液那样容易调节组成，可以想象，只要冷却过程不是足够缓慢，不平衡析晶是很容易发生的。

具有这种类型的二元系统有 $MgO\text{-}FeO$、$Al_2O_3\text{-}Cr_2O_3$ 等。$2MgO \cdot SiO_2(M_2S)$ 和 $2FeO \cdot SiO_2(F_2S)$ 在高温能以各种比例互溶形成连续固溶体。

7.3.1.7　形成有限固溶体的二元系统相图

组分 A、B 间可以形成固溶体，但溶解度是有限的，不能以任意比例互溶。图 7-20 上的 $S_{A(B)}$ 表示 B 组分溶解在 A 晶体中所形成的固溶体，$S_{B(A)}$ 表示 A 组分溶解在 B 晶体中所形成的固溶体。aE 是与 $S_{A(B)}$ 固溶体平衡的液相线，bE 是与 $S_{B(A)}$ 固溶体平衡的液相线。从液相线上的液相中析出的固溶体组成可以通过等温结线在相应的固相线 aC 和 bD 上找到，如结线 L_1S_1 表示从 L_1 液相中析出的 $S_{B(A)}$ 固溶体组成是 S_1。E 点是低共熔点，从 E 点液相中将同时析出组成为 C 的 $S_{A(B)}$ 和组成为 D 的 $S_{B(A)}$ 固溶体。C 点表示了组分 B 在组分 A 中的最大固溶度，D 点则表示了组分 A 在组分 B 中的最大固溶度。CF 是固溶体 $S_{A(B)}$ 的溶解度曲线，DG 则是固溶体 $S_{B(A)}$ 的溶解度曲线。根据这两条溶解度曲线的走向，A、B 两个组分在固态互溶的溶解度是随温度下降而下降的。相图上六个相区的平衡各相已在图上标注。

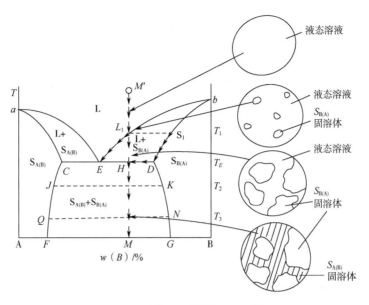

图 7-20 形成有限固溶体的二元系统相图

将 M' 高温熔体冷却到 T_1 温度，从 L_1 液相中析出组成为 S_1 的 $S_{B(A)}$ 固溶体，随后液相点沿液相线向 E 点变化，固相点从 S_1 沿固相线向 D 点变化。到达低共熔温度 T_E，从 E 点液相中同时析出组成为 C 的 $S_{A(B)}$ 和组成为 D 的 $S_{B(A)}$，系统进入三相平衡状态，$f=0$，系统温度保持不变，平衡各相组成也保持不变，但液相量不断减少，$S_{A(B)}$ 和 $S_{B(A)}$ 的量不断增加，固相总组成点 D 点向 H 点移动，当固相点与系统点 H 重合，最后一滴液相在 E 点消失。结晶产物为 $S_{A(B)}$ 和 $S_{B(A)}$ 两种固熔体。温度继续下降时，$S_{A(B)}$ 的组成沿 CF 线变化，$S_{B(A)}$ 的组成则沿 DG 线变化，如在 T_3 温度，具有 Q 组成的 $S_{A(B)}$ 与具有 N 组成的 $S_{B(A)}$ 两相平衡共存。M' 熔体的结晶路程可用固、液相的变化表示如下：

液相点：$M' \xrightarrow[f=2]{L} L_1 \xrightarrow[f=1]{L \to S_{B(A)}} E(L_E \longrightarrow S_{A(B)} + S_{B(A)}, f = 0)$

固相点：$S_1 \xrightarrow{S_{B(A)}} D \xrightarrow{S_{B(A)} + S_{A(B)}} H$

MgO-CaO 二元系统属于这种情况。

7.3.1.8 具有液相分层的二元系统相图

前面所讨论的各类二元系统中两个组分在液相都是完全互溶的。但在某些实际系统中，两个组分在液态条件下并不完全互溶，只能有限互溶。这时，液相分为两层，一层可视为组分 B 在组分 A 中的饱和溶液（L_1），另一层则可视为组分 A 在组分 B 中的饱和溶液（L_2）。图 7-21 中的 CKD 帽形区即一个液相分层区（二液区）。等温结线 $L_1'L_2'$、$L_1''L_2''$ 表示不同温度下互相平衡的两个液相的组成。温度升高，两层液相的溶解度都增大，因而其组成越来越接近，到达帽形区最高点 K，两层液相的组成已完全一致，分层现象消失，故 K 点是一个临界点，K 点温度叫临界温度。在 CKD 帽形区以外的其他液相区域均不发生分液现象，为单相区。曲线 aC、DE 均

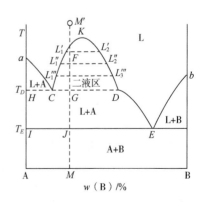

图 7-21 具有液相分层的二元系统相图

为与 A 晶相平衡的液相线，bE 是与 B 晶相平衡的液相线。除低共熔点 E，系统中还有另一个无变量点 D。在 D 点发生的相变化为 $L_C \underset{\text{加热}}{\overset{\text{冷却}}{\rightleftharpoons}} L_D + A$，即冷却时从 C 组成液相中析出晶体 A，而 L_C 液相转变为含 A 的 L_D 液相。

把 M' 高温熔体冷却到 L'_1，液相开始分层，第一滴具有 L'_2 组成的 L_2 液相出现，随后 L_1 液相沿 KC 线向 C 点变化，L_2 液相沿 KD 线向 D 点变化。冷却到 T_D 温度，L_C 不断分解为 L_D 液相和 A 晶体，直至 L_C 耗尽。L_C 消失以后，系统温度又可继续下降，液相组成从 D 点沿液相线 DE 到达 E 点，并在 E 点结束结晶过程，结晶产物是晶相 A 和晶相 B。上述结晶路程可用液、固相点的变化表示：

$$\text{液相点：} 1 \underset{f=2}{\overset{L}{\longrightarrow}} L'_1 \underset{f=1}{\overset{L_1+L_2}{\longrightarrow}} G (\underset{f=0}{\overset{L_C \longrightarrow L_D+A}{\longrightarrow}}) D \underset{f=1}{\overset{L}{\longrightarrow}} A \to E (L_E \longrightarrow A+B, f=0)$$

$$\text{固相点：} H \overset{A}{\longrightarrow} I \overset{A+B}{\longrightarrow} J$$

$SiO_2\text{-}CaO \cdot SiO_2$（CS，硅灰石）系统中有液相分层现象。

7.3.2 二元系统相图的举例

7.3.2.1 CaO-SiO₂ 系统相图

阅读像 CaO-SiO₂ 系统相图（图 7-22）这样图面比较复杂的二元相图，首先看系统中生成几个化合物以及各化合物的性质，根据一致熔融化合物可把系统划分成若干分二元系统，然后再对这些分二元系统逐一加以分析。

根据相图上的竖线可知 CaO-SiO₂ 二元中共生成四个化合物：CS（CaO·SiO₂，硅灰石）和 C₂S（2CaO·SiO₂，硅酸二钙）是一致熔融化合物，C₃S₂（3CaO·2SiO₂，硅钙石）和 C₃S（3CaO·SiO₂，硅酸三钙）是不一致熔融化合物，因此 CaO-SiO₂ 系统可以划分成 SiO₂-CS、CS-C₂S、C₂S-CaO 三个分二元系统。然后，对这三个分二元系统逐一分析各液相线、相区，特别是无变量点的性质，判明各无变量点所代表的具体相平衡关系，表 7-3 列出了 CaO-SiO₂ 系统中的无变量点。相图上的每一条横线都是一根主相线，当系统的状态点到达这些线上时，

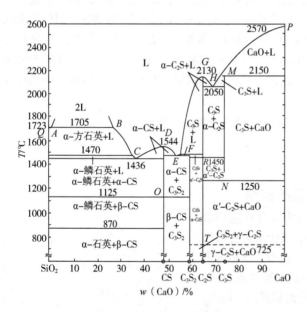

图 7-22 CaO-SiO₂ 系统相图

系统都处于三相平衡的状态。其中有低共熔线、转熔线、化合物分解或液相分解线以及多条晶型转变线。晶型转变线上所发生的具体晶型转变，需要根据和此线紧邻的上下两个相区所标示的平衡相加以判断。如 1125℃ 的晶型转变线，线上相区的平衡相为 α-鳞石英和 α-CS，而线下相区则为 α-鳞石英和 β-CS，此线必为 α-CS 和 β-CS 的转变线。

表 7-3　CaO-SiO₂ 系统中的无变量点

表 7-3　$CaO-SiO_2$ 系统中的无变量点

图上点号	相间平衡	平衡性质	组成（质量分数）/%		温度/℃
			CaO	SiO₂	
P	CaO ⇌ 液体	熔化	100	0	2570
Q	SiO₂ ⇌ 液体	熔化	0	100	1723
A	α-方石英 + 液体 B ⇌ 液体 A	分解	0.6	99.4	1705
B	α-方石英 + 液体 B ⇌ 液体 A	分解	28	72	1705
C	α-CS + α-鳞石英 ⇌ 液体	低共熔	37	63	1436
D	α-CS ⇌ 液体	熔化	48.2	51.8	1544
E	α-CS + C₃S₂ ⇌ 液体	低共熔	54.5	45.5	1460
F	C₃S₂ ⇌ α-CS + 液体	转熔	55.5	44.5	1464
G	α-C₂S ⇌ 液体	熔化	65	35	2130
H	α-C₂S + C₃S ⇌ 液体	低共熔	67.5	32.5	2050
M	C₃S ⇌ CaO + 液体	转熔	73.6	26.4	2150
N	α'-C₂S + CaO ⇌ C₃S	固相反应	73.6	26.4	1250
O	β-CS ⇌ α-CS	多晶转变	51.8	48.2	1125
R	α'-C₂S ⇌ α-C₂S	多晶转变	65	35	1450
T	γ-C₂S ⇌ α'-C₂S	多晶转变	65	35	725

先讨论相图左侧的 SiO_2-CS 分二元系统。在此分二元的富硅液相部分有一个分液区，C 点是此分二元的低共熔点，C 点温度为 1436℃，组成是含 37%CaO。由于在与方石英平衡的液相线上插入了 2L 分液区，使 C 点位置偏向 CS 一侧，而距 SiO_2 较远，液相线 CB 也因而较为陡峭。这一相图上的特点常被用来解释为何在硅砖生产中可以采取 CaO 作矿化剂而不会严重影响其耐火度。用杠杆规则计算，如向 SiO_2 中加入 1%CaO，在低共熔温度 1436℃ 下所产生的液相量为 1∶37=2.7%。这个液相量是不大的，并且由于液相线 CB 较陡峭，温度继续升高时，液相量的增加也不会很多，这就保证了硅砖的高耐火度。

在 CS-C_2S 这个分二元系统中，有一个不一致熔融化合物 C_3S_2，其分解温度是 1464℃。E 点是 CS 与 C_3S_2 的低共熔点。F 点是转熔点，在 F 点发生 L_F+α-C_2S ⇌ C_3S_2 的相变化。C_3S_2 常出现于高炉矿渣中，也存在于自然界中。

最右侧的 C_2S-CaO 分二元系统含有硅酸盐水泥的重要矿物 C_3S 和 C_2S。C_3S 是一个不一致熔融化合物，仅能稳定存在于 1250～2150℃ 的温度区间，在 1250℃ 分解为 α'-C_2S 和 CaO，在 2150℃ 则分解为 M 组成的液相和 CaO。C_2S 有 α、α'、β、γ 之间的复杂晶型转变（图 7-23）。常温下稳定的 γ-C_2S 加热到了 725℃ 转变为 α'-C_2S，α'-C_2S 则在 1420℃ 转变为高温稳定的 α'-C_2S，但在冷却过程中，α'-C_2S 往往不平衡转变为 γ-C_2S，而是过冷到 670℃ 左右转变为介稳态的 β-C_2S，β-C_2S 则在 525℃ 再转变为稳态的 γ-C_2S。β-C_2S 向 γ-C_2S 的晶型转变伴随 9% 的体积膨胀，可以造成水泥熟料的粉化。由于 β-C_2S 是一种热力学非平衡态，没有能稳定存在的温

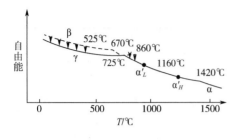

图 7-23 C₂S 的多晶转变

度区间，因而在相图上没有出现 β-C₂S 的相区，C₃S 和 β-C₂S 是硅酸盐水泥中含量最高的两种水硬性矿物，但当水泥熟料缓慢冷却时，C₃S 将会分解，β-C₂S 将转变为无水硬活性的 γ-C₂S，为了避免这种情况发生，生产上采取急冷措施，将 C₃S 和 β-C₂S 迅速越过分解温度或晶型转变温度，在低温下以介稳态保存下来。介稳态是一种高能量状态，有较强的反应能力，这或许就是 C₃S 和 β-C₂S 具有较高水硬活性的热力学上的原因。

7.3.2.2 Al₂O₃-SiO₂ 系统相图

图 7-24 是 Al₂O₃-SiO₂ 系统相图。在该二元系统中，只生成一个一致熔融化合物 A₃S₂（3Al₂O₃·2SiO₂，莫来石）。A₃S₂ 中可以固溶少量 Al₂O₃，固溶体中 Al₂O₃ 的摩尔分数在 60% 到 63% 之间。莫来石是普通陶瓷及黏土质耐火材料的重要矿物。

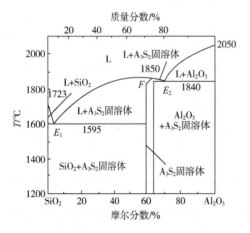

图 7-24 Al₂O₃-SiO₂ 系统相图

黏土是硅酸盐工业的重要原料。黏土加热脱水后分解为 Al₂O₃ 和 SiO₂，因此 Al₂O₃-SiO₂ 系统相平衡早就引起研究人员广泛的兴趣，先后发表了许多不同形式的相图。这些相图的主要分歧是莫来石的性质，最初认为其是不一致熔融化合物，后来认为是一致熔融化合物，到 20 世纪 70 年代又有人提出是不一致熔融化合物。这种情况在硅酸盐体系相平衡研究中是屡见不鲜的，因为硅酸盐物质熔点高，液相黏度大，高温物理化学过程速度缓慢，容易形成介稳态，这给实验上的相图制作造成了很大困难。

以 A₃S₂ 为界，可以将 A₃S₂-SiO₂ 系统划分成两个分二元系统。在 Al₂O₃-SiO₂ 这个分二元系统中，有一个低共熔点 E_1，加热时 SiO₂ 和 A₃S₂ 在低共熔温度 1595℃ 下生成含 Al₂O₃ 质量分数为 5.5% 的液相。低共熔点 E_1 点距 SiO₂ 一侧很近。如果在 SiO₂ 中加入质量分数为 1% 的 Al₂O₃，根据杠杆规则，在 1595℃ 下就会产生质量分数为 1:5.5 = 18.2% 的液相量，这样就会使硅砖的耐火度大大下降。此外，由于与 SiO₂ 平衡的液相线从 SiO₂ 熔点 1723℃ 向 E_1 点迅速下降，因此，对于硅砖来说，Al₂O₃ 是非常有害的杂质，其他氧化物都没有造成像 Al₂O₃ 这样大的影响，在硅砖的制造和使用过程中，要严防 Al₂O₃ 混入。

系统中液相量随温度的变化取决于液相线的形状。该分二元系统中莫来石的液相线 E_1F 在 1595～1700℃ 的温度区间比较陡峭，而在 1700～1850℃ 的温度区间则比较平坦。根据杠杆规则，这意味着一个处于 E_1F 组成范围内的配料加热到 1700℃ 前系统中的液相量随温度升高增加并不多，但在 1700℃ 以后，液相量将随温度升高而迅速增加。在使用化学组成处于这一范围，以莫来石和石英为主要晶相的黏土质和高铝质耐火材料时，这一点是需要引起注意的。

在 A₃S₂-Al₂O₃ 分二元系统中，A₃S₂ 熔点（1850℃）、Al₂O₃ 熔点（2050℃）以及低共熔点（1840℃）都很高。因此，莫来石质及刚玉质耐火材料都是性能优良的耐火材料。

7.3.2.3 MgO-SiO₂ 系统相图

图 7-25 是 MgO-SiO₂ 系统相图，表 7-4 中列出了 MgO-SiO₂ 系统中的无变量点。本系统中有一个一致熔融化合物 M₂S（Mg_2SiO_4，镁橄榄石）和一个不一致熔融化合物 MS（$MgSiO_3$，顽辉石）。M₂S 的熔点很高，达 1890℃。MS 则在 1557℃分解为 M₂S 和 D 组成的液相。

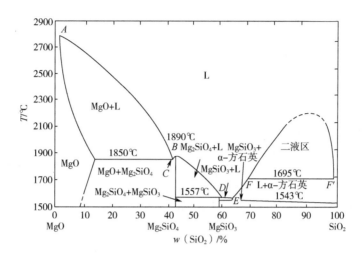

图 7-25 MgO-SiO₂ 系统相图

表 7-4 MgO-SiO₂ 系统中的无变量点

图上点号	相间平衡	平衡性质	温度/℃	组成（质量分数）/% MgO	SiO₂
A	液体 ⇌ MgO	熔化	2800	100	0
B	液体 ⇌ Mg₂SiO₄	熔化	1890	57.2	42.8
C	液体 ⇌ MgO+Mg₂SiO₄	低共熔	1850	约 57.7	约 42.3
D	Mg₂SiO₄+液体 ⇌ MgSiO₃	转熔	1557	约 38.5	约 61.5
E	液体 ⇌ MgSiO₃+α-方石英	低共熔	1543	约 35.5	约 64.5
F	液体 F' ⇌ 液体 F+α-方石英	分解	1695	约 30	约 70
F'	液体 F' ⇌ 液体 F+α-方石英	分解	1695	约 0.8	约 99.2

在 MgO-Mg₂SiO₄ 这个分二元系统中，有一个固溶少量 SiO₂ 的 MgO 有限固溶体单相区以及此固溶体与 Mg₂SiO₄ 形成的低共熔点 C，低共熔温度为 1850℃。

在 Mg₂SiO₄-SiO₂ 分二元系统中，有一个低共熔点 E 和一个转熔点 D，在富硅的液相部分出现液相分层。这种在富硅液相发生分液的现象，不但在 MgO-SiO₂、CaO-SiO₂ 系统中存在，而且在其他碱金属和碱土金属氧化物与 SiO₂ 形成的二元系统中也是普遍存在的。MS 在低温下的稳定晶型是顽辉石，1260℃转变为高温稳定的原顽辉石。但在冷却时，原顽辉石不易转变为顽辉石，而以介稳态保持下来，或在 700℃以下转变为另一介稳态顽辉石，并伴随 2.6%的体积收缩。原顽辉石是滑石瓷中的主要晶相，如果制品中发生向斜顽辉石的晶型转变，将

会导致制品气孔率增加，机械强度下降，因而在生产上要采取稳定措施予以防止。

可以看出，在 MgO-Mg$_2$SiO$_4$ 这个分系统中的液相线温度很高（在低共熔温度 1850℃以上），而在 Mg$_2$SiO$_4$-SiO$_2$ 分系统中液相线温度要低得多，因此，镁质耐火材料配料中 MgO 含量应大于 Mg$_2$SiO$_4$ 中的 MgO 含量，否则配料点落入 Mg$_2$SiO$_4$-SiO$_2$ 分系统，开始出现液相温度及全熔温度急剧下降，造成耐火度大大下降。

7.3.2.4 MgO-Al$_2$O$_3$ 系统相图

图 7-26 为 MgO-Al$_2$O$_3$ 系统相图，它对于镁铝制品、合成镁铝尖晶石制品有重要意义。

本系统中形成一个化合物——镁铝尖晶石（MA）。MA 组成中含 Al$_2$O$_3$ 质量分数为 71.8%，它将相图分成具有低共熔点 E_1（1995℃）和 E_2（1925℃）的两个子系统。由于 MgO、Al$_2$O$_3$ 及 MA 之间都具有一定的互溶性，故各成为一个低共熔型的有限固溶体相图。

由图 7-26 可以看出温度对彼此溶解度的影响，即温度升高溶解度增加，各在其低共熔温度时溶解度最大。在图 7-27 表示的 MgO-MA 系统中，在 1995℃时，以方镁石为主的固溶体中含 Al$_2$O$_3$ 质量分数为 18%，以尖晶石为主的固溶体中含 MgO 质量分数为 39%。温度下降时，互溶度降低，1700℃时方镁石中约固溶 Al$_2$O$_3$ 质量分数为 3%，至 1500℃时，MgO 与 MA 二者完全脱溶。同样可知，MA-Al$_2$O$_3$ 系统中在 800~1925℃变化时，尖晶石中的 Al$_2$O$_3$ 的质量分数波动在 72% ~ 92%之间。

由于 MA 有较高的熔点（2105℃）及其低共熔点，在尖晶石类矿物中与镁铬尖晶石（熔点约 2350℃）相似，具有许多优良性质，高温下又能与 MgO 等形成有限固溶体，所以 MA 是一种很有价值的高温相组成。用 MA 作为方镁石的陶瓷结合相，可以显著改善镁质制品的抗热震性，即制得性能优良的镁铝制品。由相图可知，从提高耐火度出发，镁铝制品的配料组成应偏于 MgO 侧。在该侧 Al$_2$O$_3$ 部分地固溶于 MgO，组成物开始熔融的温度较高。例如，物系组成中的 Al$_2$O$_3$ 含量为 5%或 10%时，开始熔融温度为 2500℃或 2250℃左右，比其共熔温度约高 500℃或 250℃；其完全熔融温度可高达 2780℃或 2750℃左右。

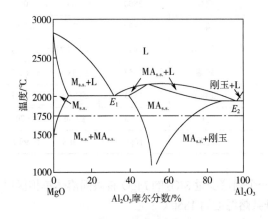

图 7-26 MgO-Al$_2$O$_3$ 系统相图

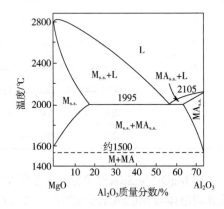

图 7-27 MgO-MA 系统相图

7.3.2.5 CaO-Al$_2$O$_3$ 系统相图

本系统有五个化合物：C$_3$A、C$_{12}$A$_7$、CA、CA$_2$、CA$_6$（图 7-28）。其中，C$_3$A 和 CA$_6$ 为一致熔融化合物，其余为不一致熔融化合物。其分解温度分别为 1539℃、1415℃、1602℃、1770℃和 1830℃。C$_{12}$A$_7$ 在通常湿度的空气中为一致熔融化合物，熔点为 1395℃；若在完全干燥的

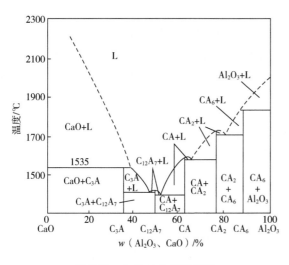

图 7-28 CaO-Al₂O₃ 系统相图

气氛中，发现 C_3A 和 CA 在 1360℃ 形成低共熔物，组成为 50.65%Al_2O_3、49.35%CaO，故此时一致熔融化合物 $C_{12}A_7$ 在状态图中没有其稳定相区。

C_3A 是硅酸盐水泥熟料的重要矿物，在白云石质耐火材料中也可以见到，它在加热到 1539℃ 时分解为 CaO 和液相。C_3A 和水反应极快，对水泥的水化和硬化影响很大。

CA 是矾土水泥和纯铝酸钙水泥的主要组分，一般呈无色柱状或长条状晶体，在加热到 1590℃ 时分解为 CA_2 和液相。CA 和水化合时反应也很快，反应产物强度亦很高，所以矾土水泥是快硬高强水泥。

CA_2 也是铝酸盐水泥的主要组分，呈柱状或针状无色晶体，比 CA 水化速度慢，早期强度低，后期强度会逐渐增高。

$C_{12}A_7$ 是铝酸盐水泥中的次要组分。它具有速凝特性，含量不宜太高。电熔铝酸盐水泥中往往会有少量 $C_{12}A_7$，因此凝结速度快，需要加缓凝剂后使用。

CA_6 有时候也存在于铝酸盐水泥中，一般为六方板状晶体，其水硬活性很弱，几乎无胶凝性能。CA_6 被认为是一种具有潜在用途的耐火材料。

7.4　三元系统

三元系统以二元系统为基础，把研究对象扩大为三个独立组分，因而三元凝聚系统相律为：$f=c-p+1=4-p$。$f_{min}=0$，则 $p_{max}=4$；$p_{min}=1$，则 $f_{max}=3$。最大自由度为 3，表明有三个独立变数，若已知温度和两个组分浓度（质量分数），第三个组分浓度即可计算得出。同时也说明三元相图应以三度空间图形表示。三元相图比二元相图要复杂得多，也更接近实际情况，在硅酸盐、冶金等方面应用得十分普遍，对科研和生产有重要指导作用。因此，它是相平衡状态图中的重点内容。

7.4.1　三元相图一般原理

三元系统组成通常以等边三角形表示，即称浓度三角形，如图 7-29 所示。三顶点分别表示 A、B、C 三个纯组分，每边长分为 10 等份，相当二元相图的组成轴。三角形内任一点即表示对应三元物系的组成，而任一三元物系组成在三角形内都有对应的点。

例如，对 BC 边上 M_1 点，因属 B-C 二元系统，其组成即可直接读出：70%C、30%B、0%A。对三角形内部的点（如 M 点），要确定它们的组成，通常有两种方法：平行线法和垂直线法。

（1）平行线法

此方法是利用正三角形的一个性质：通过正三角形内任一点作各边平行线，在各边上所截的线段长度之和等于三角形的一边长。如图7-29中的 M 点，过 M 点分别作三条边的平行线，在三条边上所截的线段分别为 a、b、c，则 $a+b+c=AB=100$。因此，可以利用这三段截线的长度，分别表示三个组分的浓度：

① 以 a 表示组分 A 的质量分数：$a=EB=$A%$=40$%；

② 以 b 表示组分 B 的质量分数：$b=AF=$B%$=20$%；

③ 以 c 表示组分 C 的质量分数：$c=FE=$C%$=40$%。

掌握平行线法，必须抓住它的对顶转移关系。即通过 M 点作顶角 A 对 BC 边的平行线，在两邻边上的截线 a 即为 A 的含量；同时过 M 点作顶角 B 对 AC 边的平行线，在两相邻边上的截线 b 即为 B 的含量；表示 C 组分含量的截线 c，按平行相等关系可转移到 AB 边上。这样 M 点的组成用一条边就能表示出来。

以上是由组成点确定三组分的组成含量，如果已知三元物系的组成，也可以根据对顶转移关系确定其组成点。例如已知三元物系的组成为50%A、30%B、20%C，求在浓度三角形中相应的组成点。如图7-30所示，可任选两个组分，如 A 和 B，分别作 A 对边 BC 和 B 对边 AC 的平行线，使其邻边上的截线分别为 $BD=50$% 和 $AE=30$%，这两条平行线的交点（M）即所要确定的组成点。

（2）垂直线法

此方法也是利用正三角形的一个性质：过正三角形内任一点分别向各边作垂线，三条垂线的总和等于三角形的高，如图7-31所示。把三角形的高定为100，即把三垂线之和定为100，则各垂线的长度可分别表示各组分的含量。这个方法中同样具有"对顶转移关系"。如过 M 点向顶角 A 对边 BC 作垂线，则垂线之长 a 为 A 组分的含量。同理可以作出 b 及 c，得 $a+b+c=CD=100$。

以上两种方法中，平行线法使用较方便，故在三元相图中得到普遍采用。

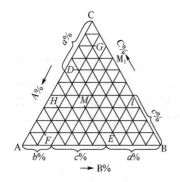

图7-29　浓度三角形组成表示法

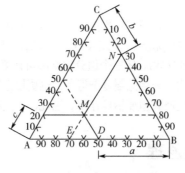

图7-30　由物系组成找出相应组成点

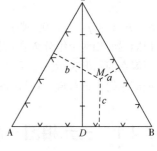

图7-31　垂直线法

7.4.2　浓度三角形的几个基本规则

7.4.2.1　等含量规则

在浓度三角形中，平行于一边的直线上的所有各点，其组成中都含有等量的对顶组分。

如图 7-32 所示，平行 AB 底边的直线 HI 上有 M_1、M_2、M_3 各点，它们在邻边上的截线长度均相等，所以都含有等量的对顶组分 C。

7.4.2.2 等比例规则

浓度三角形中，任一顶点向对边引一射线，则射线上所有点含其余两组分的数量比例均相等。

如图 7-33 所示，由 C 引一射线 CD，在 CD 线上任取 M_1、M_2 等点，并过 M_1、M_2 等点作 AB 平行线，由三角形相似关系则可证明下列等式：

$$\frac{a}{b} = \frac{a_1}{b_1} = \frac{a_2}{b_2} = \cdots = \frac{DB}{DA} \quad (\text{定值})$$

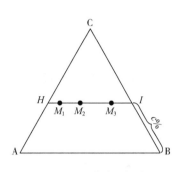

图 7-32　等含量规则

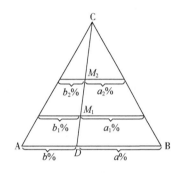

图 7-33　等比例规则

7.4.2.3 背向性规则

如图 7-34 所示，如果原始物系 M（如熔体）中只有纯组分 C 析晶时，则组成点 M 将沿 CM 延长线并背离顶点 C 的方向移动，如由 M 移动到 M'。析出的纯组分 C 愈多，则移动的距离愈长（离 C 点愈远），即剩余物系（如 M'）组成中组分 C 的含量愈少，而其他两组分（如 A、B）的数量比例不变。这个规则可以看作是定比例规则的一个自然推论。

7.4.2.4 杠杆规则

杠杆规则（Lever rule）在三元系统中同样适用，而且应用得更加广泛。

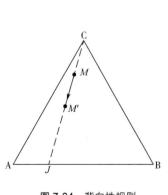

图 7-34　背向性规则

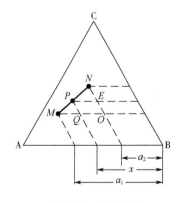

图 7-35　杠杆规则

如图 7-35 所示，设有两个原始物系：组成为 M 的质量为 m、组成为 N 的质量为 n。把两者混合为新混合物——新物系，则新物系组成点 P 必在 MN 连线上，而且 MP 和 NP 的长度与原物系质量 m、n 成反比，即：

$$\frac{MP}{NP} = \frac{n}{m}$$

证明：过物系组成点 M、N、P 各点分别作 BC 边的平行线，则截取 AB 边上各点的对应组分 A 的线段（含量）为：

$$M_A = a_1; \quad N_A = a_2; \quad P_A = x$$

根据混合前后物料质量不变，则其中组分 A（或 B 或 C）有下列恒等关系：

$$a_1m + a_2n = x(m+n)$$

整理得：

$$\frac{n}{m} = \frac{a_1 - x}{x - a_2}$$

再通过 M、P、N 各点作平行于 AB 边的平行线，构成两个相似三角形（$\triangle MPQ \backsim \triangle PNE$），则有：

$$\frac{MP}{PN} = \frac{a_1 - x}{x - a_2} = \frac{n}{m} \quad \text{或} \quad m \times MP = n \times NP$$

所以，三元系统的杠杆规则是：两个原物系的质量比例与连接各原物系组成点至新（总）物系组成点的线段长度成反比。

杠杆规则适用于两个原物系合成为一个新（总）物系的情况，也适用于一个原物系分解为两个新物系的情况。即已知两个原物系组成点，可以确定两者合为新物系的组成点；已知一个原物系组成点和其分解后的一个新物系组成点，也可以确定另一新物系组成点。

7.4.2.5 重心规则

如图 7-36 所示，如果有三个原物系（M_1、M_2、M_3）混合成为一新物系（M），则新物系组成点必在三个原物系组成点连成的三角形（$\triangle M_1M_2M_3$）内的重心位置。四个组成点构成的这种位置关系称为重心关系或重心规则。

这种关系常用下式表示：

$$M_1 + M_2 + M_3 = M$$

新物系组成（点）M 可用作图方法求出，也可用计算方法求出，现参照图 7-37 举例说明如下。

① 用作图法求 M 点的位置。设原物系 M_1 质量为 2kg、M_2 质量为 3kg、M_3 质量为 5kg，可应用两次杠杆规则在图上求出 M 点的位置。

首先把 M_1、M_2 合为物系 M'，把 M_1、M_2 连线分成 5 等份，即 $M_1 + M_2 = 5$，取 M' 点位于 $\frac{M'M_1}{M'M} = \frac{2}{3}$。然后连接，将连线分成 10 等份，即 $M' + M_3 = 10$，取 M 点位于 $\frac{M'M}{M_3M} = \frac{3}{5}$，则 M 点为所求新物系组成点的位置，可用平行线法读出 M 点的组成。

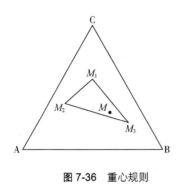

图 7-36 重心规则

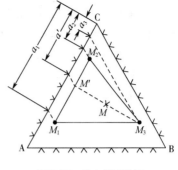

图 7-37 重心规则举例

② 用计算方法求 M 的组成。设三个原物系的组成和质量为：

$$M_1\text{——}a_1=70\%, \quad b_1=10\%, \quad c_1=20\%$$

$$M_2\text{——}a_2=20\%, \quad b_2=10\%, \quad c_2=70\%$$

$$M_3\text{——}a_3=10\%, \quad b_3=70\%, \quad c_3=20\%$$

$$G_1=2\text{kg}, \quad G_2=3\text{kg}, \quad G_3=5\text{kg}$$

对于各组分来说，变化前后的总质量保持不变，应具有下列数量关系：

$$G=G_1+G_2+G_3=2+3+5=10\text{kg}$$

$$\begin{cases} aG = a_1G_1 + a_2G_2 + a_3G_3 \\ bG = b_1G_1 + b_2G_2 + b_3G_3 \\ cG = c_1G_1 + c_2G_2 + c_3G_3 \end{cases}$$

所以有：

$$\begin{cases} a = \dfrac{1}{G}(a_1G_1 + a_2G_2 + a_3G_3) = 25\% \\[2mm] b = \dfrac{1}{G}(b_1G_1 + b_2G_2 + b_3G_3) = 40\% \\[2mm] c = \dfrac{1}{G}(c_1G_1 + c_2G_2 + c_3G_3) = 35\% \end{cases}$$

通过以上三个方程式的计算得到新物系 M 的组成，由此即可确定 M 在浓度三角形中的位置。这三个方程式与确定三个物体重心位置的方程式完全一致，这就从数学上证明出组成点 M 确在 $\triangle M_1M_2M_3$ 内的重心位置。

应该注意，组成点三角形的重心（M）与其三角形的几何重心是有区别的。组成三角形的重心（M）取决于各原物系的组成及其相对数量比例。因为各原物系的质量往往是不相等的，它不像均匀薄板的重心那样与其几何重心重合，即不在三个中线的交点处（几何重心），而是靠近质量大的那个原物系组成点。只有当三个原物系质量都相等的特殊情况下，组成点三角形的重心（M）才与其几何重心重合。

应用重心规则可以说明如下问题：若有一原物系（如某液相组成点）在某三个晶相组分构成的三角形内，则该物系可以分解（或析晶）出这三个组分的晶相，其组成及数量比例关系可用重心规则确定。

7.4.2.6 交叉位（相对位）规则

如图 7-38 所示，欲从三种原物系 M_1、M_2、M_3 中得到新物系 M，而 M 点的位置在组成点 $\triangle M_1M_2M_3$ 之外，且处于 M_1M_2 和 M_1M_3 延长线范围之内。显然，此情况不能适用重心规则。

新物系组成点 M 可用下述方法确定。连接 M、M_1 二点，交 M_3M_2 线于点 P，设想 P 为一中间物系，可用两种方法得到：

$$M_1+M=P \text{ 或 } M_2+M_3=P$$

所以有：

$$M_3+M_2=M+M_1 \text{ 或 } M_3+M_2-M_1=M$$

上式即为交叉位关系式。它表明：为了得到新物系 M，必须从两个旧物系 M_3+M_2 中取出若干量的 M_1 才能得到。取出 M_1 的量愈多，则 M 点沿着 M_1M 线并背离 M_1 点的方向移动得愈远。此时 MM_1 线与 M_3M_2 线发生交叉，故 M 点的位置称为"交叉位"。又因 M 点是与 M_1 点相对而存在的，所以称这种关系为交叉位关系或相对位关系。

由交叉位规则可推知，如果要从物系 M 分解为两新物系 M_3、M_2，则必须向物系 M 中加入若干量的 M_1，即：

$$M_3+M_2=M+M_1$$

7.4.2.7 共轭位规则

如图 7-39 所示，欲从三个物系 M_1、M_2、M_3 中得到新物系 M，而 M 点的位置在其组成点 $\triangle M_1M_2M_3$ 之外，并处于 M_1M_3 和 M_2M_3 交叉延长线范围内。此时新物系组成点 M 可用下述方法确定。

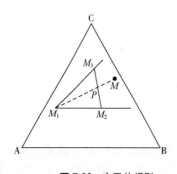

图 7-38 交叉位规则

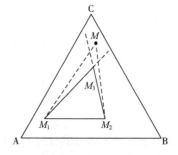

图 7-39 共轭位规则

引直线 MM_2、MM_1，因 M_3 在组成点的 $\triangle M_1M_2M$ 之内，根据重心规则：

$$M+M_1+M_2=M_3 \text{ 或 } M=M_3-(M_1+M_2)$$

上式为共轭关系式。该式表明：为了得到物系 M，必须从原物系 M_3 中取出若干量的 M_1 和 M_2。此时，M 点与 M_3 点处于共轭位置，故称为"共轭位关系"。由此可推知，如果要从原物系 M 中得到新物系 M_3 时，则必须向 M 中加入若干量的 M_1 和 M_2，即：

$$M_3 = M+(M_1+M_2)$$

上述各规则在三元相图中对分析熔体的析晶过程及其相量的计算方面将有重要作用。

7.4.3 三元相图的基本类型和基本规律

将三元系统的相图归纳为十种基本的相图类型。这些基本相图的相互组合可构成各种复杂的三元相图，因此它们是研究三元系统的基础。

7.4.3.1 具有低共熔点的三元系统

本系统的立体相图如图 7-40 所示。它既不生成化合物，也不形成固溶体，只有一个三元低共熔点，是三元相图中最简单的类型。以它作为示例，说明三元相图的结构，建立三元相图的空间概念，为讨论其他类型打下基础。

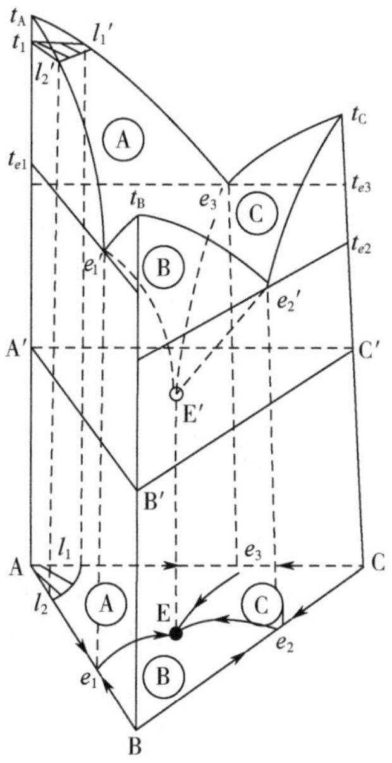

图 7-40 简单低共熔类型三元立体相图

（1）立体状态图的构成

三元立体相图以浓度三角形为底面，用垂直底面的高为温度坐标，整个图形是个三面棱柱体。它的三个侧面表示三个简单二元系统，e_1'、e_2'、e_3' 分别为二元低共熔点。所以三元相图是由三个二元系统构成的。

顶面由三个花瓣状的液相曲面构成，即 $t_A e_1' E' e_3' t_A$、$t_B e_2' E' e_1' t_B$ 和 $t_C e_3' E' e_2' t_C$，分别以纯组分的熔点 t_A、t_B 和 t_C 为其最高点。在液相面上为固、液两相平衡共存，面上每一点的温度都表示该系统全部熔融为液相的温度，也是从熔体中开始析晶的温度。在三个液相曲面上，首先析出的晶相分别是 A、B、C，所以也分别称为 A 初晶面、B 初晶面、C 初晶面（图中以 Ⓐ、Ⓑ、Ⓒ 表示）（注意：下文中凡 A 初晶区或 A 相在图中均以符号表示，其他类推）。

根据熔点降低原理，当二元系统中加入第三个组分，随着加入量的增加，二元低共熔点不断下降，从而形成三条低共熔曲线，即 $e_1' E'$、$e_2' E'$ 和 $e_3' E'$，它们是三个液相曲面的交界线，故又称为界限曲线（或界线）。

在界线上液相与两个晶相平衡共存。

三条界线在空中汇交于点 E'，它是液相面和界线上的最低温度点，故称为最低共熔点。在该点上液相与三个晶相（A、B、C）平衡共存，即 $p = 4$，$f = 0$，故 E' 为三元无变量点。E' 点的温度（$t_{E'}$）是加热三元混合物时出现液相的最低温度，也是冷却三元熔体时全部析晶为固相的温度。因而 E' 点也是析晶终了点（或析晶结束点）。在 E' 点析晶出来的物质称三元低共熔混合物。通过 E' 点作平行底面的截面，如面 $A'B'C'$，称为固相面，它表示所有三元系统的熔体冷却至固相面温度（即 $t_{E'}$ 温度）将全部析晶为固相。

在液相曲面以上为单一液相空间，固相面以下是固相空间（体积）。在液相面和固相面之间为液相与固相平衡共存的空间，其中又分为单固相（与液相）空间及双固相（与液相）空间。这两个空间在立体相图模型上可以看清楚。

三元立体相图上点、线、面、体等几何要素的意义列于表 7-5。

表 7-5　三元立体相图上各几何要素的意义

分类	符号（或部位）	名称	平衡关系	相律
点	t_A、t_B、t_C	纯组分熔点	$L \rightleftharpoons$ 单固相	单元
	e_1'、e_2'、e_3'	二元低共熔点	$L \rightleftharpoons$ 双固相	二元
	E'	三元低共熔点	$L \rightleftharpoons A+B+C$	$p=4$，$f=0$
线	$e_1'E'$、$e_2'E'$、$e_3'E'$	低共熔线（界线）	$L \rightleftharpoons$ 双固相	$p=3$，$f=1$
面	$t_A e_3'E' e_1' t_A$	A 初晶面	$L \rightleftharpoons A$	$p=2$，$f=2$
	$t_B e_2'E' e_1' t_B$	B 初晶面	$L \rightleftharpoons B$	
	$t_C e_3'E' e_2' t_C$	C 初晶面	$L \rightleftharpoons C$	
	$\triangle A'B'C'$	固相面	$L \rightleftharpoons A+B+C$	$p=4$，$f=0$
体（空间）	液相面以上	液相空间	（L）	$p=1$，$f=3$
	固相面以下	固相空间	（A+B+C）	$p=3$，$f=1$
	液相面与固相面之间	单固相空间	$L \rightleftharpoons$ 单固相	$p=2$，$f=2$
		双固相空间	$L \rightleftharpoons$ 双固相	$p=3$，$f=1$

（2）平面投影图

立体相图易于建立三元相图的立体概念，但不便于应用，因而普遍采用立体图的投影相图，即把立体相图上所有点、线、面均垂直投影到浓度三角形底面上，如把图 7-40 上所有点、线、面均垂直投影到底面上，则得图 7-41，此图即通称的简单三元低共熔型相图。A、B、C 三点因与棱的投影重合，所以它们既表示三元纯组分含量为 100%，又代表各自的熔点 t_A、t_B、t_C，浓度三角形的三条边代表立体图上三个侧面二元系统，e_1、e_2、e_3 为二元低共熔点的投影。e_1E、e_2E、e_3E 为三条低共熔线的投影。E 即为三元低共熔点。立体图上三个初晶面投影后变成以低共熔线为界线的三个相区，即 A、B、C 的初晶区。立体图上液相面的形状代表熔融温度高低变化情况，在平面图上则用箭头表示其温度降低的方向。液相面变化的陡度和确切温度则用等温线的方法表示。

（3）表示温度的方法——等温线

三元相图的等温线类似于地图上的等高线。它是利用等温截面得到的。方法是用平行于浓度三角形的平面去切割立体相图，截面与液相曲面的交线（截线）投影在浓度三角形上即表示某温度的等温线。如果以一定温度间隔（如每隔 100℃或 50℃等）分别作等温截面，可得到一系列的等温截线，投影在平面图上则成为一系列的等温线。

例如，图 7-40 中在 t_1 温度（$t_A>t_1>t_C$、t_B）作一等温截面，截线 l_1' l_2' 投影为图 7-41 中的 $l_1 l_2$，即表示 t_1 温度的等温线。图 7-42 中 t_0、t_1、t_2、t_3 等表示这些温度的等温线。等温线常以虚线表示并注明其温度。

由图 7-42 可见，等温线在各相区分布的疏密程度有不同。其等温线较密的相区，表示空间的液相曲面陡度较大；其等温线稀疏的相区，表示空间液相曲面较平坦。以此可以大致判断出组成的变化对熔点的影响，以及温度变化对液相量的影响。

（4）析晶过程分析

以图 7-42 中物系组成点 M 为例进行分析。图中垂直底面的 MM' 线为物系 M 的等组成线，线上各点代表物系 M 的总组成不变，但线上各点的温度（高度）不同。等组成线投影后为 M

点，所以在投影图上它是不变的。由于熔体冷却时发生析晶，析出固相和新的液相，而液相组成点的温度即相当于等组成线上的温度，所以在立体图及平面图上，可用液相组成点所在位置代表温度。平面图上用等温线判断。下面分析 M 点熔体的冷却析晶过程。

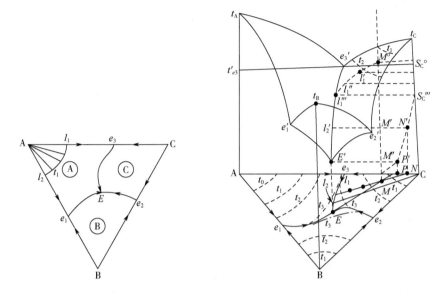

图 7-41　具有简单低共熔点的三元投影相图　　图 7-42　三元低共熔型相图等温线与析晶过程

① 当温度很高时，物系 M 全部为熔融的液相。物系组成点与液相组成点是一致的。随着温度下降，物系组成点将沿着等组成线自上而下移动。当物系等组成点降至 M' 点，即碰到液相面 $t_C e_3' E' e_2' t_C$ 时，开始析出固相 C（因为 M 点位于 C 初晶面内）。此时液相刚刚析出微量的固相 C，故液相组成在析晶前后可视为不变，仍以 M' 点表示。

② 当温度继续下降时，固相 C 不断析出，整个固相组成只有 C。由于固相 C 的析出，液相组成相应地改变。液相组成将沿着 C 初晶曲面变化，其变化方向和路程由背向性规则决定。在立体图上是沿着由 t_C、C、M、M'四点的平面与其初晶面相交而成的曲线（$t_C M'l_1'l_2'$）变化；在平面图上即沿着 CM 延长线并背离 C 的方向由 M 向 l_1 移动。

③ 温度继续下降，液相组成到达界线 e_3' E' 上的 l_1''' 点时，液相 l_1''' 同时析出固相 C 与 A，整个固相组成中开始出现微量 A 相。固相组成仍以 C 表示（对应 C 棱上 S_C'''）。

④ 温度继续下降，液相组成从 l_1''' 沿 e_3' E' 线向 E' 移动。由于不断析出固相 C 与 A，固相组成相应地离开 C 棱进入 C-A 二元侧面向 A 方向移动。在立体图上液相组成由 $l_1''' \rightarrow l_2 \rightarrow E'$，固相组成则由 $S_C''' \rightarrow N' \rightarrow P'$；在平面图上液相组成由 $l_1 \rightarrow l_2 \rightarrow E$，固相组成则由 $C \rightarrow N \rightarrow P$。

⑤ 当温度最后降至 $t_{E'}$ 时，液相组成在发生共析晶变化：

$$L(E') \longrightarrow C+A+B$$

此时 $p = 4$，$f=0$，说明是个等温度变化过程。此时开始出现固相 B，随相变进行，固相 C、A 与 B 同时不断析出，E' 点液相量不断减少，直至全部消失为止，析晶过程终了。与此同时固相组成从点 P' 沿 $P'M'$ 逐渐移向三棱体内的 M' 点，在平面图上则从 P 点移向 M 点。

⑥ 在温度 $t_{E'}$ 以下，全部为固相（C+A+B）。此后的过程只是温度下降，而无相变发生。固相组成即回复到原始物系组成 M 点。

关于析晶过程的表示方法，可用冷却曲线法：

液相点： $M \xrightarrow[p=2,f=2]{L \longrightarrow C} l_1 \xrightarrow[p=3,f=1]{L \longrightarrow C+A} E(L \longrightarrow C+A+B, p=4, f=0)$

固相点： $C \longrightarrow P \longrightarrow M$

一般箭头上方表示析晶、熔化或转熔的反应式，下方表示相数和自由度。也可用列表法描述。如图 7-43 所示 M 点析晶过程即可列表如表 7-6 所示。

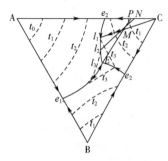

图 7-43 三元低共熔投影等温线与析晶过程

表 7-6 图 7-43 中 M 点的析晶过程

液相组成	固相	固相组成
M	C 出现	C 微量
$M \to l_1$	C	C
l_1	C+A 出现	$C+A$ 微量
$l_1 \to E$	C+A	$C \to P$
$E \to$ 消失	C+A+B 出现	$P \to M$
—	C+A+B	M

由以上讨论，可对析晶过程的规律性指出如下两点：

① 无论何种情况，只要存在相平衡关系，则原始物系组成点、液相组成点和固相组成点三者必在同一直线上，简称三点一线。而物系组成点也必在其他两点之间，它们严格遵守杠杆规则。此杠杆随着液相组成的变化，以原始组成点为支点而旋转。若固相中只有一种晶相时，相应的固相组成点则在三角形顶点上；若有两种晶相时，则在三角形边上；若有三种晶相时，则必在三角形内。

② 液相组成和固相组成的变化是经两条不同的路程（曲折线），必须注意两者各点间的"对应关系"，析晶终了后成为首尾相接的曲折线。

根据重心规则，在该系统中，不论原始组成点落在 $\triangle ABC$ 的哪个位置，其最终产物必定都是三个组分 A、B 和 C 的晶相，只是比例有区别，因此析晶终点一定在三个组分初晶区相交的无变量点上。

此外，从熔体冷却分析析晶情况的方法，对于熔铸的陶瓷、耐火材料、熔融法制水泥、玻璃等产品比较适宜，但对一般耐火制品则有一定局限性。这是因为多数耐火制品在其烧成温度下，只有部分物料熔融。因此，还须了解与冷却析晶过程相反的加热熔融过程的相变化。

（5）相量的计算方法

在三元系统中计算相量的方法主要是应用杠杆规则，其次还用平行线法，分别介绍如下。

① 用杠杆规则计算（图 7-43）。

例如液相组成为 l_1 时：

$$\frac{液相量(l_1)}{固相量(S_C)} = \frac{CM}{Ml_1}$$

所以：

$$L_1\% = \frac{CM}{Cl_1} \times 100\% , \quad S_C\% = \frac{Ml_1}{Cl_1} \times 100\%$$

液相组成为 l_2 时：

$$\frac{液相量(l_2)}{固相量(S_{C+A})}=\frac{NM}{Ml_2}$$

所以：

$$L_2\%=\frac{NM}{Ml_2}\times100\%，\quad S_{C+A}\%=\frac{Ml_2}{Nl_2}\times100\%$$

因为 $\dfrac{S_C}{S_A}=\dfrac{NA}{NC}$ ，所以：

$$S_C\%=\frac{Ml_2}{Nl_2}\times\frac{NA}{AC}\times100\%$$

$$S_A\%=\frac{Ml_2}{Nl_2}\times\frac{NC}{AC}\times100\%$$

液相组成刚到达 E 点时，其相量的计算方法与点 l_2 相似。

如果已知物系的总质量，则按上述的数量关系，即可分别求出各相的质量。

② 用平行线法计算（图 7-44 M 点）。此方法也以杠杆规则为基础。设熔体组成 M 冷却至 P 点，按杠杆关系连接 PM 并延长交 AC 边于 H 点，即固相由 A、C 两相组成。连接 PA、PC，并过 M 点作 $MR//PA$、$MS//PC$，分别交 AC 边于 R、S 点，按几何原理则有：$L_P\%=\dfrac{RS}{AC}\times100\%$；$S_A\%=\dfrac{CS}{AC}\times100\%$；$S_C\%=\dfrac{RA}{AC}\times100\%$。这种方法实际上

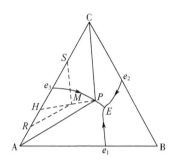

图 7-44　用平行线法确定各相含量

是用平行线法确定组成在不等边三角形中的应用。它比较简便，但较方法①要多画几条线。

7.4.3.2　具有一致熔融二元化合物的三元系统

该类型相图如图 7-45 所示。

（1）相图特点

本相图的特点是在 A-B 二元系统中形成一个一致熔融二元化合物 A_mB_n(D)，在图中有 D 对应的初晶区。如将化合物 D 视为一个纯组分，则连接 C、D 即可构成一个独立的二元系统，CD 与 E_1E_2 的交点 e 是该二元的低共熔点。由图可见，连线 CD 把相图分成两个分三角形（又称副三角形），即△ADC 和△DBC，每个分三角形相当于一个简单低共熔型的三元相图。图中 E_1、E_2 分别为两个三元系统的低共熔点。

在此指出判断化合物性质的原则：凡化合物组成点在其初晶区内，即为一致熔融化合物；凡化合物组成点在其初晶区外，即为不一致熔融化合物。如本图中 A_mB_n 的组成点 D 在 D 初晶区内，即

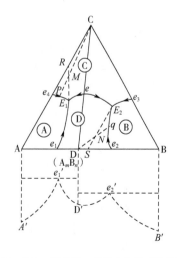

图 7-45　具有一致熔融二元化合物的三元相图

属一致熔融化合物。

还要指出 e 点的特殊性。e 是 C-D 二元系统低共熔点，是 CD 线上的最低温度点；而从 E_1E_2 界线上来看，其温度下降方向由 e 点分别指向 E_1 和 E_2，所以 e 点又是界线 E_1E_2 上最高温度点。因此常称 e 这类点为鞍心点（或鞍形点）。

（2）析晶过程分析

图 7-45 中组成点 M、N 的析晶过程列于表 7-7 中。

由表 7-7 看出析晶过程的起点和终点有规律性：物系组成点在哪个初晶区内，则先析出哪种晶相；它在哪个分三角形内，则该分三角形对应的无变量点是析晶终点；最终析晶产物应是分三角形三顶点代表的晶相（即在无变量点平衡共存的三个固相）。

表 7-7　图 7-45 中 M 点、N 点的析晶过程

物系点	液相组成	固相	固相组成
M	M	C 出现	C 痕量
在 C 初晶区内先析出 C	$M\to P$	C	C
	P	C+A 出现	$C+A$ 痕量
	$P\to E_1$	C+A	$C\to R$
$\triangle ADC$ 内 E_1 点析晶终了	$E_1\to$ 消失	C+A+D 出现	$R\to M$
	—	C+A+D	M
N	N	D 出现	D 痕量
在 D 初晶区内先析出 D	$N\to q$	D	D
	q	D+B 出现	$D+B$ 痕量
	$q\to E_2$	D+B	$D\to S$
$\triangle BDC$ 内 E_2 点析晶终了	$E_2\to$ 消失	D+B+C 出现	$S\to N$
	—	D+B+C	N

（3）连线规则（或温度最高点规则）

界线上的温度下降方向用该规则确定，它指出：连接相邻初晶区的两固相组成点的直线（或其延长线，称为连线）与其界线（或界线延长线）相交，则此交点为界线上温度最高点，界线的温度随离开此点而下降。需要指出的是，初晶区无交集的线不能称为连线，比如图 7-45 中的 AB 线不是连线，而 AC、CD、CB 都是连线。如图 7-45 所示，连接相邻两区ⓒ、ⓓ的组成点 C、D，CD 线与其界线 E_1E_2 直接相交于 e 点，则 e 点为 E_1E_2 线上温度最高点，线上的温度随离开 e 点向两侧下降，即温度箭头应指向 E_1 和 E_2。各种界线的温度下降方向均可用该规则来确定。

在三元系统中应用连线规则时，有可能出现三种情况。如图 7-46 所示，A、B 表示两固相组成点，Ⓐ、Ⓑ 为相邻初晶区，1-2 表示界限曲线。不论是出现哪种情况，交点总是界线上的温度最高点。

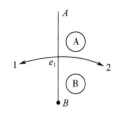 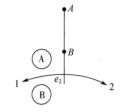 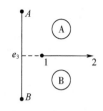

（a）连接线与界线直接相交　　（b）连接线延长线与界线相交　　（c）连接线与界线延长线相交

图 7-46　连（直）线规则

（4）三角形化

从图 7-45 已知，因化合物 A_mB_n 的出现，连接 CD 线可将原系统划分成两个分三角形，即成为两个简单低共熔型的三元相图。由此得出一个重要方法：对于生成化合物的复杂相图，可以把某些固相组成点连接起来，将原相图划分成若干个分三角形，使之简化。这种方法简称为"三角形化"。

三角形化的基本原则是：一般根据三元无变量点而划分。即每个三元无变量点一般都对应一个分三角形，该点上平衡共存的三个固相为其分三角形的三个顶点。无变量点可能在其分三角形内，也可能在其分三角形外。其具体方法是：凡是相邻初晶区的固相组成点应连成直线，不是相邻初晶区的固相组成点则不应连成直线。

例如图 7-47 具有两个一致熔融二元化合物：$m(A_nC_m)$、$n(B_nC_m)$。有五个初晶区：Ⓐ、Ⓑ、Ⓒ、ⓜ 及 ⓝ。根据三角形化的方法，应该连接 An 线、mn 线，而不应连接 Bm 线。因为图中Ⓑ、ⓜ 两初晶区不相邻，没有交界关系。这样将 A-B-C 三元系统划分成三个分三角形。它们与无变量点的对应关系是：△ABn 对应的无变量点是 E_1 点，△Amn 对应 E_2 点，△Cmn 对应 E_3 点。实验也证明：取 mB 与 nA 两线交点 P 组成的熔体，冷却析晶终了后得到的是固相 n 与 A 两种化合物，而没有固相 B 与 m。说明上述划分三角形是正确的。

应该指出，三角形划分之后，每个分三角形可成为各种不等边三角形，但在其中同样可以引申和应用有关三元相图的规律，只是各边采取的刻度大小不同而已。因此，它为分析和认识复杂相图提供了有利条件。

7.4.3.3　具有一致熔融三元化合物的三元系统

该类型相图如图 7-48 所示。系统中生成一个三元化合物 $A_xB_yC_z(S)$，图中有它的初晶区，其组成点 S 在它的初晶区内，故 S 为一致熔融化合物。

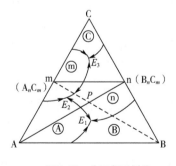

图 7-47　分三角形划分

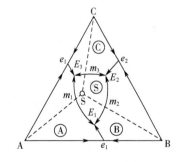

图 7-48　具有一致熔融三元化合物的三元相图

将该图三角形化，可划分成三个简单低共熔型的分三元系统。E_1、E_2、E_3 分别是三个分系统 A-B-S、A-C-S、B-C-S 的低共熔点。m_1、m_2、m_3 是三个鞍心点，由此可以确定出各界线上的温度下降方向。这类相图的析晶过程及其规律性与前两种类型基本相同，可自行分析比较。

7.4.3.4 具有不一致熔融二元化合物的三元系统

该类型相图如图 7-49 所示。

（1）相图特点

首先是在 A-B 二元中生成一个二元化合物 A_mB_n(D)，它的组成点 D 在其初晶区的外面，故属不一致熔融化合物。其次是无变量点 P 和界线 Pu 所具有的特殊性。下面分别讨论 P 点和 Pu 线的性质。

无变量点 P 和 E 点相比，具有不同的性质。E 点是 ⑧、⑥、⑩ 三个初晶区的汇交点，处于对应 $\triangle BDC$ 之内，构成重心位置关系，符合重心规则：E=B+D+C。如果 E 是液相组成点，则在 E 点的平衡关系是：$L_{(E)} \rightleftharpoons B+D+C$。即为共熔（或共析晶）关系，故 E 为低共熔点。

而 P 点是 ⑧、⑩、⑥ 三个初晶区的汇交点，处于对应 $\triangle ADC$ 之外，构成交叉位关系，见图 7-50，即符合交叉位规则 P+A=D+C，如果 P 点是液相组成点，则在 P 点的平衡关系是：$L_{(P)} + A \rightleftharpoons D+C$。

上述关系表明，当液相 P 冷却析晶时，原有的晶相 A 转熔（溶解或吸回）入液相中而析出两个晶相 D 和 C。这种相变过程称为转熔过程，P 点称为转熔点（或单转熔点，即有一个固相转熔）。

另外，汇交 E 点的三条界线上的温度箭头均指向 E 点，而汇交 P 点的三条界线中，有两条线上的温度箭头指向 P 点，有一条线上的温度箭头离开 P 点。如果从 P 点出发，即有两条界线上的温度是上升的，故又称 P 点为双升点。因此可以得出结论：根据无变量点与其对应三角形的位置关系，或者汇交无变量点的三条界线上温度箭头的指向，可以确定无变量点的性质。

Pu 界线与低共熔线相比，也具有不同的性质。在界线上是液相和两个固相平衡共存，但共存的性质可有不同。现比较如下：

$$e_3P \text{ 界线：} \quad L \rightleftharpoons A+C \quad （共析晶关系）$$
$$Pu \text{ 界线：} \quad L+A \rightleftharpoons D \quad （转熔关系）$$

由于 Pu 线具有转熔性质，故称它为转熔线（或吸回线）。在三元相图上的转熔线用双箭头标出，以便和共熔线区别。因此，三元相图的界线按性质不同，可分为两种：共熔线和转熔线。对这两种界线的不同性质，在相图上常用切线规则加以确定。

（2）切线规则——确定界线性质的方法

瞬时组成即液相在某一瞬间（时刻）所析晶的固相组成。它与前面谈到的固相组成（即析晶总产物的平均组成）不同。

如图 7-51 所示，设液相组成点 g 冷却变化至 k 点，这一过程中析出总固相的平均组成是 g″ 点。如果设想把 g 点向 k 点靠近时，表示固相平均组成的 g″ 点也必向 D 点靠近。当 g 点无限接近到与 k 点重合时，gg″ 线就与 kD 线重合，即成为 k 点的切线。此时，与液相平衡的固相组成为 D 点，D 点就是液相 k 析出固相的瞬时组成。同理，液相 g 析出固相的瞬时组成为 g′ 点，液相 h 析出固相的瞬时组成为 h′ 点（gg′、kD、hh′ 分别是界线上 g、k、h 各点的切线）。所以，界线上任一点液相析出固相的瞬时组成，是通过该点作界线的切线来确定。切线与两个平衡晶相组成点连线（或其延长线）的交点，即为固相的瞬时组成点。瞬时组成可以反映析晶过程中不同时刻的微小变化，因而可以用来判断析晶过程的性质。

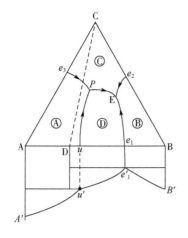 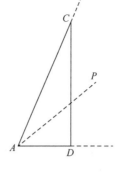 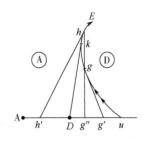

图 7-49　具有不一致熔融二元化合物的三元相图　　图 7-50　交叉位关系　　图 7-51　切线规则

切线规则的要点是：通过界线上各点作切线与两平衡晶相组成点的连线相交。如果交点都在连线之内，则为共熔线；如果交点在连线之外（即与延长线相交），则为转熔线，而且是远离交点的晶相（如 A 相）转熔；如果交点恰好和一晶相组成点重合（如 kD 切线的 D 点），则为性质有转变的界限，切点（如 k 点）是界线性质转变点。需要指出的是，具有性质转变点的界线并不是所有界线必然出现的现象。

下面仍以图 7-51 为例加以具体说明。界线 uE 的 kE 线段内，切线 hh' 交在 AD 连线内的 h' 点，即有如下平衡关系：

$$L \rightleftharpoons h'$$

而 $h' \rightleftharpoons A+D$，所以：

$$L \rightleftharpoons A+D \quad （共熔关系）$$

经过 kE 线上各点作切线判断，都具有与 h 点相同的性质，故确定 kE 线（段）为共熔线。界线 uE 的 uk 线段内，切线 gg' 交在 AD 连线以外（AD 延长线）的 g'，即有如下平衡关系：

$$L_{(g)} \rightleftharpoons g'$$

而 $g' \rightleftharpoons D-A$，所以：

$$L+A \rightleftharpoons D$$

经过 uk 线上各点作切线判断，都具有与 g 点相同的性质，故确定 uk 线（段）为转熔线，远离交点（g'）的 A 相转熔。

uE 界线上的 k 点，它的切线 kD 恰好与 D 晶相组成点重合，故 k 点是由转熔线（uk 段）转变为共熔线（kE 段）的性质转变点。在 k 点的液相只析出晶相 D。应该注意，具有性质转变点的界线，并不是所有界线必然出现的现象。

（3）析晶过程分析

如图 7-52 所示，全图可划分为十四个小析晶区，各小析晶区的析晶过程均有所差别。下面选⑥和④区的 m、n 点进行分析，如图 7-53 所示，其析晶过程列于表 7-8。组成点 m 在 A 相区的第⑥小区内，处于 $\triangle DBC$ 中，所以先析出 A 相并在 E 点析晶终了，最终产物为 D、B、C 三相。

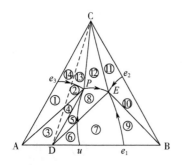

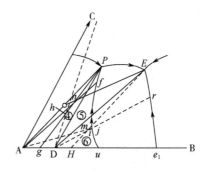

图 7-52 有不一致熔融二元化合物三元相图分区图   图 7-53 图 7-52 中的典型析晶过程

当温度降至 m 点，开始析出 A 相，随温度下降 A 不断析出，液相组成点沿 Am 延长线并背离 A 点向 i 点移动。当液相组成达到 i 点时，开始析出 D 相，同时 A 相开始转熔。当温度继续下降，液相组成沿 uP 线由 i 移动至 j 时，固相组成在 AD 边上由 A 移动至 D。固相组成到达 D 点，表明 A 相全部转熔完，剩余液相和 D 相两相平衡共存。根据相律判断，随着 D 相不断析出，此时的液相组成必须离开界线穿过 D 初晶区（由 j 移向 r），即到达另一条界线 e_1E 上。此后液相组成沿 e_1E 由 r 移至 E，固相组成则沿 DB 边由 D 移至 H 点。液相在 E 点发生共析晶过程直至消失，与此同时，固相组成由 H 移至 m。

表 7-8 图 7-53 中 m 点、n 点的析晶过程

物系点	液相组成	固相	固相组成	备注
	m	A 出现	A 迹量	
	$m \to j$	A	A	
	i	A+D 出现	$A+D$ 迹量	
m 在 A 相初晶区内，先析出 A；在 $\triangle DBC$ 中，E 点析晶终了	$i \to j$	A 转熔+D	$A \to D$	A 消失
	j	D	D	穿相区
	$j \to r$	D	D	$L_{(E)} \rightleftharpoons D+B+C$
	r	D+B	$D+B$ 迹量	
	$r \to E$	D+B	$D \to H$	
	$E \to$ 消失	D+B+C 出现	$H \to m$	
	—	D+B+C	m	
	n	A 出现	A 迹量	
	$n \to f$	A	A	
	f	A+D 出现	$A+D$ 迹量	
n 析晶始终点与 m 同	$f \to p$	A 转熔+D	$A \to g$	
	p	A 转熔+D+C 出现	$g \to h$	$L_{(P)} + A \rightleftharpoons D+C$
	p	D+C	h	
	$p \to E$	D+C	$h \to k$	
	$E \to$ 消失	D+C+B 出现	$k \to n$	
	—	D+C+B	n	

组成点 n 的析晶过程和 m 点的不同之处是 A 相的转熔路径不同。液相组成到达 uP 线上 f 点时 A 相开始转熔，随着温度下降，转熔过程不断进行，即 A 相不断减少，D 相不断增多。当液相组成由 f 点移至 P 点时，固相组成由 A 点移至 g 点。液相在 P 点发生无变量转熔过程：

$$L_{(P)}+A \longrightarrow D+C_{\text{出现}}$$

在此过程中由于 C 相出现，固相组成为 A、D、C 三个固相，所以固相组成点离开 AD 边，沿 gP 线向 $\triangle ADC$ 内部移动。随着在 P 点转熔过程的进行，D 相、C 相不断增多，A 相不断减少，当固相组成由 g 点移至 h 点时，表明 A 相已转熔完，只剩下多余的液相与 D、C 三相平衡共存，故液相组成相应地离开 P 点，沿 PE 界线移向 E 点。此后，当液相组成由 P 移至 E 时，固相组成相应地在 DC 边上由 h 点移至 k 点。最后液相在 E 点共析晶而消失，固相组成由 k 点移至 n 点。

从以上的讨论中可以看出，有转熔现象存在的析晶过程，必须弄清楚两个问题：穿相区的规律性和在双升点上的转熔结果。

析晶过程中穿相区的规律性可概括如下：

① 穿相区现象必发生在有转熔存在的析晶过程中。但有转熔存在的过程不一定都发生穿相区现象。只有当转熔相被转熔完毕，液相组成点、物系组成点与不转熔相（化合物）组成点三点在一条直线上时，液相组成的变化才开始穿越相区。

② 穿相区现象仅限于某些区域的组成点析晶时才出现。如图 7-52 中 DuP 范围内（即⑤、⑥两个小区）的组成点，在其析晶过程中才有穿相区现象。穿越相区后液相组成的变化路径则由它与哪条界线直接相遇而定。

③ 发生穿相区现象的原因可由相律给予说明。如 uP 界线上的相律关系：

$$L_{(u+P)} + A \rightleftharpoons D, p = 3, f = 1$$

而相区 D 内的相律关系：

$$L_{\text{D相}} \rightleftharpoons D, p = 2, f = 2$$

所以，在转熔线上当 A 相被转熔完时，即变成相区的相律关系，液相组成点必须离开界线进入相区才能符合相律的要求。

在双升点（P）上可能出现三种转熔结果（参照图 7-52）：

① 液相消失，A 相有剩余，在 P 点析晶终了。在 $\triangle ADC$ 中的组成点属于这种析晶情况。

② A 相被转熔完，液相有剩余，成为液相与 D 相、C 相平衡共存。这时液相组成将沿着 PE 界线继续变化，直到 E 点析晶终了。在 $\triangle BDC$ 中②、④、⑬小区内的组成点属于这种析晶情况。

③ 液相和 A 相同时消失，在 P 点析晶终了，最终产物为 C 和 D 两个晶相。在 DC 连线上的组成点才属于这种析晶情况。

7.4.3.5 具有不一致熔融三元化合物的三元系统

该系统中形成一个不一致熔融三元化合物 $A_pB_qC_r(S)$，根据组成点 S 在其初晶区之外的位置不同，又可构成两种不同类型：双升点型和双降点型。下面分别进行讨论。

（1）具有双升点型的相图

如图 7-54 所示。将该图三角形化之后，可以看出三个无变量点的性质：E_1、E_2 是低共熔点，P 是双升点（单转熔点），其对应的三角形分别是 $\triangle ASC$、$\triangle BSC$ 和 $\triangle ASB$。

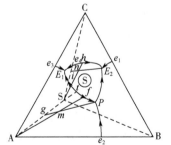

图 7-54 具有不一致熔融三元化合物的三元相图（双升点型）

根据连线规则，延长 AS 交 PE_1 界线上于 t 点，则 t 点是该界线上的温度最高点，也是化合物 S 加热熔融分解的温度点。化合物的分解反应是：$S \xrightarrow{\quad t \quad} A+L$。因化合物属不一致熔融，所以它的最高温度点在立体图上被液相曲面所掩蔽。

根据切线规则判断，PE_1 界线是转熔线，线上的平衡关系为：

$$L_{(PE_1)} + A \rightleftharpoons S$$

该图的特点是 P 点在对应 $\triangle ASB$ 之外构成交叉位关系，故 P 点上的转熔平衡关系为：

$$L_{(P)} + A \rightleftharpoons S + B$$

图 7-54 中物系组成点 m、n 的析晶过程列于表 7-9。

表 7-9　图7-54中 m 点、n 点的析晶过程

物系点	液相组成	固相	固相组成	备注
m 在 A 初晶区内，先析出 A；在 $\triangle ASB$ 中，P 点为析晶终点	m	$A_{出现}$	$A_{适量}$	A 开始转熔，刚到 P 点时 A 剩余，液相消失
	$m \to f$	A	A	
	f	$A_{转熔}+S_{出现}$	$A+S_{适量}$	
	$f \to P$	$A_{转熔}+S$	$A \to g$	
	P	$A_{转熔}+S+B_{出现}$	g	
	$P \to$ 消失	$A_{转熔}+S+B$	$g \to m$	
	—	$A+S+B$	m	
n 在 S 初晶区内，先析出 S；在 $\triangle BSC$ 中，E_2 点为析晶终点	n	$S_{出现}$	$S_{适量}$	$L_{(E_2)} \longrightarrow S+C+B$
	$n \to h$	S	S	
	h	$S+C_{出现}$	$S+C_{适量}$	
	$h \to E_2$	$S+C$	$S \to i$	
	$E_2 \to$ 消失	$S+C+B_{出现}$	$i \to n$	
	—	$S+C+B$	n	

（2）具有双降点型的相图

如图 7-55 所示，该图的特点是无变量点 R 与对应 $\triangle ASB$ 构成共轭位关系：

$$R + A + B \rightleftharpoons S$$

如果 R 点是液相组成，则 R 点的析晶过程是：

$$L_{(S)} + A + B \longrightarrow S$$

它表明 A、B 两种晶相同时发生转熔而析出化合物 S。由于在 R 点进行双相转熔反应，故称 R 为双转熔点。又因汇交 R 点的三条界线中，有两条界线上的温度是下降的，故又称 R 点为双降点。它的出现将导致该图某些区域的析晶过程变得更加复杂。

图 7-55 物系 m 点、图 7-56 物系 n 点的析晶过程列于表 7-10。

从图 7-55 可以看出，在 $\triangle ARB$ 内的物系点，其析晶路程较复杂。它们都要经过或到达双降点 R，根据其位置不同，在 R 点双转熔的结果可能出现下列几种情况：

① 液相先消失，A 相、B 相有剩余，在 R 点析晶终了。在 $\triangle ABS$ 中的组成点属于这种情况。

② 固相 A 和 B 同时转熔完毕，液相有剩余。成为液相和 S 相两相平衡共存，则液相组成将从 R 点开始穿相区 Ⓢ。而后的析晶路程是液相组成沿 RE_2 界线（对本图而言）继续变化。这种特殊的析晶情况，只有在 RS 连线上的组成点才会出现。

③ A 相先转熔完，B 相、液相有剩余，成为液相、B 相和 S 相平衡共存，则液相组成将沿 RE_2 界线继续变化，到 E_2 点析晶终了。在 $\triangle RSB$ 中的组成点属于这种情况。

④ B 相先转熔完，A 相、液相有剩余，成为液相、A 相和 S 相平衡共存，则液相组成将沿 RE_1 界线继续变化。在 $\triangle RSA$ 中的组成点属于这种析晶情况。由于 RE_1 界线是转熔线，其中 $\triangle RSj$ 中的组成点还会出现穿相区 Ⓢ 的现象，所以其析晶终点可能在 E_1 点，也可能在 E_2 点。在 $\triangle ASj$ 中的组成点在 E_1 点析晶结束。

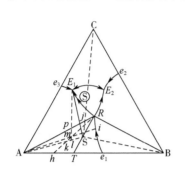

图 7-55　具有不一致熔三元化合物的三元
相图放大图（双降点型）

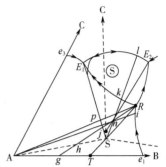

图 7-56　图 7-55 中有穿相区的析晶
过程放大图

表 7-10　图 7-55m 点、图 7-56n 点的析晶过程

物系点	液相组成	固相	固相组成	备注
图 7-55 中，m 在 A 初晶区内，先析出 A；在 $\triangle ASC$ 中，E_1 点为析晶终点	m	A 出现	A 痕量	双转熔过程 B 消失，A 剩余；共析晶过程
	$m \rightarrow i$	A	A	
	i	A+B 出现	$A+B$ 痕量	
	$i \rightarrow R$	A+B	$A \rightarrow h$	
	R	(A+B) 转熔+S 出现	$h \rightarrow k$	
	R	A 转熔+S	k	
	$R \rightarrow E_1$	A 转熔+S	$k \rightarrow l$	
	$E_1 \rightarrow$ 消失	A+S+C 出现	$l \rightarrow m$	
	—	A+S+C	m	
图 7-56 中，n 在 A 初晶区内，先析出 A；在 $\triangle BSC$ 中，E_2 点为析晶终点	n	A 出现	A 痕量	双转熔过程 B 消失，A 剩余；A 消失穿相区；共析晶过程
	$n \rightarrow i$	A	A	
	i	A+B 出现	$A+B$ 痕量	
	$i \rightarrow R$	A+B	$A \rightarrow g$	
	R	(A+B) 转熔+S 出现	$g \rightarrow h$	
	R	A 转熔+S	h	
	$R \rightarrow k$	A 转熔+S	$h \rightarrow S$	
	k	S	S	
	$k \rightarrow l$	S	S	
	l	S+C 出现	$S+C$ 痕量	
	$l \rightarrow E_2$	S+C	$S \rightarrow j$	
	$E_2 \rightarrow$ 消失	S+C+B 出现	$j \rightarrow n$	
	—	S+C+B	n	

对于某一物系组成点的析晶过程，在 R 点的双转熔结果具体应该属于上述哪种情况，可以根据杠杆规则及有关析晶规律性加以判断。但对于较复杂的析晶过程，常需要选择一种特

殊的析晶情况来作为比较和判断其他析晶情况的基准。例如，在图 7-55 中，化合物组成点 S 的熔体在 R 点发生双转熔时所具有的相量关系，可作为判断其他组成点双转熔结果的基准，兹说明如下：

在组成点 S 的析晶过程中，R 点的双转熔结果是液相、A 相和 B 相三相同时消失，只剩有 S 相。这是因为在这种特殊情况下，在 R 点平衡共存的液相、A 相和 B 相所具有的数量比例，恰好都形成化合物 S（$A_pB_qC_r$）（即物系 S 中 A∶B∶C=p∶q∶r）。由 RT 直线（T 为 RS 延长线与 AB 的交点）即可看出它具有的相量关系：

$$\frac{A}{B}=\frac{TB}{TA}, \quad \frac{L_{(R)}}{A+B}=\frac{ST}{SR}$$

例如，以此数量关系为基准，判断物系 m 点在 R 点的双转熔结果为：$\dfrac{A}{B}=\dfrac{hB}{hA}>\dfrac{TB}{TA}$，故 A 相剩余，B 相消失；又 $\dfrac{L_{(R)}}{A+B}=\dfrac{mh}{mR}>\dfrac{ST}{SR}$，故液相剩余，B 相消失。

所以，在 R 点双转熔之后，液相组成应沿 RE_1 界线继续变化，而不应沿 RE_2 界线变化。

7.4.3.6　具有高温稳定（低温分解）的二元化合物的三元系统

本类型的相图如图 7-57 所示。在 A-B 二元系统中形成一个二元化合物 A_mB_n（S），它在高于 t_m 温度时稳定存在，低于 t_m 温度时分解为 A 相和 B 相。由此不难理解，化合物 S 初晶区与 A-B 二元边相连接。图中 t_m 点是 Ⓢ 区的最低温度点，也是化合物 S 分解（冷却时）或形成（加热时）的温度点。

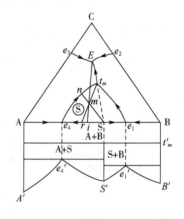

图 7-57　具有高温稳定（低温分解）的二元化合物的三元相图

该类相图的特点首先是 t_m 点形如双升点，但在 t_m 点并不发生单转熔过程，而是化合物的分解过程。t_m 点的液相不参与化合物的分解反应，只作为介质存在，当无液相存在时，化合物的分解依然进行。t_m 点的相平衡关系可表示如下：

$$(L)+A_mB_n \underset{t_m\uparrow}{\overset{t_m\downarrow}{\rightleftharpoons}} mA+nB+(L)$$

其另一特点是无变量点 t_m 无对应的分三角形。在该点上平衡共存的 A、B 和 S 三个晶相的组成点在一条直线上，没有构成对应三角形。所以，t_m 点不能成为析晶终点，只是析晶路程上的经过点，故称 t_m 点为过渡点或分解点。

图 7-57 中 t_mS 虚线是 Et_m 的延长线，表示当无化合物存在时 A 相区和 B 相区的界线。图中物系 m 点的析晶过程列于表 7-11。

表 7-11　图 7-57 中 m 点的析晶过程

液相组成	固相	固相组成
m	S 出现	S 适量
$m\rightarrow n$	S	S
n	S+A 出现	$S+A$ 适量
$n\rightarrow t_m$	S+A	$S\rightarrow r$（AS 边）
t_m	A+B 出现+S 分解	r

液相组成	固相	固相组成
$t_m \rightarrow E$	A+B	$r \rightarrow i$（AB边）
$E \rightarrow$消失	A+B+C$_{出现}$	$i \rightarrow m$
—	A+B+C	m

7.4.3.7　具有高温分解（低温稳定）的二元化合物的三元系统

本类型的相图如图 7-58 所示。它在 A-B 二元中形成一个二元化合物 A_mB_n（S）。化合物在低于 t'_x 温度时稳定存在，高于 t'_x 温度时分解为 A 相和 B 相。因此，化合物 S 初晶区不与二元边相连接，而在相图的中部。这表示化合物与二元熔体无共存关系，只与三元熔体有平衡共存关系。这是该相图的特点之一。

该相图的另一特点是 t_x 点形如双降点，但在该点不发生双转熔过程，而是化合物 S 的形成（或分解）过程。t_x 点的液相只作为介质存在而不参与化合物的形成反应。t_x 点的相平衡关系可表示如下：

$$(L) + A_mB_n \xrightleftharpoons[t_x\downarrow]{t_x\uparrow} mA + nB + (L)$$

显然，无变量点 t_x 也无对应的分三角形，不能成为析晶终点，而是析晶路程上的经过点，所以称 t_x 点为过渡点或形成点。在冷却析晶时，在 t_x 点形成化合物之后，总要有一个固相（A或 B）消失，所以，而后的液相组成将沿着 t_xE_2 界线或者 t_xE_1 界线继续变化，最后在 E_2 点或者 E_1 点析晶终了。若在 t_x 点上 A 相、B 相同时消失，即成为液相与 S 两相平衡，则有穿相区现象发生。这种情况只有在 St_x 连线上的组成点析晶时才会出现。

由切线规则判断，t_xE_1 界线为转熔线，t_xE_2 界线具有性质转变点 N，即由转熔线（t_xN 段）转变为共熔线（NE_2 段）。图 7-58 中物系 m 点、n 点的析晶过程列于表 7-12。

7.4.3.8　具有多晶转变的三元系统

该类型相图如图 7-59 所示。图中 B 晶相有 α、β、γ 三种变体，C 晶相有 α、β 两种变体。在三元相图中，是利用晶型转变温度的等温线把各个晶型稳定区分隔开来。如 $t_1t'_1$、$t_2t'_2$、$t_3t'_3$ 即为各晶型转变温度的等温线。

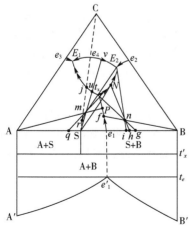

图 7-58　具有高温分解（低温稳定）的二元化合物的三元相图

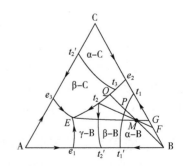

图 7-59　具有多晶转变的三元相图

表 7-12　图 7-58 中 m 点、n 点的析晶过程

物系点	液相组成	固相	固相组成	备注
m 在 A 初晶区内，先析 A；在 △BSC 中，E₂ 点析晶结束	m	A 出现	A 适量	（AB 边） B 消失 （AS 边） A 消失 穿相区
	$m{\to}P$	A	A	
	P	A+B 出现	$A+B$ 适量	
	$P{\to}t_x$	A+B	$A{\to}q$	
	t_x	A+S 形成	q	
	$t_x{\to}u$	A 转熔+S	$q{\to}S$	
	u	S	S	
	$u{\to}v$	S	S	
	v	S+C 出现	$S+C$ 适量	
	$v{\to}E_2$	S+C	$S{\to}r$	
	E_2	S+C+B 出现	$r{\to}m$	
	—	S+C+B	m	
n 在 B 初晶区，先析 B；在 △BSC 中，E₂ 点析晶结束	n	B 出现	B 适量	（AB 边） A 消失 （AS 边） 转变点
	$n{\to}f$	B	B	
	f	B+A 出现	$B+A$ 适量	
	$f{\to}t_x$	B+A	$B{\to}g$	
	t_x	B+S 形成	g	
	$t_x{\to}N$	B 转熔+S	$g{\to}h$	
	N	B+S	h	
	$N{\to}E_2$	B+S	$h{\to}i$	
	E_2 消失	B+S+C 出现	$i{\to}n$	
	—	B+S+C	n	

图 7-59 中体系组成 M 冷却析晶时，先析出 α-B 相，当液相组成变化至 $t_1't_1$ 线上的 P 点时，α-B 相转变为 β-B 相。当液相组成到达 Q 点时，β-C 开始析出，当沿 e_2E 界线从 Q 移至 t_2 点时，β-B 相又转变为 γ-B 相。最后在 E 点析晶终了时，产物为 γ-B、β-C 和 A 三种晶相。将 M 点的析晶过程表示如下：

① 液相组成变化路程：$M{\to}P{\to}Q{\to}t_2{\to}E{\to}$消失；

② 固相组成变化路程：$B{-}B{-}B{\to}F{\to}G{\to}M$。

7.4.3.9　具有液相分层的三元系统

该类型相图如图 7-60 所示。$I'G'J'$ 是二元系统双液层曲线（或汇溶曲线），它在 A-B 边的投影是 IGJ。G' 是汇溶曲线的临界点，在该点温度时两共轭液相汇溶一体。由于组分 C 的不断加入，G' 温度不断下降，致使三元系统中的双液区逐渐缩小，形成汇溶曲面 $IGJK$，K 为该曲面的最低临界点。$L_1'L_1''$、$L_2'L_2''$、$L_3'L_3''$ 等结线两端，表示各对共轭液相的组成。在不同温度下的这些结线并不一定平行于 A-B 边，它们是由实验确定的。

图 7-60 中体系组成 M 点析晶时，开始析出 A 相，随温度下降，当液相组成沿 AM 延长线变化至 L_3' 时，液相开始分层。当液相总组成由 $L_3'{\to}P{\to}h$ 时，两共轭液相的组成分别由 $L_3'{\to}L_2'{\to}h'$ 及由 $L_3''{\to}L_2''{\to}h$，而在 h 点变成一种液相。温度继续下降，液相组成由 $h{\to}f{\to}E$，则固相组成由 $A{\to}d{\to}M$，最后在 E 点析晶终了。

7.4.3.10　形成固溶体的三元系统

形成固溶体的三元系统有多种相图，在此仅介绍其中的两种。

（1）形成三元连续固溶体的相图

这种相图的立体图如图 7-61 所示，它是该类型相图中最简单的一种。由于三组分之间是连续互溶的，即没有溶解度的最高点和最低点，所以它的液相面（初晶面）和固相面都很简单。液相面呈凸起状，固相面呈凹下状，两个面分别在 A'、B'、C'各点汇交在一起。液相面以上为单一液相空间，固相面以下为单一的三元固溶体空间，两面之间为液相与固溶体平衡共存的空间。

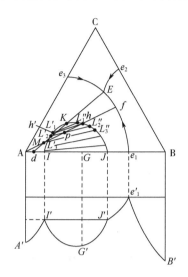

图 7-60　具有液相分层的三元相图

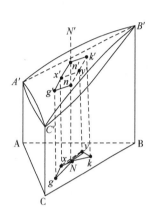

图 7-61　形成三元连续固溶体的立体相图

当三元熔体冷却析晶时，液相组成和固相组成分别在液相面上和固相面上变化。在两个面上移动的路程曲线并不一定在同一垂直平面内。例如，图 7-61 中 N' 点熔体冷却至液相面 n' 时，三元固溶体 α 开始析出。通过 n' 点水平结线（等温线）交固相面于 k' 点，则 k' 点即为该温度下析出的 α 相组成。固溶体组成是连续变化的，它沿固相面上 $k'y'n$ 曲线移动。与固溶体平衡的液相组成则沿液相面上 $n'x'g'$ 曲线变化。这两条曲线在底面△ABC 上的正投影分别是 kyN 曲线和 Nxg 曲线，说明两条曲线的空间位置不在同一垂直面内。这一类的析晶过程曲线需借助实验来确定。

（2）形成有限固溶体的三元相图

该类相图有多种，图 7-62 是有两对形成有限固溶体的三元立体相图。

该图的顶部有两个液相面：α 初晶面 $A'e_1'e_2'C'$，投影为 Ae_1e_2C（α 为初晶区）；β 初晶面 $B'e_1'e_2'B'$，投影为 Be_1e_2B，（β 为初晶区）。两个初晶面的交界线 $e_1'e_2'$ 投影为 e_1e_2，是 α、β 两固溶体的共熔曲线。e_1e_2 线上的平衡关系为：$L \rightleftharpoons \alpha + \beta$。

图 7-62 中还有三个固相面：α 固相面 $A'f_1g_1C'$，该面以下是 α 固相空间，投影为 $AfgC$ 区；β 固相面 $B'i_1h_1$，该面以下是 β 固相空间，投影为 Bih 区；α 和 β 共存的固相面 $f_1g_1h_1i_1$，该面以下是 α、β 的双固相空间，投影为 $fghi$ 区。各面相交成三条曲线，曲线上标示的箭头表示温度下降方向，也表示这些面是倾斜而不是水平的。在 e_1e_2 界线上平衡共存的液相、α 相和 β 相之间的组成关系可用结线三角形表示，可借助它们讨论析晶过程。

例如图 7-63，当熔体温度冷却至液相面 N 点时，开始析出 α 固溶体的组成为 j 点。随温度下降，α 固溶体组成沿 jxd 曲线变化，液相组成则沿 Nyk 曲线变化。在这一变化中，N 点与其两端的固相组成和液相组成始终在一条直线上，如 xNy 结线。当固相组成由 $j\rightarrow x\rightarrow d$ 时，液

相组成相应地由 $N \to y \to k$。k 点在 e_1e_2 界线上，故当液相组成到达 k 点时，β 固溶体开始析出，其组成为 ih 线上的 p 点。此时 dNk 在一直线上，且为 $\triangle dpk$ 的一条短边。温度继续下降，液相组成沿 e_1e_2 自 k 点到 k' 点，相应地 α 组成自 d 点到 d' 点，β 组成自 p 点移到 p' 点。由图可以看出 $d'Np'$ 已在一条直线上，且成为 $\triangle d'k'p'$ 的长边，因此析晶过程在 k' 点结束。最终产物为 α 和 β 固溶体，其数量比例为 $\alpha:\beta = Np':Nd'$。

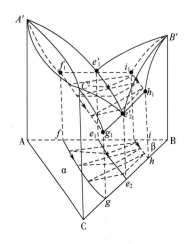

图 7-62 有两对形成有限固溶体的三元相图

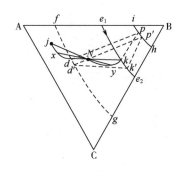

图 7-63 物系组成 N 点的析晶过程

7.4.3.11 分析复杂相图的主要步骤

以上讨论了三元相图的十种基本类型、分析方法及主要规律，它们是分析复杂相图的基础。实际相图经常包含多种化合物，大多比较复杂。为了看图和用图的方便，经常需要对复杂系统进行基本分析。现将其主要步骤概括如下：

① 判断化合物（如果有）的性质。根据化合物组成点是否在初晶区内，判断化合物性质属一致熔融或不一致熔融。

② 划分三角形。按照三角形化的原则和方法划分分三角形，使复杂相图简单化。

③ 标出界线上温度下降方向。应用连线规则（即温度最高点规则）判断或标出界线曲线的温度箭头。

④ 判断界线性质。应用切线规则判断界线曲线的性质：共熔线（标单箭头）或转熔线（标双箭头）或有性质转变点的界线。

⑤ 确定无变量点的性质。根据三元无变量点与其对应三角形的相对位置关系，或者根据汇交无变量点的三条界线上的温度下降方向，来确定无变量点的性质。三元无变量点的类型和判别方法列入表 7-13。需要指出的是，不能随意在两个组成点间连线或在三个组成点间连接成为分三角形。基本原则是化合物初晶区无共同界线，液相与这两个晶相没有平衡共存关系则不能连线。如相图上不存在某三个初晶区相交的无变量点，则表明它们之间没有共同析晶关系，也不能划分三角形。一般来讲，有多少个无变量点，就可以将系统划分为多少相应的分三角形，有时候分三角形数量可能少于无变量点数量（存在过渡点）。

⑥ 仔细观察相图上是否有晶型转变、液相分层或形成固溶体等现象。

⑦ 分析冷却析晶过程（或加热熔融过程）。按照冷却（或加热）过程的相变规律，选择一些物系点分析析晶（或熔融）过程。必要时根据杠杆规则进行计算和判断。

表 7-13　三元无变量点类型及判别方法

项目	低共熔点	双升点（单转熔）	双降点（双转熔）	过渡点（化合物分解或形成）	
				双升型	双降型
图例	(图示)	(图示)	(图示)	(图示)	(图示)
相平衡关系	$L_{(E)} \rightleftharpoons A+B+C$ 三固相共析晶或共熔	$L_{(P)}+A \rightleftharpoons D+C$ 远离 P 点的晶相（A）转熔	$L_{(R)}+A+B \rightleftharpoons S$ 远离 R 点的两晶相（A+B）转熔	$(L)+A_mB_n \rightleftharpoons mA+nB+(L)$ 化合物 A_mB_n(D)的分解或形成	
判别方法	E 点在对应分三角形之内，构成重心关系	P 点在对应分三角形之外，构成交叉位关系	R 点在对应分三角形之外，构成共轭位关系	过渡点无对应三角形，相平衡的三晶相组成点在一条直线上	
是否析晶终点	是	视物系组成点位置而定	视物系组成点位置而定	否（只是析晶过程经过点）	

7.4.4　实际三元相图及其应用

7.4.4.1　CaO-Al₂O₃-SiO₂ 系统

该系统相图如图 7-64 所示，是三元相图中比较复杂和应用比较广泛的一个，所包含的各种材料的大致工艺组成范围如图 7-65 所示。

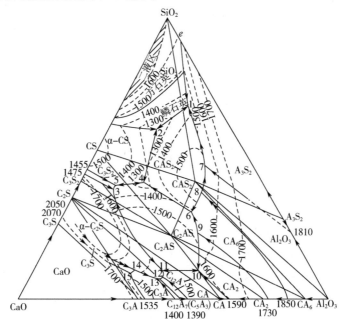

图 7-64　CaO-Al₂O₃-SiO₂ 系统相图

（1）相图的基本构成

本系统共有 10 个二元化合物、2 个三元化合物，其名称、熔点列于表 7-14。全图有 15 个组成点，对应 15 个初晶区，有 15 个分三角形，对应 15 个三元无变量点。它们的对应关系、性质及组成列于表 7-15、表 7-16。需要指出的是，方石英和鳞石英的多晶转变温度线（1470℃）和界线的交点也是一个无变量点，平衡反应为：方石英 $\xrightleftharpoons[]{L,\ A_3S_2}$ 鳞石英。由于该转变没有相应的分三角形，所以没有列入。

也有研究认为在该系统中存在 C_3S 固溶体区，其组成范围大致在靠近 C_3S 组成点附近 CaO 初晶区内。

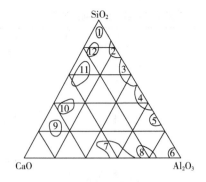

图 7-65　$CaO-Al_2O_3-SiO_2$ 系统

各种材料工艺组成范围

1—氧化硅质；2—半氧化硅质；3—黏土质；4—高铝质；5—莫来石质；6—刚玉质；7—高铝水泥；8—低氧化钙铝酸盐水泥；9—硅酸盐水泥；10—碱性炉渣；11—酸性炉渣；12—石英玻璃

表 7-14　$CaO-Al_2O_3-SiO_2$ 系统的化合物

	化合物	熔点或分解点 / ℃		化合物	熔点或分解点 / ℃
一致熔融二元化合物	假硅灰石，α-CS	1540	三元化合物	钙长石，CAS_2	1553
	硅酸二钙，C_2S	2130		铝方柱石，C_2AS	1590
	七铝酸十二钙，$C_{12}A_7$（或 C_5A_3）	1415	不一致熔融二元化合物	铝酸三钙，C_3A	1535 分解
	铝酸一钙，CA	1600		硅酸三钙，C_3S	约 2070 分解
	二铝酸钙，CA_2	1750		二硅酸三钙，C_3S_2	1475 分解
	莫来石，A_3S_2	1910		六铝酸钙，CA_6	1850 分解

表 7-15　$CaO-Al_2O_3-SiO_2$ 系统无变量点及分三角形

无变量点	对应分三角形	无变量点	对应分三角形
1	$\triangle SiO_2$-CAS_2-A_3S_2	9	$\triangle C_2AS$-CA_2-CA_6
2	$\triangle SiO_2$-CS-CAS_2	10	$\triangle C_2AS$-CA-CA_2
3	$\triangle C_3S_2$-C_2AS-C_2S	11	$\triangle C_2S$-C_2AS-CA
4	$\triangle CAS_2$-C_2AS-CS	12	$\triangle C_2S$-CA-$C_{12}A_7$
5	$\triangle C_2AS$-C_3S_2-CS	13	$\triangle C_2S$-C_3A-$C_{12}A_7$
6	$\triangle CAS_2$-C_2AS-CA_6	14	$\triangle C_3S$-C_2S-C_3A
7	$\triangle Al_2O_3$-CAS_2-A_3S_2	15	$\triangle CaO$-C_3S-C_3A
8	$\triangle Al_2O_3$-CAS_2-CA_6		

表 7-16　CaO-Al$_2$O$_3$-SiO$_2$系统无变量点的性质

无变量点	相平衡关系	性质	温度/℃	组成/%		
				CaO	Al$_2$O$_3$	SiO$_2$
1	L $\rightleftharpoons$ CAS$_2$+A$_3$S$_2$+SiO$_2$	低共熔点	1345	9.8	19.8	70.4
2	L $\rightleftharpoons$ CAS$_2$+SiO$_2$+α-CS	低共熔点	1170	23.3	14.7	62.0
3	L+ C$_2$S $\rightleftharpoons$ C$_3$S$_2$+C$_2$AS	双升点	1335	48.2	11.9	39.9
4	L $\rightleftharpoons$ CAS$_2$+C$_2$AS+α-CS	低共熔点	1265	38.0	20.0	42.0
5	L $\rightleftharpoons$ C$_2$AS+C$_3$S$_2$+α-CS	低共熔点	1310	47.2	11.8	41.0
6	L $\rightleftharpoons$ CAS$_2$+C$_2$AS+CA$_6$	低共熔点	1380	29.2	39.0	31.8
7	L+Al$_2$O$_3$ $\rightleftharpoons$ CAS$_2$+A$_3$S$_2$	双升点	1512	48.2	42.0	9.8
8	L+Al$_2$O$_3$ $\rightleftharpoons$ CAS$_2$+CA$_6$	双升点	1495	23.0	41.0	36.0
9	L+CA$_2$ $\rightleftharpoons$ C$_2$AS+CA$_6$	双升点	1475	31.2	44.5	24.3
10	L $\rightleftharpoons$ C$_2$AS+CA+CA$_2$	低共熔点	1505	37.5	53.2	9.3
11	L+C$_2$AS $\rightleftharpoons$ CA+α′-C$_2$S	双升点	1380	48.3	42.0	9.7
12	L $\rightleftharpoons$ CA+C$_{12}$A$_7$+α′-C$_2$S	低共熔点	1335	49.5	43.7	6.8
13	L $\rightleftharpoons$ C$_3$A+C$_{12}$A$_7$+α′-C$_2$S	低共熔点	1335	52.0	41.2	6.8
14	L+C$_3$S $\rightleftharpoons$ C$_3$A+α-C$_2$S	双升点	1455	58.3	33.0	8.7
15	L+CaO $\rightleftharpoons$ C$_3$A+C$_3$S	双升点	1470	59.7	32.8	7.5

（2）高铝质耐火材料区

高铝质耐火材料的化学组成范围如表 7-17 所示。

表 7-17　高铝质耐火材料的化学组成范围　　　　　　　　　　　　　　　　　　　　单位：%

级别	Al$_2$O$_3$ 质量分数	SiO$_2$ 质量分数	CaO 质量分数	Fe$_2$O$_3$ 质量分数
A 级	70～80	1～16	0.1～0.2	4～1
B 级	60～70	17～25	0.1～0.2	4～1
C 级	50～60	25～35	0.1～0.2	4～1

　　如果不考虑 Fe$_2$O$_3$ 等杂质的影响，高铝质耐火材料即属 CaO-Al$_2$O$_3$-SiO$_2$ 系统。其工艺组成范围靠近 Al$_2$O$_3$-SiO$_2$ 二元边，如图 7-66 所示的斜线区域。该图表明高铝耐火材料处于 Al$_2$O$_3$-CAS$_2$-SiO$_2$ 系统内，它跨越两个分三角形。由此可以看出，配料组成点在△SiO$_2$-CAS$_2$-A$_3$S$_2$ 内，制品的矿物组成主要是莫来石和石英；配料组成点在△Al$_2$O$_3$-CAS$_2$-A$_3$S$_2$ 内，制品的矿物组成则主要是莫来石和刚玉。在前一三角形内开始出现液相的理论温度是 1 点（1345℃）；在后一三角形内开始出现液相的理论温度是 7 点（1512℃）。当然，由于还有其他杂质存在，实际出现液相的温度要低于理论温度（高铝质耐火材料一般在 1100～1300℃开始出现液相）。但同样可以说明，配料组成点在后一三角形内制品将具有较好的高温性能。自然，这种制品的烧成温度也需要相应地提高。

　　下面简要分析一下物料组成点 a 的加热、冷却过程：

组成点 a 在 $\triangle SiO_2\text{-}CAS_2\text{-}A_3S_2$ 内，加热至低共熔点 1 温度时出现液相。随温度升高，液相组成沿 1-e 界线由 1 点向 e 点移动。与此同时，固相组成从 d 点向 A_3S_2 点移动。当液相组成移至 b 点，对应的固相组成移至 A_3S_2 点。按杠杆规则可知，这时固相中的石英已全部被熔为液相而趋近于零，即成为液相和莫来石平衡共存：

$$L_{(b)} \underset{t_b}{\rightleftharpoons} A_3S_2$$

再继续升高温度，液相组成沿着 ba 线由 b 向 a 移动，而固相组成仍是 A_3S_2 不变。利用等温线可以确定 b 点的温度约为 1430℃。这个温度很近似于一般高铝制品的烧成温度（1450℃左右）。从相图上可以理解，在这个温度下进行烧成和保温，有利于莫来石形成，制品中可望得到较多的莫来石相。b 点温度时的相量关系大致如下：

$$L_{(b)}\% = \frac{\overline{a - A_3S_2}}{\overline{b - A_3S_2}} \times 100\% \approx 13.5\%$$

$$A_3S_2\% = \frac{\overline{a - b}}{\overline{b - A_3S_2}} \times 100\% \approx 86.5\%$$

结果表明，该种制品烧成冷却后的主要晶相应是莫来石，结果已经被实践证实。

有时候根据等温面图可以分析高温下某一材料组成情况，比如可以预测体系中是否有液相，如果有，液相区大小如何，从而分析材料中组分对性能的影响。比如 $CaO\text{-}Al_2O_3\text{-}SiO_2$ 系统相图在 1600℃ 的等温面图如图 7-67 所示，从图中可以看出，1600℃ 时液相区范围相当大，因此在刚玉质、氧化硅质或莫来石质材料中，CaO 均为有害杂质。

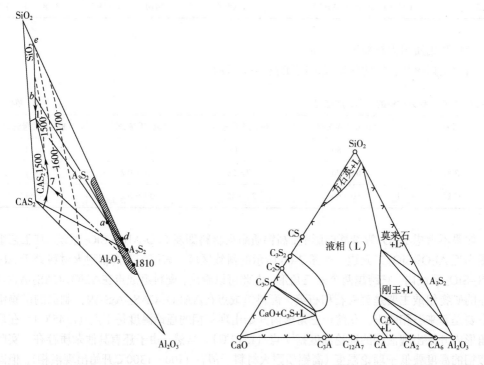

图 7-66　高铝质耐火材料区　　　图 7-67　$CaO\text{-}Al_2O_3\text{-}SiO_2$ 系统相图在 1600℃ 的等温截面图

（3）铝酸盐水泥组成设计

铝酸盐水泥是除硅酸盐水泥外最重要的水泥品种，按照 Al_2O_3 含量可以大致分为高铝水

泥（又称矾土水泥，Al_2O_3：45%～55%，CaO：30%～45%）、铝-60 水泥（Al_2O_3：59%～61%，CaO：27%～31%）和纯铝酸钙水泥（Al_2O_3：69%～72%，CaO：21%～25%）等。通常铝酸盐水泥具有硬化快、强度高的特点，而且具有一定的耐高温性能。因此，在耐火材料生产中常用作不定形耐火材料的结合剂。此外，矾土水泥在国防和市政堵塞工程方面早有广泛应用。铝酸盐水泥通常由天然矾土或工业氧化铝加适量石灰配置，用熔融法和烧结法（近于熔融状态）生产。当生产矾土水泥时，因为或多或少总含有少量的 SiO_2，因此基本上属于 CaO-Al_2O_3-SiO_2 系统中靠近 CaO-Al_2O_3 二元系一边。其冷却析晶过程及其矿物组成比较接近相图的平衡状态，主要矿物有 CA 相、CA_2 相，其次是 $C_{12}A_7$ 相，还可能有 C_2AS 相和 C_2S 相，根据配料组成不同，可能的矿物组合方式略有差异。通常认为这些矿物中最有价值的是 CA 相和 CA_2 相，C_2AS 相无水硬性，熔点也很低，在水泥中作为稳定剂存在。$C_{12}A_7$ 相可能导致水泥凝结速度过快。所以，作为耐火材料使用的铝酸盐水泥如何选择其配料组成是很重要的。因此，该相图对铝酸盐水泥的生产与研究有很大实际意义。

如图 7-68 所示，铝酸盐水泥熟料的配料组成通常选在 CA 初晶区内。但这个区域包括三个分三角形，组成点落在哪个三角形内为优呢?对这个问题可借助相图分析如下：

① 组成点选在△CA-CA_2-C_2AS 内，对应无变量点为 10 点（1505℃），其矿物组成含量约为：CA 多量，C_2AS 次之，CA_2 少量。

② 组成点选在△CA-C_2AS-C_2S 内，对应无变量点为 11 点（1380℃），其矿物组成含量约为：CA 多量，C_2AS（转熔相）次之，C_2S 少量。

③ 组成点选在△CA-$C_{12}A_7$-C_2S 内，对应无变量点为 12 点（1335℃），其矿物组成含量约为：CA 多量、$C_{12}A_7$ 次之，C_2S 少量。

④ 组成点选在△CA_2-CA_6-C_2AS 内，对应无变量点为 9 点（1475℃），其矿物组成含量约为：CA_2 多量，CA_6 次之，C_2AS 少量。

对比上述各分三角形的情况可知，从矿物组成来看，②和③两组液相出现温度较低，材料易烧结，生产容易，但高温性能差。这种水泥使用温度不应超过 1400℃。通常使配料组成点落在 CA-11 连线以下。①和④两组液相出现温度较高，较难烧结，制造时要求较高的烧结温度或通过电熔方法生产。这种水泥耐高温，可以用于>1400℃的环境。水泥配料组成应在近 CA-CA_2 区，且 SiO_2 量越低越好，以避免 C_2AS 相的生成。

（4）硅酸盐水泥组成设计

硅酸盐水泥熟料的主要成分是 CaO、Al_2O_3、SiO_2 和 Fe_2O_3。因为 Fe_2O_3 含量低，为了简化分析，将 Al_2O_3 和 Fe_2O_3 合并考虑，这样由四组分转化为三组分，就可以用 CaO-Al_2O_3-SiO_2 相图了。

通常符合性能要求的硅酸盐水泥熟料中各种矿物的含量是有一定范围的，一般为 C_3S 40%～60%、C_2S 15%～30%、C_3A 6%～12%、C_4AF 10%～16%，对应熟料的化学组成一般为 CaO 60%～67%、SiO_2 20%～24%、Al_2O_3 5%～7%、Fe_2O_3 4%～6%。一般还要求水泥熟料在 1450℃烧成时液相量在 20%左右，以利于 C_3S 的生成。

根据三角形规则，配料点落在哪一个分三角形内，最后的析晶产物便是这个分三角形的三个顶点代表的晶相。因此，硅酸盐水泥的配料点应该选在△C_3S-C_2S-C_3A 内。将图 7-64 中富氧化钙区放大如图 7-69 所示。如果配料点落在△CaO-C_3S-C_3A 内，比如配料点 1，则析晶产物为 CaO、C_3S 和 C_3A，那么无论在煅烧和冷却过程中采取什么手段，最终熟料中也难免有游离氧化钙，其会导致水泥的安定性不良。又如配料点 2 落在△C_2S-C_3A-$C_{12}A_7$ 内，则析晶产物为 C_2S、C_3A 和 $C_{12}A_7$，没有水泥中需要的主要矿物 C_3S，导致熟料强度低，且存在较多的水硬性很低的 $C_{12}A_7$。考虑到熟料中各种矿物组成含量的要求，为保证合适的煅烧制度所需的

液相量，实际配料范围会进一步缩小。在实际生产中硅酸盐水泥的配料范围落在靠近 C_2S-C_3S 边的小圆圈内，如 P 点或 3 点。如果以 $\triangle C_3S$-C_2S-C_3A 作为一个浓度三角形，根据配料点在此三角形中的位置，可以读出平衡析晶时水泥熟料中各矿物的含量。

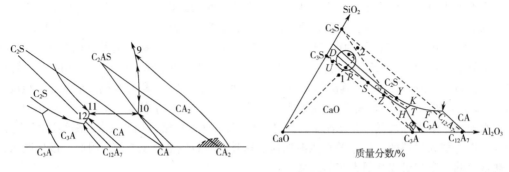

图 7-68　CaO-Al_2O_3-SiO_2 系统铝酸盐水泥区　　图 7-69　CaO-Al_2O_3-SiO_2 系统富 CaO 区域放大图

下面分析 P 点的析晶过程。P 点位于 CaO 的初晶区，所以平衡时先析出 CaO 晶体，液相组成沿着 CaO-P 连线向背离 CaO 的方向移动。当到达 CaO-C_3S 界线上 J 点时，发生转熔，$L+CaO \longrightarrow C_3S$，即液相要回吸原先析出的 CaO 而析出 C_3S；此时相应的固相组成在 CaO-C_3S 连线上向 C_3S 变化。当液相移动到 S 点时，固相到达 C_3S 点，意味着 CaO 晶体被回吸完，系统中只剩下液相与 C_3S 两相平衡共存，$f=2$。根据相律，液相要穿越 C_3S 的初晶区，沿着 DS 延长线方向移动，在这个过程中，一直析出 C_3S 晶体，固相组成点在 C_3S 点不动。当液相达到界线 C_2S 和 C_3A 界线 HK 上的 T 点时，发生低共熔反应 $L \longrightarrow C_3S+C_3A$，液相组成由 T 向 K 点移动，相应的固相组成离开 C_3S 点，在连线上向 C_3A 方向移动。当液相到达 K 点，固相组成则达到 U 点，发生了转熔反应 $L+C_3S \longrightarrow C_2S+C_3A$，固相组成则离开 U 点进入 $\triangle C_3S$-C_2S-C_3A 内向 P 点移动。当固相组成达到 P 点，回到原始组成点，液相在 K 点消失，析晶结束。最终产物为 C_3S、C_2S、C_3A。

析晶过程可以用下式表示：

液相：

$$P \xrightarrow[f=CaO]{L \longrightarrow CaO} J \xrightarrow[f=1]{L+CaO \longrightarrow C_3S} S \xrightarrow[f=2]{L \longrightarrow C_3S} T \xrightarrow[f=1]{L \longrightarrow C_3S+C_3A}$$
$$K(L+C_3S \longrightarrow C_2S+C_3A, f=0)$$

固相：

$$CaO \xrightarrow{CaO} CaO \xrightarrow{CaO+C_3S} C_3S \xrightarrow{C_3S} C_3S \xrightarrow{C_3S+C_3A} U \xrightarrow{C_3S+C_2S+C_3A} P$$

类似地，点 3 位于 $\triangle C_2S$-C_3S-C_3A 内，但是在 C_2S 的初晶区内，冷却时先析出 C_2S，液相沿着 C_2S-3 连线向背离 C_2S 的方向移动。当液相移动到 C_3S-C_2S 界线相交时，从液相中同时析出 C_3S 和 C_2S 两种晶相。然后液相沿 C_3S-C_2S 界线移动，固相组成沿 C_3S-C_2S 边移动。当液相移动到 Y 点时，界线性质发生变化，发生转熔过程 $L+C_2S \longrightarrow C_3S$。液相组成到达 K 点时，发生反应 $L+C_3S \longrightarrow C_2S+C_3A$，相应固相离开 C_3S-C_2S 边进入三角形向 3 点靠近。最后液相在 K 点消失，固相组成回到原始组成点 3，析晶结束。最终产物为 C_3S、C_2S 和 C_3A 三种晶体。

组成点 2 位于 $\triangle C_2S$-C_3A-$C_{12}A_7$ 内，所以最终析晶产物为 C_3S、C_3A、$C_{12}A_7$。析晶终点对应的无变量点为 F。

组成点1位于△CaO-C₃S-C₃A内，所以最终析晶产物为C₃S、C₃A、CaO，析晶终点对应的无变量点为H。

$$\triangle CaO\text{-}C_3S\text{-}C_3A$$

组成点1位于△CaO-C₃S-C₃A内，所以最终析晶产物为C_3S、C_3A、CaO，析晶终点对应的无变量点为H。

析晶过程中某一时刻平衡各相含量仍然可以根据杠杆规则进行计算。若是三相平衡，则需要使用两次杠杆规则。在此不再赘述。

在水泥生产中，工艺上将配料完全熔融再平衡析晶是不现实的。实际上是采用部分熔融的烧结法来实现生产的目的。仍然以配料3为例，其结晶终点是K点，则平衡加热时应在K点出现与C_3S、C_2S、C_3A平衡的L_K液相，但实际上C_2S很难通过纯固相反应生成，在1200℃以下组分通过固相反应生成的是反应速度较快的$C_{12}A_7$、C_3A、C_2S。因此，液相开始出现的温度并不是K点的1445℃，而是与这三个晶相平衡的F点1335℃。实际上，往往存在少量Na_2O、K_2O、MgO等杂质，液相开始出现温度还要低一些，约1250℃。F点是低共熔点，加热时发生反应$C_{12}A_7+C_3A+C_2S \longrightarrow L_F$。当$C_{12}A_7$熔完后，液相组成将沿着$FK$界线变化，升温过程中，$C_3A$与$C_2S$继续熔入液相，液相量随温度升高不断增加。

水泥配料达到烧成温度时所得液相量大约为20%~30%。在冷却过程中，为了防止C_3S分解及β-C_2S发生晶型转变，工艺上采取快速冷却措施，而不是缓慢冷却，因而冷却过程也是不平衡的。冷却又分为两种：

① 急冷。冷却速度超过熔体的临界冷却速度，液相完全失去析晶能力，全部转变为低温下的玻璃体。

② 液相独立析晶。如果冷却速度不是快到使液相完全失去析晶能力，但也不是慢到足以使它能够和系统中其他晶相保持原有的相图关系，则此时液相犹如一个原始配料的高温熔体那样独立析晶，重新建立一个新的平衡体系，不受系统中已存在的其他晶相制约。由于水泥熟料实际生产是非平衡过程，很容易发生液相的独立析晶。如果在K点C_3S被包裹，液相会离开K点向F点移动，进行一个独立的析晶过程，最后在F点析出$C_{12}A_7$、C_3A和C_2S。最终产物可能有四个晶相，即C_3S、C_2S、C_3A和$C_{12}A_7$。

7.4.4.2 CaO-MgO-SiO₂系统

该系统对于镁质、白云石质耐火材料，氧化镁质陶瓷、水泥以及冶金炉渣等材料的研究有重要意义，MgO-CaO材料及其在高温下的使用与该相图关系密切。MgO-CaO材料由于不会有有害杂质进入钢液，不污染环境，广泛用于冶炼洁净钢。CaO-MgO-SiO₂系统相图如图7-70所示，图中虚线部分根据二元相图做了修订。

（1）相图的构成

本系统有六个二元化合物、四个三元化合物，包括三个纯氧化物，共有十三个组成点，对应十三个初

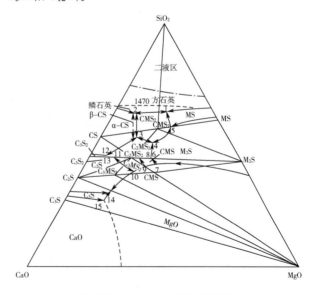

图 7-70 CaO-MgO-SiO₂系统相图

晶区。图7-70中SiO₂区有个面积较大的二液区，此外还有多晶转变区。各化合物性质列于表7-18。本系统有十五个无变量点，对应十五个分三角形。它们的对应关系列于表7-19，性质列

于表 7-20。

本系统化合物之间形成固溶体的现象十分普遍。目前所知的有：CMS 和 α-MS 之间形成连续固溶体，M_2S 和 CMS、M_2S 和 CMS_2、β-CS 和 CMS_2 之间形成有限固溶体。曾有研究指出，镁蔷薇辉石 C_2MS_2 是由 α-C_2S 固溶 M_2S 之后而稳定的一种矿物，说明两者之间也可以形成有限固溶体，在 1580℃ 它熔融分解为 α-C_2S 和 M_2S。

表 7-18 $CaO-MgO-SiO_2$ 系统各化合物性质

化合物	熔点或分解点/℃	性质	组成/%			备注
			CaO	MgO	SiO_2	
假硅灰石，α-CS	1544	一致熔融	48	—	52	
二硅酸三钙，C_3S_2	1475（分解）	不一致熔融	58	—	42	$C_3S_2 \longrightarrow C_2S+L$
硅酸二钙，C_2S	2130	一致熔融	65		35	
硅酸三钙，C_3S	2070（分解）	不一致熔融	74	—	26	$C_3S \longrightarrow CaO+L$
原顽辉石，α-MS	1557（分解）	不一致熔融	—	40	60	$MS \longrightarrow M_2S+L$
镁橄榄石，M_2S	1890	一致熔融	—	57	43	
透辉石，CMS_2	1391	一致熔融	26	18.5	55.5	
镁方柱石，C_2MS_2	1451	一致熔融	41	15	44	
钙镁橄榄石，CMS	1490（分解）	不一致熔融	36	26	38	$CMS \longrightarrow C_2S+MgO+L$
镁蔷薇辉石，C_3MS_2	1580（分解）	不一致熔融	51.2	12.1	36.7	$C_3MS_2 \longrightarrow C_2S+MgO+L$

(2) 方镁石质耐火材料区

由烧结或电熔镁砂为主要原料制造的以方镁石为主晶相的镁质材料，其主要化学成分为 MgO，主要杂质成分为 CaO、SiO_2，若不考虑 Fe_2O_3、Al_2O_3 等杂质的影响，则属于 $CaO-MgO-SiO_2$ 系统，可利用该相图对镁质耐火材料进行分析。比如一种普通镁砖化学组成范围如下：MgO>91%、CaO<3.0%、SiO_2<5.0%。可知这种镁砖的组成范围紧靠 MgO 顶角附近，其配料组成点则通常落在△MgO-CMS-M_2S 内，对应出现液相的温度为 1502℃（7 点）。可见在该镁砖的烧成温度（1550~1600℃）下，加之其他杂质成分的影响，已有相当的液相存在。在 7 点的相平衡关系是：

$$L_{(7)}+M \Longleftrightarrow CMS+M_2S$$

表 7-19 $CaO-MgO-SiO_2$ 系统分三角形对应的无变量点

无变量点	对应分三角形	无变量点	对应分三角形
1	△SiO_2-MS-CMS_2	9	△C_3MS_2-CMS-MgO
2	△SiO_2-α-CS-CMS_2	10	△C_2S-C_3MS_2-MgO
3	△α-CS-C_2MS_2-CMS_2	11	△C_2S-C_3MS_2-C_2MS_2
4	△CMS_2-C_2MS_2-M_2S	12	△C_3S_2-α-CS-C_2MS_2
5	△CMS_2-MS-M_2S	13	△C_3S_2-C_2S-C_2MS_2
6	△C_2MS_2-CMS-M_2S	14	△C_2S-C_3S-MgO
7	△CMS-M_2S-MgO	15	△C_3S-CaO-MgO
8	△C_2MS_2-C_3MS_2-CMS		

表 7-20　CaO-MgO-SiO$_2$ 系统中无变量点的性质

无变量点	温度/℃	性质	相平衡关系	组成/%		
				CaO	MgO	SiO$_2$
1	约 1375	低共熔点	L $\rightleftharpoons$ CMS$_2$+MS+SiO$_2$	19	19	62
2	1320	低共熔点	L $\rightleftharpoons$ α-CS+CMS$_2$+SiO$_2$	30.5	8	61.5
3	1350	低共熔点	L $\rightleftharpoons$ α-CS+CMS$_2$+C$_2$MS	35.5	13	51.5
4	1357	低共熔点	L $\rightleftharpoons$ CMS$_2$+C$_2$MS+M$_2$S	30	20	50
5	1390	双升点	L+MS$_2$ $\rightleftharpoons$ CMS$_2$+MS	20	23.5	56.5
6	1430（1436）	双升点	L+CMS $\rightleftharpoons$ C$_2$MS$_2$+M$_2$S	33.5	22.5	44
7	1502	双升点	L+MgO $\rightleftharpoons$ CMS+M$_2$S	32.5	26	41.5
8	1436	双升点	L+C$_3$MS$_2$ $\rightleftharpoons$ C$_2$MS$_2$+CMS	39	18.5	42.5
9	1490（1498）	双升点	L+MgO $\rightleftharpoons$ C$_3$MS$_2$+CMS	37.5	22.5	40
10	1575	双降点	L+C$_2$S+MgO $\rightleftharpoons$ C$_3$MS$_2$	43	18	39
11	1400	双升点	L+C$_3$MS$_2$ $\rightleftharpoons$ C$_2$S+C$_2$MS$_2$	49	7	44
12	1376	低共熔点	L $\rightleftharpoons$ α-CS+C$_3$S$_2$+C$_2$MS$_2$	50	5.5	44.5
13	1379	双升点	L+C$_2$S $\rightleftharpoons$ C$_3$S$_2$+C$_2$MS$_2$	50	6	44
14	约 1790	低共熔点	L $\rightleftharpoons$ C$_3$S+C$_2$S+MgO	57.5	13.5	29
15	约 1850	双升点	L+CaO $\rightleftharpoons$ C$_3$S+MgO	60	13.1	26.9

由此可以看出，这种制品的矿物组成有方镁石、镁橄榄石 M$_2$S、钙镁橄榄石 CMS 及少量玻璃相。因为 CMS 属低熔点相，且具有较大的异向膨胀性，易导致制品高温性能和抗热震性下降，故以 CMS 作为方镁石的结合相有许多缺点。相比之下，则希望用 M$_2$S 或 C$_2$S 作为方镁石的结合相。由此相图可以判断，为达此目的必须控制原料中的 CaO 含量及其 CaO/SiO$_2$ 比值。

图 7-71 是 CaO-MgO-SiO$_2$ 系统 1600℃的等温截面图。它表明材料的 CaO/SiO$_2$ 比不同，在 1600℃时高温平衡相组成也不同。从图上可清楚地看出，要制得一种直到 1600℃不产生液相的镁砖，同时考虑到高温下 CMS-M$_2$S 间能在一定组成范围内形成固溶体的关系，其配料组成点应选在下述几个平衡区内：CaO/SiO$_2$ 比远小于 1（或近于 0）的 "M$_2$S+MgO" 区；CaO/SiO$_2$ 比等于或大于 2 的 "C$_3$S+C$_2$S+MgO" 区或 "CaO+C$_3$S+MgO" 区。CaO/SiO$_2$=1～2 间的耐火材料耐高温性能较差。

从提高镁砖耐火性能来看，上述平衡区内的次要矿物作为方镁石的结合相是有利的，均优于 CMS、C$_3$MS$_2$ 等低熔相（这些相在 1600℃都被熔入液相已不存在）。目前生产高纯度镁砖过程中，为减

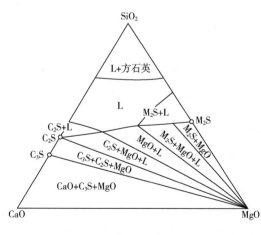

图 7-71　CaO-MgO-SiO$_2$ 系统 1600℃的等温截面图

少低熔成分的有害程度，方法之一是控制 CaO/SiO$_2$≈3，使配料组成点落在△C$_3$S-CaO-MgO 内或△C$_3$S-C$_2$S-MgO 内，它们出现液相的温度约在 1800℃（对应图 7-70 中的 15 点、14 点）。这样才能较彻底地避免低熔相的出现。同时应该引起注意的是，当 CaO/SiO$_2$>3 时，实际上往往在 CaO/SiO$_2$=3 附近，由于 C$_3$S $\xrightarrow{1250℃}$ C$_2$S+CaO 反应，都有游离 CaO 存在，需要控制其水化的负面作用。另外，从体积稳定性及抗铁氧化侵蚀性来看，M$_2$S 相是优于硅酸钙类矿物的。所以，虽然 C$_3$S、C$_2$S 的熔点较 M$_2$S 高，但用 M$_2$S 作为方镁石的结合相似乎要更好些。

通过以上分析可知，对于制造镁质耐火材料，控制 CaO、SiO$_2$ 含量及 CaO/SiO$_2$ 比至关重要，特别是对于高纯镁质制品，因为它决定了制品的矿物组成、液相的成分与性质以及制品的最终使用性能。

7.4.4.3 MgO-Al$_2$O$_3$-SiO$_2$ 系统

MgO-Al$_2$O$_3$-SiO$_2$ 系统相图如图 7-72 所示，对镁质耐火材料、镁质陶瓷的生产和使用有重要意义。系统中有四个二元化合物、两个三元化合物，它们的性质及组成列于表 7-21。该相图有九个初晶区、一个二液区，共有九个无变量点，对应九个分三角形。无变量点的性质列于表 7-22。

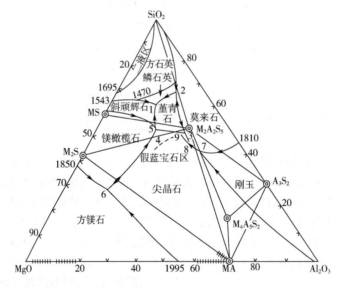

图 7-72　MgO-Al$_2$O$_3$-SiO$_2$ 系统相图

本系统中有三类重要材料：

① 耐火材料主要分布在 MA 区、MgO 区及 M$_2$S 区，属于碱性耐火材料，抗碱性渣性能优异。

② 位于 Al$_2$O$_3$-SiO$_2$ 二元边上的属于氧化硅质、半氧化硅质、黏土质、高铝质和刚玉质耐火材料，为中性和酸性耐火材料。

③ 位于董青石相区的材料，由于董青石具有极低的线膨胀系数，因而董青石陶瓷具有良好的耐急冷急热性能，被大量用作耐热瓷器、窑具以及高频陶瓷。

本系统内各组分氧化物及多数二元化合物熔点都很高，可制备优质耐火材料。但是三元无变量点的温度大大下降。因此不同二元系列的耐火材料不应混用，否则会降低液相出现温度和耐火度。例如，由该相图可以分析 MgO 在 Al$_2$O$_3$-SiO$_2$ 系材料中的效应。如果在 Al$_2$O$_3$-SiO$_2$ 系材料中引入 MgO，将使系统开始出现液相温度由 1595℃ 降低至 1440℃，又如在

42%Al$_2$O$_3$+58%SiO$_2$ 材料中加入 3%MgO，1500℃时将会产生 60%（质量分数）液相，可见在高于此温度下，该种耐火材料和 MgO 接触是很危险的。

分三角形△SiO$_2$-MS-M$_2$A$_2$S$_5$ 与镁质陶瓷生产密切。镁质陶瓷主要用于无线电工业，其介电损耗较低。通常，镁质陶瓷以滑石和黏土为配料，其配料点接近 MS 角顶，故主要晶相为顽辉石。如果增加黏土含量，则配料点向董青石一侧靠近，产品中以董青石为主晶相，成为董青石瓷。增加 MgO 的含量，如把配料点拉向接近顽辉石和镁橄榄石初晶区的界线，可以制备低损耗滑石瓷。如果 MgO 足够多，比如组成点达到 M$_2$S 附近，则将制得以橄榄石为主晶相的镁橄榄石瓷。但需要指出的是，滑石瓷的烧成温度范围狭窄，工艺上需要加入烧结助剂以改善其烧结性能。

表 7-21 MgO-Al$_2$O$_3$-SiO$_2$ 系统各化合物性质

化合物	性质	熔点或分解点/℃	组成/%		
			MgO	Al$_2$O$_3$	SiO$_2$
原顽辉石，MS	不一致熔融	1557（分解）	40	—	60
镁橄榄石，M$_2$S	一致熔融	1890	57	—	43
莫来石，A$_3$S$_2$	不一致熔融	1810（分解）	72	—	28
镁铝尖晶石，MA	一致熔融	2130	28.2	71.8	—
董青石，M$_2$A$_2$S$_5$	不一致熔融	1540（分解）	14	35	51
假蓝宝石，M$_4$A$_5$S$_2$	不一致熔融	1475（分解）	20	65	15

表 7-22 MgO-Al$_2$O$_3$-SiO$_2$ 系统各无变量点性质

无变量点	相平衡关系	性质	温度/℃	组成/%		
				MgO	Al$_2$O$_3$	SiO$_2$
1	L $\rightleftharpoons$ SiO$_2$+MS+M$_2$A$_2$S$_5$	低共熔点	1345	20.3	18.3	61.4
2	L + A$_3$S$_2$ $\rightleftharpoons$ SiO$_2$+M$_2$A$_2$S$_5$	双升点	1425	10.0	23.5	66.5
3	L+A$_3$S$_2$ $\rightleftharpoons$ M$_4$A$_5$S$_2$+M$_2$A$_2$S$_5$	双升点	1460	16.1	34.8	49.1
4	L+MA $\rightleftharpoons$ M$_2$S+M$_2$A$_2$S$_5$	双升点	1370	25.7	22.8	51.5
5	L $\rightleftharpoons$ MS+M$_2$S+M$_2$A$_2$S$_5$	低共熔点	1360	25.0	21.0	54.0
6	L $\rightleftharpoons$ MgO+MA+M$_2$S	低共熔点	约1700	56.0	16.0	28.0
7	L+Al$_2$O$_3$ $\rightleftharpoons$ A$_3$S$_2$+MA	双升点	1575	15.2	42.0	42.8
8	L+MA+A$_3$S$_2$ $\rightleftharpoons$ M$_4$A$_5$S$_2$	双降点	1482	17.0	37.0	46.0
9	L+M$_4$A$_5$S$_2$ $\rightleftharpoons$ MA+M$_2$A$_2$S$_5$	双升点	1453	17.5	33.5	49.0

7.4.4.4 相图在研究耐火材料侵蚀损坏方面的应用举例

耐火材料在使用中损坏的原因很多，情况是复杂的。但在高温作用下，受到多种外来组分的物理、化学侵蚀作用，通常是材料损坏的重要原因。例如在炼钢条件下，炉渣对炉衬的侵蚀作用是引起材料损坏的重要因素。熔渣的这一侵蚀过程是十分复杂的，实际上是使材料系统逐渐多元化、逐渐变质的过程。由于实际问题的复杂性，加之应用多元相图（四元以上）也

有不便之处，因此应用相图分析较复杂的问题时，常常需要先把问题简化，抓其主要矛盾，综合应用几个三元相图（或加上二元相图）来作为分析问题的向导，进而把握材料化学-矿物组成的变化、条件及其影响，为探明其过程机理、改进材料性能及合理选择使用条件提供科学依据。下面通过几个实例说明综合应用相图分析实际问题的方法。

【例 7-1】Al_2O_3-SiO_2 系材料在高炉中的化学侵蚀。

炼铁高炉用耐火材料多属 Al_2O_3-SiO_2 系材料（黏土-高铝质）。从整体来看，这类材料在使用中会受到炉渣、炉料、炉气等的侵蚀作用，归纳起来有 CaO、MgO、Fe_2O_3、K_2O、Na_2O 等化学组分。要了解它们对炉衬材料可能发生的侵蚀作用，可以综合应用几个三元相图。

如应用 CaO-Al_2O_3-SiO_2 相图分析 CaO 的侵蚀作用。分析方法之一是把材料组成点（或组成范围）与 CaO 顶点连线，从该线所跨的相区及其对应的分三角形可以看出随 CaO 侵入量的增加将引起的变化。例如，它可在 1345℃ 出现液相，可能有低熔点矿物 CAS_2（钙长石）或 C_2AS（铝方柱石）出现。反应如下：

$$A_3S_2 + 3CaO + 4SiO_2 \longrightarrow 3(CAS_2)$$

$$A_3S_2 + 6CaO + SiO_2 \longrightarrow 3(C_2AS)$$

同理，通过查阅有关相图可知：

① 当有 MgO 存在时，可以用 MgO-Al_2O_3-SiO_2 系相图分析 MgO 的影响，体系在 1460℃ 出现液相，可能有低熔点矿物 $M_2A_2S_5$（堇青石）存在。

② 当有 Fe_2O_3 存在时，可以用 Fe_2O_3-Al_2O_3-SiO_2 系相图分析 Fe_2O_3 的影响，体系在 1210℃ 出现液相，可能有 $F_2A_2S_5$（铁堇青石）、FA（铁铝尖晶石）矿物存在。

③ 当有 K_2O 存在时，可以用 K_2O-Al_2O_3-SiO_2 系相图分析 K_2O 的影响，体系在 985℃ 左右出现液相，可能有 KAS_2（钾霞石）、KAS_4（白榴石）、KAS_6（钾长石）等矿物存在。

这些外来组分的侵入不仅增加了体系的液相量，改变了制品的矿物组成和结构，降低了材料的耐火性能，而且随温度的变动，反应中还常伴有较大的体积效应，从而导致耐火材料出现熔蚀及剥落等损坏现象。对使用后的黏土砖作显微结构分析，已证明常有上述一些低熔点矿物存在，说明上述一些组分的化学侵蚀作用是引起高炉炉衬损坏的一个重要原因。

【例 7-2】研究熔渣对 CaO-MgO 系材料的侵蚀作用。

属 CaO-MgO 系的白云石质耐火材料大部分消耗于炼钢工业。在其熔渣对炉衬的侵蚀损坏机理方面已有很多研究工作。

熔渣的特点大致如下：炼钢开始吹氧后，根据铁水中各种元素对氧亲和力的大小次序，Fe 首先氧化成 FeO，随后 Si 氧化成 SiO_2。因此初期渣主要成分是 FeO 与 SiO_2，以 CaO-FeO-SiO_2 相图来看，如图 7-73 所示，靠近 FeO-SiO_2 边，其熔融温度约在 1100～1200℃ 等温线范围内。初期渣的特点是碱度（CaO/SiO_2）低，约≤1，SiO_2 与 FeO 含量高，属酸性渣，初期炉温大致在 1400℃。随着炼钢的进行，需加入石灰或白云石造渣剂，提高炉渣碱度。因而终期渣特点是碱度高，可达 3.5～4。FeO 含量也相对提高，依冶炼钢种不同，其质量分数可从 15% 变化至高达 30%，且有不少 Fe_2O_3 存在，见图 7-74，其组成范围靠近 C_2S、C_3S 饱和面处。终期炉温约在 1650℃。由于熔渣对炉衬的侵蚀作用，或是由于用白云石造渣，渣中总含有少量（质量分数 5%～10%）MgO。中期渣碱度在前两者之间，但 FeO 含量均低于前两者。熔渣的形成特点与性质决定了它对炉衬的侵蚀过程。炉渣与材料之间的侵蚀作用和关系，可以用 CaO-MgO-SiO_2-FeO（Fe_2O_3）四元系统分析。为了分析氧化铁和 SiO_2 这两个主要组分与 CaO-MgO 系材料之间的作用和关系，下面用图 7-73～图 7-76 进行简要的说明。

（1）比较 CaO 与 MgO 的抗氧化亚铁/氧化铁侵蚀能力

当 CaO 或 MgO 受到氧化铁的侵蚀而构成混合物系时，其熔融温度都有所下降，但下降的程度和影响是不同的，即 CaO 和 MgO 抗侵蚀能力的大小不同。从图 7-73 看出，假设有质量分数为 50%CaO+50%FeO 的混合物，其约在 1900℃开始处于液态；而从图 7-75 看出，质量分数为 50%MgO+50%FeO 的混合物约在 2350℃才开始处于液态。比较该两图还可看出，CaO 初晶区面积较小，区内等温线分布紧密，这表明随 FeO 侵入量的增加，CaO 材料的熔点急剧下降；而 MgO 与 FeO 形成方镁石固溶体（MW）的初晶区却很宽广，等温线分布稀疏，这表明随 FeO 侵入量增加，MW 的熔点下降缓慢。因此说明，CaO 与 MgO 比较，MgO 有较高的抗 FeO 侵蚀能力。同理比较图 7-74 与图 7-76 可以看出，MgO 有较高的抗 Fe_2O_3 侵蚀能力。所以，镁砖、镁质白云砖比白云砖的抗 FeO 能力要强，提高白云石中的 MgO 含量可以改善其抗渣性，延长使用寿命。

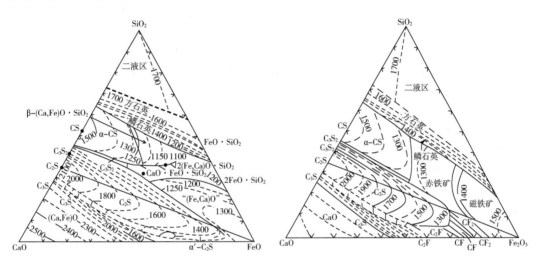

图 7-73　与金属铁平衡的 $CaO\text{-}FeO\text{-}SiO_2$ 相图　　　图 7-74　与大气平衡的 $CaO\text{-}Fe_2O_3\text{-}SiO_2$ 相图

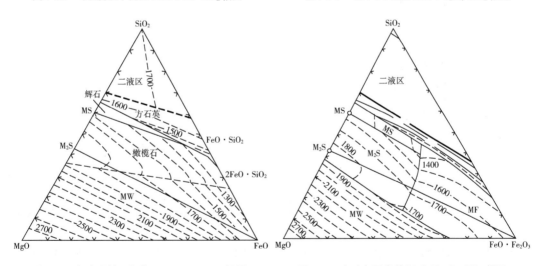

图 7-75　与金属铁平衡的 $MgO\text{-}FeO\text{-}SiO_2$ 相图　　图 7-76　与大气平衡的 $MgO\text{-}Fe_2O_3\text{-}SiO_2$ 相图

从上述四张相图还可以明显看出，FeO 与 $Fe_2O_3(Fe_3O_4)$ 相比，$Fe_2O_3(Fe_3O_4)$ 对 CaO、MgO

的侵蚀能力都强，尤其对 CaO 的侵蚀更甚。所以，设法减少高价铁的侵蚀，对提高白云石砖的使用寿命很有益处。

（2）比较 CaO、MgO 的抗 SiO_2 侵蚀能力

对比图 7-73、图 7-75，仍以质量分数为 50%CaO+50%FeO、50%MgO+50%FeO 的混合物为例。将二元混合物组成点与 SiO_2 角顶相连，从连线经过的相区和温度等情况即可看出 SiO_2 侵入二元混合物后的变化情况，也就是 FeO 和 SiO_2 对 CaO 或 MgO 同时侵入的变化情况。设有质量分数为 10%的 SiO_2 分别侵入上述二元混合物，从图 7-73 可知，该三元混合物开始处于液态的温度稍高于 1600℃；而从图 7-75 可知，同样比例的三元混合物，其开始处于液态的温度约在 2100℃。所以，CaO 与 MgO 相比，MgO 有较高的抗 SiO_2 侵蚀能力。

（3）比较 C_2S 与 M_2S 的抗 Fe_2O_3 侵蚀能力

从图 7-74 看出，设有质量分数为 50%C_2S+50%Fe_2O_3 混合物，它在 1400℃已全部处于液态；而从图 7-76 看出，同样质量分数为 50%MgO+50%Fe_3O_4 的混合物，把它加热至 1670℃尚未全部变为液态。上述情况表明 C_2S 与 M_2S 相比，M_2S 有较强的抗 Fe_2O_3 侵蚀能力。同理对比图 7-73、图 7-75，可说明两者对 FeO 侵蚀的抵抗能力也有同样情况。C_2S、M_2S 为 CaO-MgO 系材料中经常存在的次要矿物，从熔点看，C_2S 的熔点高；而从抗氧化铁侵蚀能力看，M_2S 为优。由此可见，评价某种材料或晶相的优劣，不仅要着眼于性能指标，更重要的是应该与其使用条件相结合。

（4）分析 CaO-MgO 材料抗 Al_2O_3 侵蚀能力

CaO-MgO-Al_2O_3 系统 1600℃的等温截面图见图 7-77，可以看出：

① 靠近 Al_2O_3 与 CaO 组成边，且 Al_2O_3/CaO 为 2~0.3 时，有一液相区（L）。

② 在 MgO 与 CaO 含量高的相组成中皆为固-液共存区，这表明 MgO-CaO 材料抗 Al_2O_3 侵蚀不好。

图 7-78 给出了 MgO-CaO 系材料在 1600℃吸收 10%和 20%（质量分数）FeO、吸收 5%和 10%（质量分数）Fe_2O_3 系统中产生的液相量。由此可知：

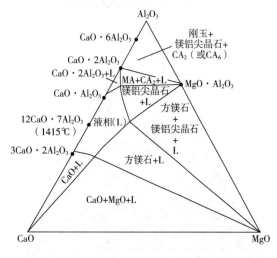

图 7-77 CaO-MgO-Al_2O_3 系统在 1600℃的等温截面图

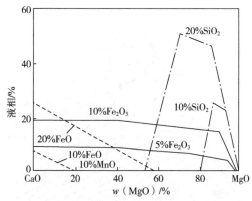

图 7-78 不同组成的 MgO-CaO 材料在 1600℃吸收
一定量 SiO_2、FeO、Fe_2O_3 或 MnO 后产生的液相量

① 当 MgO-CaO 系材料中 $w(MgO)>60\%$ 时，即使吸收 20%FeO，也不会产生液相，说明

该材料抗 FeO 侵蚀好。

② 随着 MgO-CaO 材料中 MgO 含量增加，吸收 Fe_2O_3 后产生的液相量下降，说明 MgO 含量增加使材料抗 Fe_2O_3 侵蚀能力提高。

③ 无论什么组成的 MgO-CaO 材料，吸收 10%MnO 后都不会产生液相，说明抗 MnO 侵蚀能力较强。

④ 只有 $w(MgO)>92\%$ 的 MgO-CaO 材料才能较好抵抗 Al_2O_3 侵蚀。

⑤ $w(MgO)<50\%$ 的 MgO-CaO 材料，在 1600℃吸收 20%SiO_2 后也没有液相出现，因此如果要改善材料抗 SiO_2 的能力，则材料中 CaO 含量应高一些。

7.5 三元交互系统

微信扫码使用 线上学习资料

本章小结

相平衡是研究物质在多相系统中相的平衡问题，根据多相平衡的实验结果，可以制成几何图形来描述这些在平衡状态下的变化关系，这种图形就称为相图。相图可以指出，某一组成的系统在指定条件下达到平衡时，系统中存在的相的数目和每个相的组成及其相对数量。相平衡描述了热力学平衡条件下的变化规律，但是其对于非平衡态下很多材料的实际生产也有很大的指导意义。

分析单元相图，需要掌握不同晶型之间的平衡关系及转变规律，如 SiO_2 相图。对于二元及以上的多元相图，需要通过对代表性相图分析掌握分析复杂相图的方法。二元系统的液相线、固相线在三元系统中分别扩展为液相面和固相面。三元相图知识是分析多元系统相图的基础。如何判断化合物的性质、划分副三角形、判断界线温度变化方向及其性质、确定三元无变量点的性质、分析冷却析晶过程是必须要掌握的内容。杠杆规则则是分析某个温度下固相和液相相对含量及相组成的基本规则。

思考题与习题

1. 确定下列已达化学平衡体系的独立组元数、相数和自由度数。

（1）加热到 2273.15K 的水蒸气，气体中还有 H_2、O_2、OH、O 与 H。

（2）HgO（s）、Hg（s）和 O_2（g）。

（3）Fe（s）、FeO（s）、CO（g）和 CO_2（g）。

2. 请用相律说明下列结论是否严谨，为什么。

（1）纯物质在一定压力下的熔点是一定值。

（2）纯物质在一定温度下的蒸气压为定值。

（3）纯物质在一定温度下，固、气、液三相可以平衡共存。

3. 固体硫有两种晶型（单斜硫、斜方硫），因此硫系统可能有四个相，如果某人实验得到

这四个相平衡共存，试判断这个实验有无问题。

4. 在 SiO_2 系统相图中，找出两个可逆多晶转变和两个不可逆多晶转变的例子。

5. 求高山上大气压为 66661Pa 时水的沸点。已知水汽化热为 40.696kJ/mol。

6. 图 7-79 表示钙长石（$CaAl_2Si_2O_8$）的一元系统相图。请回答：

(1) 六方和正交钙长石的熔点各约为多少？

(2) 三斜与六方晶型的转变是可逆的还是不可逆的？

(3) 正交晶型是热力学稳定态，还是介稳态？

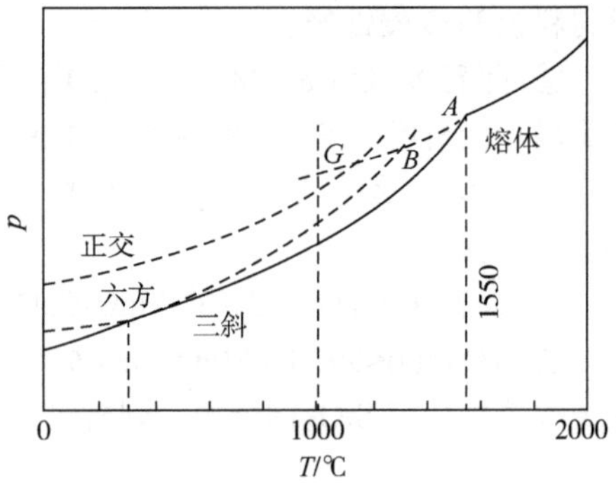

图 7-79　钙长石单元相图

7. 请根据下列实验数据画出 KF-$BaTiO_3$ 二元相图。

已知：KF 的熔点为 850℃，$BaTiO_3$ 的熔点为 1612℃，低共熔点温度为 833℃。

温度/℃	833	1000	1050	1100	1150	1200	1250	1300
液相中 $BaTiO_3$ 的摩尔分数/%	2	4	6	9	12.5	17	22.5	28.5

(1) 画出下列各组成熔体的步冷曲线：0%、2%、9%（摩尔分数）$BATiO_3$。

(2) 已知一熔体是由 60g $BaTiO_3$ 和 135g KF 配成。若用此熔体生长单晶 $BaTiO_3$，应如何控制温度？最多能生长出多少 $BaTiO_3$ 单晶？

8. 根据 Al_2O_3-SiO_2 系统相图说明：

(1) 铝硅质耐火材料，如硅砖（含 $SiO_2>98\%$）、黏土砖（含 $Al_2O_3$35% ~ 50%）、高铝砖（含 $Al_2O_3$60% ~ 90%）、刚玉砖（含 $Al_2O_3>90\%$）内各有哪些主要的晶相？

(2) 为了保持较高的耐火度，在生产硅砖时应注意什么？

(3) 若耐火材料出现 40%液相便软化不能使用，试计算含摩尔分数为 40%Al_2O_3 的黏土砖的最高使用温度。

9．在 CaO-SiO_2 系统与 Al_2O_3-SiO_2 系统中 SiO_2 的液相线都很陡，为什么在硅砖中可掺入约 2%的 CaO 作矿化剂而不会降低硅砖的耐火度，但在硅砖中却要严格防止原料中混入 Al_2O_3，否则会使硅砖耐火度大大下降？

10. 试完成图 7-80 配料点 1、2、3 的结晶路程（表明液、固相组成点的变化及结晶过程各阶段系统中发生的相变化）。

11. 图 7-81 表示生成一个三元化合物的三元相图。

(1) 判断三元化合物 N 的熔融性质。

(2) 标出边界曲线的温降方向（转熔界线用双箭头）。

(3) 指出无变量点 K、L、M 的性质。

(4) 分析点 1、2 的结晶路程（表明液固组成点的变化及各阶段的相变化）。

12. 图 7-82 是三元相图 A-B-C 的 A-B-S 初晶区部分，试分析 M 点析晶路程，并画出该相图内可能发出穿越相区的组成点范围（用阴影线表示）。

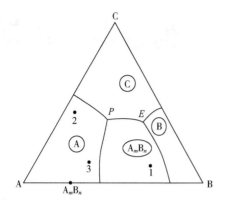
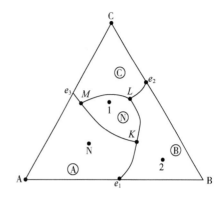

图 7-80 生成不一致熔融二元化合物（A_mB_n）的 A-B-C 三元相图　图 7-81 生成三元化合物 N 的 A-B-C 三元相图

13. 如图 7-83 所示，有一个三元相图 A-B-C，在△ABC 内有 D_1、D_2、D_3、D_4 四个化合物。

(1) 说明四个化合物的性质。

(2) 分析 E、F、G、H 点的性质，并写出相变式。

(3) 分析点 1、2、3 的配料点从高温冷却至低温的平衡析晶过程。

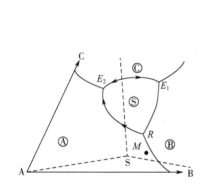

图 7-82 三元相图 A-B-C 的 A-B-S 初晶区部分

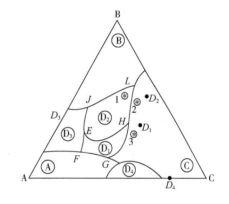

图 7-83 习题 13 附图

14. 图 7-84 为 CaO-Al_2O_3-SiO_2 系统的富钙部分相图，若原始液相位于波特兰水泥的配料圈内，并恰好在 CaO 和 C_3S 初相区的边界曲线上：

(1) 说明此液相组成的结晶路程，并用图表示冷却过程各相相对含量的变化。

(2) 在缓慢冷却到无变量点 K 的温度 1455℃时急剧冷却到室温，则最终获得哪些相，各相含量多少？

15. 高铝水泥的配料通常选择在 CA 相区范围内，生产时常烧至熔融后冷却制得，高铝水泥主要矿物为 CA，而 C_2AS 没有水硬性，因此希望水泥中不含 C_2AS。这样在 CA 相区内应取什么范围的配料才好，为什么（注意生产时不可能完全平衡，而会出现独立结晶过程）？

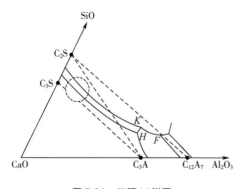

图 7-84 习题 14 附图

第8章 扩散

✈ 本章提要
....

　　当物质内有浓度梯度、应力梯度、化学梯度和其他梯度存在的条件下，由于热运动而导致原子（分子）的定向迁移，从宏观上表现出物质的定向输送，这个输送过程称为扩散（Diffusion）。扩散是一种传质过程，是物质内质点运动的基本方式，当温度高于绝对零度时，任何物系内的质点都在做热运动。在气体和液体中，物质的传递方式除扩散外，还可以通过对流（Convection）等方式进行；在固体中，扩散往往是物质传递的唯一方式。晶体中缺陷的产生与复合就是一种宏观上无质点定向迁移的无序扩散（Disordered diffusion）。晶体结构的主要特征是其原子或离子的规则排列。然而，实际晶体中原子或离子的排列总是或多或少地偏离了严格的周期性。在热起伏的过程中，晶体的某些原子或离子由于振动剧烈而脱离格点进入晶格中的间隙位置或晶体表面，同时在晶体内部留下空位。显然，这些处于间隙位置上的原子或原格点上留下来的空位并不会永久固定下来，它们将可以从热起伏的过程中重新获取能量，在晶体结构中不断地改变位置而出现由一处向另一处的无规则迁移运动。在日常生活和生产过程中遇到的大气污染、液体渗漏、氧气罐泄漏等现象，则是有梯度存在情况下，气体在气体介质、液体在固体介质中及气体在固体介质中的定向迁移，即扩散过程。由此可见，扩散现象是普遍存在的。晶体中原子或离子的扩散是固态传质和反应的基础。

　　无机非金属材料制备工艺中很多重要的物理化学过程都与扩散有关系，例如固溶体的形成、离子晶体的导电性、材料的热处理、相变过程、氧化、固相反应、烧结、金属陶瓷材料的封接、金属材料的涂搪与耐火材料的侵蚀。因此，研究固体中扩散的基本规律对认识材料的性质、制备和生产具有一定性能的固体材料均有十分重大的意义。

　　本章主要介绍扩散的宏观规律及其动力学、扩散的微观机构及扩散系数，通过宏观—微观—宏观的渐进循环，认识扩散现象及本质，总结出影响扩散的微观和宏观因素，最终达到对基本动力学过程——扩散的控制与有效利用。

8.1 固体中的扩散特点

　　物质在流体（气体或液体）中的传递过程是一个早为人们所认识的自然现象。对于流体，由于质点间相互作用比较弱，且无一定的结构，故质点的迁移是完全随机地朝三维空间的任

意方向发生，其每一步迁移的自由行程（与其他质点发生碰撞之前所行走的路程）也随机地取决于在该方向上最邻近质点的距离。质点密度越低（如在气体中），质点迁移的自由程也就越大。因此，在流体中发生的扩散传质往往总是具有很大的速率和完全的各向同性。当然，流体的流动变形能力赋予了流体中的另一传质方式——对流传质（Convective mass transfer）。

与流体中的情况不同，质点在固体介质中的扩散则远不如在流体中那样显著。固体中的扩散有其自身的特点：a. 构成固体的所有质点均束缚在三维周期性势阱中，质点与质点间的相互作用强，故质点的每一步迁移必须从热起伏中获取足够的能量，以克服势阱的能量。因此，固体中明显的质点扩散常开始于较高的温度，但实际上又往往低于固体的熔点。b. 晶体中原子或离子依一定方式所堆积成的结构，将以一定的对称性和周期性限制着质点每一步迁移的方向和自由程。例如图 8-1 中处于平面点阵内间隙位的原子只存在四个等同的迁移方向，每一迁移的发生均需获取高于能垒 ΔG^* 的能量，迁移自由程则相当于晶格常数大小。所以晶体中的质点扩散往往具有各向异性，其扩散速率也远低于流体中的情况。

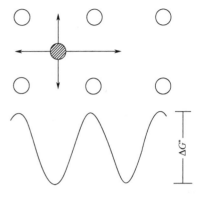

图 8-1　间隙原子扩散势场示意图

8.2　扩散的宏观动力学方程

8.2.1　菲克第一定律

虽然微观上在流体或固体介质中，由于其本身结构的不同，质点的扩散行为彼此存在较大的差异。但从宏观统计的角度看，介质中的质点扩散行为都遵循相同的统计规律。1855 年德国物理学家菲克（Fick）对大量扩散过程做了定量描述，并提出了浓度场下物质扩散的动力学方程——菲克第一定律和菲克第二定律。

菲克认为，在扩散体系中，参与扩散质点的浓度因位置而异，且可随时间而变化，即浓度 C 是位置 x 和时间 t 的函数。在扩散过程中，单位时间内通过单位横截面的质点数目（或称扩散通量）J 正比于扩散质点的浓度梯度 ∇C：

$$J = -D\frac{\partial C}{\partial x} \tag{8-1}$$

式中　$\dfrac{\partial C}{\partial x}$——同一时刻沿 x 轴的扩散层浓度梯度，C 是溶质单位体积浓度，以 g/cm³、1/cm³、

　　　　　　原子数/cm³ 表示，x 是扩散方向上的距离，cm；

　　　D——比例常数，又称扩散系数，cm²/s 或 m²/s，一般当固体温度在 20~1500℃范围

　　　　　内，D 值波动在 10^{-20}~10^{-4}cm²/s 范围内；

　　　J——扩散通量，即单位时间单位面积上溶质扩散的量，mol/(cm²·s)。

方程前面的负号表示原子流动方向与浓度梯度方向相反。

由于扩散有方向性，故 J 为矢量，对于三维扩散体系有以下公式：

$$\boldsymbol{J} = -\boldsymbol{D}(i\frac{\partial C}{\partial x} + j\frac{\partial C}{\partial y} + k\frac{\partial C}{\partial z}) = -\boldsymbol{D}\nabla C \tag{8-2}$$

式中，$\boldsymbol{\nabla} = i\dfrac{\partial}{\partial x} + j\dfrac{\partial}{\partial y} + k\dfrac{\partial}{\partial z}$ 为梯度算符。

对于各向异性材料，扩散系数 $\boldsymbol{D}$ 为二阶张量，这时：

$$\begin{bmatrix} J_x \\ J_y \\ J_z \end{bmatrix} = \begin{bmatrix} D_{11} D_{12} D_{13} \\ D_{21} D_{22} D_{23} \\ D_{31} D_{32} D_{33} \end{bmatrix} \begin{bmatrix} -\dfrac{\partial C}{\partial x} \\ -\dfrac{\partial C}{\partial y} \\ -\dfrac{\partial C}{\partial z} \end{bmatrix} \tag{8-3}$$

对于菲克第一定律，有以下三点值得注意：a.式（8-1）是唯象的关系式，并不涉及扩散系统内部原子运动的微观过程；b.扩散系数反映了扩散系统的特性，并不仅仅取决于某一种组元的特性；c.式（8-1）不仅适用于扩散系统的任何位置，而且适用于扩散过程的任一时刻，其中，J、D、$\dfrac{\partial C}{\partial x}$ 可以是常量，也可以是变量。式（8-1）既可适用于稳定扩散（浓度分布不随时间变化），同时又是不稳定扩散（质点浓度分布随时间变化）动力学方程建立的基础。

8.2.2　菲克第二定律

当扩散处于不稳定扩散，即各点的浓度随时间而改变时，利用式（8-1）不容易求出 $C(x, t)$。但通常的扩散过程大都是非稳定扩散，为便于求出 $C(x, t)$，菲克从物质的平衡关系着手，建立了第二个微分方程式。

对于一维扩散，如图 8-2 所示，在扩散方向上取体积元 $A\Delta x$，J_x 和 $J_{x+\Delta x}$ 分别表示流入体积元及流出体积元的扩散通量，则在 Δt 时间内，体积元中扩散物质的积累量为：

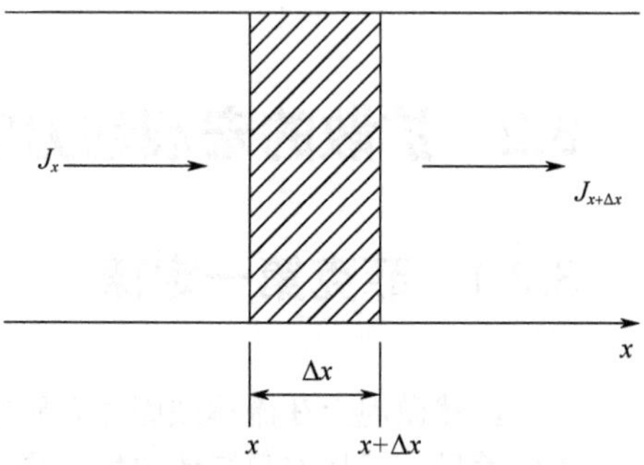

图8-2　扩散流通过微小体积的情况

$$\Delta m = (J_x A - J_{x+\Delta x} A)\Delta t$$

则有：

$$\frac{\Delta m}{\Delta x A \Delta t} = \frac{J_x - J_{x+\Delta x}}{\Delta x}$$

当 x、$t > 0$ 时，有 $\dfrac{\partial C}{\partial t} = -\dfrac{\partial J}{\partial x}$。

将式（8-1）代入该式得：

$$\frac{\partial C}{\partial t} = \frac{\partial}{\partial x}\left(D\frac{\partial C}{\partial x}\right) \tag{8-4}$$

如果扩散系数 D 与浓度无关，则式（8-4）可写成：

$$\frac{\partial C}{\partial t} = D\frac{\partial^2 C}{\partial x^2} \tag{8-5}$$

式（8-4）及式（8-5）为菲克第二定律的数学表达式。

对于三维空间扩散，针对具体问题可以选择不同的坐标系，根据坐标系不同，菲克第二

定律有以下几种形式。

（1）直角坐标系

假设扩散体系具有各向同性，扩散系数与浓度无关，即与空间位置无关时，则有：

$$\frac{\partial C}{\partial t} = D\left(\frac{\partial^2 C}{\partial x^2} + \frac{\partial^2 C}{\partial y^2} + \frac{\partial^2 C}{\partial z^2}\right) \tag{8-6}$$

或者简记为 $\frac{\partial C}{\partial t} = D\nabla^2 C$。

（2）球坐标系

对于球对称扩散，且扩散系数 D 与浓度无关时有：

$$\frac{\partial C}{\partial t} = \frac{D}{r^2} \times \frac{\partial}{\partial r}\left(r^2 \frac{\partial C}{\partial r}\right) \tag{8-7}$$

从形式上看，菲克第二定律表示在扩散过程中，某点浓度随时间的变化率与浓度分布曲线在该点的二阶导数成正比。如图 8-3 所示，若曲线在该点的二阶导数 $\frac{\partial^2 C}{\partial x^2} > 0$，即曲线为凹形，则该点的浓度会随时间的增加而增加，即 $\frac{\partial C}{\partial t} > 0$；若曲线在该点的二阶导数 $\frac{\partial^2 C}{\partial x^2} < 0$，即曲线为凸形，则该点的浓度会随时间的增加而降低，即 $\frac{\partial C}{\partial t} < 0$。而菲克第一定律表示扩散方向与浓度降低的方向相一致。从上述意义讲，菲克第一、第二定律本质上是一个定律，均表明扩散的结果总是使不均匀体系均匀化，由非平衡逐渐达到平衡。

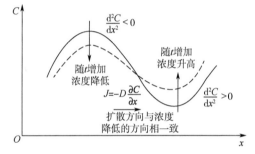

图 8-3 菲克第一、第二定律的关系

8.3 扩散的热力学理论（扩散的推动力）

扩散动力学方程式建立在大量扩散质点做无规布朗运动的统计基础之上，唯象地描述了扩散过程中扩散质点所遵循的基本规律。但是在扩散动力学方程式中并没有明确地指出扩散的推动力是什么，而仅仅表明在扩散体系中出现定向宏观物质流是存在浓度梯度条件下大量扩散质点无规则布朗运动（非质点定向运动）的必然结果。经验告诉人们，即使体系不存在浓度梯度，当扩散质点受到某一力场的作用时也将出现定向物质流。因此，浓度梯度显然不能作为扩散推动力的确切表征。根据广泛适用的热力学理论，扩散过程的发生与否将与体系中化学势有根本的关系。物质从高化学势流向低化学势是一普遍规律，因此表征扩散推动力的应是化学势梯度。一切影响扩散的外场（电场、磁场、应力场等）都可统一于化学势梯度之中，且仅当化学势梯度为零时，系统扩散方可达到平衡。下面将以化学势梯度概念建立扩散系数的热力学关系，即能斯特-爱因斯坦（Nernst-Einstein）公式。

在多组分中，i 组分的质点由高化学势向低化学势扩散，质点所受的力为：

$$F_i = -\frac{\partial u_i}{\partial x} \tag{8-8}$$

相应质点运动平均速度 V_i 正比于作用力 F_i：

$$V_i = B_i F_i = -B_i \frac{\partial u}{\partial x} \qquad (8\text{-}9)$$

式（8-9）中 B_i 为单位作用力下 i 组分质点的平均速度（或淌度）。显然组分 i 的扩散通量 J 等于单位体积中该组成质点浓度 C_i 和质点移动平均速度的乘积：

$$J_i = C_i V_i \qquad (8\text{-}10)$$

将式（8-9）代入式（8-10），可得用化学势梯度概念描述扩散的一般方程式：

$$J_i = -C_i \frac{\partial u_i}{\partial x} \qquad (8\text{-}11)$$

若体系不受外场作用，化学势为系统组成活度和温度的函数，则式（8-11）可写成：

$$J_i = -C_i B_i \frac{\partial u_i}{\partial C_i} \times \frac{\partial C_i}{\partial x}$$

将上式与菲克第一定律比较，得扩散系数 D_i：

$$D_i = C_i B_i \frac{\partial u_i}{\partial C_i} = B_i \frac{\partial u_i}{\partial \ln C_i}$$

因 $C_i/C = N_i$，$\mathrm{d}\ln C_i = \mathrm{d}\ln N_i$，有：

$$D_i = B_i \frac{\partial \mu_i}{\partial \ln N_i} \qquad (8\text{-}12)$$

又因：

$$u_i = u_i^0 + RT \ln a_i = u_i^0 + RT \ln N_i \gamma_i$$

则有：

$$\frac{\partial u_i}{\partial \ln N_i} = RT \left(1 + \frac{\partial \ln \gamma_i}{\partial \ln N_i} \right) \qquad (8\text{-}13)$$

将式（8-13）代入式（8-12）得：

$$D_i = B_i RT \left(1 + \frac{\partial \ln \gamma_i}{\partial N_i} \right) \qquad (8\text{-}14)$$

式中，$(1 + \partial \ln \gamma_i / \partial \ln N_i)$ 为扩散系数的热力学因子。

式（8-14）便是扩散系数的一般热力学关系。

① 对于理想溶液或纯组分，$\gamma_i = 1$，热力学因子也等于 1。则：

$$D_i = D_i^* = B_i RT \qquad (8\text{-}15)$$

② 对于非理想溶液：

$$D_i = D_i^* \left(1 + \frac{\partial \ln \gamma_i}{\partial N_i} \right) \qquad (8\text{-}16)$$

式中　D_i——i 组分在多元系统中的分扩散系数（又称偏扩散系数）；

　　　D_i^*——i 组分在多元系统中的自扩散系数。

式（8-16）为扩散系数的一般热力学关系，称为能斯特-爱因斯坦公式，它表明扩散系数直接和原子迁移度 B_i 成比例。

非理想混合体系中存在两种情况：a.当 $\left(1+\dfrac{\partial \ln \gamma_i}{\partial \ln N_i}\right) > 0$，此时 $D_i > 0$，称为正常扩散，其物质流将由高浓度处流向低浓度处，扩散结果使溶质趋于均匀化；b.当 $\left(1+\dfrac{\partial \ln \gamma_i}{\partial \ln N_i}\right) < 0$，此时 $D_i < 0$，称为反常扩散或逆扩散，扩散结果使溶质偏聚或分相。逆扩散在无机非金属材料领域也是时有所见的，如固溶体中有序-无序相变、玻璃在旋节区分相以及晶界上选择性吸附过程、某些质点通过扩散而富集于晶界上等过程都与质点的逆扩散有关。

在大多数实际固体材料中，往往具有多种化学成分，因而一般情况下整个扩散并不局限于某一质点的迁移，而可能是多种质点同时参与的集体行为，所以实测得到的扩散系数已不再是自扩散系数（Self-diffusion coefficient），而是互扩散系数（Interdiffusion coefficient），也称化学扩散系数。互扩散系数不仅要考虑每一种扩散组成与扩散介质的相互作用，同时要考虑各种扩散组分本身彼此间的相互作用。对于多元合金或有机溶液体系，尽管每一扩散组成具有不同的自扩散系数 D_i，但它们均有相同的互扩散系数 $\tilde{D}$，对于非理想混合体系则有：

$$\tilde{D} = (N_1 D_2 + N_2 D_1)\left(1+\frac{\partial \ln \gamma_i}{\partial \ln N_i}\right) \tag{8-17}$$

式中，N、D 分别表示两体系各组成的摩尔分数浓度和自扩散系数。

对于理想的或稀释的溶液，$\dfrac{\partial \ln \gamma_i}{\partial \ln N_i} = 0$，则有：

$$\tilde{D} = N_1 D_2 + N_2 D_1 \tag{8-18}$$

式（8-17）为达肯（Darken）方程，适用于大多数二元体系的金属合金和有机溶液体系。但在应用于离子化合物的固溶体体系时，尽管正负离子的自扩散系数不同，在进行互扩散的过程中也仍然要求保持体系局部的电中性，因此也就增加了复杂的因素。而对于 MgO 和 NiO 的互扩散，相同电价的正离子在固定不变的氧基质中扩散，则问题就比较简单，可直接用式（8-18）的互扩散系数来处理 Mg^{2+} 和 Ni^{2+} 的反向扩散。

8.4 扩散的布朗运动理论

菲克第一、第二定律定量地描述了质点扩散的宏观行为，在人们认识和掌握扩散规律过程中起到了重要的作用。然而，菲克定律仅仅是一种现象的描述，为了简化问题，它将除浓度以外的一切影响扩散的因素都包括在扩散系数之中，而又没有赋予其明确的物理意义。

1905 年爱因斯坦在研究大量质点做无规布朗运动的过程中，首先用统计的方法得到扩散方程，并使宏观扩散系数与扩散质点的微观运动得到联系。

如图 8-4 所示，设晶体沿 x 轴方向有一很小的组成梯度，若两个相距为 r 的相邻点阵面分别记作 1 和 2，则原子沿 x 轴方向向左或右移动时，每次跳跃的距离为 r。平面 1 上单位面积扩散溶质原子数为 n_1，平面 2 上单位面积扩散溶质原子数为 n_2。跃迁频

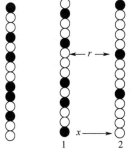

图 8-4　一维扩散

率 f 是一个原子每秒内离开平面跳跃次数的平均值。因此 δ_t 时间内跃出平面 1 的原子数为 $n_1 f \delta_t$，这些原子中有 1/2 跃迁到右边平面 2，另 1/2 跃迁到左边平面。同样，δ_t 时间内从平面 2 跃迁到平面 1 的原子数为 $1/2 n_2 f \delta_t$。所以从平面 1 到平面 2 的净流量为：

$$J = \frac{1}{2}(n_1 - n_2)f = \frac{原子数}{面积 \times 时间}$$

因为有 $n_1/r = C_1$、$n_2/r = C_2$ 和 $(C_1 - C_2)/r = -\partial C/\partial x$，可以将量 $(n_1 - n_2)$ 和浓度单位体积原子数联系起来。因此流量为：

$$J = -\frac{1}{2}r^2 f \frac{\partial C}{\partial x}$$

和菲克第一定律相比较，则有：

$$D = \frac{1}{2}fr^2$$

若跃迁发生在三个方向，则上述值将减少三分之一，因此三维无规则扩散系数为：

$$D = \frac{1}{6}fr^2 \tag{8-19}$$

该公式只适用于无序扩散（无规则行走扩散），即无外场推动下，由热起伏而使原子获得迁移激活能从而引起原子移动，其移动方向完全是无序的、随机的，实质是布朗运动。

r 是原子跃迁距离或自由程。对晶体，r 是由晶体结构决定的，可用晶格常数 a_0 来表示。对于体心立方晶体，$r = \frac{\sqrt{3}}{2}a_0$，可跃迁的邻近位置数为 8，则有：

$$D = \frac{1}{6} \times \left(\frac{\sqrt{3}}{2}a_0\right)^2 \times 8 \times f = a_0^2 f$$

为了适应不同的结构状态，上式可改写成如下一般关系：

$$D = \gamma a_0^2 f \tag{8-20}$$

式中，γ 为几何因子，也称相关系数，它由晶体结构和扩散机理决定，不同结构类型晶体的几何因子见表 8-1。

表8-1　不同结构类型晶体的几何因子

结构类型	配位数	几何因子
金刚石	4	0.500
简单立方结构	6	0.655
体心立方结构	8	0.7272
面心立方结构	12	0.7815
六方密堆结构	12	$f_x = f_y = 0.7812$；$f_z = 0.7815$

f 是原子跃迁频率，也就是在给定温度下，单位时间内每一个晶体中的原子成功地跳越势垒的跃迁次数。可以用绝对反应速率理论的方法，即原子克服势垒的活化过程求得：

$$f = f_0 N_v \exp\left(-\frac{\Delta G_m}{RT}\right) \tag{8-21}$$

式中，N_v 为空位浓度，ΔG_m 为原子迁移能。

8.5 扩散机构与扩散系数

8.5.1 固体扩散的机构

虽然晶体中质点的扩散与气体、液体中的扩散本质都是质点的热运动，但由于组成晶体的质点（原子、离子）是按一定方式呈周期性有序排列的，因此晶体中质点的迁移必须按照一定的方式进行。人们对晶体中质点的迁移方式进行了长期的研究，提出了五种可能的情况，如图 8-5 所示。

（1）易位扩散

如图 8-5 中 a 所示，两个相邻结点位置上的质点直接交换位置进行迁移。

（2）环转易位扩散

如图 8-5 中 b 所示，几个结点位置上的质点以封闭的环形依次交换位置进行迁移。

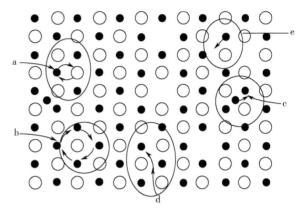

图 8-5　晶体中质点的扩散机构

a—易位扩散；b—环转易位扩散；c—空位扩散；

d—间隙扩散；e—亚间隙扩散

（3）空位扩散

如图 8-5 中 c 所示，质点从结点位置上迁移到相邻的空位中，在这种扩散方式中，质点的扩散方向是空位扩散方向的逆方向。

（4）间隙扩散

如图 8-5 中 d 所示，间隙质点穿过晶格迁移到另一个间隙位置。

（5）亚间隙扩散

如图 8-5 中 e 所示，间隙质点从间隙位置迁到结点位置，并将结点位置上的质点撞离结点位置而成为新的间隙质点。

在以上的几种扩散方式中，易位扩散所需的能量较大，特别是离子晶体，由于正、负离子的半径、电荷及配位情况不同，直接易位是困难的。同种质点的环形易位扩散虽然从能量上看有可能，但这种扩散形式需要几个质点的合作运动，因此在一般情况下发生这种扩散的可能性很小。晶格中由于热缺陷和杂质的引入而存在空位，因空位附近的晶格发生相应的畸变而使其周围的质点具有较高的能量，因此这些质点容易迁移到空位，从而使空位扩散成为固体材料中质点扩散的主要方式。特别在离子化合物中，半径较大的离子一般都以空位的方式迁移。晶体中容易进行的扩散方式还有亚间隙扩散和间隙扩散，间隙扩散所需要的能量较小，因此，只要在晶格中有间隙质点存在，便容易由一个间隙位置迁移到另一个间隙位置。特别是在那种间隙质点半径较小而结点上质点半径较大的晶体中，容易进行间隙扩散，但半径较大的质点进行间隙扩散则困难得多。例如 C、N、O 等尺寸较小的原子在金属（如 Fe）中的扩散大多是间隙扩散。AgBr 晶体中 Ag^+ 和具有萤石结构的 UO_{2+x} 晶体中，O^{2-} 的扩散都是亚间隙扩散。

实际上不同晶体中质点扩散的形式主要取决于两方面的因素：一方面是晶体中点缺陷的

主要形式，若晶体中空位的浓度大，扩散将以空位扩散为主。另一方面是进行扩散所需要能量的大小，所需能量小的扩散方式容易进行。

8.5.2 扩散系数与扩散机构的关系

通过扩散过程的宏观规律和微观机构分析可知，扩散首先是在晶体内部形成缺陷，然后是能量较高的缺陷从一个相对平衡位置迁移到另一个相对平衡位置。因此，根据缺陷化学及绝对反应速度理论的相关知识，就可建立不同扩散机构下的扩散系数。

8.5.2.1 空位扩散

在本书晶体结构缺陷部分已经讨论过热缺陷的形成规律，对于 MX 型离子晶体，其肖特基空位缺陷浓度为：

$$N_v = \exp\left(-\frac{\Delta G_f}{2RT}\right)$$

式中，ΔG_f 为空位形成能。

又因为：

$$f = f_0 N_v \exp\left(-\frac{\Delta G_m}{RT}\right)$$

式中，ΔG_m 为空位迁移能。

将上两式代入公式 $D = \gamma a_0^2 f$，得：

$$D = \gamma a_0^2 f_0 \exp\left(-\frac{\Delta G_f}{2RT}\right)\exp\left(-\frac{\Delta G_m}{RT}\right) \tag{8-22}$$

或用一般式表示：

$$D = D_0 \exp\left(-\frac{Q}{RT}\right) \tag{8-23}$$

式中，D_0 为频率因子；Q 为扩散活化能。显然空位扩散活化能由空位形成能和空位迁移能两部分组成。

由于空位来源于本征热缺陷，故该扩散系数称为本征扩散系数。

8.5.2.2 间隙扩散

若扩散以间隙机构进行，比如 O_2、H_2、N_2 等在金属中的扩散，由于晶体中间隙原子浓度往往很小，所以以实际上间隙原子所有邻近的间隙位都是空的。因此，间隙机构扩散时可供间隙原子跃迁的位置概率可近似地看为 1，即式（8-21）中 $N_v \approx 1$，代入式（8-20）得：

$$D = \gamma a_0^2 f_0 \exp\left(-\frac{\Delta G_m}{RT}\right) \tag{8-24}$$

或

$$D = D_0 \exp\left(-\frac{\Delta G_m}{RT}\right) \tag{8-25}$$

间隙扩散的扩散活化能仅由间隙原子迁移能组成。

8.5.2.3 本征扩散和非本征扩散

在离子晶体中，点缺陷主要来自两个方面：

① 本征点缺陷：由这类点缺陷引起的扩散叫本征扩散（Intrinsic diffusion），其缺陷浓度为：

$$N_v = \exp\left(-\frac{\Delta G_f}{2RT}\right)$$

② 掺杂点缺陷：由于掺入价数与溶剂不同的杂质原子，在晶体中产生点缺陷，例如在 KCl 晶体中掺入 $CaCl_2$，则将发生如下取代关系：

$$CaCl_2 \xrightarrow{KCl} Ca_K^{\cdot} + V_K' + 2Cl_{Cl}$$

从而产生阳离子空位，由这类缺陷引起的扩散为非本征扩散（Extrinsic diffusion）。

存在于掺杂点缺陷体系中的空位浓度（N_v）就包含有由温度决定的本征缺陷浓度（N_i）和由杂质浓度决定的非本征缺陷浓度（N_E）两个部分，即 $N_v = N_i + N_E$，其扩散系数 D_v 为：

$$D_v = A(N_i + N_E)\exp\left(-\frac{\Delta G_m}{RT}\right) \tag{8-26}$$

式中，A 为常数。

当温度足够低时，由温度决定的本征缺陷浓度（N_i）大大降低，它与杂质缺陷浓度（N_E）相比，可以近似忽略不计，从而有 $N_v \approx N_E$，其扩散系数 D_v 为：

$$D_v = AN_v \exp\left(-\frac{\Delta G_m}{RT}\right) = AN_E \exp\left(-\frac{\Delta G_m}{RT}\right) \tag{8-27}$$

当温度高时，由温度决定的本征缺陷浓度（N_i）很高，非本征缺陷浓度（N_E）与它相比，可以近似忽略不计，即 $N_v \approx N_i$，其扩散系数 D_v 为：

$$D_v = AN_v \exp\left(-\frac{\Delta G_m}{RT}\right) = AN_i \exp\left(-\frac{\Delta G_m}{RT}\right) = D_0 \exp\left(-\frac{\Delta G_m + 1/2 G_f}{RT}\right) \tag{8-28}$$

如果按照式（8-27）和式（8-28）中所表示的扩散系数与温度的关系，两边取自然对数，可得 $\ln D = -Q/(RT) + \ln D_0$。用 $\ln D$ 与 $1/T$ 作图，实验测定表明，在含有微量 $CaCl_2$ 的 NaCl 晶体的扩散系数与温度的关系图上出现有弯曲或转折现象（图 8-6），这便是两种扩散的活化能差异所致，这种弯曲或转折相当于从受杂质控制的非本征扩散向本征扩散的变化。在高温区活化能大的为本征扩散，在低温区活化能较小的为非本征扩散。

8.5.2.4 非化学计量化合物中的扩散

（1）阳离子缺位型氧化物中的正离子空位扩散

造成这种非化学计量空位的原因往往是环境中氧分压升高迫使部分 Fe^{2+}、Mn^{2+} 等二价过渡金属离子变成三价金属离子。

其缺陷反应如下：

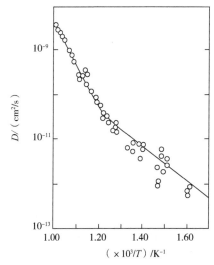

图8-6 NaCl 晶体中 Na^+ 的自扩散系数

$$2M_M + \frac{1}{2}O_2(g) = O_O + V_M'' + 2M_M^{\cdot} \tag{8-29}$$

$$\frac{1}{2}O_2(g) = 2h^{\cdot} + V_M'' + O_O \tag{8-30}$$

当缺陷反应平衡时，平衡常数 K_p 由反应自由能 ΔG_0 控制。

$$K_p = \frac{[V_M''][h^{\cdot}]^2}{p_{O_2}^{1/2}} = \exp\left(-\frac{\Delta G_0}{RT}\right) \tag{8-31}$$

考虑平衡时：

$$[h^{\cdot}]^2 = 2[V_M'']$$

因此非化学计量空位浓度 $[V_M'']$:

$$[V_M''] = \left(\frac{1}{4}\right)^{1/3} p_{O_2}^{1/6} \exp\left(-\frac{\Delta G_0}{3RT}\right) \tag{8-32}$$

将式（8-32）带入式（8-27），就可以得到非化学计量空位对金属离子空位扩散系数的贡献。

$$
\begin{aligned}
D_M &= D_0\left(\frac{1}{4}\right)^{1/3} p_{O_2}^{1/6} \exp\left(-\frac{\Delta G_m}{RT}\right)\exp\left(-\frac{\Delta G_0}{3RT}\right) \\
&= D_0\left(\frac{1}{4}\right)^{1/3} p_{O_2}^{1/6} \exp\left(-\frac{\Delta G_m + \frac{1}{3}\Delta G_0}{RT}\right) = D_0\left(\frac{1}{4}\right)^{1/3} p_{O_2}^{1/6} \exp\left(-\frac{Q}{RT}\right)
\end{aligned} \tag{8-33}
$$

活化能 $Q = \Delta G_m + 1/3\Delta G_0$。

若温度不变，根据式（8-33）用 $\ln D_M$ 与 $\ln p_{O_2}$ 作图所得直线斜率为 1/6，图 8-7 为实验测得氧分压与 CoO 中钴离子空位扩散系数的关系图，其直线斜率为 1/6，说明理论分析与实验结果是一致的，即 Co^{2+} 的空位扩散系数与氧分压的 1/6 次方成正比。

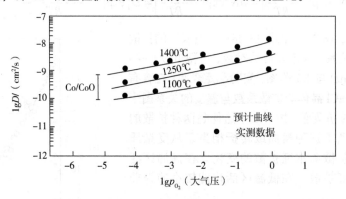

图 8-7　氧分压对 Co 在 CoO 中的示踪扩散系数的影响

（2）阴离子缺位型氧化物中氧空位扩散

以 ZrO_{2-x} 为例，其缺陷反应如下：

$$O_O = \frac{1}{2}O_2(g) + V_O^{\cdot\cdot} + 2e' \tag{8-34}$$

同理反应平衡常数：

$$K_p = [V_O^{\cdot\cdot}][e']^2 \, p_{O_2}^{1/2} = \exp\left(-\frac{\Delta G_0}{RT}\right) \tag{8-35}$$

考虑到平衡时：

$$[e'] = 2[V_O^{\cdot\cdot}]$$

$$[V_O^{\cdot\cdot}] = \left(\frac{1}{4}\right)^{-1/3} p_{O_2}^{-1/6} \exp\left(-\frac{\Delta G_0}{3RT}\right) \tag{8-36}$$

于是非化学计量空位对氧离子的空位扩散系数贡献为：

$$D_O = D_0\left(\frac{1}{4}\right)^{-1/3} p_{O_2}^{-1/6} \exp\left(-\frac{\Delta G_m}{RT}\right)\exp\left(-\frac{\Delta G_0}{3RT}\right) = D_0\left(\frac{1}{4}\right)^{-1/3} p_{O_2}^{-1/6} \exp\left(-\frac{Q}{RT}\right) \tag{8-37}$$

比较式（8-33）和式（8-37）可以看出，对过渡金属非化学计量氧化物，氧分压 p_{O_2} 的增加将有利于金属离子的扩散而不利于氧离子的扩散。

8.5.3　扩散系数的测定

扩散过程在材料生产、研究和应用上的重要性促进了人们对它的广泛研究。几乎所有测定扩散系数的方法都是基于研究试样中的扩散物质的浓度分布对于扩散退火时间和温度的依从关系。测定浓度可以借助于化学、物理和物理化学等不同手段，从而发展了各种不同测定研究方法。利用同位素进行示踪扩散的方法具有灵敏度高、适用性广和方法简单等优点，使其应用日益广泛。

示踪扩散法的原理是在一定尺寸试样的端面涂上一定量放射性同位素薄层，经一定温度下退火处理后进行分层切片，利用计数器分别测定依序切下的各薄层的同位素放射性强度来确定其浓度分布。

一般认为，示踪原子是均匀地分布在扩散介质中的，因此，每一次切下的试样层其辐射的比放射强度 $I(x)$ 与所求的渗入层的扩散物质浓度成比例，于是可把它作为无限薄层定量扩散质由试样表面向半无限长试样内部做一维扩散的问题处理。也就是说，在这种扩散中，扩散物质的总量是恒定的，所以随着扩散时间的增加，一方面，同位素原子自端面向内扩散的深度（x）增加；另一方面，涂在端面的同位素浓度不断降低，即端面上浓度和扩散深度是同时发生变化的。

在这种情况下，边界条件就是同位素的总量 Q 为常数，根据式（8-19），此时一维菲克第二定律的解为：

$$C(x,t) = \frac{Q}{2\sqrt{\pi Dt}} \exp\left(-\frac{x^2}{4Dt}\right) \tag{8-38}$$

因此，经 t 时间退火后，离开涂有放射性同位素薄层的试样端面不同距离切下的试样薄层，其比放射强度 $I(x, t)$ 为：

$$I(x,t) = \frac{K'}{\sqrt{\pi Dt}} \exp\left(-\frac{x^2}{4Dt}\right) \tag{8-39}$$

式中　K'——常数。

将上式两端取对数：

$$\ln I(x,t) = \ln \frac{K'}{\sqrt{\pi D t}} - \frac{x^2}{4Dt} = A - \frac{x^2}{4Dt} \qquad (8\text{-}40)$$

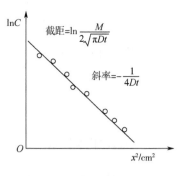

图8-8　$\ln C$ 与 x^2 关系曲线

用 $\ln C(x, t)$-x^2 作图得一直线，其斜率 $\tan\alpha = -\dfrac{1}{4Dt}$，截距

$A = \ln \dfrac{K}{\sqrt{\pi D t}}$，由此即可求出扩散系数 D，如图 8-8 所示。

如果所用的示踪原子与扩散介质同一组成，则测得的 D 称为示踪扩散系数。当加入的示踪原子量很少（通常如此）时，可以认为扩散是无序的，故该 D 值也相当于自扩散系数。

8.5.4　扩散过程术语和概念

表 8-2 列举了文献中专门用来说明扩散系数的一些名词。自扩散是指没有化学浓度梯度情况下成分原子的扩散；示踪物扩散系数指的是没有空位或原子的净流动时，对放射性原子作无规运动时所测得的常数。

表8-2　扩散系数的通用符号和名词含义

分类	名称（或又名）	符号	含义
晶体内部原子的扩散	无序扩散系数	D_r	不存在化学势梯度时质点的扩散过程
	自扩散系数	D^*	不存在化学势梯度时原子的扩散过程
	示踪物扩散系数	D^T	示踪原子在无化学势梯度时扩散
	晶格扩散系数 体积扩散系数	D_V	指晶体内或晶格内的任何扩散过程
	本征扩散系数		指仅仅由本身点缺陷作为迁移载体的扩散
	互扩散系数 有效扩散系数	$\tilde{D}$	在多元体系中化学势梯度下的扩散
区域扩散	晶界扩散系数	D_b	沿晶界发生的扩散
	界面扩散系数		沿界面发生的扩散
	表面扩散系数	D_s	沿表面发生的扩散
	位错扩散系数		沿位错管的扩散
缺陷扩散	空位扩散系数	D_v	空位跃迁入邻近原子，原子反向迁入空位
	间隙扩散系数	D_i	间隙原子在点阵间隙中迁移
	非本征扩散系数		指非热能引起的扩散，例如由杂质引起的缺陷而进行的扩散

所谓缺陷扩散系数是指特定点缺陷（空位或间隙缺陷）自身的扩散能力，而不论缺陷产生的原因或机理如何。由于空位与格点上的原子交换空间或间隙缺陷在广大的间隙之间跃迁成功的概率是很高的，所以缺陷扩散系数有很高的值。而当成分原子通过空位机构或间隙机构进行扩散时，原子的自扩散系数就等于空位扩散系数和空位浓度的乘积或间隙扩散系数和间隙原子浓度的乘积，如：

$$D = N_v D_v \qquad (8\text{-}41)$$

$$D = N_i D_i \tag{8-42}$$

其他常用的专有名词是用来区别晶格内部扩散和沿线缺陷或面缺陷的扩散。晶格扩散系数或体扩散系数用来表示前者，并且可能指的是示踪物扩散或化学扩散；后一类扩散系数称为位错扩散系数、晶界扩散系数和表面扩散系数，指的是在指定区域内原子或离子的扩散，这些区域常常是高扩散能力途径，也称为"短程扩散"。

8.6 影响扩散的因素

扩散是一个基本的动力学过程，对材料制备、加工中的性能变化及显微结构形成以及材料使用过程中性能衰减起着决定性的作用，对相应过程的控制，往往从影响扩散速度的因素入手，因此，掌握影响扩散的因素对深入理解扩散理论以及应用扩散理论解决实际问题具有重要意义。

扩散系数是决定扩散速度的重要参量。讨论影响扩散系数因素的基础常基于式（8-23）：

$$D = D_0 \exp\left(-\frac{Q}{RT}\right)$$

从数学关系上看，扩散系数主要取决于温度和活化能，它们表现在函数关系中，其他一些因素则隐含于 D_0 和 Q 中。这些因素可分为外在因素和内在因素两大类，外因包括温度、杂质（第三组元）、气氛等；内因则有固溶体类型、扩散物质及扩散介质的性质与结构、结构缺陷（如表面、晶界、位错）等。

8.6.1 温度

在固体中原子或离子的迁移实质是一个热激活过程。因此，温度对于扩散的影响具有特别重要的意义。一般而言，在其他条件一定时，扩散系数 D 与温度 T 的关系都服从式（8-23）所示的指数规律，即 $\ln D$ 与 $1/T$ 呈线性关系，直线与纵坐标的截距为 $\ln D_0$，直线的斜率为 $-Q/R$。一些离子在各种氧化物中的扩散系数与温度的关系示于图8-9，结合式（8-23），可求出相应扩散活化能 Q，Q 值越大，说明扩散系数对温度越敏感。扩散活化能受到扩散物质和扩散介质性质以及杂质和温度等的影响。对于大多数实用晶体材料，由于其或多或少地含有一定量的杂质以及具有一定的热历史，因而温度对其扩散系数的影响往往不完全像图 8-9 所示的那样 $\ln D$-$1/T$ 间均呈直线关系，而可能出现

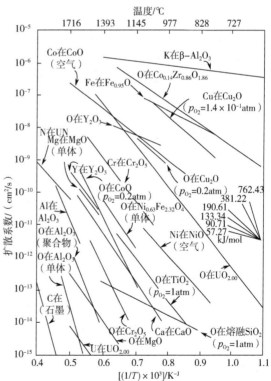

图8-9 扩散系数与温度的关系

1atm=101325Pa

曲线或在不同温度区间出现不同斜率的直线段。显然，这一变化主要是活化能随温度改变所引起的。

扩散系数对温度是非常敏感的，在固相线附近，对于置换型固溶体，$D=10^{-8} \sim 10^{-9}\text{cm}^2/\text{s}$，对于间隙型固溶体，$D=10^{-5} \sim 10^{-6}\text{cm}^2/\text{s}$；而在室温时两者分别为 $10^{-20} \sim 10^{-50}\text{cm}^2/\text{s}$ 及 $10^{-10} \sim 10^{-30}\text{cm}^2/\text{s}$ 量级。因此，实际扩散过程，特别是置换型固溶体的扩散过程，只能在高温下进行，在室温下是很难进行的。

温度和热过程对扩散影响的另一种方式是通过改变物质结构来达成的。例如在硅酸盐玻璃中，网络变性离子 Na^+、K^+、Ca^{2+}等在玻璃中的扩散系数随玻璃的热历史有明显差别。在急冷的玻璃中，扩散系数一般高于同组成充分退火的玻璃中的扩散系数。两者可相差一个数量级或更多。这可能与玻璃中网络结构疏密程度有关。图 8-10 给出硅酸盐玻璃中 Na^+随温度升高而变化的规律。中间的转折应与玻璃在反常区间结构变化相关。

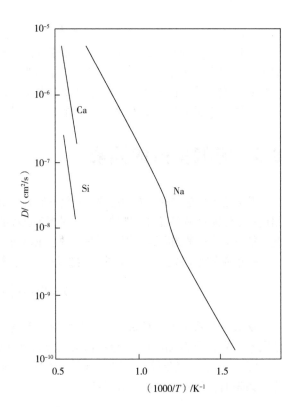

图8-10　硅酸盐玻璃中阳离子的扩散系数

对于晶体材料，温度和热历史对扩散也可以引起类似的影响。如晶体从高温忽冷时，高温时所出现的高浓度肖特基空位将在低温下保留下来，并在较低温度范围内显示出非本征扩散。

8.6.2　杂质

利用杂质（第三组元）对扩散的影响是人们改善扩散的主要途径。一般而言，均匀晶体中，高价阳离子的引入可造成晶格中出现阳离子空位并产生晶格畸变，活化能降低，从而使阳离子扩散系数增大。且当杂质含量增加，非本征扩散与本征扩散温度转折点升高，这表明在较高温度时，杂质扩散仍超过本征扩散。然而，若所引入的杂质与扩散介质形成化合物，或发生共析，则将导致扩散粒子附加上键力，使扩散活化能升高，扩散速率下降。当杂质质点与结构中部分空位发生缔合，往往会使结构中总空位浓度增加而有利于扩散。如 KCl 中引入 $CaCl_2$，倘若结构中和部分之间发生缔合，则总的空位浓度 $[V'_K]_{\text{总}}=[V'_K]+(Ca^{\cdot}_K V'_K)$。因此，杂质对扩散的影响必须考虑晶体结构缺陷缔合、晶格畸变等众多因素，情况较为复杂。

8.6.3　气氛

气氛的影响与扩散物质和扩散介质的组成以及扩散机构有关，如式（8-32）和式（8-37）等中的氧分压对扩散的影响关系就是一例。

8.6.4　固溶体类型

对于形成固溶体系统，固溶体结构类型对扩散有着显著的影响。间隙型固溶体比置换型容易扩散，因为间隙型扩散机构的扩散活化能小于置换型扩散。间隙型固溶体中间隙原子已位于间隙，而置换型固溶体中溶质原子通过空位机构扩散时，需要首先形成空位，因而活化能高。H、C 和 N 在 α-Fe 中形成间隙固溶体，它们的扩散活化能分别为 8.2kJ/mol、85.4kJ/mol、76.2kJ/mol，而置换型固溶体的扩散活化能太多在 180～340kJ/mol 范围之内，多数的 $Q \approx 250$kJ/mol。在置换型固溶体中，组元原子间尺寸差别越小，电负性相差越大，亲和力越强，则扩散越困难。

8.6.5　扩散物质性质与结构的影响

8.6.5.1　扩散粒子与扩散介质性质间差异

一般来说，扩散粒子性质与扩散介质性质间差异越大，扩散系数也越大。这是因为当扩散介质原子附近的应力场发生畸变时，就较易形成空位和降低扩散活化能，而有利于扩散。故扩散原子与介质原子间性质差异越大，引起应力场的畸变也越烈，扩散系数也就越大。表 8-3 列出若干金属原子在铅中的扩散系数，可以看出，当扩散元素与铅所属的周期表第Ⅳ族相隔越远，活化能越低。

表8-3　若干金属原子在铅中的扩散系数

扩散元素	原子半径/nm	在铅中的溶解度（极限%，原子比）	扩散元素的熔化温度/℃	扩散系数/(cm²/s)
Au	0.144	0.05	1063	4.6×10^{-5}
Ti	0.171	79	303	3.6×10^{-10}
Pb（自扩散）	0.174	100	327	7×10^{-11}
Bi	0.182	35	271	4.4×10^{-10}
Ag	0.144	0.12	960	9.1×10^{-8}
Cd	0.152	1.7	321	2×10^{-9}
Sn	0.158	2.9	232	1.6×10^{-10}
Sb	0.161	3.5	630	6.4×10^{-10}

8.6.5.2　化学键性质及键强

不同的固体材料其构成晶体的化学键性质不同，因而扩散系数也就不同。在金属键、离子键或共价键材料中，空位扩散机构始终是晶粒内部质点迁移的主导方式，因空位扩散活化能由空位形成能 ΔG_f 和质点迁移能 ΔG^* 构成，故活化能常随质点间结合力的增大而增加。从扩散的微观机构也可以看到，质点迁移到新位置上去时，必须挤开通路上的质点引起局部的点阵畸变，也就是说，要部分地破坏质点结合键才能通过。因此，质点间键力越强，扩散活化能 Q 值越高，同时也可以反映质点结合能的宏观参量，如熔点 T_m、熔化潜热 L_m、升华潜热 L_s 和膨胀系数 α 等与扩散活化能 Q 成正比关系，遵循下面的经验关系：

$$Q = 32T_m \text{ 或 } Q = 40T_m, Q = 16.5L_m, Q = 0.7L_s, Q = 2.4/\alpha \qquad (8\text{-}43)$$

当间隙质点比晶格质点小得多或晶格结构比较开放时，间隙扩散机构将占优势。例如氢、碳、氮、氧等原子在多数金属材料中依间隙机构扩散，又如在萤石 CaF_2 结构中 F^- 和 UO_2 中的 O^{2-} 也依间隙机构进行迁移。在这种情况下，质点迁移的活化能与材料的熔点等宏观参量无明显关系。

在共价键晶体中，由于成键的方向性和饱和性，它较金属和离子型晶体是较开放的晶体结构。但正因为成键方向性的限制，间隙扩散不利于体系能量的降低，而且表现出自扩散活化能通常高于熔点相近金属的活化能。例如，虽然 Ag 和 Ge 的熔点仅相差几摄氏度，但 Ge 的自扩散活化能为 289kJ/mol，而 Ag 的活化能只有 184 kJ/mol。显然，共价键的方向性和饱和性对空位的迁移是有强烈影响的。一些离子型晶体材料中扩散活化能列于表 8-4 中。

表8-4　一些离子型晶体材料中扩散活化能

扩散离子/离子晶体	扩散活化能/(kJ/mol)	扩散离子/离子晶体	扩散活化能/(kJ/mol)
Fe^{2+}/FeO	96	$O^{2-}/NiCr_2O_4$	226
O^{2-}/UO_2	151	Mg^{2+}/MgO	348
U^{4+}/UO_2	318	Ca^{2+}/CaO	322
Co^{2+}/CoO	105	Be^{2+}/BeO	477
Fe^{2+}/Fe_3O_4	201	Ti^{4+}/TiO_2	276
$Cr^{3+}/NiCr_2O_4$	318	Zr^{4+}/ZrO_2	389
$Ni^{2+}/NiCr_2O_4$	272	O^{2-}/ZrO_2	130

8.6.5.3　扩散介质结构

通常，扩散介质结构越紧密，扩散越困难，反之亦然。例如在一定温度下，锌在具有体心立方点阵结构（紧密度较小）的 β-黄铜中的扩散系数大于具有面心立方点阵结构（紧密度较大）的 α-黄铜中的扩散系数。同样，同一物质在晶体中的扩散系数要比在玻璃或熔体中小几个数量级，而同一物质在不同的玻璃中的扩散系数随玻璃密度而变化。如氦原子在石英玻璃中的扩散远比在钠钙玻璃中容易，因为后者比前者结构更为紧密。

8.6.6　结构缺陷对扩散的影响

以上讨论的都限于原子（或缺陷）通过晶格扩散或体积扩散。实际上，处于晶体表面、晶界和位错处的原子势能总高于正常晶格上的原子，它们扩散所需的活化能也较小，相应的扩散系数较大。因此晶界、表面和位错往往会成为原子（或缺陷）扩散的快速通道，从而对扩散速度产生重要的影响。

多晶材料由不同取向的晶粒相结合而构成，于是晶粒与晶粒之间存在原子排列非常紊乱、结构非常开放的晶界区域。有人用 Ni^{2+} 扩散到 MgO 双晶及其多晶试样，以研究晶界对扩散的影响，发现沿 NiO 晶界法线方向两边晶粒体内渗透的速度明显随晶粒尺寸而变化。由图 8-11 可见，晶粒尺寸越小，渗入的深度和浓度也越大，说明晶界扩散的影响也随之加剧。

实验表明，在金属晶体或离子晶体中，原子或离子在晶界上的扩散远比在晶粒内部扩散来得快。图 8-12 是用富含 O^{18} 的气相与 Al_2O_3 单晶和多晶进行氧扩散的实验结果，结果

表明晶界使扩散加强。同样发现，某些氧化物晶体材料的晶界对离子的扩散有选择性的增强作用。例如在 Fe_2O_3、CoO、$SrTiO_3$ 材料中晶界或位错有增强 O^{2-} 扩散的作用；而在 BeO、UO_2、Cu_2O、$(Zr，Ca)O_2$ 和钇铝石榴子石中则无此效应。反之，UO_2、$SrTiO_3$、$(Zr，Ca)O_2$ 有加强正离子扩散的作用；而 Al_2O_3、Fe_2O_3、NiO 和 BeO 则没有。这种晶界扩散中仅有一种离子优先扩散的现象是和该组成晶粒的晶界电荷分布密切相关，即和晶界电荷符号相同的离子有优先扩散的加强作用。由此可见，这种晶界中过剩的离子迁移机构，似乎是晶界扩散加强效应的原因。若果真如此，那么异性杂质的浓度将影响晶界上电荷及其增加的离子的浓度。

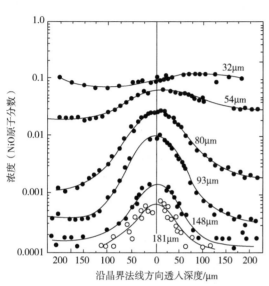

图8-11　Ni^{2+} 沿 MgO 晶界法线方向透入深度的浓度分布图

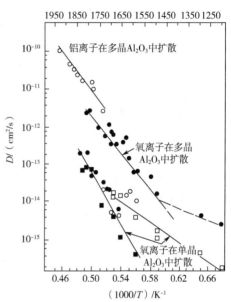

图8-12　O^{2-} 和 Al^{3+} 在氧化铝单晶体和多晶体中的自扩散系数

图 8-13 表示了金属银中 Ag 原子在晶粒内部自扩散系数 D_b、晶界扩散系数 D_g 和表面扩散系数 D_s 的比较，其活化能数值大小各为 193kJ/mol、851kJ/mol 和 43kJ/mol。显然，活化能的差异与各种结构缺陷之间的差别是相对应的。在离子型化合物中，一般规律为：

$$Q_s = 0.5Q_b \tag{8-44}$$

$$Q_g = 0.6 \sim 0.7Q_b \tag{8-45}$$

式中　Q_s、Q_g、Q_b——表面扩散、晶界扩散和晶格内扩散的活化能。

$$D_b : D_g : D_s = 10^{-14} : 10^{-10} : 10^{-7} \tag{8-46}$$

除晶界外，晶粒内部存在的各种位错也往往是原子容易移动的途径。结构中位错密度越高，位错对原子或离子扩散的贡献也就越大。

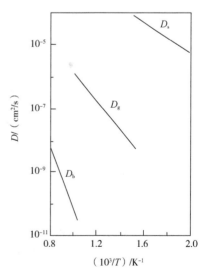

图8-13　Ag 的自扩散系数 D_b、晶界扩散系数 D_g 和表面扩散系数 D_s 与温度的关系

本章小结

固体中的扩散是普遍存在的一种动力学现象，对其他动力学过程有决定性的作用，对于材料的生产和加工过程中微结构的形成以及使用过程中的性能变化具有重要影响。研究固体中扩散的基本规律对于认识材料的性质、制备、生产和应用具有十分重要的意义和价值。

根据扩散机构，如果材料内部有浓度差，质点就会发生运动迁移。晶格中原子或离子的扩散是晶体中发生物质运输的基础。无机非金属材料的相变、固相反应、烧结，金属的冶炼、氧化、腐蚀等都包含扩散过程。有时候，需要通过扩散来调控材料的显微结构以及性能。材料在服役环境中，特别是高温条件下，其结构及性能的稳定往往也取决于扩散。对材料中的扩散现象进行合理控制，可以制得许多性能优异的材料。通过学习扩散基本理论，能够运用菲克第一定律和菲克第二定律解决一些简单的实际问题。

思考题与习题

1. 名词解释

自扩散和互扩散、本征扩散和非本征扩散、稳定扩散和非稳定扩散、无序扩散和晶格扩散、扩散系数。

2. 图 8-14 中圆圈代表铝原子，带星号的圆圈代表它的同位素原子。图 8-14（a）表示原子的原始分布状态，图 8-14（b）表示经过第一轮跳动后原子的分布情况。试画出第二轮跳动后原子的可能分布情况和三个阶段同位素原子的浓度分布曲线（C-x 图）。

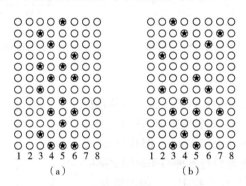

（a）　　　　　　　　　（b）

图8-14　习题2附图

3. 浓度差会引起扩散，扩散是否总是从高浓度处向低浓度处进行？为什么？

4. Zn^{2+} 在 ZnS 中扩散时，563℃时的扩散系数为 $3\times10^{-14}cm^2/s$，450℃时的扩散系数为 $1.0\times10^{-14}cm^2/s$，求：

（1）扩散的活化能和 D_0。

（2）750℃时的扩散系数。

5. 已知 α-Cr_2O_3 多晶材料中 Cr^{3+} 和 O^{2-} 的自扩散系数为：

$$D_{Cr^{3+}} = 0.137\exp\left(-\frac{256000}{RT}\right)cm^2/s$$

$$D_{O^{2-}} = 15.9\exp\left(-\frac{423000}{RT}\right)cm^2/s$$

试求 1000℃和 1500℃时，Cr^{3+} 和 O^{2-} 的自扩散系数为多少。

6. 在掺杂少量 CaO 的 ZrO_2 多晶材料中，已知 Zr^{4+}、Ca^{2+} 和 O^{2-} 自扩散系数为：

$$D_{Zr^{4+}} = 0.035\exp\left(-\frac{387000}{RT}\right)cm^2/s$$

$$D_{Ca^{2+}} = 0.444\exp\left(-\frac{420000}{RT}\right)cm^2/s$$

$$D_{O^{2-}} = 0.018\exp\left(-\frac{131000}{RT}\right)cm^2/s$$

试求 1200℃时三种离子的自扩散系数，计算结果说明什么？

7. 碳原子在体心立方铁中的扩散系数为 $D = 2.0\times10^{-6}\exp\left(-\frac{84\times10^5}{RT}\right)$，求当振动频率为 $10^{13}s^{-1}$、迁移自由程 $\bar{r} = 0.143nm$ 时的 $\Delta S/R$。

8. 氢在金属中容易扩散，当温度较高和压强较大时，用金属容器储存氢气极易渗漏。试讨论稳定扩散状态下金属容器中氢通过器壁扩散渗漏的情况，并提出减少氢扩散逸失的措施。

9. （1）已知银的自扩散系数 $D_v = 7.2\times10^{-5}m^2/s$，$Q_v = 190\times10^3J/mol$；晶界扩散系数 $D_b = 1.4\times10^{-5}m^2/s$，$Q_b = 90\times10^3J/mol$。试求银在 927℃及 727℃时 D_b 和 D_v 的比值。

（2）若实验误差为 5%，说明当晶体平均直径 $d = 10^{-4}m$ 时，在 927℃和 727℃下能否察觉到纯银的晶界扩散效应？

10. 钠钙硅酸盐玻璃中阳离子的扩散系数如图 8-10 所示，试问：

（1）为什么 Na^+ 比 Ca^{2+} 和 Si^{4+} 扩散得快？

（2）Na^+ 扩散曲线的非线性部分产生的原因是什么？

（3）将玻璃淬火，其曲线将如何变化？

（4）Na^+ 熔体中扩散活化能约为多少？

11. （1）试推测在贫铁的 Fe_3O_4 中铁离子扩散系数与氧分压的关系。

（2）推测在铁过剩的 Fe_3O_4 中氧分压与氧扩散的关系。

12. 试分析离子晶体中，阴离子扩散系数一般都小于阳离子扩散系数的原因。

13. 固体扩散的微观机构有哪几种？哪些是实际存在的？为什么？

14. 试从结构和能量的观点解释为什么 $D_{表面} > D_{晶面} > D_{晶内}$。

第9章 固相反应

✈ 本章提要

    固相反应（Solid state reaction）是无机固体材料高温过程中一个普遍的物理化学现象，是一系列合金、传统硅酸盐材料以及各种新型无机材料生产所涉及的基本过程之一。由于固体的反应能力比气体和液体低很多，在较长时间内，人们对它的了解和认识甚少。尽管像铁中渗碳这样的固相反应过程人们早就了解并加以应用，但对固相反应进行系统的研究工作也只是 20 世纪 30 至 40 年代以后的事。在固相反应研究领域，泰曼（Tammann）及其学派在合金系统方面，海德华（Hedvall）、杨德尔（Jander）以及瓦格纳（Wagner）等人在非合金系统方面的工作占有重要地位。

    固相反应是材料制备过程中的基础反应，它直接影响这些材料的生产过程、产品质量及材料的使用寿命。鉴于与一般气、液相反应相比，固相反应在反应机理、动力学和研究方法方面都具有特点。因此，本章将着重讨论固相反应的机理以及动力学关系推导及其使用的范围，分析影响固相反应的因素。

9.1 固相反应的定义、分类与特点

    从反应过程分析，固相反应的最大特征是先在两相界面上（固-固界面、固-液界面、固-气界面等）进行化学反应，形成一定厚度的反应产物层；然后经扩散等物质迁移机理，反应物通过产物层进行传质，使得反应继续进行。同时，在上述化学反应过程中还常常伴随一些物理变化过程，有些固相反应的速率也不完全由反应物本身在界面上的化学反应速率控制，而是由其中的某一物理过程决定。下面就对固相反应的相关问题进行较为详细的论述。

9.1.1 固相反应的定义及研究对象

    固相反应是高温条件下固体材料制备过程中一个普遍的物理化学现象，它是一系列材料（包括各种传统的、新型的无机非金属材料和金属材料）制备所涉及的基本过程之一。

    广义的、较为普遍接受的固相反应定义是：固相物质作为反应物直接参与化学反应的动力学过程，同时在此过程中，在固相内部或外部存在使反应得以持续进行的传质过程。所以

广义地说，凡是有固相物质参与的化学反应都可称为固相反应。狭义地说，固相反应是固相和固相之间发生化学反应，生成新的固相产物的过程。

本章所讨论的固相反应采用前一种定义，是指以固相物质为主要物相参与的化学反应过程。因此，固相反应的研究范围包括了固相与固相、固相与液相、固相与气相之间三大类的反应现象和反应过程。相应地，除传统的固相与固相之间的反应类型外，固相反应还应包括固相与液相之间以及固相与气相之间进行化学反应的类型。

从反应的控制过程及影响因素来分析，控制固相反应速率的不仅有界面上的化学反应，而且还包括反应物和产物的扩散迁移等过程。固相反应的研究对象则包括了所涉及的化学反应热力学、过程动力学、传质机理与途径、反应进行条件与影响控制因素等等。

9.1.2 固相反应的分类

固相反应可按各种观点分类，有些分类之间有相互交叉的现象。

固相反应的反应物体系涉及两个或两个以上的物相种类，其反应类型包括化学合成、分解、熔化、升华、结晶等，反应过程又包括化学反应、扩散传质等过程。根据分类依据的不同，固相反应可以有如下不同的分类：

① 按照参与固相反应的原始反应物的物相状态，可以将固相反应大致分成固-固反应、固-液反应、固-气反应三大类型。

② 按照固相反应涉及的化学反应类型不同，可以将固相反应分成合成反应、分解反应、置换反应、氧化还原反应等类型。

③ 按照固相反应成分从固体中的传输距离来分类，可分成短距离传输反应，如相变等；长距离传输反应，如固体和气体、液体、固体间的反应、烧结等；介于上述两者之间的反应，如固相聚合。

④ 按照固相反应生成物的位置分为（界面）成层固相反应，通过产物层进行传输得到层状产物层，如 MgO-Al_2O_3 系统；（体相）非成层固相反应，既有通过产物层的物质传输，又有其他的物质传输，如 MgO-TiO_2 系统。

⑤ 按照固相反应的反应控制速率步骤，可以将固相反应分成化学反应控制的固相反应、扩散控制的固相反应、过渡范围控制的固相反应等类型。

（1）固-液反应

固-液体系的反应是指至少一种固相物质和液相物质组成的体系发生化学反应的固相反应。常用的液相物质包括水溶液、非水溶剂和熔融液相三大类，从广义上可分为两大类：

① 液相为溶液或溶剂物质，固体物质在其中进行的转化、溶解、析出（析晶）等的反应。液相包括水、无机溶剂和有机溶剂等。

② 液相为高温加热条件下的熔融液相，固相物质在其中发生转化、溶解、析出（析晶）等反应。一般熔融液相包括熔融的金属、非金属以及化合物等。

实际的材料制备过程中，固体-水溶液体系的反应是工业上最常用的反应。而采用高温与加压条件下的水热（溶液）反应则是目前新材料研究中较有特色的一种反应途径。在常温条件下受到固相溶解度、反应速率等的限制，有些反应不易进行。而采用高温水溶液并施加一定的压力条件的高温水热反应，因其具有特殊的物理化学性质和反应活性而受到了重视。

（2）固-气反应

固-气反应的原始反应物要求至少有一种固相物质和气相物质，由它们组成的体系发生的化学反应称为固-气反应。按照气相物质在反应过程中是否进行化学传输过程，可将固-气反应分为无化学传输的蒸发反应和涉及化学传输过程的气相生长反应两大类。

① 蒸发反应：起因是固相物质的饱和蒸气压，当饱和蒸气压大于固相表面处的平衡蒸气压时，固相物质就不断地离开固相表面。相反的过程就是表面处的蒸气原子落回到表面处，产生凝聚过程。利用这种蒸发凝聚过程，控制其热力学、动力学条件，就可以制备出各种新型的薄膜类材料。

② 气相生长反应：是一种非常有效的制备具有高纯、高分散性和高均匀性要求的材料的方法，可用来制备特种薄膜、单晶材料、高纯物质等。

（3）固-固反应

固-固反应只涉及两个或两个以上的固相物质之间的化学反应以及物质的扩散等过程。按照反应进行的形式，固相反应又包括相变反应、固溶反应、脱溶反应、析晶反应、化合与分解反应等种类。其中，相变反应是最基本的反应类型，在相变章节中有详尽介绍。

9.1.3　固相反应的特点

较早时期，对固相反应的研究侧重于单纯的固相体系。研究发现，固相质点在较低温度下也会进行扩散，但因扩散速度很小，所以其反应过程也无法观测；随着反应温度的升高，扩散速度以指数规律增大，并在某些特定条件下出现了明显的化学反应现象。泰曼对单纯固相体系进行了详细研究，总结出以下主要结论：

① 固态物质间的反应是直接进行的，气相、液相没有或基本不起重要作用。

② 固相反应开始温度比反应物的熔融温度或系统低共熔温度要低得多。通常与一种反应物开始呈现显著扩散作用的温度相接近，且与熔点 T_m 之间存在一定的关系，如硅酸盐中为 $0.8 \sim 0.9T_m$。

③ 当反应物之一存在多晶转变时，多晶转变温度常是反应开始变得显著的温度。

后来，金斯特林格（Ginserlinger）等通过研究多元、复杂体系揭示了不同的反应规律。他们发现：在进行固相反应的高温条件下，部分固相物质与液相或气相物质之间存在相平衡，导致某一固相反应物可转为气相或液相，然后扩散到另一固相的非接触表面上，完成固相反应过程。因此，液相或气相也可作为固相反应的一部分参与反应过程，并在固相反应过程中起重要作用。金斯特林格等人的研究工作拓展了固相反应的理论。

通常的液相、气相反应是均相体系，研究所进行的化学反应时主要考虑热力学条件与反应动力学速率；而固相反应是一种非均相的反应过程，反应进行过程明显不同于均相反应。除对其反应热力学和动力学理论进行研究外，还要考虑固相反应在反应条件、反应机理、反应过程、反应速率和反应产物等方面的特点，可从以下几个方面进行概括。

（1）非均相反应体系

固相体系大都由微细的固体颗粒组成，固相颗粒之间、固相颗粒与液相或者气相之间存在明显的界面，因此，固相反应体系属非均相反应（Inhomogeneous reaction）体系。

固相反应的反应物之间发生化学反应和进行物质输运的前提条件是参与固相反应的固相颗粒必须和固相颗粒、液相、气相等进行相互接触。此外，当反应物之一存在多晶转变时，此

多晶转变温度往往也是固相反应开始明显加速的温度，这一规律也称为海德华定律。

（2）反应开始温度

固体质点间具有很大的作用键力，导致固态物质的反应活性通常较低，反应速率也较慢。低温时固体在化学性质上一般是不活泼的，所以固相反应一般需要在高温下才能进行。固相反应开始温度与反应物内部开始明显扩散作用的温度是一致的，通常被称为泰曼温度或烧结温度。泰曼温度通常远低于固相反应物熔点 T_m 或反应体系的低共熔点温度，不同物质的泰曼温度与体系熔点 T_m 之间存在一定的对应关系。例如，金属的泰曼温度较低，为 $0.3 \sim 0.57 T_m$，而硅酸盐的则较高，一般为 $0.8 \sim 0.97 T_m$。

（3）反应过程复杂性

由于固相反应大都为发生在两相界面上的非均相反应，固相反应至少应包括界面上的化学反应和物质的扩散迁移两个基本过程。固相反应首先要在两相界面上发生化学反应，形成一定厚度的产物层；然后，反应物通过产物层进行扩散迁移，固相反应才能继续进行，直到体系达到平衡状态。因此，固相反应往往涉及多个物相体系，其中的化学反应过程和扩散过程同时进行，反应过程的控制因素较为复杂，不同阶段的控制因素也会千变万化。故固相反应可认为是一种多相、多过程、多因素控制的复杂反应过程。

（4）固相反应的速率

影响固相反应速率最重要因素是反应温度，而且由于固相反应发生在非均一体系内，传质与传热过程都将对反应速率有重要影响。另外，当反应进行时，反应物和产物的物理化学性质将会发生变化，并导致反应体系温度和反应物浓度分布及物性的变化。因此，固相反应的热力学参数和动力学速率将随反应进行程度的不同会不断地发生变化。

（5）反应中间产物

固相反应的另一个显著特点是固相反应产物的阶段性。反应开始生成的最初反应产物随着反应的进行会不断地发生演变，最后达到系统平衡态的最终反应产物，两者可能并不相同。

一般，最初反应产物可以与原始反应物继续反应，生成中间产物。中间产物也可以与最初反应产物进行反应，或者是不同阶段的中间产物之间继续发生一系列反应，最后才形成平衡状态的最终反应产物。即固相反应的产物不是一次生成的，而是经过最初反应产物、中间产物、最终反应产物等几个阶段，而这几个阶段有可能是相互交叉或连续进行的。

以生产硅酸盐水泥熟料的 CaO 与 SiO_2 二元体系的固相反应为例，取原始配料比为 CaO：SiO_2=1:1（摩尔比），在 1200℃加热条件下，最初形成的反应产物是 $2CaO \cdot SiO_2$（2:1），中间产物是 $3CaO \cdot 2SiO_2$（3:2），最终产物是 $CaO \cdot SiO_2$（1:1）。1200℃时各反应产物的形成量与反应进行时间的关系如图9-1所示。由图9-1可见：反应开始时 $2CaO \cdot SiO_2$ 很快形成，而 $3CaO \cdot 2SiO_2$ 量很少；继续进行则 $2CaO \cdot SiO_2$ 量急剧下降，$3CaO \cdot 2SiO_2$ 量达到一定量后基本上保持不变；经过高温长时间反应后，$2CaO \cdot SiO_2$ 量进一步下降，而 $CaO \cdot SiO_2$ 量则迅速上升。

当以不同比例的 CaO 与 SiO_2（如 CaO：SiO_2 = 1:1 或 3:1 等）进行上述实验时，结果基本相同，最初产物是 $2CaO \cdot SiO_2$。以上反应可用来指导水泥熟料生产工艺的调整。一般，$2CaO \cdot SiO_2$ 具有较高活性，可提高水泥品质。因

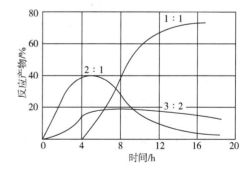

图9-1　CaO 与 SiO_2 按 1:1 比例混合进行反应的各反应产物量与反应时间的关系

此，生产上为获得最大量的 $2CaO \cdot SiO_2$，高温煅烧时间不宜太长。

理论上，可以从相图出发分析固相反应的中间产物种类和出现的顺序。大量实验研究结果表明，固相反应最初产物大多数是结构比较简单的化合物。以碱土金属氧化物与 SiO_2 的固相反应为例，无论原始配料比如何，反应首先生成的是摩尔比为 2:1 的孤岛状结构的正硅酸盐。而碱土金属氧化物与 Al_2O_3 的反应，首先生成的是摩尔比为 1:1 的简单化合物。表 9-1 和表 9-2 列出了某些体系固相反应可能生成的最初产物及可能生成的一些中间产物种类，而其最终产物则取决于原始配料的摩尔比。

表9-1　碱土金属氧化物与SiO_2、Al_2O_3反应形成的最初产物

固相反应体系	混合物摩尔比	反应初期生成化合物
$MgO-SiO_2$	2:1, 1:1	$2MgO \cdot SiO_2$
$CaO-SiO_2$	3:1, 2:1, 3:2, 1:1	$2CaO \cdot SiO_2$
$SrO-SiO_2$	2:1, 1:1	$2SrO \cdot SiO_2$
$BaO-SiO_2$	2:1, 1:1, 2:3, 1:2	$2BaO \cdot SiO_2$
$MgO-Al_2O_3$	1:1	$MgO \cdot Al_2O_3$
$CaO-Al_2O_3$	3:1, 5:2, 3:5, 1:1	$CaO \cdot Al_2O_3$
$BaO-Al_2O_3$	3:1, 2:1, 1:1	$BaO \cdot Al_2O_3$

表9-2　某些体系固相反应中可能形成的化合物

固相反应体系	最初反应产物的摩尔比	可能生成化合物的摩尔比	最终产物
$MgO-Al_2O_3$	1:1	1:1	
$CaO-Al_2O_3$	1:1	3:1, 5:1, 3:5	
$BaO-Al_2O_3$	1:1	3:1, 2:1	取决于原始配料的摩尔比
$MgO-SiO_2$	2:1	2:1	
$CaO-SiO_2$	2:1	3:1, 2:1, 3:2, 1:1	
$BaO-SiO_2$	2:1	1:2, 1:1, 2:3	

9.1.4　固相反应的热力学

从热力学观点看，系统自由焓的下降就是促使一个反应进行的推动力，固相反应也不例外。为了理解方便，可以将其分成三类：a.反应物通过固相反应层扩散到相界面，然后在相界面上进行化学反应，这一类反应有加成反应、置换反应和金属氧化；b.通过一个流体相传输的反应，这一类反应有气相沉积、耐火材料侵蚀及汽化；c.反应基本上在一个固相内进行，这类反应主要有热分解和在晶体中的沉淀。

固相反应绝大多数是在等温等压下进行的，故可用 ΔG 来判别反应进行的方向及其限度。可能发生的几个反应生成几个变体（A_1、A_2、A_3、$\cdots$、A_n），若相应的自由焓变化值大小的顺序为 $\Delta G_1 < \Delta G_2 < \Delta G_3 < \cdots < \Delta G_n$，则最终产物将是 ΔG 最小的变体，即 A_1 相。但当 ΔG_2、ΔG_3、ΔG_n 都是负值时，则生成这些相的反应均可进行，而且生成这些相的实际顺序并不完全由 ΔG 值的相对大小决定，而是和动力学（反应速率）有关。在这种条件下，反应速率愈大，反应进行的可能性也愈大。

反应物和生成物都是固相的纯固相反应总是往放热的方向进行，一直到反应物之一耗完为止，出现平衡的可能性很小，只在特定的条件下才有可能。这种纯固相反应，其反应熵变化小到可以忽略不计，则 $T\Delta S \to 0$，因此 $\Delta G \approx \Delta H$。所以，没有液相或气相参与的固相反应，只有 $\Delta H < 0$，即放热反应才能进行，这称为范特霍夫规则（van't Hoff's Law）。如果过程中放出气体或有液相参加，由于 ΔS 很大，这个原则就不适用。

要使 ΔG 趋向于零，有下列几种情况：

① 纯固相反应中反应产物的生成热很小时，ΔH 很小，使得差值$(\Delta H - T\Delta S) \to 0$。

② 当各相能够相互溶解，生成混合晶体或者固溶体、玻璃体时，均能导致 ΔS 增大，促使 $\Delta G \to 0$。

③ 当反应物和生成物的总热容差很大时，熵变就变得大起来，因为 $\Delta S_r = \int_0^T (\Delta C_p / T) \mathrm{d}T$ 促使 $\Delta G \to 0$。

④ 当反应中有液相或气相参加时，ΔS 可能会达到一个相当大的值，特别在高温时，因为 $T\Delta S$ 项增大，使得 $T\Delta S \to \Delta H$，即$(\Delta H - T\Delta S) \to 0$。

一般认为，为了在固相之间进行反应，放出的热大于 4.184kJ/mol 就够了。在晶体混合物中许多反应的产物生成热相当大，大多数硅酸盐反应测得的反应热为几百到几千焦耳每摩。因此，从热力学观点看，没有气相或液相参与的固相反应，会随着放热反应而进行到底。实际上，由于固体之间反应主要是通过扩散进行，如果接触不良，反应就不能进行到底，即反应会受到动力学因素的限制。

在反应过程中，系统处于更加无序的状态，它的熵必然增大。在温度上升时，熵项 $T\Delta S$ 总是起着促进反应向着增大液相数量或放出气体的方向进行。例如，高温下碳的燃烧优先向如下反应方向进行：$2C + O_2 \xlongequal{} 2CO$（虽然在任何温度下都存在着 $C + O_2 \xlongequal{} CO_2$ 的反应，而且其反应热比前者大得多）。约高于 750℃ 的反应 $C + CO_2 \xlongequal{} 2CO$ 虽然伴随着很大的吸热效应，反应还是能自动地往右边进行，这是因为系统中气态分子增加时，熵增大，导致 T 与 ΔS 的乘积超过反应的吸热效应值。因此当固相反应中有气相或液相参与时，范特霍夫规则就不适用了。

各种物质的标准生成热 $\Delta H^{\ominus}$ 和标准生成熵 $\Delta S^{\ominus}$ 几乎与温度无关，因此 $\Delta G^{\ominus}$ 基本上与 T 成比例，其比例系数等于 $\Delta S^{\ominus}$。当金属被氧化生成金属氧化物时，反应的结果使气体数量减少，$\Delta S^{\ominus} < 0$，这时 $\Delta G^{\ominus}$ 随着温度的上升而增大，如 $Ti + O_2 \xlongequal{} TiO_2$ 反应。当气体的数量没有增加时，$\Delta S \approx 0$，在 $\Delta G^{\ominus}$-T 关系中出现水平直线，如碳的燃烧反应 $C + O_2 \xlongequal{} CO_2$ 对于 $2C + O_2 \xlongequal{} 2CO$ 的反应，由于气体量增大，$\Delta S > 0$，随着温度的上升，ΔG 是直线下降的，因此温度升高对反应是有利的。

当反应物和产物都是固体时，$\Delta S \approx 0$，$T\Delta S \approx 0$，则 $\Delta G^{\ominus} \approx \Delta H^{\ominus}$，$\Delta G$ 与温度无关，故在 ΔG-T 图中是一条平行于 T 轴的水平线。

9.2 固相反应机理

固相反应种类繁多，其反应机理也各不相同，但不同类型的固相反应一般都是由相界面上的化学反应和固相内的物质迁移两个过程构成的。从反应的过程看，固相反应一般包括扩散、生成新化合物、化合物晶体长大和晶体结构缺陷校正等反应阶段，这些阶段是连续进行的，并相互交叉。而且在这些阶段进行的同时，还会伴随体系物理化学性质的变化。实际研究中，可通过观测并测量这些变化，对其反应过程进行详细的研究。

9.2.1 界面上的化学反应机理

傅梯格（Hlütting）研究了 ZnO 和 Fe_2O_3 合成 $ZnFe_2O_4$ 的反应过程。图9-2 是加热到不同温度的反应混合物经迅速冷却后分别测定的物性变化结果。图中横坐标是温度，而各种性质变化是对照 O-O' 线的纵坐标标出的。根据反应体系 XRD 图谱、显微结构以及物化特性等的变化数据，可将整个反应过程大致分为如图9-3 所示的六个阶段。

① 隐蔽期[图9-3（a）]：约低于300℃。此阶段内，随温度升高，反应物接触更紧密，在界面上质点间形成了某些弱的键，但晶格和物相基本上无变化。反应物活性增加，试样的吸附能力和催化能力都有所降低，说明反应物混合时已经相互接触。在这一阶段中，一般是一种反应物（熔点较低的）"掩蔽"着另一种反应物（熔点较高的）的各种性质。

② 第一活化期[图9-3（b）]：在 300~400℃ 之间。这时反应物对 $2CO+O_2 \longrightarrow 2CO_2$ 的催化活性增强，吸湿性增强，但 X 射线衍射强度没有明显变化，无新相形成，密度无变化。表明初始的活化仅是一种表面效应，反应产物是分子表面膜，且有严重缺陷，并不具有化学计量产物的晶格结构，故存在很大活性。

③ 第一脱活期[图9-3（c）]：在 400~500℃ 之间。此时试样的催化活性和吸附能力下降，说明先前形成的分子表面膜得到发展和加强，并在一定程度上对质点的扩散起阻碍作用。不过，这作用仍局限在表面范围。

④ 二次活化期[图9-3（d）]：在 500~620℃ 之间。这时催化活性再次增强，密度减小，磁化率增大，X 射线谱上仍未显示出新相谱线，但 X 射线衍射强度开始有明显变化，ZnO 谱线呈现弥散现象，说明 Fe_2O_3 已

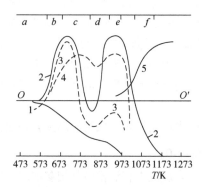

图9-2　ZnO-Fe_2O_3 混合物加热过程中性质的变化图
1—对色剂的吸附性；2—对 $2CO+O_2 \longrightarrow 2CO_2$ 反应的催化活性；3—物系的吸湿性；4—对 $2N_2O \longrightarrow 2N_2+O_2$ 反应的催化活性；5—X 射线图谱上 $ZnFe_2O_4$ 的强度

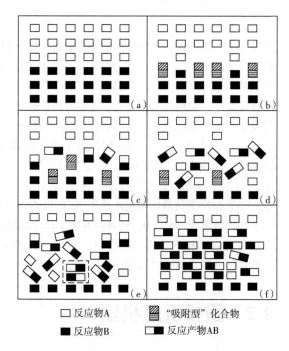

□ 反应物A　　🔲 "吸附型"化合物
■ 反应物B　　▱ 反应产物AB

图9-3　A 与 B 合成 AB 反应过程示意图

渗入 ZnO 晶格，反应在整个颗粒内部进行，常伴随着颗粒表层的疏松和活化。此时反应物的分散度非常高，不可能出现新晶格。此时虽未出现新化合物，但可认为新相的晶核已经生成。

⑤ 二次脱活期或晶体形成期[图 9-3（e）]：在 620~750℃之间。此时催化活性再次降低，X 射线谱开始出现 $ZnO \cdot Fe_2O_3$ 谱线，并由弱到强，密度逐渐增大，说明晶核逐渐成长为晶体，但反应产物结构上仍是不完整的，存在一定的晶体缺陷。

⑥ 反应产物晶格校正期[图 9-3（f）]：约 > 750℃。随着温度升高，这时密度稍许增大，X 射线谱上 $ZnO \cdot Fe_2O_3$ 谱线强度增强，并接近于正常晶格的图谱，试样的催化活性和吸附能力迅速下降，说明反应物的结构缺陷得到校正、调整而趋于热力学稳定状态。但是由于形成的晶体还存在结构上的缺陷，继续升高温度将导致缺陷的消除，晶体逐渐长大，形成正常的尖晶石结构。

以上六个阶段并不是截然分开的，而是连续地相互交错进行。当然对不同反应系统，并不一定都划分成上述六个阶段。另外，并不是所有的固相反应都具有以上的六个阶段。对于不同的反应系统，尽管由于条件不同会各有差别，但一般都包括以下三个最基本的反应过程：a.反应物之间的混合接触并产生表面效应；b.化学反应的发生和新相的形成；c.晶体成长和结构缺陷的校正。

反应阶段的划分主要取决于温度，因为在不同的温度下，反应物质点所处的能量状态不同，扩散能力和反应活性也不同。对不同系统，各阶段所处的温度区间也不同。但是对应新相的形成温度都明显地高于反应开始温度，其差值称为反应潜伏温差，其大小随不同反应系统而异。例如上述的 $ZnO+Fe_2O_3$ 系统约为300℃，$NiO+Al_2O_3$ 系统约为250℃。

当反应有气相或液相参与时，反应将不局限于直接接触的界面，而可能沿整个反应物颗粒的自由表面同时进行。可以预期，这时固体与气体、液体之间的吸附和润湿作用将会有重要影响。

9.2.2 相界面上反应和离子扩散的关系

以尖晶石类三元化合物的生成反应为例进行讨论。尖晶石型的各种铁氧体是电子工业中的控制和电路原件，尖晶石型 $MgAl_2O_4$ 耐火材料被广泛用于钢铁工业和水泥工业，因此尖晶石的生成反应是已被充分研究过的一类固相反应。反应以式（9-1）为代表：

$$MgO+Al_2O_3 \longrightarrow MgAl_2O_4 \tag{9-1}$$

这种反应属于反应物通过固相产物层扩散中的加成反应。瓦格纳（Wagner）通过长期研究，提出尖晶石形成是由两种正离子逆向经过两种氧化物界面扩散决定，氧离子则不参与扩散迁移过程，按此观点，在图9-4中，界面 S_1 上由于 B^{3+} 扩散通过，以常见的 $MgAl_2O_4$ 为例，必有如下反应：

$$2Al^{3+}+4MgO=\!\!=MgAl_2O_4+3Mg^{2+} \tag{9-2}$$

在界面 S_2 上，由于 Mg^{2+} 扩散通过 S_2 反应如下：

$$3Mg^{2+}+4Al_2O_3=\!\!=3MgAl_2O_4+2Al^{3+} \tag{9-3}$$

为了保持电中性，从左到右扩散的正电荷数目应该等于从右扩散到左的电荷数目，这样，每从左往右扩散 3 个 Mg^{2+}，必有 2 个 Al^{3+} 从右向左扩散。这结果必伴随一个空位从 Al_2O_3 晶粒扩散至 MgO 晶粒。显然，反应物的离子扩散需要穿过相的界面以及穿过产物的界面。反应产物中间层形成之后，反应物离子在其中的扩散变成了这类尖晶石型反应的控制速度的因素。当 $MgAl_2O_4$ 产物层厚度增大时，它对离子扩散的阻力将大于相界面阻力。最后当相界面的阻

力小到可以忽略时，相界面上就达到了局域的热力学平衡，这时实验测得的反应速率遵守抛物线定律。因为决定反应速率的是扩散的离子流，其扩散通量 J 与产物层的厚度 x 成反比，又与产物层厚度的瞬时增长速度 dx/dt 成正比，所以有：

$$J \propto 1/x \propto dx/dt \tag{9-4}$$

对此积分便得到抛物线增长定律，将在后面详细讨论。

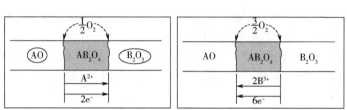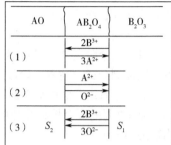

图9-4　由 AO 与 B_2O_3 反应形成尖晶石型结构材料示意图

9.2.3　中间产物和连续反应

在固相反应中，有时反应不是一步完成的，而是经由不同的中间产物才最终完成，这通常称为连续反应。例如 CaO 和 SiO_2 的反应，尽管配料的摩尔比为 1:1，但反应首先形成 C_2S、C_3S_2 等中间产物，最终才转变为 CS，其反应顺序和量的变化如图9-5所示。这一现象的研究在实际生产中是很有意义的，例如，在电子陶瓷的生产中希望得到某种主晶相以满足电学性质的要求。但往往同一配方在不同的烧成温度和保温时间得到的物相组成相差很大，导致电学性能波动也很大。通过固相反应机理研究发现，上述差别是中间产物和多晶转变的存在造成的，因此需要的主晶相在什么温度下出现，要保温多长时间，便成为确定材料烧成制度的重要依据。通过 X 射线物相分析以及差热分析得到钙钛矿型的 $Pb(Mg_{1/3}Nb_{2/3})O_3$ 主晶相，它属于铁电体。将 PbO、Nb_2O_5、MgO 三种氧化物按 3:1:1 的配比混匀，然后分别在 837K、973K、1023K 下烧结，再分别进行 X 射线分析，结果表明，在 1023K 的烧成温度下才出现了 $Pb(Mg_{1/3}Nb_{2/3})O_3$ 的化合物。为了确定保温时间，可以在 1023K 的温度下保温不同时间，再做 X 射线分析，中间相的特征衍射线完全消失的时间就是比较理想的保温时间。差热分析则可以把化学反应或多晶转变的温度测得更精确些。如从上述配方的 DTA 曲线（图9-6）中可知，形成 $Pb(Mg_{1/3}Nb_{2/3})O_3$ 的精确温度是 1063K。

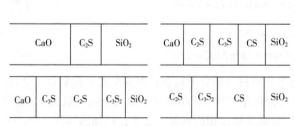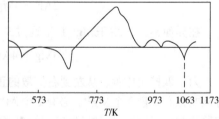

图9-5　CaO 和 SiO_2 反应中间产物示意图　　　图9-6　$PbO:Nb_2O_5:MgO=3:1:1$ 混合物的
　　　　　　　　　　　　　　　　　　　　　　　　　　　　　DTA 曲线

9.3　固相反应动力学

固相反应动力学旨在通过反应机理的研究，提供有关反应体系反应随时间变化的规律性信息。由于固相反应的种类和机理可以是多样的，对于不同的反应，乃至同一反应的不同阶段，其动力学关系也往往不同。固相反应的基本特点在于反应通常是由几个简单的物理化学过程，如化学反应、扩散、熔融、升华等步骤构成。因此，整个反应的速率将受到其所涉及的各动力学阶段进行速率的影响。

9.3.1　固相反应一般动力学关系

图9-7 描述了固相物质 A 和 B 进行化学反应生成 C 的一种反应历程。反应一开始是反应物颗粒之间的混合接触，并在表面发生化学反应形成细薄且含大量结构缺陷的新相，随后发生产物新相的结构调整和晶体生长。当在两反应颗粒间所形成的产物层达到一定的厚度后，进一步的反应将依赖于一种或几种反应物通过产物层的扩散而得以进行，这种物质的运输过程可能通过晶体晶格内部、表面、晶界、位错或晶体裂缝进行。当然对于广义的固相反应，由于反应体系存在气相或液相，故而进一步反应所需要的传质过程往往可在气相或液相中发生。显然此时控制反应速率的不仅限于化学反应本身，反应新相晶格缺陷调整速率、晶粒生长速率以及反应体系中物质和能量的输送速率都将影响着反应速率。显然所有环节中速率最慢的一环，将对整体反应速率有着决定性的影响。

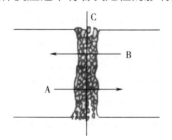

图9-7　固相物质 A 和 B 进行化学反应过程的模型

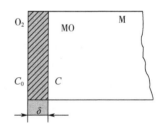

图9-8　金属 M 表面氧化过程模型

现以金属氧化过程为例，建立整体反应速率与各阶段反应速率间的定量关系。设反应依图9-8 所示模式进行，其反应方程式为：$M(s)+1/2O_2 \Longrightarrow MO(s)$。

反应经 t 时间后，金属 M 表面已形成厚度为 δ 的产物层 MO。持续的氧化反应将由 O_2 通过产物层 MO 扩散到 M-MO 界面和金属氧化两个过程组成。根据化学反应动力学一般原理和扩散第一定律，单位面积界面上金属氧化速率 V_R 和氧气扩散速率 V_D 分别有如下的关系：

$$V_R = KC; \quad V_D = D\frac{dC}{dx}\bigg|_{x=\delta} \tag{9-5}$$

式中　K——化学反应速率常数；

C——界面处氧气浓度，g/L；

D——氧气在产物层中的扩散系数。

显然，当整个反应过程达到稳定时整体反应速率 V 为：

$$V = V_R = V_D \tag{9-6}$$

由 $KC = D \dfrac{\mathrm{d}C}{\mathrm{d}x}\Big|_{x=\delta} = D\dfrac{C_0 - C}{\delta}$，得界面处氧气浓度：$C = C_0 / \left(1 + \dfrac{K\delta}{D}\right)$。

则固相反应速率为：

$$V = KC = \cfrac{1}{\cfrac{1}{KC_0} + \cfrac{\delta}{DC_0}} \tag{9-7}$$

由上面方程可以发现，影响固相反应速率快慢的关键步骤有三种情况：

① 当扩散速率远大于化学反应速率时，$K \ll D/\delta$，则反应速率为：

$$V = KC_0 = V_{\mathrm{R\,max}} \tag{9-8}$$

此时，整个固相反应的速率由界面上的化学反应速率控制，称为化学动力学范围。

② 当扩散速率远小于化学反应速率时，$K \gg D/\delta$，则反应速率为：

$$V = \frac{D(C_0 - C)}{\delta} = D\frac{C_0}{\delta} = V_{\mathrm{D\,max}} \tag{9-9}$$

此时，整个固相反应的速率由通过产物层的扩散速率控制，称为扩散范围。

③ 当扩散速率和化学反应速率相当时，反应速率为：

$$V = KC = \cfrac{1}{\cfrac{1}{KC_0} + \cfrac{\delta}{DC_0}} = \cfrac{1}{\cfrac{1}{V_{\mathrm{R\,max}}} + \cfrac{1}{V_{\mathrm{D\,max}}}} \tag{9-10}$$

此时称为过渡范围。

式（9-10）可以改写为：

$$\frac{1}{V} = \frac{1}{V_{\mathrm{R\,max}}} + \frac{1}{V_{\mathrm{D\,max}}} \tag{9-11}$$

由此可见，由扩散和化学反应构成的固相反应过程其整体反应速率的倒数为扩散最大速率的倒数和化学反应最大速率的倒数之和。若将反应速率的倒数理解成反应的阻力，则式（9-11）将具有大家所熟悉的串联电路欧姆定律相似的形式：反应的总阻力等于各环节分阻力之和。对于复杂固相反应不仅包括化学反应、物质扩散，还包括结晶、熔融、升华等物理化学过程，且当这些单元过程间又以串联模式依次进行时，那么固相反应的总速率应为：

$$V = 1 \bigg/ \left(\frac{1}{V_{1\mathrm{max}}} + \frac{1}{V_{2\mathrm{max}}} + \frac{1}{V_{3\mathrm{max}}} + \cdots + \frac{1}{V_{n\mathrm{max}}}\right) \tag{9-12}$$

式中，$V_{1\mathrm{max}}$，$V_{2\mathrm{max}}$，$\cdots$，$V_{n\mathrm{max}}$ 分别代表构成反应过程各环节的最大可能速率。

因此，为了确定过程总的动力学速率，确定整个过程中各个基本步骤的具体动力学关系是应首先予以解决的问题。但是对实际的固相反应过程，掌握所有反应环节的具体动力学关系往往十分困难，故需抓住问题的主要矛盾才能使问题比较容易地得到解决。例如，若在固相反应环节中，物质扩散速率较其他各环节都慢得多，则由式（9-12）可知反应阻力主要来源于扩散过程，总反应速率将几乎完全受控于扩散速率。

由于固相反应动力学关系是与反应机理和条件密切相关的，因此，为了确定过程总的动力学速率，建立其动力学关系，必须首先确定固相反应为哪一过程所控制，并建立包括在总过程中的各个基本过程的具体动力学关系。

9.3.2　化学动力学范围

化学反应是固相反应过程的基本环节，如果在某一固相反应中，扩散、升华等过程的速率非常快，而界面上的反应速率很慢，则此时的整个固相反应速率主要由接触界面上的化学反应速率控制，称为化学动力学范围。化学动力学范围的特点是：反应物通过产物层的扩散速率远大于接触面上的化学反应速率，过程总的速率由化学反应速率所控制。

（1）化学反应速率通式

根据物理化学原理，对于二元均相反应系统，若化学反应依反应式 $m\mathrm{A}+n\mathrm{B}\longrightarrow p\mathrm{C}$ 进行，则化学反应速率的一般表达式为：

$$V_{\mathrm{R}}=\frac{\mathrm{d}C_{\mathrm{C}}}{\mathrm{d}t}=KC_{\mathrm{A}}^{m}C_{\mathrm{B}}^{n} \tag{9-13}$$

式中，C_{A}、C_{B}、C_{C} 分别代表反应物 A、B 和 C 的浓度；K 为反应速率常数。

若反应过程中只有一个反应物浓度可变，则：

$$V=K_{n}C^{n} \tag{9-14}$$

假设经过时间 t 的反应后，有 X 部分反应物已被反应掉，剩下未反应的反应物应为 $C-X$，则化学反应速率：

$$V=-\frac{\mathrm{d}(C-X)}{\mathrm{d}t}=K_{n}(C-X)^{n} \tag{9-15}$$

根据初始条件 $t=0$ 时，$X=0$，对式（9-15）积分：

$$\int_{0}^{X}\frac{\mathrm{d}X}{(C-X)^{n}}=\int_{0}^{t}K_{n}\mathrm{d}t \tag{9-16}$$

得到：

$$\frac{1}{n-1}\left[\frac{1}{(C-X)^{n}}-\frac{1}{C^{n-1}}\right]=K_{n}t \tag{9-17}$$

式中，n 为反应级数。

（2）反应级数及反应速率公式

由式（9-17）结合不同反应级数（取 0、1、2 时分别对应零级反应、一级反应和二级反应）讨论相应的反应速率式。

① 零级反应的情形

对于零级反应，$n=0$。则有：

$$X=K_{0}t \tag{9-18}$$

② 一级反应的情形

对于一级反应，$n=1$。直接根据式（9-16）中 $n=1$ 积分：

$$\int_{0}^{X}\frac{\mathrm{d}X}{(C-X)}=\int_{0}^{t}K_{1}\mathrm{d}t \tag{9-19}$$

可得：

$$\ln\frac{C-X}{C}=-K_{1}t，\ 即\ C-X=C\exp(-K_{1}t) \tag{9-20}$$

③ 二级反应的情形

对于二级反应，$n = 2$。则有：

$$\frac{1}{(C-X)} - \frac{1}{C} = K_2 t, \quad 即 \quad \frac{X}{C(C-X)} = K_2 t \qquad (9\text{-}21)$$

(3) 转化率为变量的反应速率公式

① 简化模型

由于多数的固相反应都是在界面上进行的非均相反应，故反应颗粒之间的接触面积 F 在描述固相反应速率时也应该考虑进去。系统的非均相反应考虑接触面积 F 后的反应速率方程为：$V = K_n F C_A^m C_B^n$。当只有一个反应物可变时，反应式简化为 $V = K_n F C^m$。式中的接触面积 F 将随反应进程的进行而不断地变化。

材料制备过程中所用的原料大多为颗粒状，大小不一，形状复杂，简要的结构示意图如图9-9所示。随着反应的进行，反应物的接触面积也将不断变化，所以要准确求出接触面积及其随反应过程的变化是很困难的。

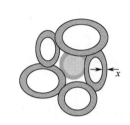

图9-9 粉料混合物中颗粒表面反应产物层示意图

为简化起见，设反应物颗粒是半径为 R_0 的球体或半棱长为 R_0 的立方体形粉体，经时间 t 后，每个颗粒表面形成的产物层厚度为 x，反应物与反应产物数量的变化用质量分数（%）表示。假设反应物与反应产物间体积密度相近，则反应物与反应产物的质量变化可以用体积变化（体积分数）表示，并定义转化率 G 为：

$$G = 反应产物量/反应物总量$$

则有：

$$G = \frac{V-V_1}{V} = \frac{\frac{4}{3}\pi R_0^3 - \frac{4}{3}\pi(R_0-x)^3}{\frac{4}{3}\pi R_0^3} = \frac{R_0^3 - (R_0-x)^3}{R_0^3}$$

式中　V——反应物总体积，L;

　　　V_1——反应后残余体积，L。

由上述方程可得：

$$R_0 - x = R_0(1-G)^{1/3}, \quad 即 \quad x = R_0[1-(1-G)^{1/3}] \qquad (9\text{-}22)$$

② 反应速率通式

对于半径为 R_0 的球体，相应于每个颗粒的反应表面积 F' 与转化率 G 的关系为：

$$F' = 4\pi R_0^2(1-G)^{2/3} \qquad (9\text{-}23)$$

若系统中有 N 个颗粒，则总表面积 F 为：

$$F = NF' = N4\pi R_0^2(1-G)^{\frac{2}{3}} \qquad (9\text{-}24)$$

由于 $N = \dfrac{1}{\frac{4}{3}\pi R_0^3 \gamma}$，其中 γ 为反应物的表观密度，则有：

$$F = \frac{3}{\gamma R_0}(1-G)^{\frac{2}{3}} = A(1-G)^{\frac{2}{3}} \qquad (9\text{-}25)$$

其中，常数 $A = \dfrac{3}{\gamma R_0}$。对于半棱长为 R_0 的立方体，$F' = 4\pi R_0^2 (1-G)^{2/3}$。

考虑反应接触界面面积的变化，化学反应速率可表示为：

$$-\frac{\mathrm{d}(C-X)}{\mathrm{d}t} = FK_n(C-X)^n \tag{9-26}$$

将式（9-26）作数学变换得：

$$-\frac{\mathrm{d}C\left(1-\dfrac{X}{C}\right)}{\mathrm{d}t} = FK_n C^n \left(1-\frac{X}{C}\right)^n \tag{9-27}$$

而 $G=X/C$，则：

$$\frac{\mathrm{d}G}{\mathrm{d}t} = FK_n'(1-G)^n \tag{9-28}$$

式中，$K_n' = K_n C^n$。

③ 零级反应的速率

a. 球状颗粒的情形。对于零级反应，$n=0$，则有：

$$\frac{\mathrm{d}G}{\mathrm{d}t} = FK_0' = K_0' A (1-G)^{\frac{2}{3}} = K_0''(1-G)^{\frac{2}{3}} \tag{9-29}$$

由初始条件 $t=0$ 时，$G=0$，对式（9-29）积分 $\displaystyle\int_0^G \frac{\mathrm{d}G}{(1-G)^{\frac{2}{3}}} = \int_0^t K_0'' \mathrm{d}t$，解得：

$$F_0(G) = 1-(1-G)^{\frac{1}{3}} = K_0'' \mathrm{d}t \tag{9-30}$$

b. 圆柱状颗粒的情形。若是圆柱状颗粒，则有关系式：

$$F_0(G) = 1-(1-G)^{\frac{1}{2}} K_t'' \tag{9-31}$$

c. 平板状颗粒的情形。若是平板状颗粒，则有关系式：

$$F_0(G) = G = K_0'' t \tag{9-32}$$

④ 一级反应的速率

对于一级反应，$n=1$，则有：

$$\frac{\mathrm{d}G}{\mathrm{d}t} = K_0'' F(1-G) = K_0' A (1-G)^{\frac{5}{3}} = K_1''(1-G)^{\frac{5}{3}} \tag{9-33}$$

积分可得：

$$F_1(G) = \left[(1-G)^{-\frac{2}{3}} - 1\right] = K_1'' t \tag{9-34}$$

式（9-34）已被一些固相反应的实验结果证实。例如，Na_2CO_3 与 SiO_2 按摩尔比 $1:1$ 在 $740^\circ\mathrm{C}$ 下进行固相反应，反应式为：$Na_2CO_3(s) + SiO_2(s) \Longrightarrow Na_2SiO_3(s) + CO_2(g)$。当颗粒 $R_0=36\mu m$，并加入少许 NaCl 作溶剂时，测得不同反应时间的转化率 G，获得 $F(G)$，以 $F(G)$ 对反应时间 t 作图，可获得一条直线，整个反应动力学过程完全符合式（9-34）关系，如图 9-10 所示。

这说明该反应体系于该反应条件下，反应总速率受

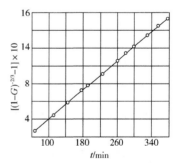

图 9-10　在 NaCl 参与下，$Na_2CO_3+SiO_2 \Longrightarrow Na_2SiO_3+CO_2$ 反应动力学实验结果曲线（$T=740^\circ\mathrm{C}$）

化学反应动力学过程控制，而扩散的阻力已小到可忽略不计，且反应属于一级化学反应。

9.3.3　扩散动力学范围

固相反应与化学反应速率相比，一般都是扩散速率较慢。尤其是反应进行一段时间后，反应产物层逐渐增厚，扩散阻力逐渐增大，扩散速率因此减慢。一般情况下，反应物通过产物层的扩散速率往往远小于接触面上的化学反应速率，通过反应产物层的扩散速率起控制作用，此为扩散动力学范围的特点。相应地，对固相反应而言，对扩散速率的研究也就显得非常重要。

菲克（Fick）定律是描述固相反应扩散动力学的基础理论。因为缺陷的扩散速率较快，因此固体中的扩散通常是通过缺陷进行的。所以，凡是能够影响晶体缺陷状态的因素，如晶体中的本征缺陷状态，物料颗粒分散度、形状与界面特性等，都会对扩散动力学有本质影响。从材料科学角度，对由扩散控制的固相反应动力学问题已进行过较多的研究。理论上，往往先建立不同的扩散结构模型，并根据不同的前提假设，推导出多种扩散动力学方程。在众多的反应动力学方程式中，基于平板模型和球体模型所导出的杨德尔（Jander）和金斯特林格（Ginserlinger）方程式具有一定的代表性，下面对几种较为经典的扩散模型和动力学速率方程进行讨论。

（1）抛物线型速率方程

此方程由平板扩散模型导出。如图 9-11 所示，设平板状物质 A 与 B 相互接触和扩散生成了厚度为 x 的 AB 化合物层。随后 A 质点通过 AB 层扩散到 B-AB 界面继续反应。若界面处化学反应速率远大于扩散速率，则固相反应的速率由扩散控制。经 dt 时间，通过 AB 层迁移的 A 物质量为 dm，平板间接触面积为 S，浓度梯度为 dc/dx，则按菲克定律有：

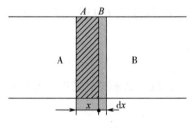

图9-11　平板扩散模型

$$\frac{dm}{dt} = DS\frac{dc}{dx} \tag{9-35}$$

由图 9-11 可知，A 物质在 A、B 两点处的浓度分别为 100% 和 0%，式（9-35）可改写成：

$$\frac{dm}{dt} = DS\frac{1}{x} \tag{9-36}$$

由于 A 物质迁移量 dm 与 Sdx 成比例，故：

$$\frac{dx}{dt} = \frac{K_4 D}{x} \tag{9-37}$$

积分得：

$$F_P(G) = x^2 = 2K_P' Dt = K_P t \tag{9-38}$$

式（9-38）说明，反应物以平板模式接触时，反应产物层厚度与时间的平方根成正比。由于式（9-38）存在二次方关系，故常称之为抛物线速率方程式。这是一个重要的基本关系，可以描述各种物理或化学的扩散控制过程并有一定的精确度。但是由于采用的是平板模型，忽略了反应物间接触面积随着时间变化的因素，使方程的准确度和适用性都受到限制。

（2）杨德尔方程

许多材料的生产中通常采用粉状物料作为原料。在反应过程中，颗粒间接触面积是不断变化的，用简单的平板模型方法来分析大量粉状颗粒上反应产物层厚度变化不仅是很困难的，而且也与实际情况不相符合。为此，杨德尔在抛物线速率方程基础上采用了"球体模型"（图9-12）导出了扩散控制的动力学关系。

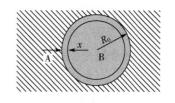

图9-12　杨德尔方程的"球体模型"

杨德尔假设：a.反应物B是半径为R_0的等径球形颗粒；b.反应物A是扩散相，即A成分总是包围着B的颗粒，而且A、B同产物C是完全接触的，反应自球表面向中心进行；c.A在产物层中的浓度梯度是线性的，而扩散层截面积一定。根据上述假设，可以获得如下各种参数：

① 反应物颗粒初始体积为$V_1 = \dfrac{4}{3}\pi R_0^3$；

② 未反应部分体积为$V_2 = \dfrac{4}{3}\pi(R_0 - x)^3$；

③ 产物体积为$V_2 = \dfrac{4}{3}\pi[R_0^3 - (R_0 - x)^3]$。

其中，x为产物层厚度。

以B物质为基准的转化程度为G，则：

$$G = \frac{V}{V_1} = \frac{R_0^3 - (R_0 - x)^3}{R_0^3} = 1 - (1 - \frac{x}{R_0})^3$$

可得 $\dfrac{x}{R_0} = 1 - (1-G)^{\frac{1}{3}}$，即：

$$x = R_0[1 - (1-G)^{\frac{1}{3}}]$$

代入抛物线方程式（9-38），得：

$$x^2 = R_0^2[1 - (1-G)^{\frac{1}{3}}]^2 = K_\text{p}t \tag{9-39}$$

则：

$$F_\text{y}(G) = [1 - (1-G)^{\frac{1}{3}}]^2 = \frac{K_\text{P}}{R_0^2}t = K'_\text{y}t \tag{9-40}$$

将式（9-40）微分，得：

$$\frac{\mathrm{d}G}{\mathrm{d}t} = \frac{K_\text{y}(1-G)^{\frac{2}{3}}}{1 - (1-G)^{\frac{1}{3}}} \tag{9-41}$$

式中，$K'_\text{y} = \dfrac{3DK_\text{P}}{R_0^2} = c\exp\left(-\dfrac{Q}{KT}\right)$，其中$Q$为活化能。

杨德尔方程作为一个较经典的固相反应动力学方程已被广泛接受，但从杨德尔方程的推导过程可以发现，将圆球模型的转化率公式（9-22）带入平板模型的抛物线速率方程的积分式（9-38），就限制了杨德尔方程只能用于反应转化率较小（或x/R_0比值很小）和反应截面F可近似地看成常数的反应初期。杨德尔方程在反应初期的正确性在许多固相反应的实例中都得到证实。图9-13表示了反应$BaCO_3 + SiO_2 \Longrightarrow BaSiO_3 + CO_2$在不同温度下$F_\text{J}(G)$-$t$关系，图中的

关系曲线为一条直线。

图9-13表明，反应温度不同，直线的斜率不同，温度越高，斜率越大。直线斜率即为表示扩散动力学速率的常数 K'_y，作出不同温度下的 $\ln K'_y$-$1/T$ 关系曲线，则可由曲线的斜率求得该反应的活化能 Q 值。

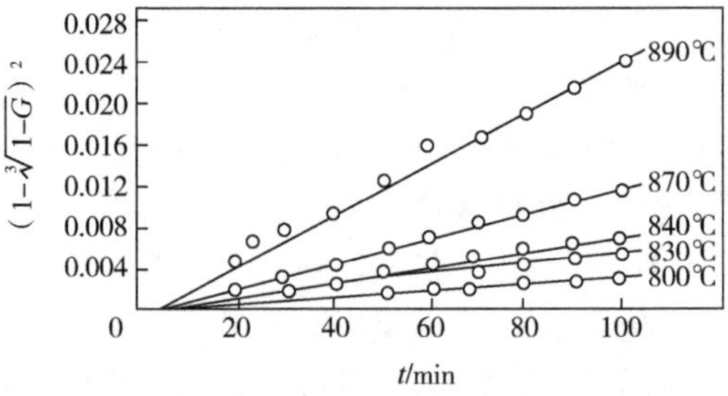

比较 T_1 时的 $K_J(T_1)$ 和 T_2 时的 $K_J(T_2)$，即比较 $K_J(T_1) = A\exp\left(-\dfrac{\Delta G_R}{RT_1}\right)$ 和 $K_J(T_2) = A\exp\left(-\dfrac{\Delta G_R}{RT_2}\right)$，两式消元得：

$$\Delta G_R = \frac{RT_1 T_2}{T_2 - T_1} \ln \frac{K_J(T_2)}{K_J(T_1)} \tag{9-42}$$

图9-13 不同温度下BaCO$_3$与SiO$_2$的反应动力学曲线

杨德尔方程是在应用抛物线型方程的基础上，假设扩散截面积一定的条件下推导出的，所以由方程计算的结果与实际反应情况有较大的出入。实际的反应中，反应产物球形外壳的增厚速率与其外表面对内表面的比值大小有关：只有当转化率 G 很小，外表面对内表面的比值才接近于1，此时的产物层表面才可近似处理为平面。另外，该方程还假设 A、B 与产物 C 完全接触，但如果形成的产物体积比消耗掉的反应物体积要小时，就不能满足这一条件，这也要求只有 G 很小时，才能近似满足。故只有当反应转化率 G 较小，即 x/R_0 比值很小时，杨德尔方程才能较好符合实际反应。随着反应的继续，杨德尔方程与实验结果的偏差程度就会增大，基于此原因，后来人们对杨德尔方程进行了各种修正。

（3）金斯特林格方程

金斯特林格针对杨德尔方程只能适用于转化率较小的情况，考虑在反应过程中反应截面随反应进程变化这一事实，认为实际反应开始后生成的产物层是一个厚度逐渐增加的球壳而不是一个平面。为此，金斯特林格提出了如图9-14所示的反应扩散模型。

当反应物 A 和 B 混合均匀后，若 A 熔点低于 B 的熔点，A 可以通过表面扩散或通过气相扩散而布满整个 B 的表面。在产物层 AB 生成之后，反应物 A 在产物层中扩散速率远大于 B 的扩散速率，且 AB-B 界面上，由于化学反应速率远大于扩散速率，扩散到该处的反应物 A 可迅速与 B 反应生成 AB，因而 AB-B 界面上 A 的浓度恒为零。在整个反应过程中，反应生成物球壳外壁（A-AB 界面）上，扩散相 A 浓度恒为 C_0，故整个反应速率完全由 A 在生成物球壳 AB 中的扩散速率决定，设单位时间内通过 $4\pi r^2$ 球面扩散入产物层 AB 中 A 的量为 ${\rm d}m_A/{\rm d}t$，由扩散第一定律得：

$$\frac{{\rm d}m_A}{{\rm d}t} = D4\pi r^2 \left(\frac{{\rm d}C}{{\rm d}r}\right)_{r=R-x} = M(x) \tag{9-43}$$

式中，C 为在产物层中 A 的浓度；C_0 为在 A-AB 界

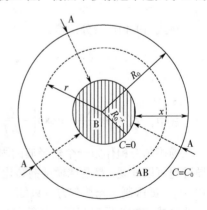

图9-14 金斯特林格反应扩散模型

面上 A 的浓度；D 为 A 在 BA 中的扩散系数；r 为在扩散方向上产物层中任意时刻的球面的半径。

假设这是一个稳定扩散过程，因而单位时间内将有相同数量的 A 扩散通过任一指定的 r 球面，其量为 $M(x)$。若反应生成物 AB 密度为 ρ，分子量为 M，AB 中 A 的分子数为 n，令 $\rho n/M = \varepsilon$。这时产物层 $4\pi r^2 dx$ 体积中积聚 A 的量为：

$$4\pi r^2 \times dx \times \varepsilon = D4\pi r^2 \left(\frac{dC}{dr}\right)_{r=R-x} dt \tag{9-44}$$

所以：

$$\frac{dx}{dt} = \frac{D}{\varepsilon}\left(\frac{dC}{dr}\right)_{r=R-x} \tag{9-45}$$

由式（9-43）移项并积分可得：

$$\left(\frac{dC}{dr}\right)_{r=R-x} = \frac{C_0 R(R-x)}{r^2 x} \tag{9-46}$$

将式（9-46）代入式（9-45），令 $K_0 = (D/\varepsilon)\times C_0$ 得：

$$\frac{dx}{dt} = K_0 \frac{R}{x(R-x)} \tag{9-47}$$

积分式（9-47）得：

$$x^2\left(1 - \frac{2x}{3R}\right) = 2K_0 t \tag{9-48}$$

将球形颗粒转化率关系式（9-22）代入式（9-47），并经整理即可得出以转化率 G 表示的金斯特林格动力学方程的积分式和微分式：

$$F_K(G) = 1 - \frac{2}{3}G - (1-G)^{2/3} = \frac{2DMC_0}{R_0^2 \rho n}\times t = K_K t \tag{9-49}$$

$$\frac{dG}{dt} = K'_K \frac{(1-G)^{1/3}}{1-(1-G)^{1/3}} \tag{9-50}$$

式中，$K'_K = 1/3K_K$，称为金斯特林格动力学方程速率常数。

大量实验研究表明，金斯特林格方程能适用于更大的反应程度。例如，碳酸钠与二氧化硅在 820℃下的固相反应，测定不同反应时间的二氧化硅转化率 G，实验数据列于表 9-3 中。根据金斯特林格方程拟合实验结果，在转化率从 0.2458 变到 0.6156 区间内，$F_K(G)$ 关于 t 有相当好的线性关系，其速率常数 K_K 恒等于 1.83。若以杨德尔方程处理实验结果，$F_J(G)$ 与 t 的线性关系较差，速率常数 K_J 值从 1.81 偏离到 2.25。图 9-15 给出了这一实验结果图线。

表 9-3　碳酸钠与二氧化硅反应动力学数据（R_0=0.036mm，T=820℃）

时间/min	SiO$_2$ 转化率	$K_K \times 10^4$	$K_J \times 10^4$
41.5	0.2458	1.83	1.81
49.0	0.2666	1.83	1.96
77.0	0.3280	1.83	2.00

时间/min	SiO₂ 转化率	$K_K \times 10^4$	$K_J \times 10^4$
99.5	0.3686	1.83	2.02
168.0	0.4640	1.83	2.10
193.0	0.4920	1.83	2.12
22.0	0.5196	1.83	2.14
263.5	0.5600	1.83	2.18
296.0	0.5876	1.83	2.20
312.0	0.6010	1.83	2.24
332.0	0.6156	1.83	2.25

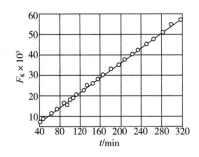

图9-15 碳酸钠与二氧化硅反应动力学结果图线

R_0=0.036mm，T=820℃

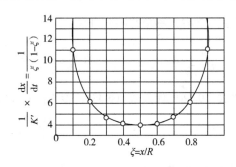

图9-16 反应产物层增厚速率与 ξ 的关系

此外，金斯特林格方程式有较好的普遍性，从其方程本身可以得到进一步的说明。

令 $\xi = x/R$，由式（9-47）得：

$$\frac{\mathrm{d}x}{\mathrm{d}t} = K\frac{R_0}{(R_0-x)x} = \frac{K}{R_0}\frac{1}{\xi(1-\xi)} = \frac{K'}{\xi(1-\xi)} \tag{9-51}$$

作 $\dfrac{1}{K'}\times\dfrac{\mathrm{d}x}{\mathrm{d}t}-\xi$ 关系曲线（图9-16），得产物层增厚速率 $\mathrm{d}x/\mathrm{d}t$ 随 ξ 变化规律。

当 ξ 很小即转化率很低时，$\mathrm{d}x/\mathrm{d}t = K/x$，方程转为抛物线速率方程，此时金斯特林格方程等价于杨德尔方程。随着 ξ 增大，$\mathrm{d}x/\mathrm{d}t$ 很快下降并经历一最小值（$\xi = 0.5$）后逐渐上升。当 $\xi\to1$ 或 $\xi\to0$ 时，$\mathrm{d}x/\mathrm{d}t\to\infty$，这说明在反应的初期或终期扩散速率极快，故而反应进入化学反应动力学范围，其速率由化学反应速率控制。

比较式（9-41）和式（9-50），并令 $Q = \left(\dfrac{\mathrm{d}G}{\mathrm{d}t}\right)_{\mathrm{K}}\bigg/\left(\dfrac{\mathrm{d}G}{\mathrm{d}t}\right)_{\mathrm{J}}$，得：

$$Q = \frac{K_K}{K_J}\frac{(1-G)^{\frac{1}{3}}}{(1-G)^{\frac{2}{3}}} = K(1-G)^{-\frac{1}{3}} \tag{9-52}$$

依式（9-52）作关于转化率 G 的图线（图9-17），由此可见当 G 值较小时，$Q=1$，这说明两方程一致。随着 G 逐渐增加，Q 值不断增大，尤其到反应后期 Q 值随 G 陡然上升，这意味着两方程偏差越来越大。因此，如果说金斯特林格方程能够描述转化率很大情况下的固相反应，那么杨德尔方程只能在转化率较小时才适用。

然而，金斯特林格方程并非对所有扩散控制的固相反应都能适用。由以上推导可以看出，杨德尔方程和金斯特林格方程均以稳定扩散为基本假设，它们之间不同点仅在于其几何模型的差别。

因此，不同颗粒形状的反应物必然对应着不同形式的动力学方程。例如，对于半径为 R 的圆柱状颗粒，当反应物沿圆柱表面形成产物层扩散的过程起控制作用时，其反应动力学过程符合依轴稳定扩散模式推得的动力学方程式：

$$F_0(G) = (1-G)\ln(1-G) + G = Kt \tag{9-53}$$

（4）卡特方程

卡特（Carter）方程的扩散结构模型如图 9-18 所示。原始半径为 r_0 的 A 组分球状颗粒在表面上与很细的粉末反应，此反应的速率由扩散过程控制。r_1 为反应一段时间后组分 A 的半径，当 G 从 0→1 时，r_1 从 r_0→0；r_2 为反应一段时间后未反应的组分加上反应产物层的球半径；r_e 为 $G=1$ 时，即组分 A 全部反应后的全部产物的半径。产物体积与反应物 A 的体积不一样，Z 为消耗一个单位体积的组分 A 所生成的产物的体积，即等价体积比。这样有如下的关系式：

$$r_2^3 = r_1^3 + Z(r_0^3 - r_1^3) = Zr_0^3 + r_1^3(1-Z) \tag{9-54}$$

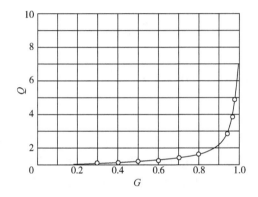

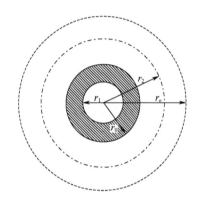

图9-17　金斯特林格方程与杨德尔方程的比较　　　　图9-18　卡特方程的扩散结构模型

因为 $G = \dfrac{r_0^3 - r_1^3}{r_0^3}$，则有：

$$r_1 = (1-G)^{\frac{1}{3}} r_0 \tag{9-55}$$

时间 t 时，剩余 A 的数量 Q_A 为：

$$Q_A = \frac{4}{3}\pi r_1^3 \tag{9-56}$$

则有：

$$\frac{dQ_A}{dt} = \frac{4}{3}\pi 3 r_1^3 \frac{dr_1}{dt} \tag{9-57}$$

而 Q_A 的变化速率又等于以扩散方式通过厚度为 r_2-r_1 的球外壳的流量，则：

$$\frac{dQ_A}{dt} = \frac{4\pi K r_1 r_2}{r_2 - r_1}$$

式中，K 为反应速率常数。该式适用于稳态扩散。

上述讨论的情况下，扩散层中通过半径不同的每一个球壳的物质流量是相等的，即反应物 A 的变化量 dQ_A / dt 等于扩散通过产物层的量，故有：

$$4\pi r \frac{dr_1}{dt} = -\frac{4\pi K r_1 r_2}{r_2 - r_1} \tag{9-58}$$

即有：

$$\frac{dr_1}{dt} = -\frac{K r_2}{r_2 - r_1} \tag{9-59}$$

则 $r_1\left(1 - \frac{r_1}{r_2}\right)dr_1 = -Kdt$，把 r_2 值代入有：

$$\left\{ r_1 - \frac{r_1^2}{[Z r_0^3 + r_1^3 (1-Z)]^{\frac{1}{3}}} \right\} dr_1 = -Kdt \tag{9-60}$$

将式（9-60）从 $r_0 \rightarrow r_1$ 积分，得到：

$$\left[(1-Z) r_1^3 + Z r_0^3 \right]^{\frac{2}{3}} - (1-Z) r_1^2 = Z r_0^2 + 2(1-Z) Kt \tag{9-61}$$

将式（9-55）代入，得到：

$$F_c(G) = [1 + (1-Z) G]^{\frac{2}{3}} + (Z-1)(1-G)^{\frac{2}{3}} - Z = K_c t \tag{9-62}$$

式中，$K_c = \dfrac{2(1-Z)K}{r_0}$。

卡特方程的特点是考虑了反应面积的变化及产物与反应物间体积密度的变化，因此比前述的杨德尔方程具有更好的适用性。卡特将镍球的氧化过程用该方程式处理，发现一直到100%的转化率为止，仍能符合得很好，而用杨德尔方程在转化率 $G > 0.5$ 时就不相符了。

9.3.4 通过流体相传输的固相反应和动力学方程

这一类固相反应包括气化、化学气相沉积和耐火材料侵蚀等，这里着重讨论前两种情况。
（1）气化（气-固反应）
这里论及的气化问题包含分解反应，分解之后都变成气相，与升华过程不同。例如：

$$2SiO_2(s) \rm{=\!\!=\!\!=} 2SiO(g) + O_2(g) \tag{9-63}$$

该反应在1593K 时，平衡常数是：

$$K = \frac{p_{SiO}^2 p_{O_2}}{\alpha_{SiO_2}^2} = 10^{-25} \tag{9-64}$$

假设 SiO_2 的活度 $\alpha_{SiO_2} = 1$，则 $K = p_{SiO}^2 p_{O_2} = 10^{-25}$。

显然大气中氧的分压控制了 $SiO(g)$ 的分压，即 SiO_2 在高温下气化的程度取决于氧分压。
如果在还原气氛的条件下，氧的分压很小，$p_{O_2} = 1.013 \times 10^{-16} kPa$ （$10^{-18} atm$），SiO 的压力可按下式求出：

$$p_{SiO}^2 = 10^{-25} / 10^{-18} = 10^{-7}$$

$$p_{\text{SiO}} = 3.3 \times 10^{-4} \, \text{atm} = 3.3 \times 10^{-2} \, \text{kPa} \tag{9-65}$$

可以看出这类反应的速率取决于热力学的推动力、表面反应的动力学、反应表面的条件以及周围的气氛。在平衡的情况下，克努森（Knudsen）曾推导出一公式：

$$\frac{\mathrm{d}n_i}{\mathrm{d}t} = \frac{Ap_i a_i}{\sqrt{2\pi M_i RT}} \tag{9-66}$$

式中　$\mathrm{d}n_i/\mathrm{d}t$——$i$ 组分在单位时间内失去的物质的量，mol；

$\quad$ A——样品面积，cm^2；

$\quad$ a_i——气化系数（$a \leqslant 1$）；

$\quad$ M_i——i 的分子量；

$\quad$ p_i——样品上 i 组分的分压。

Knudsen 具体用该公式计算上述反应在 1593K 时 SiO_2 的损失量是 $5\times10^{-5}\text{mol}/(\text{cm}^2\cdot\text{s})$。

1967 年，克劳利（M.S.Crowley）对不同含量的 SiO_2 耐火制品在氢气气氛（100%）下做了实验，将这些耐火制品放入 100%氢气气氛的炉子内，在 1698K 下保温 50h，测量各种含量的耐火制品的损失量列于图 9-19 中，该图表明，SiO_2 含量越高，损失越多。这种情况的分解反应是按式（9-67）进行的：

$$H_2(g)+SiO_2(s) \Longrightarrow SiO(g)+H_2O(g) \tag{9-67}$$

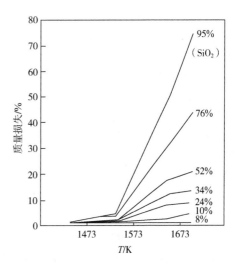

图9-19　H_2 气氛中 SiO_2 质耐火材料的质量损失

根据式（9-67），只要在炉内气氛中加入少量水蒸气就可以大大减少 SiO_2 的气化，实际上就是增加了氧化硅质制品的使用寿命，其效果从图 9-20 可以一目了然。

（2）化学气相沉积

在电子技术方面，薄膜开发及应用深受重视，其原因主要有两个：a.薄膜很薄，使得结构紧凑。例如一个厚 40nm、宽 24.5μm 的薄膜电阻，其单位长度的电阻为同样材料制成的直径 24.5μm 的电阻丝的 500 倍。b.许多互连的元器件制造在每一个基片上，以构成"薄膜集成电路"，从而实现电路集成化。电路集成化有许多优点，如再现性好和性能高，特别是可靠性高，成本低。目前，薄膜制备工艺大约为三大类：真空蒸发镀膜、溅射镀膜和化学镀膜。在化学镀膜中，化学蒸气镀膜是一种重要的方法。

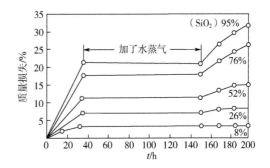

图9-20　在 1643K 温度下，SiO_2 质耐火材料的质量损失

实验条件：气氛 H_2 75%+N_2 25%，在 32h 加水蒸气至 150h

化学气相沉积（Chemical vapor deposition, CVD）技术的重要应用是在单晶基片上外延生长单晶锗及单晶硅。根据所用的掺杂材料，这种薄膜可以制成 p 型导电层或 n 型导电层，用这种方法形成的 p-n 结与常规方法形成的 p-n 结相似。以通过氢气还原产生硅薄膜为例说明此种技术的原理。化学反应式是：

$$SiCl_4 + 2H_2 \rightleftharpoons Si + 4HCl \tag{9-68}$$

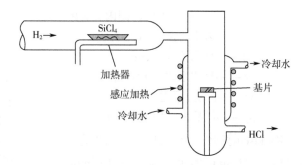

沉积设备示意图见图 9-21。进入的氢气通过 $SiCl_4$ 液面，于是 $SiCl_4$ 的蒸气就混入氢气中。这种混合气体经过竖式反应室，在反应室中，基片的温度适合于上述反应向右进行。于是在热的基片表面发生还原反应，反应生成的 Si 沉积在基片上，逐渐形成一个沉积层，副产物 HCl 随后要排除。

图9-21　硅的化学气相沉积设备示意图

一般来说，控制了反应气体的化学势（或浓度）就可控制沉积的速率。沉积的速率和沉积的温度决定反应动力学和在反应表面上的产物能够"结晶"的速率。沉积的完整性、多孔性、优先的颗粒取向等取决于特定的材料和沉积速率。

选择一个简单的系统（图 9-22），在这系统中，过程进行的速率是由气相扩散阶段决定的。也就是说，气相扩散、通过界面层的扩散、分子和界面的结合、结晶等过程中气相扩散是最慢的。这只需要控制相关因素就可以做到，当整个系统中压力很低（$10.13Pa < p_{总} < 10132Pa$），而且扩散所需要的浓度梯度很小，气相扩散就变得很慢，这样使得沉积可从容不迫地进行，提高质量。为了讨论方便，把这个系统看成是闭合的。两室温度不同，左边的温度稍高，右边的温度稍低，互相之间由一个截面积为 A 的管子连通。

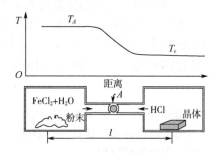

假定化学反应在每个室中达到热力学平衡，反应式为：

图9-22　FeO 的化学传输反应示意图

$$FeCl_2(g) + H_2O \rightleftharpoons FeO(s) + 2HCl \tag{9-69}$$

由于两个反应对应的温度不同，所以平衡常数不同。显然，在高温中 $FeCl_2$ 在整个混合气体中的浓度要稍高一些，而低温室中 $FeCl_2$ 的浓度要稍低一些。这样就出现了浓度梯度，扩散流将从热室流向冷室。所以 $FeCl_2(g)$ 的扩散速率可用菲克定律描述：

$$\frac{dn}{dt} = -AD\frac{dC}{dx} = -AD\frac{\Delta C}{l} = -AD\frac{C_c - C_h}{l} \tag{9-70}$$

式中，n 为被扩散的物质的量；D 为扩散系数；C_h 为高温室中 $FeCl_2(g)$ 的浓度；C_c 为低温室中 $FeCl_2(g)$ 的浓度。

由于气体稀薄，可看成理想气体，所以有：

$$C_h = \frac{n_h}{V} = \frac{p_h}{RT_h} \tag{9-71}$$

浓度差为：

$$C_c - C_h \approx \frac{p_c - p_h}{RT_{av}} \qquad (9\text{-}72)$$

式中 T_{av} ——平均温度，℃。

于是传质速率为：

$$\frac{dn}{dt} = -\frac{AD}{lRT_{av}}(p_c - p_h) \qquad (9\text{-}73)$$

根据化学平衡知识，平衡压力可以由对应温度下的标准形成自由焓来确定，即：

$$\Delta G_h^\ominus = -RT_h \ln \frac{p_{FeCl_2} p_{H_2O}}{p_{HCl}^2 a_{FeO}} \qquad (9\text{-}74)$$

$$\Delta G_c^\ominus = -RT_C \ln \frac{p_{HCl}^2 a_{FeO}}{p_{FeCl_2} p_{H_2O}} \qquad (9\text{-}75)$$

式中 p_{FeCl_2} ——$FeCl_2$ 的分压；

p_{H_2O} ——H_2O 的分压；

p_{HCl} ——HCl 的分压；

a_{FeO} ——FeO 的活度。

若在整个闭合系统中，HCl 的起始分压为 B，则有一部分 HCl 通过形成等物质的量的 $FeCl_2$ 和 H_2O 来降低其压力，则式（9-74）调整为：

$$\Delta G_h^\ominus = -RT_h \ln \frac{p_{FeCl_2} p_{H_2O}}{\left(B - p_{HCl}\right)^2} \qquad (9\text{-}76)$$

考虑到等量物质其分压相同，所以有：

$$\Delta G_h^\ominus = -RT_h \ln \frac{p_{FeCl_2}^2}{\left(B - 2p_{FeCl_2}\right)^2} \qquad (9\text{-}77)$$

在每个温度下求解式（9-77），即可得到传质速率的预期值。

9.3.5 过渡范围

当固相反应中界面化学反应速率和反应物通过产物层扩散的速率彼此相当而不能忽略某一个时，即为过渡范围。这时动力学处理就变得相当复杂，很难用一个简单方程描述。一般只能按不同情况采用一些近似关系表达。例如，若化学反应速率和扩散速率都不可忽略时，可用泰曼的经验关系进行估算：

$$\frac{dx}{dt} = \frac{K_{10}'}{t} \qquad (9\text{-}78)$$

积分得：

$$x = K_{10} \ln t \qquad (9\text{-}79)$$

式中 K_{10}'、K_{10} ——与温度、扩散系数和颗粒接触条件等有关的速率常数。

以上讨论了一些重要的固相反应动力学关系，归纳列于表 9-4。如上所述，每个动力学方程都仅适用于某一定条件和范围。因此，要正确地应用这些关系，首先必须确定和判断反应

所属的范围和类型。以上所述的各种动力学关系的积分形式均可用 $F(G) = Kt$ 通式表示，式中，t 是时间，G 是反应转化率。为便于分析比较，将这些方程归纳成 $F(G) = A(t/t_{0.5})$ 的形式，式中，$t_{0.5}$ 是对于 $G=0.5$ 的反应时间（半衰期）；A 是与 $F(G)$ 形式有关的计算常数，例如：

$$F_6(G) = 1 - \frac{2}{3}G - (1-G)^{\frac{2}{3}} = K_6 t \qquad (9\text{-}80)$$

当 $G=0.5$，$t=t_{0.5}$ 时，代入得：

$$F_6(0.5) = 0.0367 = K_6 t_{0.5} = \frac{K'}{R_0^2} t_{0.5} \qquad (9\text{-}81)$$

两式结合得：

$$F_6(G) = 1 - \frac{2}{3}G - (1-G)^{\frac{2}{3}} = K_6 t = 0.0367(t/t_{0.5}) \qquad (9\text{-}82)$$

依此求得各不同动力学方程中相应的 A 值（见表 9-4），并以 G 对 $t/t_{0.5}$ 分别作出图 9-23。对照此图与表 9-4 可见，各种动力学方程的 G-$(t/t_{0.5})$ 曲线可明显地分为两组：第一组是属扩散控制的 $F_4(G)$、$F_5(G)$、$F_6(G)$ 和 $F_7(G)$ 4 个方程；第二组是属界面化学反应控制的 $F_0(G)$、$F_1(G)$、$F_2(G)$ 和 $F_3(G)$ 4 个方程。由此，可以通过实验测定作出 G-$(t/t_{0.5})$ 曲线加以比较，以确定反应所属的类型和机理。至于要进一步区别在同一控制范围内的不同动力学方程，则有赖于较精确的实验数据和较高的转化率。

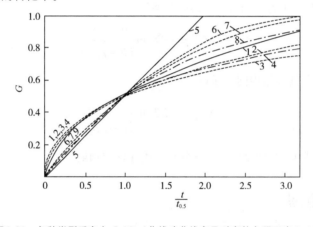

图 9-23　各种类型反应中 G-$(t/t_{0.5})$ 曲线（曲线序号对应的方程见表 9-4）

表 9-4　部分重要的固相反应动力学方程

控制范围	反应类型		动力学方程的积分式	A 值	对应于图 9-23 中曲线
界面化学反应控制范围	零级反应	球形试样	$F_0(G) = 1-(1-G)^{1/3} = K_0 t = 0.2063(t/t_{0.5})$	0.2063	7
		圆柱形试样	$F_1(G) = 1-(1-G)^{1/2} = K_1 t = 0.2929(t/t_{0.5})$	0.2929	6
		平板试样	$F_2(G) = G = K_2 t = 0.5000(t/t_{0.5})$	0.5000	5
	一级反应	球形试样	$F_3'(G) = \ln(1-G) = -K_3' t = 0.6931(t/t_{0.5})$	0.6931	8
扩散控制范围	抛物线速率方程	平板试样	$F_4(G) = G^2 = K_4' t = 0.2500\,(t/t_{0.5})$	0.2500	1
	杨德尔方程	球形试样	$F_5(G) = [1-(1-G)^{1/3}]^2 = K_5 t = 0.0426(t/t_{0.5})$	0.0426	3
	金斯特林格方程	球形试样	$F_6(G) = 1-2/3G-(1-G)^{2/3} = K_6 t = 0.0367(t/t_{0.5})$	0.0367	4
		圆柱形试样	$F_7(G) = (1-G)\ln(1-G) + G = K_7 t = 0.1534\,(t/t_{0.5})$	0.1534	2

9.4 固相反应应用

黏土矿物是传统硅酸盐材料和制品生产中广泛应用的原料。因此，高岭土的脱水和莫来石化过程是普通陶瓷和耐火材料生产中经常涉及的重要反应过程，下面对此略加讨论。

9.4.1 高岭土的莫来石化过程

对黏土加热的莫来石化过程虽有许多研究，但仍很不充分，特别是对转变过程的详细机理了解甚少。一般认为是经由高岭土→偏高岭土→Al-Si尖晶石→莫来石的连续变化过程，即：

$$Al_2O_3 \cdot 2SiO_2 \cdot 2H_2O \xrightarrow{500\sim600℃} Al_2O_3 \cdot 2SiO_2（偏高岭土）+2H_2O \tag{9-83}$$

$$2(Al_2O_3 \cdot 2SiO_2) \xrightarrow{\approx980℃} 2Al_2O_3 \cdot 3SiO_2（Al-Si尖晶石）+ SiO_2 \tag{9-84}$$

$$2(Al_2O_3 \cdot 3SiO_2) \xrightarrow{1100℃} 2(Al_2O_3 \cdot 2SiO_2)（过渡态莫来石）+2SiO_2（方石英） \tag{9-85}$$

$$3(Al_2O_3 \cdot 2SiO_2) \xrightarrow{1300\sim1400℃} 3Al_2O_3 \cdot 2SiO_2（莫来石）+4SiO_2（方石英） \tag{9-86}$$

有关莫来石化过程动力学所做的工作并不多，布德尼可夫（Budnikov）等确定了高岭土莫来石化属于一级反应，并用化学方法测定其速度，得出以下动力学关系：

$$m = a \lg t + b \tag{9-87}$$

式中 m——莫来石含量；

$\quad\quad t$——反应时间，s；

a、b——常数。

兰地（Lundjn）用X射线分析方法测定了几种高岭土在不同温度的莫来石化速度，他指出由于杂质或共存矿物（如云母等）的影响，很难明确探明莫来石形成机理或速度控制范围，只能求得旨在表述实验结果的适当式子。设莫来石化过程是扩散控制，则莫来石生成量和平衡浓度及加热时间的关系可用式（9-88）表述：

$$\frac{m_\infty - m}{m_\infty} = f\left(\frac{t}{\theta}\right) \tag{9-88}$$

式中 m_∞——$t = \infty$ 时，即反应完全时试样中莫来石的含量；

$\quad\quad m$——t 时间时试样中莫来石的量；

$\quad\quad \theta$——特性时间常数。

根据测定结果，并把 θ 作为完成50%莫来石化所需时间 $t_{0.5}$，则式（9-88）可表示成下式：

$$\lg\left[\frac{m_\infty - m}{m_\infty}\right] = \Phi\left(\frac{t}{t_{0.5}}\right) \tag{9-89}$$

而 $t_{0.5}$ 和温度的关系可用阿伦尼乌斯（Arrhenius）公式表述：

$$t_{0.5} = a \exp\left(\frac{E}{RT}\right) \tag{9-90}$$

式中 E——活化能；

$\quad\quad a$——常数。

9.4.2 高岭土的脱水反应

黏土矿物的脱水过程对普通陶瓷和耐火材料的生坯干燥、烧成和反应活性都有重要影响。

由于黏土矿物组成和结构的复杂性，对其脱水机理尚未完全清楚。一般认为是属于不均匀的脱水机构，即黏土矿物受热时，在不高的温度下 H^+ 由于 OH—OH 间的共振而振动，并生成 H_2O。在该温度下生成的 H_2O 也以 $10^{10} \sim 10^{12}$ 次/s 的频率强烈振动和旋转，其振幅可以达到活化并跃迁到相邻晶格位置的程度。但由于 H_2O 的强烈旋转比 OH^- 大，而在规则晶格内只有仅能容纳一个 H_2O 的空位，这时，H_2O 实际上很难扩散迁移到相邻晶格，从而重新分解成 OH^-。只有在粒子表面、晶界或晶体缺陷处附近的 H_2O 才可能迁移扩散并自粒子表面逸出，而残留的空位就使脱水过程得以继续。

由此可以认为，脱水首先是在粒子表面发生的。脱水开始的部分称脱水核，接着以它为中心，脱水范围向粒子中心扩展。整个过程是由脱水核形成和相当于核成长的脱水范围扩张这两个阶段组成。

图 9-24 是三种不同黏土的等温脱水曲线。对于高分散度的微粒子试样（图中 a 和 b），曲线呈指数函数特征，而对接近 1mm 的较粗粒度的试样（图中 c），曲线则呈 S 形，说明了试样分散度对脱水反应过程有重要影响。因为高分散的微粒子比表面大，脱水核在粒子表面一旦形成，就立即扩展到整个微粒并迅速完成。因而脱水过程中的任一时候，只存在完全脱水或是尚未脱水的两种颗粒，故脱水仅由形核阶段控制，脱水曲线表现出单一指数规律。对大于一定尺寸的较粗颗粒，因粒径大，比表面就小，脱水范围从粒子表面向纵深扩展的速度就不能忽略。于是整个脱水过程可分为诱导期、加速期和主反应期三个阶段，使曲线成为 S 形。最后的主反应期即与脱水范围扩展过程相当，并控制整个过程。

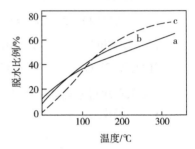

图9-24 黏土的等温脱水曲线

由于不同粒度时控制脱水反应的因素不同，故反应动力学关系也各异。对于微小粒子试样，脱水速率由脱水核形成速率控制，是一级反应，其动力学关系为：

$$-\frac{\mathrm{d}n}{\mathrm{d}t} = Kn \tag{9-91}$$

式中　n——在 t 时间时未脱水的颗粒数。

在早期工作中，多数人认为高岭土脱水是一级反应，不同学者求得的脱水活化能约为 167.36kJ/mol。此外 $Mg(OH)_2$、$Ca(OH)_2$ 等的脱水也属一级反应。

对于一般颗粒的试样，脱水速率是由脱水范围的扩展过程控制，并不属于一级反应。一些实验指出，在脱水初期（约 40% 前），水蒸气气压较低，高岭土脱水反比于脱水层厚度 x，脱水速率主要由沿垂直于高岭土 (001) 面的扩散控制，并符合抛物线速率方程：

$$F_4(G) = G^2 = \frac{K_4}{x^2}t$$

但是考虑到高岭土是层状解理的矿物，脱水沿层状方向扩散更为容易，这种扩散可视为向半径为 r 的圆柱体的放射状二维扩散，故有：

$$F_5(G) = (1-G)\ln(1-G) + G = K_5t \tag{9-92}$$

同理，对于半径为 r 球粒的三维扩散，则符合金斯特林格方程：

$$F_6(G) = 1 - \frac{2}{3}G - (1-G)^{2/3} = K_6t \tag{9-93}$$

一般脱水前期符合式（9-92），后期则接近式（9-93）。

9.5 影响固相反应的因素

由于固相反应过程涉及相界面的化学反应和相内部或外部的物质输运等若干环节，因此，除反应物的化学组成、特性和结构状态以及温度、压力等因素外，其他可能影响晶格活化、促进物质内外传输作用的因素均会对固相反应起影响作用。

9.5.1 反应物化学组成与结构的影响

反应物化学组成与结构是影响固相反应的内因，是决定反应方向和反应速率的重要因素。从热力学角度看，在一定温度、压力条件下，反应可能进行的方向是自由能减少（$\Delta G < 0$）的方向，而且 ΔG 的负值越大，反应的热力学推动力也越大。从结构的观点看，反应物的结构状态、质点间的化学键性质以及各种缺陷的多少都将对反应速率产生影响。事实表明，同组成反应物的结晶状态、晶型由于其热力学过程不同会出现很大的差别，从而能够影响到这种物质的反应活性。例如，用氧化铝和氧化钴合成钴铝尖晶石（$Al_2O_3 + CoO \longrightarrow CoAl_2O_4$）的反应中，若分别采用轻烧 Al_2O_3 和在较高温度下过烧的 Al_2O_3 作原料，其反应速率可相差近 10 倍。研究表明轻烧 Al_2O_3 是由于 $\gamma\text{-}Al_2O_3 \rightarrow \alpha\text{-}Al_2O_3$ 转变而大大提高了 Al_2O_3 的反应活性，即在相转变温度附近物质质点可动性显著增大，晶格松弛，结构内部缺陷增多，从而反应和扩散能力增加。因此，在生产实践中往往可以利用多晶转变、热分解和脱水反应等过程引起的晶格活化效应来选择反应原料和涉及的反应工艺条件以达到高的生产效率。

此外，在同一反应系统中，固相反应速率还与各反应物间的比例有关。颗粒尺寸相同的 A 和 B 反应形成产物 AB，若改变 A 与 B 的比例就会影响到反应物表面积和反应截面积的大小，从而改变产物层的厚度和影响反应速率。例如，增加反应混合物中"遮盖"物的含量，则反应物接触机会和反应截面就会增加，产物层变薄，相应的反应速率就会增加。

9.5.2 反应物颗粒尺寸及分布的影响

反应物颗粒尺寸对反应速率的影响，首先在杨德尔、金斯特林格动力学方程式中明显地得到反映。反应速率常数 K 值反比于颗粒半径的平方，因此，在其他条件不变的情况下反应速率受到颗粒尺寸大小的强烈影响。图 9-25 表示出不同颗粒尺寸对 $CaCO_3$ 和 MoO_3 在 600℃ 反应生成 $CaMoO_4$ 的影响，比较曲线 1 和 2 可以看出颗粒尺寸的微小差别对反应速率的显著影响。

其次，颗粒尺寸大小对反应速率的影响是通过改变反应界面和扩散截面以及改变颗粒表面结构等效应来完成的，颗粒尺寸越小，反应体系比表面越大，反应界面和扩散界面也相应增加，因此反应速率增大。同时按威尔表面学说，随颗粒尺寸减小，键强分布曲线变平，弱键比例增加，故而使反应和扩散能力增强。

应该指出，同一反应体系由于物料颗粒尺寸不同，其反应机理也可能会发生变化，而属于不同动力学范围控制。例如前面提及的 $CaCO_3$ 和 MoO_3 反应，当取等分子比并在较高温度

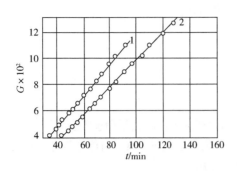

图9-25　碳酸钙与氧化钼固相反应的动力学曲线

$MoO_3 : CaCO_3 = 1 : 1$；$r(MoO_3)=0.036mm$；

1—$r(CaCO_3)=0.13mm$，$T=600℃$

2—$r(CaCO_3)=0.135mm$，$T=600℃$

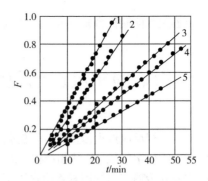

图9-26　碳酸钙与氧化钼固相反应
（升华控制）动力学曲线

$MoO_3 : CaCO_3 = 1 : 15$；$r(CaCO_3)=30μm$；$T=620℃$

1—$r(MoO_3)=52μm$；2—$r(MoO_3)=64μm$；

3—$r(MoO_3)=119μm$；4—$r(MoO_3)=130μm$；

5—$r(MoO_3)=153μm$

（600℃）下反应时，若 $CaCO_3$ 颗粒大于 MoO_3，则反应由扩散控制，反应速率随 $CaCO_3$ 颗粒度减少而加速，倘若 $CaCO_3$ 颗粒尺寸减少到小于 MoO_3 并且体系中存在过量的 $CaCO_3$ 时，则由于产物层变薄，扩散阻力减少，反应由 MoO_3 的升华过程控制，并随 MoO_3 粒径减少而加强。图 9-26 给出了 $CaCO_3$ 与 MoO_3 反应受 MoO_3 升华所控制的动力学情况，其动力学规律符合由布特尼柯夫和金斯特林格推导的升华控制动力学方程：

$$F(G) = 1 - (1-G)^{2/3} = Kt \tag{9-94}$$

反应物料粒径的分布对反应速率的影响同样是重要的。理论分析表明，由于物料颗粒大小以平方关系影响着反应速率，颗粒尺寸分布越是集中，对反应速率越是有利。因此生产上宜使物料颗粒分布控制在较窄范围之内，以避免小量较大尺寸的颗粒存在而显著延缓反应进程，是生产工艺在减少颗粒尺寸的同时应注意到的另一问题。

9.5.3　反应温度、压力与气氛的影响

温度是影响固相反应速率的重要外部条件之一。一般可以认为温度升高均有利于反应进行。这是因为温度升高，固体结构中质点热振动动能增大，反应能力和扩散能力均得到增强。对于化学反应，其速率常数 $K=A\exp[-\Delta G_R/(RT)]$，式中 ΔG_R 为化学反应活化能，A 是与质点活化机构相关的指前因子。对于扩散，其扩散系数 $D=D_0\exp[-Q/(RT)]$。因此无论是扩散控制或化学反应控制的固相反应，温度的升高都将提高扩散系数或反应速率常数。而且由于扩散活化能 Q 通常比反应活化能 ΔG_R 小，温度的变化对化学反应的影响远大于对扩散的影响。

压力是影响固相反应的另一外部因素。对于纯固相反应，压力的提高可显著地改善粉料颗粒之间的接触状态，如缩短颗粒之间距离、增加接触面积等可提高固相反应速率。但对于有液相、气相参与的固相反应中，扩散过程主要不是通过固相粒子直接接触进行的。因此，提高压力有时并不表现出积极作用，甚至会适得其反。例如，黏土矿物脱水反应和伴有气相产物的热分解反应以及某些由升华控制的固相反应等，增加压力会使反应速率下降。由表9-5所

列数据可见，随着水蒸气压力的增高，高岭土的脱水温度和活化能明显提高，脱水速率降低。

表9-5　不同水蒸气压力下高岭土的脱水温度和活化能

水蒸气压力 p/Pa	温度 T/℃	活化能/（kJ/mol）	水蒸气压力 p/Pa	温度 T/℃	活化能/（kJ/mol）
< 0.10	390~450	214	1867	450~480	377
613	435~475	352	6265	470~495	469

此外，气氛对固相反应也有重要影响。它可以通过改变固体吸附特性而影响表面反应活性。对于能形成非化学计量的化合物 FeO、ZnO、CuO 等，气氛可直接影响晶体表面缺陷的浓度、扩散机构和扩散速率。

9.5.4　矿化剂及其他影响因素

在固相反应体系中，少量非反应物物质或某些可能存在于原料中的杂质常会对反应产生特殊作用，这些物质被称为矿化剂（Mineralizer），它们在反应过程中不与反应产物起化学反应，但它们以不同的方式和程度影响着反应的某些环节。实验表明矿化剂可以产生如下作用：改变反应机构，降低反应活化能；影响晶核的生成速率；影响结晶速率及晶格结构；降低体系共熔点，改善液相性质。例如在 Na_2CO_3 和 Fe_2O_3 反应体系加入 NaCl，可使反应转化率提高 1.5 ~ 1.6 倍之多，而且颗粒尺寸越大，这种矿化效果越明显。又如，在硅砖中加入 1% ~ 3%[Fe_2O_3+Ca(OH)$_2$] 作为矿化剂，能使其大部分 α-石英不断熔解析出 α-磷石英，从而促使 α-石英向 α-磷石英的转化。关于矿化剂的一般矿化机理是复杂多样的，可因反应体系的不同而完全不同，但可以认为矿化剂总是以某种方式参与到固相反应过程中去的。

以上从物理化学角度对影响固相反应速率的诸多因素进行了分析讨论，但必须指出，实际生产科研过程中遇到的各种影响因素可能会更多更复杂。因为在推导各种动力学时，总是假定颗粒很小，传热很快，而且生成的气相产物（如 CO_2 等）逸出时阻力可以忽略，并未考虑到外界压力等因素。而在实际生产中，这些条件是难以满足的。因此，对于工业性的固相反应，除有物理化学因素外，还应从反应工程角度来考虑影响固相反应速率的因素。特别是由于硅酸盐材料生产通常要求高温作业，这时，传热速率对反应的进行影响很大。例如，水泥工业中的碳酸钙分解速率，一方面受到物理化学基本规律的影响，另一方面与工程上的换热传质效率有关。在同温度下，普通旋窑中的分解速率要低于窑外分解炉中的，这是因为在分解炉中处于悬浮状态的碳酸钙颗粒在传质换热条件上比普通旋窑中要好得多。因此，从反应工程的角度考虑，传质传热效率对固相反应的影响具有同样的重要性，尤其是硅酸盐材料生产通常都要求高温条件，此时传热速率对反应进行的影响极为显著。例如，把石英砂压成直径为 50mm 的球，以约 8℃/min 的速度进行加热使之进行 β→α 相变，约需 75min 完成。而在同样加热速度下，用相同直径的石英单晶球做实验，则相变所需时间仅需 13min。产生这种差异的原因除两者的传热系数的不同外[单晶体约为 5.23W/(m²·K)，而石英砂球约为 0.58W/(m²·K)]，还由于石英单晶是透辐射的，其传热方式不同于石英砂球，即不是传导机构连续传热而是可以直接进行透射传热。因此，固相反应不是在依序向球中心推进的界面上进行，而是在具有一定厚度范围内以至在整个体积内同时进行，从而大大加速了相变反应的速率。可见，从工程角度考虑，传热速率和传质速率一样对固相反应具有同等重要的意义。

本章小结

固态物质之间的反应较液态、气态物质之间的反应要慢得多。不同的固相反应在反应机理上往往相差较大，但通常都包含接触界面上的化学反应以及反应物通过产物层之间的扩散两个基本过程。如何使得反应更迅速，可以采取改变反应物的活性、接触状况、反应气氛及分压大小等以达到控制固相反应进程的目的。

固相反应动力学方程的建立，依赖于对固相反应机理的了解，依赖于所采用的模型及其与实际反应物的接触程度，以及动力学方程条件的确定等因素。实际应用中，通常从影响固相反应的因素着手，通过改变相关条件来实现对固相反应的控制。

思考题与习题

1. 若由 MgO 和 Al_2O_3 球形颗粒之间的反应生成 $MgAl_2O_4$ 是通过产物层的扩散进行的：

(1) 画出其反应的几何图形，并推导出反应初期的速率方程。

(2) 若 1300℃ 时 $D_{Al^{3+}} > D_{Mg^{2+}}$，$O^{2-}$ 基本不动，那么哪一种离子的扩散控制着 $MgAl_2O_4$ 的生成？为什么？

2. 由 Al_2O_3 和 SiO_2 粉末反应生成莫来石，如何证明此固相反应过程是由扩散控制？已知扩散活化能为 209kJ/mol，1400℃下，1h 完成 10%，求 1500℃下，1h 和 4h 各完成多少（应用杨德尔方程计算）。

3. 比较杨德尔方程和金斯特林格方程优缺点及适用条件。

4. 粒径为 1μm 球状 Al_2O_3 由过量的 MgO 微粒包围，观察尖晶石的形成，在恒定温度下，第 1h 有 20% 的 Al_2O_3 起了反应，计算完全反应的时间。

(1) 用杨德尔方程计算。

(2) 用金斯特林格方程计算。

5. 当测量氧化铝一水化物的分解速率时，发现在等温反应期间，质量损失随时间线性增加到 50% 左右，超过 50% 时质量损失的速率就小于线性规律。速率随温度指数增加，这是一个由扩散控制的反应，还是由界面一级反应控制的反应？当温度从 451℃ 增至 493℃ 时，速率增大到原来的 10 倍，计算此过程的活化能（利用表 9-4 及图 9-23 进行分析）。

6. 由 Al_2O_3 和 SiO_2 粉末形成莫来石反应，由扩散控制并符合杨德尔方程，实验在温度保持不变的条件下，当反应进行 1h 的时候，测知已有 15% 的反应物发生了反应。

(1) 将在多少时间内全部反应物都生成产物？

(2) 为了加速莫来石的生成，应采取什么有效措施？

7. 试分析影响固相反应的主要因素。

8. 如果要合成镁铝尖晶石，可供选择的原料为 $MgCO_3$、$Mg(OH)_2$、MgO、$Al_2O_3 \cdot 3H_2O$、$\gamma\text{-}Al_2O_3$、$\alpha\text{-}Al_2O_3$。从提高反应速率的角度出发，选择什么原料较好？请说明原因。

第10章 相变

![paper plane icon] 本章提要

在一定条件（温度、压力或特定的外场等）下，物质将以一种与外界条件相适应的聚集状态或结构形式存在，这种形式就是相。相变（Phase transition）是指在外界条件发生变化的过程中，物相于某一特定的条件下（或临界值时）发生突变。突变可以体现为：从一种结构变化为另一种结构，例如气相、液相和固相间的相互转变，或在固相中不同晶体结构或聚集状态之间的转变；化学成分的不连续变化，例如固溶体的脱溶分解或溶液的脱溶沉淀；某些物理性质突变，如顺磁体–铁磁体转变、顺电体–铁电体转变、正常导体–超导体转变等，反映了某一种长程有序相的出现或消失，又如金属–非金属转变、液态–玻璃态转变等，对应于构成物相的某一种粒子（电子或原子）在两种明显不同的状态（如扩展态与局域态）之间的转变。上述三种变化可单独地出现，也可以两种或三种变化兼而有之。如脱溶沉淀往往是结构与成分的变化同时发生，铁电相变则总是和结构相变耦合在一起，而铁磁相的沉淀析出则兼备三种变化。

相变在无机材料领域中十分重要。例如陶瓷、耐火材料的烧成和重结晶，或引入矿化剂控制其晶型转化；玻璃中防止失透或控制结晶来制造各种微晶玻璃；单晶、多晶和晶须中采用的液相或气相外延生长；瓷釉、搪瓷和各种复合材料的熔融和析晶以及新型铁电材料中由自发极化产生的压电、热释电、电光效应等都可归之为相变过程。相变过程中涉及的基本理论对获得特定性能的材料和制定合理工艺过程极为重要，目前已成为研究无机材料的重要课题。

相变理论要解决的问题是：相变为何会发生？相变是如何进行的？前一个问题的热力学答案是明确的，但不足以解决具体问题，有待于微观理论将一些参量计算出来。后一个问题的处理则涉及物理动力学、晶格动力学、各向异性的弹性力学，乃至于远离平衡态的形态发生。这方面的理论还处于从定性或半定量阶段向定量阶段过渡的状态。对相变过程基本规律的学习、研究和掌握有助于人们合理、科学地优化材料制备的工艺过程，并对材料性能进行能动的设计和剪裁具有重要示范意义。

10.1 相变的分类

物质的相变种类和方式很多，特征各异，很难将其统一进行归类。常见的分类方法可以按热力学分类，分为一级相变和二级相变，各有其热力学参数改变的特征；也可按不同相变方式分为

形核-长大相变和连续型相变;按相变时质点迁移特征分类,可分为扩散型相变和无扩散型相变等。

10.1.1 按热力学分类

热力学中处理相变问题是讨论各个相的能量状况在不同的外界条件下所发生的变化。热力学分类把相变分为一级相变与二级相变。

体系由一相变为另一相时,如两相的化学势相等但化学势的一级偏微商(一级导数)不相等的相变称为一级相变,即:

$$\mu_1 = \mu_2\,; \quad (\partial\mu_1/\partial T)_p \neq (\partial\mu_2/\partial T)_p\,; \quad (\partial\mu_1/\partial p)_T \neq (\partial\mu_2/\partial p)_T \tag{10-1}$$

由于 $(\partial\mu/\partial T)_p = -S$, $(\partial\mu/\partial p)_T = V$, 也即一级相变时, $S_1 \neq S_2$, $V_1 \neq V_2$。因此在一级相变时熵(S)和体积(V)有不连续变化,如图10-1所示。即相变时有相变潜热,并伴随有体积改变。晶体熔化、升华,液体的凝固、气化,气体的凝聚以及晶体中大多数晶型转变都属于一级相变,一级相变是最普遍的相变类型。

二级相变特点是相变时两相化学势相等,其一级偏微商也相等,但二级偏微商不等,即:

$$\mu_1 = \mu_2\,; \quad (\partial\mu_1/\partial T)_p = (\partial\mu_2/\partial T)_p\,; \quad (\partial\mu_1/\partial p)_T = (\partial\mu_2/\partial p)_T\,; \quad (\partial^2\mu_1/\partial T^2)_p \neq (\partial^2\mu_2/\partial T^2)_p\,;$$
$$(\partial^2\mu_1/\partial p^2)_T \neq (\partial^2\mu_2/\partial p^2)_T\,; \quad (\partial^2\mu_1/\partial T\partial p) \neq (\partial^2\mu_2/\partial T\partial p)$$

上式也可写成:

$$\mu_1 = \mu_2\,; \quad S_1 = S_2\,; \quad V_1 = V_2\,; \quad Cp_1 \neq Cp_2\,; \quad \beta_1 \neq \beta_2\,; \quad \alpha_1 \neq \alpha_2 \tag{10-2}$$

式中, β 和 α 分别为等温压缩系数和等压膨胀系数。式(10-2)表明:二级相变时两相化学势、熵和体积相等,但热容、热膨胀系数、压缩系数却不相等,即无相变潜热,没有体积的不连续变化(图10-2),而只有热容、热膨胀系数和压缩系数的不连续变化。

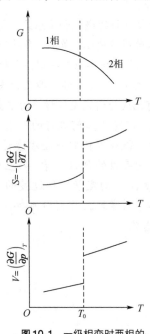

图10-1 一级相变时两相的
自由能、熵及体积的变化

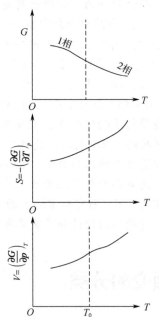

图10-2 二级相变时两相的自由能、
熵及体积的变化

由于这类相变中热容随温度的变化在相变温度 T_0 时趋于无穷大，因此可根据 C_p-T 曲线（图 10-3）具有λ形状而称二级相变为λ相变，其相变点可称为λ点或居里点（Curie point）。

一般合金的有序-无序转变、铁磁性-顺磁性转变、超导态转变等均属于二级相变。

虽然热力学分类方法比较严格，但并非所有的相变形式都能明确划分。例如 $BaTiO_3$ 的相变具有二级相变特征，然而它又有不大的相变潜热；KH_2PO_4 的铁电体相变在理论上是一级相变，但它实际上却符合二级相变的某些特征。在许多一级相变中都重叠有二级相变的特征，因此有些相变实际上是混合型的。

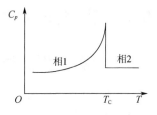

图 10-3　二级相变时热容的变化

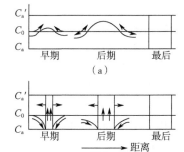

图 10-4　不稳分解（a）与形核-长大（b）示意图

10.1.2　按相变方式分类

吉布斯将相变过程分为两种不同方式：一种是由程度小、范围广的浓度起伏连续地长大形成新相，称为连续型相变，如斯皮诺达（Spinodal）分解；另一种是由程度大、范围小的浓度起伏开始发生相变，并形成新相核心，称为形核-长大相变，如图 10-4 所示。

10.1.3　按质点迁移特征分类

根据相变过程质点的迁移情况，可以将相变分为扩散型和无扩散型两大类。

扩散型相变的特点是相变依靠原子（或离子）的扩散来进行，如晶型转变、熔体中析晶、气-固相变、液-固相变和有序-无序相变。

无扩散型相变主要是低温下进行的纯金属（锆、钛、钴等）同素异构转变以及一些合金（Fe-C、Fe-Ni、Cu-Al 等）中的马氏体转变。

相变的分类方法除以上三种外，还可按形核特点分为均质转变和非均质转变，也可按结构的变化情况分为重建式转变和位移式转变。由于相变所涉及新旧相能量变化及原子迁移、形核方式、晶相结构等的复杂性，很难用一种分类法描述。现将陶瓷材料相变综合分类情况归纳如下。

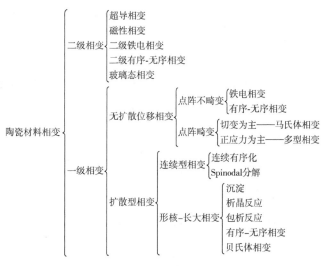

10.2 液-固相变过程

10.2.1 液-固相变过程热力学

（1）相变过程的不平衡状态及亚稳定

从热力学平衡的观点看，将物体冷却（或者加热）到相转变温度，则会发生相转变而形成新相。从图 10-5 的单元系统 T-p 相图中可以看到，$O'X$ 线为气-液相平衡线（界线），$O'Y$ 线为液-固相平衡线，$O'Z$ 线为气-固相平衡线。当处于 A 状态的气相在恒压 p' 下冷却到 B 点时，达到气-液平衡温度，开始出现液相，直到全部气相转变为液相为止，然后离开 B 点进入 BD 段液相区。继续冷却到 D 点达到液-固反应温度，开始出现固相，直至全部转变为固相，温度才能下降离开 D 点进入 Dp' 段的固相区。但是实际上，当温度冷到 B 或 D 的相变温度时，系统并不会自发产生相变，也不会有新相产生，而要冷却到比相变温度更低的某一温度例如 C（气-液）和 E（液-固）点时才能发生相变，即凝结出液相或析出固相。这种在理论上应发生相转变而实际上不能发生相转变的区域（如图 10-5 所示的阴影区）称为亚稳区。在亚稳区内，旧相能以亚稳态存在，而新相还不能生成。这是由于当一个新相形成时，它是以一微小液滴或微小晶粒出现，由于颗粒很小，因此其饱和蒸气压和溶解度远高于平面状态的蒸气压和溶解度，在相平衡温度下，这些微粒还未达到饱和而重新蒸发和溶解。

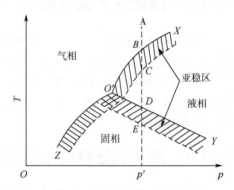

图10-5 单元系统相变过程图

由此得出：a.亚稳区具有不平衡状态的特征，是物相在理论上不能稳定存在而实际上却能稳定存在的区域；b.在亚稳区内，物系不能自发产生新相，要产生新相，必然要越过亚稳区，这就是过冷的原因；c.在亚稳区内虽然不能自发产生新相，但是当有外来杂质存在时，或在外界能量影响下，也有可能在亚稳区内形成新相，此时使亚稳区缩小。

（2）相变过程推动力

相变过程推动力是相变过程前后自由能的差值：

$$\Delta G_{T,p} \begin{cases} < 0 & \text{过程自发进行} \\ =0 & \text{过程达到平衡} \end{cases}$$

① 相变过程中的温度条件

由热力学可知，在等温等压下有 $\Delta G=\Delta H-T\Delta S$，在平衡条件下，$\Delta G=0$，则由 $\Delta H-T\Delta S=0$ 可得：

$$\Delta S=\Delta H/T_0 \tag{10-3}$$

式中　T_0——相变的平衡温度；

　　ΔH——相变热。

若在任意一温度 T 的不平衡条件下，则有 $\Delta G=\Delta H-T\Delta S\neq0$。

若 ΔH 与 ΔS 不随温度而变化，将式（10-3）代入后得：

$$\Delta G = \Delta H - \frac{T\Delta H}{T_0} = \Delta H \frac{(T_0-T)}{T_0} = \Delta H \frac{\Delta T}{T_0} \tag{10-4}$$

由式（10-4）可见，相变过程要自发进行，必须有 $\Delta G < 0$，则 $\Delta H \Delta T / \Delta T_0 < 0$。若相变过程放热（如凝聚过程、结晶过程等），则 $\Delta H < 0$。要使 $\Delta G < 0$，必须有 $\Delta T > 0$，$\Delta T = T_0 - T > 0$，即 $T_0 > T$，这表明在该过程中系统必须过冷，或者说系统实际温度比理论相变温度还要低，才能使相变过程自发进行。若相变过程吸热（如蒸发、熔融等），则 $\Delta H > 0$。要满足 $\Delta G < 0$ 这一条件，则必须 $\Delta T < 0$，即 $T_0 < T$，这表明系统要发生相变过程必须"过热"。由此得出结论：相变驱动力可以表示为过冷度（或过热度）的函数，因此相平衡理论温度与系统实际温度之差即为该相变过程的推动力。

② 相变过程的压力和浓度条件

从热力学可知，在恒温可逆不做有用功时，$\mathrm{d}G = V\mathrm{d}p$。对理想气体而言，$\Delta G = \int V \mathrm{d}p = \int \dfrac{RT}{p} \mathrm{d}p = RT\ln\dfrac{p_2}{p_1}$。

当过饱和蒸气压为 p 的气相凝聚成液相或固相（其平衡蒸气压为 p_0）时，有：

$$\Delta G = RT\ln\frac{p_0}{p} \tag{10-5}$$

要使相变能自发进行，必须 $\Delta G < 0$，即 $p > p_0$，即要使凝聚相变自发进行，系统的饱和蒸气压应大于平衡蒸气压 p_0。这种过饱和蒸气压差为凝聚相变过程推动力。

对溶液而言，可以用浓度 c 代替压力 p，式（10-5）写成：

$$\Delta G = RT\ln\frac{c_0}{c} \tag{10-6}$$

若是电解质溶液还要考虑电离度 α，即 1mol 电解质能离解出 α 个离子。

$$\Delta G = \alpha RT \ln\frac{c_0}{c} = \alpha RT \ln(1 + \frac{\Delta c}{c}) \approx \alpha RT \frac{\Delta c}{c} \tag{10-7}$$

式中　c_0——饱和溶液浓度；
　　　c——过饱和溶液浓度。

要使相变过程自发进行，应使 $\Delta G < 0$，式（10-7）右边 α、R、T、c 都为正值，要满足这一条件必须 $\Delta c < 0$，即 $c > c_0$，液相要有过饱和浓度，它们之间的差值 $c - c_0$ 即为该相变过程的推动力。

综上所述，相变过程的推动力应为过冷度、过饱和浓度、过饱和蒸气压，即系统温度、浓度和压力与相平衡时温度、浓度和压力之差。

（3）晶核形成条件

均匀单相并处于稳定条件下的熔体或溶液，一旦进入过冷却或过饱和状态，系统就具有结晶的趋向，但此时所形成的新相的晶胚十分微小，其溶解度很大，很容易溶入母相溶液（熔体）中。只有当新相的晶核形成得足够大时，它才不会消失而继续长大形成新相。那么至少要多大的晶核才不会消失而形成新相呢？

当一个熔体（溶液）冷却发生相变时，系统由一相变成两相，这就使体系在能量上出现两个变化：一是系统中一部分原子（离子）从高自由能状态（如液态）转变为低自由能的另一状态（如晶态），使系统的自由能减少（ΔG_1）；另一是由于产生新相，形成了新的界面（例如固-液界面），这就需要做功，从而使系统的自由能增加（ΔG_2）。因此系统在整个相变过程中自由能的变化（ΔG）应为此两项的代数和：

$$\Delta G = \Delta G_1 + \Delta G_2 = V\Delta G_V + A\gamma \tag{10-8}$$

式中 V——新相的体积，m^3；

ΔG_V——单位体积中旧相和新相之间的自由能之差 $G_{液}-G_{固}$，J/m^3；

A——新相总表面积，m^2；

γ——新相界面能，J/m^2。

若假设生成的新相晶胚呈球形，则式（10-8）写作：

$$\Delta G = \frac{4}{3}\pi r^3 n \Delta G_V + 4\pi r^2 n\gamma \tag{10-9}$$

式中 r——球形晶胚半径；

n——单位体积中半径为 r 的晶胚数。

将式（10-4）代入式（10-8）得：

$$\Delta G = \frac{4}{3}\pi r^3 n \Delta H \frac{\Delta T}{T_0} + 4\pi r^2 n\gamma \tag{10-10}$$

由式（10-10）可见，ΔG 是晶胚半径 r 和过冷度 ΔT 的函数。

图 10-6 表示 ΔG 与晶胚半径 r 的关系。系统自由能 ΔG 是由两项之和决定的。图中曲线 ΔG_1 为负值，它表示由液态转变为晶态时，自由能是降低的。图中曲线 ΔG_2 表示新相形成的界面自由能，它为正值。当新相晶胚十分小（r 很小），ΔT 也很小时，也即系统温度接近 T_0（相变温度）时，$\Delta G_1 < \Delta G_2$。如图中 T_3 温度时，ΔG 随 r 而增加并始终为正值。当温度远离 T_0 时，即温度下降且晶胚半径逐渐增大，ΔG 开始随 r 而增加，然后随 r 增加而降低，此时 ΔG-r 曲线出现峰值，如图中 T_1、T_2 温度时。在这两条曲线峰值的左侧，ΔG 随 r 增长而增加，即 $\Delta G > 0$，此时系统内产生的新相是不稳定的。反之，在曲线峰值的右侧，ΔG 随新相晶胚长大而减少，即 $\Delta G < 0$，故此晶胚在母相中能稳定存

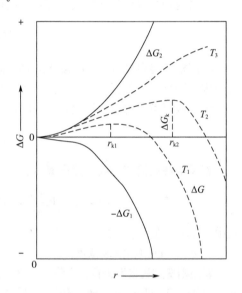

图10-6 晶胚半径与系统自由能关系

在，并继续长大。显然，曲线峰值的晶胚半径 r_k 是划分这两个不同过程的界限，r_k 称为临界半径。从图 10-6 还可以看到，在低于熔点的温度下 r_k 才能存在，而且温度越低，r_k 值越小。图中 $T_3 > T_2 > T_1$，$r_{k2} > r_{k1}$。r_k 值可以通过求曲线的极值来确定。

$$\frac{\mathrm{d}\Delta G}{\mathrm{d}r} = 4\pi n \frac{\Delta H \Delta T}{T_0}r^2 + 8\pi gnr = 0$$

$$r_k = -\frac{2\gamma T_0}{\Delta H \Delta T} = -\frac{2\gamma}{\Delta G_V} \tag{10-11}$$

由式（10-11）可以得出：

① r_k 是新相可以长大而不消失的最小晶胚半径。

② r_k 值愈小，则新相愈易形成。r_k 与温度的关系是：系统温度接近相变温度时，$\Delta T \to 0$，则 $r_k \to \infty$。这表示析晶相变在熔融温度时，要求 r_k 无限大，显然析晶不可能发生。ΔT 愈大，则 r_k 愈小，相变愈易进行。

③ 在相变过程中，γ 和 T_0 均为正值，析晶相变是放热过程，则 $\Delta H < 0$，若要式（10-11）成立（r_k 永远为正值），则 $\Delta T > 0$，也即 $T_0 > T$，这表明系统要发生相变必须过冷，而且过冷度愈大，则 r_k 值愈小。例如铁，当 $\Delta T=10℃$ 时，$r_k=0.04\mu m$，临界核胚由 1700 万个晶胞组成。而当 $\Delta T=100℃$ 时，$r_k=0.004\mu m$，即由 1.7 万个晶胞就可以构成一个临界核胚。从熔体中析晶，一般 r_k 值在 10~100nm 的范围内。

④ 由式（10-11）指出，影响 r_k 的因素有物系本身的性质如 γ 和 ΔH，以及外界条件如 ΔT。晶核的界面能降低和相变热 ΔH 增加均可使 r_k 变小，有利于新相形成。

⑤ 相应于临界半径 r_k 时系统中单位体积的自由能变化可计算如下，将式（10-11）代入式（10-10）得到：

$$\Delta G_k = -\frac{32}{3} \times \frac{\pi n \gamma^3}{\Delta G_V^2} + 16 \frac{\pi n \gamma^3}{\Delta G_V^2} = \frac{16}{3} \times \frac{\pi n \gamma^3}{\Delta G_V^2} \tag{10-12}$$

式（10-12）中的第二项为：

$$A_k = 4\pi r_k^2 n = 16 \frac{\pi n \gamma^2}{\Delta G_V^2} \tag{10-13}$$

因此可得：

$$\Delta G_k = \frac{1}{3} A_k \gamma \tag{10-14}$$

由式（10-14）可见，要形成临界半径大小的新相，则需要对系统做功，其值等于新相界面能的 1/3。这个能量 ΔG_k 称为形核势垒。这一数值越低，相变过程越容易进行。式（10-14）还表明，液-固相之间的自由能差值只能供给形成临界晶核所需表面能的 2/3。而另外的 $1/3\Delta G_k$，对于均匀形核而言，则需依靠系统内部存在的能量起伏来补足。通常描述系统的能量为平均值，但从微观角度看，系统内不同部位由于质点运动的不均衡性，存在能量的起伏，动能低的质点偶尔较为集中，即引起系统局部温度的降低，为临界晶核产生创造了必要条件。

系统内能形成 r_k 大小的粒子数 n_k 可用下式描述：

$$\frac{n_k}{n} = \exp\left(-\frac{\Delta G_k}{RT}\right) \tag{10-15}$$

式中 n_k/n——半径大于和等于 r_k 粒子的分数。

由此式可见，ΔG_k 愈小，具有临界半径 r_k 的粒子数愈多。

10.2.2 液-固相变过程动力学

(1) 晶核形成过程动力学

晶核形成过程是析晶第一步，它分为均匀形核和非均匀形核两类。所谓均匀形核是指晶核从均匀的单相熔体中产生的概率是处处相同的。非均匀形核是指借助于表面、界面、微粒裂纹、器壁以及各种催化位置等而形成晶核的过程。

① 均匀形核

当母相中产生临界核胚以后，必须从母相中有原子或分子一个个逐步加到核胚上，使其生成稳定的晶核，称为均匀形核（Homogeneous nucleation）。因此，形核速率除了取决于单位体积母相中核胚的数目以外，还取决于母相中原子或分子加到核胚上的速率，可以表示为：

$$I_v = \nu \, n_i n_k \tag{10-16}$$

式中　I_v——形核速率，指单位时间单位体积中所生成的晶核数目，晶核个数/（s·cm^3）；

　　　ν——单个原子或分子同临界晶核碰撞的频率；

　　　n_i——临界晶核周界上的原子或分子数。

碰撞频率ν表示为：

$$\nu = \nu_0 \exp\left(-\frac{\Delta G_m}{RT}\right) \tag{10-17}$$

式中　ν_0——原子或分子的跃迁频率；

　　　ΔG_m——原子或分子跃迁新旧界面的迁移活化能，J。

因此形核速率可以写成：

$$I_v = \nu_0 n_i n \exp\left(-\frac{\Delta G_k}{RT}\right)\exp\left(-\frac{\Delta G_m}{RT}\right) = B\exp\left(-\frac{\Delta G_k}{RT}\right)\exp\left(-\frac{\Delta G_m}{RT}\right) = PD \tag{10-18}$$

式中　P——受核化势垒影响的形核率因子；

　　　D——受原子扩散影响的形核率因子；

　　　B——常数。

式（10-18）表示形核速率随温度变化的关系。当温度降低，过冷度增大，由于$\Delta G_k \propto \dfrac{1}{\Delta T^2}$

[将式$\Delta G = \Delta H \dfrac{\Delta T}{T_0}$代入$\Delta G_k = \dfrac{1}{3}\left(\dfrac{\pi n \gamma^3}{\Delta G_V^{\,2}}\right)$可得]，因而形核势垒下降，形核速率增大，直至达到最大值。

若温度继续下降，液相黏度增加，原子或分子扩散速率下降，ΔG_m增大，使D项因子剧烈下降，致使I_v降低，形核速率I_v与温度的关系应是曲线P和D的综合结果，如图10-7中I_v曲线所示。在温度低时，D项因子抑制了I_v的增长。温度高时，P项因子抑制I_v的增长，只有在合适的过冷度下，P项因子与D项因子的综合结果才使I_v有最大值。

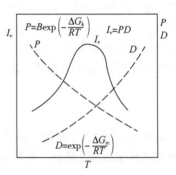

图10-7　形核速率与温度的关系

② 非均匀形核

熔体过冷或液体过饱和后不能立即形核的主要障碍是晶核要形成液-固相界面需要能量。如果晶核依附于已有的界面（如容器壁、杂质粒子、结构缺陷、气泡等）上形成，则高能量的晶核与液体的界面被低能量的晶核与形核基体之间的界面取代，显然这种界面的代换比界面的创生所需的能量要少。因此，形核基体的存在可降低形核势垒，使非均匀形核（Heterogeneous nucleation）能在较小的过冷度下进行。

非均匀形核的临界势垒ΔG_K^*在很大程度上取决于接触角θ的大小。当新相的晶核与平面形核基体接触时，形成接触角θ，如图10-8所示。

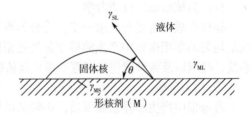

图10-8　非均匀形核的球冠模型

晶核形成一个具有临界大小的球冠粒子，这时形核势垒为：

$$\Delta G_{K}^{*} = \Delta G_{K} f(\theta) \tag{10-19}$$

式中　ΔG_{K}^{*}——非均匀形核时自由能变化（临界形核势垒）；

　　　ΔG_{K}——均匀形核时自由能变化。

由图 10-8 球冠模型的简单几何关系可以求得：

$$f(\theta) = \frac{(2+\cos\theta)(1-\cos\theta)^2}{4} \tag{10-20}$$

由式（10-19）可见，在形核基体上形成晶核时，形核势垒应随着接触角 θ 的减少而下降。若当 θ=180°，则 $\Delta G_{K}^{*} = \Delta G_{K}$；若 θ=0°，则 ΔG_{K}^{*}=0。表 10-1 示出 θ 角对 ΔG_{K}^{*} 的影响。由表 10-1 可见，由于 $f(\theta) \le 1$，所以非均匀形核比均匀形核的势垒低，析晶过程容易进行，而润湿的非均匀形核又比不润湿的势垒更低，更易形成晶核。因此在实际生产中，为了在制品中获得晶体，往往选定某种形核基体加入熔体中。例如在铸石生产中，一般用铬铁砂作为形核晶体。在陶瓷结晶釉中，常加入硅酸锌和氧化锌作为核化剂。

表10-1　接触角对非均匀成核自由能变化的影响

润湿情况	θ	$\cos\theta$	$f(\theta)$	ΔG_{K}^{*}
润湿	0°～90°	1～0	0～1/2	(0～1/2)ΔG_{K}
不润湿	90°～180°	0～(-1)	1/2～1	(1/2～1)ΔG_{K}

非均匀形核速率为：

$$I_{s} = B_{s} \exp\left(-\frac{\Delta G_{K}^{*} + \Delta G_{m}}{RT}\right) \tag{10-21}$$

式中　ΔG_{K}^{*}——非均匀形核势垒；

　　　B_{s}——常数。

I_{s} 与均匀形核速率（I_{v}）公式极为相似，只是以 ΔG_{K}^{*} 代替 ΔG_{K}，用 B_{s} 代替 B 而已。

（2）晶体生长过程动力学

在稳定的晶核形成后，母相中的质点按照晶体格子构造不断地堆积到晶核上去，使晶体得以生长。晶体生长速率 u 受温度（过冷度）和浓度（过饱和度）等条件的控制，它可以用物质扩散到晶核表面的速率和物质由液态转变为晶体结构的速率来确定。

图 10-9 表示析晶时液-固相界面的能垒图。图中 q 为液相质点通过相界面迁移到固相的扩散

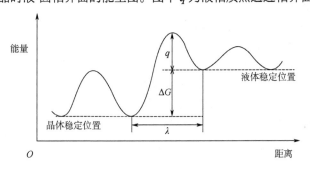

图10-9　液-固相界面能垒示意图

活化能；ΔG 为液体与固相自由能之差，即析晶过程自由能的变化；$\Delta G+q$ 为质点从固相迁移到液相所需的活化能；λ 为界面层厚度。质点由液相向固相迁移的速率应等于界面的质点数目 n 乘以跃迁频率，并应符合玻尔兹曼能量分布定律，即：

$$Q_{L\to S}=n\nu_0\exp\left[-q/(RT)\right] \tag{10-22}$$

从固相到液相的迁移速率为：

$$Q_{S\to L}=n\nu_0\exp\left[-\left(\frac{\Delta G+q}{RT}\right)\right] \tag{10-23}$$

所以粒子从液相到固相的净速率为：

$$Q=Q_{L\to S}-Q_{S\to L}=n\nu_0\exp\left(-\frac{q}{RT}\right)\left[1-\exp\left(-\frac{\Delta G}{RT}\right)\right] \tag{10-24}$$

晶体生长速率是以单位时间内晶体长大的线性长度来表示的，可用线性生长速率 u 来表示：

$$u=Q\lambda=n\nu_0\lambda\exp\left(-\frac{q}{RT}\right)\left[1-\exp\left(-\frac{\Delta G}{RT}\right)\right] \tag{10-25}$$

式中　λ——界面层厚度，约为分子直径大小。

又因为 $\Delta G=\Delta H\dfrac{\Delta T}{T_0}$，$T_0$ 为晶体熔点，$\nu_0\exp\left(-\dfrac{q}{RT}\right)$ 为液-晶相界面迁移的频率因子，可用 ν 来表示，$B=n\lambda$，这样式（10-25）表示为：

$$u=B\nu\left[1-\exp\left(-\frac{\Delta H\Delta T}{RTT_0}\right)\right] \tag{10-26}$$

当过程接近平衡态时，即 $T\to T_0$，$\Delta G\ll RT$，则式（10-26）可写成：

$$u\approx B\nu\left(\frac{\Delta H\Delta T}{RTT_0}\right)\approx B\nu\frac{\Delta H}{RT_0^2}\Delta T \tag{10-27}$$

这就是说，此时晶体生长速率与过冷度 ΔT 呈线性关系。

当过程离平衡态很远，即 $T\ll T_0$，则 $\Delta G\gg RT$，式（10-26）可以写为 $\mu\approx B\nu(1-0)\approx B\nu$。亦即此时晶体生长速率达到了极限值，大约在 10^{-5}cm/s 的范围内。

乌尔曼（Ulman）曾对 GeO_2 晶体进行研究，作出了生长速率与过冷度关系图，如图 10-10 所示，在熔点的生长速率为零，开始时它随着过冷度增加而增加，并呈直线关系，增至最大值后，由于进一步过冷，黏度增加使相界面迁移的频率因子 ν 下降，故导致生长速率下降。u-ΔT 曲线出现峰值是由于在高温阶段主要由液相变成晶相的速率控制，增大过冷度，对该过程有利，故生长速率增加；在低温阶段，过程主要由相界面扩散控制，低温对扩散不利，故生长速率减慢，这与晶核形成速率与过冷度的关系相似，只是其最大值较晶核形成速率的最大值对应的过冷度更小而已。

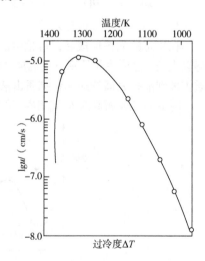

图 10-10　GeO_2 生长速率与过冷度关系

(3) 总的液-固相变速率

结晶过程包括形核和晶体生长两个过程，若考虑总的相变速率，则必须将这两个过程结合起来。总的结晶速率常用结晶过程中已经结晶出的晶体体积占原来液体体积的分数 x 和结晶时间 t 的关系表示。假设结晶前的液体体积为 V，经过时间 t 后已结晶成固体的液体体积为 V^s，经过时间 t 后残留的液体体积为 V^l，则在 dt 时间内形成新相结晶颗粒的数目为：

$$N_t = IV^l dt \tag{10-28}$$

式中　I——核化速率，即单位时间单位体积中形成的晶核数目。

再假设单个晶粒界面的晶体生长速率为 U，且晶粒是球形的，各向生长速率相同，经过 τ 时间后，晶体开始生长（在时间 $< \tau$ 时，系统只形成晶核，而没有生长），则在总时间 t 内结晶出一个晶粒的晶体体积为：

$$V_t^s = \frac{4\pi}{3} U^3 (t-\tau)^3 \tag{10-29}$$

在结晶初期，晶粒很小，$V^l \approx V$，故在 dt 时间内，结晶出的体积为：

$$dV^s = N_t V_t^s \approx \frac{4\pi}{3} VIU^3 (t-\tau)^3 dt \tag{10-30}$$

则有：

$$dx = \frac{dV^s}{V} = \frac{4\pi}{3} IU^3 (t-\tau)^3 dt \tag{10-31}$$

考虑到粒子之间的冲撞及母液的减少，引入修正因子 $1-x$，则：

$$dx = (1-x) \frac{4\pi}{3} IU^3 (t-\tau)^3 dt \tag{10-32}$$

故有：

$$\frac{dx}{1-x} = \frac{4\pi}{3} IU^3 (t-\tau)^3 dt \tag{10-33}$$

设 I、U 与时间无关，且 $t \gg \tau$，对上式两边积分：

$$\int_0^x \frac{1}{1-x} dx = \int_0^t \frac{4\pi}{3} IU^3 (t-\tau)^3 dt \tag{10-34}$$

即有：

$$x = 1 - \exp\left(-\frac{\pi}{3} IU^3 t^4\right) \tag{10-35}$$

式（10-35）称为 JMA（Johnson-Mehl-Avrami）方程。

随相变的进行，I 和 U 并非与 t 无关。克拉斯汀（I.W.Christion）在 1965 年对上述的相变动力学方程进一步进行了修正，考虑相变时间 t 对形核速率 I 和晶体生长速率 U 的影响，导出一个通用公式：

$$x = 1 - \exp(-Kt^n) \tag{10-36}$$

式中　K——与新相核化速率和新相生长速率有关的常数；

　　　n——通常称为阿夫拉米（Avrami）指数。

当 I 随 t 减少时，Avrami 指数 n 可取 $3 \leqslant n \leqslant 4$；$I$ 随 t 增大时，可取 $n > 4$。图 10-11 为转变率 x 随时间 t 的典型变化曲线，其中 n 和 K 值是对式（10-36）取两次对数后由 $\ln\ln[1/(1-x)]$ 对 $\ln t$ 求得。由图 10-11 可知，当 $n=1$ 时，JMA 方程表现出类似于一级动力学方程的情况。对于较

高的 n，x-t 曲线具有中心区域为最大长大速率的 S 形状。JMA 方程可用来研究两类相变，一是属于扩散控制的转变，二是蜂窝状转变，其典型代表为多晶转变。表 10-2 给出各种析晶机构的 n 值。

由图 10-11 可见，转变曲线以 x=1.0 的水平线为渐近线。开始阶段，新相形成的核化速率的影响较大，新相长大速率 U 的影响较小，曲线平缓，该阶段主要为进一步相变创造条件，称为"诱导期"。中间阶段由于大量新相的核已存在，故可在这些核上生长，此时 U 较大，且是以 U^3 对 x 产生影响，所以转化率迅速增大，曲线变陡，类似加入催化剂使化学反应加快那样，故称"自动催化期"。相变后期，相变已接近结束，新相大量形成，过饱和度减少，故转化率减慢，曲线趋于平滑并接近100%转化率。

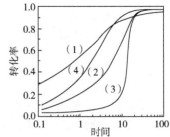

图 10-11 根据阿夫拉米方程计算所作的转变动力学曲线

曲线（1）（2）和（3）K 值相同，n 值分别为 1/2、1 和 4；曲线（4）的 n 值为 1，K 值为前面几条曲线 K 值的一半

表 10-2 各种析晶机构的 n 值

相转变条件：非扩散控制转变（蜂窝状转变）	n	相转变条件：扩散控制转变	n
仅结晶开始时形核	3	结晶开始就在形核粒子上开始晶体长大	1.5
恒速形核	4	形核粒子开始晶体长大就以恒速进行	2.5
加速形核	>4	有限大小的孤立板片状或针状晶体长大	1
结晶开始时形核及在晶粒棱上继续形核	2	板片状晶体在晶棱接触后厚度才增厚	0.5
结晶开始时形核及在晶粒界面上继续形核	1		

（4）析晶过程

当熔体过冷却到析晶温度时，由于粒子的动能降低，液体中粒子的"近程有序"排列得到了延伸，为进一步形成稳定的晶核准备了条件，这就是"核胚"，也有人称之为"核前群"。在一定条件下，核胚数量一定，一些核胚消失，另一些核胚又会出现。温度回升，核胚解体。如果继续冷却，可以形成稳定的晶核，并不断长大形成晶体。因而，析晶过程是由晶核形成过程和晶粒长大过程共同构成的。这两个过程都各自需要有适当的过冷度。当然并非过冷度愈大、温度愈低愈有利于这两个过程的进行。因为形核与生长都受两个互相制约的因素共同影响。一方面当过冷度增大，温度下降，熔体质点动能降低，粒子之间吸引力相对增大，因而容易聚结和附在晶核表面上，有利晶核形成。另一方面，由于过冷度增大，熔体黏度增加，粒子不易移动，从熔体中扩散到晶核表面也困难，对晶核形成和长大过程都不利，尤其对晶粒长大过程影响更甚。由此可见，过冷却程度 ΔT 对晶核形成和晶体生长速率的影响必有一最佳值。以 ΔT 对形核和晶体生长速率作图，如图 10-12 所示，从图中可以看出：

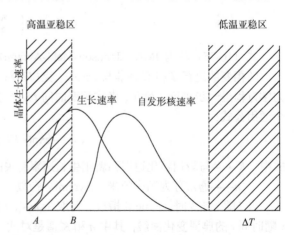

图 10-12 冷却程度对晶核形成及晶体生长速率的影响

① 过冷度过大或过小对形核与生长速率均不利，只有在一定过冷度下才能有最大形核和生长速率。图中对应有 I_v 和 u 的两个峰值。从理论上峰值的过冷度可以用 $\partial I_v/\partial T=0$ 和 $\partial u/\partial T=0$ 来求得。由于 $I_v=f_1(T)$、$u=f_2(T)$、$f_1(T)\neq f_2(T)$，因此形核速率和生长速率两曲线峰值往往不重叠，而且形核速率曲线的峰值一般位于较低温度处。

② 形核速率与晶体生长速率两曲线的重叠区通常称为"析晶区"。在这一区域内，两个速率都有一个较大的数值，所以最有利于析晶。

③ 图中 A 点（T_m）为熔融温度，两侧阴影区为亚稳区。高温亚稳区内表示理论上应该析出晶体，而实际上却不能析晶的区域。B 点对应的温度为初始析晶温度。在 T_m 温度，$\Delta T\rightarrow 0$ 而 $r_k\rightarrow\infty$，此时无晶核产生。而此时如有外加形核剂，晶体仍能在形核剂上成长，因此晶体生长速率在高温亚稳区内不为零，其曲线起始于 A 点。图中右侧为低温亚稳区，在此区域内，由于温度太低，黏度过大，以致质点难以移动而无法形核与生长。在此区域内不能析晶，只能形成过冷液体——玻璃体。

④ 形核速率与晶体生长速率两曲线峰值的大小、它们的相对位置（曲线重叠面积的大小）、亚稳区的宽窄等都是由系统本身性质决定的，而它们又直接影响析晶过程及制品的性质。如果形核曲线与生长曲线重叠面积大，析晶区宽，则可以用控制过冷度大小获得数量和尺寸大小不等的晶体。若 ΔT 大，控制在形核率较大处析晶，则往往容易获得晶粒多而尺寸小的细晶，如搪瓷中 TiO_2 析晶；若 ΔT 小，控制在生长速率较大处析晶则容易获得晶粒少而尺寸大的粗晶，如陶瓷结晶釉中的大晶花。如果形核与生长两曲线完全分开而不重叠，则无析晶区，该熔体易形成玻璃而不易析晶。若要使其在一定过冷度下析晶，一般采用移动形核曲线位置的方法，使它向生长曲线靠拢。可以加入适当的核化剂，使形核势垒降低，用非均匀形核代替均匀形核，使两曲线重叠而容易析晶。

熔体形成玻璃正是由于过冷熔体中晶核形成最大速率所对应的温度低于晶体生长最大速率所对应的温度。当熔体冷却到生长速率最大处，形核速率很小，当温度降到最大形核速率时，生长速率又很小，因此两曲线重叠区愈小，愈易形成玻璃；反之，重叠区愈大，则容易析晶而难以玻璃化。由此可见，要使自发析晶能力大的熔体形成玻璃，只有采用增加冷却速率以迅速越过析晶区的方法，使熔体来不及析晶而玻璃化。

(5) 影响析晶能力的因素

前面的讨论只考虑系统中只有一种原子的熔体结构，但一般的熔体结构都比较复杂，往往含有多种离子，化学键也各不相同，故实际情况要复杂得多，要求一个能定量表示一种已知晶体的成长速率和温度的函数关系还比较困难，目前只能定性讨论影响析晶能力的一些因素。

① 熔体组成。不同组成的熔体其析晶本领各异，析晶机理也有所不同。从相平衡观点出发，熔体系统中组成越简单，则当熔体冷却到液相线温度时，化合物各组成部分相互碰撞排列成有序晶格的概率愈大，这种熔体也愈容易析晶。同理，相应于相图中一定化合物组成的玻璃也较易析晶。当熔体组成位于相图中的相界线上，特别是在低共熔点时，因系统要析出两种以上的晶体，在初期形成晶核结构时相互产生干扰，从而降低了玻璃的析晶能力。因此，从降低熔制温度和防止析晶的角度出发，玻璃的组分应考虑多组分并且其组成应尽量选择在相界线或共熔点附近。

② 熔体结构。熔体结构对结晶性能影响在宏观上可通过晶体的熔解熵来考察，如果熔解熵小，说明熔体与晶体的结构比较接近，这样，从熔体到晶体所需重排的结构单元数量较少，晶体在熔体中生长就较容易。此外，研究熔体结构对析晶性能的影响，还应考虑熔体中不同质点间的排列状态及其相互作用的化学键强度和性质。干福熹认为熔体的析晶能力主要取决

于两方面的因素：

a. 熔体结构网络的断裂程度。网络断裂愈多，愈容易析晶。在碱金属氧化物含量相同时，阳离子对熔体结构网络的断裂作用大小取决于其离子半径。例如一价离子中随半径增大，析晶本领增加，即 $Na^+ < K^+ < Cs^+$。而在熔体结构网络破坏比较严重时，加入中间体氧化物可使断裂的硅氧四面体重新连接，从而熔体析晶能力下降。例如含钡硼酸盐玻璃 $60B_2O_3 \cdot 10R_mO_n \cdot 20BaO$ 中添加网络外氧化物如 K_2O、CaO、SrO 等促使熔体析晶能力提高，而添加中间氧化物如 Al_2O_3、BeO 等则使析晶能力减弱。

b. 熔体中所含网络变性体及中间体氧化物的作用。电场强度较大的网络变性体离子由于对硅氧四面体的配位要求，使近程有序范围增加，容易产生局部聚集现象，故含有电场强度较大的（$Z/r^2 > 1.5$）网络变性离子（如 Li^+、Mg^{2+}、Zr^{4+}）的熔体容易析晶。当正离子电场强度相同时，加入易极化的阳离子（如 Pb^{2+}、Bi^{4+}）将使熔体的析晶能力降低。添加中间体氧化物如 Al_2O_3 等时，由于四面体 $[AlO_4]$ 带负电，吸引了部分网络变性离子，使聚集程度下降，其析晶能力也减弱。

以上两种因素要全面考虑。当熔体中碱金属氧化物含量高时，前一因素对析晶起主要作用；当碱金属氧化物含量不多时，则后一因素影响较大。

③ 界面情况。虽然晶态比玻璃态更稳定，具有更低的自由能，但由过冷熔体变为晶态的相变过程却不会自发进行。如要使该过程得以进行，必须消耗一定的能量以克服亚稳的玻璃态转变为稳定的晶态所需越过的势垒。从这个观点看，各相的分界面对析晶最有利，在它上面较易形成晶核，所以存在相分界面是熔体析晶的必要条件。

④ 外加剂。微量外加剂或杂质会促进晶体的生长，原因是外加剂在晶体表面上引起的不规则性如同晶核的作用，同时，熔体中杂质还会增加界面处的流动度，使晶格更快定向，另外，引入玻璃中的添加物往往富集在分相玻璃中的一相中，富集到一定程度，也会促进这些微相区由非晶相转化为晶相。

⑤ 分相。分相与结晶之间的关系已进行过大量的研究，但还没有获得完全满意的确定关系。一般的看法是：a.分相为析晶的形核提供了一种驱动力；b.分相所产生的界面为晶相的形核提供了有效的形核位；c.分相导致两液相中有一相具有比母相（均匀相）明显大的原子迁移率，这种高的迁移率能够促使系统均匀形核；d.分相使作为晶核剂加入的成分富集在两相中的一相，然后由它从液相转变为晶相，从而起到晶核的作用。

Tomozawa 等用小角 X 射线散射和光学显微镜对 $Li_2O \cdot 2SiO_2$ 玻璃分相和析晶进行了研究，观察到分相初期，晶核生成速率很大，原因是在分相颗粒周围，由于 Li_2O 而产生富集的扩散层，使核容易生成。此外，分相也促进不均相核的生成，在 Li_2O-SiO_2-TiO_2 玻璃中，由于 TiO_2 富集在很多分相界面附近，析出亚稳的 $Li_2O \cdot TiO_2$ 晶体，它引起主晶相 $Li_2O \cdot 2SiO_2$ 晶核的生成。

(6) 微晶玻璃相变

微晶玻璃的形成过程是一个典型的从玻璃态转变为晶态的例子。微晶玻璃是玻璃通过析晶相变得到的一类类似陶瓷的材料，又称玻璃陶瓷。多数情况下，析晶过程几乎可以全部完成，仅存在小部分的剩余玻璃相。在微晶玻璃中，晶相是全部从一个均匀玻璃相中通过晶体生长而产生。在陶瓷材料中，虽然由于固相反应可能会出现某些重结晶或新晶体，但大部分结晶物质是在陶瓷原料中引入的。微晶玻璃和玻璃的不同之处是其大部分为晶体，而玻璃则是非晶态的。

微晶玻璃的制备过程首先是玻璃的熔制（与普通玻璃的熔制过程类似），通过玻璃熔制获

得一定形状的制品，然后将玻璃制品经过一个可控制的热处理过程，促使制品中各种相的形核与晶化，使最终产品成为多晶陶瓷。这种陶瓷材料可以在均匀的熔融玻璃状态下制备，因此极易获得化学组成均匀的微晶玻璃。原始玻璃的均匀性，连同可控制的析晶方法，使微晶玻璃形成具有极细晶粒且没有孔隙的结构，使它很容易获得高机械强度和良好电绝缘性等特性。微晶玻璃生产工艺的一个重要特点是它可适用于广阔的组成范围，这一特点连同可以变化的热处理过程，使得各种类型的晶体都可按控制的比例产生出来。这样，微晶玻璃的性能可以有控制地改变，例如微晶玻璃的热膨胀系数可以在很大的一个范围里改变，使它可能具有极低的热膨胀系数和良好的抗热震性，也可能具有和普通金属相匹配的很高的热膨胀系数。此外，由于玻璃制备适合于使用高速度的自动化机械，所以玻璃加工方法，如压制、吹制或拉制等方法的使用提供了超过通常陶瓷成型工艺的若干优点。

微晶玻璃的一个显著特点是它可控的极细的晶粒尺寸，这一特征在很大程度上决定着材料的优异性质。通过控制主晶相、晶粒形状与尺寸、晶相和残余玻璃相比例，可获得优异的化学稳定性、良好的力学性能和电学性能以及在很大范围内可调的热学性能等。微晶玻璃多种优异性能的结合，不仅适合于较好经济效益和改善工作的应用中替代传统材料，而且也开辟了没有代用材料也可以满足其技术要求的全新应用领域。由于微晶玻璃的高机械强度、良好的尺寸稳定性和耐磨性，其现已用于轴承、泵、阀门、管道、热交换器、建筑、家用电器、器皿等方面。在电力工程和电子技术方面，已有微晶玻璃与金属的封接、绝缘套管、高温电绝缘体、微晶玻璃印刷电路板、微电子技术用基板、电容器、计算机硬盘等产品。此外，微晶玻璃在激光器元件、望远镜镜坯、雷达天线罩、核废料处理、生物材料等方面也获得了广泛应用。

玻璃的核化与晶化等相变过程是在高黏度的玻璃态中进行的，故与黏度小的液态中的析晶不完全相同，但其析晶速率的变化规律仍与在液态中的一样，先随温度的升高而增大，达最大值后又随温度升高而降低。在微晶玻璃的制备中往往要引入晶核剂（如 TiO_2、ZrO_2、P_2O_5），依据不同的要求，可获得细小均匀的微晶，也可获得较大的微晶。

如果将析晶过程中单位时间线收缩（析晶速率）的对数对相应的绝对温度的倒数作图，可得线性关系，由图中直线斜率可计算出析晶活化能。析晶活化能包括正离子迁移到平衡位置所需能量和硅氧四面体中 Si—O—Si 键角和 Si—O 键长调整到相应晶体结构中硅氧四面体排列状态所需的能量，故其大小与析出晶体结构及原始玻璃中已存在的近程有序排列有关。

10.3 液-液相变过程

一个均匀的玻璃相（或液相）在一定的温度和组成范围内有可能分成两个互不相溶或部分溶解的玻璃相（或液相），并且这两个互不相溶或部分溶解的玻璃相相互共存，这种现象称为玻璃的分相，或称液相不混溶现象。

玻璃一直以来都被认为是均匀的单相结构。随着结构测试技术的发展，尤其是 X 射线衍射技术和电子显微镜技术的出现，人们逐渐发现了一些玻璃内部的不均匀性。分相现象首先在硅酸盐玻璃中发现，如用 75% SiO_2、20%B_2O_3 和 5%Na_2O 熔融形成 Na_2O-B_2O_3-SiO_2 系统玻璃，当在 500～700℃范围进行热处理后，玻璃分成两种截然不同的相，一相几乎是纯 SiO_2，而另一相富含 Na_2O 和 B_2O_3。这种玻璃经酸处理除去 Na_2O 和 B_2O_3 后，可以制得包含 4～15nm 微孔的纯 SiO_2 多孔玻璃。在某些条件下，Na_2O-B_2O_3-SiO_2 系统玻璃甚至可分成三个相。目前

已发现在几纳米到几十纳米范围内的亚微观结构的不均匀性是许多玻璃系统的特征，已在硅酸盐、硼酸盐等系统的玻璃中观察到这种结构。因此，分相是玻璃形成过程中的普遍现象，它对玻璃结构和性质有重大的影响。

分相现象对玻璃影响有利方面是可以利用分相制成多孔高硅氧玻璃，也可利用微分相所起的异相形核和富集析晶组成的作用制成微晶玻璃、感光玻璃和光色玻璃等新材料。但是分相区通常位于高硼高硅区，正处于玻璃形成区，故分相将引起玻璃失透，对光学玻璃和其他含硼量较高的玻璃是个严重的威胁。

10.3.1 液相的不混溶性（玻璃的分相）

常见的一类液-液不混溶区是出现在 S 形液相线以下。如 Na_2O、Li_2O、K_2O 和 SiO_2 的二元系统。图 10-13（b）为 Na_2O-SiO_2 二元系统液相线以下的分相区。在 T_K 以上（图中约 850℃），任何组成都是单一均匀的液相；在 T_K 以下，该区又分为两部分。

（1）亚稳定区（形核-生长区）

图中有剖面线的区域即为亚稳定区。如系统组成点落在①区域的 C_1 点，在 T_1 温度时不混溶的第二相（富 SiO_2 相）通过形核-生长而从母液（富 Na_2O 相）中析出。颗粒状的富 SiO_2 相在母液中是不连续的，颗粒尺寸为 3～15nm，其亚微观结构示意如图 10-13（c）所示。若组成点落在该区的 C_3，在温度 T_1 时，同样通过形核-生长从富 SiO_2 的母液中析出富 Na_2O 的第二相。

（2）不稳区

当组成点落在②区的 C_2 时，在温度 T_1 时熔体迅速分为两个不混溶的液相。相的分离不是通过形核-生长，而是通过浓度的波形起伏。相界面开始时是弥散的，但逐渐出现明显的界面轮廓。在此时间内相的成分在不断变化，直至达到平衡值为止。析出的第二相（富 Na_2O 相）在母液中互相贯通、连续，并与母液交织而成为两种成分不同的玻璃，其亚微观结构示意图如图 10-13（c）所示。

两种不混溶区的浓度剖面示意如图 10-14 所示。图 10-14（a）表示亚稳区内第二相形核-生长的浓度变化。分相时母液平均浓度为 C_0，第二相浓度为 C'_a。形核-生长时，由于核的形成，局部区域由平均浓度 C_0 降至 C_a，同时出现一个浓度为

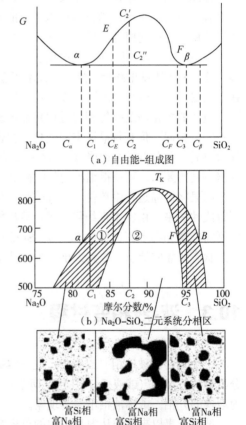

（a）自由能-组成图

（b）Na_2O-SiO_2 二元系统分相区

（c）各分相区的亚微观结构

图 10-13　Na_2O-SiO_2 二元系统的分相图

C'_a 的"核胚"，这是一种由高浓度 C_0 向低浓度 C_a 的正扩散，这种扩散的结果导致核胚粗化直至最后"晶体"长大。这种分相的特点是起始时浓度变化程度大，而涉及的空间范围小，分相自始至终第二相成分不随时间变化。分相析出的第二相始终有显著的界面，但它是玻璃而不

是晶体。图 10-14（b）表示不稳定分解时第二相浓度的变化。相变开始时浓度变化程度很小，但空间范围很大，它是发生在平均浓度 C_0 的母相中瞬间的浓度起伏。相变早期类似组成波的生长，出现浓度低处 C_0 向浓度高处 C'_a 的负扩散（爬坡扩散）。第二相浓度随时间而持续变化直至平衡成分。

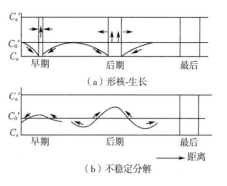

图 10-14　浓度剖面示意图

从相平衡角度考虑，相图上平衡状态下析出的固态都是晶体，而在不混溶区中析出富 Na_2O 或富 SiO_2 的非晶态固体。严格说不应该用相图表示，因为析出产物不是处于平衡状态。为了示意液相线以下的不混溶区域，一般在相图中用虚线画出分相区。

液相线以下不混溶区的确切位置可以从一系列热力学活度数据根据自由能-组成的关系式推算出来。图 10-13（a）即为 Na_2O-SiO_2 二元系统在温度 T_1 时的自由能（G）-组成（C）曲线。曲线由两条正曲率曲线和一条负曲率曲线组成。G-C 曲线存在在一条公切线 $\alpha\beta$。吉布斯自由能-组成曲线建立相图的两条基本原理为：a.在温度、压力和组成条件不变的条件下，具有最小吉布斯自由能的状态是最稳定的；b.当两相平衡时，两相的自由能-组成曲线上具有公切线，切线上的切点表示两平衡相的成分。

现分析图 10-13（a）G-C 曲线各部分如下：

① 当组成落在 75%（摩尔分数）SiO_2 与 C_α 之间，由于 $(\partial^2 G/\partial C^2)_{T,p} > 0$，存在富 Na_2O 单相均匀熔体在热力学上有最低的自由能。同理，当组成在 C_β 与 100%（摩尔分数）SiO_2 之间时，富 SiO_2 相均匀熔体单相是稳定的。

② 组成在 C_α 和 C_E 或 C_F 和 C_β 之间，虽然 $(\partial^2 G/\partial C^2)_{T,p} > 0$，但由于有 $\alpha\beta$ 公切线存在，这时分成 C_α 和 C_β 两相比均匀单相有更低的自由能，因此分相比单相更稳定。如组成点在 C_1，则富 SiO_2 相（成分为 C_β）自母液富 Na_2O 相（成分为 C_α）中析出，两相的组成分别在 C_α 和 C_β 上读得，两相比例由 C_1 在公切线 $\alpha\beta$ 上的位置根据杠杆规则读得。

③ 当组成在 E 点、F 点时，这时两条正曲率曲线与负曲率曲线相交的点成为拐点。用数学式表示为 $(\partial^2 G/\partial C^2)_{T,p} = 0$，即组成发生起伏时系统的化学势不发生变化，在此点为亚稳和不稳分相区的转折点。

④ 组成在 C_E 和 C_F 之间时，$(\partial^2 G/\partial C^2)_{T,p} < 0$，因此是热力学不稳定区。当组成落在 C_2 时，由于 $G'_{C_2} \gg G''_{C_2}$，能量上差异很大，分相动力学障碍小，分相很容易进行。

由以上分析可知，一个均一相对于组成微小起伏的稳定性或亚稳性的必要条件之一是相应的化学势随组分的变化应该是正值，至少为零。$(\partial^2 G/\partial C^2)_{T,p} \geq 0$ 可以作为一种判据来判断由于过冷所形成的液相（熔融体）对分相是亚稳的还是不稳的。当 $(\partial^2 G/\partial C^2)_{T,p} > 0$ 时，系统对微小的组成起伏是亚稳的，分相如同析晶中的形核生长，需要克服一定的形核势垒才能形成稳定的核，而后新相再得到扩大。如果系统不足以提供势垒，系统不分相而呈亚稳态。当 $(\partial^2 G/\partial C^2)_{T,p} < 0$ 时，系统对微小的组成起伏是不稳定的。组成起伏由小逐渐增大，初期新相界面弥散，因而不需要克服任何势垒，分相是必然发生的。如果将 T_K 温度以下每个温度的自由能-组成曲线的各个切点轨迹相连，即得出亚稳分相区的范围；若把各个分相区的拐点轨迹相连，即得不稳分相区的范围。系统在亚稳区和不稳区的分相见表 10-3。

表 10-3　亚稳和不稳分相比较

项 目	亚 稳	不 稳
热力学	$(\partial^2 G/\partial C^2)_{T,p} > 0$	$(\partial^2 G/\partial C^2)_{T,p} < 0$
成分	第二相组成不随时间变化	第二相组成随时间而连续向两个极端组成变化，直至达到平衡组成
形貌	第二相分离成孤立的球形颗粒	第二相分离成有高度连续性的非球形颗粒
有序	颗粒尺寸和位置在母液中是无序的	第二相分布在尺寸上和间距上均有规则
界面	在分相开始界面有变化	分相开始界面是弥散的，逐渐明显
能量	分相需要势垒	不存在势垒
扩散	正扩散	负扩散
时间	分相所需时间长，动力学障碍大	分相所需时间短，动力学障碍小

10.3.2　分相本质

硅酸盐熔体的化学键大多是离子性的，相互间的作用程度与静电键能 E 的大小有关。离子 1 和 2 之间的静电键能为：

$$E = \frac{Z_1 Z_2 e^2}{R_{12}} \tag{10-37}$$

式中　Z_1、Z_2——离子 1、2 的电价；

$\qquad e$——电荷；

$\qquad R_{12}$——离子 1 和 2 之间的距离。

如果除 Si—O 键以外的第二类氧化物的键能也相当高，就易导致不混溶，故分相结构取决于二者之间键的竞争。即如果另外的正离子 R 在熔体中与氧形成强键，以致氧很难被硅夺去，在熔体中就表现为独立的离子聚集体。这样就出现了两个液相共存，一个是含少量 Si 的富 R—O 相，另一个是含少量 R 的富 Si—O 相，导致熔体的不混溶。对于氧化物系统，静电键能公式可简化为离子电势 Z/r，随着第二类氧化物中正离子的离子电势 Z/r 的增加，不混溶的范围逐渐增加。如 Sr^{2+}、Ca^{2+}、Mg^{2+} 的 Z/r 较大，故 RO-SiO_2 系统的熔体易产生分相，而 K^+、Cs^+、Rd^+ 的 Z/r 较小，R_2O-SiO_2 系统不易分相，对于同属于 R_2O-SiO_2 系统的碱金属氧化物，由于 Li^+ 的半径较小而 Z/r 较大，故含锂的硅酸盐熔体易产生分相。同样，也可用静电键强度 Z/CN（离子电荷/配位数）来比较玻璃的不混溶性，键强较小的网络变性体形成完全混溶系统，而键强较高的网络形成体具有不混溶性。

Vogel 根据对玻璃分相的大量实验结果得出了如下结论：

① 包含简单组成（SiO_2、B_2O_3、P_2O_3、BeF_2、GeO_2 等），即只含有玻璃形成体的玻璃熔体只形成均匀的玻璃，不发生分相。

② 成分对应于一定的稳定化合物的玻璃形成熔体，即只含一种简单结构单元的组分的玻璃熔体将形成均匀的玻璃，不发生分相。

③ 所有在两个稳定化合物之间的成分的玻璃熔体都或多或少趋向分相，这种趋势主要取决于熔体中正离子场强之差、不同组成微相间的界面能以及不同结构单元所占有的体积。

④ 根据它们在总体积中所占的分数，两个初相的任意一个都可以是液滴相或基体相，只要熔体具有相等的过冷程度，在达到最大分相时都可形成连通结构。

⑤ 二元系统的微相成分趋向于稳定的化合物，趋向的程度取决于过冷度或结构单元的稳定性，故分别取决于化学键。

⑥ 在分相玻璃系统中，所加低浓度的组分（第三元素）在所存在的微相中的分布不是统计的。根据过冷度，所加组分差不多100%富集在微相中。

10.3.3 分相范围

（1）二元系统

当碱金属和碱土金属氧化物等网络变性体加入到 SiO_2 或 B_2O_3 玻璃中时，往往发生分相现象。对于 $R_2O\text{-}SiO_2$ 系统，$Li_2O\text{-}SiO_2$ 中 Li_2O 在约31%（摩尔分数）下分相，不稳分解温度 $T_K = 1000℃$[在 Li_2O 约10%（摩尔分数）处]；$Na_2O\text{-}SiO_2$ 中，Na_2O 在约20%（摩尔分数）下分相，不稳分解温度 $T_K = 850℃$[在 Na_2O 约8%（摩尔分数）处]；$K_2O\text{-}SiO_2$ 中，分相程度很低；$Rb_2O\text{-}SiO_2$ 及 $Cs_2O\text{-}SiO_2$ 中则未见到分相。对于 $RO\text{-}SiO_2$ 系统，MgO、FeO、ZnO、CaO、SrO、BaO 等加入 SiO_2 都发现有不混溶区，如 $MgO\text{-}SiO_2$ 的 $T_K = 2200℃$，$CaO\text{-}SiO_2$ 的 $T_K = 2110℃$，$SrO\text{-}SiO_2$ 的 $T_K = 1900℃$。以上系统 T_K 均高于液相温度，形成稳定不混溶区。只有 $BaO\text{-}SiO_2$ 的不混溶区是介稳的，其 $T_K = 1460℃$。

（2）三元系统

二元系统中加入第三组分后，如果第三组分能提高混溶温度，则能助长分相；如果第三组分能提高系统黏度，则有抑制分相的倾向。

第三组分对 $R_2O\text{-}SiO_2$ 二元系统分相的影响，按以下顺序抑制分相：$Li_2O < Na_2O < K_2O < Rb_2O < Cs_2O$。第三组分使熔点 T_m 降低越多，抑制分相的效果越大，如 $Na_2O\text{-}SiO_2$ 系统中，若以 Li_2O 置换 Na_2O，使 T_m 上升，分相倾向也增大。

另外，P_2O_5、TiO_2 促进分相，Al_2O_3、ZrO_2、PbO、MgO 则抑制分相。少量 B_2O_3 加入能抑制分相，但加入量增加后则促进分相。

10.3.4 分相机理

10.3.5 分相对玻璃性质的影响

玻璃分相对玻璃性质有重要的作用。分相对具有迁移特性的性能如黏度、电阻、化学稳定性、玻璃化转变温度等的影响较为敏感，这些性能都与氧化物玻璃的相分离及其分相形貌有很大关系。当分相形貌为球形液滴状时，整个玻璃呈现较低的黏度、低的电阻或化学不稳定。而当这种分散的液滴相逐渐过渡到连通相时，玻璃的性能就逐渐转变为高黏度、高电阻或化学稳定。分相对具有相加特性的性能如密度、折射指数、热膨胀系数、弹性模量及强度的影响并不敏感，也不像前一类那样有一个简单的规律。

分相对玻璃析晶的影响较大。分相主要通过以下几个方面影响玻璃的析晶：a.玻璃分相增加了相之间的界面，而析晶过程中的形核总是优先产生于相的界面上，故分相为形核提供了界面；b.分相导致两相之中的某一相具有比分相前的均匀相明显大的原子迁移率，这种高的迁移率能够促进析晶；c.分相使加入的形核剂组分富集在两相中的一相，因而起晶核作用。

此外，分相对玻璃着色也有重要影响。对于含有过渡金属元素（如 Fe、Co、Ni、Cu 等）的玻璃，在分相过程中，过渡金属元素几乎都富集在分相产生的微相液滴中，而不是在基体玻璃中。过渡金属元素这种有选择的富集特性，对颜色玻璃、激光玻璃、光敏玻璃、光色玻璃的制备都有重要意义。

10.4　固-固相变过程

晶体由一种结构向另一种结构的转变在硅酸盐材料中是常见的。对于化学组成相同但具有几种结构的某类物质，通常在某一温度范围内，总有一种结构的自由能最低，结构最稳定，而在另一温度范围内，则是另一种结构的自由能最低，结构最稳定，故随着温度变化，晶体就有可能从一种晶型转变为另一种晶型，这样的固相与固相之间的转变也称为同质多晶转变。如 α-方石英与 β-方石英之间的转变，单斜 ZrO_2 与四方 ZrO_2 之间的转变等，这些固相与固相之间的转变引起的体积变化往往会引起材料力学、电学、磁学等特性的变化。如碳由石墨结构转变为金刚石结构后具有超硬的性质，$BaTiO_3$ 材料由立方结构转变为四方结构后具有压电性等。此外，$BaTiO_3$ 等各种铁氧体、铁电体的相变理论对材料微观结构和性质的影响也是近年来硅酸盐材料研究领域的重要课题。

10.4.1　固-固相变的形核过程

固-固相变时，如果母相与新生相的比体积一样，即界面无失配、晶格无应变，则形核时材料总的自由能变化仍可用固-液相变中的式（10-8）表示。但大多数固-固相变都伴随有体积的变化，产生晶格应变，此时应在式（10-8）中增加一应变能 W，即：

$$\Delta G = V\Delta G_V + A\gamma + W \tag{10-38}$$

固体材料中的晶界、位错与杂质等也会显著影响形核速率。新相核在晶界上形成时的相变势垒要低于其均相形核时的相变势垒。当新相核在两晶粒交界处、三晶粒交界处与四晶粒交界处形成时，其几何构态如图 10-15 所示。

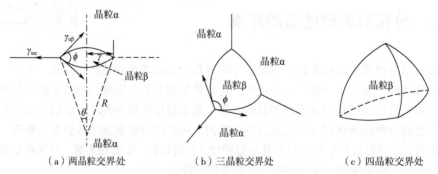

（a）两晶粒交界处　　　　（b）三晶粒交界处　　　　（c）四晶粒交界处

图10-15　晶界处形核几何构态示意图

对于如图 10-15（a）所示的在两晶粒 α 交界处形成晶界相晶核 β，β 为双冠形，这两个球冠是两个半径为 R 的球体的一部分。设晶核 β 的底面半径为 r，晶粒 α 之间的晶界能为 $\gamma_{\alpha\alpha}$、

晶粒 α 与晶粒 β 之间的界面能为 $\gamma_{\alpha\beta}$，晶粒与晶粒的二面角为 ϕ（$\phi=2\theta$），如果忽略应变能，则一个晶核 β 形成时自由能的变化为：

$$\Delta G_{2gr} = -V\Delta G_V + A_{\alpha\beta}\gamma_{\alpha\beta} - A_{\alpha\alpha}\gamma_{\alpha\alpha} \tag{10-39}$$

式中　V——晶核 β 的体积；

$A_{\alpha\beta}$——α 与 β 之间的界面面积；

$A_{\alpha\alpha}$——被晶核 β 占据的原晶界面积。

它们的值分别为：

$$V = 2\pi R\left(\frac{2-3\cos\theta+\cos^3\theta}{3}\right) \tag{10-40}$$

$$A_{\alpha\beta} = 4\pi R(1-\cos\theta) \tag{10-41}$$

$$A_{\alpha\alpha} = \pi R^2(1-\cos^2\theta) \tag{10-42}$$

而 $\gamma_{\alpha\alpha}$ 与 $\gamma_{\alpha\beta}$ 的关系为：

$$\gamma_\alpha = 2\gamma_{\alpha\beta}\cos\frac{\phi}{2} = 2\gamma_{\alpha\beta}\cos\theta$$

将上述几式代入式（10-39），并求极值，可获得：

$$R^*_{2gr} = -\frac{2\gamma_{\alpha\beta}}{\Delta G_V} \tag{10-43}$$

$$\Delta G^*_{2gr} = \frac{16\pi\gamma_{\alpha\beta}^3}{3(\Delta G_V)^2} \times \frac{(2+\cos\theta)(1-\cos\theta)^2}{2} \tag{10-44}$$

均相形核时的相变势垒为 $\Delta G^* = \dfrac{16\pi\gamma_{\alpha\beta}^3}{3(\Delta G_V)^2}$，故有：

$$\frac{\Delta G^*_{2gr}}{\Delta G^*} = \frac{(2+\cos\theta)(1-\cos\theta)^2}{2} \tag{10-45}$$

式中，$\theta=\dfrac{\phi}{2}$，θ 值为 0~π/2，$\cos\theta$ 值为 1~0，$\dfrac{\Delta G^*_{2gr}}{\Delta G^*}$ 值为 0~1，即 $\Delta G^*_{2gr} \leqslant \Delta G^*$。因此，在两相晶粒交界处形核的势垒低于均相形核的势垒。

类似地，三晶粒交界处形核[图 10-15（b）]的势垒 ΔG^*_{3gr} 和四晶粒交界处形核[图 10-15（c）]的势垒 ΔG^*_{4gr} 与均相形核时的相变势垒 ΔG^* 有如下的关系：

$$\frac{\Delta G^*_{3gr}}{\Delta G^*} = \frac{3}{2\pi}\left[\pi - 2\arcsin(\frac{1}{2}\csc\theta) + \frac{1}{3}\cos^2(4\sin^2\theta-1)^{\frac{1}{2}} - \arccos(\cot\frac{\theta}{\sqrt{3}})\cos\theta(3-\cos^2\theta)\right]$$

$$\frac{\Delta G^*_{4gr}}{\Delta G^*} = \frac{3}{4\pi}\left\{8\left[\frac{\pi}{3} - \arccos\frac{\sqrt{2}-\cos(3-c^2)^{\frac{1}{2}}}{c\sin\theta}\right] + c\cos\theta\left[(4\sin^2\theta-c^2)^{\frac{1}{2}} - \frac{c^2}{\sqrt{2}} - 4\cos\theta(3-\cos^3\theta)\right]\right.$$

$$\left.\arccos\frac{c}{2\sin\theta}\right\}$$

式中，$c = \dfrac{2}{3}\left[\sqrt{2}(4\sin^2\theta-1)^{\frac{1}{2}} - \cos\theta\right]$

将 θ 值代入可计算得到（$\theta<\pi/2$）：

$$\Delta G_{4gr}^{*}<\Delta G_{3gr}^{*}<\Delta G_{2gr}^{*}<\Delta G^{*}$$

因此，晶界上形核的势垒较低，有利于新晶核的形成。

10.4.2 同质多晶转变

从动力学角度看，根据转变时的速率和晶体结构发生变化时的不同，可将同质多晶转变分为两种类型，即位移性转变和重建性转变。

位移性转变是通过原子的协调移动而实现的固相结构转变，如通过晶格畸变或原子重新堆垛产生的多晶转变。这种转变不需要破坏化学键，相变势垒低，转变速率快，并且在一个确定的温度下完成。这种转变仅仅使结构产生一定畸变，并不打开任何键或改变最邻近的配位数，只是原子从原来的位置发生少许位移，使次级配位数有所改变。如 α-方石英与 β-方石英、α-石英与 β-石英之间的转变即为位移性转变。

重建性转变通常不能简单通过原子位移来实现，而是要引起化学键的破坏而重建新的结构，故其相变势垒较高，转变速率缓慢。高温型的结构常可被冷却到室温而处于介稳状态。如 α-石英与 α-鳞石英之间的转变就属于重建性转变。

10.4.3 有序-无序转变

（1）有序参数

由 A、B 原子组成的晶体特征是原子在三维空间作有规则的周期性排列，晶体中原子（或复合离子团）之间的相对位置和方向是一定的，各种原子或离子都有使自己周围成为同种原子或离子排列的趋势，这样的晶体排列称为完全有序。这样的完全有序排列，只有在绝对温度为零时才能存在。在一定温度下，晶体中的质点由于热运动，总有部分原子或复合离子团的位置和方向发生变化而破坏其有序性，当两种离子相互间随机分布时，则称为无序，处于二者之间则称为部分有序。用一个有序参数 ζ 表示材料中的有序无序程度，完全有序时，$\zeta=1$，完全无序时，$\zeta=0$。设晶体中存在 A、B 两种原子，有两种位置 α 晶格和 β 晶格。如果 A 原子一定占据 α 位置（或 β 位置），B 原子一定占有另一特定位置 β（或 α 位置），则这种排列相当于完全有序；如果 A 占据 α、β 位置的概率一样，无规则地随机分布，则相当于晶体无序；如果 A 属于 α 晶格，B 属于 β 晶格，但在一定温度下，有部分 A 原子错误地占据了 β 晶格，相应地，B 原子错占了 α 晶格位置，则这种部分质点有选择地占有特定晶格，而另一部分质点无规则地分布，就称为部分有序。

假设 R 表示正确位置的原子数目，W 表示错误位置的原子数目，$R+W$ 表示原子总数目，则有序参数为：

$$\zeta=\frac{R-W}{R+W} \tag{10-46}$$

根据上式，有序程度最高时，$W=0$，有序参数 $\zeta=1$，完全有序。当完全无序时，$W=R$，相应的有序参数 $\zeta=0$。

由于 ζ 取决于晶格整体的平均占领概率，不涉及正确或错误位置的间距，故可认为是长

程有序参数。长程有序是指原子有规则排列的范围较长，是整体性的有序，即质点的有序部分涉及整个晶体。相对应地，短程有序是指原子的有规则排列只在较短范围内存在，是局部的有序现象，即质点有序部分限于局部区域。短程有序也可表述为：如果晶格中所有 A（或 B）原子的最近邻原子是 B（或 A）原子，就是完全有序状态，若以 R_1 表示最近邻正确位置的原子数目，W_1 表示最近邻错误位置的原子数目，则最近邻有序参数为：

$$\xi_1 = \frac{R_1 - W_1}{R_1 + W_1} \tag{10-47}$$

（2）有序-无序转变类型

① 位置无序：原子或离子占据了不合适的亚晶格位置或占据了比所需位置更多。如 β-黄铜（CuZn 合金），如图 10-16 所示，有序的低温结构相应于两种相互贯穿的简单立方结构，每种都是被 Cu 和 Zn 占有。当温度升高时，Cu 或 Zn 开始易位，在两种亚晶格中出现了错误的原子，当完全变为无序时，Cu 或 Zn 原子占据晶格位置的概率相等。

② 方向无序：发生在占据晶格位置的是离子或不止一个原子的情况，此时结晶或不止一个原子的情况，此时结晶中的离子可有多于一个方向，如果这些方向中相应的能量差很小，则热振动能导致方向上的无序性，这样，在低温相中可能没有无序性，但在高温经过一级转变会成为高度无序性。

③ 电子和核自旋状态无序：如果原子或离子中存在不成对电子或自旋子，它们就如同一个小磁极子，当其以平行有序的状态出现时（图 10-17），晶体就具有磁性，这种具有自发的磁性极化作用的材料称为铁磁体，当温度升高，晶格中这些磁极子滑到其他方向时，磁性就减弱，完全无序时就变成顺磁性（图 10-17）。铁电-顺电转变也属此类有序-无序转变。

无机非金属材料中，一个重要的有序-无序转变发生于正离子具有两种不同位置的晶体中，如尖晶石结构中，正离子可在八面体配位，也可以在四面体配位，正离子位置的有序程度取决于不同的热处理条件，当高于某一临界温度时，有序结构将变为无序结构，而低于临界温度，无序结构又变为有序结构，这种有序-无序转变的临界温度 T_c 称为居里点，具有尖晶石结构的铁氧体都具有这种转变。例如磁铁矿 Fe_3O_4 在室温时 Fe^{2+} 和 Fe^{3+} 呈无序排列，低于 120K 时，产生无序—有序转变，Fe^{2+} 和 Fe^{3+} 有序地分布在八面体位置上。

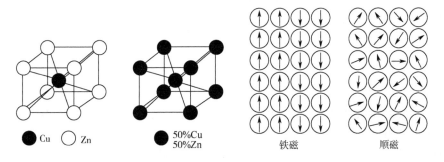

图10-16　CuZn 合金有序-无序结构　　　　图10-17　铁磁-顺磁转变示意图

10.4.4　马氏体相变

马氏体相变（Martensitic transformation）是在钢淬火时得到的一种高硬度产物的名称，马

氏体相变是固态相变的基本形式之一。一个晶体在外加应力的作用下通过晶体的一个分立体积的剪切作用以极迅速的速率而进行的相变称为马氏体相变，又称马氏体转变。这种转变最主要的特征是其结晶学特征。

检查马氏体相变的重要结晶学特征是相变后存在习性平面和晶面的定向关系。图 10-18（a）为一四方形的母体——奥氏体块，图 10-18（b）是从母相中形成马氏体的示意图。其中 $A_1B_1C_1D_1$-$A_2B_2C_2D_2$ 由母相奥氏体转变为 $A_2B_2C_2D_2$-$A'_1B'_1C'_1D'_1$ 马氏体，在母相内 $PQRS$ 为直线，相变时被破坏成为 PQ、QR'、$R'S'$ 三条直线。$A_2B_2C_2D_2$ 和 $A'_1B'_1C'_1D'_1$ 两个平面在相变前后保持既不扭曲变形也不旋转的状态，这两个把母相奥氏体和转变相马氏体之间连接起来的平面成为习性平面。马氏体沿母相的习性平面生长并与奥氏体母相保持一定的取向关系。

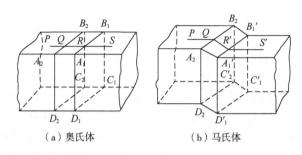

（a）奥氏体　　　　　（b）马氏体

图 10-18　从一个母晶四方块形成一个马氏体的示意图

马氏体相变的另一特征是它的无扩散性。马氏体相变是点阵有规律地重组，其中原子并不调换位置，而只变更其相对位置，其相对位移不超过原子间距，因而它是无扩散型的位移式相变。

马氏体相变往往以很高的速率进行，有时可达声速。例如，Fe-C 和 Fe-Ni 合金中马氏体的形成速率很高，在 $-20 \sim -195$℃之间，每一片马氏体形成时间为 $0.05 \sim 5\mu s$。一般在这么低的温度下，原子扩散速率很低，相变不可能以扩散方式进行。

马氏体相变没有一个特定的温度，而是在一个温度范围内进行。在母相冷却时，奥氏体开始转变为马氏体的温度称为马氏体开始形成温度，以 M_S 表示；完成马氏体转变的温度称为马氏体转变终了温度，以 M_f 表示；低于 M_f，马氏体转变基本结束。

马氏体相变不仅发生在金属中，在无机非金属材料中也有出现。例如钙钛矿结构型的 $BaTiO_3$、$KTa_{0.65}Nb_{0.35}$（KTN）、$PbTiO_3$ 由高温顺电性立方相转变为低温铁电正方相。ZrO_2 中也存在这种相变，目前广泛应用 ZrO_2 由四方晶系转变为单斜晶系的马氏体相变过程进行无机高温结构材料的相变增韧。

10.4.5　铁电相变

$BaTiO_3$ 一类的铁电晶体具有很大的介电常数，其总偶极矩随电场强度变化，在交流电作用下，会形成如同磁滞回线一样的电滞回线，如图 10-19 所示。许多铁电现象都能从相变理论中得到解释，其中最重要的是自发极化的产生和变化，在相变过程中某些力学、电学、热学参数会发生突变。现已利用相变过程中参数的变化获得了许多新应用，目前铁电体已成为能将力学、电、光、热性质联系起来的重要材料，如压电材料、声电材料、热释电材料等。

由于铁电现象最重要的是自发极化的产生及变化，故铁

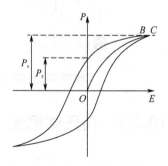

图 10-19　铁电体电滞回线示意图

电材料相变的研究重点就是探讨相变时的自发极化及变化。从内部结构看，这类晶体就像铁磁体中存在磁畴一样，内部存在一个一个电畴，每个电畴由许多永久电偶极矩构成（这些电偶极矩由自发极化产生），它们之间相互作用，沿一定方向自发极化排列成行，形成电畴。当无外电场存在时，电畴在晶体中分布杂乱无章，使整个晶体表现为电中性，从宏观上看不产生极化。当外加电场作用于晶体时，由于沿电场方向极化畴长大，逆电场方向极化畴消失，其他方向分布的电畴转到电场方向，一直到整个晶体成为一个单一极化畴，此时极化变化到图 10-19 所示的 B 点，继续增加电场，就只有电子和离子的极化效应，与一般电介质一样，P 和 E 成直线关系，如图 10-19 中的 BC 段，如果将外电场撤去，整个晶体仍保留极化，即饱和偶极矩，图 10-19 中的 P_r 就是原来无外电场时所有极化畴的偶极矩之和，称为自发极化偶极矩。故铁电体性是指许多电偶极矩相互作用自发排列成行的性质。

20 世纪 50 年代末，安德森（Anderson）和科克伦（Cochran）在晶格动力学理论基础上首先提出了用来解释铁电体相变的软模理论。组成晶格离子之间的相互作用，近程和远程力的相互平衡，建立了晶格振动的稳定性，并可简化为晶格在平衡位置作简谐振动。一旦某种离子沿某一坐标轴作简谐振动的恢复力变小，晶格振动就变得不稳定起来，这种离子就有可能位移到新的平衡位置，这样就发生了相变。相变时，低温相（低对称相）自发地出现非零的有序参数而破坏高温相（高对称性）固有的对称性。因此，低于转变温度（居里点）时，材料转变为铁电体。例如，在 $BaTiO_3$ 晶体中，氧八面体中心为一尺寸较小的钛离子占据，钛氧离子间的中心距离为 0.2005nm，而它们的半径之和为 0.195nm，故在 ≤0.0045nm 的范围内，钛离子能方便地位移，这样，在特定温度下，钛离子就可能由一个平衡位置移到另一个平衡位置而产生相变。

10.4.6　多晶转变动力学过程示例

（1）Al_2O_3 的相变动力学过程

Al_2O_3 的相变过程为：熔体→γ-Al_2O_3→δ-Al_2O_3→β-Al_2O_3→α-Al_2O_3。

Al_2O_3 相变研究对以刚玉为主晶相的氧化铝瓷具有重要意义。Al_2O_3 相变动力学研究与其制品的烧结、晶粒长大、蠕变、离子自扩散等现象密切相关。Al_2O_3 相变过程分晶核生成和晶体长大两个步骤进行。相变初期，由于形核速率小于晶体长大速率，故相变速率取决于前者。相变一段时间后，新相体积已发育到相当程度，新相的表面积也相对变大，这时形核所提供的相变量相对较小，相变速率就取决于晶体长大速率了。

现考虑 δ-Al_2O_3→α-Al_2O_3 的相变。δ-Al_2O_3 和 α-Al_2O_3 的密度（分别为 3.60g/cm³ 和 3.80g/cm³）相差较大，故可利用密度的测定来定量确定 δ-Al_2O_3 向 α-Al_2O_3 的转变程度。

设生成物 α-Al_2O_3 的浓度为 y（摩尔分数），则反应物 δ-Al_2O_3 浓度为 $1-y$（摩尔分数）。由于 δ-Al_2O_3 和 α-Al_2O_3 之间的相变在 δ-Al_2O_3 和 α-Al_2O_3 的相界面上发生，故相变速率正比于两相的界面面积，而此界面面积既正比于 δ-Al_2O_3 母相的量（$1-y$），又和 α-Al_2O_3 新相的表面积 S 成正比。因为新相体积 $V \propto y$，故新相半径 $r \propto y^{\frac{1}{3}}$，表面积 $S=4\pi r^2 \propto y^{\frac{2}{3}}$。故在一定温度下的相变速率为：

$$\frac{dy}{dt} = k(1-y)y^{\frac{2}{3}} \tag{10-48}$$

式中，k 为取决于温度的常数，$k=1.0×10^{22}\exp\left(-\dfrac{640000}{RT}\right)$，即从 δ-$Al_2O_3$ 转变为 α-Al_2O_3 时需要 640kJ/mol 的活化能。

通常，加入少量 TiO_2 能提高 Al_2O_3 的相变速率，其主要是通过晶界作用加快晶粒长大。

（2）石英的相变动力学过程

石英的转变 α-石英→β-石英、α-鳞石英→β-鳞石英等，均属于一级相变。纯石英相变速率也由晶核形成和晶体长大两个过程控制。

① 晶核形成：晶核往往在石英颗粒的表面缺陷处形成，形核速率按玻尔兹曼分布定律计算，服从一级反应动力学方程式：

$$\ln\alpha=-k_1t \tag{10-49}$$

式中　α——未转化石英的比例；

　　　t——转变时间；

　　　k_1——形核速率常数。

② 晶体长大：晶核形成后，就要向周围延伸，形成一片连续的新晶相，并向颗粒内部扩散，新的晶相不断长大。晶体长大速率也服从一级反应动力学方程式：

$$\ln\alpha=-k_2t \tag{10-50}$$

式中　k_2——晶体长大速率常数。

石英转变过程中，开始阶段通常是核化速率起控制作用，而在转变后期则是晶体长大起决定作用。由于形核速率和晶体长大速率都服从一级反应动力学方程式，故可作出不同温度下未转变石英的比例的对数 $\ln\alpha$ 对煅烧时间 t 的关系曲线，如果是形核速率控制，则可从 $\ln\alpha$-t 关系曲线求得形核速率常数 k_1，若是晶体长大控制，可由斜率求得 k_2。如果将不同温度下的 k_1 或 k_2 作出 $\ln k_1$-$1/T$ 或 $\ln k_2$-$1/T$ 的关系曲线，则可从斜率求得晶核形成活化能 E_1 和晶体长大活化能 E_2。

石英的相变速率除与温度密切相关外，也与石英颗粒大小、杂质有关，颗粒越小，比表面越大，表面缺陷越多，形核速率就越快。

（3）TiO_2 的相变动力学过程

从热力学看，TiO_2 的转变是不可逆（单向）转变：锐钛矿型（完全结晶）→锐钛矿型（不完全结晶）→金红石型（不完全结晶）→金红石型（完全结晶）。

用 X 射线衍射法能测得转化率，用锐钛矿型的浓度对数 $\ln c$ 与转化时间 t 作图可得转化曲线，转化符合一级反应方程式：

$$c = c_0\exp(-kt) \tag{10-51}$$

即：

$$\ln c = \ln c_0-kt \tag{10-52}$$

式中，c、c_0 分别为在 t 时间内和初始时间内锐钛矿型含量（质量分数）。反应速率常数为：

$$k=\beta_v\exp\left(\dfrac{\Delta E}{RT}\right) \tag{10-53}$$

式中　ΔE——活化能；

　　　β_v——频率因素。

影响金红石型在 760℃转化的三个动力学参数为诱导时间、频率因素和活化能，见表 10-4。

表10-4　金红石型在760℃转化动力学特性参数

样品	诱导时间/h	k/h^{-1}	频率因素/h^{-1}	活化能/（kJ/mol）
A	10.0	0.280	$6.3×10^{22}$	464
B	0.4	0.823	$9.6×10^{20}$	418
C	3.2	0.303	$3.2×10^{22}$	439
D	0.8	0.320	$2.0×10^{20}$	430

影响 TiO_2 转变速率的因素有：a.外加剂，CuO、CoO、CrO_2 促进转变，WO_2、Na_2O 减缓转变。一般使 TiO_2 晶格缺陷增大的外加剂能促进扩散和相变。b.气氛，TiO_2 为 n 型半导体，氧分压越小，生成晶格缺陷越多，越能促进金红石转变。

10.5　气-固（液）相变过程

传统的无机非金属材料通常采用烧结（如陶瓷）、熔融（如玻璃）等方法来制备，但随着新材料制备的要求越来越高，直接用气相凝聚或沉积的方法来制备材料已越来越广泛地得到应用。气相中各组分能够充分均匀混合，制备的材料组分均匀，易于掺杂，制备温度低，适合大尺寸薄膜的制备，并能在形状不规则的衬底上生长薄膜，故在某些材料的制备中，气相沉积的方法具有无可替代的作用。基于气-固转变的薄膜制备方法分为物理气相沉积和化学气相沉积两大类，其中，分子束外延（MBE）、脉冲激光沉积（PLD）、溅射（Sputtering）和金属有机物化学气相沉积（MOCVD）等技术在实际应用中有重要意义。另外，气-固的蒸发损失（如玻璃、耐火材料在还原气氛中的 SiO_2 蒸发）等也很有研究价值。

10.5.1　凝聚和蒸发平衡

固体内质点之间具有很大的作用力，故原子须具备一定动能才能克服原子间作用力离开固体表面而蒸发，同时，固体表面的蒸气相原子也能落回固体表面产生和蒸发相反的凝聚过程，一定条件下，这两个过程将达到动态平衡。

根据牛顿第二定律 $F = d(MV)/dt$，简单的气体动力学理论，平均速度 $V=(3KT/M)^{1/2}$（式中，T 为温度；M 为分子量；K 为玻尔兹曼常数），从一个壁反射回来的粒子的动量变化为 $MV-(-MV)=2MV$，可推导出颗粒流：

$$J = \frac{1}{2}(3MKT)^{-\frac{1}{2}} p_e \tag{10-54}$$

式中，J 的单位为分子数/（$cm^2·s$）。而更严格的推导可得：

$$J = (2\pi MRT)^{-\frac{1}{2}} p_e = \chi p_e \tag{10-55}$$

式中，$\chi = (2\pi MRT)^{-\frac{1}{2}}$。

在动态平衡下，一种是从固相蒸发进入气相的颗粒流 J_v，一种是从气相凝聚到固相的颗粒流 J_c。一般，$J = 10^{18}$ 分子数/（$cm^2·s$），在这个数量级下，两种颗粒流互不干扰。

如果气体压力是 p，而且在来到固体表面的原子中有部分原子（假设为 $1-\beta$）并不凝聚到固体表面而重新回到气相（可考虑为凝聚效率），则在压力 p 下，凝聚原子流的数量为 $J_1=\beta\chi p$。而如果固相的一部分凝聚原子在其本身的平衡蒸气压 p_e 下又蒸发回气相，则蒸发的原子流为 $J_2=\beta\chi p_e$。当 $p>p_e$ 时，凝聚的原子数大于蒸发的原子数，则净凝聚的原子是：

$$\Delta J=J_1-J_2=\beta\chi(p-p_e) \tag{10-56}$$

但也不是所有被吸附在晶体（固体）上的原子（凝聚的原子）都能结合到晶体上，故有 $\Delta J=J_1-J_2=\alpha\chi(p-p_e)$（$\alpha\leqslant\beta$，表示吸附原子结合到晶体上的比例，其大小取决于气-固界面的完整性）。

10.5.2 蒸发

固体或液体材料中的蒸发主要用来获得原子或分子颗粒流，然后使其沉积在一些固体物质上，如硅的蒸发。

在半导体工艺中，使硅在真空中达到一定的蒸发速率，蒸气压须到达 10^{-5}atm（1atm = 101325Pa）左右，故须将硅加热到熔点（1410℃）以上，通常为 1558℃，达到有效蒸发后，蒸发速率是 7×10^{-5}g/(cm²·s)。同样，如果用化学蒸发，也能达到物理蒸发的同样效果，在化学蒸发中，借助化学反应，化学蒸气将原子从材料表面移出，如硅和钼的蒸发：

$$SiCl_4(g)+Si(s)\longrightarrow 2SiCl_2(g)$$
$$Mo(s)+3/2O_2(g)\longrightarrow MoO_3(g)$$

蒸发速率可用不同方法控制，如升高温度能提高蒸发速率，而引入杂质则降低蒸发系数 α_v，有时可降低几个数量级，如灯泡中充入 N_2 代替真空可阻止钨丝蒸发，α_v 从 1 减少到 10^{-3}。

10.5.3 凝聚

（1）物理凝聚

当蒸气温度低于物质熔点及系统压力比固体饱和蒸气压大时，可从蒸气相直接析出固相。但在许多情况下，晶体从气相生长时，会出现液相的过渡层。蒸气相转变为固相时，若推动力 Δp 很大，则 $\alpha_c=1$，蒸气相转变为固相表现为在固体表面上简单地叠加原子。若推动力小，则基体上会产生新相的形核过程，达到临界晶核后，原子再自发结合上去，使凝聚相逐渐长大。当纯物质气相向固相转变的推动力增加时，形核步骤也将产生变化，如图 10-20 所示。

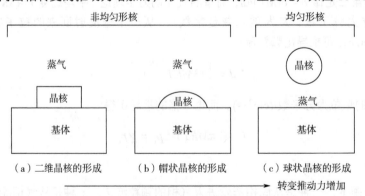

图 10-20 气-固转变推动力增加时形核机理的变化

（2）化学凝聚

物理蒸气凝聚机理也适用于化学气相沉积。如 $SiCl_4$ 在 H_2 气氛中加热到足够高温度，可使反应活化而得到硅薄膜沉积：

$$SiCl_4 \text{ (g)}+2H_2(g) \longrightarrow Si(s)+4HCl(g)$$

化学沉积与物理沉积的主要区别在于硅的物理蒸发要求较高的温度，温度高时，硅蒸气较活泼，常在室温的基体上直接沉积而成。硅的化学沉积是 $SiCl_4$ 的稳定化合物在较低温度就能自发反应而形成硅蒸气，其蒸发的产物能储藏，且控制气相很方便。反应速率不仅由温度控制，而且也由蒸气组成决定。增加气相中浓度将增大初始的沉积速率，但 $SiCl_4$ 浓度大时也会发生下面的反应：

$$SiCl_4 \text{ (g)}+ Si \text{ (s)} \longrightarrow 2SiCl_2 \text{ (g)}$$

故沉积的生长速率随 $SiCl_4$ 浓度而变化，有一个生长速率最大值。

蒸气沉积材料的晶体结构和形态变化范围很大，低温沉积可能是无定形或小的不完整颗粒，高温沉积可能是定向或柱状晶体。如图 10-21 所示为过饱和度和温度对沉积材料晶体形态的影响。过饱和度小时，晶体可能沿一维方向生长，形成 SiC 晶须和针状 SiC 晶体。

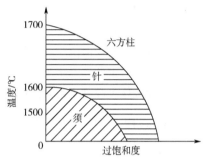

图 10-21　$SiCl_4$ 在 H_2 气相中作用于石墨所得单晶

10.5.4　物理气相沉积技术

10.5.5　化学气相沉积技术

线上学习使用　微信扫码使用

本章小结

固态相变理论是材料动力学理论中发展较为成熟和完善，也是极其重要的动力学理论之一。相变过程及其控制过程是材料制备、加工及材料性能控制的基础。固态相变的种类很多，分类方法各异。常见的分类方法有按热力学分类、按动力学分类和按相变机理分类等。其中按相变分类时原子迁移的情况可分为两类：一类是扩散型相变，如多晶转变、固溶体的脱溶转变、共析转变、调幅分解和有序化等；另一类是无扩散型相变，如低温进行的纯金属同素异构转变、马氏体转变等。

无机材料中可以产生多种类型的固态相变，通过适当的工艺处理，可以人为地控制这些转变。工艺处理与控制的目的是使无机材料显微结构或组织中的两相或更多相之间形成最佳分布。无机材料的性能取决于无机材料的结构，这种结构很大程度上就是无机材料的显微结构或相结构。而相变过程正是无机材料的显微结构形成过程，因此，研究、控制、利用相变就可以有效地改善无机材料的使用性能，这正是无机材料科学与工程的

最终目标。

思考题与习题

1. 名词解释

一级相变、二级相变、扩散型相变、无扩散型相变、扩散控制的长大、界面控制的长大。

2. 什么叫相变？按照机理来划分，可分为哪些相变？

3. 分析发生固态相变时组分及过冷度变化对相变驱动力的影响。

4. 马氏体相变具有什么特征？它和形核-生长相变有何差别？

5. 试分析应变能及表面能对固态相变热力学、动力学及新相形状的影响。

6. 请分析温度对相变热力学及动力学的影响。

7. 当一种纯液体过冷到平衡凝固温度（T_0）以下时，固相与液相间的自由能差越来越负。试证明在温度 T_0 附近随温度变化的关系近似为：$\Delta G_V = \Delta H_V \dfrac{(T_0 - T)}{T_0}$，式中 ΔH_V 为凝固潜热。

8. 在纯液体平衡凝固温度 T_0 以下，ΔG_r^* 临界相变势垒随温度下降而减小，于是有一个使潜热起伏活化因子 $\exp\left(-\dfrac{\Delta G_r^*}{kT}\right)$ 为极大值的温度。试证明，当 $T = T_0/3$ 时，有极大值[提示：利用 $\Delta G_V = \Delta H_V \dfrac{(T_0 - T)}{T_0}$ 表达式]。

9. 为什么在形核-生长机理相变中，要有一点过冷或过热才能发生相变？什么情况下需过冷，什么情况下需过热？

10. 何谓均匀形核？何谓非均匀形核？形核剂对熔体结晶过程的临界晶核半径 n_k 有何影响？

11. 在非均匀形核的情况下，相变活化能与表面张力有关，试讨论非均匀形核的活化能 ΔG_h^* 与接触角 θ 的关系，并证明当 $\theta = 90°$ 时，ΔG_h^* 是均匀形核活化能的一半。

12. 铁的原子量是 55.84，密度为 7.3g/cm³，熔点为 1593℃，熔化热为 11495J/mol，固-液界面能为 2.04×10^{-5} J/cm²，试求在过冷度为 10℃、100℃时的临界晶核大小，并估计这些晶核分别由多少个晶胞组成（已知铁为体心立方晶格，晶格常数 $a = 0.305$nm）。

13. 熔体冷却结晶过程中，在 1000℃时，单位体积自由能变化 $\Delta G_V = 418$J/cm³；在 900℃时 $\Delta G_V = 2090$J/cm³。设固-液界面能 $\gamma_{SL} = 5 \times 10^{-5}$J/cm²，求：

（1）在 900℃和 1000℃时临界晶核半径；

（2）在 900℃和 1000℃ 进行相变所需要的能量。

14. 如在液相中形成边长为 a 的立方体晶核时，求出"临界核胚"立方体边长 a^* 和 ΔG^*。为什么立方体 ΔG^* 大于球形 ΔG^*？

15. 铜的熔点 $T_m = 1385$K，在过冷度 $\Delta T = 0.2T_m$ 的温度下，通过均匀形核得到晶体铜。计算该温度下的临界晶核半径及临界晶核的原子数（$\Delta H = 1628$J/cm³、$\gamma_{SL} = 5 \times 10^{-5}$J/cm³，设铜为面心立方晶体，$a = 0.3615$nm）。

第11章 烧结

✈ 本章提要

    烧结（Sintering）是一门古老的工艺，早在公元前 3000 年，人类就在粉末冶金技术中掌握了这门工艺，但对烧结理论的系统研究和发展仅始于 20 世纪中期。目前，烧结在众多工业领域都得到了非常广泛的应用，如陶瓷、耐火材料、粉末冶金、超高温材料等生产过程中都含有烧结过程。

    烧结的目的是把粉状材料转变为块状材料，并赋予材料特有的性能。烧结过程是一个粉状物料在高温作用下排除气孔、体积收缩而逐渐变成坚硬固体的过程。烧结得到的块状材料是一种多晶材料，其显微结构由晶体、玻璃体和气孔组成。烧结直接影响显微结构中晶粒尺寸和分布、气孔大小形状和分布及晶界的体积分数等。从材料动力学角度看，烧结过程的进行依赖于基本动力学过程——扩散，因为所有传质过程都依赖于质点的迁移。烧结中粉状物料间的种种变化还会涉及相变、固相反应等动力学过程，尽管烧结的进行在某些情况下并不依赖于相变和固相反应的进行。由此可见，烧结是材料高温动力学中最复杂的动力学过程。

    无机材料的性能不仅与材料组成（化学组成和矿物组成）有关，还与材料的显微结构有密切关系。配方相同而晶粒尺寸不同的烧结体，由于晶粒在长度或宽度方向上某些参数的叠加，晶界出现频率不同，从而引起材料性能产生差异。如细小晶粒有利于强度的提高；为提高磁导率，希望晶粒择优取向，要求晶粒大而定向。除晶粒尺寸外，显微结构中气孔常成为应力的集中点而影响材料的强度；气孔又是光散射中心而使材料不透明；气孔也对畴壁运动起阻碍作用，从而影响铁电性和磁性等，而烧结过程可以通过控制晶界移动而抑制晶粒的异常生长，或通过控制表面扩散、晶界扩散和晶格扩散而充填气孔，用改变显微结构的方法使材料性能改善。因此，当配方、原料粒度、成型等工序完成以后，烧结是使材料获得预期的显微结构以使材料性能充分发挥的关键工序。

    研究物质在烧结过程中的各种物理化学变化，掌握粉末成型体烧结过程的现象和机理，了解烧结动力学及影响烧结的因素，对指导生产、控制产品质量、改进材料性能、研制新型材料有着十分重要的实际意义。目前，对烧结的基本原理和各种传质机理的高温动力学的研究已经比较成熟，但烧结是一个复杂的物理过程，完全定量地描述复杂多变的烧结还有一定的不足，烧结理论的继续完善有待于科学的发展，研究的深入。本章在简要介绍烧结理论的研究与发展基础上，着重阐述了纯固相和有液相参与的烧结过程、机理及动力学，烧结过程中的晶粒长大与再结晶以及影响烧结的因素等烧结基础理论知识，并扼要介绍了一些应用于新型无机材料的特种烧结方法。

11.1　烧结概述

11.1.1　烧结的定义及研究对象

人类在远古时代就利用烧结技术制备了现在世界各地不断出土的各种文物，如各种陶瓷制品和铁器。英文中烧结用"Sintering"一词，国际标准化组织（International Organization for Standardization, ISO）将其定义为加热至粉体主成分的熔点以下温度，通过粉体颗粒间黏结使粉体或其压坯产生强度的热处理过程，还可以根据烧结体宏观和微观的性质变化进行定义。

① 宏观定义：粉体原料经过成型，加热到低于熔点的温度，发生固结，气孔率下降，收缩加大，致密度提高，晶粒增大，变成坚硬的烧结体，这个现象称为烧结。

② 微观定义：固态分子或原子间存在相互吸引，通过加热使质点获得足够的能量进行迁移，使粉末体产生颗粒黏结，产生强度并导致致密化和再结晶的过程称为烧结。

虽然各种定义之间存在若干区别，但烧结过程有两个共同的基本特征：一是需要高温加热；二是烧结的目的是使粉体致密，产生相当的机械强度。

人类很早就利用烧结工艺来制备陶瓷、水泥、耐火材料等传统无机材料。随着材料科学技术的发展，现代烧结技术的对象已经从传统陶瓷、耐火材料、水泥等拓展到了金属或合金、工程陶瓷材料、功能陶瓷材料以及各种复合材料等。

11.1.2　烧结理论的研究与发展

烧结理论的研究对象是粉末和颗粒的烧结过程。这些粉末和颗粒可以是晶体或非晶体、工程陶瓷或耐火材料、金属或合金。对烧结机理及动力学的系统研究是从 20 世纪才开始的。

1910 年，柯立芝（Coolidge）成功地实现了钨的粉末冶金工作，代表了近代烧结技术的开始，此后陆续开展了单元氧化物（如 Al_2O_3、MgO）、单元金属等的烧结研究。1922 年索沃德（Sauerward）对粉末多孔体进行研究时发现烧结开始温度明显高于再结晶温度，并定义了金属粉末有效烧结的起始温度（Sauerward 温度原理）；随后切比亚托夫斯基（Trzebiatowski）对金属粉末的烧结进行了较为详细的研究，并提出了烧结的定义，认为烧结是"金属粉末颗粒黏结和长大的过程"。1938 年 Price 等第一次研究了液相烧结的溶解-析出现象，并提出了解释大颗粒长大的理论模型。这个时期发展起来的烧结理论模型大多建立在对烧结过程中颗粒长大现象的唯象解释上，可以称是最初期和原始的烧结理论，代表了烧结理论研究的开始，奠定了粉末烧结理论的基础性研究工作。

随着新兴物理学理论以及计算机科学技术在材料科学得到广泛应用，烧结理论的研究出现了三次大飞跃。

第二次世界大战期间，军工产业的繁荣极大地促进了金属材料制备技术与相关科学理论的发展，烧结理论的研究出现了第一次飞跃。

苏联学者弗仑克尔（Frenkel）在 1945 年同时发表了两篇具有里程碑意义的论文：《结晶体中的黏性流动》（*The viscous flow in crystal bodies*）和《结晶体表面蠕变与晶体表面天然粗

糙度》（*On the surface creep of particles in crystal and natural roughness of the crystal faces*）。在第一篇论文中，Frenkel 第一次把复杂的颗粒系统简化为两个球形（实际上是以两个圆的互相黏结为模型），考虑了与空位流动相关的晶体物质（而不是非晶体物质）的黏性流动烧结机理，导出了烧结颈长大速率的动力学方程。在第二篇论文中，Frenkel 考虑了颗粒表面原子的迁移问题，强调了物质向颗粒接触区迁移和靠近接触颈的体积变形在烧结过程中同时起重要作用的观点。以上两篇论文第一次将烧结理论的研究深入到了原子水平，是烧结理论的经典之作，对烧结问题的理论研究起到了重要的推动作用，代表了烧结理论的第一次突破，标志着对烧结过程进入了理论研究的新时代。库津斯基（Kuczynski）于 1949 年发表了《金属颗粒烧结过程中的自扩散》（*Self-diffusion in sintering of metallic particles*），基于各种扩散与蒸发-凝聚机理，在平板-球体模型上建立了烧结初期的较为系统的物质传质与迁移理论。

20 世纪 70 年代以后，以量子力学为代表的物理学理论在烧结理论的研究中得到广泛应用，促进烧结理论研究出现了第二次飞跃发展，一大批烧结动力学理论的出现大大丰富了对致密化过程的描述和对显微组织发展的评估。典型的代表是 Samsonov 用价电子稳定组态模型解释活化烧结现象；Lenel 提出塑性流动物质迁移机理的新概念；Rhines 提出了烧结的拓扑理论；Kuczynski 等给出烧结的统计理论；Munir 和 German 对活化烧结和液相烧结进行了深入研究。这些理论反过来又极大地促进了烧结理论在金属、陶瓷及复合材料等先进材料中的研究和开发。

计算机模拟技术的运用和发展给预测烧结全过程和烧结材料显微组织及性能提供了有力的工具，促进了烧结理论的第三次飞跃。1965 年，Nichols 和 Mullins 尝试过用数字计算机模拟技术对烧结颈演化过程进行了模拟研究。随后，多个研究小组开始用计算机模拟烧结过程中晶粒生长问题，计算机模拟烧结过程的相关研究进入了快速发展的阶段，且计算机模拟烧结过程的对象经历了从简单烧结物理模型到接近实际过程的复杂烧结物理模型的变化。将计算机技术应用于烧结研究的目的，不是对抽象的单一因素影响的物理模型进行复杂、精确的数学计算，而是对尽可能靠近实际情况的复杂物理模型进行系统的模拟，以期对烧结进行深入的认识和有效的控制。1990 年，Ku 等对反应烧结制备氮化硅陶瓷过程建立了计算机模拟的晶粒模型（Grain model）和尖锐界面模型（Sharp interface model）。模型不仅描述了化学反应和烧结同时进行下的组织发展，而且还预报了包括压制阶段的系统的致密化特征。对热等静压烧结过程，Ashby 也有计算机模拟的压力-烧结图的预报，这样一些工作是烧结理论研究的高级阶段。计算机模拟技术在烧结理论和技术中的应用是一个前沿研究领域，期望可实现对多因素、多过程和机理制约的复杂烧结过程的认识、预测和性能控制等目的。当人们对烧结过程本质进一步了解，且模型进一步完善和统一后，有效地对烧结过程进行智能控制的目的一定会实现。

由于烧结过程是一个复杂的工艺过程，影响因素很多，已有的烧结动力学方程都是在相当理想和简化的物理模型条件下获得的，对真正定量地解决复杂多变的实际烧结问题还有相当的距离，尚有待进一步研究。

11.1.3 烧结分类

根据烧结系统、烧结条件等的不同，烧结过程和控制因素也发生变化，烧结分类的标准也不同。一般来说，有如下几种主要的分类方法。

（1）根据烧结过程是否施加压力分类

烧结可分成不施加外部压力的无压烧结（Pressureless sintering）和施加外部压力的加压烧结（Pressure sintering）两大类，后者又称压力辅助烧结。

（2）根据烧结过程中主要传质媒介的物相种类分类

烧结可分为固相烧结（Solid state sintering）和液相烧结（Liquid phase sintering）两大类。固相烧结是指松散的粉末或经压制具有一定形状的粉末压坯被置于不超过其熔点的设定温度中，在一定的气氛保护下，保温一段时间，无液相参与的烧结，即只在单纯固相颗粒之间进行的烧结过程。所设定的温度称为烧结温度，所用的气氛称为烧结气氛，所用的保温时间称为烧结时间。而有部分液相参与的烧结过程称为液相烧结。此外，也有学者将通过蒸发-凝聚机理进行传质的烧结称为气相烧结。反应烧结法制备碳化硅（RBSC）和氮化硅（RBSN）以及物理气相沉积等都是气相烧结的例子。

（3）根据烧结体系的组元多少分类

烧结可分为单组元系统烧结、二组元系统烧结和多组元系统烧结。单组元系统烧结在烧结理论的研究中非常有用。而实际的粉末材料烧结大都是二组元系统或多组元系统的烧结。

（4）根据烧结是否采用强化手段分类

烧结可以分为常规烧结和强化烧结两大类。不施加外加烧结推动力，仅靠被烧结组元的扩散传质进行的烧结称为常规烧结；相反，通过各种手段，施加额外的烧结推动力的烧结称为强化烧结或特种烧结。

强化烧结的种类非常多，主要有：

① 添加第二相粉末作为烧结助剂的活化烧结（Activated sintering）；

② 利用部分组元在烧结温度形成液相，促进扩散传质的液相烧结；

③ 施加额外外部压力的加压烧结，包括热压烧结（Hot press sintering）和热等静压烧结（Hot isostatic pressing sintering）等；

④ 反应烧结（Reaction sintering）；

⑤ 微波烧结（Microwave sintering）；

⑥ 放电等离子烧结（Spark plasma sintering）；

⑦ 自蔓延高温烧结（Self-propagating high temperature sintering）。

随着烧结理论和实验科学技术的发展，新的烧结技术还在不断涌现。

11.1.4　与烧结相关的一些概念

在材料合成与制备中经常会碰到与烧结或多或少有关联但又有区别的一些概念，如烧成、熔融、固相反应等，在此做简单说明。

（1）烧结与烧成

烧成（Firing）包括多种物理和化学变化，例如脱水、坯体内气体分解、多相反应和熔融、溶解、烧结等。烧结一般仅指粉料在加热条件下，经历一系列较为简单的物理变化，最终达到粉末（坯体）致密化的过程，准确地说，它仅是烧成过程的一个重要组成部分。而烧成的含义及包括的范围更广，如耐火材料制备过程中从坯体进入隧道窑到制品离开隧道窑的整个过程可称为耐火材料的烧成。

（2）烧结与熔融

熔融（Melting 或 Fusion）过程和烧结过程都是由原子热振动引起的，即由晶格中原子的

振幅在温度升高的影响下增大，使原子间联系减弱而引起。熔融要在熔融温度以上的高温条件下进行，而烧结却是在远低于主要固态物质成分的熔融温度下进行。

泰曼发现烧结温度（T_S）和熔融温度（T_m）之间的关系有一定的规律，如对于不同的金属和盐类体系有如下的关系：

金属粉末：$T_S \approx (0.3 \sim 0.5) \, T_m$

盐类：$T_S \approx 0.57 T_m$

硅酸盐：$T_S \approx (0.8 \sim 0.9) \, T_m$

此外，熔融时系统中全部组元都转变为液相，而烧结时至少有一种组元处于固态。

（3）烧结与固相反应

烧结与固相反应均在低于材料主成分的熔点或体系的熔融温度下进行，且在过程中自始至终都至少有一相处于固态。不同之处是固相反应必须至少有两个组元参加并且两者发生化学反应，生成化合物，最终形成的化合物的结构与性能不同于原来的组元。而烧结可以是仅有单组元、两组元或多组元参加，但组元之间不发生化学反应，仅仅在毛细力、表面能等烧结推动力的驱动下由粉状聚集体变为致密的烧结体。

从结晶化学角度看，烧结体除了出现较大体积收缩、结晶程度变化（如结晶度更加完善等）外，其晶相组成并没有产生变化。另外，原有晶相的微观组织排列发生了变化并导致致密化，当然，在烧结过程中也可能伴随有某些化学反应的发生，如在特种烧结中，添加的第二相烧结助剂可能会参与化学反应过程，但烧结过程与化学反应之间并没有直接关系。整个烧结过程完全可以没有任何化学反应参与，而仅仅是一个粉末聚集体的致密化过程。固相反应则不同，原有物相的晶体结构被破坏，形成了新物相的晶体结构和新的显微组织结构。在实际的生产过程中，烧结和固相反应往往同时发生，没有明确的时间和空间的分界线。

11.1.5　烧结模型

烧结分烧结初期、中期和后期。中期和后期由于烧结历程不同，烧结模型各样，很难用一种模型描述。一般情况下，坯体均是经粉料压制而成，故颗粒形状和大小不同，其接触状况也不相同。为了研究上的方便，通常采用一系列简化模型。1949 年，库津斯基提出了由两个孤立的颗粒或者颗粒与平板组成的简化烧结体系模型，并进行了烧结机理和理论研究。这种简化是有一定前提的，即原料通过工艺处理可以满足或近似满足模型假设，即认为粉料是等径球体，在成型体（坯体）中接近紧密堆积（因为是压制成型），在平面上排列方式是每个球分别和 4 个或 6 个球相接触，在立体堆积中最多和 12 个球相接触。

烧结初期因为是从初始颗粒开始烧结，可以看成是球形颗粒的点接触，烧结时各球形颗粒接触点处逐渐形成颈部并随烧结进行而扩大，最后形成一个整体。坯体的烧结可以看作每个接触点颈部生长共同贡献。因为颗粒很小，每个接触点的环境和几何条件基本相同，这样就可以采用一个接触点的颈部生长来描述整个坯体的烧结动力学关系。烧结初期，通常采用的模型有三种，其中一种是球体-平板模型，另外两种是双球模型，如图 11-1 所示。加热烧结时，质点按各种烧结机理的传质方式向接触处迁移而形成颈部，这时双球模型可能出现两种情况，一种是颈部的增长并不引起两球中心距离的缩短，见图 11-1（a）；另一种则是随着颈部的增长两球中心距离缩短，见图 11-1（b）。球形颗粒与平面的点接触模型见图 11-1（c），烧结过程中心距也变小。部分烧结的两个 Si 球颗粒形貌见图 11-1（d），可见双球模型在某些情

况下和真实烧结是相吻合的。由简单的几何关系可以计算颈部曲率半径 ρ、颈部体积 V、颈部表面积 S 与颗粒半径 r 和接触颈部半径 x 的关系。

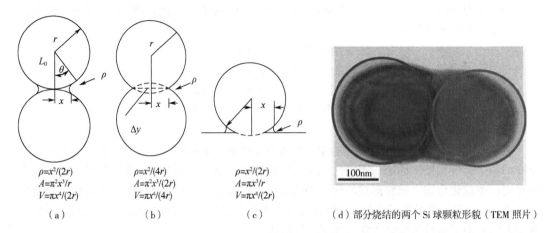

$\rho=x^2/(2r)$
$A=\pi^2x^3/r$
$V=\pi x^4/(2r)$

（a）

$\rho=x^2/(4r)$
$A=\pi^2x^3/(2r)$
$V=\pi x^4/(4r)$

（b）

$\rho=x^2/(2r)$
$A=\pi x^3/r$
$V=\pi x^4/(2r)$

（c）

（d）部分烧结的两个 Si 球颗粒形貌（TEM 照片）

图 11-1　烧结模型与 Si 球颗粒形貌

　　由于颗粒大小不一，形状不一，堆积紧密程度不一，因此无法进行复杂压块的定量化研究，但双球模型便于测定原子的迁移量，从而更易定量地掌握烧结过程，并为进一步研究物质迁移的各种机理奠定基础。

　　粉末压块由等径球体作为模型，随着烧结的进行，接触点处开始形成颈部，并逐渐扩大，最后烧结成一个整体。由于颈部所处的环境和几何条件相同，所以只需确定两个颗粒形成的成长速率就基本代表了整个烧结初期的动力学关系。

　　以上三个模型对烧结初期一般是适用的，但随烧结的进行，球形颗粒逐渐变形，因此在烧结中、后期应采用其他模型。

11.2　烧结过程、烧结过程热力学和烧结机理

11.2.1　烧结过程

　　由于烧结过程的理论研究起步比较晚，至今还没有一个统一的普适理论，已有的研究成果基本上都是从烧结时所伴随的可以检测的宏观性质变化角度，用简化模型来观察和研究烧结机理及各阶段的动力学关系。烧结过程是如何产生的？其机理如何？这是讨论烧结时首先应该明确的基本问题。

　　被烧结的对象是一种或多种固体的松散粉末，它们经加压等成型方法加工成坯体（又称粉末压块），坯体中通常含有大量气孔，一般占总体积的 35%～60%，颗粒之间虽有接触，但接触面积小且没有形成黏结，因而强度较低。

　　烧结过程是一个粉状物料在高温作用下排除气孔、经历体积收缩而逐渐变成具有明显机械强度的烧结体的过程。在烧结过程中，坯体内部发生一系列物理变化，主要包括：a.颗粒之间首先在接触部分开始相互作用，颗粒接触界面逐渐扩大并形成晶界（有效黏结）；b.气孔形状逐渐发生变化，由连通气孔变成孤立气孔并伴随体积的缩小，气孔率逐渐减少；c.发生数个

晶粒相互结合，产生再结晶和晶粒长大等现象。从宏观物性角度分析，通常可用线收缩率、机械强度、电阻率、容重、气孔率、吸水率、相对密度以及晶粒尺寸等宏观物理指标来衡量和分析粉料的烧结过程。但是这些宏观物理指标尚不能揭示烧结过程的本质。在后来的烧结理论研究中，建立各种烧结的物理模型，利用物理学等基础学科的最新研究成果，对颗粒表面的黏结发展过程、伴随的表面与内部发生的物质输运和迁移过程发生的热力学条件和动力学规律，以及烧结控制等进行了大量的研究，现代烧结理论的研究也不断向前发展。

根据大量的研究结果可将典型的烧结过程分成以下几个阶段：

① 烧结前颗粒的堆积阶段：颗粒间彼此以点接触，部分相互分开，颗粒间有较多的孔隙[如图 11-2（a）所示]。

② 颗粒间相互靠拢、键合和重排阶段：随温度升高和保温时间延长，其中的大孔隙逐渐消失，气孔的总体积迅速减小，但颗粒间仍以点接触为主，其总表面积没有明显缩小[图 11-2（a）到图 11-2（b）的变化阶段]。

③ 颗粒间发生明显传质的阶段：颗粒间由点接触逐渐扩大为面接触，粒界增加，固-气表面积相应减少，但孔隙仍连通[图 11-2（b）到图 11-2（c）的变化阶段]。

④ 气孔收缩并孤立化阶段：随传质继续进行，粒界进一步扩大，气孔则逐渐缩小和变形，最终变成孤立的闭气孔。

⑤ 粒子长大阶段：颗粒间的粒界开始移动，粒子长大，气孔逐渐迁移到粒界上消失，致密度进一步提高[如图 11-2（d）所示]。

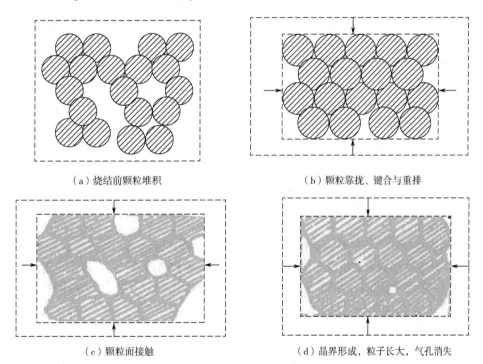

（a）烧结前颗粒堆积　　　　　　　　　　　（b）颗粒靠拢、键合与重排

（c）颗粒面接触　　　　　　　　　　　　　（d）晶界形成，粒子长大，气孔消失

图11-2　烧结过程致密示意图

根据烧结过程发生的各种物理变化指标及其控制因素，烧结进行的各阶段过程有许多分类。以扩散传质控制的烧结过程为例，考虑烧结温度和扩散进行度，可粗略地将烧结过程大致分为烧结初期、烧结中期和烧结后期三个过程。烧结初期表面扩散显著，其作用超过体积扩

散并占主导地位，颗粒之间形成接触和烧结颈部长大，体积收缩很小（仅为1%左右）。烧结中期以晶界和晶格扩散为主，经历颗粒黏结和颈部不断扩大过程，此时的连通孔洞发生闭合、孔洞圆滑和收缩，导致气孔率明显下降，体积明显收缩。烧结后期的扩散机理与中期相似，此时气孔完全孤立，发生孔洞粗化和晶粒长大，体积进一步收缩，实际密度接近理论密度。

烧结各阶段发生的物理变化过程不尽相同，其热力学和动力学控制因素更为复杂，这也是为什么到目前为止还没有一个能够完整地描述烧结各阶段的烧结理论的原因。目前，绝大部分的烧结理论都是根据不同烧结阶段的不同条件和特点而提出来的，因此在其使用的适用性上也有一定的限制。

11.2.2　烧结过程的热力学

近代烧结理论开拓者库津斯基指出，烧结粉末表面能量减少是烧结得以进行的关键因素，烧结时颗粒间的物质输运导致表面积减少，降低了体系表面能量，推动了烧结的进行。考虑最简单的仅有物理变化的烧结过程，从热力学原理可知，烧结过程中伴随表面积的减少，体系表面能不断地降低，直到体系总的自由能达到最小的烧结终点的理想状态。因此从热力学上讲，烧结是一个不可逆的变化过程。

为什么粉末颗粒的表面能对烧结具有决定作用？分析烧结粉末的特性可对此有一个大概的了解。烧结使用的粉末可通过多种方法制备，如破碎球磨法等的固相方法和溶胶－凝胶法、湿化学法等液相方法。通过固相破碎研磨法获得的粉末颗粒，粉料在粉碎与研磨过程中消耗的机械能以表面能的形式储存在粉体中，使粉状物料与同质量的块体材料相比具有极大的比表面，相应地粉料也具有很高的比表面的过剩能量。而且，粉碎与研磨也会导入大量晶格缺陷，使粉体具有很高的活性，因此烧结使用的粉末颗粒具有非常大的表面能和反应活性。

另外，实际获得的烧结体为大量颗粒（其尺寸比烧结前的粉末颗粒要大）和部分气孔的集合体，颗粒之间存在许多颗粒间界（又称晶界），其特性对烧结体性质具有非常大的影响。烧结体是一种具有复杂微观组织的多晶材料。由于气孔的消除和颗粒的长大，烧结体的自由能比粉末坯体要小得多。由于任何系统都有向最低能量状态转化以降低体系自由能的稳定趋势，所以在将粉末加热到烧结温度保温时，颗粒间就发生了由减少表面积、降低表面能驱动的物质传递和迁移现象，最终变成体系能量更低的烧结体。所以，可以认为表面能的降低是烧结过程的推动力。

在一般的烧结中，由于粉状物料的表面能大于多晶烧结体的界面能，其表面能就是烧结的推动力。简单地讲就是系统表面能的降低导致了烧结能够自发地进行。目前常用晶界能 γ_{GB} 和表面能 γ_{SV} 之比来衡量烧结的难易，一般材料 γ_{GB}/γ_{SV} 愈小愈容易烧结，反之难烧结。为了促进烧结，必须使 γ_{SV} 远大于 γ_{GB}。

实际研究表明，相同细度粉末状物料，如金属、离子键无机物和共价键无机物等之间的比表面过剩能量相差不大，但是其烧结所需条件和速度却相差很大，粉末的烧结方式、烧结条件和烧结特点也不同。一般地，共价键无机物大都属于难烧结材料；金属烧结性最好，是易烧结材料；而离子键无机物的烧结性居中。这种不同粉末烧结的难易特性也称为粉末烧结性。

实际烧结过程中，粉末状物料经过压制成型后，在颗粒之间仅仅存在点接触。在烧结所需的高温条件下可不经化学反应，而仅仅靠物质的传递和迁移来实现致密化，成为坚硬的烧结体。因此，在分析具体烧结材料体系和过程中，可将这种推动物质输运迁移并实现坯体的

致密化的化学势梯度，包括质点离子与空位浓度梯度、压力梯度视作烧结的推动力。下面来具体分析粉末烧结过程热力学条件即体系表面能减少，以及影响粉末颗粒表面积减少、实现烧结过程的内在和外在条件，即动力学因素。

（1）表面自由能的作用

假设各向同性的晶体，如图11-3所示，由四个较小的单一球a开始，烧结按照a→b→c→d过程进行，最后烧结完成100%的时候变成单一球d。此过程中的吉布斯表面自由能的变化为 $\Delta G_{a \to d} = -8\pi\gamma(2-2^{\frac{1}{3}})R^2$。考虑一般情况，取球半径 R 为1μm，固-气表面自由能为1J/m^2，则表面总能量变化值约为-2×10^{-11}J。考虑由c向d的变化过程，$\Delta G_{c \to d}$ 由表面积减少（ΔG_{sv}）和颗粒之间界面消失（ΔG_{gb}）两部分能量变化构成。在假定 $\gamma_{gb} = \gamma_{sv}/2$ 及c的气孔率为10%时，$\Delta G_{c \to d}$ 和 ΔG_{gb} 分别为-0.9×10^{-11}和-3.2×10^{-11}J，可见颗粒间晶界界面消失带来的能量变化比单纯气孔减少引起表面积减少的要大。此外，平均直径为1μm的1mol α-Al$_2$O$_3$颗粒变成单一球时，表面积减少带来的表面自由能变化为-79.5J/mol左右，这种能量变化与一般化学反应的 ΔH、ΔG（一般在 $10^4 \sim 10^5$J/mol 数量级）相比显得较小。

根据热力学理论，在室温条件下，随着颗粒结合导致表面积减少的过程中体系自由能减少，这个过程能够自发进行，表面自由能的减少起到烧结推动力的作用。但是，室温条件下细颗粒之间仅发生团聚现象，而不能进一步地出现烧结过程，烧结必须在高温条件下进行。从能量变化大小考虑，过剩比表面能不如晶界界面能的减少，更无法和化学作用导致的自由能变化相比较。结合不同种类粉末颗粒的表面能相近，而烧结性能差别却很大的研究事实，表明在烧结过程中，除单纯的比表面减少对应的能量因素（热力学判据）之外，还需要考虑比表面减少过程所需的扩散、传质等物质输运过程的热力学和动力学条件等的作用因素（实际烧结过程的推动力），这些因素能够促进颗粒之间形成接触，以及保证粉末体系实现有效物质的输运作用，使得比表面减少的烧结过程能够顺利进行。

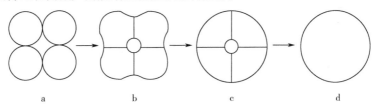

图11-3　四个较小球烧结变成较大单一球过程的示意图

（2）烧结过程的推动力

伴随表面积减少的烧结过程是一个自发的不可逆过程，而推动系统表面积减少的自由颗粒表面的表面张力则是本征的或基本的烧结推动力。虽然热力学理论分析表明室温条件下的烧结可以自发进行，但是烧结仍然要在高温下才能以明显的速度进行。实际的烧结体系中，除上述的本征烧结推动力之外，还存在着毛细管表面张力和化学势等烧结推动力。

① 自由表面的表面张力

先分析不同颗粒细度、不同种类物质的过剩比表面自由能的量值大小。考虑比表面为 S(cm^2/g)、松散的无接触粉末颗粒，经烧结变成一个完全致密的、密度为 d(g/cm^3)烧结体的烧结过程。粉末颗粒对应晶体的摩尔质量为 M(g/mol)，在忽略其他种类界面能量的变化和体系吸热量 $Q=0$ 的条件下，烧结前后总能量的变化近似为：

$$\Delta G = MS\gamma_{sv} \tag{11-1}$$

由式（11-1）可计算出仅由颗粒自由表面完全消失相对应的体系总的过剩固-气表面自由能 $MS\gamma_{SV}$，并可用来分析由颗粒表面的表面张力 γ_{SV} 推动烧结进行的本征烧结推动力的大小。表 11-1 给出了几种较为典型粉末参数及由此计算的过剩表面自由能。表 11-2 给出了 Al$_2$O$_3$ 粉末不同颗粒对应的过剩表面自由能。

表 11-1　几种典型粉末参数及计算的过剩表面自由能

粉末	粒度/μm	比表面/(cm^2·g^{-1})	固相密度/(g·cm^{-3})	摩尔质量/(g·mol^{-1})	γ_{SV}/(J·m^2)	烧结驱动力 ΔE/(J·mol^{-1})
Cu	150	5×10^2	8.9	63.55	1.6	5.1
Ni	10	4×10^3	8.9	58.69	1.9	45
W	0.3	1×10^4	19.3	183.85	2.9	530
Al$_2$O$_3$	0.2	1×10^5	4.0	102.0	1.5	1500

表 11-2　Al$_2$O$_3$ 粉末不同颗粒对应的过剩表面自由能

粉末	粒度/μm	比表面/(cm^2·g^{-1})	固相密度/(g·cm^{-3})	摩尔质量/(g·mol^{-1})	γ_{SV}/(J·m^2)	烧结驱动力 ΔE/(J·mol^{-1})
Al$_2$O$_3$	150	≈1×10^2	4.0	102.0	1.5	2
Al$_2$O$_3$	10	≈2×10^3	4.0	102.0	1.5	330
Al$_2$O$_3$	0.3	≈6×10^4	4.0	102.0	1.5	1000
Al$_2$O$_3$	0.2	1×10^5	4.0	102.0	1.5	1500

表 11-1 的粉末参数表明，不同种类材料的本征烧结推动力 γ_{SV} 相差不大。从表 11-1 和表 11-2 的数据均说明粉末粒度对烧结的影响：粉末粒度越细，比表面越大，过剩比表面能越大，因此提高粉末的细度可以改善烧结特性。

从表 11-1 的结果无法判断不同种类粉末烧结性能的差别，而且实际上这几种粉末的烧结特性和难易程度相差却很大，所以并不能单纯地从表 11-1 给出的固-气表面的表面张力 γ_{SV} 的数据来判断本征烧结推动力。另外，表中给出的粉末表面的过剩表面自由能在几百至几千焦每摩，与一般化学反应过程能量变化的几万焦每摩相比非常小。也就是说，在颗粒表面的表面张力作用下，导致过剩表面自由能减少而直接推动烧结进行的烧结推动力很小，相应地，推动烧结自发进行的热力学程度和动力学速度也将比较有限。这就需要考虑烧结粉末体系中的其他可能的因素及烧结推动力。

② 接触部的毛细力

在实际烧结体系中，松散颗粒的过剩表面自由能使得颗粒之间自发产生团聚，而且，烧结粉末经成型后在颗粒之间形成了大量的有效点接触，并在相互接触的颗粒之间形成"空隙"或"孔洞"结构。一般地，这些"空隙"或"孔洞"结构形状并非球形，而是呈现尖角形、圆滑菱形或近似球形，并随烧结进行逐渐向球形过渡。相互接触的颗粒间形成与毛细管类似的几何结构。因此，除颗粒自由表面的表面张力之外，在颗粒接触处还存在与液相相似的毛细管表面张力。在它的作用下，直接导致"空隙"或"孔洞"的收缩，粉末系统的比表面不断减少。

对于液相情况，表面张力会使弯曲液面引起毛细孔表面张力或在该曲面上的附加压强差 Δp。对于半径为 r 的球形液滴，拉普拉斯（Laplace）与杨（Young）给出了表面的曲率半径 r、自由表面的表面张力 γ 与该压强差的关系式，为：

$$\Delta p = \frac{2\gamma}{r} \tag{11-2}$$

对于表面上相互垂直的两个曲率半径分别为 r_1 和 r_2 球接触的球形曲面，可近似为：

$$\Delta p \approx \gamma \left(\frac{1}{r_1} + \frac{1}{r_2} \right) \tag{11-3}$$

对固相颗粒相互接触的情况，一般接触处不是理想的点接触，而是一个有一定面积的接触区域，称桥或颈，颈部的结构和可能作用力分布如图 11-4 所示。图 11-4 中，r_n 为颈部接触面的半径，r 为颈部外表面的曲率半径。则颗粒接触颈部的毛细管作用力 σ 为：

$$\sigma = \Delta p = \gamma \left(\frac{1}{r_n} + \frac{1}{r} \right) \tag{11-4}$$

式（11-4）中的负号表示从"孔洞"内出发计算。凹的颈部表面存在着向外（向"孔洞"方向）的拉伸应力 σ，相当于在两球接触面的垂直中心线方向存在使两球靠近的压应力。这种接触面毛细力 σ 使得"孔洞"承受一个指向各"孔洞"中心的压应力。

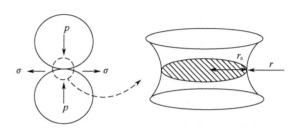

图11-4　烧结颈部结构和可能作用力分布示意图

考虑这种力与表面张力作用产生的毛细现象有关，将其称为毛细力。需特别注意的是，这种作用在固体颗粒接触颈部的毛细力虽然起源于表面张力，但是如式（11-4）所示，它的大小主要取决于颈部表面与接触面的曲率半径。

对于表面能为 $10^{-4}\mathrm{J/cm^2}$ 的氧化物，按式（11-3）计算，当颗粒半径为 $1\mu m$ 时，附加的压强差亦称毛细力，为 $2.026 \times 10^6 \mathrm{Pa}$，显然这种毛细力非常大。

③ 化学势梯度

在高温下，固体表面存在一个平衡的蒸气压，平衡蒸气压与表面形状相关，固体表面张力对不同曲率半径的弯曲表面处的蒸气压也不相同。表面张力使凹表面处的蒸气压 p 低于平表面处的蒸气压 p_0，而凸表面处的蒸气压 p 则高于平面处的 p_0，可用开尔文（Kelven）公式表示：

$$\ln \frac{p}{p_0} = \frac{2M\gamma}{\rho R T r} \tag{11-5}$$

或者：

$$\ln \frac{p}{p_0} = \frac{M\gamma}{\rho R T} \left(\frac{1}{r_1} + \frac{1}{r_2} \right) \tag{11-6}$$

式中　γ——表面张力，N/m；

　　　M——分子量；

　　　ρ——密度，$\mathrm{g/m^3}$。

式（11-6）表明在一定温度下，表面张力对不同曲率半径的弯曲表面上平衡蒸气压有影响。如图 11-5 所示，对于有连续凹凸不平表面的固体颗粒，其凸表面处呈正蒸气压，凹表面处呈

负压。在凸表面与凹表面之间出现了蒸气压差，由此产生了一个压差化学势梯度。当固体在高温下具有较高蒸气压时，此压差化学势通过气相传质使物质从凸表面向凹表面传递：物质在凸表面蒸发，向颈部（凹表面处）移动，在颈部凝聚，也即空位进行反向的迁移运动。物质迁移的推动力是 Δp_1 与 Δp_2 之和，这也是由蒸发-凝聚传质机理引起的烧结推动力。

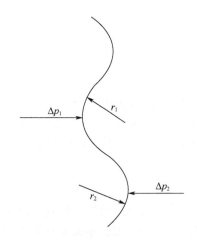

图11-5　有连续凹凸不平的固体颗粒表面压力示意图

如果固相颗粒表面被高温熔体（液相）包围与浸润时，与蒸气压类似，固相在液相中的溶解度与固相表面形状有关。用平面处固体溶解度 C 和弯曲表面处溶解度 C_0 分别代替式（11-6）中的蒸气压 p 和 p_0，得到：

$$\ln \frac{C}{C_0} = \frac{M\gamma}{\rho RT}\left(\frac{1}{r_1}+\frac{1}{r_2}\right) \qquad (11\text{-}7)$$

体系中存在溶解度差值 ΔC，在液相中产生浓度差化学势梯度，使得物质在凸表面处溶解，进入液相并向颈部（凹表面处）流动，在颈部沉积。这种通过液相传质使物质从凸表面向凹表面传递的物质迁移机理称为溶解-沉积机理，它的推动力是溶解度差 ΔC，这也是由溶解-沉淀传质机理引起的烧结推动力。

对于表面处的空位浓度也存在相类似的关系式。因此，作为烧结动力的表面张力在颗粒接触部分通过毛细管作用产生了不同弯曲表面之间的压力差、溶解度差、空位浓度差，导致了传质单元在不同弯曲表面之间的化学势梯度，分别通过流动、扩散、液相途径或气相途径传递等物质传递途径，实现了烧结过程所必需的物质迁移。

11.2.3　烧结传质过程

烧结包括颗粒间的接触、黏附及在烧结推动作用下的物质传递过程，涉及颗粒间怎样黏附以及物质经什么途径传递等两个重要过程。

（1）颗粒间的黏附作用

实验表明，只要两固体表面是新鲜或清洁的，且其中有一个足够细小或薄，黏附总会发生。将两根新鲜的玻纤叠放在一起，沿水平方向轻轻相互拉过，可发现其运动是黏滞的，这说明它们在接触处发生了黏附作用。如果固体尺度较大，这种黏附作用就不易被觉察。因为一般固体表面从分子尺度看总是很粗糙的，接触面很小，黏附力与两者的质量相比就显得非常小。

若两固体粒子相互靠近发生点接触，在式（11-2）所示的压差（黏附力）作用下，接触点处产生微小塑性变形，点接触变大，成为与接触颈部类似的接触区。在式（11-4）所示接触颈部的拉伸应力作用下，接触颈部的塑性变形加剧，接触面积增大，而扩大了的接触面又会使黏附力进一步增加，并获得更大的变形，依次循环和叠加就使固体颗粒间产生类似于图 11-6 所示的变形接触颈部区域。

若两个表面均匀地被液态膜润湿，当它们相互靠近时，液相表面张力作为黏附作用力，使得液态膜在表面变形，导致颗粒靠拢和聚积。如图 11-7 的（a）→（b）所示，水膜总表面积减少了 ΔS，总表面能降低了 $\gamma \Delta S$，并在两个颗粒间形成了一个曲率半径为 ρ 的透镜状接触

区（称为颈部）。

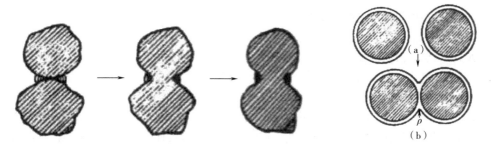

图 11-6　固相颗粒黏附导致的接触面扩展变形　　　　图 11-7　被水膜包裹的两固体球的黏附

所以，黏附实际上是固体表面的普遍现象，它起因于固体表面力（或浸润液相的表面张力）。当两表面靠近到表面作用力场时，就会发生黏附并导致界面的键合，黏附力的大小完全取决于物质的表面张力和接触面积。颗粒越细，表面张力引起的黏附作用力越大，相应的黏附作用也越显著。这也是超细粉体颗粒黏附作用特别明显的原因。总之，黏附作用是烧结初期颗粒间键合、重排的一个重要作用。

（2）物质迁移的传质过程

烧结是粉末体系在高温加热条件下进行的表面积减少、排除气孔、进而达到致密化的过程。从原子水平的微观机理分析，实现烧结致密化的关键是点接触的粉末颗粒之间在高温条件下的物质进行迁移的传质过程。只有保证颗粒之间在烧结推动力的作用下进行有效的物质传递，才能使得颗粒的比表面不断减少，气孔不断消除，最后达到完全致密化的烧结目的。虽然烧结过程的传质过程和途径多种多样，但大都可以归入到固-气之间的气相传质（又称蒸发-凝聚传质）、固相扩散传质、黏性流动传质以及固-液之间的溶解-沉淀传质等四大类过程。

① 蒸发-凝聚传质过程

固-气相间的蒸发-凝聚传质产生的原因是粉末体球形颗粒凸表面与颗粒接触点颈部之间的蒸气压差。一般烧结体中烧结颗粒平均细度较小，而且实际颗粒表面各处的曲率半径变化较大，而不同曲率半径处的蒸气压不同。因此，物质将从正蒸气压的凸表面处蒸发，通过气相传质到呈负蒸气压的凹处表面（如烧结颗粒的颈部）处凝聚，从而颈部逐渐被填充，导致颈部逐渐长大。这样，颗粒间的接触面增加，并伴随颗粒和孔隙形状的改变，导致表面积减少，促进了烧结体的致密化过程。

② 固相扩散传质过程

扩散是最基本的材料传质途径，有不同的形式及机理。例如，扩散可以通过晶格点阵进行，也可以沿材料内部的各种缺陷进行，还有沿材料表面进行的扩散。一般认为，晶格点阵位置的原子自扩散能力决定了材料扩散的本征能力和扩散特性，同时，材料中的各种缺陷对扩散过程有着巨大的影响作用。下面按缺陷类型来分析讨论通过扩散作用进行传质的过程和机理。

第一种是通过晶格格点位置上原子（或离子）进行的扩散传质过程。在无化学势梯度条件下，格点上原子具有无规则行走的本征扩散能力，其强度可用自扩散系数（或本征扩散系数）D 表示。存在化学势梯度时发生的扩散，用原子（离子）的互扩散系数表示，如离子晶体的负、正离子在化学势梯度作用下的化学扩散系数。

原子（离子）的自扩散系数可表示为：

$$D = D_0 \exp\left(-\frac{\Delta G}{RT}\right) \tag{11-8}$$

式中　D——在纯固体中自扩散系数；

$\quad D_0$——扩散常数；

$\quad \Delta G$——自扩散激活能，J；

$\quad R$——气体常数，J/(mol·K)；

$\quad T$——热力学温度，K。

由式（11-8）可见，烧结温度提高，原子自扩散系数按指数规律迅速增大。物质传递的能力和速度与原子扩散系数正相关，因此，在给定烧结温度条件下，晶体粉末的自扩散系数大小可用来表示粉末烧结的本征烧结特性和能力。如共价键的 SiC 和 Si_3N_4 材料，其自扩散系数远小于离子键的 Al_2O_3 的扩散系数，因此，共价键材料一般是难烧结材料。

第二种是通过晶格内点缺陷进行的扩散传质过程。点缺陷可分为结构性点缺陷和化学点缺陷两大类。晶体本身热运动产生的点阵空位和间隙原子两种点缺陷属于结构性点缺陷，它发生的扩散称为本征扩散。另外，通过掺杂手段产生的格位取代杂质和间隙杂质等称为化学点缺陷，通过它们进行的扩散称为非本征扩散，一般较容易进行。

对烧结传质来说，空位是一种最重要的点缺陷，在扩散过程中起至关重要的作用。空位扩散可以看作是同时出现了空位扩散和相反方向的原子扩散，在处于平衡条件的未掺杂本征材料中，原子的自扩散系数 D 与空位扩散系数及空位的平衡浓度有关：

$$D = D'N_v = D'A\exp[-Q_v/(RT)] \tag{11-9}$$

式中　D'——空位扩散系数；

$\quad N_v$——平衡空位摩尔浓度，mol/m^3；

$\quad A$——常数；

$\quad Q_v$——空位形成能，J。

式（11-9）表明，原子扩散能力大小与空位浓度有关，故可以将空位浓度的大小作为烧结活性的一个重要判据。

金属粉末如 Cu 的空位浓度大，扩散能力大，烧结活性也高，称为易烧结粉末；而共价键陶瓷粉末如 SiC 空位浓度非常小，扩散能力低，几乎没有烧结活性，称为难烧结粉末。

实际材料中，往往通过物理、化学和力学手段在晶体内部引入非平衡空位浓度，提高粉末的烧结能力。离子键结合的晶体材料中，掺杂范围和浓度较大，导入的过剩空位浓度可远远高于平衡空位浓度，对烧结的促进作用较大，因此引入杂质是一种非常有效的提高烧结活性的途径。

第三种是通过晶格内线缺陷进行的扩散传质过程。由晶体内部质点排列变形导致的原子行列间相互滑移产生的位错是最常见的线缺陷。位错易移动，可发生滑移和攀移运动。位错运动过程中，位错之间、位错与其他晶体缺陷之间，如空位、间隙原子、杂质原子、自由表面等缺陷之间，可以通过位错的弹性场或静电场发生交互作用，并伴随着物质的传递过程。

第四种是通过面缺陷进行的传质过程。实际晶体都存在各种类型的缺陷，除了零维的点缺陷和一维的位错之外，最重要的缺陷就是二维的面缺陷。面缺陷通常包括表面和界面两种。表面是有限尺寸晶体平移对称性的终止处，是一大类表面缺陷，如固-气表面、固-液表面等。界面一般指有限尺寸晶体内部的面缺陷，如通常所指的晶界、固-固界面等。

第五种是通过三维体缺陷的传质过程。实际烧结体中存在大量的三维体缺陷，如气孔等

孔洞、包裹体等。在特定的烧结过程中，颗粒的烧结速度与过剩空位从空位源到空位阱的流动速度有关。研究表明，颗粒内部的晶界、位错和孔洞既可以作为空位源，也可以起空位阱的作用。其中，晶界起到有效的空位阱的条件是晶粒尺寸远远小于孔洞尺寸。一般条件下，考虑烧结体孔洞尺寸较烧结粉末颗粒较大，过剩空位进入晶界的机会较进入位错的机会大，晶界对烧结的促进作用更明显。

③ 黏性流动传质过程

高温条件下，颗粒接触部分在毛细力和烧结应力等的作用下变形，并发生以原子团、空位团和部分烧结体的流动，按黏性流动、蠕变流动和塑性流动等方式进行，并对应于不同的流动传质机理。

烧结流动模型的提出要早于扩散传质模型。1945 年，Frenkel 采用微观的液态黏性流动假设分析了空位团的迁移行为，指出空位团在毛细管表面张力等外力作用下沿表面张力的作用方向移动，产生了与表面张力大小成比例的物质迁移（物质流），被称为著名的 Frenkel 经典黏性流动模型。

1966 年，Lenel 等将蠕变概念引入到烧结过程研究中，提出了物质迁移的蠕变流动模型。此外，在高温和加压烧结条件下，当烧结颗粒接触处的应力足够大，超过极限应力时发生了应力屈服，导致大量原子团簇滑移等的物质迁移行为，称为烧结的塑性流动。塑性流动只有当接触处的外作用力超过固体的屈服应力时才能发生，因此，塑性流动机理大多用来解释加压的烧结行为。

④ 固液之间的溶解-沉淀传质过程

在高温条件下，许多烧结体内部出现部分的液相，也就是所谓的液相参与的烧结。此时，固-液间存在溶解-沉淀传质过程。当液相润湿固相颗粒表面，并使得固相颗粒溶解时，溶解度与颗粒尺寸存在如下的关系式：

$$\ln\frac{c}{c_0} = \frac{2\gamma_{\mathrm{SL}}M}{\rho RTd} \tag{11-10}$$

式中　c——小颗粒的溶解度；

c_0——颗粒的平均溶解度；

γ_{SL}——固-液界面张力，N/m；

d——小颗粒的半径，m。

由式（11-10）可见，溶解度随颗粒半径减小而增大。小颗粒具有大表面能，在液相中的溶解度也较大，会优先溶解进入液相，在液相中产生被溶解物质的浓度梯度，并向周围扩散。当被溶解物质浓度达到并超过大颗粒表面处的饱和浓度时，就会在其表面析出或沉淀。这样，在液相的参与下，烧结颗粒之间发生物质迁移，导致颗粒间界面移动，颗粒形状和孔隙发生改变，导致烧结体的致密化。这种通过高温液相进行物质传递的机理被称为溶解-沉淀传质机理。

综上所述，烧结致密化所需的物质传递机理非常复杂。在实际烧结过程中，往往多个机理同时起作用。在不同的烧结体系、烧结条件和烧结的不同阶段，这些烧结机理的贡献也不尽相同。在特定条件下，往往是某一种或数种机理起主导作用，需要根据具体的情况，结合实验研究数据和烧结理论进行分析。

11.3　固相烧结机理

固相烧结完全是固体颗粒之间的高温固结过程，没有液相参与。单一粉末体的烧结常常属于典型的固相烧结。固相烧结的主要传质方式有蒸发-凝聚传质、扩散传质和塑性流变。

11.3.1　蒸发-凝聚传质

（1）蒸发-凝聚传质模型

由于固体颗粒表面曲率不同，在高温时必然在系统的不同部位有不同的蒸气压。质点可以通过蒸发、再凝聚实现质点的迁移，促进烧结。

这种传质过程仅仅在高温下蒸气压较大的系统内进行，如氧化铅、氧化铍和氧化铁的烧结。这是烧结中定量计算最简单的一种传质方式，也是了解复杂烧结过程的基础。

蒸发-凝聚传质采用的模型如图 11-8 所示，在球形颗粒表面有正曲率半径，而在两个颗粒连接处有一个小的负曲率半径的颈部，根据开尔文公式（$\ln \dfrac{p_1}{p_2} = \dfrac{2\gamma M}{dRTr}$）可以得出，物质将从蒸气压高的凸形颗粒表面蒸发，通过气相传递而凝聚到蒸气压低的凹形颈部，从而使颈部逐渐被填充。

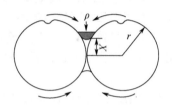

图 11-8　蒸发-凝聚传质模型

（2）颈部生长速率关系式

根据图 11-8 所示球形颗粒半径 r 和颈部半径 r_x 之间的开尔文关系式：

$$\ln \frac{p_1}{p_2} = \frac{\gamma M}{dRT}\left(\frac{1}{\rho} + \frac{1}{r_x}\right) \tag{11-11}$$

式中，p_1 为曲率半径 ρ 处的蒸气压；p_2 为球形颗粒表面的蒸气压；γ 为表面张力；d 为密度。

式（11-11）反映了蒸发-凝聚传质产生的原因（曲率半径差别）和条件（颗粒足够小时压差才显著），同时也反映了颗粒曲率半径与相对蒸气压差的定量关系。一般，只有当颗粒半径在 10μm 以下，蒸气压差才较明显地表现出来。而约在 5μm 以下时，由曲率半径差异而引起的压差已十分显著，因此一般粉末烧结过程较合适的粒度至少为 10μm。

在式（11-11）中，由于压力差 $p_2 - p_1$ 是很小的，由高等数学可知当 r_x 充分小时，$\ln(1 + r_x) \approx r_x$，所以 $\ln \dfrac{p_1}{p_2} = \ln(1 + \dfrac{\Delta p}{p_2}) \approx \dfrac{\Delta p}{p_2}$。又由于 $x \gg \rho$，所以式（11-11）又可写作：

$$\Delta p = \frac{\gamma M\, p_2}{d \rho RT} \tag{11-12}$$

式中，Δp 为负曲率半径颈部和接近于平面的颗粒表面上的饱和蒸气压之间的压差。

根据气体动力学理论可以推出物质在单位面积上凝聚速率正比于平衡气压和大气压差的朗缪尔（Langmuir）公式：

$$U_{\mathrm{m}} = \alpha \Delta p \left(\frac{M}{2\pi RT}\right)^{1/2} \tag{11-13}$$

式中 U_m——凝聚速率，g/(cm³·s)；

  α——调节系数，其值接近于 1；

  Δp——凹面与平面之间蒸气压差，Pa。

当凝聚速率等于颈部体积增加速率时，即颈部体积增加的量等于通过凝聚传质获得的量，则有：

$$\frac{U_m A}{d} = \frac{dV}{dt} \tag{11-14}$$

根据烧结模型公式（11-12），相应的颈部曲率半径 ρ、颈部表面积 A 和体积 V 代入式（11-14），并将式（11-13）代入式（11-14）得：

$$\frac{\gamma M p_2}{d\rho RT}\left(\frac{M}{2\pi RT}\right)^{1/2} \times \frac{\pi^2 r_x^3}{r} \times \frac{1}{d} = \frac{d\left(\dfrac{\pi r_x^4}{2r}\right)}{dr_x} \times \frac{dr_x}{dt} \tag{11-15}$$

将式（11-15）移项并积分，可以得到球形颗粒接触面积颈部生长速率关系式：

$$\frac{r_x}{r} = \left(\frac{3\sqrt{\pi}\gamma M^{3/2} p_2}{\sqrt{2} R^{3/2} T^{2/3} d^2}\right)^{1/3} r^{-2/3} t^{1/3} \tag{11-16}$$

式中 r_x/r——颈部生长速率，%；

  r_x——颈部半径，mm；

  r——颗粒半径，mm；

  γ——颗粒表面能，J；

  M——分子量；

  p_2——球形颗粒表面蒸气压，Pa；

  R——气体常数，J/(mol·K)；

  T——温度，K；

  t——时间，s。

此方程得出颈部半径（r_x）和影响生长速率的其他变量（r、p_2、t）之间的相互关系。

① 实验证实

金格瑞（Kingery）等曾以 NaCl 球进行烧结实验，NaCl 在烧结温度下有很高的蒸气压。实验证明式（11-16）是正确的，实验结果用线性坐标图[图 11-9（a）]和对数坐标图[图 11-9（b）]两种形式表示。

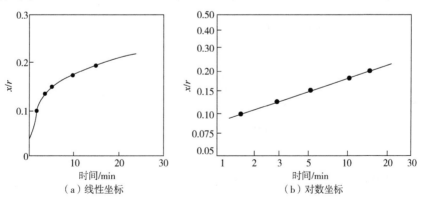

图 11-9 NaCl 在 750℃时球形颗粒之间颈部生长

由式（11-16）可见，接触颈部的生长 r_x/r 随时间 t 的 1/3 次方变化。在烧结初期可以观察到如图 11-9（b）所示的速率规律。由图 11-9（a）可见，颈部增长只在开始时比较显著，随着烧结的进行，颈部增长很快就停止了。因此对这类传质过程用延长烧结时间不能达到促进烧结的效果。

从工艺控制考虑，两个重要的变量是原料起始粒度（r）和烧结温度（T）。粉末的起始粒度愈小，烧结速率愈大。由于蒸气压 p_2 随温度而呈指数地增加，因而提高温度对烧结有利。

② 蒸发-凝聚传质的特点

蒸发-凝聚传质的主要特点是烧结时坯体不发生收缩。烧结时颈部区域扩大，球的形状改变为椭圆，气孔形状改变，但球与球之间的中心距不变，也就是在这种传质过程中坯体不发生收缩，坯体密度不变。虽然气孔形状的变化对坯体的一些宏观性质有可观的影响，但不影响坯体密度。

气相传质过程要求把物质加热到可以产生足够蒸气压的温度，对于几微米的粉末体，要求蒸气压最低为 1~10Pa，才能看出传质的效果。而烧结氧化物材料往往达不到这样高的蒸气压，如 Al_2O_3 在 1200℃时蒸气压只有 10^{-41}Pa，因而一般硅酸盐材料的烧结中这种传质方式并不多见。但一些研究报道，ZnO 在 1100℃以上烧结和 TiO_2 在 1300~1350℃烧结时，发现符合式（11-16）的烧结速率方程。

11.3.2 扩散传质

在大多数固体材料中，由于高温下蒸气压低，传质更易通过固态内质点扩散过程来进行。

（1）颈部应力分析

假定晶体是各向同性的。图 11-10 表示两个球形颗粒的接触颈部，从其上取一个弯曲的曲颈基元 $ABCD$，ρ 和 x 为两个主曲率半径。假设指向接触面颈部中心的曲率半径 x 具有正号，而颈部曲率半径 ρ

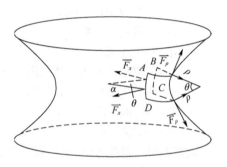

图 11-10　颈部弯曲表面上的力

为负号。又假设 x 与 ρ 各自间的夹角均为 θ，作用在曲颈基元上表面张力 $\vec{F_x}$ 和 $\vec{F_\rho}$ 可以通过表面张力的定义来计算，由图可见：$\vec{F_x}=\gamma AD=\gamma BC$，$\vec{F_\rho}=-\gamma AB=-\gamma DC$。

由于 θ 很小，所以 $\sin\theta=\theta$，因而：

$$AD=BC=2\rho\sin(\theta/2)=2\rho\times\theta/2=\rho\theta;\quad AB=DC=x\theta$$

$$\vec{F_x}=\gamma\rho\theta;\quad \vec{F_\rho}=-\gamma x\theta$$

作用在垂直于 $ABCD$ 面元上的力 $\vec{F}$ 为：$\vec{F}=2[\vec{F_x}\sin(\theta/2)+\vec{F_\rho}\sin(\theta/2)]$。

将 $\vec{F_x}$ 和 $\vec{F_\rho}$ 代入上式，并考虑 $\sin\theta/2\approx\theta/2$，可得：

$$\vec{F}=\gamma\theta^2(\rho-x)$$

力除以其作用的面积即得应力。$ABCD$ 元的面积$=AB\times BC=\rho\theta\times x\theta=\rho x\theta^2$，作用在面积元上的应力 σ 为：

$$\sigma=\vec{F}/A=\gamma\theta^2(\rho-x)/(\rho x\theta^2)=\gamma(1/x-1/\rho)$$

因为 $x \gg \rho$，所以：

$$\sigma \approx -\gamma/\rho \qquad (11\text{-}17)$$

式（11-17）表明作用在颈部的应力主要由 $\overline{F_\rho}$ 产生，$\overline{F_x}$ 可以忽略不计。由图 11-10 与式（11-17）可见 σ_ρ 是张应力。两个相互接触的晶粒系统处于平衡，如果将两晶粒看作弹性球模型，根据应力分布分析可以预料，颈部的张应力 σ_ρ 由两个晶粒接触中心处的同样大小的压应力 σ_2 平衡。

若两颗粒直径均为 2μm，接触颈部半径 x 为 0.2μm，此时颈部表面的曲率半径 ρ 约为 0.001~0.01μm。若表面张力为 72J/cm²，由式（11-17）可计算得 $\sigma_\rho \approx 10^7 \text{N/m}^2$。

综上分析可知，应力分布如下：

① 无应力区，即球体内部。

② 压应力区，两球接触的中心部位承受压应力 σ_2。

③ 张应力区，颈部承受张应力 σ_ρ。

在烧结前的粉末体如果是由等径颗粒堆积而成的理想紧密堆积，颗粒接触点上最大压应力相当于外加一个静压力。在真实系统中，球体尺寸不一、颈部形状不规则、堆积方式不相同等原因使接触点上应力分布产生局部的应力。因此，在剪应力作用下可能出现晶粒彼此沿晶界剪切滑移，滑移方向由不平衡的应力方向而定。烧结开始阶段，在这种局部的应力和流体静压力影响下，颗粒间出现重新排列，从而使坯体堆积密度提高，气孔率降低，坯体出现收缩，但晶粒形状没有变化，颗粒重排不可能导致气孔完全消除。

（2）颈部空位浓度分析

在扩散传质中要达到颗粒中心距离缩短，必须有物质向气孔迁移，气孔作为空位源，空位进行反向迁移。颗粒点接触处的应力促使扩散传质中物质的定向迁移。可以通过晶粒内不同部位空位浓度的计算来说明晶粒中心靠近的机理。

在无应力的晶体内空位浓度 c_0 是温度的函数，可写作：

$$c_0 = \frac{n_0}{N} = \exp\left(-\frac{E_v}{kT}\right) \qquad (11\text{-}18)$$

式中，N 为晶体内原子总数；n_0 为晶体内空位数；E_v 为空位生成能。

颗粒接触的颈部受到张应力，而颗粒接触中心处受到压应力。由于颗粒间不同部位所受的应力不同，不同部位形成空位所做的功也有差别。

在颈部的颗粒接触区域由于有张应力和压应力的存在，空位形成所做的附加功如下：

$$E_t = -\frac{\gamma}{\rho}\Omega = -\sigma\Omega; \quad E_n = \frac{\gamma}{\rho} = \sigma\Omega \qquad (11\text{-}19)$$

式中，E_t、E_n 分别为颈部受张应力和压应力时，形成体积为 Ω 空位所做的附加功。

在颗粒内未受应力区域形成空位所做功为 E_v，因此在颈部或接触点区域形成一个空位做功 E'_v 为：

$$E'_v = E_v \pm \sigma\Omega \qquad (11\text{-}20)$$

在压应力区（接触点）$E'_v = E_v + \sigma\Omega$；张应力区（颈表面）$E'_v = E_v - \sigma\Omega$。

由式（11-20）可见，在不同部位形成一个空位所做的功的大小次序为：张应力区 < 无应力区 < 压应力区。由于空位形成功不同，因而不同区域会引起空位浓度差异。

若$[c_n]$、$[c_0]$、$[c_t]$分别代表压应力区、无应力区和张应力区的空位浓度，则：

$$[c_n] = \exp\left(-\frac{E_v'}{kT}\right) = \exp\left(-\frac{E_v + \sigma\Omega}{kT}\right) = [c_0]\exp\left(\frac{\sigma\Omega}{kT}\right)$$

若 $\sigma\Omega/(kT) \ll 1$，当 $x \to 0$，$E^{-x} = 1 - x + x^2/2! - x^3/3! + x^4/4! \cdots$

则：

$$\exp\left(-\frac{E_v}{kT}\right) = 1 - \frac{\sigma\Omega}{kT}$$

$$[c_n] = [c_0]\left(1 - \frac{\sigma\Omega}{kT}\right) \tag{11-21}$$

同理：

$$[c_t] = [c_0]\left(1 + \frac{\sigma\Omega}{kT}\right) \tag{11-22}$$

由式（11-21）和式（11-22）可以得到颈表面与接触中心处之间空位浓度的最大差值$\Delta_1[c]$：

$$\Delta_1[c] = [c_t] - [c_n] = 2[c_0]\frac{\sigma\Omega}{kT} \tag{11-23}$$

由式（11-23）可以得到颈表面与内部之间空位浓度的差值$\Delta_2[c]$：

$$\Delta_2[c] = [c_t] - [c_0] = [c_0]\frac{\sigma\Omega}{kT} \tag{11-24}$$

由以上计算可见，$[c_t] > [c_0] > [c_n]$，$\Delta_1[c] > \Delta_2[c]$。这表明颗粒不同部位空位浓度不同，颈表面张应力区空位浓度大于晶粒内部，受压应力的颗粒接触中心空位浓度最低。空位浓度差是颈部到颗粒接触点大于颈部至颗粒内部。系统内不同部位空位浓度的差异对扩散进入空位的迁移方向是十分重要的。扩散首先从空位浓度最大部位（颈表面）向空位浓度最低的部位（颗粒接触点）进行，其次是颈部向颗粒内部扩散。空位扩散即原子或离子的反向扩散，因此扩散传质时，原子或离子由颗粒接触点向颈部迁移，从而达到气孔充填的结果。

（3）扩散传质途径

图 11-11 示意扩散传质途径。从图 11-11 中可以看到扩散可以沿颗粒表面进行，也可以沿着两颗粒之间的界面进行，或在晶粒内部进行，分别称为表面扩散、界面扩散和体积扩散。不论扩散途径如何，扩散的终点是颈部。烧结初期传质迁移路线见表 11-3。

表11-3　烧结初期传质迁移路线

编号	线路	物质来源	物质沉积	编号	线路	物质来源	物质沉积
图 11-11①	表面扩散	表面	颈部	图 11-11④	晶界扩散	晶界	颈部
图 11-11②	晶格扩散	表面	颈部	图 11-11⑤	晶格扩散	晶界	颈部
图 11-11③	气相扩散	表面	颈部	图 11-11⑥	晶格扩散	位错	颈部

当晶体内结构基元（原子或离子）移至颈部，原来结构基元所占位置成为新的空位，晶格内其他结构基元补充新出现的空位，就这样物质以"接力"方式向内部传递而空位向外部转移。空位在扩散传质中可以在以下三个部位消失：自由表面、内界面（晶界）和位错。随着烧结进行，晶界上原子或离子活动频繁，排列很不规则，因此晶格内空位一旦移动到晶界上，结

构基元的排列只需稍加调整，空位就易消失。随着颈部填充和颗粒接触点处结构基元的迁移，出现了气孔的缩小和颗粒中心距逼近，宏观上表现为气孔率下降和坯体的收缩。

（4）扩散传质三个阶段

扩散传质过程按烧结温度及扩散进行的程度可分为烧结初期、中期和后期三个阶段。

① 初期阶段

在烧结初期，表面扩散的作用较显著，表面扩散开始的温度远低于体积扩散。例如，Al_2O_3 体积扩散约在 900℃开始（即 $0.5T_m$），表面扩散约 330℃（即 $0.26T_m$）。烧结初期坯体内含有大量连通气孔，表面扩散使颈部充填（此阶段 $x/r<0.3$），促使孔隙表面光滑和气孔球形化。由于表面扩散对孔隙的消失和烧结体的收缩无显著影响，因而这阶段坯体的气孔率大，收缩在 1%左右。

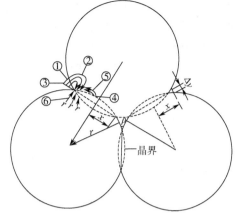

图 11-11　扩散传质途径

在由式（11-24）得知颈部与晶粒内部空位浓度差为 $\Delta_2c=[c_0]\,\sigma\Omega$，将 $\sigma=\gamma/\rho$ 代入，有：

$$\Delta_2c=[c_0]\,\frac{\gamma\Omega}{\rho} \tag{11-25}$$

在此空位浓度差下，每秒内从每厘米周长上扩散离开颈部的空位扩散流量 J 可以用图解法确定并由下式给出：

$$J=4D_v\Delta c \tag{11-26}$$

式中，D_v 为空位扩散系数，假如 D^* 为自扩散系数，则 $D_v=\dfrac{D^*}{\Omega c_0}$

颈部总长度为 $2\pi x$，每秒钟颈部周长扩散出去的总体积为 $J\times2\pi x\Omega$，由于空位扩散速率等于颈部体积增长的速率，即：

$$J\times2\pi x\Omega=\frac{\mathrm{d}V}{\mathrm{d}x} \tag{11-27}$$

将式（11-25）、式（11-26）、式（11-16）代入式（11-27），然后积分得：

$$\frac{x}{r}=\left(\frac{160\gamma\Omega D^*}{kT}\right)^{1/5}r^{-3/5}t^{1/5} \tag{11-28}$$

在扩散传质时除颗粒间接触面积增加外，颗粒中心距逼近的速率为：

$$\frac{\mathrm{d}(2\rho)}{\mathrm{d}t}=\frac{\mathrm{d}\left(\dfrac{x^2}{2r}\right)}{\mathrm{d}t}$$

$$\frac{\Delta V}{V}=3\frac{\Delta L}{L}=3(\frac{5\gamma\Omega D^*}{kT})^{2/5}r^{-6/5}t^{2/5} \tag{11-29}$$

式（11-28）和式（11-29）是扩散传质初期动力学公式，这两个公式的正确性已由实验证实。

在以扩散传质为主的初期烧结中，影响因素主要有以下几个方面。

a. 烧结时间。接触颈部半径（x/r）与时间的 1/5 次方成正比，颗粒中心距逼近与时间的

2/5 次方成正比。这两个结果可以通过对 Al_2O_3 和 NaF 烧结初期动力学的实验研究证实，结果示于图 11-12。图 11-12（a）为$(\Delta L/L)$-t 曲线，可以看出，随着时间延长，线收缩率增加趋于缓慢，即致密化速率随时间增长而稳定下降，并产生一个明显的终点密度。这是因为随着烧结的进行，颈部扩大，曲率减小，由此引起的毛细孔引力和空位浓度差也随之减小。因此以扩散传质为主要传质手段的烧结，用延长烧结时间来达到坯体致密化的目的是不妥当的，对这一类烧结宜采用较短的保温时间，如 99.99% 的 Al_2O_3 瓷保温时间 1~2h，不宜过长。图 11-12（b）中 $\lg(\Delta L/L)$-$\lg t$ 关系为直线，斜率约为 2/5，与式（11-29）预期的结果相符合。

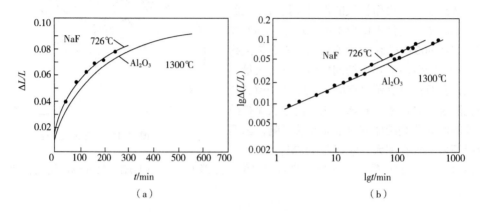

图 11-12　NaF 和 Al_2O_3 烧结初期的动力学曲线

b. 原料的起始粒度。由扩散传质动力学方程式（11-28）可见，$x/r \propto r^{-3/5}$，即颈部增长约与粒度的 3/5 次方成反比。图 11-13 说明了 Al_2O_3 在 1600℃ 烧结 100h 颗粒尺寸与接触颈部增长的函数关系。大颗粒原料在很长时间内也不能充分烧结（x/r 始终 < 0.1），而小颗粒原料在同样时间内致密化速率很高（$x/r \to 0.4$）。因此在扩散传质的烧结过程中，起始粒度的控制是相当重要的。

c. 温度对烧结过程有决定性的作用。由式（11-28）和式（11-29）可知，温度（T）出现在分母上，似乎温度升高，$\Delta L/L$、x/r 会减小。但实际上，温度升高，自扩散系数 $D^*\left[D^* = D_0\exp\left(\dfrac{-Q}{RT}\right)\right]$

明显增大，因此升高温度必然加快烧结的进行。图 11-14 表示 Al_2O_3 在烧结初期收缩率随烧结温度升高而增加。

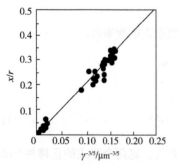

图 11-13　在 1600℃ 烧结 100h，粒度对 Al_2O_3 烧结 x/r 的影响

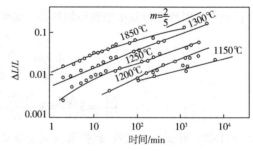

图 11-14　Al_2O_3 在烧结初期收缩率（对数坐标）

如果将式（11-28）和式（11-29）中各项以测定的常数归纳起来可以写成：

$$Y^p = Kt \tag{11-30}$$

式中　Y——烧结收缩率$\Delta L/L$；

　　　K——烧结速率常数。

当温度不变时，界面张力γ、扩散系数D^*等均为常数，在此式中颗粒半径r也归入K中，t为烧结时间，将式（11-30）取对数得：

$$\lg Y = \frac{1}{p}\lg t + k' \tag{11-31}$$

用收缩率Y的对数和时间对数作图，应得一条直线，其截距为k'（截距k'随烧结温度升高而增加），而斜率为$1/p$（斜率不随温度变化）。

烧结速率常数与温度关系和化学反应速率与温度关系一样，也服从阿伦尼乌斯方程，即：

$$\ln K = A - \frac{Q}{RT} \tag{11-32}$$

式中，Q为相应的烧结过程激活能，J；A为常数。在烧结实验中，通过式（11-32）可以求得Al_2O_3烧结的扩散激活能。

在以扩散传质为主的烧结过程中，除体积扩散外，质点还可以沿表面、界面或位错等处进行多种途径的扩散，这样相应的烧结动力学公式也不相同，库津斯基综合各种烧结过程的典型方程为：

$$\left(\frac{x}{r}\right)^n = \frac{F_T}{r^m}t \tag{11-33}$$

式中，F_T是温度的函数。在不同烧结机构中，包含不同的物理常数，如扩散系数、饱和蒸气压、黏滞系数和表面张力等，这些常数均与温度有关。各种烧结机理的区别反映在指数m与n的不同上，其值见表11-4。

表11-4　式（11-33）中的指数

传质方式	黏性流动	蒸发-凝聚	体积扩散	晶界扩散	表面扩散
m	1	1	3	2	3
n	2	3	5	6	7

② 中期阶段

烧结进入中期，颗粒开始黏结，颈部扩大，气孔由不规则形状逐渐变成由三个颗粒包围的圆柱形管道，气孔相互联通，晶界开始移动，晶粒正常生长，这一阶段以晶界和晶格扩散为主。坯体气孔率降低5%，收缩达80%~90%。

经过初期烧结后，由于颈部生长，球形颗粒逐渐变成多面体形。此时晶粒分布及空间堆积方式等均很复杂，使定量描述更为困难。科布尔（Coble）提出一个简单的多面体模型。他假设烧结体此时由多个十四面体组成的，十四面体顶点是四个晶粒交汇点，每个边是三个晶粒交界线，它相当于圆柱形气孔通道，成为烧结时的空位源。空位从圆柱形孔隙向晶粒接触面扩散，而原子反向扩散使坯体致密。

Coble根据十四面体模型确定烧结中期坯体气孔率P_c随烧结时间t变化的关系式：

$$P_c = \frac{10\pi D^*\Omega\gamma}{kTL^3}(t_f - t) \tag{11-34}$$

式中 L——圆柱形孔隙的长度，μm；

　　　　t——烧结时间，s；

　　　　t_f——烧结进入中期的时间，s。

由式（11-34）可见，烧结中期显气孔率与时间 t 呈一次方关系，因而烧结中期致密化速率较快。

③ 后期阶段

烧结进入后期，气孔已完全孤立，气孔位于四个晶体粒包围的顶点，晶粒已明显长大，坯体收缩达 90%~100%。

由十四面体模型来看气孔已由圆柱形孔道收缩成位于十四面体的 24 个顶点处的孤立气孔，根据此模型 Coble 导出后期孔隙率为：

$$P_t = \frac{6\pi D^* \gamma \Omega}{\sqrt{2}KTL^5}(t_f - t) \tag{11-35}$$

式（11-35）表明，烧结中期和后期并无显著差异，当温度和晶粒尺寸不变时，气孔率随烧结时间而线性地减少。图 11-15 表示 Al_2O_3 烧结至理论密度的 98%以前，坯体密度与时间近似呈直线关系。

固相烧结的传质方式除了上述几种外，还有塑性流动。这种传质将在流动传质中介绍。

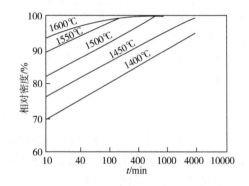

图 11-15　Al_2O_3 烧结中期、后期坯体相对密度随时间的变化关系

11.4　液相烧结机理

11.4.1　液相烧结特点

（1）液相烧结概念

凡有液相参加的烧结过程称为液相烧结。

由于粉末中总含有少量杂质，因而大多数材料在烧结中都会或多或少地出现液相。即使在没有杂质的纯固相系统中，高温下还会出现"接触"熔融现象，因而纯粹的固相烧结实际上不易实现。在无机材料制造过程中，液相烧结的应用范围很广泛，如长石质瓷、水泥熟料、高温材料（如氮化物、碳化物）等都采用液相烧结原理。

（2）液相烧结特点

与固相烧结的共同点：液相烧结与固相烧结的推动力都是表面能。烧结过程也是由颗粒重排、气孔填充和晶粒生长等阶段组成。

与固相烧结的不同点：由于流动传质速率比扩散传质快，因而液相烧结致密化速率高，可使坯体在比固相烧结温度低得多的情况下获得致密的烧结体。此外，液相烧结过程的速率与液相含量、液相性质（黏度和表面张力等）、液相与固相润湿情况、固相在液相中的溶解度等有密切的关系。因此，影响液相烧结的因素比固相烧结更为复杂，为定量研究带来困难。

（3）液相烧结模型

金格瑞液相烧结模型：在液相量较少时，溶解-沉淀传质过程是在晶粒接触界面处溶解，通过液相传递扩散到球形晶粒自由表面上沉积。

LSW 模型：当坯体内有大量液相而且晶粒大小不等时，晶粒间曲率差导致小晶粒溶解通过液相传质到大晶粒上沉积。

11.4.2　流动传质机理

烧结过程就是质点迁移的过程，因为液相的存在，质点的传递以可以流动的方式进行，有黏性流动和塑性流动两种传质机理。

（1）黏性流动

① 黏性流动传质

在液相烧结时，由于高温下黏性液体（熔融体）出现牛顿型流动而产生的传质称为黏性流动传质（或黏性蠕变传质）。

在高温下依靠黏性液体流动而致密化是大多数硅酸盐材料烧结的主要传质过程。

黏性蠕变速率：

$$\varepsilon = \sigma/\eta \tag{11-36}$$

式中　ε——黏性蠕变速率；

σ——应力，Pa；

η——黏度系数，Pa·s。

由计算可得烧结系统的宏观黏度系数 $\eta = KTd^2/(8D^*\Omega)$，其中 d 为晶粒尺寸，因而 ε 写作：

$$\varepsilon = \frac{8D^*\Omega\sigma}{KTd^2} \tag{11-37}$$

对于无机材料粉体的烧结，将典型数据代入式（11-37）（T=2000K，D^*=10^{-2}cm²/s，Ω=1×10^{-24}cm³），可以发现，当扩散路程分别为 0.01μm、0.1μm、1μm 和 10μm 时，对应的宏观黏度分别为 10^7Pa·s、10^9Pa·s、10^{12}Pa·s 和 10^{13}Pa·s，而烧结时宏观黏度系数的数量级为 $10^7\sim10^8$Pa·s，由此推测在烧结时黏性蠕变传质起决定性作用的仅是限于路程为 0.01~0.1μm 数量级的扩散，即通常限于晶界区域或位错区域，尤其是在无外力作用下，烧结晶态物质形变只限于局部区域。黏性蠕变使空位通过对称晶界上的刃型位错攀移而消失。然而当烧结体中出现液相时，由于液相中扩散系数比晶体中大几个数量级，因而整排原子的移动甚至整个颗粒的形变也是能发生的。

② 黏性流动初期

1945 年弗仑克尔提出具有液相的黏性流动烧结模型图[图 11-1（b）]，模拟了两个晶体粉末颗粒烧结的早期黏结过程。在高温下物质的黏性流动可以分为两个阶段：首先是相邻颗粒接触面增大，颗粒黏结直至孔隙封闭；然后封闭气孔的黏性压紧，残留闭气孔逐渐缩小。

假如两个颗粒相接触，与颗粒表面比较，在曲率半径为 ρ 的颈部有一个负压力，在此作用压力下引起物质的黏性流动，结果使颈部填充，从表面积减小的能量变化等于黏性流动消耗的能量出发，弗仑克尔导出颈部增长公式：

$$\frac{r_x}{r} = \left(\frac{3\gamma}{2\eta}\right)^{1/2} r_x^{-1/2} t^{1/2} \tag{11-38}$$

式中　r——颗粒半径，mm；

r_x——颈部半径，mm；

η——液体黏度，Pa·s；

γ——液-气表面张力，N/m；

t——烧结时间，s。

由颗粒间中心距逼近而引起的收缩是：

$$\frac{\Delta V}{V} = 3\frac{\Delta L}{L} = \frac{9\gamma}{4\eta r}t \tag{11-39}$$

式（11-39）说明收缩率正比于表面张力，反比于黏度和颗粒尺寸。式（11-39）仅适用于黏性流动初期的情况。

③ 黏性流动全过程的烧结速率公式

随着烧结进行，坯体中的小气孔经过长时间烧结后，会逐渐缩小形成半径为 r 的封闭气孔。这时，每个闭口孤立气孔内部有一个负压力等于$-2\gamma/r$，相当于作用在压块外面使其致密的一个相等的正压。麦肯基（J. K. Mac Kenzie）等推导了带有相等尺寸的孤立气孔的黏性流动坯体内的收缩率关系式，利用近似法得出的方程式为：

$$\frac{\mathrm{d}\theta}{\mathrm{d}t} = \frac{3}{2} \times \frac{\gamma}{r\eta}(1-\theta) \tag{11-40}$$

式中　θ——相对密度，即体积密度/理论密度；

r——颗粒半径，mm；

η——液体黏度，Pa·s；

γ——液-气表面张力，N/m；

t——烧结时间，s。

式（11-40）是适合黏性流动传质全过程的烧结速率公式。

由黏性流动传质动力学公式可以得出，决定烧结速率的三个主要参数是颗粒起始粒径、黏度和表面张力，颗粒尺寸从 10μm 减少至 1μm，烧结速率增大 10 倍。黏度随温度迅速变化是需要控制的最重要因素。一个典型钠钙硅玻璃，若温度变化 100℃，黏度变化约 1000 倍。如果某坯体烧结速率太低，可以采用加入黏度较低的液相组分来提高烧结速率。对于常见的硅酸盐玻璃，其表面张力不会因组分变化而有很大的改变。

（2）塑性流动

当坯体中液相含量很少时，高温下流动传质不能看成是纯牛顿型流动，而是塑性流动。也即只有作用力超过屈服值（f）时，流动速率才与作用的剪应力成正比。此时式（11-40）改变为：

$$\frac{\mathrm{d}\theta}{\mathrm{d}t} = \frac{3\gamma}{2\eta} \times \frac{1}{r}(1-\theta)\left[1 - \frac{fr}{\sqrt{2}r}\ln\left(\frac{1}{1-\theta}\right)\right] \tag{11-41}$$

式中　η——作用力超过 f 时液体的黏度，Pa·s；

r——颗粒原始半径，mm。

f 值越大，烧结速率越低。当屈服值 $f=0$ 时，式（11-41）即为式（11-40）。当方括号中的数值为零时，$\dfrac{\mathrm{d}\theta}{\mathrm{d}t}$ 也趋于零，此时即为终点密度。为了尽可能达到致密烧结，应选择最小的 r、η 和较大的 γ。

在固相烧结中也存在塑性流动。在烧结早期，表面张力较大，塑性流动可以靠位错的运动来实现；而烧结后期，在低应力作用下靠空位自扩散而形成黏性蠕变，高温下发生的蠕变

是以位错的滑移或攀移来完成的。塑性流动机理应用在热压烧结的动力学过程是很成功的。

11.4.3 溶解-沉淀传质机理

（1）溶解-沉淀传质概念

在有固液两相的烧结中，当固相在液相中有可溶性时，烧结传质过程为部分固相溶解而在另一部分固相上沉积，直至晶粒长大和获得致密的烧结体。

（2）发生溶解-沉淀传质的条件

研究表明，发生溶解-沉淀传质的条件有：有显著数量的液相；固相在液相内有显著的可溶性；液体润湿固相。

（3）溶解-沉淀传质过程的推动力

颗粒的表面能是溶解-传质过程的推动力。由于液相润湿固相，每个颗粒之间的空间都组成一系列毛细管。表面能（表面张力）以毛细管力的方式使颗粒拉紧，毛细管中的熔体起着把分散在其中的固态颗粒结合起来的作用。微米级颗粒之间约有 $0.1\sim1\mu m$ 直径的毛细管，如果其中充满硅酸盐液相，毛细管压力达 $1.23\sim12.3MPa$，所以毛细管压力所造成的烧结推动力是相当大的。

（4）溶解-沉淀传质过程

① 过程1——颗粒重排。随烧结温度升高，出现足够数量液量。分散在液相中的固体颗粒在毛细力的作用下，颗粒相对移动，发生重新排列，颗粒的堆积更紧密。被薄的液膜分开的颗粒之间搭桥，在那些点接触处有高的局部应力，导致塑性变形和蠕变，促进颗粒进一步重排。

颗粒在毛细力的作用下，通过黏性流动或一些颗粒间接触点上由于局部应力的作用而进行重新排列，结果得到了更紧密的堆积。在这阶段可粗略地认为，致密化速率是与黏性流动相应，线收缩与时间呈线性关系：

$$\Delta L / L \sim t^{1+t} \tag{11-42}$$

式中，指数 $1+t$ 的意义是约大于1，这是考虑到烧结进行时，被包裹的小尺寸气孔减小，作为烧结推动力的毛细管压力增大，所以略大于1。

颗粒重排对坯体致密度的影响取决于液体的数量。如果溶液数量不足，则溶液既不能完全包围颗粒，也不能填充粒子间孔隙。当溶液由甲处流到乙处后，在甲处留下孔隙，这时能产生颗粒重排但不足以消除气孔。当液相数量超过颗粒边界薄层变形所需的量时，在重排完成后，固体颗粒约占总体积的60%~70%，多余液相可以进一步通过流动传质、溶解-沉淀传质达到填充气孔的目的，这样可以使坯体在这一阶段的烧结收缩率达总收缩率的60%以上。颗粒重排促进致密化的效果还与固-液二面角及固-液润湿性有关，当二面角愈大，熔体对固体的润湿性愈差时，对致密化愈是不利。

② 过程2——溶解-沉淀。由于较小的颗粒在颗粒接触点处溶解，通过液相传质在较大的颗粒或颗粒的自由表面上沉积，从而出现晶粒长大和晶粒形状的变化，同时颗粒不断进行重排而致密化。

溶解-沉淀传质根据液相数量不同可以有金格瑞液相烧结模型（颗粒在接触点处溶解到自由表面上沉积）或 LSW 模型（小晶粒溶解至大晶粒处沉淀），其原理都是由于颗粒接触点处（或小晶粒）在液相中的溶解度大于自由表面（或大晶粒）处的溶解度，这样就在两个对应部位上

产生化学势梯度 $\Delta\mu$，$\Delta\mu = RT\ln\dfrac{\alpha}{\alpha_0}$，$\alpha$ 为凸面处（或小晶粒处）粒子活度，α_0 为平面（或大晶粒）粒子活度。化学势梯度使物质发生迁移，通过液相传递而导致晶粒生长和坯体致密化。

金格瑞运用与固相烧结动力学公式类似的方法并作了合理的分析，导出溶解沉淀过程收缩率为：

$$\frac{\Delta L}{L} = \frac{\Delta\rho}{r} = \left(\frac{K\gamma_{LV}\delta DC_0V_0}{RT}\right)^{1/3}r^{-4/3}t^{1/3} \tag{11-43}$$

式中　$\Delta\rho$——中心距收缩的距离，μm；

$\quad\quad K$——常数；

$\quad\quad \gamma_{LV}$——液-气表面张力，N/m；

$\quad\quad D$——被溶解物质在液相中的扩散系数；

$\quad\quad \delta$——颗粒间液膜厚度，μm；

$\quad\quad C_0$——固相在液相中的溶解度；

$\quad\quad V_0$——液相体积；

$\quad\quad r$——颗粒起始粒度，μm；

$\quad\quad t$——烧结时间，s。

式（11-43）中 γ_{LV}、δ、D、C_0、V_0 均是与温度有关的物理量，因此当烧结温度和起始粒度固定以后，上式可为：

$$\frac{\Delta L}{L} = Kt^{1/3} \tag{11-44}$$

由式（11-43）和式（11-44）可以看出，溶解-沉淀致密化速率与时间 t 的 1/3 次方成正比。影响溶解-沉淀传质过程的因素还有：颗粒起始粒度、粉末特性（溶解度、润湿性）、液相数量、烧结温度等。由于固相在液相中的溶解度、扩散系数以及固液润湿性等目前几乎没有确切数值可以利用，因此液相烧结的研究远比固相烧结更为复杂。

图 11-16 为 MgO+2%（质量分数）高岭土在 1730℃ 烧结时测得的 $\lg\dfrac{\Delta L}{L}$-$\lg t$ 关系图。由图可以明显看出液相烧结三个不同的传质阶段：开始阶段直线斜率约为 1，符合颗粒重排过程，即式（11-42）；第二阶段直线斜率约为 1/3，符合式（11-44），即为溶解-沉淀传质过程；最后阶段曲线趋于水平，说明致密化速率更缓慢，坯体已接近终点密度。此时在高温反应产生的气泡包入液相形成封闭气孔，只有依靠烧结温度升高，气泡内气压增高，抵消了表面张力的作用，烧结才停止。

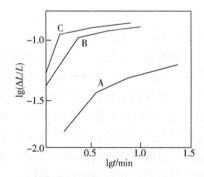

烧结前 MgO 的粒度为：A—3μm；B—1μm；C—0.52μm

图 11-16　MgO+2%（质量分数）高岭土在 1730℃ 下的烧结情况

从图 11-16 中还可以看出，在这类烧结中，起始粒度对促进烧结有显著作用。图中粒度是 A＞B＞C，而 $\dfrac{\Delta L}{L}$ 是 C＜B＜A。溶解沉淀传质中，金格瑞液相烧结模型与 LSW 模型两种机理在烧结速率上的差异为：

$$\left(\frac{\mathrm{d}V}{\mathrm{d}t}\right)_K : \left(\frac{\mathrm{d}V}{\mathrm{d}t}\right)_{LSW} = \left(\frac{\delta}{h}\right) : 1$$

式中　δ——两颗粒间液膜厚度，一般约为 $10^{-3}\mu m$；

　　　　h——两颗粒中心相互接近程度。

h 随烧结进行很快达到并超过 $1\mu m$，因此 LSW 机理烧结速率往往比金格瑞机理大几个数量级。

11.4.4　各种传质机理分析比较

在本章中分别讨论了四种烧结传质过程，在实际的固相或液相烧结中，这四种传质过程可以单独进行或几种传质同时进行，但每种传质的产生都有其特有的条件。现用表 11-5 对各种传质进行综合比较。

表11-5　各种传质产生的原因、条件、特点等综合比较表

传质方式	原因	条件	特点	公式	工艺控制
蒸发-凝聚	压力差 Δp	$\Delta p > (1\sim10)$ Pa $r<10\mu m$	凸面蒸发，凹面凝聚；$\Delta L/L=0$	$\dfrac{x}{r}=Kr^{-2/3}t^{1/3}$	温度（蒸气压）；粒度
扩　散	空位浓度差 ΔC	空位浓度 $\Delta C>n_0/N$ $r<5\mu m$	空位与结构基元相对扩散；中心距缩短	$\dfrac{x}{r}=Kr^{-3/5}t^{1/5}$ $\dfrac{\Delta L}{L}=Kr^{-6/5}t^{2/5}$	温度（扩散系数）；粒度
流　动	应力-应变	黏性流动 η 小 塑性流动 $\tau>f$	流体同时引起颗粒重排；$\dfrac{\Delta L}{L}\propto t$，致密化速率最高	$\dfrac{\Delta L}{L}=\dfrac{3}{2}\times\dfrac{\gamma}{\eta r}t$ $\dfrac{d\theta}{dt}=K\dfrac{(1-\theta)}{r}$	黏度；粒度
溶解-沉淀	溶解度差 ΔC	可观的液相量；固相在液相中溶解度大；固-液润湿	接触点溶解到平面上沉积；小晶粒处溶解到大晶粒沉积；传质同时又是晶粒生长过程	$\dfrac{\Delta L}{L}=Kr^{-4/3}t^{1/3}$ $\dfrac{x}{r}=Kr^{-2/3}t^{1/6}$	粒度；温度（溶解度）；黏度；液相数量

从固相烧结和有液相参与的烧结过程传质机理的讨论可以看出，烧结无疑是一个很复杂的过程。前面的讨论主要是限于单元纯固相烧结或液相烧结，并假定在高温下不发生固相反应，纯固相烧结时不出现液相，此外在作烧结动力学分析时是以十分简单的两颗粒圆球模型为基础，这样就把问题简化了许多，这对于纯固相烧结的氧化物材料和纯液相烧结的玻璃材料来说，情况还是比较接近的。从科学的观点看，把复杂的问题作这样的分解与简化，以求得比较接近的定量了解是必要的。但从制造材料的角度看，问题常常要复杂得多，就固相烧结而论，实际上经常是几种可能的传质机理在互相起作用，有时是一种机理起主导作用，有时是几种机理同时出现，有时条件改变了传质方式也随之变化。例如 BeO 材料的烧结，气氛中的水蒸气就是一个重要的因素。在干燥气氛中，扩散是主导的传质方式，当气氛中水蒸气分压很高时，则蒸发-凝聚变为传质主导方式。又如，长石瓷或滑石瓷都是有液相参与的烧结，随着烧结进行，往往是几种传质交替发生的。再如近年来研究较多的 TiO_2 的烧结，在真空中 TiO_2 的烧结符合体积扩散传质的结果，氧空位的扩散是控制因素。但又有些研究者将 TiO_2 在空气和湿润条件下烧结，测得与塑性流动传质相符的结果，并认为大量空位产生位错从而导致塑性流动。事实上空位扩散和晶体内塑性流动并不是没有联系的。塑性流动是位错运动的结果，而一整排原子的运动（位错运动）可能同样会导致缺陷的消除。处于晶界上的气孔，在

剪切应力下也可能通过两个晶粒的相对滑移，在晶界上吸收空位（来自气孔表面）而把气孔消除，从而使这两个机理又能在某种程度上协调起来。

总之，烧结体在高温下的变化是很复杂的，影响烧结体致密化的因素也是众多的，产生的典型传质方式都是有一定条件的。因此，必须对烧结全过程的各个方面（原料、粒度、粒度分布、杂质、成型条件、烧结气氛、温度、时间等）都有充分了解，才能真正掌握和控制整个烧结过程。

11.5 烧结过程中的晶粒长大和二次再结晶

晶粒生长（Grain growth）与二次再结晶（Secondary recrystallization）过程往往与烧结中、后期的传质过程是同时进行的。在烧结中，坯体多数由晶态粉状材料压制而成，随烧结进行，坯体颗粒间发生再结晶和晶粒长大，使坯体强度提高。所以在烧结过程中，高温下还同时进行着再结晶和晶粒长大。尤其是在烧结后期，这两个和烧结并行的高温动力学过程是绝对不能忽略的，初次再结晶、晶粒长大和二次再结晶等几个过程在烧结过程中都会影响晶粒的大小，它直接影响着烧结体的显微结构（如晶粒大小、气孔分布）和强度等性质。

11.5.1 初次再结晶

初次再结晶是指从已发生塑形变形的基质中生长出新的无应变晶粒的形核和长大过程。

初次再结晶经常发生在金属中，硅酸盐材料，特别是一些软性材料如 $NaCl$、CaF_2 等，由于较易发生塑性变形，所以也会发生初次再结晶过程。另外，由于硅酸盐烧结前都要破碎研磨成粉料，这时颗粒内常有残余应变，烧结时也会出现初次再结晶。

初次再结晶的推动力是基质塑性变形所增加的能量。一般储存在变形基质中的能量为 $0.4{\sim}4.18J/g$，虽然数值较熔融热小得多（熔融热是此值的 1000 倍甚至更多倍），但它却足够提供晶界移动和晶粒长大所需的能量。初次再结晶也包括两个步骤：形核和长大。晶粒长大通常需要一个诱导期 t_0，它相当于不稳定的核胚长大成稳定晶核所需的时间。按照形核理论，其形核速率为：

$$\frac{\mathrm{d}N}{\mathrm{d}t} = N_0 \exp\left(-\frac{\Delta G_{\mathrm{N}}}{RT}\right) \tag{11-45}$$

式中　　N_0——常数；

　　ΔG_{N}——形核势垒，J。

可见，诱导期 t_0 与形核速率及退火温度有关，温度升高，t_0 减小。晶粒长大的实质是质点通过晶粒界面的扩散跃迁，故晶粒长大速率和温度的关系为：

$$u = u_0 \exp\left(-\frac{\Delta E_{\mathrm{u}}}{RT}\right) \tag{11-46}$$

各晶粒长大但不相互碰撞时，晶粒长大速度 u 应该是恒定的，于是晶粒尺寸 d 随时间变化可由下式决定：

$$d = u(t - t_0)$$

因此，最终晶粒大小取决于形核和晶粒长大的相对速率。由于这两者都与温度相关，故总的结晶速率随温度变化而迅速变化。提高再结晶温度，最终的晶粒尺寸增加，这是因为晶粒长大速率比形核速率增加得更快。

11.5.2 晶粒长大

在烧结中、后期，细晶粒要逐渐长大，而一些晶粒长大过程也是另一部分晶粒缩小或消失的过程，其结果是平均晶粒尺寸都增长了。这种无应变的材料在热处理过程中，平均晶粒尺寸在不改变其分布的情况下连续长大的过程称为晶粒长大。这种晶粒长大并不是小晶粒的相互黏结，而是晶界移动的结果。在晶界两边物质的自由焓之差是使界面向曲率中心移动的驱动力，小晶粒生长成大晶粒，使晶面面积和晶面能降低。晶粒尺寸由 $1\mu m$ 变化到 $1cm$，对应的能量变化为 $0.42\sim21J/g$。

（1）晶界能与晶界移动

图 11-17（a）表示两个晶粒之间的晶界结构，弯曲晶界两边各为一晶粒，小圆代表各个晶粒中的原子。对凸面晶粒表面 A 处与凹面晶粒的 B 处而言，曲率较大的 A 点自由焓高于曲率小的 B 点，位于 A 点晶粒内的原子必然有向能量低的位置跃迁的自发趋势。当 A 点原子到达 B 点并释放出 ΔG^*[图 11-17（b）]的能量后就稳定在 B 晶粒内。如果这种跃迁不断发生，则晶界就向着 A 晶粒曲率中心不断推移，导致 B 晶粒长大而 A 晶粒缩小，直至晶界平直化，界面两侧自由焓相等为止。由此可见晶粒长大是晶界移动的结果，而不是简单的晶粒之间的黏结。

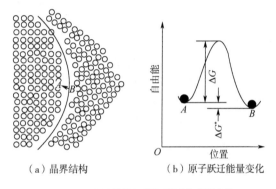

（a）晶界结构　（b）原子跃迁能量变化

图 11-17　晶界结构及原子跃迁的能量变化

由许多颗粒组成的多晶体界面移动情况如图 11-18 所示。从图 11-18 看出，大多数晶界都是弯曲的。从晶粒中心往外看，大于六条边时边界向内凹，由于凸面界面能大于凹面，因此晶界向凸面曲率中心移动。结果小于六条边的晶粒缩小，甚至消失，而大于六条边的晶粒长大，总的结果是平均晶粒增长。

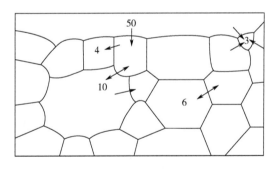

图 11-18　烧结后期多晶坯体中晶粒长大示意图

图中数字为所在晶粒的边界数

（2）晶界移动的速率

晶粒长大取决于晶界移动的速率。图 11-17（a）中，凸面晶粒与凹面晶粒之间由于曲率不同而产生的压力差为：

$$\Delta p = \gamma(1/r_1 + 1/r_2)$$

式中　　γ——表面张力，N/m；

r_1、r_2——曲面的主曲率半径，mm。

由热力学可知，当系统只做膨胀功时：

$$\Delta G = -S\Delta T + V\Delta p$$

当温度不变时：

$$\Delta G = V\Delta p = \gamma \overline{V}(1/r_1 + 1/r_2)$$

式中　ΔG——跨越一个弯曲界面的自由焓变化，J；

　　　$\overline{V}$——摩尔体积，m^3/mol。

粒界移动速率还与原子跃过粒界的速率有关。原子由 $A \to B$ 的频率 f 为原子振动频率（v）与获得 ΔG^* 能量的粒子的概率（P）的乘积：

$$f = Pv = v\exp\left(\frac{\Delta G^*}{RT}\right)$$

由于可跃迁原子的能量是量子化的，即 $E=hv$，一个原子平均振动能量 $E=kT$，所以：

$$v = \frac{E}{h} = \frac{kT}{h} = \frac{RT}{Nh}$$

式中　h——普朗克常数，$J\cdot s$；

　　　k——玻尔兹曼常数，J/K；

　　　R——气体常数，$J/(mol\cdot K)$；

　　　N——阿伏伽德罗常数。

因此，原子由 $A \to B$ 跳跃频率为：

$$f_{AB} = \frac{RT}{Nh}\exp\left(-\frac{\Delta G^*}{RT}\right)$$

原子由 $B \to A$ 跳跃频率为：

$$f_{BA} = \frac{RT}{Nh}\exp\left(-\frac{\Delta G^* + \Delta G}{RT}\right)$$

粒界移动速率 $u=\lambda f$，λ 为每次跃迁的距离。则粒界移动的净速率为：

$$u = \lambda(f_{AB} - f_{BA}) = \frac{RT}{Nh}\exp\left(-\frac{\Delta G^*}{RT}\right)\left[1 - \exp\left(-\frac{\Delta G}{RT}\right)\right]$$

因为：

$$1 - \exp\left(-\frac{\Delta G}{RT}\right) \approx \Delta G / (RT)$$

式中，$\Delta G = \gamma \overline{V}\left(\frac{1}{r_1} + \frac{1}{r_2}\right)$；　$\Delta G^* = \Delta H^* - T\Delta S^*$。

所以：

$$u = \frac{RT}{Nh}\lambda\left[\frac{\gamma}{R} \times \frac{\overline{V}}{T}\left(\frac{1}{r_1} + \frac{1}{r_2}\right)\right]\exp\frac{\Delta S^*}{R}\left(-\frac{\Delta H^*}{RT}\right) \tag{11-47}$$

由式（11-47）得出晶粒长大速率与温度呈指数关系。因此，晶界移动的速率与晶界曲率以及系统的温度有关。温度愈高，曲率半径愈小，晶界向其曲率中心移动的速率也愈快。

（3）晶粒长大的几何学原则

① 晶界上有晶界能的作用，因此晶粒形成一个在几何学上与肥皂泡沫相似的三维阵列。

② 晶粒边界如果都具有基本上相同的表面张力，则界面间交角呈120°，晶粒呈正六边形。实际多晶系统中多数晶粒间界面能不等，因此从一个三界汇合点延伸至另一个三界汇合点的晶界都具有一定曲率，表面张力将使晶界移向其曲率中心。

③ 对于晶界上的第二相夹杂物（杂质或气泡），如果它们在烧结温度下不与主晶相形成液相，则它们将阻碍晶界移动。

（4）晶粒长大平均速率

晶界移动速率与弯曲晶界的半径成反比，因而晶粒长大的平均速率与晶粒的直径成反比。晶粒长大定律为：

$$\frac{\mathrm{d}D}{\mathrm{d}t} = \frac{K}{D}$$

式中，D 为时间 t 时的晶粒直径；K 为常数。

上式积分后得：

$$D^2 - D_0^2 = Kt \tag{11-48}$$

式中，D_0 为时间 $t=0$ 时的晶粒平均尺寸。当达到晶粒长大后期，$D \gg D_0$，此时式（11-48）为 $D = Kt^{1/2}$。用 $\lg D$ 对 $\lg t$ 作图得到直线，其斜率为 $1/2$。然而一些氧化物材料的晶粒长大实验表明，直线的斜率常常在 $1/2 \sim 1/3$，且经常更接近 $1/3$，主要原因是晶界移动时遇到杂质或气孔而限制了晶粒的长大。

（5）晶粒长大影响因素

① 夹杂物如杂质、气孔等阻碍作用　经相当长时间的烧结后，应当从多晶材料烧结至一个单晶，但实际上由于存在第二相夹杂物如杂质、气孔等阻碍作用，晶粒长大受到阻止。晶界移动时遇到夹杂物的变化如图11-19所示。晶界为了通过夹杂物，界面能就被降低，降低的量正比于夹杂物的横截面积。通过障碍以后，弥补界面又要付出能量，结果使界面继续前进能力减弱，界面变得平直，晶粒长大就逐渐停止。

随着烧结的进行，气孔往往位于晶界上或三个晶粒交汇点上。气孔在晶界上是随晶界移动还是阻止晶界移动，这与晶界曲率有关，也与气孔直径和数量、气孔作为空位源向晶界扩散的速率、包围气孔的晶粒数等因素有关。当气孔汇集在晶界上时，晶界移动会出现以下情况，如图11-20所示。在烧结初期，晶界上气孔数目很多，气孔牵制了晶界的移动，如果晶界移动速率为 V_b，气孔移动速率为 V_p，此时气孔阻止晶界移动，因而 $V_b = 0$[如图11-20（a）]。烧结中、后期，温度控制适当，气孔逐渐减少，可以出现 $V_b = V_p$，此时晶界带动气孔以正常速度移动，使气孔保持在晶界上，如图11-20（b）所示，气孔可以利用晶界作为空位传递的快速通道而迅速汇集或消失。图11-21说明气孔随晶界移动而聚集在三晶粒交汇点的情况。

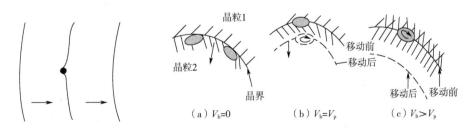

图11-19　晶界通过夹杂物时形状的变化　　　图11-20　晶界移动遇到气孔的情况

当烧结达到 $V_b = V_p$ 时,烧结过程已接近完成,严格控制温度是十分重要的。继续维持 $V_b = V_p$,气孔易迅速排除而实现致密化,如图 11-22 所示。此时烧结体应适当保温,如果再继续升高温度,由于晶界移动速率随温度而呈指数增加,必然导致 $V_b > V_p$,晶界越过气孔而向曲率中心移动,一旦气孔包入晶体内部(如图 11-22),只能通过体积扩散来完成,这是十分困难的。在烧结初期,当晶界曲率很大且晶界迁移驱动力也大时,气孔常常被遗留在晶体内,结果在个别的大晶粒中间会留下小气孔群。烧结后期,若局部温度过高或以个别大晶粒为核出现二次再结晶,由于晶移移动太快,也会把气孔包入晶粒内,晶粒内气孔不仅使胚体难以致密化,而且还会严重影响材料的各种性能。因此,烧结中控制晶界的移动速率是十分重要的。

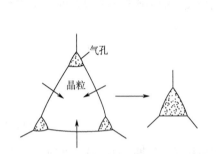

图 11-21 气孔在三晶粒交汇点聚集

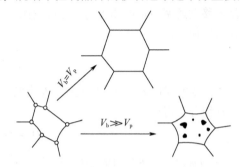

图 11-22 晶界移动与坯体致密化关系

气孔在烧结过程中能否被排除,除了与晶界移动速率有关外,还与气孔内压力大小有关。随着烧结的进行,气孔逐渐缩小,而气孔内的气压不断增高,当气压增加至 $2\gamma/r$ 时,即气孔内气压等于烧结推动力,此时烧结就停止了。如果继续升高温度,孔内的气压大于 $2\gamma/r$,这时气孔不仅不能缩小反而膨胀,对致密化不利。烧结如果不采取特殊措施是不可能达到坯体完全致密化的。如要获得接近理论密度的制品,必须采用气氛或真空烧结和热压烧结等方法。

② 晶界上液相的影响   约束晶粒长大的另一个因素是有少量液相出现在晶界上。少量液相使晶界上形成两个新的固-液界面,从而界面移动的推动力降低,扩散距离增加。因此,少量液相可以起到抑制晶粒长大的作用。例如,95%Al_2O_3中加入少量石英、黏土,使之产生少量硅酸盐液相,阻止晶粒异常生长。但当坯体中有大量液相时,可以促进晶粒长大和出现二次再结晶。

③ 晶粒长大极限尺寸   在晶粒正常长大过程中,由于夹杂物对晶界移动的牵制,晶粒大小不能超过某一极限尺寸。晶粒正常长大时的极限尺寸 D_1 由下式决定:

$$D_1 \propto \frac{d}{f} \tag{11-49}$$

式中 d——夹杂物或气孔的平均直径,μm;

f——夹杂物或气孔的体积分数。

D_1 在烧结过程中是随 d 和 f 的改变而变化。当 f 愈大时,D_1 将愈小,当 f 一定时,d 愈大则晶界移动时与夹杂物相遇的机会愈小,于是晶粒长大而形成的平均晶粒尺寸就愈大。烧结初期,坯体内有许多小而数量多的气孔,因而 f 相当大。此时晶粒的起始尺寸 D_0 总大于 D_1,这时晶粒不会长大。随着烧结的进行,小气孔不断沿晶界聚集或排除,d 由小增大,f 由大变小,D_1 也随之增大,当 $D_1 > D_0$ 时晶粒开始均匀生长。烧结后期,一般可以假定气孔的尺寸为晶粒初期平均尺寸的 1/10,$f = d/D_1 = d/(10d) = 0.1$。这就表示烧结达到气孔的体积分数为 10% 时,晶粒长大就停止了。这也是普通烧结中坯体终点密度低于理论密度的原因。

11.5.3 二次再结晶

(1) 二次再结晶概念

二次再结晶是指在细晶消耗时形核长大形成少数巨大晶粒的过程。

当正常的晶粒长大由于夹杂物或气孔等的阻碍作用而停止以后，如果在均匀基相中有若干大晶粒，这个晶粒的边界比邻近晶粒的边界多，晶界曲率也较大，导致晶界可以越过气孔或夹杂物而进一步向邻近小晶粒中心推进，大晶粒成为二次再结晶的核心，不断吞并周围小晶粒而迅速长大，直至与邻近大晶粒接触为止。

(2) 二次再结晶的推动力

二次再结晶的推动力是表面能差，即大晶粒晶面与邻近高表面能的小曲率半径的晶面相比有较低的表面能。在表面能驱动下，大晶粒界面向曲率半径小的晶粒中心推进，以致造成大晶粒进一步长大与小晶粒的消失。

(3) 晶粒长大与二次再结晶的区别

晶粒长大与二次再结晶的区别在于前者坯体内晶粒尺寸均匀地长大，服从式 (11-49)，而二次再结晶是个别晶粒异常生长，不服从式 (11-49)。晶粒长大是平均尺寸增长，不存在晶核，界面处于平衡状态，界面上无应力，二次再结晶的大晶粒的面上有应力存在。晶粒长大时气孔都维持在晶界上或晶界交汇处，二次再结晶时气孔被包裹到晶粒内部。

(4) 二次再结晶影响因素

① 晶粒晶界数　大晶粒的长大速率开始取决于晶粒的边缘数。在细晶粒基相中，少数晶粒比平均晶粒尺寸大，这些晶粒成为二次再结晶的晶核。如果坯体中原始晶粒尺寸是均匀的，在烧结时，晶粒长大按式 (11-48) 进行，直至达到式 (11-49) 的极限尺寸为止。此时烧结体中每个晶粒的晶界数为 3~7 个或 3~8 个。晶界弯曲率都不大，不能使晶界超过夹杂物运动，则晶粒生长停止。如果烧结体中有晶界数大于 10 的大晶粒，当长大达到某一程度时，大晶粒直径 (d_g) 远大于基质晶粒直径 (d_m)，即 $d_g \gg d_m$，大晶粒长大的驱动力随着晶粒长大而增加，晶界移动时快速扫走气孔，在短时间内第一代小晶粒为大晶粒吞并，而生成含有封闭气孔的大晶粒，这就导致不连续的晶粒生长。

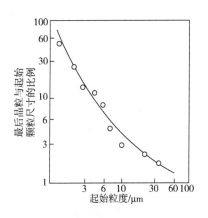

图11-23　BeO 在 2000℃下保温 0.5h 晶粒相对生长率与物料起始粒度的关系

② 起始物料颗粒的大小　当由细粉料制成多晶体时，二次再结晶的程度取决于起始物料颗粒的大小。粗的起始粉料的二次再结晶程度要小得多，图 11-23 为 BeO 晶粒相对生长率与起始粒度的关系。由图可推算出：起始粒度为 2μm，二次再结晶后晶粒尺寸为 60μm；而起始粒度为 10μm，二次再结晶粒度约为 30μm。

③ 工艺因素　从工艺控制考虑，造成二次再结晶的原因主要是起始粒度不均匀、烧结温度偏高和烧结速率太快。其他还有坯体成型压力不均匀、局部有不均匀液相等。

为避免气孔封闭在晶粒内，避免晶粒异常长大，应防止致密化速率太快。在烧结体达到一定的体积密度以前，应该用控制温度来抑制晶界移动速率。

（5）控制二次再结晶的方法

防止二次再结晶的最好方法是引入适当的添加剂，它能抑制晶界迁移，有效地加速气孔的排除。如 MgO 加入 Al_2O_3 中可制成达到理论密度的制品。当采用晶界迁移抑制剂时，晶粒生长公式（11-48）应写成以下形式：

$$G^3 - G_0^3 = Kt \qquad (11-50)$$

烧结体中出现二次再结晶，由于大晶粒受到周围晶界应力的作用或由于本身易产生缺陷，常在大晶粒内出现隐裂纹，导致材料机电性能恶化，因而工艺上需采取适当措施防止其发生。但在硬磁铁氧体 $BaFe_{12}O_{14}$ 的烧结中，在形成择优取向方面利用二次再结晶是有益的。在成型时通过高强磁场的作用，使晶粒取向，烧结时控制大晶粒为二次再结晶的核心，从而得到高度取向、高导磁率的材料。

11.5.4　晶界在烧结中的作用

晶界是多晶体中不同晶粒之间的交界面，据估计晶界宽度为 5~60nm，晶界上原子排列疏松混乱，在烧结传质和晶粒生长过程中，晶界对坯体致密化起着十分重要的作用。

晶界是气孔（空位源）通向烧结体外的主要扩散通道。如图 11-24 所示，在烧结过程中，坯体内空位流与原子流利用晶界作相对扩散，空位经过无数个晶界传递最后排泄出表面，同时导致坯体的收缩。接近晶界的空位最易扩散至晶界，并于晶界上消失。晶界上气孔的扩大、收缩或稳定与表面张力、润湿角、包围气孔的晶粒数有关，还与晶界迁移率、气孔半径、气孔内气压高低等因素有关。

在离子晶体中，晶界是阴离子快速扩散的通道。离子晶体的烧结与金属材料不同，阴、阳离子必须同时扩散才能导致物质的传递与烧结。究竟是何种离子的扩散取决于扩散速率。一些实验表明，在氧化铝中，O^{2-} 在 20~30μm 多晶体中自扩散系数比在单晶体中约大两个数量级，而 Al^{3+} 自扩散系数则与晶粒尺寸无关。Coble 等提出在晶粒尺寸很小的多晶体中，O^{2-} 依靠晶界区域所提供的通道而大大加速其扩散速率，并有可能 Al^{3+} 的体积扩散成为控制因素。

晶界上溶质的偏聚可以延缓晶界的移动，加速胚体致密化。为了从胚体中完全排除气孔获得致密烧结体，空位扩散必须在晶界上保持相当高的速率。只有通过抑制晶界的移动才能使气孔在烧结时始终都保持在晶界上，避免晶粒的不连续生长。利用溶质易在晶界上偏析的特征，在胚体中添加少量溶质（烧结助剂）就能达到抑制晶界移动的目的。

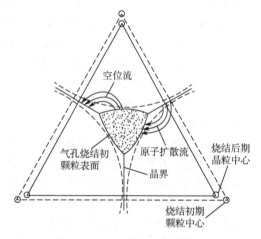

图 11-24　气孔在晶界上排除和收缩模型

晶界对扩散传质烧结过程是有利的。在多晶体中晶界阻碍位错滑移，因而对位错滑移传质不利。

晶界组成、结构和特征是一个比较复杂的问题，晶界范围仅几十个原子的间距，由于研究手段的限制，其特征还有待进一步探索。

11.6 强化烧结

凡是能够加快烧结速率、促进致密化进程的烧结过程统称为强化烧结，其核心是强化物质质点（原子、离子等）的扩散过程，扩散过程的强化可以通过以下途径实现：

① 提高烧结温度及使用高的温度梯度，进行高温烧结。

② 使用烧结助剂或者烧结活化剂。

③ 使用特种烧结手段，如加压烧结、反应烧结、放电等离子烧结等。

④ 以上各种手段的综合运用等。

高温烧结是最简单的强化烧结手段，其原理非常简单，烧结温度越高，原子的扩散系数越大，烧结速率也越大，但这种强化手段往往受到烧结设备及经济成本的限制，因而实用并不广泛。

加入添加剂（或称烧结助剂）进行烧结是目前最简便、研究及实际运用最广泛的扩散强化烧结手段。一般地，将少量的添加剂粉末加入烧结粉末中，通过在晶格内部改变点缺陷浓度，或者在颗粒表面及晶界等处形成液相层，提供原子扩散的快速通道等方面的机理，达到增加烧结体系物质质点的扩散性、降低烧结温度的作用。

某些烧结助剂还可以起抑制晶粒生长的作用，部分添加剂如化学掺杂剂还可以起改善材料韧性等性能的作用。特种烧结手段在目前新材料的开发和研究中应用越来越广。

11.6.1 缺陷强化烧结

(1) 点缺陷活化烧结

前述通过烧结助剂（烧结活化剂）进行烧结是目前最简便、研究及实际运用最广泛的扩散强化烧结手段。烧结助剂加入后一般有两大类分布途径，第一类是进入晶格内部，改变点缺陷浓度；第二类是在颗粒表面及晶界等处形成液相层，提供原子扩散的快速通道。

① 烧结活化剂选择基本依据

German 针对金属粉末烧结提出了选择烧结活化剂的三个基本依据，即扩散判据、溶解度判据和偏析判据。

以二元组成体系为例，从对应的二元相图分析，当烧结温度低于低共熔温度时，是固相活化烧结；如果烧结温度高于活化剂与基体材料的低共熔温度，则为液相活化烧结。

烧结活化剂的扩散判据要求，基体原子在颗粒间界面偏析层内的扩散系数 D_E 应大于基体原子的自扩散系数 D_B^*，即 $D_E > D_B^*$。如果颗粒间界面偏析层长时间地维持液相状态，则因为原子在液相中的扩散系数大于固相中的原子自扩散系数，上述扩散自然就容易满足。

液相强化烧结的溶解度判据是指当添加剂加入出现液相时，应保证固相在液相中的溶解度必须大于液相在固相中的溶解度。只有这样，才能阻止反致密化（又称烧结膨胀）的现象，保证烧结体的快速致密化。

烧结活化剂的偏析判据是指烧结开始后烧结活化剂应在烧结颈部区域偏析，并且这种偏析应当保证足够长的时间，以便为基体原子提供一个在烧结致密化过程中一直稳定维持的、高扩散速率的快速扩散通道。从相图分析，具有较陡的液相线和固相线的物质有利于在基体材料颗粒表面或界面处偏聚，因此较适合作为活化剂。

以上三个判据主要应用于金属粉末的烧结。对陶瓷粉末以及复合材料的烧结，反应过程更为复杂，因此烧结助剂的选择还应当考虑其相应离子的化合价态、离子半径大小和添加剂加入量。

纯陶瓷材料的本征空位形成能量很高，通常即使在烧结温度下，空位浓度也只有 10^{-8} 每格点，比金属的空位浓度（10^{-4} 每格点）要低四个数量级，因此纯陶瓷的本征点缺陷对烧结的贡献非常低，几乎可以忽略。绝大多数陶瓷材料的物质迁移速率往往取决于晶格缺陷的类型以及材料微量杂质和添加剂（有时又称化学掺杂剂）。从这方面考虑，加入烧结活化剂的主要目的就是增加新的点缺陷，提高烧结颗粒内部和表面与界面处的缺陷浓度。所以，选择陶瓷材料的烧结助剂时，要求其活化剂离子的化合价与主晶相离子的化合价相同，同时其离子尺寸尽可能地相接近，且添加剂的加入量尽可能地要大一些。上述条件可以保证在主晶相中大量地形成点缺陷，提高其浓度。

在陶瓷中，对添加剂还有另外一种要求，即通过添加剂控制陶瓷烧结过程中的晶粒生长，改善陶瓷材料包括机械力学性能在内的材料性能。而这一要求与添加剂物质提高迁移速率的主要目的是矛盾的。因此，最理想的情况是，通过添加剂的选择和其在晶界偏析层内的点缺陷分布控制，一方面提高离子在晶粒内部、平行于晶界方向的迁移率（促进烧结致密化）；另一方面减缓离子在垂直于晶界方向的迁移运动速率（阻止晶粒长大）。从热力学原理来说，就是通过改变晶界能量和自由表面的表面能的比值，影响和调整烧结过程的驱动力，同时通过降低质点跨晶界方向的扩散系数，减缓晶界的本征运动速率。

② 离子氧化物陶瓷的点缺陷强化烧结

离子氧化物 MO 晶格点阵是在保持整体电中性条件下，金属正离子 M_M^x 和氧负离子 O_O^x 的周期排布。在一定温度条件下，离子氧化物形成了各种点缺陷，氧化物中氧是慢扩散单元，这是绝大多数简单氧化物的点缺陷扩散的主要特征。ZrO_2 则是例外，ZrO_2 中氧离子空位扩散比正离子空位扩散速率要快。因此，从扩散控制过程分析，氧化物的扩散速率通常是指氧扩散单元的速率。从这点来分析，氧化物陶瓷固相活化烧结需要通过适当途径增加氧缺陷浓度，加快氧化物的整体扩散速率。

能够影响氧缺陷浓度的因素主要有两个：改变氧分压和外来杂质掺杂。氧分压的改变可以明显改变氧化物中氧空位的浓度；而杂质的引入，则可以出现空位或者间隙缺陷。杂质在氧化物烧结中的作用非常重要。杂质的引入，破坏了原有缺陷之间的平衡关系，使烧结速率增大；然而，间隙缺陷浓度的增加则常常抑制烧结的进行。因此，杂质引起的正、负离子的非化学计量配比，是影响烧结中点缺陷组成、烧结速率高低的关键。表 11-6 给出了由配比系数（c/a 或 c'/a'）判定的因杂质存在可能会出现的缺陷种类。

表11-6 杂质存在时配比系数的不同与产生缺陷种类的关系

配比系数	产生空位 V_M''，$V_O^{\cdot\cdot}$		产生间隙离子 $M_i^{\prime\prime}$，O_i	
$c/a < c'/a'$	√		√	
$c/a > c'/a'$	√		√	
$c/a = c'/a'$	无缺陷性			

注：杂质 M_cO_a 溶解在氧化物 M_cO_a 中。

如表 11-6 所示，c、a、c' 和 a' 广义地构成阴、阳离子配比系数。当配比系数 $c/a < c'/a'$ 时，可能出现金属空位和间隙金属离子；当 $c/a > c'/a'$ 时，可能出现金属空位和间隙离子；当

$c/a = c'/a'$ 时，则没有新的杂质缺陷产生。

由以上的分析可以看出，氧分压和杂质是控制氧化物中点缺陷种类、浓度与化学配比变化的关键因素，也是氧化物点缺陷强化烧结的关键控制因素。

③ 共价键陶瓷点缺陷强化烧结

Si_3N_4、SiC、立方 BN 和 AlN 等材料在接近熔点的高温下仍然具有高的强度，因此在现代的工程结构中，如高温轴承、高温发动机部件等方面具有广泛的应用前景，又被称为高温结构陶瓷。这些共价键陶瓷材料在烧结上具有一个共性，即非常难烧结。例如，在不加压的固相烧结过程中，即使在足够高的温度下，微米粗细的粉末之间也就仅仅发生微量的颈部长大，而没有明显的体积收缩致密化。

这些材料优异的高温特性，以及难烧结性均源于其结构单元的键性，它们的共价键份额均大于 70%，因此，又被称为共价键陶瓷材料。共价键化合物具有两个特点，一是非化学计量范围非常狭窄，如氮化物几乎可以忽略点缺陷的存在；二是自扩散系数远比氧化物的自扩散系数低。这两方面特点决定了共价键陶瓷在烧结方面的特殊性。

一般地，上述共价键化合物要在特殊的条件下（如热压、热等静压等）才能达到致密烧结效果。只有 SiC 是例外，SiC 能够在烧结添加剂（常见的是碳与硼双掺）的活化下，不加压固相烧结致密化。其中一个典型的烧结配方条件为：加入 0.5%B（大多用 B_4C 形式引入）和 3.0%石墨（两者均为质量分数）的助剂，粒度为 0.77μm 和 1.7μm 的 α-SiC 在 2150℃烧结，可获得99%的理论致密度。

根据本章前文中关于粉末颗粒本征表面自由能的烧结驱动力分析，亚微米的粉末系统具有烧结致密化所需要的能量。单从这一方面考虑，对于亚微米的共价键陶瓷粉末来说，只要烧结过程中有效地抑制粉末颗粒的长大，就能够保持系统的烧结动力。反之，烧结过程中亚微米粉末颗粒特性的消失会导致巨大比表面对应的烧结热力学驱动力的降低，甚至快速消失。

通过对单掺 C，以及双掺适量 C 和 B 的两种 β-SiC 粉末体系的烧结过程研究表明：单掺C 的粉末体系烧结致密化程度差，且颗粒在烧结过程中发生了快速长大现象。相反地，双掺杂的粉末体系在烧结过程中，可在没有明显颗粒长大的同时，达到高于95%的烧结体致密度。这表明，助剂 B 抑制了 β-SiC 的表面扩散，减缓了比表面的降低，保持了较大的本征表面自由能驱动力，因而双掺 C 和 B 抑制了颗粒长大，强化烧结达到了烧结的致密化。

对另外一种重要的 Si_3N_4 陶瓷材料的研究发现，在烧结过程中伴随等轴 α-Si_3N_4 到长柱状β-Si_3N_4 的相转变反应，此相变导致的晶粒形状变化阻止了致密化进程。同时，在烧结温度条件下，存在 Si_3N_4 热分解导致的失重现象。这两方面因素使得致密化的 Si_3N_4 陶瓷材料的烧结都需要在加压条件下进行。

(2) 位错活化烧结

自 1971 年 Lenel 提出了蠕变-塑性流动机理后，位错在烧结颈部的聚集、形核对物质迁移是否有作用，作用有多大等问题就引起了广泛的注意。而 Schatt 等在 1982—1988 年间对这一问题进行了详细研究，主要的研究结论有：在 Cu 板-球模型中发现了烧结初期接触区的位错密度增加现象；确认了颗粒间的晶界对物质迁移的决定性作用，而颗粒内部的晶界作用可以忽略；证实了烧结中，最大应变速率的出现随位错密度减少而出现的变化规律；另外还提出了位错蠕变导致的颗粒滑动机理。鉴于位错在烧结过程中的重要作用，现就烧结条件下位错的密度变化（称为位错增殖或者位错消失）现象和主要规律进行分析。

① 颈部位错增殖

对于不加压条件下颈部的位错行为，一般地，晶体点阵三维结构决定了晶体结构的各向

异性特征，而位错总是容易在特定晶面上发生，并与施加在其上的剪切应力大小有关。如前所述，在接触的颗粒间形成了曲率半径为 ρ 的烧结颈部，沿接触区半径 x 有一个不均匀分布的切应力 $\tau_{(\sigma)}$，$\tau_{(\sigma)}$ 与颈部的 Laplace 应力 σ 有关：

$$\tau_{(\sigma)}=\sigma\sin\theta\times\cos\theta \tag{11-51}$$

式中，θ 为接触面与位错滑移面的夹角。

据此分析，不同方向上的切应力大小变化较大，而位错又与切应力分布直接相关，因此，位错增殖具有明显的方向性。实验研究表明，平行于烧结颈部长大方向的位错密度比垂直于烧结颈部长大方向增加得要快。可以说，即使不加压烧结，位错在烧结颈部也会发生增殖和扩散，并促进烧结致密化进程。

在施加压力条件下，往往会使得烧结坯体的内部应力增大，导致烧结颈部额外的应力，会大幅度地增加位错密度。

② 位错运动与传质

位错运动可分为保守运动和非保守运动（如位错攀移）两大类，Schatt 等指出，只有位错滑移才能有效地进行烧结颈部的物质传递和促进烧结颈部长大。

烧结颈部的物质流动速率可用下式表示：

$$\dot{\varepsilon}\approx\bar{v}\approx N_v\bar{b} \tag{11-52}$$

式中　N_v——可运动的位错密度；

$\bar{v}$——可运动位错的平均速率；

$\bar{b}$——伯格斯矢量。

其中，位错运动的平均速率可近似表示为：

$$\bar{v}\approx\frac{D\Omega p}{\bar{b}kT} \tag{11-53}$$

式中，p 为等效外静水压力：

$$p\approx A\frac{2(\gamma_s-\gamma_G)}{L}\theta \tag{11-54}$$

式中　A——表征颗粒几何形状的常数（在 1~4 之间）；

γ_s、γ_G——表面张力和晶界张力，N/m；

θ——孔隙度。

将式（11-53）和式（11-54）代入式（11-52）中，得到物质的流动速率为：

$$\dot{\varepsilon}\approx\frac{N_vD\Omega p}{kT} \tag{11-55}$$

式（11-55）可用来估计应变速率和烧结体的平均线收缩速率。

11.6.2　液相强化烧结

在传统陶瓷的烧结中，一般都有液相参加，故液相烧结的应用范围很广泛。如长石瓷、滑石瓷、低氧化铝瓷、水泥熟料等都采用液相烧结方法。在现代陶瓷中液相烧结也具有广泛的应用，主要利用了液相烧结的强化机理来制备各种特殊用途的材料，如氮化物、碳化物等高

温结构材料。

与固相烧结相比较，液相强化烧结具有两方面特点：第一，液相中的烧结扩散系数是固相物质在液相中的扩散系数，与固相烧结的体扩散、晶界扩散系数等相比，前者数值明显较大。第二，液相烧结中的表面张力为液-气表面张力，而固相烧结中的表面张力为固-气表面张力，前者数值一般也比后者大。从这两方面因素考虑，以溶解-析出传质为代表的液相烧结过程是一种"加速"或者称为"强化"的烧结过程。关于液相烧结，在前文已有介绍，此处不再复述。

11.6.3 压力强化烧结

（1）加压烧结种类与特点

普通不加压烧结的陶瓷制品一般都还存在小于 5%的气孔。这是因为一方面随着气孔的收缩，气孔中气压逐渐增大，抵消了作为烧结推动力的表面能作用；另一方面，远离晶界闭气孔只能通过晶体内的体积扩散进行迁移，而体积扩散比界面扩散慢得多。如前所述，其烧结机理可用扩散传质（包括体积扩散、表面扩散和晶界扩散等）、蒸发-凝聚传质以及流动传质等烧结模型进行描述。

随着科学技术的发展，对在各种极限条件下材料的机械力学、耐高温性能等提出了越来越高的要求。为此，必须采用高纯原料，或者使用新型特殊原料，这样必然降低材料的烧结特性。为了获得这些材料的致密化烧结体，可采用施加外部压力（获得足够的烧结推动力）的办法，使得陶瓷进行良好的烧结，获得体积致密、性能优异的制品。此时，物质传输的推动力是表面张力和外部施加应力两部分之和。这种施加额外的外部应力的压力强化烧结（加压烧结）是一种有效促进烧结速率、达到烧结致密化的手段，可用来制备现代陶瓷、高温合金等高性能、难烧结材料。

一般地，加压烧结包括施加单轴应力（热压）和等静压力（冷、热等静压）两大类。在加压烧结过程中，烧结粉末在压力和温度的作用下发生变形。物质的迁移可以通过位错滑移、位错攀移、扩散、扩散蠕变等多种机理完成。同时，烧结阶段的显微结构变化也与不加压烧结不同，后者以孔洞缓慢的形状变化为特征。

按 Ashby 的研究，可将加压烧结过程分成两大阶段：孔隙连通阶段和孤立孔洞阶段。在加压烧结的第一阶段，也称为烧结初期，在应力作用下颗粒接触区发生塑性屈服；而后，接触区变大形成了幂指数蠕变区，由各类蠕变机理控制物质的迁移。同时，原子或空位也照样进行体积扩散和晶界扩散；晶界处的位错也可沿晶界攀移，导致晶界滑动。此阶段的主要特征是孔洞仍然连通。

在加压烧结的第二阶段，也称为烧结末期，上述机理仍然起作用，只不过孔洞变成了孤立的闭孔，并大多位于晶界相交处。同时，也会有部分镶嵌在晶粒内部的孤立微孔。

下面以热压烧结为例分析其烧结动力学过程。

（2）热压烧结强化动力学

热压烧结（Hot press sintering）对提高材料的致密度和降低烧结温度有显著的效果。以 BeO 材料的烧结为例，热压烧结与普通烧结时的体积密度变化如图 11-25 所示。由图 11-25 可见，热压烧结具有在较低温度下和较短时间内达到最大密度的优点。采用热压后制品的密度可达理论密度的 99%甚至 100%。尤其对以共价键结合为主的材料，如碳化物、硼化物、氮化物等，由于它们在烧结温度下有高的分解压力和低的原子迁移率，用普通烧结很难使其致密化。例

如 BN 粉末，用等静压在 200MPa 压力下成型后，在 2500℃下无压烧结相对密度为 0.66，而采用压力为 25MPa、1700℃下热压烧结能制得相对密度为 0.97 的 BN 材料。

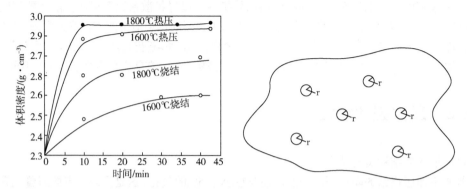

图 11-25 BeO 普通烧结与热压烧结体积密度比较　　图 11-26　烧结体内孤立气孔分布示意图

热压烧结工艺的主要参数是最高烧结温度、最大压制压力和加压时间。热压烧结的机理通常有塑性流动机理、颗粒重排机理、增强扩散机理和综合烧结机理等四种。这里只讨论有代表性的塑性流动机理，即高温加压时，粉料的传质过程变成以流动为主，物质沿外力作用方向移动使孔隙填充以致消失，从而导致烧结体的致密化。

热压烧结初期，塑性流动机理可应用烧结初期黏性流动与塑性流动机理来推导。当烧结进行一段时间后，由于很快形成了互相孤立的气孔，从而改变了动力学条件，但机理仍不变。大量球形孤立气孔被包裹在物体内部，如图 11-26 所示。设气孔大小相等，半径为 r，在表面张力作用下，每个球形气孔内受的负压等于 $2\gamma/r$，相当于作用在压块外面使其致密化的一个相等的正压。Mackenzie 等对含有较多孤立且大小相近球形气孔的塑性物体推导出以下近似的致密化公式：

$$\frac{\mathrm{d}\theta}{\mathrm{d}t} = \frac{3}{2}\left(\frac{4\pi}{3}\right)^{1/3} n^{1/3} \frac{\gamma}{\eta} (1-\theta)^{2/3} \theta^{1/3} \tag{11-56}$$

式中　θ——烧结体的相对密度；

　　　　n——烧结体单位体积内气孔数。

而气孔数与相对密度间的关系为：

$$n\frac{4\pi}{3}r^3 = \frac{1-\theta}{\theta} \tag{11-57}$$

则：

$$n^{1/3} = \left(\frac{1-\theta}{\theta}\right)^{1/3}\left(\frac{3}{4\pi}\right)^{1/3}\frac{1}{r} \tag{11-58}$$

代入式（11-56）得：

$$\frac{\mathrm{d}\theta}{\mathrm{d}t} = \frac{3}{2} \times \frac{\gamma}{r\eta}(1-\theta)$$

上式表明，黏度 η 愈小，物料粒度愈细，烧结愈快。

对于含有一定数量液相的固体物料而言，不能看成是纯牛顿流体。只有当作用力超过一定大小 f 后，流动速率才与作用的剪切应力成比例（宾厄姆流体）：

$$\frac{\mathrm{d}\theta}{\mathrm{d}t} = \frac{3\gamma}{2\eta} \times \frac{1}{r}(1-\theta)\left[1 - \frac{fr}{\sqrt{2}r}\ln\left(\frac{1}{1-\theta}\right)\right]$$

上式表示含一定液相物料进行塑性流动时烧结体的相对密度变化率。当进行热压烧结时，粉料已成为紧密堆积的固体物质，此时也具有宾厄姆流动性质，当剪切力超过临界限度时也会发生流动，相当于有液相存在下的烧结。热压时有一个外压力 p，则此时闭气孔受到的压力为 $p+2\gamma/r$，此时 $2\gamma/r$ 应由 $p+2\gamma/r$ 所代替：

$$\frac{\mathrm{d}\theta}{\mathrm{d}t} = \frac{3}{4\eta}\left(\frac{2\gamma}{r} + p\right)(1-\theta)\left[1 - \frac{\sqrt{2}f}{2\gamma/r+p}\ln\left(\frac{1}{1-\theta}\right)\right] \tag{11-59}$$

当外压力 p 远远大于 $\frac{2\gamma}{r}$ 时，上式可简化为：

$$\frac{\mathrm{d}\theta}{\mathrm{d}t} = \frac{3}{4} \times \frac{p}{\eta}(1-\theta) \tag{11-60}$$

式（11-60）即 Murray 提出的热压烧结塑性流动方程式，进一步积分后有：

$$\ln(1-\theta) = \frac{3p}{4\eta}t + C \tag{11-61}$$

式中　t——热压时间，s；

　　　C——积分常数。

当 $t=0$ 时，$C = \ln(1-\theta_0)$，θ_0 为 $t=0$ 时的相对密度。

温度已知、黏度已知时，在某一压力下，将 $\ln(1-\theta)$ 对 t 作图可得一直线。压力不同，直线斜率不同。图 11-27 为不同压力下 Al_2O_3 的 $\ln(1-\theta)$ 对 t 的关系曲线。由直线斜率可获得要达到某一密度时所需的条件（压力与时间）。

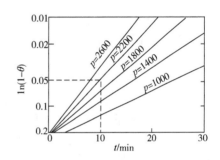

图 11-27　氧化铝在 1600℃热压时，不同压力下 $\ln(1-\theta)$ 与时间的关系

11.6.4　特殊烧结技术

随着现代科学技术的发展，各种新兴技术在无机材料的合成制备领域内也得到了广泛的应用。现在将几种主要的特殊烧结技术作一简单的介绍。

（1）微波与等离子体烧结技术

微波是指波长在 1mm ~ 0.1m 范围内的电磁波，对应频率范围为 30 ~ 300MHz。微波作为一种安全的能源，在民用领域获得了广泛应用，如民用微波炉。微波可在短时间内将无机物质加热到 1800℃高温，因此微波可用于无机材料的合成与烧结，简称微波烧结（Microwave sintering）。

随着温度、压力等条件的变化，物质将转化为气相状态。当满足一定的能量条件时，气相分子的原子核和电子的结合被破坏，气体电离成为自由电子和正离子组成的电离气体，即等离子体。等离子体是一种高度电离的气体，被称为是除了固态、液态、气态之外的物质第四态。等离子体可通过放电方法获得，也可以通过微波加热、激光加热、高能粒子束轰击等方法产生。

等离子体本身具有极高的能量，在一定条件下，由能量最低原理驱动，等离子体可发生各种反应和变化。这些变化可用来合成各种需要特殊反应条件的无机物，如合成金刚石薄膜、合成太阳能电池材料、半导体芯片的微波等离子体注入、光导纤维合成等材料制备领域。

图 11-28 是一种微波等离子辅助 CVD（MPCVD）反应器，利用此反应器可成功地在非常低的基片温度（约 100℃）条件下沉积出高质量的氮化硅薄膜，并可用于其他类型材料的制备和反应。

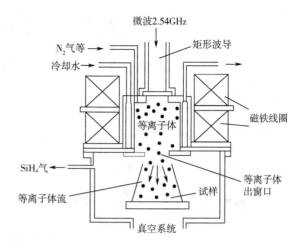

图 11-28　微波等离子辅助 CVD 反应器

微波烧结应用广泛，不仅可应用于结构陶瓷和电子陶瓷材料制备，而且可用于金刚石薄膜沉积和光导纤维棒的气相沉积。微波烧结具有能够降低烧结温度、缩短烧结时间的优点，同时可获得致密、显微组织均匀的制品。另外，微波烧结非常重要的一个优势是微波加热可使所发生的反应远离化学平衡态。因此，可以利用微波烧结获得许多用通常的高温烧结与固相反应无法获得的反应产物。需要特别指出的是，远离化学平衡态的物质合成制备技术也是最近新材料研究和开发的热点领域。

（2）超重力及微重力烧结技术

在重力场作用下，流体的温度和浓度等的不均匀性将产生浮力对流现象，从而影响材料加工的质量。因此，创造远离地球的重力场作用的环境进行物质合成就具有独特的技术优势。其中，又可分为超重力和微重力材料合成技术两大类。

微重力指的是 $g < 10^{-2}g_0$ 的重力环境，其中 g 和 g_0 分别是微重力环境和地球表面的重力加速度。严格地说，微重力应指 $g < 10^{-6}g_0$。微重力条件下具有如下特点：浮力引起的对流减弱或消失；沉淀或斯托克斯（Stokes）沉降消失，可保持悬浮状态；静压力消失，液体外形仅受表面张力控制，可使液体桥或熔融悬浮区扩展到瑞利（Rayleigh）极限，有利于晶体生长等过程；重力消失时，可进行无容器加工。因此，基于以上技术优势，在微重力环境条件下，可进行玻璃的熔化、高温氧化物晶体生长、砷化镓单晶的等效微重力生长等，获得在地球重力环境条件下无法获得的制品性能。

超重力技术的源头是离心技术。将离心力场（超重力场）技术用于特定的传质过程强化，进行物质分离、生产高质量纳米材料等。其中，用超重力技术可生产纳米碳酸钙、纳米氢氧化铝、纳米碳酸钡和纳米碳酸锶等产品。

（3）放电等离子烧结技术

放电等离子烧结技术（Spark plasma sintering，SPS）是一种 20 世纪 90 年代发展起来的新型烧结技术。它与热压一样，都是在被烧结粉末上施加应力，但与热压不同的是，在施加应力的同时，还在样品上施加一个脉冲电源，图 11-29 给出了其原

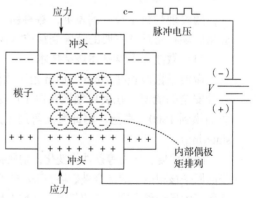

图 11-29　放电等离子烧结原理图

理图。一种 SPS 烧结机理的初步解释是，整个烧结体系就像一个电容器，粉末材料在被极化的同时发生烧结致密化过程。

研究表明，SPS 具有快速烧结、细晶、高致密等特点。另外，SPS 对纳米材料烧结更为有利。利用 SPS 烧结技术，可在仅仅数分钟时间内将氮化硅粉末烧结成致密的、织构可控的高强高韧氮化硅陶瓷，这种新技术能更加简便、精确地控制反应过程，可以控制氮化硅颗粒的形态与大小，使精确控制陶瓷微观结构与性能成为可能。

11.7　烧结过程中的计算机模拟理论与实践

现代计算机模拟技术在许多学科（如数学、力学等）领域取得了成功，在材料科学研究和产品开发中也取得了长足进步，发展了一门称为"计算材料学"的新兴学科。其中，一个重要方面是应用计算机技术模拟复杂的烧结过程，了解烧结的内在规律，建立可控的烧结过程模型，为理论研究和实际生产过程提供指导。

11.7.1　计算机模拟技术

计算机模拟烧结技术首先需要解决两方面问题，一方面是材料烧结过程的模型化，这可以借鉴相关烧结理论研究结果及其相关过程的模型化理论，通过模型化建立起烧结各过程的微观数学公式；另一方面则是计算机模拟方法，需要根据具体物理化学过程和相关模型，并根据过程涉及的空间尺度，选择合适的模拟方法。

（1）纳观至微观尺度的模拟方法

属于纳观至微观的材料过程所用到的模拟方法主要有：

① 蒙特卡罗（Monte Carlo）积分法：可应用于表面偏析、相变过程以及薄膜沉积生长过程等的模拟。

② 分子动力学（Molecular dynamics）法：可应用于位错与晶界相互作用、脆性断裂、晶片硅键界面、薄膜沉积过程中孔隙形成等的模拟。

（2）微观至介观尺度的模拟方法

在微观至介观尺度上，通过对微结构变化及其与性质关联的研究，几乎可以建立起全面性的材料学特性。在微观至介观尺度上的微结构变化，从热力学角度分析是一个典型的热力学非平衡过程，主要由动力学控制。

另外，此尺度范围性质涉及的原子数目巨大（$\approx 10^{23}$ 个/cm^3），需要建立一种覆盖较宽尺度范围的介观尺度模拟方法，一个基本的思路是引入连续体模型。主要的模拟方法有：

① 离散位错静力学和动力学法：主要应用于位错过程。

② 金兹堡-朗道（Ginzburg-Landau）相场动力学法：主要应用于相变过程，如亚稳态分解、晶粒生长等过程。

③ 元胞自动机（CA）法：用于再结晶、晶粒粗化等过程。

其他的还有拓扑网格和顶点模型以及几何及组分元模型。

（3）介观至宏观尺度的模拟方法

介观至宏观尺度材料现象包括晶粒和亚晶粒范围到整个样品范围的材料过程和现象。所

用到的方法主要有以下几种：

① 有限元（Finite element，FE）法：是一种获得边值和初值问题的近似解的常用方法。其基本原理是将研究样品分成许多小区域，然后在每个子区域上用多项式函数近似地表示由分段方式确定的真正态函数。可用于模拟晶体塑性和凝固现象。

② 有限差分（Finite difference，FD）法：应用于与时间有关的问题，如没有边值限制、只有一个初值条件和时间参数的情况。可利用有限差分法求解含有时间导数的数值化积分方程。

③ 多晶弹性和塑性法：这是一种经典的均匀化方法。考虑特定结晶结构的前提下，在宏观和介观尺度上用于模拟多晶体和多相材料的弹性和塑性响应。这种方法在钢的弹性、铁铝合金织构模拟等方面获得了成功。

11.7.2　烧结过程的计算机模拟

随着烧结理论的不断发展和成熟，对烧结物理本质的了解也逐步深入。这些烧结理论和实验工作积累为烧结过程的计算机模拟提供了可靠的物理模型。

烧结过程的计算机模拟方法有许多，针对不同的具体问题采取相应的物理与数学模型，并用合适的模拟方法进行计算。

（1）关于颗粒重排的模拟

相关的模拟方法有 1988 年 Leu 等提出的拓扑约束模型、1993 年 Jagota 等提出的准静力学平衡模型。

（2）关于晶粒生长方面的模拟

蒙特卡罗（Monte Carlo）法是一种最常用的方法。1984 年 Anderson 等用该法模拟了致密多晶体的正常晶粒生长过程；同年，Srolovitz 等对有弥散第二相颗粒存在的晶粒生长过程进行了模拟；随后，Hassold 等发展了前人的工作，对烧结后期晶粒生长与孔洞形态变化进行了模拟。

1989 年 Nikolic 发展了一种名为 SIMTFS 的模拟程序，应用扩散方程的有限差分数值处理建立模型，模拟了 W-Ni 系统液相烧结的晶粒生长过程。

另外，Chen 等于 1996 年提出了场变量模型的概念，对 Al_2O_3-ZrO_2 二元材料烧结过程中 Al_2O_3 颗粒随 ZrO_2 颗粒溶解而长大的显微组织变化进行了模拟。

（3）加压烧结的模拟

在结构陶瓷方面的研究热潮促进了加压烧结计算机模拟的迅速发展，并且在理论研究和实际应用方面都取得了重要进展。

在热压的数值模拟工作方面，热等静压有限元分析中需要用的单元应力应变关系曲线，大都采用描述多孔粉末热压力变形的弹性-黏塑性理论和建立在金属流动理论上的黏塑性理论。而在解析的模拟工作方面，从加压烧结颈部屈服、蠕变、扩散等微观机理出发，构造出了热等静压图，对粉末材料在较宽温度和压力范围内的烧结致密化规律进行了详细描述，并可应用于实际的热等静压过程控制。

从 20 世纪 80 年代中期开始，有限元法被引入到加压烧结特别是热压烧结的理论研究中，并从密度变化和形状变化两方面，试图对热压烧结进行模拟。加压烧结的有限元法模拟大致包括三个过程：将烧结体划分成有限个单元；对各单元建立单元节点的作用力、位移及其速率的本构方程；随后，用数学中矩阵的方法对划分的各单元进行合成，获得关于整体参数变化的规律。

11.8 影响烧结的因素

11.8.1 原始粉料的粒度

无论在固相还是液相烧结中，细颗粒增加了烧结的推动力，缩短了原子扩散距离，提高了颗粒在液相中的溶解度，从而导致烧结过程的加速。如果烧结速率与起始粒度的 1/3 次方成比例，从理论上计算，当起始粒度从 2μm 缩小到 0.5μm 时，烧结速率增加 64 倍，这结果相当于粒径小的粉料烧结温度降低 150~300℃。

有资料报道 MgO 的起始粒度为 20μm 以上时，即使在 1400℃保持很长时间，仅能达相对密度 70%而不能进一步致密化；若粒径在 20μm 以下，温度在 1400℃，或粒径在 1μm 以下，温度为 1000℃时其烧结速率很快；如果粒径在 0.1μm 以下，其烧结速率与热压烧结相差无几。

从防止二次再结晶考虑，起始粒径必须细而均匀，如果细颗粒内有少量大颗粒存在，则易发生晶粒异常生长而不利烧结。一般氧化物材料最适宜的粉料粒度为 0.05~0.5μm。

原料粉末的粒度不同，烧结机理有时也会发生变化。例如 AlN 烧结，据报道当粒度为 0.78~4.4μm 时，粗颗粒按体积扩散机理进行烧结，而细颗粒按晶界扩散或表面扩散机理进行烧结。

11.8.2 外加剂的作用

实践证明，少量外加剂常会明显地改变烧结速率，但对其作用机理的了解还是不充分的。在固相烧结中，少量外加剂（烧结助剂）可与主晶相形成固溶体，促进缺陷增加，在液相烧结中外加剂能改变液相的性质（如黏度、组成等），因而都能起促进烧结的作用。外加剂在烧结体中的作用现分述如下。

（1）外加剂与烧结主体形成固溶体

当外加剂与烧结主体的离子大小、晶格类型及电价数接近时，它们能互溶形成固溶体，致使晶格畸变而得到活化，故可降低烧结温度，使烧结和扩散速率增大，这对于形成缺位型或间隙型固熔体尤为强烈。例如在 Al_2O_3 烧结中，通常加入少量 Cr_2O_3 或 TiO_2 促进烧结，加入 $3\%Cr_2O_3$ 形成连续固溶体可以在 1860℃烧结，而加入 1%~2%TiO_2 只需在 1600℃左右就能致密化。这是因为 Cr_2O_3 与 Al_2O_3 中正离子半径相近，能形成连续固熔体。当加入 TiO_2 时，烧结温度可以降低，因为除了 Ti^{4+} 与 Cr^{3+} 大小相同，能与 Al_2O_3 固溶外，还由于 Ti^{4+} 与 Al^{3+} 电价不同，置换后将伴随有正离子空位产生，而且在高温下 Ti^{4+} 可能转变为半径较大的 Ti^{3+}，从而加剧晶格畸变，使活性更高，故能更有效地促进烧结。因此，对于扩散机理起控制作用的高温氧化物的烧结过程，选择与烧结物正离子半径相近但电价不同的外加剂，以形成缺位型固溶体，或是选用半径较小的正离子以形成填隙型固溶体通常都会有助于烧结。

（2）外加剂与烧结主体形成液相

已经指出，烧结时若有适当的液相，往往会大大促进颗粒重排和传质过程。外加剂的另一作用机理，就在于能在较低温度下产生液相以促进烧结。液相的出现，可能是外加剂本身熔点较低，也可能与烧结物形成多元低共熔物。例如在 BeO 中加入少量 TiO_2、SrO、TiO_2，在 MgO 中加入少量 V_2O_5 或 CuO 等是属于前者；而在 Al_2O_3 中加入 CuO 和 TiO_2、MnO 和 TiO_2

以及 SiO_2 和 CaO 等混合物时，则两种作用兼而有之，因而能更有效加速烧结。例如在生产九五瓷（95%Al_2O_3）时，加入少量 CaO 和 SiO_2，因形成 CaO-Al_2O_3-SiO_2 玻璃可能使烧结温度降低到 1500℃左右，并能改善其电性能。

但值得指出，能促进产生液相的外加剂并非都会促进烧结。例如对 Al_2O_3，即使是少量碱金属氧化物也会严重阻碍其烧结。这方面的机理尚不清楚，但可能与液相本身的黏度、表面张力以及对固相反应的反应能力和溶解作用有关。此外，还应考虑液相对制品的显微结构及性能可能产生的影响。因此，合理选择外加剂常是个重要的课题。例如，有的外加剂可以促进难熔氧化物高温材料的烧结，但却损害耐高温性能，故必须统筹考虑。如高温材料 MgO 烧结时，采用 LiF 作外加剂可得到良好效果。因为 LiF 是 MgO 的弱氧化模型物质，熔点仅 844℃，当低温出现的 LiF 熔体包裹了 MgO 颗粒并形成一层富含 LiF 熔体的膜时，扩散和烧结便加速了。而且在进一步烧结时，LiF 均匀地向 MgO 颗粒扩散，使烧结得以继续进行，但浓度逐渐降低。此外，随着温度的升高，LiF 开始挥发逸出，最后残留于 MgO 的 LiF 量甚少，对 MgO 烧结体的耐高温性能几乎没有影响。

（3）外加剂与烧结主体形成化合物

在烧结透明的 Al_2O_3 制品时，为抑制二次再结晶，消除晶界上的气孔，一般加入 MgO 或 MgF_2。高温下形成镁铝尖晶石（$MgAl_2O_4$）而包裹在 Al_2O_3 的晶粒表面，抑制晶界移动速率，充分排除晶界的气孔，对促进坯体致密化起显著作用。

（4）外加剂阻止多晶转变

烧结后期晶粒长大对烧结致密化有重要作用，但若二次再结晶或间断性晶粒长大过快，又会因晶粒变粗、晶界变宽而出现反致密化现象，并影响制品的显微结构。这时，可通过加入能抑制晶粒异常长大的外加剂来促进致密化进程。例如上面提及的在 Al_2O_3 中加入 MgO 就有这种作用。此时，MgO 与 Al_2O_3 形成的镁铝尖晶石分布于 Al_2O_3 颗粒之间，抑制了晶粒长大，并促使气孔的排除，因而可能获得充分致密的透明氧化铝多晶体。但应指出，由于晶粒长大与烧结的关系较为复杂，正常的晶粒长大是有益的，要抑制的只是二次再结晶引起的异常晶粒长大。因此，并不是能抑制晶粒长大的外加剂都会有助于烧结。

（5）外加剂扩大烧结温度范围

加入适当外加剂能扩大烧结温度范围，给工艺控制带来方便。例如，锆钛酸铅材料的烧结范围只有 20~40℃，如加入适量 La_2O_3 和 Nb_2O_5 以后，烧结范围可以扩大到 80℃。

必须指出的是，外加剂一旦选定，合理的添加量就是主要因素。从上述各作用机理的讨论中可以预期，对每一种外加剂都会有一个适宜的添加量。过多量的外加剂会妨碍烧结相颗粒的直接接触，影响传质过程的进行。如上述加入少量 Cr_2O_3 或 Al_2O_3 时，MgO 烧结体密度提高，但过量后反而下降。对于 Cr_2O_3，其最佳加入量约为 0.4%；对于 Al_2O_3 则约为 1%。因为加入的少量 Al_2O_3 和 Cr_2O_3 可固溶于 MgO 中，使空位浓度提高，加速烧结，但过量后部分与 MgO 反应生成镁铝尖晶石而阻碍烧结。Al_2O_3 烧结时，外加剂种类和数量对烧结活化能的影响较大。加入 2%MgO 使 Al_2O_3 烧结活化能降低到 398kJ/mol，比纯 Al_2O_3 活化能 502kJ/mol 低，因而促进烧结过程。而加入 5%MgO 时，烧结活化能升高到 645kJ/mol，则起抑制烧结的作用。

11.8.3 烧结温度和保温时间

在晶体中晶格能愈大，离子结合也愈牢固，离子的扩散也愈困难，所需烧结温度也就愈

高。各种晶体键结合情况不同，因此烧结温度也相差很大，即使对同一种晶体，烧结温度也不是一个固定不变的值。提高烧结温度无论对固相扩散还是对溶解-沉淀等传质都是有利的。但是单纯提高烧结温度不仅浪费燃料，很不经济，而且还会促使二次再结晶而使制品性能恶化。在有液相的烧结中，温度过高使液相增加，黏度下降，制品变形。因此，不同制品的烧结温度必须仔细试验来确定。

由烧结机理可知，只有体积扩散导致坯体致密化，表面扩散只能改变气孔形状而不能引起颗粒中心距的逼近，因此不出现致密过程。在烧结高温阶段主要以体积扩散为主，而在低温阶段以表面扩散为主。如果材料的烧结在低温时间较长，不仅不引起致密化，反而会因表面扩散改变了气孔的形状而给制品性能带来了损害。因此，从理论上分析应尽可能快地从低温升到高温以创造体积扩散的条件。高温短时间烧结是制造致密陶瓷材料的好方法，但还要结合考虑材料的传热系数、二次再结晶温度、扩散系数等各种因素，合理制定烧结温度。

11.8.4　盐类的选择和煅烧条件

在通常条件下，原始配料均以盐类形式加入，经过加热后以氧化物形式发生烧结。盐类具有层状结构，当将其分解时，这种结构往往不能完全破坏。原料盐类与生成物之间若保持结构上的关联性，那么盐类的种类、分解温度和时间将影响烧结氧化物的结构缺陷和内部应变，从而影响烧结速率与性能。

（1）煅烧条件

关于盐类的分解温度与生成氧化物性质之间的关系有大量研究报道。例如，$Mg(OH)_2$分解温度与生成的 MgO 的性质关系，低温下煅烧所得的 MgO，其晶格常数较大，结构缺陷较多，随着煅烧温度升高，结晶性较好，烧结温度相应提高。随 $Mg(OH)_2$ 煅烧温度的变化，烧结表观活化能 E 及频率因子 A 发生变化，实验结果显示在 900℃煅烧的 $Mg(OH)_2$ 所得的烧结活化能最小，烧结活性较高。可以认为，煅烧温度愈高，烧结性愈低的原因是 MgO 的结晶良好，活化能增高。

（2）盐类的选择

比较用不同的镁化合物分解制得活性 MgO 烧结性能，随着原料盐的种类不同，所制得的 MgO 烧结性能有明显差别，由碱式碳酸镁、草酸镁、乙酸镁、氢氧化镁制得的 MgO，其烧结体可以分别达到理论密度的 82%~93%，而由氯化镁、硝酸镁、硫酸镁等制得的 MgO，在同样条下烧结，仅能达到理论密度的 50%~66%。如果对煅烧获得的 MgO 性质进行比较，则可看出，用能够生成粒度小、晶格常数大、微晶较小、结构松弛的 MgO 的原料盐来获得活性 MgO，其烧结性良好；反之，用生成结晶性较高、粒度较大的 MgO 原料来制备 MgO，其烧结性差。

11.8.5　气氛的影响

实际生产中常可发现，有些物料的烧结过程对气体介质十分敏感。气氛不仅影响物料本身的烧结，也会影响各添加物的效果。为此，常需进行相应的气氛控制。

气氛对烧结的影响是复杂的。同一种气体的介质对于不同物料的烧结，往往表现出不同的甚至相反的效果，但就作用机理而言，无非是物理和化学两方面的作用。

（1）物理作用

在烧结后期，胚体中孤立闭气孔逐渐缩小，压力增大，逐步抵消了作为烧结推动力的表现张力作用，烧结趋于缓慢，使得在通常条件下难于达到完全烧结。这时，继续致密化除了由气孔表面过剩空位的扩散外，闭气孔中的气体在固体中的溶解和扩散等过程也起着重要作用。当烧结气氛不同时，闭气孔内的气体成分和性质不同，它们在气体中的扩散、溶解能力也不相同。气体原子尺寸越大，扩散系数就越小，反之亦然。例如，在氢气中烧结，由于氢原子半径很小，氢原子易于扩散而有利于气孔的消除；而原子半径大的氮则难于扩散而阻碍烧结。实验表明，Al_2O_3（添加0.25%的MgO）在氢气中烧结可以得到接近于理论密度的烧结体，而在氮、氪或空气中烧结则不可能。这显然与这些气体的原子尺寸较大、扩散系数较小有关，对于氪气，还可能与它在Al_2O_3晶格中溶解性小有关。

（2）化学作用

化学作用主要表现在气体介质与烧结物之间的化学反应。在氧气气氛中，由于氧被烧结物表面吸附或发生化学作用，晶体表面形成正离子缺位型的非计量化合物，正离子空位增加，扩散和烧结被加速；同时闭气孔中的氧可能直接进入晶格，并和O^{2-}空位一样沿表面进行扩散。故凡是正离子扩散起控制作用的烧结过程，氧气氛和氧分压较高是有利的。例如，Al_2O_3和ZnO的烧结等。反之，对于那些容易变价的金属氧化物，还原气氛可以使它们部分被还原形成氧缺位型的非化学计量化合物，也会因O^{2-}缺位增多而加速烧结，如TiO_2等。

值得提出，有关氧化、还原气氛对烧结影响的实验资料，常会出现差异和矛盾。这通常是因为实验条件不同，控制烧结速率的扩散质点种类不同。当烧结由正离子扩散控制时，氧化气氛有利于正离子空位形成；对负离子扩散控制时，还原气氛或较低的氧分压将导致O^{2-}空位产生并促进烧结。

气氛的作用有时是综合且更为复杂的。从不同水蒸气气压下MgO在900℃时恒温烧结的收缩曲线可以看到，水蒸气的气压越高，烧结收缩率越大，相应的烧结活化能越低。对于CaO和UO_2也有类似效应。这一作用机理尚不甚清楚，可能与MgO粒子表面吸附OH^-而形成正离子空位，以及由于水蒸气作用使粒子表面质点排列变乱，表面能增加等过程有关。

对于BeO情况正好相反，水蒸气对BeO烧结是十分有害的。因为BeO烧结主要按蒸发-凝聚机理进行的，水蒸气的存在会抑制BeO的升华作用$[BeO(s) + H_2O(g) {=\!=\!=} Be(OH)_2(g)$，后者较为稳定$]$。

此外，工艺上为了兼顾烧结性和制品性能，有时尚需在不同烧结阶段控制不同气氛。例如，一般日用陶瓷或电瓷烧成时，在釉玻化以前（900~1000℃）要控制氧化气氛，以利于原料脱水、分解和有机物的氧化。但在高温阶段则要求还原气氛，以降低硫酸盐分解温度，并使高价铁（Fe^{3+}）还原为低价铁（Fe^{2+}），以保证产品白度的要求，并能在较低温度下形成含低铁共熔体，以促进烧结。

关于烧结气氛的影响，常会出现不同的结论。这与材料组成、烧结条件、外加剂种类和数量等因素有关，必须根据具体情况慎重选择。

11.8.6　压力的影响

（1）成型压力

粉料成型时必须施加一定的压力，除了使其有一定形状和一定强度外，也给烧结创造颗粒间紧密接触的条件，使其烧结时扩散阻力减小。一般，成型压力愈大，颗粒间接触愈紧密，

对烧结愈有利。但若压力过大使粉料超过塑性变形限度，就会发生脆性断裂。适当的成型压力可以提高生坯的密度，而生坯的密度与烧结体的致密化程度有正比关系。

(2) 烧结外压力

在烧结的同时加上一定的外压力称为热压烧结。普通烧结（无压烧结）的制品一般还存在小于 5%的气孔。这是因为一方面随着气孔的收缩，气孔中的气压逐渐增大而抵消了作为推动力的界面能的作用；另一方面封闭气孔只能由晶格内扩散物质填充。为了克服这两个弱点而制备高致密度的材料，可以采用热压烧结。

热压烧结对提高材料的致密度和降低烧结温度有显著的效果。一般无机非金属材料烧结温度 $T_S=0.7\sim0.8\,T_m$（熔点），而热压烧结温度 $T_{HR}=0.5\sim0.6\,T_m$。但以上关系也并非绝对，T_{HR} 与压力有关。如 MgO 的熔点为 2800℃，用 0.05μm 的 MgO 在 140MPa 压力下仅在 800℃就能烧结，此时 T_{HR} 约为 $0.33T_m$。

实际应用对材料提出各种苛刻要求，而热压烧结在制造无气孔多晶透明无机材料方面以及控制材料显微结构上与无压烧结相比，有无可比拟的优越性，因此热压烧结的适用范围也越来越广泛。

总而言之，影响烧结的因素除了以上叙述的之外，还有生坯内粉料的堆积程度、加热速度、粉料的粒度分布等。影响烧结的因素很多，而且相互之间的关系也较复杂，在研究烧结时如果不充分考虑众多因素，并给予恰当的运用，就不能获得具有重复性和高致密度的制品，就不能对烧结体的显微结构和力学、电、光、热等性能产生显著的影响。要获得一个好的烧结材料，必须对原料粉末的尺寸、形状、结构和其他物性有充分的了解，对工艺制度控制与材料显微结构形成相互联系进行综合考察，只有这样才能真正理解烧结过程。

本章小结

烧结是一个非常复杂的高温动力学过程，可能包含扩散、相变、固相反应等动力学过程。烧结及其中后期所伴随的晶粒长大和再结晶，决定了材料显微结构的形式，也决定了材料最终的性质或性能。

由于烧结过程的复杂性，对其进行动力学描述时，只能针对不同的传质机理以及烧结不同阶段坯体中颗粒、气孔的不同形状和接触状况，采用简化模型来建立相应的动力学关系。因此，目前对烧结过程的控制，绝大多数情况下是从影响烧结的因素出发，利用已积累的实验数据，定性地或经验地控制烧结过程。

尽管如此，研究物质在烧结过程中的各种物理化学变化，对指导生产、控制产品质量、开发新材料仍然是非常重要的。并且随着计算机科学技术在烧结理论研究中的应用，烧结动力学方面的研究定会取得新的突破。

思考题与习题

1. 名词解释

烧结、烧结温度、泰曼温度、液相烧结、固相烧结、初次再结晶、晶粒长大、二次再结晶。

2. 烧结的推动力是什么？它可凭哪些方式推动物质的迁移，各适用于何种烧结机理？

3. 下列过程中，哪一个能使烧结体强度增大，而不产生坯体宏观上的收缩？试说明理由。①蒸发-凝聚②体积扩散③黏性流动④晶界扩散⑤表面扩散⑥溶解-沉淀

4. 什么是烧结过程？烧结过程分为哪三个阶段，各有何特点？

5. 烧结的模型有哪几种？各适用于哪些典型传质过程？

6. 某氧化物粉末的表面能是 $1.0 \times 10^{-4} J/cm^2$，烧结后晶界能是 $5.5 \times 10^{-5} J/cm^2$，若用粒径为 $1 \mu m$ 的粉料（假定为方体）压成 $1 cm^3$ 的压块进行烧结，试计算烧结时的推动力。

7. 有粉粒粒度为 $5 \mu m$，若经 2h 烧结后，$x/r = 0.1$。如果不考虑晶粒生长，若烧结至 $x/r = 0.2$，并分别通过蒸发-冷凝、体积扩散、黏性流动、溶解-沉淀传质，各需多少时间？若烧结 8h，各个传质过程的颈部增长 x/r 又是多少？

8. 如上题粉料粒度改为 $16 \mu m$，烧结至 $x/r = 0.2$ 时，各个传质需要多少时间？若烧结时间为 8h，各个过程的 x/r 又是多少？从两题计算结果，讨论粒度与烧结时间对四种传质过程的影响程度。

9. 试就推动力来源、推动力大小、在陶瓷系统的重要性来区别初次再结晶、晶粒长大和二次再结晶。

10. 有人试图用延长烧结时间来提高产品致密度，你认为此法是否可行，为什么？

11. 假如直径为 $5 \mu m$ 的气孔封闭在表面张力为 $2.8 \times 10^{-3} N$ 的玻璃内，气孔内氮气压力是 $8.08 \times 10^4 Pa$，当气体压力与表面张力产生的负压平衡时，气孔尺寸是多少？

12. 在 1500℃、MgO 正常的晶粒长大期间，观察到晶体在 1h 内直径从 $1 \mu m$ 长大到 $10 \mu m$，在此条件下，要得到直径 $20 \mu m$ 的晶粒，需烧结多长时间？如已知晶界扩散活化能为 251.2kJ/mol，试计算在 1600℃ 下 4h 后晶粒的大小。为抑制晶粒长大，加入少量杂质，在 1600℃ 下保温 4h，晶粒大小又是多少？

13. 在制造透明 Al_2O_3 材料时，原始粉料粒度为 $2 \mu m$，烧结至最高温度保温 0.5h，测得晶粒尺寸 $10 \mu m$，试问若保温时间为 2h，晶粒尺寸多大？为抑制晶粒生长，加入 0.1% MgO，此时若保温时间为 2h，晶粒尺寸又有多大？

14. 在 1500℃、Al_2O_3 正常晶粒生长期间，观察到晶体在 1h 内直径从 $0.5 \mu m$ 长大到 $10 \mu m$。如已知晶界扩散活化能为 335 kJ/mol，试预测在 1700℃ 保温时间为 4h 后，晶粒尺寸是多少？加入 0.5% MgO 杂质对 Al_2O_3 晶粒长大速率会有什么影响？在与上面相同条件下烧结，会有什么结果，为什么？

15. 晶界移动遇到夹杂物时会出现哪几种情况？从实现致密化目的考虑，晶界应如何移动？怎样控制？

16. 在烧结时，从晶粒生长能促进坯体致密化目的考虑，晶界生长会影响烧结速率吗？请说明之。

17. 试分析二次再结晶过程对材料性能有何种效应。

18. 特种烧结和常规烧结有什么区别？试举例说明。

19. （1）烧结 MgO 时加入少量 FeO，在氢气氛和氧分压低时都不能促进烧结，只有在氧分压高的气氛下才促进烧结，试分析其原因。

（2）烧结 Al_2O_3 时，氢气易促进致密化而氮气妨碍致密化，试分析其原因。

20. 分析外加剂是如何影响烧结的。

21. 影响烧结的因素有哪些，最容易控制的因素是哪几个？

附录

附录 1　基本物理常数和单位换算

1. 基本物理常数

阿伏伽德罗常数（N_A）	$6.022 \times 10^{23} \, \text{mol}^{-1}$
玻尔兹曼常数（k）	$1.381 \times 10^{-23} \, \text{J/K}$
电子电荷（e）	$-1.602 \times 10^{-19} \, \text{C}$
法拉第常数（F）	$9.646 \times 10^4 \, \text{C/mol}$
气体常数（R）	$8.314 \, \text{J/(mol·K)}$
普朗克常数（h）	$6.626 \times 10^{-34} \, \text{J·s}$
光速（c）	$299792458 \, \text{m/s}$

2. 长度和面积

$1\mu\text{m} = 10^{-6}\text{m}$	$1\text{nm} = 10^{-9}\text{m}$
$1\text{Å} = 10^{-10}\text{m}$	$1\text{in} = 25.44\text{mm}$

3. 质量、力、压力

$1\text{kgf} = 9.80665\text{N}$	$1\text{bar} = 10^5\text{Pa} = 1\text{mN/m}$
$1\text{mmHg} = 1\text{torr} = 133.322\text{Pa}$	$1\text{atm} = 101.325\text{kPa} = 10^5\text{N/m}^2$

4. 能量和功

$1\text{cal} = 4.184\text{J}$	$1\text{eV} = 1.6022 \times 10^{-19}\text{J}$
$1\text{kWh} = 3.6\text{MJ}$	

附录 2　热容

一些物质的恒压摩尔热容 $C_p[\text{J/(mol·K)}]$ 与温度的关系式：

$$C_p = a + b \times 10^{-3}T + c' \times 10^5 T^{-2} + c \times 10^{-6}T^2$$

a、b、c'、c 值如下。

物质	a	b	c'	c	温度范围/K
A1(s)	20.670	12.380			298~932
Al(l)	31.748				932~2767
Al₄C₃(s)	154.691	28.727	−41.940		298~1800
AlF₃(s)	87.571	12.552			727~1400
AlN(s)	32.267	22.686	−7.040		298~600
	50.216	1.172	−26.054		600~1000
	50.141	0.389	−17.397		1000~2000

物质	a	b	c'	c	温度范围/K
$Al_2O(g)$	55.145	1.561	−9.238		298~2000
$AlO(g)$	35.342	1.397	−4.598		298~2000
$Al_2O_3(\alpha)$	114.770	12.80	−35.443		298~1800
$Al_2O_3(\gamma)$	106.600	17.78	−28.53		298~1800
$Al_2O_3(l)$	144.863				2327~3500
$Al_2O_3 \cdot SiO_2$(红柱石)	174.510	24.464	−53.095		298~2000
$Al_2O_3 \cdot SiO_2$(硅线石)	168.883	29.351	−49.978		298~2000
$3Al_2O_3 \cdot 2SiO_2(s)$	453.006	105.562	−140.356	−23.376	298~2000
	484.926	46.861	−154.808		298~2000
$Al_2O_3 \cdot TiO_2(s)$	182.548	22.175	−46.903		298~2133
$9Al_2O_3 \cdot 2B_2O_3(s)$	980.299	613.400	−288.299	−176.598	298~1600
$B(s)$	19.811	5.774	−9.209		298~1700
	32.095	0.071	−96.751		1500~2450
$B_2O_3(s)$	57.028	73.011	−14.058		280~723
$B_2O_3(l)$	127.612				723~2316
$B_4C(s)$	96.554	21.924	−44.978		298~2743
$BN(s)$	33.890	14.728	−23.054		298~1200
C(石墨)	17.16	4.27	−8.79		298~2300
$CH_4(g)$	12.54	76.69	1.45	−18.00	298~2000
$CO(g)$	28.41	4.10	−0.46		298~2500
$CO_2(g)$	44.14	9.04	−8.54		298~2500
$CaC_2(s)$	68.62	11.88	−8.66		298~720
$CaF_2(s)$	59.83	30.46	1.97		298~1424
	107.99	10.46			1424~1691
$CaF_2(l)$	100.00				1691~1800
$CaO(s)$	49.62	4.52	−6.95		298~2888
$Ca(OH)_2(s)$	105.30	11.95	−18.97		298~1000
$CaS(s)$	42.68	15.90			298~1000
$CaSO_4(s)$	70.21	98.74			298~1400
$Ca_3(PO_4)_2(s)$	201.84	166.02	−20.92		298~1373
	330.54				1373~2003
$CaCO_3(s)$	104.51	21.92	−25.94		298~1200
$Ca_2Si(s)$	67.36	17.99			298~1200
$CaSi(s)$	42.68	15.06			298~1513
$CaO \cdot Al_2O_3(s)$	153.09	22.30	−35.48		298~1878
$CaO \cdot 2Al_2O_3(s)$	258.24	40.08	−64.01		298~2023
$2CaO \cdot Fe_2O_3(s)$	183.30	86.86	−28.74		298~1723
$2CaO \cdot Fe_2O_3(l)$	310.45				1723~1850
$CaO \cdot SiO_2$(假硅灰石)	108.15	16.48	−23.64		298~1817
$2CaO \cdot SiO_2(\beta)$	145.89	40.75	−26.19		298~970
	134.56	46.11			970~1710
	205.02				1710~2403
$2CaO \cdot SiO_2(\gamma)$	133.30	51.55	−19.41		298~1100
$3CaO \cdot SiO_2(s)$	208.57	36.07	−42.47		298~1800
$CaO \cdot MgO(s)$	97.82	7.66	−18.24		298~1800
$CaO,TiO_2(s)$	127.49	5.69	−27.99		298~1530
	134.01				1530~2243

物质	a	b	c'	c	温度范围/K
$CaO \cdot ZrO_2(s)$	119.24	12.05	−21.00		298~2613
$Cr(s)$	19.79	12.84	−0.26		298~2176
$Cr_2O_3(s)$	119.37	9.21	−15.65		298~1800
$Cu_2O(s)$	56.57	29.29			298~1509
$Cu_2O(l)$	100.42				1509~2000
$Cu_2S(l)$	89.12				1403~2000
$FeO(s)$	50.80	8.61	−3.31		298~1650
$FeO(l)$	68.20				1650~3687
$Fe_3O_4(s)$	86.27	208.91			298~866
	200.83				866~1870
$Fe_2O_3(s)$	98.28	77.82	−14.85		298~953
	150.62				953~1053
	132.67	7.36			1053~1735
$FeO \cdot Al_2O_3(s)$	155.39	26.15	−31.39		298~2053
$FeO \cdot Gr_2O_3(s)$	163.01	22.34	−31.88		298~2000
$H_2(g)$	27.28	3.26	0.502		298~3000
$H_2O(g)$	30.00	10.71	0.33		298~2500
$H_2O(l)$	75.44				273~373
$K_2O(s)$	72.17	41.84			298~1154
$La_2O_3(s)$	120.75	12.89	−13.72		298~1200
$Mg(s)$	21.39	11.78			298~922
$Mg(l)$	32.64				922~1363
$Mg(g)$	20.79				1363~2000
$MgF_2(s)$	70.84	10.54	−9.21		298~1536
$MgF_2(l)$	94.43				1536~2605
$MgCl_2(s)$	79.08	5.94	−8.62		298~987
$MgCl_2(l)$	92.47				987~1691
$MgO(s)$	48.98	3.14	−11.44		298~3098
$MgSO_4(s)$	106.44	46.28	−21.90		298~1400
$2MgO \cdot SiO_2(s)$	153.93	23.66	−38.50		298~2171
$MgO \cdot TiO_2(s)$	118.54	13.59	−27.90		298~1903
$2MgO \cdot TiO_2(s)$	152.37	34.05	−30.53		298~2005
$MgO \cdot Al_2O_3(s)$	153.97	26.78	−40.92		298~2408
$MgO \cdot Cr_2O_3(s)$	161.38	19.39	25.11	−2.91	298~2623
$MgO \cdot Fe_2O_3(s)$	128.32	32.72			298~2473
$MnO(s)$	46.48	8.12	−3.68		298~2058
$MoSi_2(s)$	67.83	11.97	−6.57		298~2303
$N_2(g)$	27.86	4.27			298~2500
$NH_3(g)$	29.75	25.10	−1.55		298~1800
$NaF(s)$	46.59	9.90	−2.13		298~1269
$Na_2O(s)$	66.22	43.87	−8.13	−14.09	298~1023
$Na_2O \cdot SiO_2$	130.29	40.17	−27.07		298~1362
$Na_3AlF_6(s)$	172.27	158.42			298~838
	282.00				838~1153
	355.64				1153~1285

物质	a	b	c'	c	温度范围/K
Na₃AlF₆(l)	396.23				1285~2500
NiO(s)	−20.88	157.24	16.28		298~525
	58.07				525~565
	46.78	8.45			565~2257
O₂(g)	29.96	4.18	−1.67		298~3000
PbO(s,红色)	41.46	15.33			298~762
PbO(s,黄色)	44.82	16.51			762~1158
PbO(l)	64.38				1158~1808
PbS(s)	46.74	9.21			298~1392
PbS(l)	61.92				1392~1609
SO₂(g)	43.43	10.63	−5.94		298~1800
Si(s)	22.82	3.86	−3.54		298~1685
Si(l)	27.20				1685~3492
SiF₄(g)	36.01	1.08	−3.46		298~2000
SiO(g)	29.82	8.24	−2.06	−2.28	298~2000
SiO₂(石英)	43.92	38.82	−9.68		298~847
	58.91	10.04			847~1696
SiO₂(方石英)	46.90	31.50	−10.09		298~543
	71.63	1.89	−39.06		543~1996
SiO₂(l)	85.77				1996~3000
SiC(立方)	50.79	1.95	−49.20	−8.20	298~3259
Si₃N₄(α)	76.34	109.04	−63.54	−27.08	298~2151
Sn(l)	28.45				800~2876
SnO₂	73.89	10.04	−21.59		298~1903
Ti(s)	22.16	10.28			298~1155
	19.83	7.92			1155~1933
TiO₂(金红石)	62.86	11.36	−9.96		298~2143
TiB₂	56.38	25.86	−17.46	−3.35	298~3193
TiN	49.83	3.93	−12.38		298~3223
Y₂O₃(s)	123.85	5.02	−20.00		298~1330
	131.80				1330~2693
ZrO₂(s)	69.62	7.53	−14.06		298~1478
	74.46				1478~2950
ZrO₂·SiO₂(s)	118.63	47.91	−29.77	−16.73	298~1400
	150.62				1400~1980
ZrB₂(s)	64.21	9.43	−16.58		298~3323

附录3 一些物质的熔点、熔化热、沸点、蒸发热

物质	熔点/℃	熔化热/(kJ·mol⁻¹)	沸点/℃	蒸发热/(kJ·mol⁻¹)
Al	660	10.47	2520	291.4
Al₂O₃	2045	118.41	2980	
Al₄C₃	2156(分解)			
AlN	2630(在 N₂ 压力为 101.325kPa 以下)			
9Al₂O₃·2B₂O₃	1965			

物质	熔点/℃	熔化热/(kJ·mol⁻¹)	沸点/℃	蒸发热/(kJ·mol⁻¹)
$AlPO_4$	2000			
Al_3PO_7	2030			
$3Al_2O_3 \cdot 2SiO_2$	1850			
$Al_2O_3 \cdot TiO_2$	1860			
B	2177	22.55	3658	
B_2O_3	450	22.01	2043	366.31
B_4C	2470	104.60		
BN	2730(升华)			
BaO	1925	57.74		
BeO	2547	63.18	3850	489.86 ± 43.96
C	4100℃碳蒸气压达 101.325kPa	在 Ar 气气氛 100kg/cm² 压力下测得 熔点为 4020℃ ± 50K		
Ca	839	8.54	1484	153.64
CaO	2600	79.50	3500	625.33
$CaO \cdot SiO_2$	1540	56.07		
$2CaO \cdot SiO_2(\alpha)$	2130			
CaC_2	2300			
CaF_2	1418	29.71	2510	312.13
$CaO \cdot Al_2O_3$	1605			
$CaO \cdot 2Al_2O_3$	1780			
$CaO \cdot 6Al_2O_3$	1903(异分熔融)			
$3CaO \cdot P_2O_5$	约 1800			
$CaO \cdot TiO_2$	1970			
$2CaO \cdot Fe_2O_3$	1450	151.04		
$CaO \cdot ZrO_2$	2340			
Ce	798	5.46	3426	414.17
CeO_2	>2600	79.55		
CeS	2450			
Cr	1860	16.93	2680	342.10
Cr_4C	1520			
Cr_3C_2	1895			
Cr_2O_3	约 2400	104.67~117.23	约 3000	
Cu	1084	13.26	2575	304.36
Cu_2O	1236	56.82	1800	
Fe	1536	13.81	2862	349.57
$FeCl_2$	677	43.10	1012	125.52
FeO	1377	31.00		
Fe_3O_4	1597	138.07	2623	298
FeS	1195	32.34		
Fe_3C	1227	51.46		
$2FeO \cdot SiO_2$	1220	92.05		

物质	熔点/℃	熔化热/(kJ·mol⁻¹)	沸点/℃	蒸发热/(kJ·mol⁻¹)
$FeO \cdot Al_2O_3$	1780			
H_2O	0	6.016	100	41.11
HfO_2	2900	104.60		
La	920	6.20	3457	413.72
La_2O_3	2320	75.36	3927	1783.6
Mg	649	8.95	1090	127.4
MgO	2825	77.40	3260	544.28
MgF_2	1263	58.16	2332	273.22
$MgO \cdot Al_2O_3$	2135	154.00		
$MgO \cdot Cr_2O_3$	2350	约290.00		
$MgO \cdot SiO_2$	1577	75.31		
$2MgO \cdot SiO_2$	1898	71.13		
$MgO \cdot TiO_2$	1630	90.37		
$2MgO \cdot TiO_2$	1732	129.70		
Mn	1244	12.06	2060	226.07
MnO	1785	54.39	3127	
Mo	2615	27.83	4610	590.30
$MoSi_2$	2030			
NaCl	801	28.16	1465	170.40
NaF	996	33.14	1710	
Na_2O	1132	47.70		
$Na_2O \cdot SiO_2$	1089	51.80		
Na_3AlF_6	1012	107.28		
Ni	1455	17.47	2915	369.25
NiO	1984	50.66		
$NiO \cdot Al_2O_3$	2110			
Pb	327	4.77	1787	177.95
PbO	885	27.49	1472	
SiC	2760(分解)			
$SiCl_4$	1900(分解)			
SiO_2	1723	9.58	2950	573.59
SnO_2	1630	47.69	2000	314.01
Ti	1660	18.62	3285	425.8
TiO_2	1870	66.94	2927	598.71
TiB_2	3225	100.42	3977	
Y_2O_3	2420	104.67	4300	2047.4
ZnO	1970			
ZrO_2	2677	87.03	4275	643.09
ZrB_2	3245	104.60		
$ZrO_2 \cdot SiO_2$	1676(分解)			
V_2O_3	1970	100.48	3027	
TiN	2950	62.76		

附录4 一些单质和化合物的标准生成焓、标准生成吉布斯自由能与标准熵值（101.325kPa、298K）

单质或化合物	$-\Delta_f H_{298}^{\ominus}/(kJ \cdot mol^{-1})$	$-\Delta_f G_{298}^{\ominus}/(kJ \cdot mol^{-1})$	$S_{298}^{\ominus}/[J \cdot (mol \cdot K)^{-1}]$
Al(g)	−313.80	−273.22	164.44
Al(s)	0	0	28.32
Al₄C₃(s)	186.98	179.28	104.60
AlCl₃(s)	704.16	628.85	110.70
AlF₃(s)	1504.15	1425.07	66.53
Al₂O₃(α)	1674.43	1581.88	50.99
Al₂O₃·H₂O(s)	1970.66	1820.04	96.86
Al₂O₃·3H₂O(s)	2567.72	2288.65	140.21
3Al₂O₃·2SiO₂(s)	6819.21	6459.80	274.89
Al₂O₃·TiO₂(s)	2625.46	2479.30	109.62
9Al₂O₃·2B₂O₃(s)	17725.52	16752.93	653.96
Al(OH)₃(s)	1272.77	1137.63	71.13
AlN(s)	317.98	287.02	20.17
Al₂(SO₄)₃(s)	3434.98	3091.93	239.32
B(s)	0	0	6.53
B₂O₃(s)	1272.77	1193.62	53.85
B₂O₃(玻璃态)	1254.53	1182.40	78.66
B₄C(s)	71.55	71.63	27.13
BN(s)	254.39	228.45	14.81
BaO(s)	553.54	523.74	70.29
C(石墨)	0	0	5.74
C(金刚石)	1.90	2.90	2.38
CO(g)	110.54	137.12	197.55
CO₂(g)	393.51	394.39	213.66
C₂H₂(g)	−226.73	−20.92	200.80
C₂H₄(g)	−52.47	−68.41	219.20
CH₄(g)	74.81	50.75	186.30
C₆H₆(l)	−49.04	−124.45	173.20
C₂H₅OH(l)	277.61	174.77	160.71
CH₃OH(l)	238.64	166.31	126.8
HCOOH(l)	409.20	346.00	128.95
CO(NH₂)₂(s)	333.19	197.15	104.60
Ca(s)	0	0	41.63
Ca(g)	−192.63	−158.91	154.77
CaC₂(s)	59.41	64.53	70.29
CaCl₂(s)	800.82	755.87	113.80
CaF₂(s)	1221.31	1108.33	68.83
CaCO₃(方解石)	1206.87	1128.76	92.88
CaCO₃·MgCO₃(s)	2326.30	2152.67	117.99
CaO(s)	635.55	604.17	39.75

单质或化合物	$-\Delta_f H_{298}^{\ominus}/(kJ \cdot mol^{-1})$	$-\Delta_f G_{298}^{\ominus}/(kJ \cdot mol^{-1})$	$S_{298}^{\ominus}/[J \cdot (mol \cdot K)^{-1}]$
$Ca(OH)_2(g)$	986.21	898.63	83.39
$CaS(s)$	482.41	477.39	56.48
$3CaO \cdot P_2O_3(s)$	4137.55	3912.66	235.98
$CaO \cdot Al_2O_3(s)$	2321.28	2202.04	114.22
$CaO \cdot 2Al_2O_3(s)$	3992.79	3783.59	177.82
$3CaO \cdot Al_2O_3(s)$	3556.40	3376.49	205.43
$12CaO \cdot 7Al_2O_3(s)$	19374.01	18410.44	1044.74
$CaO \cdot Al_2O_3 \cdot 5H_2O(s)$	4510.35		
$3CaO \cdot Al_2O_3 \cdot 6H_2O(s)$	5510.33	4966.41	372.38
$2CaO \cdot Al_2O_3 \cdot 8H_2O(s)$	5401.54	4778.13	414.22
$CaO \cdot Al_2O_3 \cdot 10H_2O(s)$	5291.92	4585.66	
$4CaO \cdot Al_2O_3 \cdot 13H_2O(s)$	8298.96	7317.81	686.18
$4CaO \cdot Al_2O_3 \cdot 19H_2O(s)$	10079.26	8752.93	920.48
$CaO \cdot Al_2O_3 \cdot 2SiO_2(s)$	4236.09	3856.94	202.51
$2CaO \cdot Al_2O_3 \cdot SiO_2(s)$	3956.18	3760.33	221.33
$4CaO \cdot Al_2O_3 \cdot Fe_2O_3(s)$	5066.82	4790.68	
$CaO \cdot Fe_2O_3(s)$	1530.93	1423.40	145.18
$2CaO \cdot Fe_2O_3(s)$	2124.22	1992.56	188.70
$CaO \cdot B_2O_3(s)$	2022.13	1915.02	105.02
$3CaO \cdot B_2O_3(s)$	3421.26	3251.38	183.68
$CaSO_4(无水石膏)$	1432.68	1320.30	106.69
$CaSO_4 \cdot H_2O(s)$	1575.15	1435.20	130.54
$CaSO_4 \cdot 2H_2O(s)$	2021.12	1795.73	193.97
$CaO \cdot SiO_2(\beta)$	1635.73	1550.38	82.00
$CaO \cdot SiO_2(\alpha)$	1630.71	1547.03	87.45
$2CaO \cdot SiO_2(\beta)$	2308.48	2193.21	127.61
$2CaO \cdot SiO_2(\gamma)$	2312.58	2197.40	120.50
$3CaO \cdot SiO_2(s)$	2968.34	2784.33	168.61
$3CaO \cdot 2SiO_2(s)$	3824.34	3615.48	210.87
$CaO \cdot TiO_2(\beta)$	1660.63	1575.28	93.72
$CaO \cdot ZrO_2(s)$	1765.23	1677.53	93.72
$Ce(s)$	0	0	69.45
$CeO_2(s)$	1089.93	1026.68	62.34
$Cr(s)$	0	0	23.77
$Cr_2O_3(s)$	1129.68	1048.05	81.17
$Fe(s)$	0	0	27.15
$FeCl_2(s)$	342.25	303.49	120.10
$FeCl_3(s)$	399.40	334.03	142.30
$FeS(\alpha)$	95.40	97.87	67.36
$FeS(\beta)$	86.15	96.14	92.59
$FeO(s)$	272.04	251.50	60.75
$Fe_2O_3(s)$	825.50	743.72	87.44
$Fe_3O_4(s)$	1118.38	1015.53	146.40
$FeO \cdot Al_2O_3(s)$	1975.61	1860.02	106.27
$FeO \cdot Cr_2O_3(s)$	1461.47	1360.64	146.44

单质或化合物	$-\Delta_f H_{298}^{\ominus}$ /(kJ·mol^{-1})	$-\Delta_f G_{298}^{\ominus}$ /(kJ·mol^{-1})	$S_{298}^{\ominus}$ /[J·(mol·K)$^{-1}$]
$2FeO·SiO_2(s)$	1479.88	1379.16	145.18
$FeO·TiO_2(s)$	1246.41	1169.09	105.86
$H_2(g)$	0	0	130.58
$HCl(g)$	92.31	95.23	186.79
$H_2O(g)$	242.46	229.24	188.72
$H_2O(l)$	285.84	237.25	70.08
$HF(g)$	272.55	270.70	173.67
$H_2S(g)$	20.15	33.02	205.64
$H_3BO_2(s)$	1088.68	963.16	89.88
$H_3PO_4(s)$	1278.92	1118.97	110.54
$H_2SiO_3(s)$	1184.28	1074.66	
$K(g)$	−90.00	−61.17	160.23
$K(s)$	0	0	63.60
$K_2O(s)$	363.17	318.80	94.14
$KOH(s)$	424.68	374.50	79.29
$KCl(s)$	436.68	406.62	82.55
$K_2CO_3(s)$	1146.12	1060.64	157.74
$K_2O·4SiO_2(\beta)$	4330.44	4095.38	265.68
$La(s)$	0	0	56.90
$La_2O_3(s)$	1793.26	1705.79	128.03
$Li_2O(s)$	597.47	561.49	37.89
$Mg(s)$	0	0	32.68
$MgO(s)$	601.24	568.98	26.94
$MgCO_3(s)$	1096.21	1012.68	65.69
$Mg(OH)_2(s)$	924.66	833.75	63.13
$MgCl_2(s)$	641.82	592.32	89.54
$MgSO_4(s)$	1278.21	1173.61	91.63
$MgO·Al_2O_3(s)$	2310.40	2185.52	80.54
$MgO·Cr_2O_3(s)$	1771.09	1656.55	105.86
$MgO·Fe_2O_3(s)$	1438.04	1326.71	123.85
$MgO·SiO_2(s)$	1548.92	1462.12	67.78
$2MgO·SiO_2(s)$	2176.94	2059.16	95.19
$2MgO·2Al_2O_3·5SiO_2(s)$	9111.92		407.10
$2MgO·TiO_2(s)$	2165.01	2043.88	103.76
$MgO·TiO_2(s)$	1572.77	1484.48	74.48
$Mn(s)$	0	0	32.01
$MnO(s)$	384.93	362.67	59.83
$MnO_2(s)$	520.07	465.26	53.14
$Mo(s)$	0	0	28.61
$MoSi_2(s)$	131.71	131.35	65.02
$Na(s)$	0	0	51.17
$NaCl(s)$	411.12	384.14	72.13
$NaF(s)$	573.63	543.41	51.30
$Na_2O(s)$	417.98	379.30	75.06
$NaOH(s)$	428.02	381.96	64.43

单质或化合物	$-\Delta_f H_{298}^{\ominus}/(kJ\cdot mol^{-1})$	$-\Delta_f G_{298}^{\ominus}/(kJ\cdot mol^{-1})$	$S_{298}^{\ominus}/[J\cdot(mol\cdot K)^{-1}]$
$Na_2CO_3(s)$	1130.77	1048.27	138.78
$Na_3AlF_6(s)$	3305.36	3140.50	238.49
$Na_2O\cdot SiO_2(s)$	1556.70	1469.67	113.80
$Na_2O\cdot 2SiO_2(s)$	2474.21	2340.32	164.85
$Na_2O\cdot 3SiO_2(s)$	3387.57	3205.15	215.89
$Na_2SiF_6(s)$	2832.57	2553.91	214.64
$Ni(s)$	0	0	29.88
$NiO(s)$	248.58	220.47	38.07
$NiO\cdot Al_2O_3(s)$	1921.50	1802.77	98.32
$N_2(g)$	0	0	191.50
$NH_3(g)$	46.19	16.58	192.51
$NH_4Cl(s)$	314.55	203.25	94.98
$NO(g)$	−90.29	−86.77	210.66
$NO_2(g)$	−33.10	−51.24	239.91
$O(g)$	−249.17	231.75	160.95
$O_2(g)$	0	0	205.04
$P(白色)$	0	0	41.09
$P_4O_{10}(s)$	2984.03	2697.84	228.86
$Pb(s)$	0	0	64.81
$PbO(s)$	219.28	188.87	65.27
$PbO\cdot SiO_2(s)$	1150.47	1066.54	109.62
$2PbO\cdot SiO_2(s)$	1369.80	1258.97	186.61
$4PbO\cdot SiO_2(s)$	1805.06	1635.61	324.68
$S(斜方硫)$	0	0	31.92
$S(g)$	−278.99	−238.50	167.78
$SO_2(g)$	296.90	298.40	248.11
$SO_3(g)$	395.76	371.06	256.22
$Si(s)$	0	0	18.82
$SiC(\beta)$	65.27(73.22)	62.76(70.85)	16.61
$SiC(\alpha)$	62.76	60.25	16.45
$Si_3N_4(\alpha)$	744.75(743.50)	647.39(642.66)	112.97(101.25)
$SiF_4(g)$	1614.94	1572.68	282.38
$SiO(g)$	99.59	126.35	211.50
$SiO_2(\beta-石英)$	911.07	856.67	41.84
$SiO_2(\beta-方石英)$	903.53	849.35	42.63
$SiO_2(\gamma-鳞石英)$	905.54	851.78	43.51
$SiO_2(玻璃)$	901.57	848.64	46.86
$Sn(白色)$	0	0	51.46
$SnO_2(s)$	580.74	519.86	52.30
$SnO(s)$	285.77	256.90	56.48
$Ti(s)$	0	0	30.65
$TiO_2(金红石)$	944.75	889.51	50.33
$TiB_2(s)$	323.84	319.70	28.49
$TiN(s)$	337.86	309.20	30.29

单质或化合物	$-\Delta_f H_{298}^{\ominus}/(\text{kJ}\cdot\text{mol}^{-1})$	$-\Delta_f G_{298}^{\ominus}/(\text{kJ}\cdot\text{mol}^{-1})$	$S_{298}^{\ominus}/[\text{J}\cdot(\text{mol}\cdot\text{K})^{-1}]$
Y(s)	0	0	44.43
Y₂O₃(s)	1905.39	1816.77	99.16
ZnO(s)	348.11	318.12	43.51
Zr(s)	0	0	38.91
ZrO₂(s)	1094.12	1036.43	50.36
ZrB₂(s)	322.59	318.20	35.94
ZrO₂·SiO₂(s)	2022.13	1911.88	84.52
Zr(OH)₄(s)	1720.46	1548.08	129.70

附录5　一些化合物的标准生成吉布斯自由能与 T 的关系

反应	$\Delta G/(\text{J}\cdot\text{mol}^{-1})$	温度范围/℃
$Al(s)=Al(l)$	$10795+11.55T$	660
$Al(l)=Al(g)$	$304640-109.50T$	660~2520
$4Al(l)+3C(s)=Al_4C_3(s)$	$-266520+96.23T$	660~2200
$Al(l)+1.5F_2(g)=AlF_3(s)$	$-1507750+257.90T$	660~1276
$Al(l)+0.5N_2(g)=AlN(s)$	$-326477+116.40T$	660~2000
$2Al(l)+1.5O_2(g)=Al_2O_3(s)$	$-1682900+323.24T$	660~2042
$2Al(l)+1.5O_2(g)=Al_2O_3(l)$	$-1574100+275.01T$	2042~2494
$2Al(g)+1.5O_2(g)=Al_2O_3(l)$	$-2106400+468.62T$	2494~3200
$2Al(l)+1.5O_2(g)=Al_2O_3(g)$	$-170700-49.37T$	660~2000
$Al(s)+0.5P_2(g)+2O_2(g)=AlPO_4(s)$	$-1802100+449.95T$	25~660
$B(s)=B(l)$	$50200-21.84T$	2030
$B(l)=B(g)$	$499700-117.28T$	2030~4002
$4B(s)+C(s)=B_4C(s)$	$-41500+5.56T$	25~2030
$B(s)+0.5N_2(g)=BN(s)$	$-253969+91.42T$	25~2030
$B_2O_{3(s)}=B_2O_3(l)$	$24060-33.26T$	450
$2B(s)+1.5O_2(g)=B_2O_3(l)$	$-1228800+210.04T$	450~2043
$Ba(l)+0.5O_2(g)=BaO(s)$	$-552290+92.47T$	729~1637
$Be(l)+0.5O_2(g)=BeO(s)$	$-613600+100.93T$	1287~2000
$C(s)=C(g)$	$713500-155.48T$	1750~3800
$C(s)+2H_2(g)=CH_4(g)$	$-80333+106.27T$	25~1402
$C(s)+0.5O_2(g)=CO(g)$	$-114400-85.77T$	500~2000
$C(s)+O_2(g)=CO_2(g)$	$-395350-0.54T$	500~2000
$Ca(s)=Ca(l)$	$8540-7.70T$	839
$Ca(l)=Ca(g)$	$157800-87.11T$	839~1491
$Ca(l)+Cl_2(g)=CaCl_2(l)$	$-798600+145.98T$	839~1484
$CaF_2(s)=CaF_2(l)$	$2970-17.57T$	1418
$Ca(l)+F_2(g)=CaF_2(s)$	$-1219600+162.3T$	839~1418
$Ca(l)+2C(s)=CaC_2(s)$	$-60250-26.28T$	839~1484

反应	$\Delta G/(\text{J}\cdot\text{mol}^{-1})$	温度范围/℃
CaO(s)=CaO(l)	$79500-24.69T$	2927
Ca(s)+0.5O$_2$(g)=CaO(s)	$-633876+100.63T$	25~850
Ca(l)+0.5O$_2$(g)=CaO(s)	$-639733+105.85T$	850~1484
Ca(g)+0.5O$_2$(g)=CaO(s)	$-778850+184.93T$	1484~2614
Ca(l)+0.5S$_2$(g)=CaS(s)	$-548100+103.85T$	839~1484
Ca(s)+H$_2$(g)+O$_2$(g)=Ca(OH)$_2$(s)	$-983100+285.17T$	25~727
Ca(s)+C(s)+1.5O$_2$(g)=CaCO$_3$(s)	$-1196300+242.09T$	25~839
4Cr(s)+C(s)=Cr$_4$C(s)	$-96200-11.7T$	25~1520
3Cr(s)+2C(s)=Cr$_3$C$_2$(s)	$-791000-17.7T$	25~1857
Cr(s)+1.5O$_2$(g)=CrO$_3$(l)	$-546600+185.8T$	187~727
2Cr(s)+1.5O$_2$(g)=Cr$_2$O$_3$(s)	$-1120266+255.42T$	25~1903
Cr(s)+0.5O$_2$(g)=CrO(l)	$-334220+63.81T$	1665~1750
Ce(s)+O$_2$(g)=CeO$_2$(s)	$-1083700+211.84T$	25~798
Ce+0.5S$_2$(g)=CeS(s)	$-534900+90.96T$	798~2450
Cu(s)=Cu(l)	$13050-9.62T$	1083
2Cu(s)+0.5O$_2$(g)=Cu$_2$O(s)	$-169100+73.33T$	25~1083
2Cu(s)+0.5S$_2$(g)=Cu$_2$S(s)	$-131800+30.80T$	435~1129
Cu$_2$S(s)=Cu$_2$S(l)	$9000-6.40T$	1129
Fe(s)=Fe(l)	$13800-7.61T$	1536
FeCl$_2$(l)=FeCl$_2$(g)	$109900-84.73T$	1074
Fe(s)+Cl$_2$(g)=FeCl$_2$(g)	$-167150-25.1T$	1074~2000
3Fe(α)+C(s)=Fe$_3$C(s)	$29040-28.03T$	25~727
3Fe(γ)+C(s)=Fe$_3$C(s)	$11234-11.0T$	727~1137
Fe(s)+0.5O$_2$(g)=FeO(s)	$-259615+62.55T$	25~1369
Fe(s)+0.5O$_2$(g)=FeO(l)	$-220705+38.91T$	1369~1536
Fe(l)+0.5O$_2$(g)=FeO(l)	$-229702+43.73T$	1536~1727
	$-256060+53.68T$	1536~2000
FeO(s)=FeO(l)	$31388-19.0T$	1371
2Fe(s)+1.5O$_2$(g)=Fe$_2$O$_3$(s)	$-810859+255.43T$	25~1536
3Fe(s)+2O$_2$(g)=Fe$_3$O$_4$(s)	$-1091186+312.96T$	25~1536
3Fe(l)+2O$_2$(g)=Fe$_3$O$_4$(s)	$-1178214+360.66T$	1536~1597
Fe(s)+0.5S$_2$(g)=FeS(s)	$-152297+78.45T$	25~1195
Fe(s)+0.5S$_2$(g)=FeS(l)	$-56065+12.97T$	1195~1536
H$_2$O(l)=H$_2$O(g)	$41110-110.2T$	100
H$_2$(g)+0.5O$_2$(g)=H$_2$O(g)	$-247500+55.86T$	25~2000
H$_2$(g)+0.5S$_2$(g)=H$_2$S(g)	$-91630+50.58T$	25~2000
K(l)=K(g)	$84470-82.0T$	63~764
2K(l)+0.5O$_2$(g)=K$_2$O(s)	$-363200+140.35T$	764
K$_2$CO$_3$(s)=K$_2$CO$_3$(l)	$27600-23.51T$	901
2K(l)+C(s)+1.5O$_2$(g)=K$_2$CO$_3$(s)	$-1149280+288.53T$	63~764
2K(g)+C(s)+1.5O$_2$(g)=K$_2$CO$_3$(s)	$-1277100+410.35T$	764~901
2K(g)+C(s)+1.5O$_2$(g)=K$_2$CO$_3$(l)	$-1204750+353.69T$	901~2200
La(s)=La(l)	$6190-5.19T$	920
2La(s)+1.5O$_2$(g)=La$_2$O$_3$(s)	$-1786600+278.28T$	25~920

反应	$\Delta G/(\text{J}\cdot\text{mol}^{-1})$	温度范围/℃
Mg(s)══Mg(l)	$8950-9.71T$	649
Mg(l)══Mg(g)	$129600-95.14T$	649~1090
MgCl(s)══MgCl(l)	$43100-43.68T$	714
Mg(s)+Cl$_2$(g)══MgCl$_2$(s)	$-637300+155.39T$	25~649
Mg(g)+Cl$_2$(g)══MgCl$_2$(l)	$-649200+157.74T$	714~1437
MgF$_2$(s)══MgF$_2$(l)	$58700-38.20T$	1263
Mg(s)+F$_2$(g)══MgF$_2$(s)	$-1121300+171.17T$	25~649
Mg(g)+F$_2$(g)══MgF$_2$(l)	$-1172360+215.56T$	1263~2260
Mg(g)+0.5O$_2$(g)══MgO(s)	$-714420+193.72T$	1090~2850
Mn(s)+0.5O$_2$(g)══MnO(s)	$-384930+74.47T$	25~1244
Mn(l)+0.5O$_2$(g)══MnO(s)	$-401875+85.77T$	1244~1781
Mo(s)+2Si(s)══MoSi$_2$(s)	$-132600+2.8T$	25~1412
Mo(s)+O$_2$(g)══MoO$_2$(s)	$-578200+166.5T$	25~2000
Mo(s)+S$_2$(g)══MoS$_2$(s)	$-397500+182.0T$	25~1185
0.5N$_2$(g)+1.5H$_2$(g)══NH$_3$(g)	$-53720+116.52T$	25~2000
0.5N$_2$(g)+0.5O$_2$(g)══NO(g)	$90416-12.68T$	25~2000
NaCl(s)══NaCl(l)	$28160-26.23T$	810
NaF(s)══NaF(l)	$33350-26.28T$	996
Na(l)+0.5F$_2$(g)══NaF(s)	$-576600+105.52T$	98~996
Na(g)+0.5F$_2$(g)══NaF(l)	$-624300+148.24T$	996~1790
Na$_3$AlF$_6$(s)══Na$_3$AlF$_6$(l)	$107300-83.47T$	1012
3Na(l)+Al(s)+3F$_2$(g)══Na$_3$AlF$_6$(s)	$-3308700+553.71T$	98~660
3Na(g)+Al(l)+3F$_2$(g)══Na$_3$AlF$_6$(l)	$-3378200+623.42T$	1012~2000
Na$_2$O(s)══Na$_2$O(l)	$47700-33.93T$	1132
2Na(l)+0.5O$_2$(g)══Na$_2$O(s)	$-421600+141.34T$	98~1132
2Na(g)+0.5O$_2$(g)══Na$_2$O(l)	$-518800+234.7T$	1132~1950
NaOH(s)══NaOH(l)	$6360-10.79T$	229
Na(l)+0.5H$_2$(g)+0.5O$_2$(g)══NaOH(l)	$-408100+125.72T$	229~883
Na(g)+0.5H$_2$(g)+0.5O$_2$(g)══NaOH(l)	$-486600+192.53T$	883~1390
2Na(l)+C(s)+1.5O$_2$(g)══Na$_2$CO$_3$(s)	$-1127500+273.64T$	98~883
Ni(s)+0.5O$_2$(g)══NiO(s)	$-238488+84.31T$	25~1452
Ni(l)+0.5O$_2$(g)══NiO(s)	$-228655+78.66T$	1452~1984
Pb(s)══Pb(l)	$4800-7.99T$	382
Pb(l)══Pb(g)	$182000-90.12T$	328~1750
PbO(s)══PbO(l)	$27500-23.72T$	885
Pb(l)+0.5O$_2$(g)══PbO(l)	$-185100+72.03T$	885~1516
Pb(l)+0.5S$_2$(g)══PbS(l)	$-127194+87.24T$	1118~1287
0.5S$_2$(g)+O$_2$(g)══SO$_2$(g)	$-361660+72.68T$	445~2000
0.5S$_2$(g)+1.5O$_2$(g)══SO$_3$(g)	$-457900+163.34T$	445~2000
Si(s)══Si(l)	$50540-30.0T$	1412
Si(l)══Si(g)	$395400-111.38T$	1412~3280
Si(s)+2F$_2$(g)══SiF$_4$(g)	$-1615400+144.43T$	25~1412
Si(s)+C(s)══SiC(s)	$-63764+7.15T$	1227~1412
Si(l)+C(s)══SiC(s)	$-114400+37.2T$	1412~1727

反应	$\Delta G/(J\cdot mol^{-1})$	温度范围/℃
$3Si(s)+2N_2(g)\!=\!\!=\!Si_3N_4(s)$	$-722836+315.01T$	25~1412
$3Si(l)+2N_2(g)\!=\!\!=\!Si_3N_4(s)$	$-874456+405.01T$	1412~1700
$2Si(l)+N_2(g)+0.5O_2(g)\!=\!\!=\!Si_2N_2O(s)$	$-951651+290.57T$	1412~2000
$Si(l)+0.5O_2(g)\!=\!\!=\!SiO(g)$	$-155230-47.28T$	1412~1727
$Si(s)+O_2(g)\!=\!\!=\!SiO_2(s,\beta\text{-方石英})$	$-904760+173.38T$	25~1412
$Si(l)+O_2(g)\!=\!\!=\!SiO_2(s,\beta\text{-方石英})$	$-946350+197.64T$	1412~1723
$Si(l)+O_2(g)\!=\!\!=\!SiO_2(l)$	$-921740+185.91T$	1723~3241
$Sn(s)\!=\!\!=\!Sn(l)$	$7030-13.93T$	232
$Sn(l)+O_2(g)\!=\!\!=\!SnO_2(s)$	$-574900+198.36T$	232~1636
$Ti(s)\!=\!\!=\!Ti(l)$	$15480-7.95T$	1670
$Ti(s)+2B(s)\!=\!\!=\!TiB_2(s)$	$-284500+20.5T$	25~1670
$Ti(s)+C(s)\!=\!\!=\!TiC(s)$	$-184800+12.55T$	25~1670
$Ti(s)+0.5N_2(g)\!=\!\!=\!TiN(s)$	$-336300+93.26T$	25~1670
$Ti(s)+0.5O_2(g)\!=\!\!=\!TiO(s)$	$-502500+82.97T$	25~1670
$Ti(s)+O_2(g)\!=\!\!=\!TiO_2(s)$	$-935120+173.85T$	25~1670
$3Ti(s)+2.5O_2(g)\!=\!\!=\!Ti_3O_5(s)$	$-2416250+408.73T$	25~1670
$2Ti(s)+1.5O_2(g)\!=\!\!=\!Ti_2O_3(s)$	$-1481130+244.18T$	25~1670
$V(s)\!=\!\!=\!V(l)$	$22840-10.42T$	1920
$V(s)+0.5N_2(g)\!=\!\!=\!VN(s)$	$-214640+82.43T$	25~2346
$2V(s)+1.5O_2(g)\!=\!\!=\!V_2O_3(s)$	$-1202900+237.53T$	25~1970
$2V(s)+2.5O_2(g)\!=\!\!=\!V_2O_5(l)$	$-1447400+321.58T$	670~2000
$Y(s)\!=\!\!=\!Y(l)$	$11380-6.32T$	1526
$Y(l)\!=\!\!=\!Y(g)$	$379000-105.35T$	1526~3340
$2Y(s)+1.5O_2(g)\!=\!\!=\!Y_2O_3(s)$	$-1897900+281.96T$	25~1526
$Zn(s)\!=\!\!=\!Zn(l)$	$7320-10.59T$	420
$Zn(l)\!=\!\!=\!Zn(g)$	$118100-100.25T$	420~907
$Zn(l)+0.5O_2(g)\!=\!\!=\!ZnO(s)$	$-348360+103.28T$	420~907
$Zr(s)\!=\!\!=\!Zr(l)$	$20920-9.83T$	1852
$Zr(s)+2B(s)\!=\!\!=\!ZrB_2(s)$	$-328000+23.4T$	25~1850
$Zr(s)+C(s)\!=\!\!=\!ZrC(s)$	$-196650+9.2T$	25~1850
$Zr(s)+0.5N_2(g)\!=\!\!=\!ZrN(s)$	$-363600+92.0T$	25~1850
$ZrO_2(s)\!=\!\!=\!ZrO_2(l)$	$87000-29.50T$	2680
$Zr(s)+O_2(g)\!=\!\!=\!ZrO_2(s)$	$-1092000+183.7T$	25~1850

附录6 由氧化物生成复合氧化物的标准吉布斯自由能与T的关系

反应	$\Delta G/(J\cdot mol^{-1})$	温度范围/℃
$3Al_2O_3(s)+2SiO_2(s)\!=\!\!=\!3Al_2O_3\cdot2SiO_2(s)$	$8600-17.41T$	25~1850
$Al_2O_3(s)+TiO_2(s)\!=\!\!=\!Al_2O_3\cdot TiO_2(s)$	$-25300+3.93T$	25~1860

反应	$\Delta G/(J \cdot mol^{-1})$	温度范围/℃
$BaO(s)+Al_2O_3(s){=\!=}BaO \cdot Al_2O_3(s)$	$-124300+6.69T$	25~1830
$2BaO(s)+SiO_2(s){=\!=}2BaO \cdot SiO_2(s)$	$-259800-5.86T$	25~1760
$2BaO(s)+TiO_2(s){=\!=}2BaO \cdot TiO_2(s)$	$-194600-5.02T$	25~1860
$BaO(s)+TiO_2(s){=\!=}BaO \cdot TiO_2(s)$	$-156500+15.69T$	25~1705
$BaO(s)+ZrO_2(s){=\!=}BaO \cdot ZrO_2(s)$	$-125500+15.9T$	25~1700
$BeO(s)+Al_2O_3(s){=\!=}BeO \cdot Al_2O_3(s)$	$-4200-2.9T$	25~1870
$CaO(s)+Al_2O_3(s){=\!=}CaO \cdot Al_2O_3(s)$	$-18000-18.83T$	500~1605
$CaO(s)+2Al_2O_3(s){=\!=}CaO \cdot 2Al_2O_3(s)$	$-16700-25.52T$	500~1750
$CaO(s)+6Al_2O_3(s){=\!=}CaO \cdot 6Al_2O_3(s)$	$-16380-37.58T$	1100~1600
$2CaO(s)+Fe_2O_3(s){=\!=}2CaO \cdot Fe_2O_3(s)$	$-53100-2.51T$	700~1450
$CaO(s)+Fe_2O_3(s){=\!=}CaO \cdot Fe_2O_3(s)$	$-29700-4.81T$	700~1216
$3CaO(s)+P_2(g)+2.5O_2(g){=\!=}3CaO \cdot P_2O_5(s)$	$-2313800+556.5T$	25~1730
$CaO(s)+SO_2(g)+0.5O_2(g){=\!=}CaSO_4(\beta)$	$-461800+237.73T$	950~1195
$CaO \cdot SiO_2(s){=\!=}CaO \cdot SiO_2(l)$	$56100-33.05T$	1540
$CaO(s)+SiO_2(s){=\!=}CaO \cdot SiO_2(s)$	$-92500+2.5T$	25~1540
$3CaO(s)+2SiO_2(s){=\!=}3CaO \cdot 2SiO_2(s)$	$-236800+9.6T$	25~1500
$2CaO(s)+SiO_2(s){=\!=}2CaO \cdot SiO_2(s)$	$-118800-11.3T$	25~2130
$3CaO(s)+SiO_2(s){=\!=}3CaO \cdot SiO_2(s)$	$-118800-6.7T$	25~1500
$CaO(s)+TiO_2(s){=\!=}CaO \cdot TiO_2(s)$	$-79900-3.35T$	25~1427
$3CaO(s)+2TiO_2(s){=\!=}3CaO \cdot 2TiO_2(s)$	$-207100-11.51T$	25~1427
$CaO(s)+MgO(s){=\!=}CaO \cdot MgO(s)$	$-7200+0.0T$	25~1027
$CaO(s)+ZrO_2(s){=\!=}CaO \cdot ZrO_2(s)$	$-39300+0.42T$	25~2000
$Cu_2O(s)+Al_2O_3(s){=\!=}Cu_2O \cdot Al_2O_3(s)$	$-16740+0.0T$	1000
$Cu_2O(s)+Cr_2O_3(s){=\!=}Cu_2O \cdot Cr_2O_3(s)$	$-43900+7.32T$	727~1077
$CuO(s)+Cr_2O_3(s){=\!=}CuO \cdot Cr_2O_3(s)$	$-28870+7.74T$	727~1227
$FeO(l)+Al_2O_3(s){=\!=}FeO \cdot Al_2O_3(s)$	$-71086+11.89T$	1377~1780
$FeO(l)+Cr_2O_3(s){=\!=}FeO \cdot Cr_2O_3(s)$	$-84038+27.0T$	1377~1630
$2FeO \cdot SiO_2(s){=\!=}2FeO \cdot SiO_2(l)$	$92050-61.67T$	1220
$2FeO(s)+SiO_2(s){=\!=}2FeO \cdot SiO_2(s)$	$-36200+21.09T$	25~1220
$2FeO(s)+TiO_2(s){=\!=}2FeO \cdot TiO_2(s)$	$-33900+5.86T$	25~1100
$FeO(s)+TiO_2(s){=\!=}FeO \cdot TiO_2(s)$	$-33500+12.13T$	25~1300
$Fe(s)+0.5O_2+V_2O_3(s){=\!=}FeO \cdot V_2O_3(s)$	$-288700+62.34T$	750~1536
$Fe(l)+0.5O_2+V_2O_3(s){=\!=}FeO \cdot V_2O_3(s)$	$-301250+70.0T$	1536~1700
$K_2O \cdot SiO_2(s){=\!=}K_2O \cdot SiO_2(l)$	$50200-40.21T$	976
$K_2O(s)+SiO_2(s){=\!=}K_2O \cdot SiO_2(s)$	$-279900-0.46T$	25~976
$MgO(s)+Al_2O_3(s){=\!=}MgO \cdot Al_2O_3(s)$	$-23604-5.91T$	750~1700
$MgO(s)+Cr_2O_3(s){=\!=}MgO \cdot Cr_2O_3(s)$	$-45162+5.36T$	750~1500
$MgO(s)+Fe_2O_3(s){=\!=}MgO \cdot Fe_2O_3(s)$	$-42900+7.11T$	25~1500
	$-19250-2.01T$	700~1400

反应	$\Delta G/(J\cdot mol^{-1})$	温度范围/℃
$MgO(s)+SO_2(g)+0.5O_2(g)\rm{=\!=}MgSO_4(s)$	$-371000+260.71T$	670~1050
$2MgO\cdot SiO_2(s)\rm{=\!=}2MgO\cdot SiO_2(l)$	$71100-32.6T$	1898
$2MgO(s)+SiO_2(s)\rm{=\!=}2MgO\cdot SiO_2(s)$	$-67200+4.31T$	25~1898
$MgO\cdot SiO_2(s)\rm{=\!=}MgO\cdot SiO_2(l)$	$75300-40.6T$	1577
$MgO(s)+SiO_2(s)\rm{=\!=}MgO\cdot SiO_2(s)$	$-41100+6.1T$	25~1577
$3MgO\cdot P_2O_5(s)\rm{=\!=}3MgO\cdot P_2O_5(l)$	$121300-74.9T$	1348
$3MgO(s)+P_2(g)+2O_2(g)\rm{=\!=}3MgO\cdot P_2O_5(s)$	$-1992800+510.0T$	25~1348
$2MgO(s)+TiO_2(s)\rm{=\!=}2MgO\cdot TiO_2(s)$	$-25500+1.26T$	25~1500
$MgO(s)+TiO_2(s)\rm{=\!=}MgO\cdot TiO_2(s)$	$-26400+3.14T$	25~1500
$Na_2O(s)+11Al_2O_3(s)\rm{=\!=}Na_2O\cdot 11Al_2O_3(s)$	$-331180+53.88T$	727~927
$Na_2O\cdot 2SiO_2(s)\rm{=\!=}Na_2O\cdot 2SiO_2(l)$	$35560-31.0T$	874
$Na_2O(s)+2SiO_2(s)\rm{=\!=}Na_2O\cdot 2SiO_2(s)$	$-233500-3.85T$	25~874
$NiO(s)+Al_2O_3(s)\rm{=\!=}NiO\cdot Al_2O_3(s)$	$-4180-12.55T$	700~1300
$NiO(s)+Cr_2O_3(s)\rm{=\!=}NiO\cdot Cr_2O_3(s)$	$-53600+8.4T$	727~1227
$Y_2O_3(s)+ZrO_2(s)\rm{=\!=}Y_2O_3\cdot ZrO_2(s)$	$-20900+0.0T$	25~1200
$ZrO_2(s)+SiO_2(s)\rm{=\!=}ZrO_2\cdot SiO_2(s)$	$-25496+13.08T$	25~1676

参考文献

[1] 徐光宪，王祥云. 物质结构[M]. 2版. 北京：科学出版社，2010.

[2] 金格瑞 W D. 陶瓷导论[M]. 清华大学，译. 2版. 北京：中国建筑工业出版社，2010.

[3] 叶瑞伦，陆佩文. 无机材料结构基础[M]. 北京：中国建筑工业出版社，1986.

[4] 陆佩文，黄勇. 硅酸盐物理化学习题指南[M]. 武汉：武汉工业大学出版社，1992.

[5] 杜丕一，潘颐. 材料科学基础[M]. 北京：中国建材工业出版社，2002.

[6] 周公度，段连运. 结构化学基础[M]. 3版. 北京：北京大学出版社，2002.

[7] 叶瑞伦. 无机材料物理化学[M]. 北京：中国建筑工业出版社，1986.

[8] 饶东生. 硅酸盐物理化学[M]. 2版. 北京：冶金工业出版社，1991.

[9] 潘金生，仝健民，田民波. 材料科学基础[M]. 北京：清华大学出版社，1998.

[10] 樊先平，洪樟连，翁文剑. 无机材料科学基础[M]. 杭州：浙江大学出版社，2004.

[11] 刘有延，傅秀军. 准晶体[M]. 上海：上海科技教育出版社，1999.

[12] 周公度. 无机化学丛书第2卷：无机结构化学[M]. 北京：科学出版社，1982.

[13] 郝润蓉，方锡义，钮少冲. 碳硅锗分族[M].//《无机化学丛书》编委会.无机化学丛书：第3卷. 北京：科学出版社，1988.

[14] 陆佩文. 无机材料科学基础（硅酸盐物理化学）[M]. 武汉：武汉理工大学出版社，2005.

[15] 李楠，顾华志，赵惠忠. 耐火材料学[M]. 北京：冶金工业出版社，2010.

[16] 陈肇友. 化学热力学与耐火材料[M]. 北京：冶金工业出版社，2005.

[17] 高振昕，平增福，张战营，等. 耐火材料显微结构[M]. 北京：冶金工业出版社，2002.

[18] 李红霞. 耐火材料手册[M]. 北京：冶金工业出版社，2007.

[19] 郭海珠，余森. 实用耐火原料手册[M]. 北京：冶金工业出版社，2000.

[20] 武丽华，陈福，李慧勤，等. 玻璃熔窑耐火材料[M]. 北京：化学工业出版社，2009.

[21] 顾立德. 特种耐火材料[M]. 北京：冶金工业出版社，2006.

[22] 韩行禄. 不定形耐火材料[M]. 2版. 北京：冶金工业出版社，2003.

[23] 宋晓岚，黄学辉. 无机材料科学基础[M]. 北京：化学工业出版社，2013.

[24] 周玉. 陶瓷材料学[M]. 哈尔滨：哈尔滨工业大学出版社，1995.

[25] 陈树江，田凤仁，李国华，等. 相图分析及应用[M]. 北京：冶金工业出版社，2007.

[26] 陈肇友. 相图与耐火材料[M]. 北京：冶金工业出版社，2014.

[27] 梁英教. 无机物热力学数据手册[M]. 沈阳：东北大学出版社，1993.

[28] Greenwood N N, Earnshaw A. Chemistry of the Elements[M]. Oxford：Butterworth-Heinemann, 1998.

[29] Schacht C A. Refractories Handbook[M]. New York：Marcel Dekker Inc., 2004.

[30] Simons J, Nichols J. Quantum Mechanics in Chemistry[M]. Oxford：Oxford University Press, 1997.

[31] Sutton P. Electronic Structure of Materials[M]. Oxford：Clarendon Press, 1993.

[32] Catlow C R A. Computer Modelling in Inorganic Crystallography[M]. London：Academic Press, 1997.

[33] Tilley R J D. Crystals and Crystal Structures[M]. Chichester：John Wiley & Sons Ltd., 2006.

[34] Murray H H. Applied Clay Mineralogy[M].//Developments in clay Science：Volnme 2. Boston：Elsevier, 2007.

[35] Fahlman B D. Materials Chemistry[M]. Netherlands：Springer, 2018.

[36] Simons J. An Introduction to Theoretical Chemistry[M]. Cambridge：Cambridge University Press, 2003.

[37] Ciullo P A. Industrial Minerals and Their Uses[M]. New Jersey：Noyes Publications, 1996.

[38] Barsoum M W. Fundamentals of Ceramics[M]. 2nd ed. New York：CRC Press, 2020.

[39] Shackelford J F, Doremus R H. Ceramic and Glass Materials[M]. New York：Springer, 2008.

[40] Kofstad P, Norby T. Defects and Transport in Crystalline Solids[M]. Oslo：University of Oslo, 2007.

[41] Mitchell B S. An Introduction to Materials Engineering and Science[M]. New Jersey：Wiley, 2004.

[42] Swaddle T W. Inorganic Chemistry[M]. Elsevier Science & Technology Books, 1997.

[43] Callister W D. Fundamentals of Materials Science and Engineering[M]. New York: Wiley, 2001.

[44] Pauling L. The Nature of the Chemical Bond[M]. 3rd ed. Cornell University Press, 1960.

[45] Pettifor D G. Bonding and Structure of Molecules and Solids[M]. Oxford: Clarendon Press, 1995.

[46] Taylor H F W. Cement Chemistry[M]. Academic Press, 1990.

[47] Boch P, Nièpce J C. Ceramic Materials: Processes, Properties and Applications[M]. London: Hermes Science Europe Ltd., 2001.

[48] Hewlett P. Lea's Chemistry of Cement and Concrete[M]. 4th ed. Elsevier, 2003.

[49] Carter C B, Norton M G. Ceramic Materials Science and Engineering[M]. Springer, 2007.

[50] Callister W D. Materials Science and Engineering: An Introduction[M]. 5th ed. John Wiley & Sons, 1999.

[51] Callister W D, Rethwisch D G. Fundamentals of Materials Science and Engineering: An Integrated Approach[M]. 5th ed, John Wiley & Sons, Inc., 2015.

[52] Mitchell B S. An Introduction to Materials Engineering and Science: For Chemical and Materials Engineers[M]. Wiley, 2004.

[53] Askela D R, et al. The Science and Engineering of Materials[M]. 6th ed. Cengage Learning, Inc., 2010.

[54] Callister W D, Rethwisch D G. Material Science and Enigneering: An Introduction[M]. 9th ed. John Wiley & Sons, Inc., 2014.

[55] Newell J. Essentials of Modern Materials Science and Engineering[M]. John Wiley & Sons, Inc., 2009.

[56] Novak M, Korbel P. The Complete Encyclopedia of Minerals Description of Over 600 Minerals from Around the World[M]. Grange Books PLC, 2001.

[57] Nesse W D. Introduction to Mineralogy[M]. 3rd ed. Oxford University Press, 2017.

[58] Atkins P, Paula J, Keeler J. Atkins' Physical Chemistry[M]. 11th ed. Oxford University Press, 2018.

[59] Brandon D, Kaplan W D. Microstructural Characterization of Materials[M]. 2nd ed. Wiley, 2008.

[60] Naumann R J. Introduction to the Physics and Chemistry of Materials[M]. CRC Press, 2008.

[61] Shackelford J F. CRC Materials Science and Engineering Handbook[M]. CRC Press, 2016.

[62] Hojo J. Materials Chemistry of Ceramics[M]. Singapore: Springer, 2019.

[63] Shchukin E D, Pertsov A V, Amelina E A. Colloid and Surface Chemistry[M]. Elsevier, 2001.

[64] Essington M E. Soil and Water Chemistry: An Integrative Approach[M]. CRC Press, 2003.

[65] McCauley R A. Corrosion of Ceramic Materials[M].3rd ed. Taylor & Francis, 2013.

[66] Blachere J R, Haber F S. High Temperature Corrosion of Ceramics[M]. William Andre, 1990.

[67] Richerson D W, Lee W E. Modern Ceramic Engineering: Properties, Processing and Use in Design[M]. CRC Press, 2018.

[68] Mangabhai R J. Calcium Aluminate Cements: Proceedings of a Symposium dedicated to H G Midgley[M]. London: CRC Press, 1990.

[69] German R M. Sintering Thoery and Practice[M]. John Wiley & Sons, Inc., 1996.

[70] German R M. Liquid Phase Sintering[M]. Springer, 1985.

[71] Kan S J L. Sintering: Densification, Grain Growth and Microstructure[M]. Elsevier, 2005.

[72] Valls R. Inorganic Chemistry: From Periodic Classification to Crystals[M]. John Wiley & Sons, Inc., 2017.

[73] Bengisu M. Engineering Ceramics[M]. Berlin: Springer, 2001.

[74] Mohammad S. Physical Chemistry of Metallurgical Processes[M]. John Wiley & Sons, 2016.

[75] Hofmann A. Physical Chemistry Essentials[M]. Springer, 2018.

[76] Nowotny J. Science of Ceramic Interfaces II[M]. Netherlands: Elsevier, 1994.

[77] Hummel R E. Understanding Materials Science: History, Properties, Applications[M]. Springer, 2004.

[78] Campbell F C. Phase Diagrams Understanding the Basics[M]. ASM International, 2012.

[79] Bergeron C G, Risbud S H. Introduction to Phase Equilibria in Ceramics[M]. Westerville: The American Ceramic Society, 1999.

[80] Rao K J. Structural Chemistry of Glasses[M]. Elsevier, 2002.

[81] Shelby J E. Introduction to Glass Science and Technology[M]. 2nd ed. The Royal Society of Chemistry, 2005.